Rainer Scheithauer

Signale und Systeme

Grundlagen für die
Mess- und Regelungstechnik
und Nachrichtentechnik

Leitfaden der Elektrotechnik

Begründet von Professor Dr.-Ing. Franz Moeller

Herausgegeben von

Professor Dr.-Ing. Heinrich Frohne, Hannover
Professor Dr.-Ing. Karl-Heinz Löcherer, Hannover
Professor Dr.-Ing. Jürgen Meins, Braunschweig
Professor Dr.-Ing. Rainer Scheithauer, Furtwangen
Professor Dr.-Ing. Hermann Weidenfeller

Grundlagen der Regelungstechnik
von F. Dörrscheidt und W. Latzel

Hochspannungstechnik
von G. Hilgarth

Elektrische Energietechnik
von D. Nelles und C. Tuttas

Signale und Systeme
von R. Scheithauer

Elektrische Antriebstechnik
von U. Riefenstahl

Elektrische Energieverteilung
von R. Flosdorff und G. Hilgarth

Digitaltechnik
von L. Borucki

Moeller Grundlagen der Elektrotechnik
von H. Frohne, K.-H. Löcherer und H. Müller

Grundlagen der Kommunikationstechnik
von H. Weidenfeller

B. G. Teubner Stuttgart · Leipzig · Wiesbaden

Rainer Scheithauer

Signale und Systeme

Grundlagen für die
Mess- und Regelungstechnik
und Nachrichtentechnik

2., durchgesehene Auflage

Mit 297 Abbildungen und 67 Beispielen

B. G. Teubner Stuttgart · Leipzig · Wiesbaden

Bibliografische Information der Deutschen Bibliothek
Die Deutsche Bibliothek verzeichnet diese Publikation in der Deutschen Nationalbibliographie; detaillierte bibliografische Daten sind im Internet über <http://dnb.ddb.de> abrufbar.

Prof. Dr.-Ing. Rainer Scheithauer ist Rektor der Fachhochschule in Furtwangen. Er studierte Elektrotechnik mit dem Schwerpunkt Regelungstechnik an der Fachhochschule Osnabrück sowie der Universität Hannover. Anschliessend promovierte er am Institut für Regelungstechnik der Universität Hannover über optimale Steuerungen und Regelungen von Systemen mit verteilten Parametern (unendlich-dimensionale Systeme). Nach acht Jahren Industrietätigkeit, zum Schluss als Hauptabteilungsleiter Entwicklung und Konstruktion, wurde er 1993 zum Professor für Systemtheorie und Regelungstechnik an die Fachhochschule Furtwangen berufen. Seit 1999 ist er Rektor der Hochschule.

1. Auflage 1998
2., durchgesehene Auflage Januar 2005

Alle Rechte vorbehalten
© B. G. Teubner Verlag / GWV Fachverlage GmbH, Wiesbaden 2004

Der B. G. Teubner Verlag ist ein Unternehmen von Springer Science+Business Media.
www.teubner.de

Das Werk einschließlich aller seiner Teile ist urheberrechtlich geschützt. Jede Verwertung außerhalb der engen Grenzen des Urheberrechtsgesetzes ist ohne Zustimmung des Verlags unzulässig und strafbar. Das gilt insbesondere für Vervielfältigungen, Übersetzungen, Mikroverfilmungen und die Einspeicherung und Verarbeitung in elektronischen Systemen.

Die Wiedergabe von Gebrauchsnamen, Handelsnamen, Warenbezeichnungen usw. in diesem Werk berechtigt auch ohne besondere Kennzeichnung nicht zu der Annahme, dass solche Namen im Sinne der Warenzeichen- und Markenschutz-Gesetzgebung als frei zu betrachten wären und daher von jedermann benutzt werden dürften.

Umschlaggestaltung: Ulrike Weigel, www.CorporateDesignGroup.de

Gedruckt auf säurefreiem und chlorfrei gebleichtem Papier.

ISBN 978-3-519-16425-8   ISBN 978-3-322-94110-7 (eBook)
DOI 10.1007/978-3-322-94110-7

Vorwort

Wer die Studieninhalte der elektrotechnischen Studiengänge über die letzten Jahre hinweg beobachtet hat, wird mir sicherlich zustimmen, daß klassische Lehrgebiete aus dem Maschinenbau wie Mechanik, Thermodynamik oder auch Konstruktionslehre sowie aus der Elektrotechnik wie Theoretische Elektrotechnik, Netzwerktheorie u.a. zugunsten neuerer Felder zurückgenommen wurden. Die Gewinner dieser Reformen sind zum einen die softwareorientierten Fächer wie Programmiersprachen, Softwareengineering usw.; zum anderen sind dies die algorithmenorientierten Fächer wie die Systemtheorie als Grundlagenfach und darauf aufbauend die Gebiete der Nachrichten- und Kommunikationstechnik sowie der Regelungs- und Automatisierungstechnik.

Diese Änderungen sind sicherlich zeitgemäß und entsprechen den neuen Anforderungen an Elektroingenieure. War vor 20 Jahren in den technischen Abteilungen ein Verhältnis zwischen hard- und softwareorientierten Ingenieuren von vielleicht 70% zu 30% anzutreffen, so hat sich in der Zwischenzeit das Verhältnis umgekehrt. So gesehen entspricht das Arbeitsgebiet des Elektroingenieurs heutzutage mehr dem eines technischen Informatikers. Auch wenn zahlreiche Softwarepakete den Ingenieuren die Arbeit erleichtern oder sogar abnehmen, so ist es doch unsere Aufgabe als Hochschullehrer, gerade im Grundlagenstudium mit den Studierenden eine Basis zu erarbeiten, die erst das effektive Arbeiten mit den Programmen ermöglicht. Sonst kann es passieren, daß mit PSPICE eine Schaltung simuliert oder mit MATLAB ein FIR-Filter entworfen wird, die Ergebnisse aber kritiklos akzeptiert werden, auch wenn sie aufgrund fehlerhafter Eingaben völlig unsinnig sind. Glücklicherweise verstehen die meisten unserer Studierenden diese Situation und arbeiten selbst in der sicherlich etwas „trockenen" Systemtheorie begeistert mit; ein Lob, das ich unseren Studenten an dieser Stelle ausdrücklich machen möchte, es ist nicht übertrieben.

Nach meiner Auffassung ist die Systemtheorie ein interdisziplinäres Fach. Die Verfahren der Meß- und Regelungstechnik bauen vor allem auf den Zeitbereichsbeschreibungen auf wie den Differentialgleichungen, der Sprung- und der Impulsantwort sowie der Laplace-Transformation, die aber häufig auch als eine indirekte Zeitbereichsmethode verwendet wird. In der Nachrichten- und Kommunikationstechnik werden dagegen vor allem die Frequenzbereichsmethoden benötigt, allen voran die Fourier-Transformation. Es ist wichtig zu erkennen, daß es sich dabei nur um verschiedene Aspekte derselben

Signale und Systeme handelt. Es war mein besonderes Anliegen, diese Verbindungen deutlich herauszuarbeiten und darzustellen. Die verwendeten Formelzeichen sind deshalb auch weder die nachrichten- noch die regelungstechnischen, sondern neutrale, in der Systemtheorie übliche.

Auch der rote Faden ist ein klassisch systemtheoretischer: Nach einem kurzen einführenden 1. Kapitel werden im 2. Kapitel die grundlegenden Eigenschaften der Signale und Systeme erläutert. Der Stoff beschränkt sich dabei auf die linearen zeitinvarianten Systeme. Zwar sind reale Systeme (genau genommen alle) nichtlinear; es ist aber sehr hilfreich, wenn man versteht, wie die Reaktionen linearer Systeme berechnet werden können. Glücklicherweise sind die meisten Filter und Regler - zumindest theoretisch - linear. Im 3. Kapitel werden die Zeitbereichsbeschreibungen entwickelt und diskutiert, im 4. Kapitel folgen die Fourier-Analyse und die Fourier-Transformation; im 5. Kapitel wird die Laplace-Transformation behandelt. Das 6. Kapitel hätte auch die Überschrift „Grundlagen der digitalen Signalverarbeitung" tragen können, denn es handelt von den zeitdiskreten Signalen und Systemen. Das 7. Kapitel über stochastische Signale und die Reaktionen linearer zeitinvarianter Systeme ergänzt den Stoff auf diesem wichtigen Gebiet. Im 8. Kapitel werden wesentliche Ergebnisse bzgl. kontinuierlicher und diskreter Signale und Systeme gegenübergestellt und kurz kommentiert.

Dieses Buch soll ein Lehrbuch sein. Die Herleitungen und Darstellungen sind ausführlich kommentiert; wo es möglich ist, werden Bilder eingesetzt. Jedes wichtige Zwischenergebnis wird durch eine oder mehrere Übungsaufgaben vertieft. Abschließend werden die wichtigsten Gleichungen und Erkenntnisse zusammengefaßt und eingekästelt. Sollte Ihnen, liebe Leserin, lieber Leser, irgend etwas ein- oder auffallen (ein Hinweis, ein Kommentar, möglicherweise sogar ein Rechenfehler o.ä.), so wäre ich Ihnen über eine Rückmeldung sehr dankbar; in einer neuen Auflage könnten diese berücksichtigt werden. Schreiben Sie Ihre Kommentare dem Verlag oder einfach mir per E-mail (rsh@fh-furtwangen.de). Vielen Dank im voraus für Ihre Mühe.

Dieses Buch wäre ohne Unterstützung und Mithilfe nicht möglich gewesen. Die beiden Studenten des Fachbereichs Informationssysteme der Fachhochschule Furtwangen, die Herren Jörg Wintermantel und Markus Striegel, haben viele der Bilder gezeichnet; hierfür mein besonderer Dank. Ebenfalls danken möchte ich meiner Familie sowie meinen Rektoratskollegen, daß sie es mir sooft ermöglichten, mich an meinen Rechner „hinwegzustehlen". Ein ganz besonderer Dank gebührt auch meinem ehemaligen Lehrer und jetzigen Kollegen als Herausgeber der Reihe Herrn Prof. Dr.-Ing. K.-H. Löcherer. Er hat mit großer Kompetenz und Geduld das Buch gelesen und kommentiert und sein Entstehen begleitet. Ebenfalls danken möchte ich abschließend dem Teubner-Verlag, hierbei insbesondere Herrn Dr. J. Schlembach, für die gute Zusammenarbeit und stets wohlwollende Unterstützung.

Furtwangen, im Januar 1998   Rainer Scheithauer

Seit dem ersten Erscheinen des vorliegenden Buches sind nun einige Jahre vergangen. Für die vielen Rückmeldungen in dieser Zeit bin ich ausserordentlich dankbar. Die meisten Kommentare sind von Fachkollegen, aber auch von einigen Studenten erhielt ich Mails; die meisten waren sehr wohlwollend und positiv. Die Hinweise auf kleine Fehler haben mir sehr geholfen. Sie haben es mir ermöglicht, sie in dieser neuen Ausgabe zu korrigieren. Es hat mich sehr gefreut, daß das Buch so gut angekommen ist und offensichtlich seine Leser gewinnen konnte. Mein Dank gilt deshalb zunächst Ihnen, liebe Leserin, lieber Leser für das Arbeiten mit diesem Buch. Er gilt weiterhin dem Teubner-Verlag für die stets wohlwollende Unterstützung. So macht es doch Freude, Autor eines Fachbuches zu sein.

Furtwangen, im Oktober 2004   Rainer Scheithauer

Inhalt

1 Einleitung

Wir sind zu einer Informationsgesellschaft geworden. *Informationen* bzw. *Nachrichten* werden erzeugt, verschickt, empfangen und auch gehandelt. Dabei hat sich auch das Medium des Informationsträgers sehr stark verändert: Ursprünglich war es die Sprache allein, später kamen dann Bücher, Zeitschriften, Filme, Radio- und Fernsehsendungen dazu und natürlich die fernmündliche Übertragung vom Telegraphen bis zum digitalen Handy. Heutzutage denkt man bei digitalen Medien schon fast zwangsläufig an Computer, insbesondere an PCs und die damit verbundene Möglichkeit digitaler Informationsübertragung und -verarbeitung.

Informationen bzw. Nachrichten, gleich ob analoge oder digitale, benötigen einen *Informationsträger*, der *Signal* genannt wird. Bei der Sprache ist dies physikalisch der Luftdruck, der mit den Stimmbändern so verändert (moduliert) wird, daß sich in der Luft Schallwellen ausbreiten, die zu unserem Gesprächspartner das Wort, den Satz und damit den Inhalt übermitteln. Wird in der Seefahrt z.B. mit Hilfe einer Lampe gemorst, so wird ein Lichtstrahl als Medium verwendet. Das Licht wird ein- und ausgeschaltet und so ein digitales Signal (digital oder auch binär, da nur die zwei Zustände „ein" und „aus" existieren) an ein anderes Schiff gesendet, wo die Nachricht noch entschlüsselt werden muß. Radio- und Fernsehsendungen benutzen als Informationsträger elektromagnetische Wellen, die physikalisch das gleiche wie Licht darstellen, aber wegen einer Frequenz außerhalb des wahrnehmbaren Bereiches unsichtbar sind; statt Ohren für das Hören von Schallwellen oder Augen für das Sehen der Lichtstrahlen werden Antennen verwendet, in denen im Rhythmus der eintreffenden elektromagnetischen Welle eine Spannung erregt wird, die von einem Empfänger weiterverarbeitet (im Prinzip wie beim Morsen entschlüsselt) wird, um uns die Nachricht zugänglich zu machen.

Es ist gleichgültig, um welche physikalische Größe es sich bei dem Informationsträger handelt, Signale haben eine wesentliche *Gemeinsamkeit*. Um sie zu erkennen, stelle man sich ein Experiment vor, bei dem die Lampe zum Morsen dauerhaft eingeschaltet ist. Es handelt sich dann trotz eingeschalteter Lampe *nicht* um eine Nachricht; erst wenn die Lampe ausgeschaltet wird, kann diesem *zeitlichen Wechsel* eine *Bedeutung* zugewiesen werden. Um weitere Nachrichten zu übermitteln, ist eine Verschlüsselung des sequentiellen Ein- und Ausschaltens sinnvoll, z.B. mit dem bekannten Morsealphabet. Nun können Wörter und Sätze übertragen werden; der Code muß aber bekannt sein, um das

Decodieren zu ermöglichen, sonst bleibt die Nachricht bedeutungslos. Dementsprechend unterscheidet man zwischen der syntaktischen Information und der semantischen, die den Sinn wiedergibt. Weil die Bedeutung erst vom menschlichen Empfänger zugewiesen wird, bezieht sich der Begriff der Information in der *Informationstheorie* nur darauf, wie wahrscheinlich oder unwahrscheinlich ein Signalverlauf ist, ganz anders, als der Begriff umgangssprachlich verwendet wird.

Das Beispiel hat gezeigt, daß die Gemeinsamkeit aller Signale mit Informationen die *zeitliche Änderung der Signalhöhe bzw. des Signalpegels* ist; in dieser zeitlichen Änderung steckt „verschlüsselt" die Nachricht. Manchmal besitzen Signale zusätzlich die Abhängigkeit von Ortskoordinaten, wie z.B. Fernsehbilder; solche Signale werden nicht behandelt.

> Unter einem *Signal* versteht man eine *zeitlich veränderliche physikalische Größe*, in der eine *Nachricht* bzw. eine *Information* verborgen ist.

Das Bild 1.1 zeigt den Verlauf einer Spannung $u(t)$, die elektronisch weiterverarbeitet werden soll (wobei die unabhängige Variable t die *Zeit* bedeutet), z.B. um die Nachricht aus dem Signal zu decodieren.

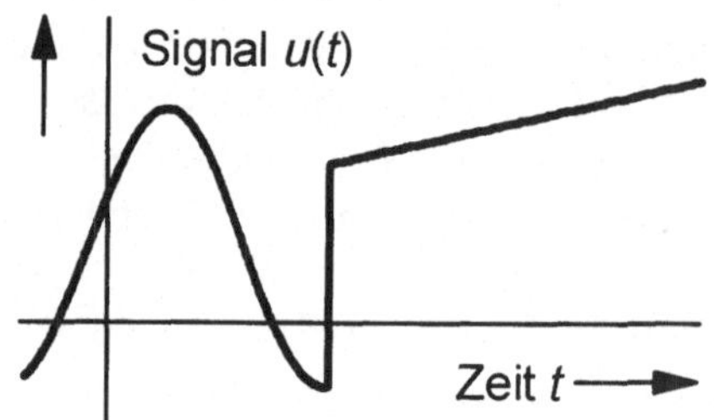

Bild 1.1
Spannungsverlauf als Eingangssignal eines Systems

Eine solche *Verarbeitungseinrichtung* wird *System* genannt; es wird durch einen *Block* symbolisiert, um zu verdeutlichen, wie aus dem Eingangssignal bzw. der Erregung $x(t)$ das Ausgangssignal bzw. die Reaktion $y(t)$ gebildet wird (Bild 1.2). Dabei wird sprachlich nicht unterschieden zwischen dem physikalischen Gerät sowie einer *mathematischen Beschreibung* seines Verhaltens (dem *Modell*), z.B. durch die Zuordnung der Reaktion zu der Erregung.

Die Verarbeitung bzw. Umwandlung (Transformation) des Eingangssignals zum Ausgangssignal wird formal ausgedrückt durch die Schreibweisen:

$$x(t) \xrightarrow{\text{System}} y(t),$$

bzw. kurz

$$x(t) \rightarrow y(t);$$

sowie umgekehrt als Abhängigkeit des Ausgangs vom Eingang:

$$y(t) = T\{x(t)\}.$$

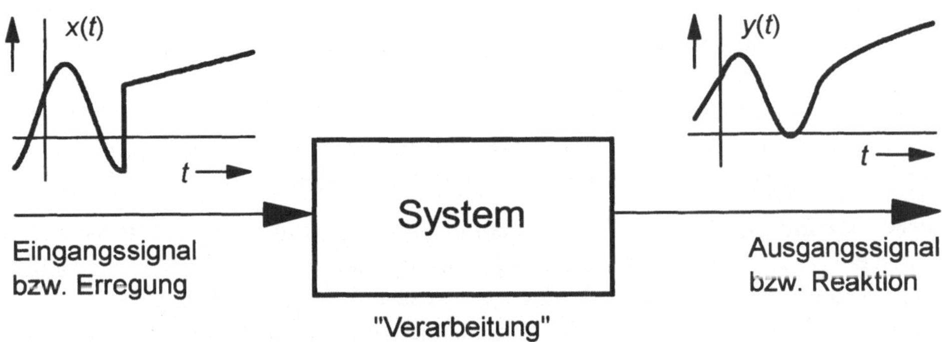

Bild 1.2
Darstellung eines Systems als Blocksymbol mit Ein- und Ausgangssignal

Ein *System* ist ein physikalisches oder auch technisches Gebilde, das ein Signal, das *Eingangssignal* oder die *Erregung* $x(t)$, in ein i.a. anderes Signal umformt, das *Ausgangssignal* oder *Reaktion* $y(t)$ genannt wird. Symbolisch wird ein System durch einen Block dargestellt mit der Kennzeichnung der Signale, wobei die Signal- oder *Wirkungsrichtung* durch Pfeile ausgedrückt wird.

Es folgt als nächstes das einführende Kapitel 2 über die wichtigsten Grundlagen zur Beschreibung von Signalen und Systemen. Durch die verschiedenen mathematischen Methoden und Darstellungen muß insbesondere zwischen zeitkontinuierlichen und zeitdiskreten sowie determinierten und stochastischen Signalen und ihrer Verarbeitung unterschieden werden. Determiniert ist ein Signal, wenn sein zeitlicher Verlauf a priori bekannt ist; nach dem oben Erläuterten hätte es jedoch keinen Nutzen als Nachricht. Trotzdem macht es Sinn, von determinierten „Testsignalen" auszugehen, z.B. in Form von ausgewählten Musiktiteln für eine Audioanlage oder einer sprungförmigen Erregung für einen Regelkreis. Manche Aussagen sind jedoch erst möglich, wenn eine regellose bzw. zufällige Erregung zugrunde gelegt wird. Hinter ihrem zeitlich unbestimmten Verlauf steckt häufig eine Gesetzmäßigkeit, die sich in determinierten Kenngrößen und -funktionen ausdrückt; Beispiele hierfür sind Mittelwerte, Steuungen und Korrelationsfunktionen.

Zunächst werden die mathematischen Methoden für kontinuierliche, determinierte Signale und Systeme erarbeitet. Dafür folgen im Kapitel 3 die Systemdarstellungen im *Zeitbereich*, d.h. durch die Sprung- und Impulsantwort und damit verbunden die Faltung sowie durch die Differentialgleichung; eine in der Meß- und Regelungstechnik gebräuchliche Systemklassifizierung sowie Stabilitätsbetrachtungen schließen die Betrachtungen ab.

Für die Nachrichtentechnik von entscheidender Bedeutung ist die Analyse von Signalen im *Frequenzbereich* sowie die Veränderungen der enthaltenen Spektralanteile durch Systeme. Diese Veränderungen sind z.T. unerwünscht, wie z.B. fehlende tiefe Töne bei einem kleinen Breitbandlautsprecher, oder gewollt, wie z.B. bei einem Eingangsfilter vor einem Analog/Digital-Wandler. Das Werkzeug für die Analysen ist die Fourier-Transformation; ihre Eigenschaften und die daraus folgenden Möglichkeiten zur Systemgestaltung werden im Kapitel 4 ausführlich diskutiert.

Eng verwandt mit der Fourier-Transformation und doch mit anderen Eigenschaften ist die Laplace-Transformation, von der das 5. Kapitel handelt. Zur einfachen sprachlichen Unterscheidung wird dabei vom *Bildbereich* gesprochen, obwohl es sich formal beim Frequenzbereich der Fourier-Transformation auch um einen Bildbereich handelt. Die Laplace-Transformation eignet sich zum Lösen von Differentialgleichungen, weswegen sie ihre große Bedeutung in der Meß- und Regelungstechnik besitzt. Mit ihr läßt sich aber auch zeigen, wie sich der Frequenzgang eines Filters bei einer bestimmten Parameterkonstellation ergibt.

Das darauffolgende Kapitel 6 behandelt zeitdiskrete determinierte Signale und Systeme, d.h. es werden die Grundlagen der *digitalen Signalverarbeitung* hergeleitet und diskutiert. Viele Gleichungen sind, verglichen mit den entsprechenden zeitkontinuierlichen, mathematisch einfacher; so wird aus der Integration im Diskreten eine Summation, und die Differentiation geht in eine Differenz über. Es gibt aber auch Eigenschaften, wie z.B. die grundsätzliche Periodizität der Fourier-Transformierten, die keine Entsprechung im Zeitkontinuierlichen haben. Nach Ansicht des Autors kann man sie besser verstehen, wenn die Grundlagen für kontinuierliche Funktionen schon erarbeitet wurden.

Im Kapitel 7 werden die Darstellungen auf *stochastische* kontinuierliche und diskrete Signale erweitert und ihre Verarbeitung durch (determinierte) kontinuierliche und diskrete Systeme erläutert. Einige technische Anwendungen, wie z.B. das Erkennen einer Nachricht bei starkem Rauschen, werden ausführlich diskutiert. In dem kurzen abschließenden Kapitel 8 werden die kontinuierlichen und diskrete Signale und Systeme tabellarisch gegenübergestellt; es zeigen sich so noch einmal die Gemeinsamkeiten, aber auch die Unterschiede.

Die Ausführungen beschränken sich auf die wichtige Klasse der linearen Systeme, insbesondere der zeitinvarianten. Zum einen sind viele der in der Technik vorkommenden Systeme linear, zum anderen ist es auch zum Verständnis nichtlinearer Systeme vorteilhaft, wenn das Verhalten linearer Systeme zuvor verstanden wurde. Manchmal kann ein nichtlineares System auch durch ein lineares angenähert werden, z.B. durch die

Beschreibung des Kleinsignalverhaltens in einem Arbeitspunkt. Nicht behandelt werden die Zustandsraumdarstellungen, die die Grundlage vieler moderner Verfahren der Regelungstechnik sind. Zum einen ist dieses Gebiet meistens nicht Bestandteil einer Grundlagenvorlesung über Systemtheorie, zum anderen muß für eine einführende Darstellung der Stoff beschränkt werden.

Die Systemtheorie kommt zwar nicht ohne Mathematik aus; es wurde jedoch versucht, den Gebrauch der Methoden herauszuarbeiten und dadurch keine abstrakte, vielleicht sogar noch wertfreie Theorie darzustellen; schließlich geht es doch um die Bereitstellung von Werkzeugen für Ingenieure. Die vielen Beispiele sollen die Anwendung der Verfahren verdeutlichen. Der Vollständigkeit halber werden die Eigenschaften der Transformationen nicht nur aufgelistet, sondern auch hergeleitet. Ohne großen Verlust an Nutzen kann der Leser solche Abschnitte überspringen.

2 Grundlegende Eigenschaften von Signalen und Systemen

Zunächst werden die grundsätzlichen Arten von Signalen behandelt, und es wird geklärt, wie sie sich darstellen und beschreiben lassen und welche Eigenschaften sie besitzen. Es zeigt sich, daß komplizierte Signale aus einfachen zusammengesetzt werden können. Die wichtigste Klasse von Systemen ist die der linearen, deren Eigenschaften sich zusätzlich zeitlich nicht verändern: die *linearen zeitinvarianten Systeme*. Es ist zweckmäßig, sich ausgiebig mit ihnen zu beschäftigen, denn die mächtigen Beschreibungsmethoden, wie die Fourier- und Laplace-Transformation, sind insbesondere für diese Systeme einsetzbar.

2.1 Der Übergang zu normierten Signalen

Signale sind Funktionen der Zeit; dies wird ausgedrückt durch die Schreibweise $f(t)$. Um zu einheitenlosen Signalpegeln und Zeiten zu kommen, bietet sich eine *Normierung* an. Ein einfaches Beispiel verdeutlicht den Übergang:

☐ **Beispiel 2.1**

Zwei Verstärkerstufen mit einem großen Innenwiderstand (in Bild 2.1 nicht dargestellt) treiben die Ströme $i_1(t)$ und $i_2(t)$. Sie werden auf einen Widerstand gegeben, um ihre Informationen zu überlagern und eine gemeinsame Spannung als Ausgangssignal zu erzeugen; so könnte i_1 den Gesangsteil eines Musikstückes darstellen und i_2 die Begleitmusik.

An dem Knotenpunkt *überlagern* sich beide Ströme nach der Kirchhoffschen Knotenregel, d.h. durch den Widerstand fließt die *Summe* der beiden Ströme. Nach dem Ohmschen Gesetz berechnet sich die Spannung $u_R(t)$, die das Ausgangssignal darstellt, zu:

$$u_R(t) = (i_1(t) + i_2(t)) \cdot R.$$

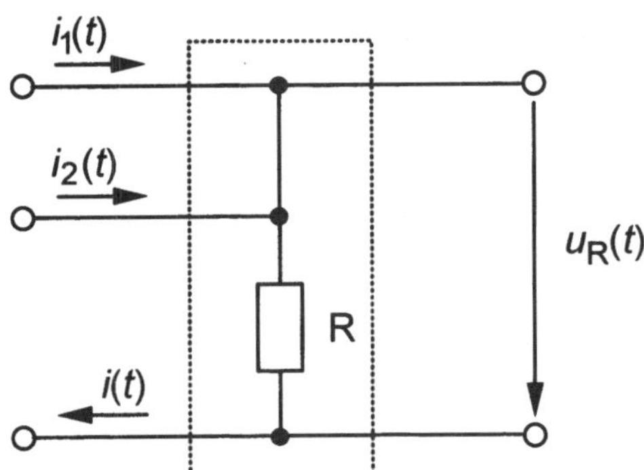

Bild 2.1
Überlagerung von zwei Musiksignalen an
einem Widerstand

Dadurch, daß die beiden Ströme als eine Addition bzw. Überlagerung (*Superposition*) im
Ausgangssignal vorhanden sind, ist ihre Information unverfälscht, sie treten eben nur zeitlich
gemeinsam auf, wie dies bei Gesang mit Begleitmusik auch sinnvoll ist. Um die Diskussion
dieses Systems möglichst einfach zu gestalten, ist eine *Normierung* zweckmäßig; die Signale
werden dadurch einheitenlos als *mathematische Funktionen* dargestellt. Die obige Gleichung wird
z.B. durch 1V geteilt:

$$\frac{u_R(t)}{V} = \frac{i_1(t)+i_2(t)}{V} \cdot R.$$

Mit $V = A \cdot \Omega$ folgt:

$$\frac{u_R(t)}{V} = \frac{i_1(t)+i_2(t)}{A} \cdot \frac{R}{\Omega}.$$

Auf diese Weise sind die vorkommenden Größen, bis auf die Zeit t, *normiert*. Kennzeichnet man
die normierten Größen mit einem Index n und bezieht die Zeit ebenfalls auf eine zeitliche Grund-
größe, z.B. auf 1s, so erhält man mit

$$t_n = \frac{t}{1\,s} \text{ bzw. } t = t_n \cdot 1\,s$$

die Darstellung (bei der Abhängigkeit von der Zeit kann die Sekunde weggelassen werden, da sie
eine Konstante darstellt):

$$u_{Rn}(t_n) = (i_{1n}(t_n) + i_{2n}(t_n)) \cdot R_n.$$

Werden die Zeitverläufe in einer Skizze bzw. einem Diagramm dargestellt, wie es exemplarisch
das Bild 2.2 zeigt, so sind die Ordinate sowie die Abszisse einheitenlos. Um zu wissen, ob es sich
bei 5 um 5s oder auch 5h handelt, ist es notwendig, die Bezugsgröße anzugeben. Durch die
Normierung ist man zu einer Darstellung eines Signals als eine mathematische Funktion
übergegangen.

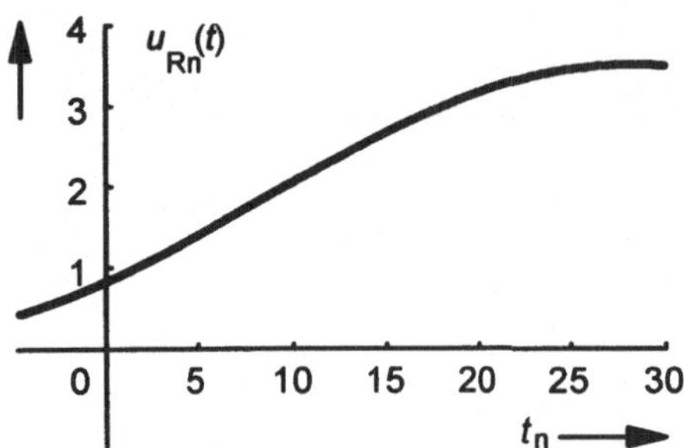

Bild 2.2
Einheitenlose Achsen durch Normierung □

Statt auf eine Grundeinheit zu beziehen, kann auch auf jede beliebige andere Größe der-
selben Dimension bezogen werden, so z.B. eine Masse m auf $m_b = 15t$. Eine besondere
Art der Normierung gibt es bei elektronischen Bauelementen, indem auf die Werte von
Normbauelementen bezogen wird.

Eine *Normierung* bedeutet, daß die Signale sowie auch die Zeit und die anderen
Größen eines Systems auf Größen gleicher physikalischer Dimension bezogen
werden. Diese sogenannten *Bezugsgrößen* sind im einfachsten Fall 1V, 1A, 1Kg
usw. Das Ergebnis sind *einheitenlose* Signale und Zeiten, für deren physikalische
Interpretation die Bezugsgrößen bekannt sein müssen.

In den Beispielen wird eine konkrete physikalische Aufgabe in der Regel ohne Normierung gerechnet, damit auch die Richtigkeit der Einheiten, z.B. von Zeitkonstanten und
Frequenzen, gezeigt werden kann. Geht es jedoch um grundsätzliche Diskussionen, dann
spielen die Einheiten keine Rolle, so daß i.a. normierte Größen verwendet werden; dabei
wird der Index n im folgenden der Einfachheit halber *weggelassen*.

2.2 Wesentliche Merkmale von Signalen

Ein Signal wird nun als Zeitfunktion, z.B. $f(t)$, dargestellt. Aus der Mathematik ist
bekannt, daß eine Funktion eine Abbildung ist, d.h. es gibt für die unabhängige Zeit t
einen Definitionsbereich, den die Funktion f auf den Wertebereich abbildet. Ein Signal
ist i.a. über der gesamten Zeitachse definiert, die mathematisch den ganzen Zahlen-
strahl umfaßt. Bei dem willkürlich gewählten Zeitpunkt $t = 0$ handelt es sich um die
Definition des *Beginns* einer *Zeitzählung* bzw. um den *Anfangszeitpunkt*. So könnte z.B.

jemand mit einer Meßeinrichtung die Nachttemperatur aufzeichnen und damit jeden Abend um 18.00Uhr beginnen. Es ist dann zweckmäßig, eine Zeitachse einzuführen, die ihren Nullpunkt zu Beginn der Messung hat.

Ein *zeitkontinuierliches* Signal liegt vor, wenn *jedem Zeitpunkt t* des Definitionsbereiches ein Funktionswert zugeordnet ist. Die Abbildung der Zeitachse zur Funktion f wird mathematisch ausgedrückt als:

$$t \rightarrow f(t) \text{ mit } t \in (-\infty, +\infty), f \in \text{Wertebereich}. \qquad (2.1)$$

Kann die Funktion jeden beliebigen Zwischenwert des Wertebereiches annehmen, dann liegt ein *wertkontinuierliches* Signal vor. Ist der Wertebereich eingeschränkt, z.B. der Spannungsbereich 0 ... 10V, so muß sichergestellt sein, daß durch die Grenzen keine Beschränkung eintritt, d.h. der Signalpegel nicht manchmal „abgekappt" wird. Es gibt aber auch Signale, die nur bestimmte, diskrete Werte annehmen können, z.B. zeigt ein digitales Thermometer meist nur ganze Grade an: Sie heißen *wertdiskret*.

Die Zeitfunktion f kann entweder reell sein, z.B. eine Spannung, ein Kraftverlauf oder auch ein Schalldruck, oder aber komplex. Ein Beispiel für eine komplexe Zeitfunktion ist die Beschreibung einer Sinusschwingung als die Summe zweier rotierender Zeiger in der Gaußschen Zahlenebene. Sie führt bei der Berechnung der Reaktion eines Systems auf eine solche Schwingung zu einer sehr einfachen Darstellung, die die Basis der Wechselstromrechnung darstellt. Auf komplexe Zeitfunktionen $f(t)$ kann die komplexe Rechnung direkt angewendet werden, da der Unterschied nur darin besteht, daß es sich bei $f(t)$ um eine mit der Zeit t parametrierte Zahl handelt:

$$f(t) = \text{Re } f(t) + j\text{Im } f(t), \qquad (2.2)$$

$$f(t) = |f(t)| e^{j\varphi(t)}. \qquad (2.3)$$

Für die Beschreibung einer komplexen Zahl sind zwei Größen notwendig: der Real- und der Imaginärteil oder der Betrag und der Phasenwinkel. Bei einer komplexen Zeitfunktion $f(t)$ sind diese vier Größen *reelle Zeitfunktionen*. (Im Anhang 3 sind die wichtigsten Beziehungen für komplexe Zahlen kurz zusammengestellt.)

☐ Beispiel 2.2

a) Ein Signal $f_1(t)$ sei

$$f_1(t) = e^{j\omega t}.$$

Für dieses komplexe Signal kann man mit Hilfe der bekannten Eulerschen Beziehung schreiben:

$$f_1(t) = \cos(\omega t) + j\sin(\omega t).$$

Damit ist der Realteil des Signals die Kosinusschwingung

$$\mathrm{Re}\,f_1(t) = \cos(\omega t)$$

und der Imaginärteil eine Sinusfunktion:

$$\mathrm{Im}\,f_1(t) = \sin(\omega t).$$

b) Das Signal wird nun nur zeitweise eingeschaltet:

$$f_2(t) = \begin{cases} 0 & t < 0 \\ e^{j\omega t} & \text{für } 0 \le t < T \\ 0 & T \le t \end{cases}.$$

Es ist dadurch immer noch komplex, aber sein Funktionswert ist außerhalb des Zeitbereichs $0 \le t < T$ Null, weswegen man von einem *zeitbegrenzten* Signal spricht. In beiden Fällen ist f aber über die gesamte Zeitachse definiert. $\qquad\square$

Ein *zeitbegrenztes* Signal liegt ganz allgemein vor, wenn sein Funktionswert nur innerhalb des endlichen Zeitbereiches $t \in [t_1, t_2]$ ungleich Null sein kann, d.h. seine Dauer beträgt maximal $T = t_2 - t_1$. Bei einer *kurzen* Zeitdauer (was das heißt, kann nur in Zusammenhang mit dem Zeitverhalten des erregten Systems definiert werden) handelt es sich um einen *Impuls*. Das Signal wird aber *nicht* zeitbegrenzt genannt, wenn eine der beiden Grenzen t_1 oder t_2 unendlich ist; weist es im Bereich $t \in [0, \infty)$ einen Funktionswert ungleich Null auf, dann ist es ein *Einschaltsignal*. Eine andere Bezeichnung ist *kausales* Signal (in Anlehnung an kausale Systeme, siehe Kapitel 2.6); dementsprechend heißt es *akausal*, wenn es Werte ungleich Null für negative Zeiten aufweist. Häufig *springt* der Funktionswert beim Einschalten, wie das folgende Bild exemplarisch zeigt:

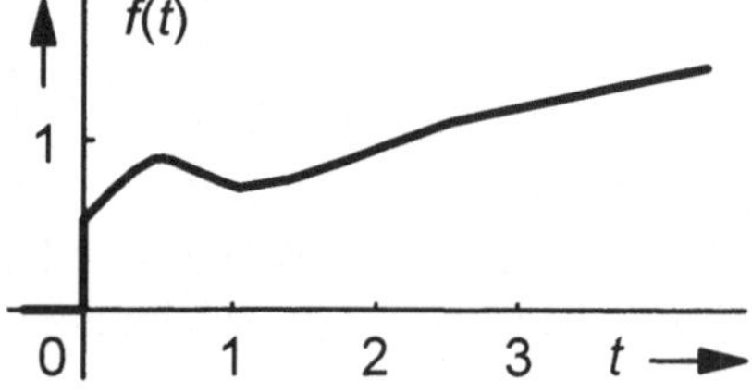

Bild 2.3
Ein Einschaltsignal bzw. kausales Signal

Wie leicht überprüft werden kann, springt auch der Funktionswert f_2 des obigen Beispiels 2.2 beim Ein- und Ausschalten, da der Real- und der Imaginärteil zu keinem Zeitpunkt gleichzeitig einen Funktionswert von Null aufweisen kann. Ein solcher sprunghafter Übergang wird in der Mathematik eine Unstetigkeitsstelle t_u genannt, da der rechtsseitige und der linksseitige Grenzwert nicht übereinstimmen. Mit den Bezeichnungen $f(t^+)$ für den rechtsseitigen und $f(t^-)$ für den linksseitigen Grenzwert wird die Unstetigkeit mathematisch durch $f(t_u^+) \ne f(t_u^-)$ ausgedrückt. Das folgende Bild zeigt einen Impuls, der bei $t_u = 2$ unstetig ist. Bei $t = 1$ ist das Signal stetig, nur seine Steigung ändert sich sprunghaft, d.h. die 1. Ableitung ist an dieser Stelle unstetig.

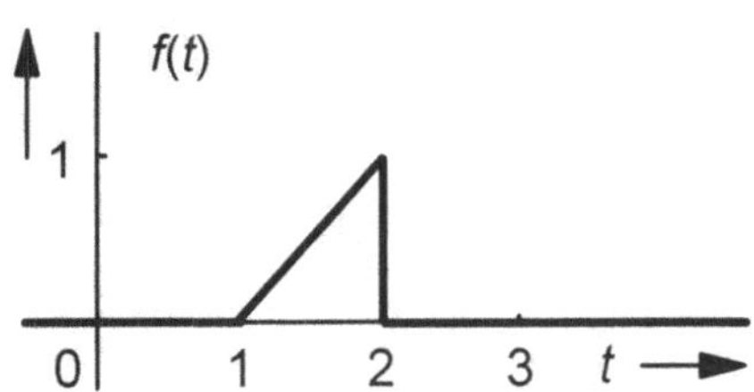

Bild 2.4
Ein Impuls als Beispiel für ein zeitbegrenztes
Signal

Ein *periodisches* Signal ist dadurch gekennzeichnet, daß sich der Funktionswert zu *jedem* Zeitpunkt t (frühestens) nach der Zeitdauer t_0 wiederholt, also

$$f_\mathrm{p}(t) = f_\mathrm{p}(t + t_0), \tag{2.4}$$

wobei t_0 die *Periodendauer* genannt wird; natürlich ist der Funktionswert auch nach einer ganzzahligen vielfachen Zeitspanne $n \cdot t_0$ der Periodendauer wieder gleich. Das bekannteste periodische Signal ist die Sinusfunktion, ein weiteres Beispiel zeigt das folgende Bild:

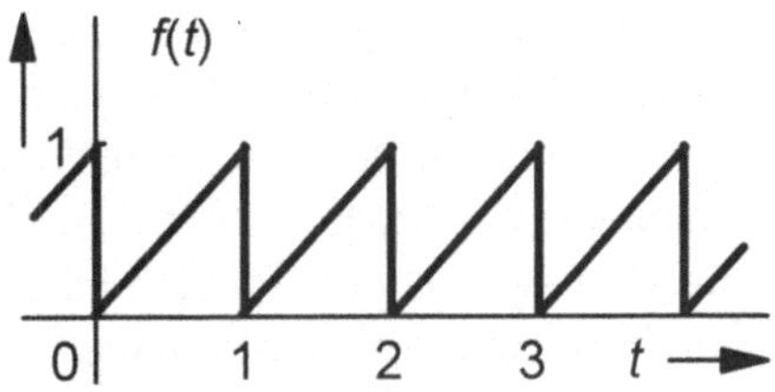

Bild 2.5
Ein Beispiel für ein periodisches Signal mit
$t_0 = 1$

Wird ein kontinuierliches Signal von einem *Digitalrechner* (einem Mikroprozessor oder einem -controller) für eine Weiterverarbeitung abgetastet, so entsteht ein *zeitdiskretes* Signal. In einem festen *Zeitraster*, z.B. pro Sekunde genau einmal, wird in einem Abtast-Halteglied der Signalpegel f kurzzeitig zwischengespeichert und mit einem Analog/Digital-Wandler in eine Digitalzahl umgewandelt, so daß eine Folge von Digitalzahlen entsteht. Im Rechner gibt es nun *keine* Informationen über den Signalverlauf *zwischen* den Abtastungen mehr. Interessant ist natürlich die Frage, ob dies überhaupt sinnvoll ist, denn es ist zu vermuten, daß dabei auch Informationen verloren gehen können. Durch die Abtastung geht das zeitkontinuierliche Signal in eine Darstellung über, bei der es nur noch zu *diskreten Zeitpunkten* $t = kT$ definiert ist (T ist die Abtastperiode, mit k wird die Abtastung durchgezählt). Das Signal $f(kT)$ heißt deshalb *zeitdiskret,* das folgende Bild verdeutlicht den Übergang:

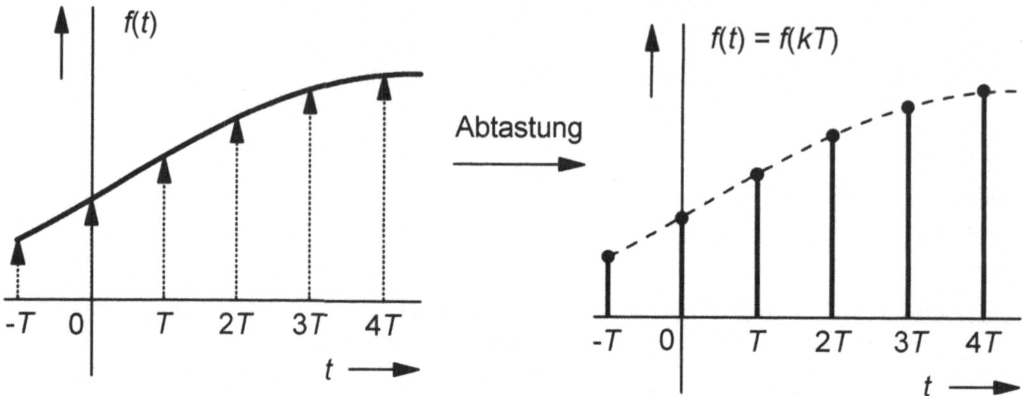

Bild 2.6
Der Übergang von einem zeitkontinuierlichen zu einem zeitdiskreten Signal durch Abtastung

Man spricht jedoch in der Praxis selten von einem *zeitdiskreten System* (bzw. kurz einem *diskreten*) sondern in der Regel von einem *digitalen* (und entsprechend von einem digitalen Filter oder einem digitalen Regler). Dies hängt einfach damit zusammen, daß das abgetastete Signal in der Hardware des Mikrorechners als Zahlenfolge binär bzw. digital dargestellt wird. Mit der endlichen Stellenzahl ist zwangsläufig eine *Quantisierung* verbunden, so daß zeitdiskrete Signale eigentlich wertdiskret sind. Wegen der heutzutage verfügbaren hohen Stellenzahl (z.B. 16 oder 32Bit) der Wandler kann die Stufigkeit der Quantisierung jedoch *vernachlässigt* werden, so daß auch ein diskretes Signal als wertkontinuierlich angesehen werden kann.

Der Zeitverlauf eines Signals kann weiterhin im voraus bekannt sein (z.B. eine sprungförmige Erregung eines Regelkreises), das Signal heißt dann *determiniert*, oder er ist unbekannt (z.B. eine Musiksendung) bzw. sogar regellos und zufällig (z.B. thermisches Widerstandsrauschen); solche Signale heißen *stochastisch*. Das folgende Bild zeigt exemplarisch ein kontinuierliches und ein diskretes stochastisches Signal.

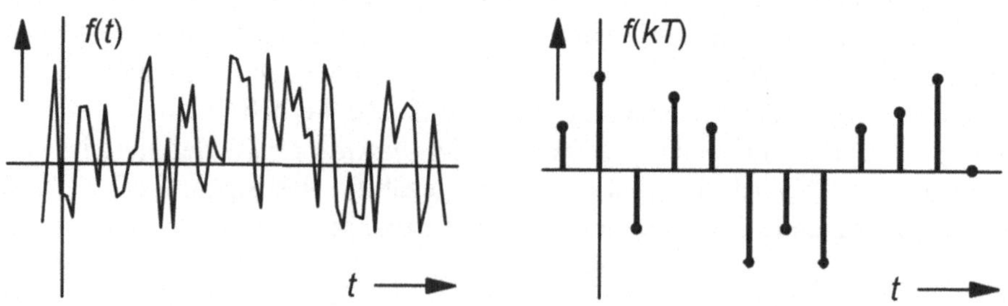

Bild 2.1
Ein regelloses bzw. stochastisches kontinuierliches sowie ein diskretes Signal

Selbstverständlich können regellose Signale auch wertdiskret sein: So kann das Würfeln als zeit- *und* wertdiskret aufgefaßt werden (es sind nur *ganzzahlige* Werte von Eins bis Sechs möglich).

Eine weitere Unterscheidung zwischen Signalen erfolgt nach ihrer Energie bzw. Leistung. Als Energie $W(t_1, t_2)$ eines kontinuierlichen Signals $f(t)$ im Zeitbereich $t \in (t_1, t_2]$ wird die Größe

$$W(t_1, t_2) = \int_{t_1}^{t_2} |f(t)|^2 dt \tag{2.5}$$

bezeichnet. Für seine Gesamtenergie gilt demnach:

$$W = \int_{-\infty}^{\infty} |f(t)|^2 dt. \tag{2.6}$$

Ein *Energiesignal* besitzt eine *endliche* Gesamtenergie, also

$$W < \infty. \tag{2.7}$$

Handelt es bei dem Signal um eine (reelle) Spannung $u(t)$ an einem ohmschen Widerstand R, so wird die Energie

$$W = \frac{1}{R} \int_{-\infty}^{\infty} u^2(t) dt \tag{2.8}$$

in Wärme umgesetzt. Wird die Spannung auf $1V$ normiert, so sind die berechneten Werte für einen Widerstand von 1Ω identisch; ansonsten müssen für eine Umrechnung noch die Normierung sowie der Widerstandswert berücksichtigt werden.

Die Energie eines diskreten Signals läßt sich berechnen, indem das Integral durch eine Summe über die Flächeninkremente $|f(kT)|^2 \cdot T$ ausgedrückt wird:

$$\int_{-\infty}^{\infty} |f(t)|^2 dt \overset{\text{zeitdiskret}}{\to} \sum_{k=-\infty}^{\infty} |f(kT)|^2 \, T. \tag{2.9}$$

Da die Abtastperiode konstant ist, kann auf sie normiert werden, so daß die Energie eines *diskreten* Signals als

$$W = \sum_{k=-\infty}^{\infty} |f(kT)|^2 \tag{2.10}$$

definiert wird; entsprechend haben *diskrete Energiesignale* eine endliche Gesamtenergie. Energiesignale sind insbesondere zeitbegrenzte Signale und Impulse.

Entsprechend der elektrotechnischen Analogie wird als Momentanleistung eines kontinuierlichen Signals der Ausdruck

$$P(t) = |f(t)|^2 \tag{2.11}$$

bezeichnet sowie als mittlere Leistung:

$$P = \lim_{T \to \infty} \frac{1}{2T} \int_{-T}^{T} |f(t)|^2 \, dt. \tag{2.12}$$

Für ein diskretes Signal folgt entsprechend:

$$P(kT) = |f(kT)|^2, \tag{2.13}$$

$$P = \lim_{N \to \infty} \frac{1}{2N+1} \sum_{k=-N}^{N} |f(kT)|^2. \tag{2.14}$$

Ein Signal ist ein *Leistungssignal*, wenn seine mittlere Leistung endlich ist, also

$$P < \infty. \tag{2.15}$$

Offensichtlich ist die mittlere Leistung eines Energiesignals Null, während die Energie eines Leistungssignals unendlich wird. Leistungssignale sind insbesondere periodische Signale wie die Sinusfunktion, aber auch Zufallssignale, wenn sie stationäre Eigenschaften besitzen und sie damit ebenfalls zeitlich unbegrenzt sind.

□ **Beispiel 2.3**

a) Betrachtet wird wieder das Signal $f_1(t)$:

$$f_1(t) = e^{j\omega t}.$$

Die Momentanleistung berechnet sich zu

$$P(t) = |f_1(t)|^2 = 1.$$

Da das Signal dauerhaft eingeschaltet ist, muß seine Gesamtenergie unendlich werden, es ist also kein Energiesignal.

Die mittlere Leistung des periodischen Signal kann auch über eine Periode $t_0 = \frac{2\pi}{\omega}$ berechnet werden:

$$P = \frac{1}{t_0} \int_0^{t_0} |f_1(t)|^2 \, dt = \frac{1}{t_0} \int_0^{t_0} 1 \, dt = 1.$$

Des Wert dieses speziellen *Leistungssignals* ist mit der Momentanleistung identisch, da sie *konstant* ist.

b) Betrachtet wird nun die nur zeitweise eingeschaltete Schwingung

$$f_2(t) = \begin{cases} e^{j\omega t} & \text{für} \quad 0 \le t < T \\ 0 & \text{sonst} \end{cases} .$$

Für die Gesamtenergie dieses Signals erhält man:

$$W = \int_{-\infty}^{\infty} |f_2(t)|^2 \, dt = \int_0^T 1 \, dt = T.$$

Zu beachten ist hierbei, daß auch die Zeit als normiert vorausgesetzt wird, weswegen die Energie ebenfalls einheitenlos ist. Da die Energie des Signals f_2 endlich ist (solange T endlich ist, sonst wäre es ein *dauerhaft* eingeschaltetes Signal), handelt es sich nun um ein *Energiesignal*; wie man leicht überprüfen kann, ist die mittlere Leistung dadurch Null. $\square$

Im folgenden werden zunächst ausschließlich zeit- und wertkontinuierliche Signale behandelt, wobei der Wertebereich grundsätzlich unbeschränkt ist; die Erweiterung auf zeitdiskrete sowie stochastische Signale erfolgt in den Kapiteln 6 und 7. Wertdiskrete Signale kommen zwar in den Beispielen vor, es werden für sie jedoch (bis auf wertdiskrete stochastische Signale) keine separaten Geichungen entwickelt.

Ein *zeitkontinuierliches Signal* $f(t)$ ist eine Funktion, die zu *jedem Zeitpunkt* der Zeitachse definiert ist.

Wird ein solches Signal abgetastet, d.h. zu festen Zeitpunkten $t = kT$ gemessen und in eine Folge von Digitalzahlen umgewandelt, dann handelt es sich danach um ein *zeitdiskretes Signal* $f(kT)$, da der Signalverlauf *zwischen* den Abtastzeitpunkten *nicht bekannt* ist.

Ein *wertkontinuierliches* Signal kann jeden beliebigen Funktionswert innerhalb eines vorgegebenen Bereiches (z.B. $0 \dots 10\text{V}$) annehmen, ein *wertdiskretes* Signal dagegen nur bestimmte, diskrete Werte (z.B. 0 oder 10V).

Ein Signal ist *determiniert*, wenn sein Zeitverlauf als bekannt angesehen werden kann, dagegen *stochastisch*, falls dies nicht der Fall ist (z.B. Musik- und Fernsehsendungen, aber auch Rauschen).

Zeitbegrenzte Signale können nur innerhalb eines (endlichen) Zeitbereiches $t \in [t_1, t_2]$ einen Funktionswert ungleich Null aufweisen; ist die Maximaldauer $T = t_2 - t_1$ kurz, dann ist es ein *Impuls*.

Ein Signal, das auf dem *unendlichen* Zeitbereich $t \in [0, \infty)$ definiert ist, heißt *Einschaltsignal* oder *kausales* Signal; dementsprechend nennt man ein Signal *akausal*, wenn es auch für negative Zeiten einen Funktionswert ungleich Null aufweist.

2.3 Elementarsignale

Die nun behandelten Signale sind für die folgenden Betrachtungen von grundlegender Bedeutung. Sie werden als *Elementar-* oder *Testsignale* bezeichnet, wodurch ausgedrückt werden soll, daß mit ihnen Systeme beaufschlagt werden, um ihr Verhalten auszutesten.

2.3.1 Die Sprungfunktion

Die Sprungfunktion bzw. der Einheitssprung ist definiert als:

$$\sigma(t) = \begin{cases} 0 & t < 0 \\ \text{für} & \\ 1 & t \geq 0 \end{cases} . \qquad\qquad (2.16)$$

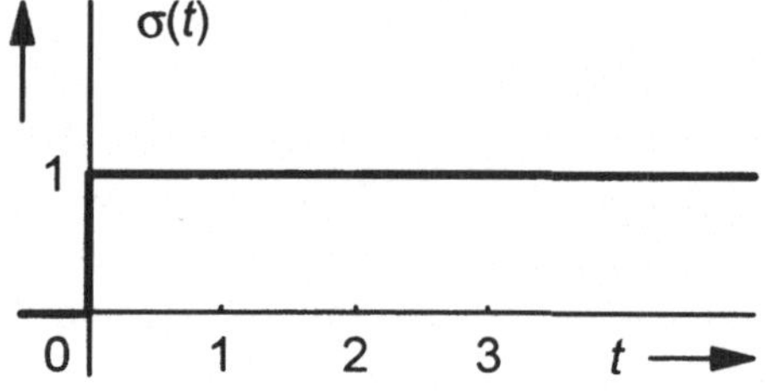

Bild 2.6
Die Sprungfunktion bzw. der Einheitssprung

Der Pegel sowie die Zeit sind hierbei normiert. Die Definition von Signalverläufen als formelmäßige Ausdrücke für unterschiedliche Zeitintervalle ist eine gebräuchliche Methode, sie wird die *zeitlich stückweise Beschreibung* genannt. Die Sprungfunktion $\sigma(t)$ (auch $s(t)$, $\varepsilon(t)$, $u(t)$, $w(t)$, $1(t)$) ist eine *unstetige* Funktion, denn der links- und rechtsseitige Grenzwert stimmen zum Zeitpunkt $t = 0$ nicht überein.

Wie geschehen, kann der Zustand „Eingeschaltet" bereits dem Zeitpunkt $t = 0$ zugeordnet werden, wodurch sich das Signal sinnvoll abtasten läßt. Legitim ist ebenfalls, den Funktionswert 0,5 zu definieren[1], d.h. den Mittelwert zwischen dem linken und rechten Funktionswert; dies hat Vorteile bei den Frequenzbereichsmethoden, wie der Fourier-Analyse oder -Transformation, da sie Sprungstellen auf diesen Mittelwert abbilden.

---

[1] Signale, die sich nur an endlich vielen singulären Stellen unterscheiden, sind in ihrer *Wirkung* identisch; ihre Differenzfunktionen nennt man wegen ihrer verschwindenden Energie *Nullfunktionen*.

Nach der Definition eines zeitkontinuierlichen Signals muß aber der Wert zu jedem Zeitpunkt definiert sein.

Der Sprung läßt sich durch eine einfache *Koordinatentransformation* $t \rightarrow t - t_0$ nach t_0 „verschieben":

$$\sigma(t - t_0) = \begin{cases} 0 & t - t_0 < 0 \\ & \text{für} \\ 1 & t - t_0 \geq 0 \end{cases}$$

$$= \begin{cases} 0 & t < t_0 \\ & \text{für} \\ 1 & t \geq t_0 \end{cases} . \tag{2.17}$$

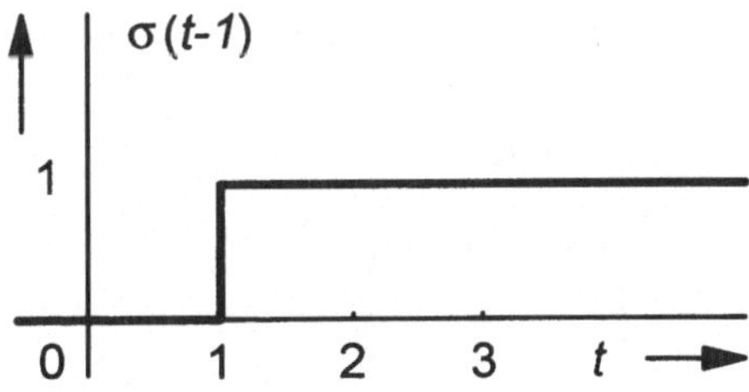

Bild 2.9
Die nach $t_0 = 1$ verschobene Sprungfunktion

Eine zeitliche *Spiegelung* ergibt die Verwendung des Argumentes $-t$:

$$\sigma(-t) = \begin{cases} 0 & -t < 0 \\ & \text{für} \\ 1 & -t \geq 0 \end{cases}$$

$$= \begin{cases} 0 & t > 0 \\ & \text{für} \\ 1 & t \leq 0 \end{cases} . \tag{2.18}$$

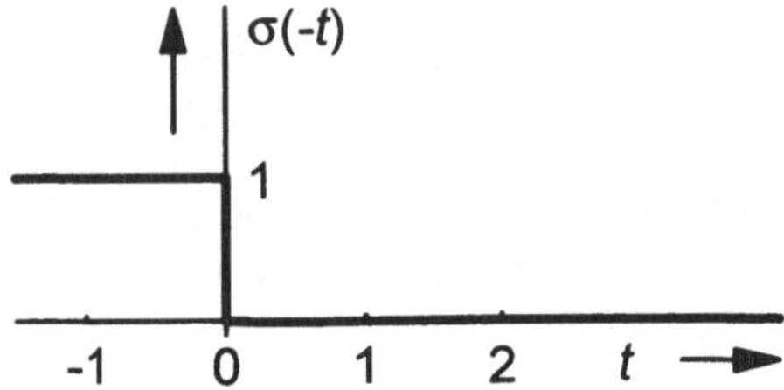

Bild 2.10
Die gespiegelte Sprungfunktion

Die Sprungstelle kann nun zusätzlich nach t_0 verschoben werden, indem t durch $t - t_0$ substituiert wird, insgesamt gilt dann $\sigma(-(t - t_0)) = \sigma(-t + t_0) = \sigma(t_0 - t)$. Entscheidend für die zeitliche Spiegelung ist das *negative* Vorzeichen *vor* t.

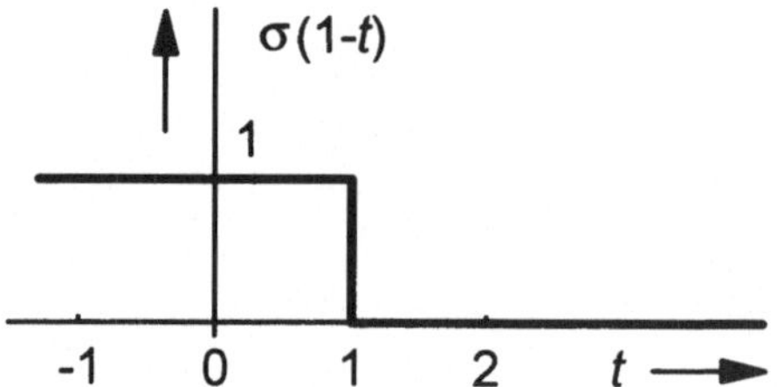

Bild 2.11
Die zeitlich gespiegelte und nach $t_0 = 1$ verschobene Sprungfunktion

□ **Beispiel 2.4**

Das Signal $f_1(t)$ hat den dargestellten Verlauf. Wie lautet die zeitlich stückweise Beschreibung sowie die geschlossene Darstellung mit einer Summe von Sprungfunktionen?

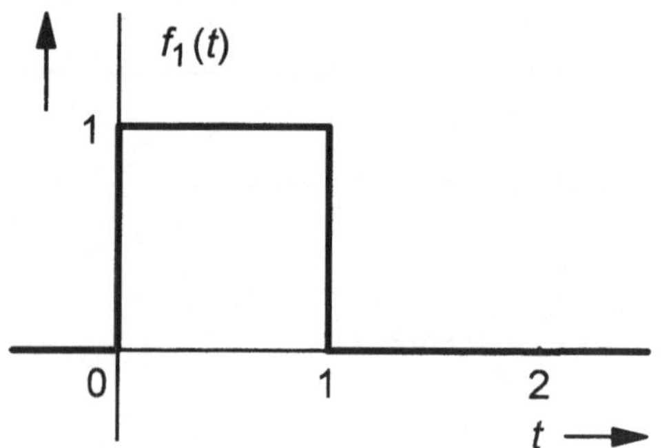

Bild 2.12
Aus Sprungfunktionen zusammengesetztes Rechtecksignal

Eine zeitlich stückweise Beschreibung ist einfach:

$$f_1(t) = \begin{cases} 0 & t < 0 \\ 1 & \text{für } 0 \leq t < 1 \\ 0 & 1 \leq t \end{cases} \quad .$$

Für die Darstellung in Form einer Summe als geschlossene Darstellung stelle man sich vor, das Rechtecksignal sei ein Spannungsverlauf. Bis zum Zeitpunkt $t = 1$ stellt sich der Verlauf nur wie ein Einschalten der Spannung dar, ob wieder ausgeschaltet wird, ist möglicherweise noch gar nicht bekannt; das Einschalten ist die Sprungfunktion. Dann ereignet sich ein weiterer Sprung vom Pegel 1 aus betrachtet um 1 in die negative Richtung. Dieses „Ausschalten" läßt sich durch $-\sigma(t - 1)$ darstellen:

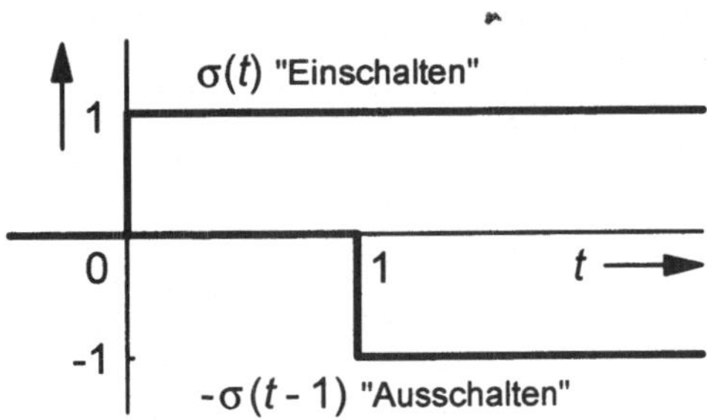

Bild 2.13
Die in der Rechteckfunktion enthaltenen
Sprungfunktionen

Damit gilt: $f_1(t) = \sigma(t) - \sigma(t-1)$. Zur Kontrolle setzt man einen beliebigen Zeitpunkt ein, z.B.
$t = 2: f_1(2) = \sigma(2) - \sigma(2-1) = 1 - 1 = 0$. □

Der im Beispiel behandelte Rechteckimpuls ist sicherlich ein wichtiges abgeleitetes
Elementarsignal, das als $\text{rect}(t)$ mit dem Pegel und der *Fläche Eins* in normierter Form
symmetrisch zum Zeitpunkt $t = 0$ definiert ist:

$$\text{rect}(t) = \begin{cases} 1 & |t| \leq \frac{1}{2} \\ & \text{für} \\ 0 & |t| > \frac{1}{2} \end{cases}, \tag{2.19}$$

bzw. in geschlossener Form:

$$\text{rect}(t) = \sigma(t + \tfrac{1}{2}) - \sigma(t - \tfrac{1}{2}). \tag{2.20}$$

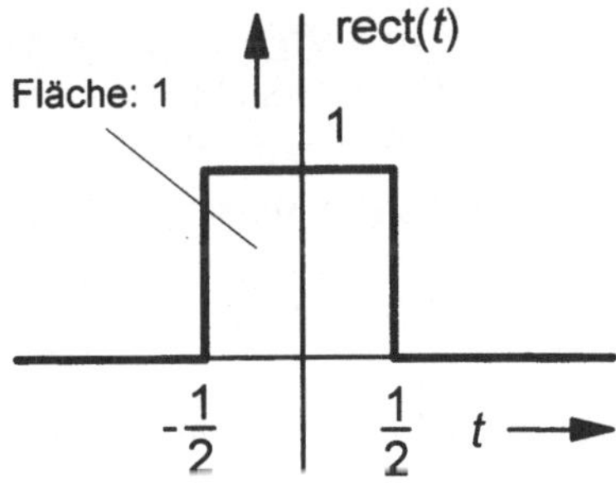

Bild 2.14
Der elementare Rechteckimpuls $\text{rect}(t)$

An diesem Impuls kann demonstriert werden, welche Auswirkung eine zeitliche
Stauchung oder *Dehnung* hat. Betrachtet wird dazu der Impuls $\text{rect}(\frac{t}{T})$ ($T > 0$), für den
die obige Definition weiter gültig bleibt, indem t durch $\frac{t}{T}$ *substituiert* wird:

$$\text{rect}(\tfrac{t}{T}) = \begin{cases} 1 & \left|\tfrac{t}{T}\right| \le \tfrac{1}{2} \\[2mm] & \text{für} \\[2mm] 0 & \left|\tfrac{t}{T}\right| > \tfrac{1}{2} \end{cases},$$

$$= \begin{cases} 1 & |t| \le \tfrac{1}{2}T \\[2mm] & \text{für} \qquad\qquad \text{mit } T > 0. \\[2mm] 0 & |t| > \tfrac{1}{2}T \end{cases} \qquad\qquad (2.21)$$

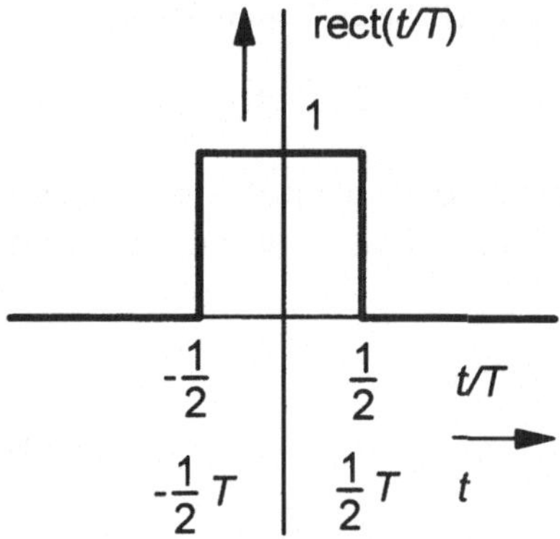

Bild 2.15
Zeitlich gestauchter $(0 < T < 1)$ bzw. gedehnter Rechteckimpuls $(T > 1)$

Die Fläche des Impulses beträgt nun T; soll sie *weiterhin* den normierten Wert Eins besitzen, so muß er mit $\tfrac{1}{T}$ *multipliziert* bzw. *gewichtet* werden: $\tfrac{1}{T}\text{rect}(\tfrac{t}{T})$.

Für *negative* T ergibt sich zusätzlich eine zeitliche *Spiegelung*; an dem obigen Funktionsverlauf ist ersichtlich, daß durch die symmetrische Definition des Impulses $\text{rect}(t) = \text{rect}(-t)$ gilt. Wie die Kosinusfunktion gehört er damit zur Klasse der *geraden* Funktionen $f_g(t)$, die die Bedingung

$$f_g(t) = f_g(-t) \qquad\qquad (2.22)$$

erfüllen; dagegen gehört die Sinusfunktion zur Klasse der *ungeraden* Funktionen $f_u(t)$, für die

$$f_u(t) = -f_u(-t) \qquad\qquad (2.23)$$

gilt. Soll mit einem negativen Faktor T die Fläche des Rechteckimpulses Eins bleiben, so muß er mit $-\tfrac{1}{T}$ multipliziert werden, so daß insgesamt formuliert werden kann: $\tfrac{1}{|T|}\text{rect}(\tfrac{t}{T})$. Da bei den elementaren Impulsen die *Fläche* die *normierte* Größe darstellt, muß bei einer Dehnung oder Stauchung (bzw. einer Umnormierung) der Zeitachse auch immer ihre Änderung berücksichtigt werden.

□ Beispiel 2.5

Ein serielles digitales Signal wird „paketweise" als ein 4Bit-Wort übertragen, z.B. 0110. Diese werden als Rechteckimpulse in Form von rect(t) übertragen, wenn das Bit 1 ist, ansonsten ist für die Dauer eines Impulses der Pegel Null. Für das Beispiel erhält man den Signalverlauf:

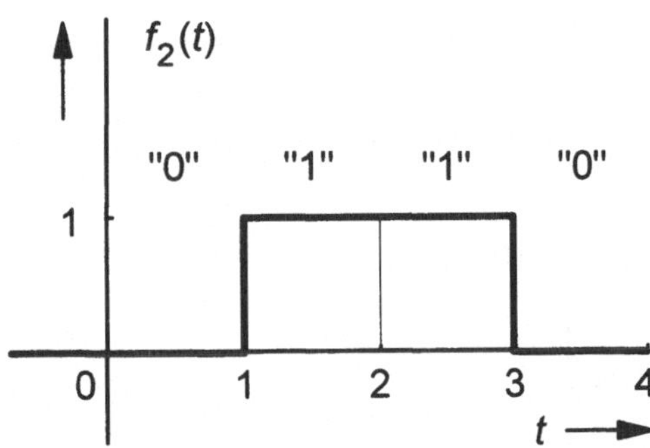

Bild 2.16
Serielle 4Bit-Übertragung

Das digitale Wort wird mit seinen vier Bit dargestellt als $B_1 B_2 B_3 B_4$.

Dies ist nun kein großes Problem mehr: Das erste Bit ist $B_1 \cdot \text{rect}(t - \frac{1}{2})$, das zweite $B_2 \cdot \text{rect}(t - \frac{3}{2})$ usw., so daß man kompakt schreiben kann:

$$f_2(t) = \sum_{i=1}^{4} B_i \, \text{rect}\left[t - \tfrac{1}{2} - (i-1)\right] = \sum_{i=1}^{4} B_i \, \text{rect}\left[t + \tfrac{1}{2} - i\right] \qquad \square$$

> Eine zeitlich *stückweise* Beschreibung eines Signals ist eine *tabellenartige* Darstellung, in der für verschiedene Zeitbereiche jeweils ein formelmäßiger Ausdruck angegeben wird. Eine zeitlich *geschlossene* Beschreibung ist eine Darstellung in *Form einer Summe*, in der bereits definierte, i.a. mit Faktoren gewichtete Signale zeitlich überlagert werden.

2.3.2 Die Rampenfunktion

Nicht immer ist es möglich, ein System auszutesten, indem das Eingangssignal sprunghaft eingeschaltet wird, insbesondere, wenn es sich um mechanische Geräte handelt und das Signal einen Kraftverlauf darstellt. In solchen und ähnlichen Fällen kann als Testsignal eine Rampenfunktion verwendet werden.

Die zeitlich stückweise Beschreibung lautet

$$r(t) = \begin{cases} 0 \\ t \end{cases} \text{für} \quad \begin{matrix} t < 0 \\ t \geq 0 \end{matrix} , \tag{2.24}$$

sowie die zeitlich geschlossene Darstellung:

$$r(t) = t \cdot \sigma(t). \tag{2.25}$$

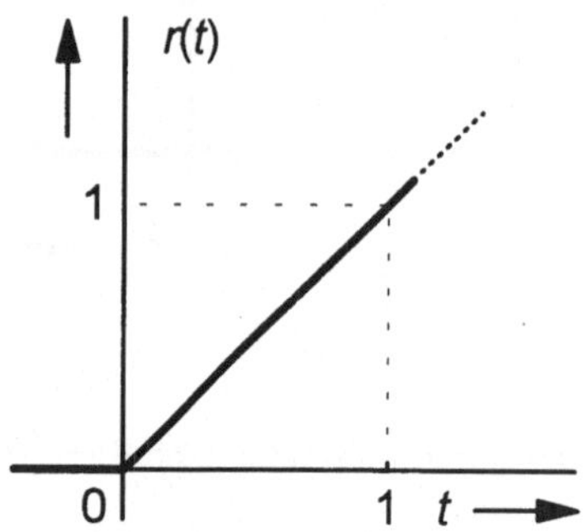

Bild 2.17
Die Rampenfunktion

Hierbei wird erstmalig eine Zeitfunktion (die Gerade t) mit der Sprungfunktion *multipliziert*. Die Gleichung ist so zu lesen, daß für einen Zeitpunkt $t = t_1$ die Werte der Multiplikanden (hier t_1 und $\sigma(t_1)$) bestimmt und anschließend multipliziert werden. Da die Sprungfunktion für negative Zeiten den Wert Null hat, wird dort jede physikalisch sinnvolle Funktion zu Null gesetzt. Dagegen hat sie für positive Zeiten den Wert Eins, so daß die Gerade erhalten bleibt: Der Sprung hat also die Funktion eines zeitlichen „Schalters"; das Resultat ist ein *Einschaltsignal*.

Auch aus Rampenfunktionen lassen sich viele Signale zusammensetzen, nur sind die Teilsignale nicht so einfach zu erkennen wie bei der Sprungfunktion.

☐ **Beispiel 2.6**

Gesucht werden eine stückweise und eine geschlossene Beschreibung für den unten dargestellten Signalverlauf $f(t)$.

Insgesamt sind es fünf Zeitbereiche; denn auch dort, wo das Signal Null ist, muß es festgelegt werden. In drei Zeitbereichen ist der Pegel konstant, in zwei sind es Geraden. Die Steigung der ersten Gerade ist $\frac{\Delta f}{\Delta t} = \frac{6}{2} = 3$, der Achsenabschnitt ist Null, da sie durch den Ursprung geht. Bei der zweiten Gerade beträgt die Steigung $\frac{\Delta f}{\Delta t} = \frac{-6}{4} = -1,5$; die additive Konstante ergibt sich zu 15, indem ein bekannter Punkt eingesetzt wird, z.B. $f(10) = 0$. Damit folgt:

$$f(t) = \begin{cases} 0 & t < 0 \\ 3t & 0 \le t < 2 \\ 6 & \text{für} \quad 2 \le t < 6 \\ -1,5t + 15 & 6 \le t < 10 \\ 0 & 10 \le t \end{cases}.$$

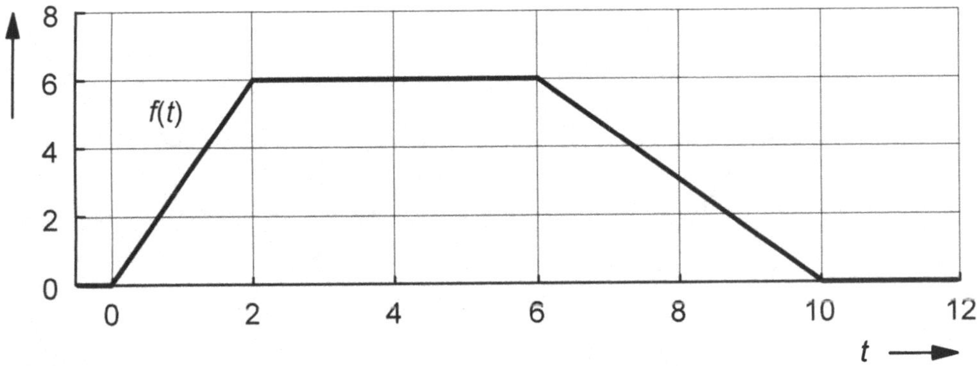

Bild 2.18
Aus Rampenfunktionen zusammengesetztes Signal

Welchem Bereich eine Bereichsgrenze, z.B. $t = 2$ zugeordnet wird, ist in diesem Fall unerheblich (ansonsten wäre es willkürlich), da $f(t)$ stetig ist.

Für eine geschlossene Beschreibung muß man sich verdeutlichen, wie sich $f(t)$ aus Teilfunktionen zusammensetzen läßt. Sprungfunktionen können nicht enthalten sein, da f keine Sprünge aufweist und damit stetig ist. Es handelt sich zunächst um eine Rampenfunktion, multipliziert mit 3, da sonst der Funktionswert bei 2 nicht 6 betragen kann. Damit f dann konstant bleiben kann, muß eine Rampenfunktion mit der Steigung -3 bei $t = 2$ beginnen. Jeder *Knick* von f bedeutet für dieses Signal demnach eine *zusätzliche Rampenfunktion*, im Gegensatz zu den aus Sprüngen zusammengesetzten Signalen, wo jeder *Sprung* eine zusätzliche Sprungfunktion bedeutete. Das Bild 2.19 zeigt die enthaltenen Rampenfunktionen.

Die Teilsignale lassen sich darstellen als:

$$f_1(t) = 3r(t),$$

$$f_2(t) = -3r(t-2),$$

$$f_3(t) = -1,5r(t-6),$$

$$f_4(t) = 1,5r(t-10).$$

Alle Teilsignale überlagert ergeben das Signal:

$$f(t) = \sum_{i=1}^{4} f_i(t) = 3r(t) - 3r(t-2) - 1,5r(t-6) + 1,5r(t-10).$$

Ab $t = 10$ ergibt sich in der Tat der Wert Null, wie sich durch Einsetzen eines Zeitpunktes leicht zeigen läßt.

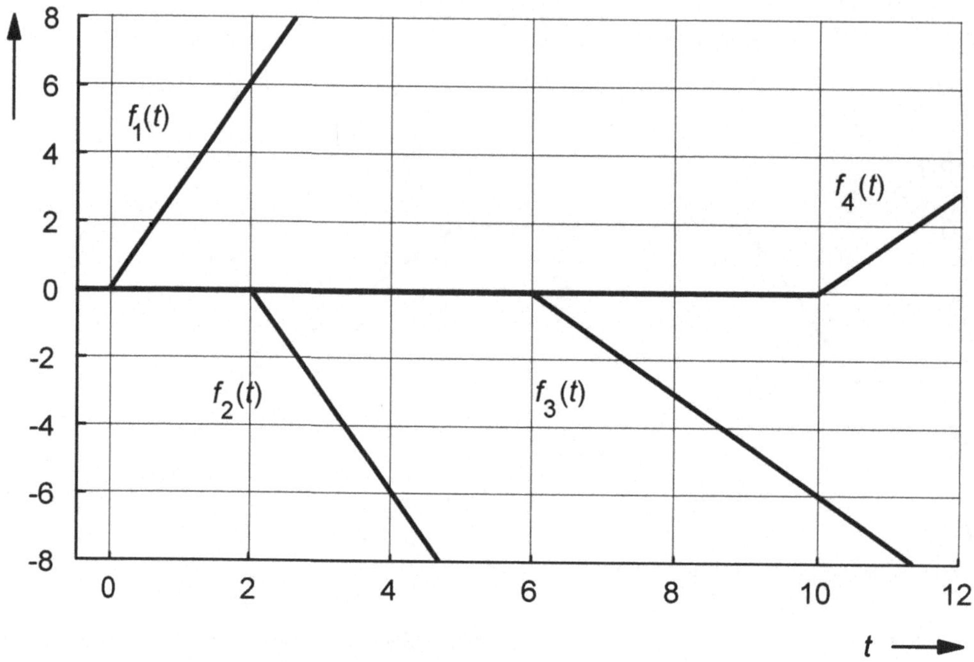

Bild 2.19
Die im Signal enthaltenen Rampenfunktionen   □

Die *Multiplikation* einer *Zeitfunktion* $f(t)$ mit der *Sprungfunktion* $\sigma(t)$, also $f(t) \cdot \sigma(t)$ führt dazu, daß sie zum Anfangszeitpunkt $t = 0$ „eingeschaltet" wird, d.h. das resultierende Signal ist für negative Zeiten Null und für positive Zeiten sowie dem Anfangszeitpunkt $f(t)$; das Produkt ist ein *Einschaltsignal*.

Gibt es einen einfachen *mathematischen Zusammenhang* zwischen der Sprung- und der Rampenfunktion (Bild 2.20)?

Offensichtlich ist die Sprungfunktion die Steigung, also die *zeitliche Ableitung* der Rampenfunktion. Zum Zeitpunkt $t = 0$ „springt" die Ableitung von Null (waagerecht) auf Eins (Steigungsdreieck 1/1). Umgekehrt muß die Rampenfunktion demnach das *zeitliche Integral* der Sprungfunktion darstellen. In der Tat vergrößert sich für positive Zeiten das Integral (die Fläche unter der Funktion) pro Zeiteinheit um einen konstanten Betrag, da der Sprung immer die gleiche Höhe hat.

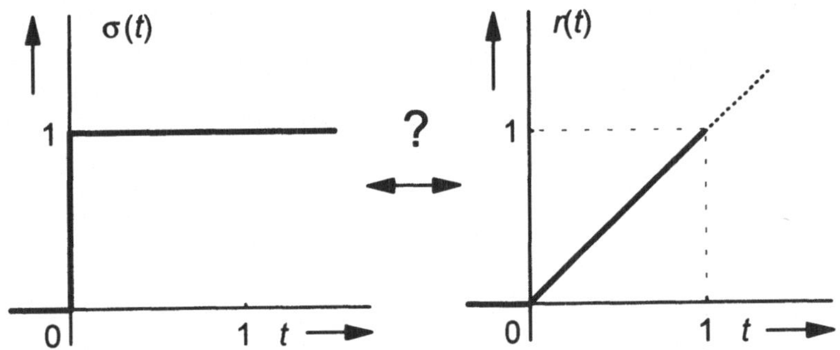

Bild 2.20
Gesuchter Zusammenhang zwischen der Sprung- und der Rampenfunktion

> Zwischen der *Sprung-* und der *Rampenfunktion* gibt es den einfachen mathematischen Zusammenhang
>
> $$r(t) = \int_{-\infty}^{t} \sigma(\tau)d\tau \quad \text{und} \quad \sigma(t) = \frac{d}{dt}r(t) = \dot{r}(t).$$

Der Punkt über dem Rampensymbol ist eine Kurzschreibweise für $\frac{d}{dt}$. Entsprechend bedeuten zwei Punkte die zweifache Ableitung usw., für eine n-fache Ableitung wird auch $f^{(n)}$ geschrieben, d.h. wie eine Potenzierung, nur in Klammern.

Ein aus Rampenfunktionen zusammengesetzter, elementarer Impuls ist der Dreiecksimpuls, der normiert ebenfalls die *Fläche Eins* besitzt:

$$\Lambda(t) = \begin{cases} 1 - |t| & |t| \le 1 \\ & \text{für} \\ 0 & |t| > 1 \end{cases} . \tag{2.26}$$

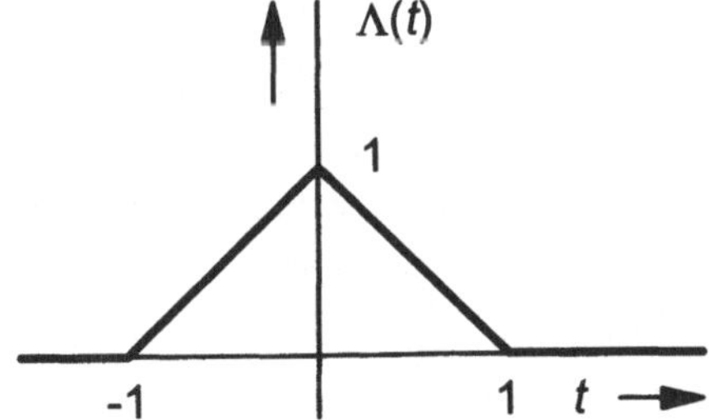

Bild 2.21
Der normierte Dreiecksimpuls

Offensichtlich besitzt er die geschlossene Darstellung:

$$\Lambda(t) = r(t+1) - 2r(t) + r(t-1). \tag{2.27}$$

Auch der Dreiecksimpuls ist eine *gerade* Funktion; bei einer Stauchung bzw. Dehnung der Zeitachse muß, wie beim Rechteckimpuls ausführlich diskutiert, die Veränderung seiner Fläche berücksichtigt werden.

2.3.3 Die Deltafunktion

Das nun folgende Elementarsignal in von allen das ungewöhnlichste: die Impuls- oder *Deltafunktion*. So treten z.B. in elektronischen Schaltungen kurzzeitige Impulse auf, die folgendermaßen angenähert (approximiert) werden können:

$$\Delta(t) = \tfrac{1}{\varepsilon}[\sigma(t) - \sigma(t-\varepsilon)]. \tag{2.28}$$

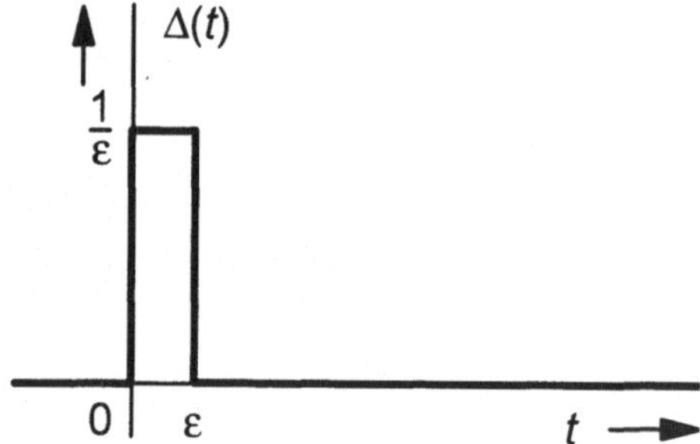

Bild 2.22
Näherung eines Deltaimpulses

Wie beim Rechteck- und Dreiecksignal wird zur Normierung der *Wirkung* dieses Impulses seine Fläche F (das Gesamtintegral) zu Eins gewählt:

$$F = \int\limits_{-\infty}^{\infty} \Delta(\tau)d\tau = \int\limits_{0}^{\varepsilon} \Delta(\tau)d\tau = \int\limits_{0}^{\varepsilon} \tfrac{1}{\varepsilon}d\tau = \varepsilon \cdot \tfrac{1}{\varepsilon} = 1. \tag{2.29}$$

Damit lassen sich Ladungen oder Ströme und damit deren Wirkungen beschreiben, die räumlich in einem ε-großen Bereich vorhanden sind. Sollen dagegen *idealisiert* Punktladungen und Linienströme beschrieben werden, so muß ε gegen Null gehen. Der Grenzfall dieser *Funktionenfolge* ist die Funktion $\delta(t)$, für die die Bezeichnungen

- Deltafunktion
- Dirac-Funktion (nach ihrem Entdecker Paul Dirac)
- Nadelimpuls
- Impulsfunktion

gebräuchlich sind.

Sie hat überall den Wert Null, bis auf den Ursprung, dort geht sie gegen unendlich, damit die Fläche weiterhin definitionsmäßig den Wert Eins haben kann. Dieser Sachverhalt wird symbolisch durch einen Pfeil dargestellt:

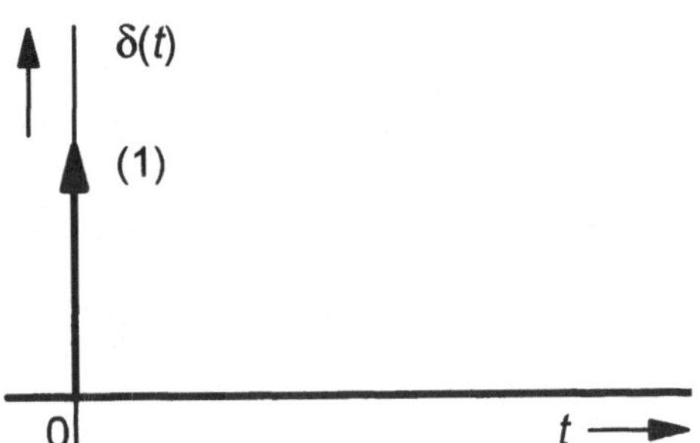

Bild 2.23
Symbolische Darstellung einer Deltafunktion

Die Fläche der Deltafunktion wird auch ihr *Gewicht* genannt, es wird neben dem Pfeilsymbol vermerkt (eine Eins wird i.a. weggelassen, da es der Standardwert ist). Manchmal wird auch die Höhe des Pfeils wie sein Gewicht gezeichnet, was formal nicht ganz richtig ist, aber zweckmäßig sein kann.

Die Deltafunktion ist eine *verallgemeinerte Funktion* oder *Distribution*, sie läßt sich nur durch ihre *Wirkung* beschreiben. So hat eine Punktladung als Wirkung ein elektrisches Feld, obwohl sie keine Ausdehnung hat, dafür geht die Ladungsdichte gegen unendlich; entsprechend besitzt ein Linienstrom ein magnetisches Feld und eine unendliche Stromdichte.

Die Deltafunktion läßt sich wie jede verallgemeinerte Funktion als *Grenzfunktion* einer Folge gewöhnlicher Funktionen darstellen, jedoch *nicht* als Abbildung zwischen Definitions- und Wertebereich, da Unendlich *kein Wert* ist. Für die Deltafunktion gibt es *unendlich* viele verschiedene Funktionenfolgen, deren sie Grenzfunktion ist, so z.B. mit den fast gleichen Folgen:

$$\delta(t) = \lim_{\varepsilon \to 0} \Delta(t), \tag{2.30}$$

$$\delta(t) = \lim_{T \to 0} \tfrac{1}{T} \, \mathrm{rect}(\tfrac{t}{T}). \tag{2.31}$$

Mittlerweile gibt es eine vollständige Distributionentheorie, wobei es für Herleitungen manchmal zweckmäßiger ist, wegen der Anschaulichkeit auf die angenäherte Impulsfunktion $\Delta(t)$ zurückzugreifen.

Definitionsgemäß gilt:

$$\int_{-\infty}^{\infty} \delta(\tau)d\tau = 1. \tag{2.32}$$

Wird die Deltafunktion mit einem Faktor multipliziert, also $c \cdot \delta(t)$, dann ändert sich nur ihre Fläche bzw. ihr Gewicht:

$$\int_{-\infty}^{\infty} c \cdot \delta(\tau)d\tau = c \cdot \int_{-\infty}^{\infty} \delta(\tau)d\tau = c. \tag{2.33}$$

Auch eine zeitlich gestauchte oder gedehnte Deltafunktion $\delta(at)$, mit $a \neq 0$, kann sinnvoll sein. Ihre Bedeutung läßt sich zum einen aus der ursprünglichen Rechteckfunktion herleiten oder aber über ihre Fläche:

$$a > 0 : \int_{-\infty}^{\infty} \delta(at)dt = \frac{1}{a} \int_{-\infty}^{\infty} \delta(at)d(at) = \frac{1}{a},$$

$$a < 0 : \int_{-\infty}^{\infty} \delta(at)dt = \frac{1}{a} \int_{\infty}^{-\infty} \delta(at)d(at) = -\frac{1}{a},$$

$$\int_{-\infty}^{\infty} \delta(at)dt = \frac{1}{|a|}. \tag{2.34}$$

Damit gilt:

$$\delta(at) = \frac{1}{|a|}\delta(t). \tag{2.35}$$

Wird die Dehnung und Stauchung wie zuvor beim Rechteckimpuls mit $\delta(\frac{t}{T})$ ausgedrückt, so folgt mit $a = \frac{1}{T}$ die Darstellung

$$\delta(\tfrac{t}{T}) = |T|\delta(t), \tag{2.36}$$

sowie:

$$\delta(t) = \frac{1}{|T|}\delta(\tfrac{t}{T}). \tag{2.37}$$

Diese Gleichung ist so zu interpretieren, daß durch die Multiplikation mit dem Faktor $\frac{1}{|T|}$ die Fläche des „gedehnten" oder „gestauchten" Impulses wieder Eins wird. Die Änderung des Gewichtes muß grundsätzlich berücksichtigt werden, wenn die Zeitachse eines Signals mit Deltafunktionen *umnormiert* wird.

Für eine zeitliche *Spiegelung*, also $T = -1$, gilt offensichtlich:

$$\delta(t) = \delta(-t). \tag{2.38}$$

Bei der Deltafunktion handelt es sich ebenfalls um eine *gerade* Funktion, wie auch das Symbol eines ideal schmalen Nadelimpulses verdeutlicht.

Ebenso wie die Rampen- oder die Sprungfunktion kann die Deltafunktion an eine beliebige zeitliche Position t_0 „geschoben" werden:

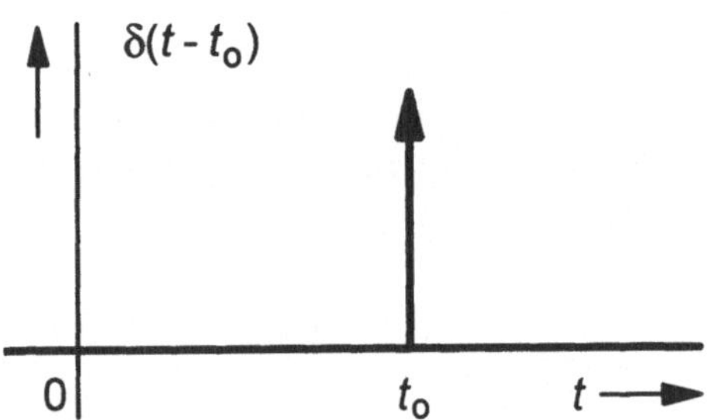

Bild 2.24
Zeitlich verschobene Deltafunktion

Welche Bedeutung hat nun die Multiplikation einer gewöhnlichen Funktion $f(t)$ (an der Stelle t_0 muß sie allerdings stetig sein, damit es dort nicht zu Definitionskonflikten kommt) mit einer zeitverschobenen Deltafunktion, d.h. $f(t) \cdot \delta(t - t_0)$? Dazu wird zweckmäßigerweise zunächst das Produkt mit der Näherung $f(t) \cdot \Delta(t - t_0)$ betrachtet, wie es das Bild 2.25 zeigt. Wenn der Impuls $\Delta(t)$ schmal genug ist, dann läßt sich, da er bis auf t_0 überall Null ist, in guter Näherung schreiben:

$$\Delta(t - t_0) \cdot f(t) \approx \Delta(t - t_0) \cdot f(t_0).$$

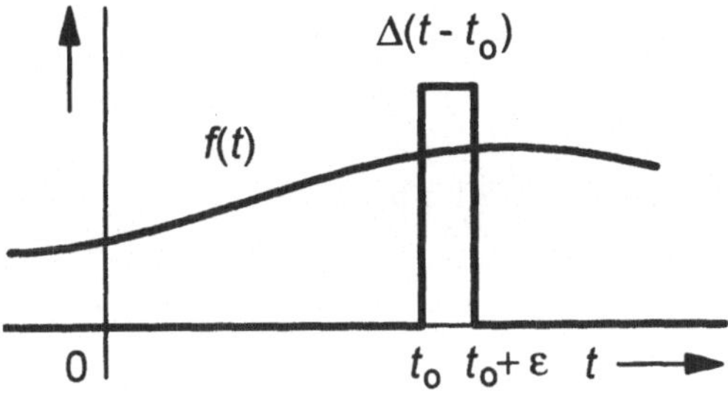

Bild 2.25
Multiplikation einer gewöhnlichen Funktion mit einem angenäherten Deltaimpuls

Im Grenzfall $\varepsilon \to 0$ geht die Näherung in die Deltafunktion über, und es gilt das Gleichheitszeichen:

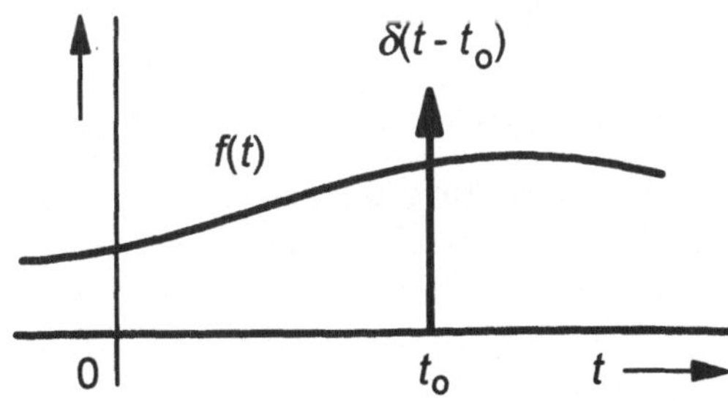

Bild 2.26
Multiplikation einer gewöhnlichen Funktion mit dem Deltaimpuls

$$\delta(t - t_0) \cdot f(t) = \delta(t - t_0) \cdot f(t_0).\tag{2.39}$$

Offensichtlich überträgt die Multiplikation des Signals $f(t)$ mit einer Deltafunktion zur Zeit t_0 den Funktionswert $f(t_0)$ als *Gewicht* auf die Deltafunktion; dies ist eine elegante Methode, die Abtastung mathematisch zu beschreiben. Eine Integration über dieses Produkt liefert den *Funktionswert* $f(t_0)$ (also das Gewicht der Deltafunktion) als Resultat:

$$\int_{-\infty}^{\infty} \delta(\tau - t_0) \cdot f(\tau)d\tau = \int_{-\infty}^{\infty} \delta(\tau - t_0) \cdot f(t_0)d\tau = f(t_0) \cdot \int_{-\infty}^{\infty} \delta(\tau - t_0)d\tau = f(t_0).\tag{2.40}$$

Diese wichtige Beziehung heißt die *Ausblendeigenschaft* der Deltafunktion, da der Funktionswert von $f(t)$ an der Position t_0 des Deltas „ausgeblendet" wird; diese Stelle kann auch allgemein mit t bezeichnet werden:

$$\int_{-\infty}^{\infty} \delta(\tau - t) \cdot f(\tau)d\tau = f(t)\quad.\tag{2.41}$$

Da die Deltafunktion eine *gerade* Funktion ist ($f(x) = f(-x)$), folgt mit

$$\delta(\tau - t) = \delta(t - \tau)$$

die Darstellung

$$\int_{-\infty}^{\infty} \delta(t - \tau) \cdot f(\tau)d\tau = f(t);\tag{2.42}$$

insbesondere gilt für $t = 0$:

$$\int_{-\infty}^{\infty} \delta(\tau) \cdot f(\tau)d\tau = \int_{-\infty}^{\infty} \delta(-\tau) \cdot f(\tau)d\tau = f(0).\tag{2.43}$$

Das zeitliche Integral der Deltafunktion ist ebenfalls interessant. Bis $t = 0$ ist die Fläche unter der Deltafunktion immer Null, wird jedoch über den Nullpunkt hinwegintegriert, dann springt die Fläche auf Eins; dies ist aber nichts anderes als die Sprungfunktion:

$$\int_{-\infty}^{t} \delta(\tau)d\tau = \sigma(t).\tag{2.44}$$

Bei der Umkehrung dieser Beziehung ist Vorsicht geboten, denn $\sigma(t)$ ist eine *unstetige* Funktion, die im klassischen Sinn bei $t = 0$ *nicht* differenziert werden darf; deshalb werden zunächst die Näherungen betrachtet:

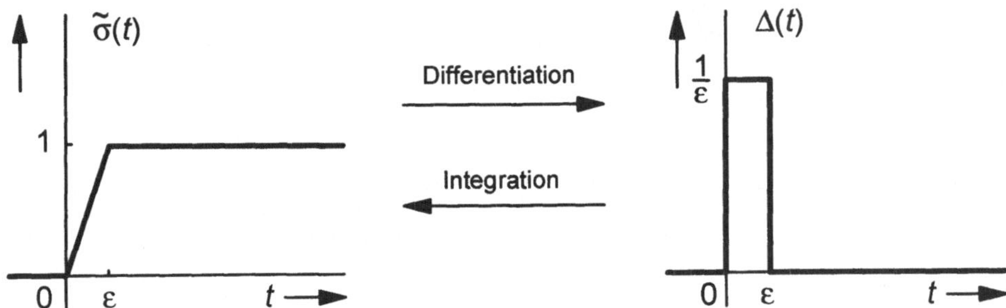

Bild 2.27
Zusammenhang zwischen der angenäherten Sprung- und Deltafunktion

Für den Grenzfall $\varepsilon \to 0$ geht die linke Seite in die Sprungfunktion über und die rechte in die Deltafunktion:

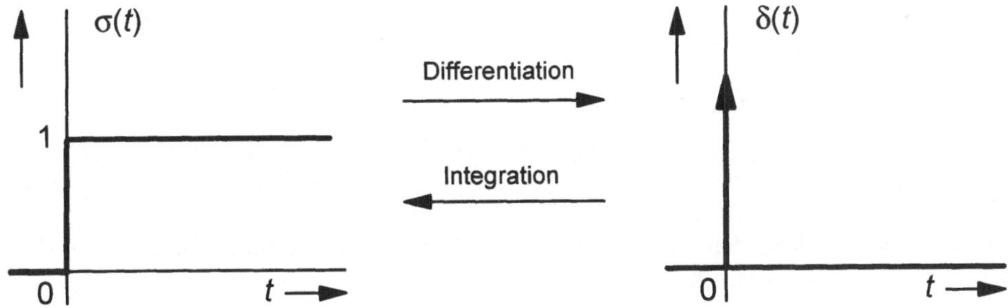

Bild 2.28
Zusammenhang zwischen der Sprung- und der Deltafunktion

Die gewöhnliche Ableitung wird dann zur *verallgemeinerten Ableitung*, die auch das Ableiten von unstetigen und sogar verallgemeinerten Funktionen sinnvoll ermöglicht, denn als Ergebnis sind verallgemeinerte Funktionen erlaubt. Im folgenden ist das *Ableiten* an einer *Unstetigkeitsstelle* wichtig: Hierbei ist das Ergebnis eine *Deltafunktion* mit der Position der Unstetigkeitsstelle und dem *Gewicht der Sprunghöhe*. Dies ist sofort einleuchtend, wenn eine unstetige Funktion als Summe einer stetigen Funktion und einer Sprungfunktion dargestellt wird, wie das Bild 2.29 zeigt.

Mit der Unstetigkeitsstelle t_u und der Sprunghöhe $\Delta f_u = f(t_u^+) - f(t_u^-)$ folgt für die Ableitung:

$$f(t) = f_{\text{stetig}}(t) + \Delta f_u \cdot \sigma(t - t_u), \tag{2.45}$$

$$\dot{f}(t) = \dot{f}_{\text{stetig}}(t) + \Delta f_u \cdot \dot{\sigma}(t - t_u) = \dot{f}_{\text{stetig}}(t) + \Delta f_u \cdot \delta(t - t_u). \tag{2.46}$$

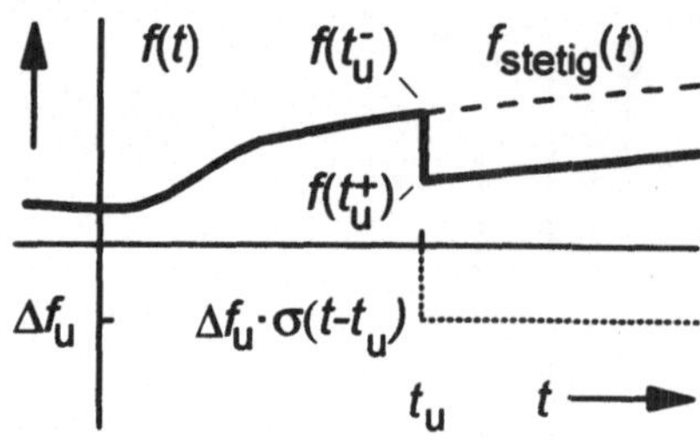

Bild 2.29
Zerlegung einer unstetigen Funktion in eine stetige und eine Sprungfunktion

Insgesamt bestehen zwischen der Delta- und der Sprungfunktion die Beziehungen:

$$\delta(t) = \frac{d}{dt}\sigma(t) = \dot{\sigma}(t), \tag{2.47}$$

$$\delta(t-t_o) = \frac{d}{dt}\sigma(t-t_o) = \dot{\sigma}(t-t_o), \tag{2.48}$$

$$\sigma(t) = \int_{-\infty}^{t} \delta(\tau)d\tau, \tag{2.49}$$

$$\sigma(t-t_o) = \int_{-\infty}^{t} \delta(\tau-t_o)d\tau. \tag{2.50}$$

□ **Beispiel 2.7**

a) Beginnend bei $t = 0$ werden mit einer festen Zeitspanne T Deltafunktionen mit dem Gewicht Eins erzeugt; sie ergeben zusammen das Signal $f(t)$:

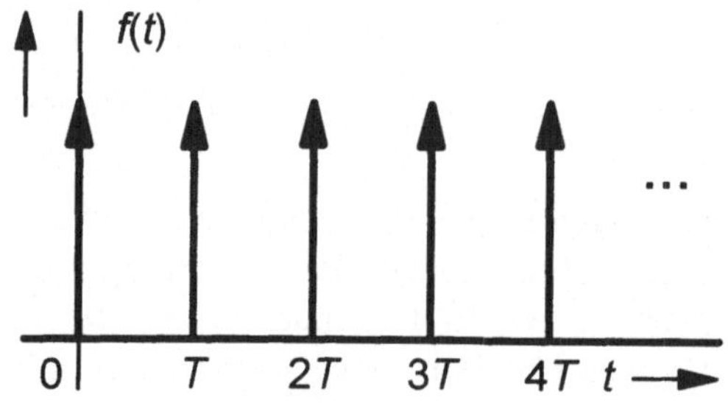

Bild 2.30
Unendliche Folge von Deltafunktionen

Man beschreibe die Impulsfolge $f(t)$ in Form einer Summe.

Eine beliebige Deltafunktion, z.B. diejenige bei $t = 5T$, wird beschrieben durch:

$$f_5(t) = \delta(t-5T);$$

demnach gilt für eine Deltafunktion bei $t = kT$:

$$f_k(t) = \delta(t-kT).$$

Alle Teilfunktionen zusammen (d.h. als Summe) ergeben das Signal:

$$f(t) = \sum_{k=0}^{\infty} \delta(t - kT).$$

b) Die Impulsfolge $f(t)$ wird nun mit dem stetigen Signal $x(t)$ multipliziert:

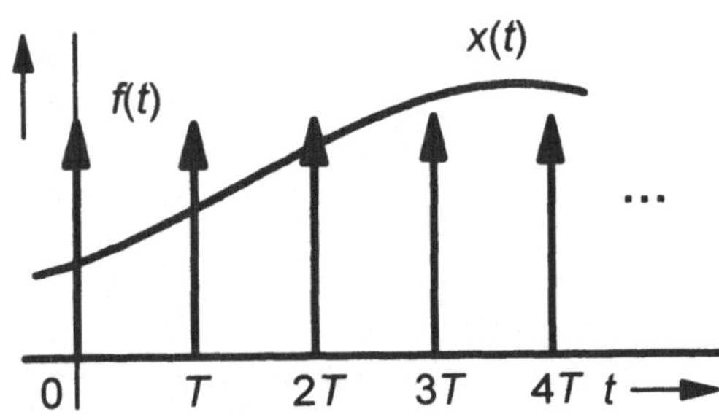

Bild 2.31
Multiplikation der Deltaimpulsfolge mit
dem stetigen Signal $x(t)$

Man beschreibe das Produkt $p(t) = f(t) \cdot x(t)$; offensichtlich gilt:

$$p(t) = x(t) \cdot \sum_{k=0}^{\infty} \delta(t - kT) = \sum_{k=0}^{\infty} x(t) \cdot \delta(t - kT) = \sum_{k=0}^{\infty} x(kT) \cdot \delta(t - kT).$$

Die Funktionswerte von $x(t)$ zu den Zeiten der Deltaimpulse werden als Gewichte übertragen, wobei es diesmal anschaulicher ist, wenn sie als Höhe dargestellt werden:

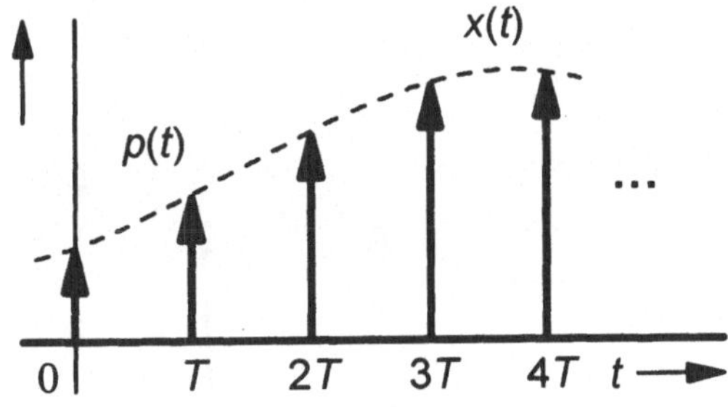

Bild 2.32
Übertragung der Funktionswerte von $x(t)$
als Gewichte auf die Deltaimpulse

c) Ein (normiertes) Spannungssignal $u(t)$ habe den Verlauf: $u(t) = e^{-t} \cdot \sigma(t)$. Man berechne die zeitliche Ableitung $\dot{u}(t)$ und skizziere die beiden Signale.

Da es sich bei u um das Produkt zweier Zeitfunktionen handelt, wird die Produktregel angewendet:

$$\dot{u}(t) = \frac{d}{dt}[e^{-t} \cdot \sigma(t)] = \frac{d}{dt}e^{-t} \cdot \sigma(t) + e^{-t} \cdot \frac{d}{dt}\sigma(t)$$

$$= -e^{-t} \cdot \sigma(t) + e^{-t} \cdot \delta(t) = -e^{-t} \cdot \sigma(t) + e^{0} \cdot \delta(t)$$

$$= -e^{-t} \cdot \sigma(t) + \delta(t).$$

Das unstetige Signal und seine (verallgemeinerte) Ableitung zeigt das folgende Bild:

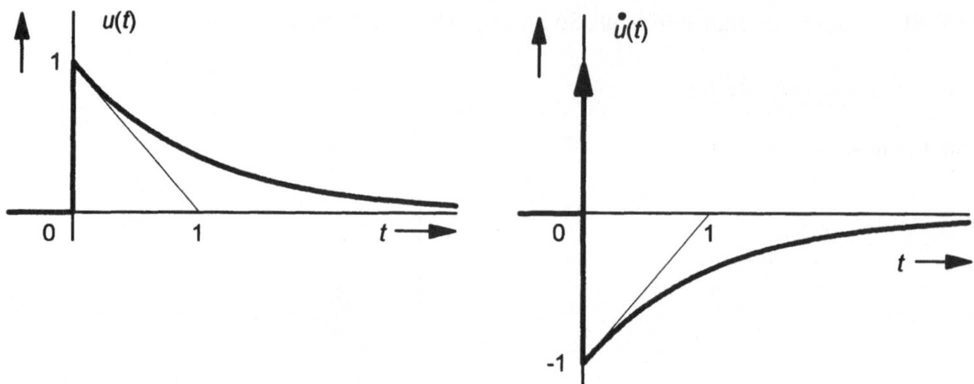

Bild 2.33

Der unstetige Spannungsverlauf $u(t) = e^{-t} \cdot \sigma(t)$ und seine Ableitung $\overset{\bullet}{u}(t)$

Es ist eine gute Übung für den Leser, aus dem abgeleiteten Signal durch eine Integration das ursprüngliche Signal wieder zu berechnen. $\square$

Für das Arbeiten mit periodischen Funktionen wird eine unendliche Deltaimpulsfolge gerne eingesetzt; sie wird mit $III(t)$ bezeichnet und besitzt Deltafunktionen zu allen ganzzahligen Werten der normierten Zeitachse:

$$III(t) = \sum_{k=-\infty}^{\infty} \delta(t - k). \tag{2.51}$$

Bild 2.34

Die unendliche Folge von Deltafunktionen $III(t)$

Sollen, wie im obigen Beispiel, die Impulse bei Vielfachen von T auftreten, so ist dies die Funktion $III(\frac{t}{T})$. Allerdings ist bei dieser Umnormierung der Zeitachse Vorsicht geboten, denn die Gewichte der Deltafunktionen ändern sich dadurch auf $|T|$! Um wie im Beispiel Impulse mit dem Gewicht Eins darzustellen, muß die Funktion $\frac{1}{|T|} III(\frac{t}{T})$ verwendet werden.

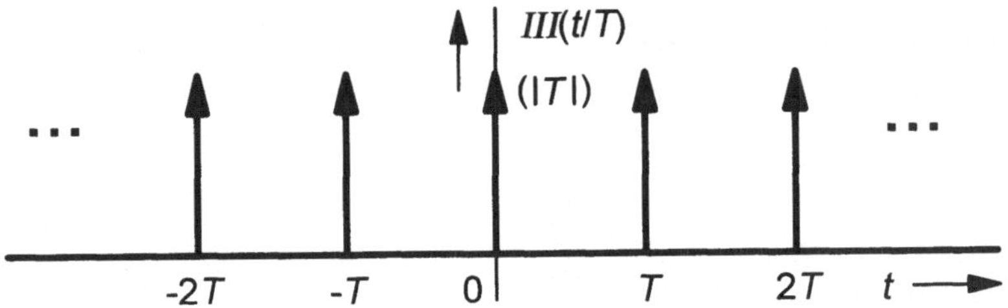

Bild 2.35
Die unendliche Folge von Deltafunktionen $III(t/T)$

Die *Deltafunktion* $\delta(t)$ ist eine abstrakte, in der Realität nur annäherbare Funktion, die einen idealen *Nadelimpuls* an der Stelle $t = 0$ darstellt. Ihre *Fläche* bzw. ihr *Gewicht* ist definitionsgemäß *Eins*, so daß sie eine normierte Wirkung besitzt:

$$\int_{-\infty}^{\infty} \delta(\tau)d\tau = 1;$$

sie gehört damit zur Klasse der *verallgemeinerten Funktion*en. Ist $f(t)$ eine an der Stelle t_0 stetige (gewöhnliche) Funktion, dann gilt:

$$f(t) \cdot \delta(t - t_0) = f(t_0) \cdot \delta(t - t_0);$$

der Funktionswert an der Stelle t_0 wird damit als Gewicht übernommen. Wird über t_0 hinwegintegriert, dann ist das Resultat der Funktionswert $f(t_0)$; diese Beziehung ist die *Ausblendeigenschaft*

$$\int_{-\infty}^{\infty} f(t)\delta(t - t_0)dt = f(t_0),$$

die mit den Substitutionen $t \to \tau$, $t_0 \to t$ sowie der Eigenschaft der Deltafunktion, eine *gerade* Funktion zu sein, in den beiden Versionen geschrieben werden kann:

$$\int_{-\infty}^{\infty} f(\tau)\delta(\tau - t)d\tau = f(t) \text{ sowie } \int_{-\infty}^{\infty} f(\tau)\delta(t - \tau)d\tau = f(t).$$

Mit der *verallgemeinerten Ableitung* kann eine unstetige Funktion an den Unstetigkeitsstellen differenziert werden; für die Ableitung der Sprungfunktion gilt

$$\frac{d}{dt}\sigma(t - t_0) = \delta(t - t_0) \qquad \text{sowie speziell mit der Wahl } t_0 = 0:$$

$$\frac{d}{dt}\sigma(t) = \delta(t).$$

2.4 Die Exponentialfunktion und die komplexe Exponentialschwingung

Eine weitere wichtige Elementarfunktion ist die *Exponentialfunktion* (bzw. kurz *e-Funktion*) mit dem komplexen Exponenten λt:

$$f(t) = e^{\lambda t}, \tag{2.52}$$

wobei die Konstante λ definiert ist als

$$\lambda = \sigma + j\omega. \tag{2.53}$$

Es sind nun drei Fälle möglich:

a) Die Konstante λ ist reell, d.h. $\omega = 0$

Damit ist auch die e-Funktion eine reelle Funktion der Zeit. Typische Beispiele für zeitliche Verläufe in der Natur sind als aufklingende Funktionen ($\sigma > 0$) Wachstumsprozesse, z.B. die Weltbevölkerung, abklingende Funktionen ($\sigma < 0$) ergeben sich z.B. beim Zerfallen von radioaktiver, also instabiler Materie, wobei die e-Funktionen durch die Halbwertzeiten charakterisiert werden; für $\sigma = 0$ ergibt sich wegen $e^{0t} = 1$ ein konstanter Wert:

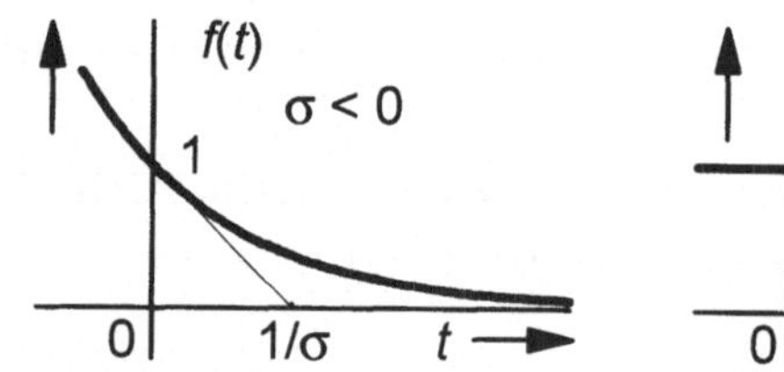

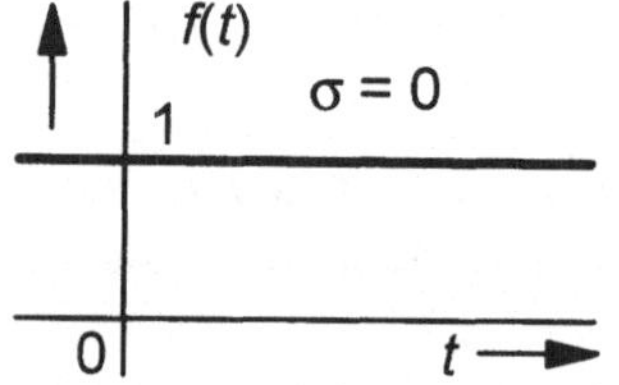

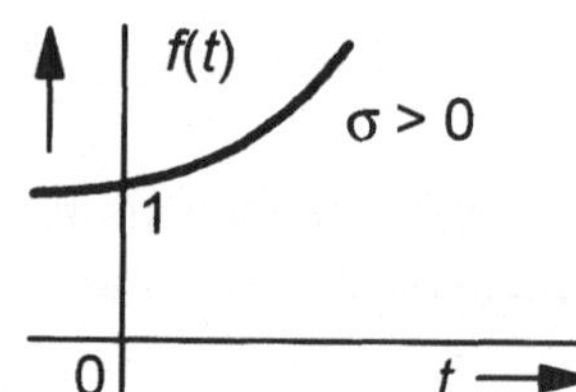

Bild 2.36
Die Exponentialfunktion $e^{\sigma t}$ für verschiedene Werte des reellen Koeffizienten σ

b) Die Konstante λ ist imaginär, d.h. $\sigma = 0$

Der Vergleich der e-Funktion

$$f(t) = e^{j\omega t} \tag{2.54}$$

mit der Polardarstellung ergibt, daß es sich um einen Ortsvektor bzw. Zeiger in der Gaußschen Zahlenebene handelt, der mit der Länge Eins einen zeitabhängigen Winkel $\varphi(t)$ zur reellen Achse aufweist:

$$|f(t)| = 1 \text{ und } \varphi(t) = \omega t. \tag{2.55}$$

Die Winkelgeschwindigkeit $\dot{\varphi}$ ist konstant:

$$\dot{\varphi} = \frac{d}{dt}\varphi(t) = \frac{d}{dt}\omega t = \omega, \tag{2.56}$$

d.h. der Zeiger dreht sich in der komplexen Ebene mit ebenfalls konstanter Drehzahl, weswegen die e-Funktion den Namen *komplexe Exponentialschwingung* bzw. *komplexe harmonische Schwingung* erhalten hat. Die Winkelgeschwindigkeit berechnet sich aus dem Verhältnis des Winkels einer vollen Umdrehung 2π und der dafür benötigten Zeit, der Periodendauer T:

$$\omega = \frac{2\pi}{T}. \tag{2.57}$$

Die Periodendauer ist reziprok zur Anzahl der Schwingungen pro Zeiteinheit, der Frequenz f:

$$T = \frac{1}{f}, \tag{2.58}$$

$$\omega = 2\pi f. \tag{2.59}$$

Eine zeitliche Kosinus- bzw. Sinusfunktion ist wegen der Eulerschen Beziehung

$$e^{j\omega t} = \cos(\omega t) + j\sin(\omega t) \tag{2.60}$$

der Real- bzw. der Imaginärteil der komplexen Exponentialschwingung:

$$\cos(\omega t) = \operatorname{Re} e^{j\omega t}, \ \sin(\omega t) = \operatorname{Im} e^{j\omega t}; \tag{2.61}$$

beide Funktionen sind *reell*.

Sie sind die Projektionen des sich drehenden Zeigers auf die Achsen der Gaußschen Zahlenebene; sollen der Real- und der Imaginärteil auf die gleiche Achse (im folgenden Bild ist dies die imaginäre) abgebildet werden, so wird die Relation zwischen beiden wieder hergestellt, indem der Kosinuszeiger um 90° bzw. $\pi/2$ voreilt:

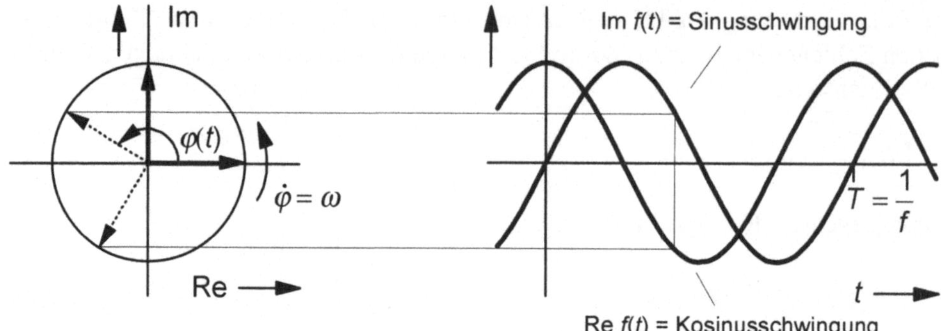

Bild 2.37
Sinus- und Kosinusschwingung als Projektionen von sich drehenden Zeigern

Besitzt der Zeiger eine beliebige Anfangsphase ϕ sowie eine (reelle) Amplitude A, dann läßt er sich schreiben als:

$$f(t) = Ae^{j(\omega t + \phi)} = Ae^{j\phi}e^{j\omega t} = A_k e^{j\omega t} \tag{2.62}$$

mit der nun *komplexen* Amplitude $A_k = Ae^{j\phi}$; sie kann als (ruhender) Zeiger in einer komplexen Ebene dargestellt werden.

c) Die Konstante λ ist komplex, d.h. $\lambda = \sigma + j\omega$

Aus

$$f(t) = e^{(\sigma + j\omega)t} = e^{\sigma t} \cdot e^{j\omega t}$$

folgt, daß die Amplitude der komplexen Exponentialschwingung $e^{j\omega t}$ nun die reelle e-Funktion $e^{\sigma t}$ ist:

$$f(t) = A(t) \cdot e^{j\omega t} \text{ mit } A(t) = e^{\sigma t}; \tag{2.63}$$

$A(t)$ ist damit die *zeitabhängige Länge* des sich drehenden Zeigers; seine Spitze beschreibt eine zu- oder abnehmende *Spirale*. Eine anschauliche perspektivische Darstellung zeigt das folgende Bild für den aufklingenden Fall ($\sigma > 0$):

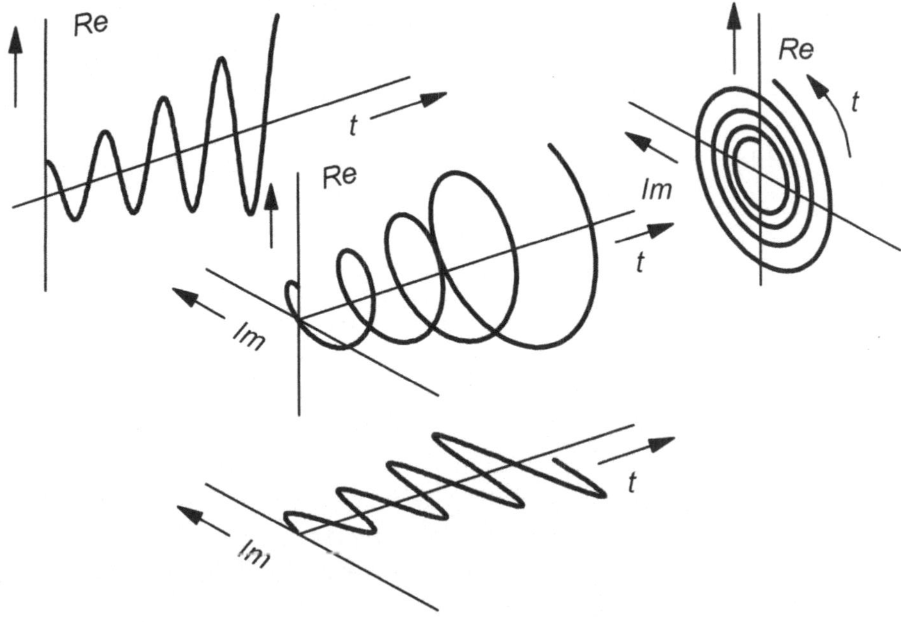

Bild 2.38
Perspektivische Darstellung einer aufklingenden Exponentialschwingung

Die e-Funktion $e^{\lambda t}$ mit dem konstanten komplexen Koeffizienten $\lambda = \sigma + j\omega$ besitzt eine *Eigenschaft*, die sie von anderen Zeitfunktionen unterscheidet: Jede ihrer Ableitungen ist wiederum eine e-Funktion mit dem gleichen Exponenten:

$$f(t) = e^{\lambda t}, \; \dot{f}(t) = \lambda e^{\lambda t}, \; \ddot{f}(t) = \lambda^2 e^{\lambda t}, ..., f^{(n)}(t) = \lambda^n e^{\lambda t}. \tag{2.64}$$

Da die Funktion selbst erhalten bleibt, lassen sich immer Koeffizienten a_i finden, die als Linearkombination der obigen Funktionen zu jedem Zeitpunkt den Wert Null ergeben:

$$a_0 e^{\lambda t} + a_1 \lambda e^{\lambda t} + ... + a_n \lambda^n e^{\lambda t} = (a_0 + a_1 \lambda + ... + a_n \lambda^n) \cdot e^{\lambda t} = 0. \tag{2.65}$$

Offensichtlich muß der Klammerausdruck Null sein, da die e-Funktion immer ungleich Null ist:

$$a_0 + a_1 \lambda + ... + a_n \lambda^n = 0. \tag{2.66}$$

Aus der Mathematik ist bekannt, daß dieses Polynom n-ten Grades genau n Nullstellen λ_i (n Wurzeln) besitzt. Sind die Koeffizienten a_i reell, dann sind die Wurzeln entweder *reell* oder paarweise *konjugiert komplex*; mit

$$\lambda_i = \sigma_i + j\omega_i, \; i = 1, 2, ..., n$$

kann die Gl. 2.66 auch in der sogenannten *Produktform*

$$a_n(\lambda - \lambda_1)(\lambda - \lambda_2)...(\lambda - \lambda_n) = 0 \tag{2.67}$$

geschrieben werden, bzw. kompakt mit $a_n \neq 0$ (sonst wäre es kein Polynom n-ten Grades):

$$\prod_{i=1}^{n}(\lambda - \lambda_i) = 0. \tag{2.68}$$

Die *Linearkombination*

$$\sum_{i=0}^{n} a_i f^{(i)}(t) = 0 \tag{2.69}$$

ist eine *lineare Differentialgleichung n-ter Ordnung* (in diesem Fall eine homogene, da die rechte Seite Null ist) mit *konstanten Koeffizienten* a_i. (Im folgenden wird als Abkürzung für Differentialgleichung *Dgl* verwendet.)

Üblicherweise ist das Problem jedoch genau anders herum: Die Dgl ergibt sich als eine Gleichung, die z.B. das Be- und Entladen der Energiespeicher einer R,L,C-Schaltung beschreibt, die Koeffizienten a_i sind dann von den Parameterwerten der Schaltung abhängig.

Die n e-Funktionen $e^{\lambda_i t}$ erfüllen die homogene Dgl, wobei die Wurzeln λ_i die Lösungen der Gl. 2.66 sind, die die *charakteristische Gleichung* genannt wird. Ein allgemeiner Ansatz ist die Überlagerung bzw. Summe der möglichen Lösungen mit noch zu bestimmenden Konstanten:

$$f(t) = \sum_{i=1}^{n} K_i e^{\lambda_i t}. \tag{2.70}$$

Die Wurzeln λ_i heißen die *Eigenwerte*, die zugehörigen e-Funktionen $e^{\lambda_i t}$ die *Eigenfunktionen* der homogenen Dgl.

☐ **Beispiel 2.8**

Gegeben ist ein RC-System mit einem zum Zeitpunkt $t = 0$ auf $u_a = 10V$ aufgeladenem Kondensator (Bild 2.39).

Der Ladestrom $i_R(t)$ wird durch den Widerstand R und die Spannungsdifferenz zwischen der Eingangs- $u_e(t)$ und der Ausgangsspannung $u_a(t)$ bestimmt. Durch welchen Spannungsverlauf $u_e(t)$ in der Vergangenheit der Kondensator auf 10V aufgeladen wurde, ist unbekannt. Der Eingang der Schaltung wird nun kurzgeschlossen, d.h. $u_e(t) = 0$. Mit welcher Zeitfunktion entlädt sich der Kondensator?

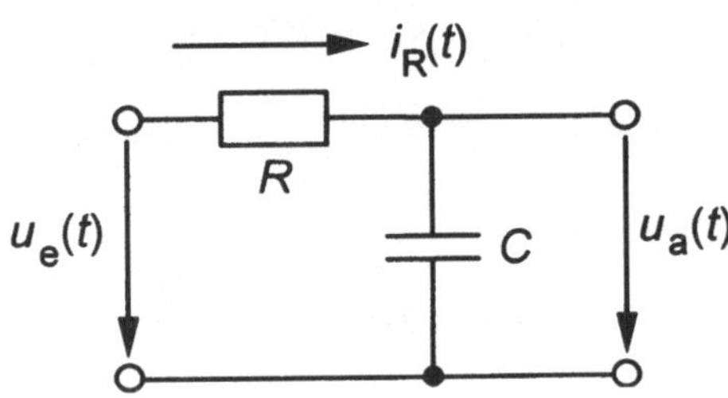

Bild 2.39
RC-System mit auf 10V aufgeladenem
Kondensator

Für die Masche folgt:

$$u_e(t) = R \cdot i_R(t) + u_a(t),$$

$$u_a(t) = \frac{1}{C} \int_{-\infty}^{t} i_R(\tau)d\tau.$$

Diese letzte Gleichung wird einmal differenziert und liefert dann, nach i_R aufgelöst, unter Berücksichtigung der zweiten Gleichung

$$i_R(t) = C \cdot \dot{u}_a(t).$$

Wird mit dieser Gleichung nun der Ladestrom in der ersten Gleichung ersetzt, so ergibt dies die lineare Dgl 1. Ordnung (die Ausgangsgröße u_a kommt *einmal* abgeleitet vor):

$$RC\,\dot{u}_a(t) + u_a(t) = u_e(t), \quad u_a(0) = 10V.$$

Mit einem eingangsseitigen *Kurzschluß*, d.h. $u_e(t) = 0$, ist die Lösung der Dgl der *Entladevorgang* des Kondensators über den Widerstand. Dazu wird ein Ansatz benötigt (die vorliegende Dgl 1. Ordnung läßt sich auch nach einer Trennung der Veränderlichen integrieren); da e-Funktionen prinzipiell solche Dgln erfüllen, wird als Lösung angesetzt:

$$u_e(t) = Ke^{\lambda t}.$$

Die beiden Parameter K und λ lassen sich durch Einsetzen dieses Ansatzes in die Dgl bestimmen; die charakteristische Gleichung ergibt sich dadurch zu

$$RC\lambda + 1 = 0,$$

womit direkt der Eigenwert folgt:

$$\lambda = -\frac{1}{RC}.$$

Die allgemeine Lösung

$$u_a(t) = Ke^{-\frac{t}{RC}} \text{ für } t \geq 0$$

beschreibt korrekt die Entladekurven für alle möglichen Anfangszustände des Kondensators; in diesem Fall besitzt er eine Anfangsspannung von 10V, womit sich der noch unbekannte Parameter K bestimmen läßt:

$$u_a(0) = Ke^0 = K = 10\text{V}.$$

Üblicherweise wird der Verlauf mit der Sprungfunktion multipliziert, um so eine geschlossene Darstellung zu erhalten, wobei dadurch die Spannung für negative Zeiten zwangsweise zu Null gesetzt wird:

$$u_a(t) = 10\text{V}\, e^{-\frac{t}{RC}} \cdot \sigma(t).$$

(Dies wird aber akzeptiert, da nicht bekannt ist, *wie* der Kondensator zu seiner Spannung gekommen ist.) Das Produkt RC muß eine Zeitkonstante darstellen, da der Exponent sonst eine dimensionsbehaftete Zahl ist. Es könnte sich z.B. um den Glättungskondensator eines Netzteiles mit einem vorgeschalteten Ladewiderstand mit den Werten

$$R = 0,5\text{k}\Omega, \;\; C = 2000\mu\text{F}$$

handeln, womit sich der Wert der Zeitkonstante berechnet zu

$$RC = 1\text{s}\,;$$

der Entladevorgang ist mit dieser Zeitkonstante im folgenden Bild dargestellt. Sie kann der Entladekurve entnommen werden, indem die Tangente an den Beginn des Spannungsverlaufes gezeichnet wird; bei der Endspannung (hier Null) ist sie abzulesen.

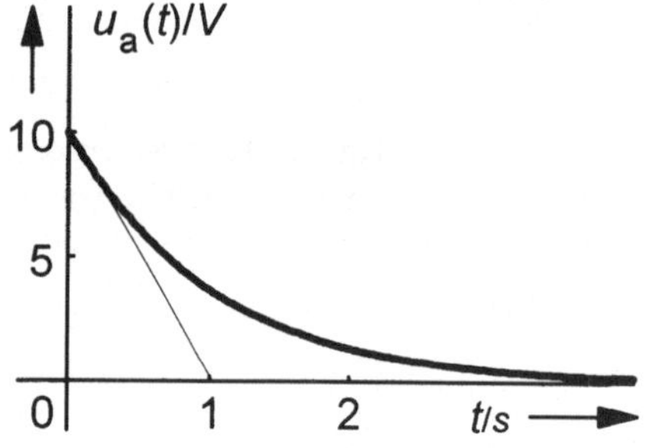

Bild 2.40
Entladekurve des Kondensators

Die Dgl ist auch für den Anfangszeitpunkt gültig:

$$RC\,\dot{u}_a(0) + 10\text{V} = 0,$$

$$\rightarrow \dot{u}_a(0) = -\frac{10\text{V}}{RC} = -10\frac{\text{V}}{\text{s}}\,.$$

Den gleichen Wert erhält man auch aus der berechneten Kurve, indem durch Ableiten $\dot{u}_a(t)$ und durch Einsetzen von $t = 0$ die Anfangssteigung $\dot{u}_a(0)$ berechnet wird. $\square$

Zur Charakterisierung von e-Funktionen reicht meistens die Angabe der Koeffizienten λ, d.h. multiplikative Konstanten sind dabei weniger interessant; im Fall einer Eigenbewegung werden damit die Eigenwerte angegeben. Da es sich um komplexe Zahlen handelt, ist es naheliegend, ihre Werte als Positionen in einer komplexen Zahlenebene zu markieren, üblicherweise durch Kreuze:

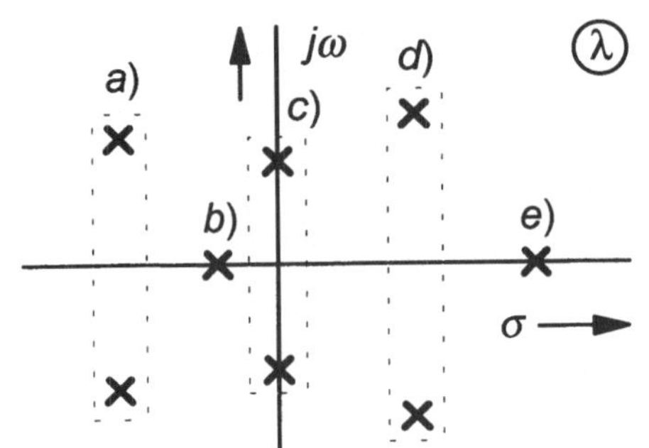

Bild 2.41
Darstellung der Eigenwerte in der komplexen
Ebene
a) Abklingende Sinusschwingung
b) Abklingende e-Funktion
c) Stationäre Sinusschwingung
d) Aufklingende Sinusschwingung
e) Aufklingende e-Funktion

Im Fall konjugiert komplexer Eigenwerte lassen sich die entsprechenden e-Funktionen in der Eigenbewegung zu einer Sinus- bzw. Kosinusschwingung zusammenfassen. Wird sie als Sinusfunktion in der Form

$$f(t) = A \sin(\omega t + \varphi) \tag{2.71}$$

geschrieben, dann läßt sie sich bekanntermaßen als Summe einer Sinus- und einer Kosinusfunktion auffassen:

$$f(t) = a \sin(\omega t) + b \cos(\omega t), \tag{2.72}$$

$$A = \sqrt{a^2 + b^2} \,, \quad \varphi = \arctan(\tfrac{b}{a}). \tag{2.73}$$

Mit den Eulerschen Beziehungen

$$\sin(\omega t) = \tfrac{1}{2j}(e^{j\omega t} - e^{-j\omega t}) = \tfrac{1}{2}j(-e^{j\omega t} + e^{-j\omega t})$$

$$\cos(\omega t) = \tfrac{1}{2}(e^{j\omega t} + e^{-j\omega t})$$

folgt weiterhin die Darstellung

$$f(t) = \tfrac{b-ja}{2}e^{j\omega t} + \tfrac{b+ja}{2}e^{-j\omega t}. \tag{2.74}$$

Aus ihr ist ersichtlich, daß die Koeffizienten des sich mit positiver sowie des mit negativer Winkelgeschwindigkeit ω drehenden Zeigers *konjugiert komplex* zueinander sind. Umgekehrt argumentiert: Die Koeffizienten *müssen* konjugiert komplex sein, damit die Funktion *f(t) reell* ist; wird durch sie ein Spannungs- oder auch ein Stromsignal beschrieben, so ist dies eine *notwendige* Bedingung, da es in technischen Anordnungen keine komplexen Funktionen gibt.

An dieser Situation ändert sich nichts, wenn es sich um eine gedämpfte oder aufklingende Schwingung handelt:

$$f_g(t) = e^{\sigma t} \cdot f(t) = e^{\sigma t} \cdot \left[\frac{b-ja}{2} e^{j\omega t} + \frac{b+ja}{2} e^{-j\omega t} \right] = \frac{b-ja}{2} e^{\lambda_1 t} + \frac{b+ja}{2} e^{\lambda_2 t} \tag{2.75}$$

mit

$$\lambda_1 = \sigma + j\omega, \quad \lambda_2 = \sigma - j\omega = \lambda_1^*.$$

Als *komplexe Exponentialschwingung* bzw. *komplexe harmonische Schwingung* wird die Funktion

$$f(t) = e^{\lambda t}$$

mit $\lambda = \sigma + j\omega$ bezeichnet. Sie beschreibt mit $\omega = 0$ eine *reelle* e-Funktion

$$f(t) = e^{\sigma t}$$

und mit $\sigma = 0$ eine *komplexe* harmonische Schwingung

$$f(t) = e^{j\omega t};$$

im allgemeinen Fall ist die Amplitude zeitabhängig:

$$f(t) = e^{(\sigma + j\omega)t} = A(t) e^{j\omega t} \quad \text{mit} \quad A(t) = e^{\sigma t}.$$

2.5 Lineare zeitinvariante Systeme (LTI-Systeme)

Systeme können beliebige Verarbeitungen sein: Quadrierer, Verstärker mit und ohne Kondensatoren sowie Induktivitäten usw. Eine besondere Klasse von Systemen bilden diejenigen, deren Verhalten von den Eingangssignalen unabhängig ist: solche Systeme heißen *linear*.

Wird ein lineares System mit dem Signal $x(t)$ erregt und ergibt dies am Ausgang die Reaktion $y(t)$, dann führt z.B. eine Verdopplung des Eingangssignals grundsätzlich auf eine Verdopplung des Ausgangssignals; Entsprechendes gilt für jeden anderen Faktor. Wird weiterhin ein lineares System mit einer *Summe* bzw. *Überlagerung* von

Eingangssignalen beaufschlagt, so *überlagern* sich auch die zugehörigen Ausgangssignale; die Reaktionen beeinflussen sich nicht. Mathematisch wird dieser Sachverhalt folgendermaßen ausgedrückt:

$$c_1 x_1(t) + c_2 x_2(t) \xrightarrow{\text{lineares System}} c_1 y_1(t) + c_2 y_2(t) \tag{2.76}$$

für beliebige komplexe Konstanten c_1, c_2. Hierin sind zwei *unabhängige* Eigenschaften enthalten:

1. Die *Homogenität* (bzw. das Verstärkungsprinzip):

$$cx(t) \rightarrow cy(t). \tag{2.77}$$

2. Die *Additivität*:

$$x_1(t) + x_2(t) \rightarrow y_1(t) + y_2(t). \tag{2.78}$$

Ergibt eine Linearitätsprüfung, daß eine der beiden Eigenschaften *nicht* erfüllt ist, dann ist unabhängig von der zweiten Eigenschaft das System *nichtlinear*. Nur wenn *beide* Eigenschaften erfüllt sind, ist es linear. Das Bild 2.42 zeigt beispielhaft die Eigenschaft der Additivität.

□ **Beispiel 2.9**

Es ist zu untersuchen, ob die folgenden Systeme linear sind:

a) $y(t) = 2x^3(t)$

Prüft man zunächst die Verstärkungseigenschaft, also die Homogenität, so folgt:

$$x_1(t) \rightarrow y_1(t) = 2x_1^3(t),$$

$$x_2(t) = c \cdot x_1(t) \rightarrow y_2(t) = 2x_2^3(t) = 2[c \cdot x_1(t)]^3 = 2c^3 x_1^3(t)$$

Mit der Homogenitäts-Eigenschaft müßte die zugehörige Reaktion auch um den Faktor c verstärkt werden:

$$y_2(t) \stackrel{\text{linear}}{=} c \cdot y_1(t) = c \cdot 2x_1^3(t) \neq 2c^3 x_1(t)$$

d.h. das System ist *nichtlinear*, wie auch zu vermuten war.

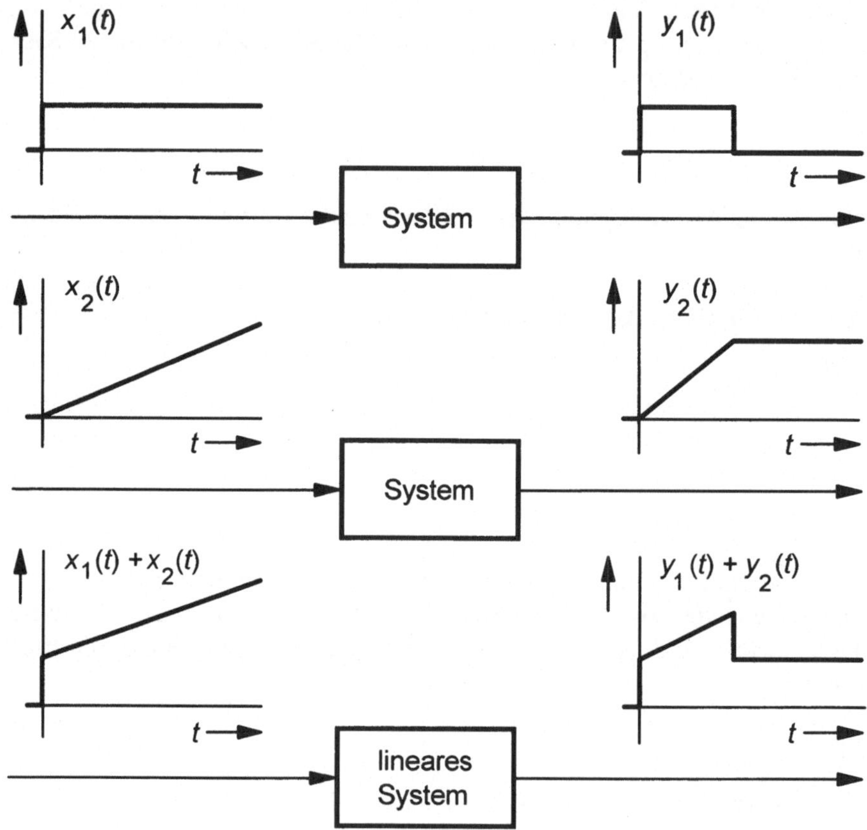

Bild 2.42

Die Eigenschaft der Additivität von linearen Systemen

b) $y(t) = \sin(3t) \cdot x(t)$

Diesmal wird zunächst die Additivität untersucht:

$$x_1(t) \to y_1(t) = \sin(3t) \cdot x_1(t), \; x_2(t) \to y_2(t) = \sin(3t) \cdot x_2(t),$$

$$x_3(t) = x_1(t) + x_2(t) \to y_3(t) = \sin(3t) \cdot [x_1(t) + x_2(t)].$$

Dies müßte im Fall der Linearität dasselbe ergeben wie die Addition der Einzelreaktionen:

$$y_3(t) \stackrel{\text{linear}}{=} \sin(3t) \cdot x_1(t) + \sin(3t) \cdot x_2(t) = \sin(3t) \cdot [x_1(t) + x_2(t)].$$

Es ist eine gute Übung für den Leser zu zeigen, daß auch die Homogenität erfüllt ist, denn es handelt sich um ein lineares System (allerdings ist es zeitvariabel, eine weitere System-Eigenschaft, die im folgenden erläutert wird).   □

Es ist leicht einzusehen, daß das System

$$y(t) = V \cdot x(t) \tag{2.79}$$

mit einer beliebigen Verstärkung V linear ist. Daran ändert sich nichts, wenn sich (wie im zweiten Beispiel) die Verstärkung zeitlich ändert:

$$y(t) = V(t) \cdot x(t), \tag{2.80}$$

z.B. sinusförmig mit $V(t) = \sin(3t)$. Besonders einfach ist ein System dann, wenn sich die Systemeigenschaften zeitlich *nicht* ändern, sie also *zeitinvariant* sind. Bei solchen Systemen erfolgt bei einer zeitlichen Verschiebung der Erregung dieselbe Verschiebung bei der Reaktion. Dies wird mathematisch ausgedrückt durch

$$x(t-\tau) \xrightarrow{\text{zeitinvariantes System}} y(t-\tau) \tag{2.81}$$

mit beliebiger Zeitverschiebung τ. Das folgende Bild veranschaulicht den Zusammenhang:

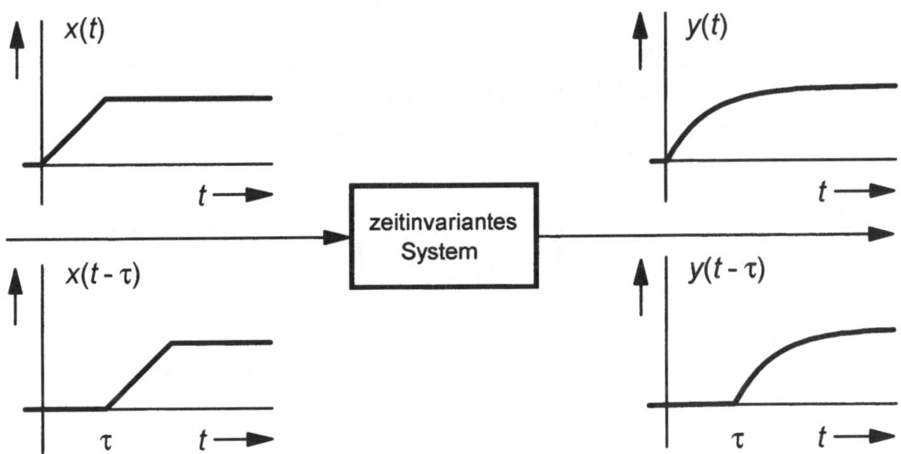

Bild 2.43
Die Eigenschaft der Zeitinvarianz von Systemen

Linearität und Zeitinvarianz sind völlig *unabhängige* Eigenschaften, d.h. es gibt alle vier Kombinationen; in dem obigen Beispiel ist das 1. System zeitinvariant und das 2. zeitvariant. Besonders einfach und deshalb mathematisch gut handhabbar sind die *linearen zeitinvarianten Systeme* oder kurz *LTI-Systeme* (englisch: linear time-invariant), eine international gebräuchliche Kurzbezeichnung. Viele technische Systeme sind linear und zeitinvariant, z.B. Filter und Regler; manchmal sind auch nichtlineare Systeme in guter oder zumindest erster Näherung durch lineare Modelle darstellbar, z.B. in der Umgebung eines Arbeitspunktes durch eine Kleinsignalverstärkung.

Die wichtigste Systemklasse ist diejenige der *linearen zeitinvarianten Systeme* (*LTI-Systeme*); sie besitzen zwei voneinander unabhängige Eigenschaften:

1. Die *Linearität*:

$$c_1 x_1(t) + c_2 x_2(t) \rightarrow c_1 y_1(t) + c_2 y_2(t)$$

für alle komplexen Konstanten c_1, c_2.

2. Die *Zeitinvarianz*:

$$x(t - \tau) \rightarrow y(t - \tau)$$

für alle Zeitverschiebungen τ.

Eine wichtige Eigenschaft *linearer* Systeme (die Zeitinvarianz spielt dabei keine Rolle) ist die Vertauschbarkeit der Verarbeitungsreihenfolge von zwei oder mehreren Systemen, wie sie das folgende Bild beispielhaft zeigt (der Beweis folgt im Unterkapitel 3.4.2 über Faltungsalgebra):

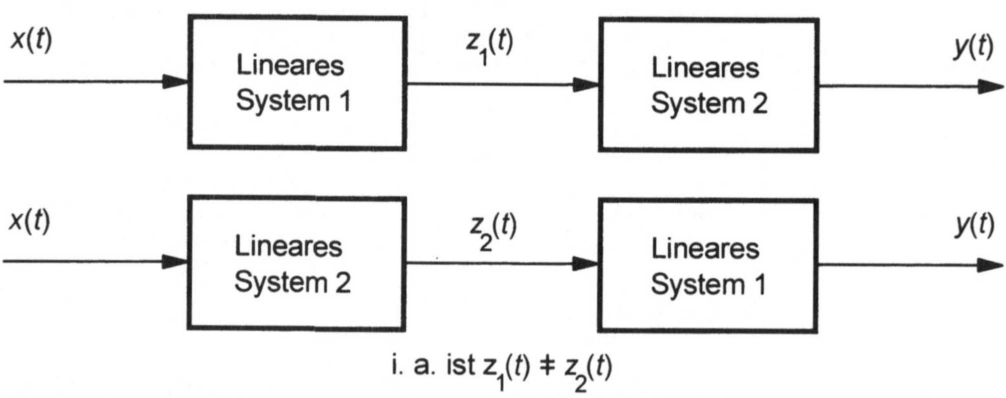

Bild 2.44
Die Vertauschbarkeit der Verarbeitungsreihenfolge bei linearen Systemen

Zwar sind die Zwischensignale i.a. nicht gleich, aber das Gesamtsystem verhält sich *identisch*, wie sich leicht an einer Reihenschaltung der einfachsten linearen Systeme, zwei hintereinander geschaltete Verstärker, zeigen läßt:

$$y_1(t) = V_1 x_1(t), \quad y_2(t) = V_2 x_2(t). \tag{2.82}$$

Der Ausgang des ersten wird der Eingang des zweiten Systems:

$$y_1(t) = x_2(t) \rightarrow y_2(t) = V_1 V_2 x_1(t). \tag{2.83}$$

Die Gesamtverstärkung berechnet sich demnach einfach aus dem Produkt der beiden Verstärkungen, wie auch zu erwarten war; ein Vertauschen beiden Verstärker führt auf das gleiche Ergebnis.

2.6 Kausalität und Stabilität

Die Kausalität ist eine scheinbar triviale Eigenschaft: Ein System ist dann *kausal*, wenn die Reaktion nicht schon *vor* Beginn der Erregung einsetzt. Es ist leicht einzusehen, daß jedes physikalisch sinnvolle und auch realisierbare System kausal sein muß. Mathematisch wird die Kausalität durch die Forderung formuliert:

$$x(t) = 0 \text{ für } t \leq t_0 \xrightarrow{\text{kausales System}} y(t) = 0 \text{ für } t \leq t_0. \tag{2.84}$$

Häufig wird diese Definition speziell mit $t_0 = 0$ angegeben.

Da die Reaktion durch die Erregung bewirkt wird (ihr kausaler Grund ist), kann es eigentlich nicht anders sein. Es gibt jedoch Beispiele, wie gerade im Frequenzbereich durchaus sinnvolle Systeme definiert werden können, die *nichtkausal* bzw. *akausal* und damit nicht realisierbar sind; das bekannteste Beispiel ist der ideale Tiefpaß. Das folgende Bild verdeutlicht den Zusammenhang:

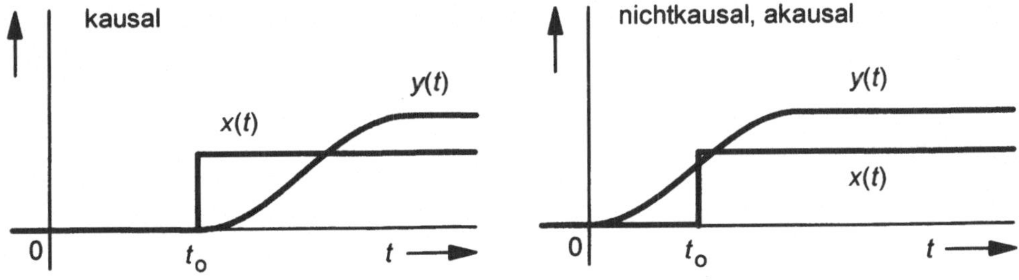

Bild 2.45
Die Eigenschaft der Kausalität von Systemen

Eine letzte wichtige Eigenschaft von Systemen ist die *Stabilität*, sie ist in der Regelungstechnik von zentraler Bedeutung. Einfach ausgedrückt ist ein System dann stabil, wenn nach einer Energiezuführung (z.B. durch eine Störung) sein Energieinhalt zeitlich wieder abnimmt. Dies kann nur der Fall sein, wenn ein Teil dem System entnommen, z.B. in Wärme umgesetzt wird; ein einfaches Beispiel ist ein Kondensator, der sich über einen ohmschen Widerstand entlädt. Im Gegensatz dazu erhält ein instabiles System laufend Energie aus einer Quelle, wie z.B. der Stromversorgung oder auch aus dem Erdschwerefeld. Hierfür ist ein einfaches Beispiel eine Kugel, die einen Berg herabrollt: Ist die Abweichung von der Ruhelage die interessierende Größe, dann nimmt sie ständig zu, das System „Lage der Kugel" ist instabil; das folgende Bild veranschaulicht dieses Beispiel:

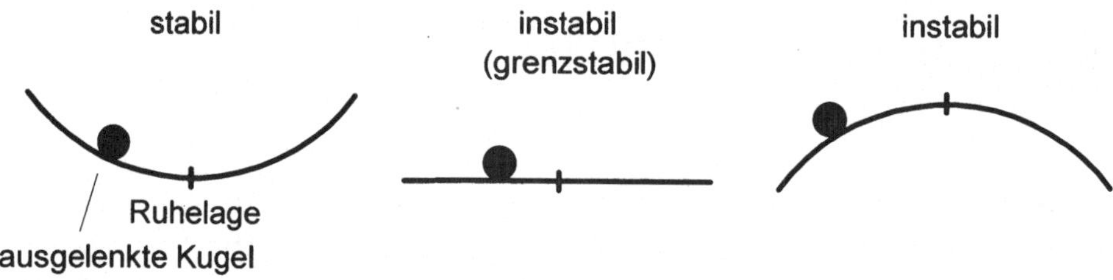

Bild 2.46
Zur Eigenschaft der Stabilität von Systemen

Mathematisch gibt es eine Vielzahl unterschiedlicher Definitionen, die sich vor allem in der Zuordnung der Grenze zu dem Bereich Stabil oder Instabil unterscheiden. Für die weiteren Betrachtungen reicht die folgende Definition aus:

$$|x(t)| < M < \infty \xrightarrow{\text{stabiles System}} |y(t)| < N < \infty. \tag{2.85}$$

Mit anderen Worten: Ist das Eingangssignal betragsmäßig beschränkt, dann ist bei einem stabilen System auch das Ausgangssignal betragsmäßig beschränkt (dies ist die Amplituden- oder auch BIBO-Stabilität: bounded input - bounded output); hierzu zwei Beispiele:

□ **Beispiel 2.10**

Die Stabilität der folgenden Systeme ist zu untersuchen:

a) $y(t) = 50x^3(t)$

Nach der obigen Definition kann $x(t) = M$ gewählt werden, wobei M eine beliebige positive Zahl ist. Damit folgt für die Reaktion $y(t) = 50M^3$; wird nun z.B. $N = 51M^3$ gewählt, dann ist die obige Definition erfüllt. Das System liefert zwar u.U. sehr große Ausgangswerte (nebenbei ist es auch nichtlinear), aber es ist *stabil*, da seine Reaktion *beschränkt* bleibt.

b) $y(t) = e^{0,1t} \cdot x(t)$

Zwar kann auch bei diesem System wieder M als Eingangsgröße gewählt werden, aber der zeitvariable Verstärkungsfaktor $e^{0,1t}$ (es handelt sich um ein lineares, *zeitvariables* System) wächst zeitlich unbegrenzt, so daß dieses System *instabil* ist. $\square$

Leider ist insbesondere bei komplizierten Systemen mit einer größeren Anzahl von Energiespeichern die Stabilitätsprüfung i.a. nicht so einfach durchzuführen. Für LTI-Systeme wird deshalb noch ein weiteres, numerisch gut handhabbares Kriterium behandelt: das Hurwitz-Kriterium.

3 Die Behandlung kontinuierlicher LTI-Systeme im Zeitbereich

Sind zwei der drei Größen „Erregung → System → Reaktion" festgelegt, so sollte es möglich sein, die dritte zu bestimmen. Dazu wird nach einer kurzen Klärung des Unterschiedes zwischen statischen und dynamischen Systemen gezeigt, wie die Reaktionen von LTI-Systemen auf sprung-, impuls- und rampenförmige Erregungen berechnet werden können.

Sofern sich Eingangssignale durch die gewichtete Summe von Elementarsignalen darstellen lassen, berechnen sich bei linearen Systemen die Ausgangssignale einfach aus der gewichteten Summe der zu den Elementarsignalen gehörenden Ausgangssignale. Der Grenzfall der eingangsseitigen Überlagerung von unendlich vielen, zeitlich unendlich dicht gestaffelten Elementarsignalen führt auf das Faltungsintegral, mit dem die Reaktionen auf *beliebige* Erregungen berechnet werden können, wenn die Antwort des Systems auf die Sprung- oder die Deltafunktion bekannt ist.

Es schließt sich ein Kapitel an, in dem die grundlegenden Systemtypen im Zeitbereich klassifiziert und ihre Reaktionen auf die Sprung- und Deltafunktion bestimmt werden.

3.1 Das Verhalten statischer und dynamischer Systeme

In elektrotechnischen Systemen sind die Erregungen Ströme und Spannungen. Durch sie strömen *Energien* in die Systeme, die z.T. im Innern zwischengespeichert und i.a. zeitlich *verzögert* als Reaktionen ausgegeben werden. Im Beispiel 2.8 wurde die Dgl des RC-Systems bestimmt, dabei wird die Energie des Eingangssignals im Kondensator als *elektrostatische Energie* gespeichert; im folgenden wird kurz von „Speichern" gesprochen.

Durch die Speicher im Innern eines Systems ist die Form des Ausgangssignals i.a. *nicht* mehr identisch mit dem Eingangssignal. Diese Signalveränderung kann gewollt sein, z.B. wenn das RC-System in einem Netzteil für eine möglichst oberwellenfreie Gleichspannung sorgen soll, sie kann aber auch ungewollt sein, z.B. wenn die Eingangskapazität eines FETs erst umgeladen werden muß, bevor er als Stellglied in einer Schaltung der Leistungslektronik einen Strom verändern kann.

Sind elektrische Netzwerke nur mit *idealen* ohmschen Widerständen oder Verstärkern (ohne Speicherwirkung) aufgebaut, dann liegt ein *statisches* System vor; Erregung und Reaktion unterscheiden sich dann nur durch einen konstanten Faktor, die Signalform wird *nicht* verändert:

$$y(t) = k_\mathrm{p} x(t). \tag{3.1}$$

Im Gegensatz zu dieser *algebraischen* Gleichung werden Systeme mit Speichern durch *Dgln* beschrieben; sie heißen *dynamische* Systeme.

Da ohmsche Widerstände elektrische, hochwertige Energie in Wärme umwandeln, wird auch von *ohmschen Verlusten* gesprochen. Mit Verstärkern läßt sich das Energieniveau wieder anheben, das Ausgangssignal bezieht dabei seine zusätzliche Energie aus einer Strom- bzw. Spannungsversorgung.

Statische Systeme heißen regelungstechnisch gesprochen ideale *P-Systeme*, da die Erregung verzögerungsfrei und proportional die Reaktion bewirkt; nachrichtentechnisch gesprochen sind sie ideal *verzerrungsfrei*, da die Signalform unverändert bleibt.

□ **Beispiel 3.1**

Ein Stromsignal wird über einen Widerstand geleitet und auf diese Weise in eine Spannung umgewandelt. Anschließend wird sein Spannungs- und damit auch sein Energieniveau durch einen (idealen) Verstärker angehoben:

Bild 3.1
Statisches System aus einem Widerstand und einem Spannungsverstärker

Es gilt das ohmsche Gesetz:

$$u_e(t) = R \cdot i_e(t) \; ,$$

$$u_a(t) = V \cdot u_e(t),$$

$$u_a(t) = VR \cdot i_e(t).$$

Der resultierende Verstärkungsfaktor VR besitzt demnach die Einheit Ω. Die Anordnung wandelt insgesamt ein Strom- in ein Spannungsignal, wobei nun durch den Verstärker ausgangsseitig ein niedriger Innenwiderstand vorhanden ist (der im Idealfall für eine Spannungsquelle Null ist). $\square$

Im wesentlichen kommen in elektrotechnischen LTI-Systemen die folgenden Bauelemente vor:

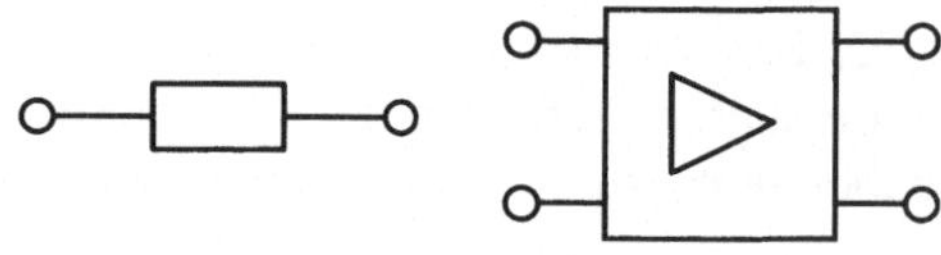

Bild 3.2
Bauelemente ohne a), b) und mit Speicherverhalten c), d)

a) Ohmsche Widerstände

Sie wandeln die elektrische Energie in Wärme um. Bis auf den besonderen Fall, daß dies gerade der erwünschte Effekt ist (wie z.B. beim Backofen), wird von Verlusten gesprochen, da die Energie dem elektrischen Prozeß *verlorengeht*. Es gilt das ohmsche Gesetz:

$$u_R(t) = R \cdot i_R(t) \tag{3.2}$$

bzw.

$$i_R(t) = \tfrac{1}{R} \cdot u_R(t). \tag{3.3}$$

b) Leistungsverstärker

Durch die ohmschen Verluste einer leitungsgebundenen Signalübertragung wird das Energieniveau immer *kleiner*, deshalb werden Verstärker eingesetzt, um es wieder zu *vergrößern*; Verstärker sind dazu aus aktiven Bauelementen aufgebaut, z.B. aus

Transistoren. Die wieder hinzugefügte Energie wird den Strom- bzw. Spannungsversorgungen (Steckdose, Batterie, Netzteil) entnommen. Ideale Verstärker besitzen Ein- bzw. Ausgangswiderstände, die die vorausgehenden Netzwerke (die erregenden Systeme) *nicht* belasten und für die nachgeschalteten Netzwerke *ideale* Quellen darstellen. Dementsprechend muß ein- und ausgangsseitig zwischen Strom- und Spannungssignalen unterschieden werden. Insgesamt gibt es vier Kombinationen, wobei die Verstärkungen der Mischformen Widerstände bzw. Leitwerte darstellen:

$$\begin{array}{lll}
\text{Spannung} \rightarrow \text{Spannung:} & u_a(t) = V \cdot u_e(t), & i_e \approx 0,\ i_a \text{ beliebig} \\
\text{Spannung} \rightarrow \text{Strom:} & i_a(t) = V_R \cdot u_e(t), & i_e \approx 0,\ u_a \text{ beliebig} \\
\text{Strom} \rightarrow \text{Spannung:} & u_a(t) = V_G \cdot i_e(t), & u_e \approx 0,\ i_a \text{ beliebig} \\
\text{Strom} \rightarrow \text{Strom:} & i_a(t) = V \cdot i_e(t), & u_e \approx 0,\ u_a \text{ beliebig}
\end{array} \tag{3.4}$$

c) Kapazitäten

Eine Kapazität gewinnt ihre elektrostatische Energie aus ruhenden Ladungen bzw. der Ladungsdifferenz zwischen den Platten oder Folien im Kondensator. Eine *ideale* Kapazität besitzt einen *unendlich* großen Isolationswiderstand zwischen den Platten. Zwischen dem Ladestrom und der Kondensatorspannung, die die Speichergröße darstellt, besteht der Zusammenhang:

$$i_C(t) = C \cdot \dot{u}_C(t) \tag{3.5}$$

bzw.

$$u_C(t) = \frac{1}{C} \int_{-\infty}^{t} i_C(\tau)d\tau. \tag{3.6}$$

Die Ersatzschaltung eines *realen* Kondensators enthält parallel zu C einen *endlich* großen Verlustwiderstand.

d) Induktivitäten

Ein Strom als bewegte Ladungen erzeugt durch eine Spule ein Magnetfeld, das nach dem Induktionsgesetz wieder einen Strom verursachen kann. Dieser Speicher für magnetische Energie ist im Idealfall widerstandslos. Zwischen der „Ladespannung" und dem Spulenstrom, der die Speichergröße darstellt, besteht der Zusammenhang:

$$u_L(t) = L \cdot \dot{i}_L(t) \tag{3.7}$$

bzw.

$$i_L(t) = \frac{1}{L} \int_{-\infty}^{t} u_L(\tau)d\tau. \tag{3.8}$$

Die Ersatzschaltung einer *realen* Spule enthält in Reihe einen *endlich* großen Verlustwiderstand.

Ist das Ein/Ausgangs- bzw. *Klemmenverhalten* einer elektrischen Schaltung und damit eines Systems zu bestimmen, so werden die *Kirchhoffschen Gleichungen* angesetzt, also die Bilanz der Spannungen einer *Masche*,

$$\sum_{i=1}^{n} u_i(t) = 0, \qquad\qquad (3.9)$$

sowie die Bilanz der Ströme in einem *Knoten*:

$$\sum_{j=1}^{m} i_j(t) = 0. \qquad\qquad (3.10)$$

Jeder Speicher verursacht ein Integral in den Bilanzgleichungen, oder eine Größe kommt einmal abgeleitet vor. Zunächst werden die Zwischengrößen eliminiert; anschließend wird die resultierende Gleichung, die nur die Ein- und das Ausgangsgröße miteinander verknüpft, sooft differenziert, daß sie kein Integral mehr enthält. Insgesamt ist nun die *maximal* vorkommende Anzahl der Ableitungen (bzw. der Punkte) der Ausgangsgröße so groß wie die *Anzahl* der Speicher, also die Summe aus Kapazitäten und Induktivitäten. Bei allgemein n Energiespeichern ist damit die Ordnung der Dgl ebenfalls n. Es kann jedoch vorkommen, daß sie geringer ist, z.B. wenn sich mehrere gleiche Speicher schaltungsmäßig wie ein einziger verhalten (parallel oder in Reihe geschaltete Kondensatoren usw.).

☐ **Beispiel 3.2**

Gegeben ist die Reihenschaltung aus zwei RC-Gliedern, zu bestimmen ist die Dgl des Systems.

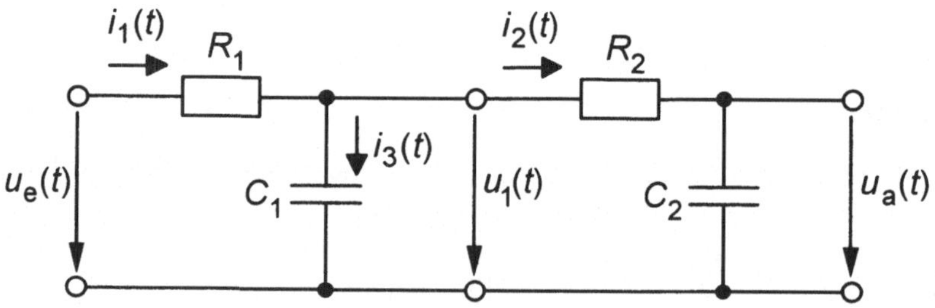

Bild 3.3
Reihenschaltung aus zwei RC-Systemen

Die Maschengleichungen liefern:

$$u_e(t) = R_1 i_1(t) + u_1(t),$$

$$u_1(t) = R_2 i_2(t) + \frac{1}{C_2} \int i_2(\tau)d\tau,$$

$$i_1(t) = i_2(t) + i_3(t),$$

$$u_1(t) = \frac{1}{C_1} \int_{-\infty}^{t} i_3(\tau)d\tau,$$

$$u_a(t) = \frac{1}{C_2} \int_{-\infty}^{t} i_2(\tau)d\tau.$$

Durch Eliminierung der Zwischengrößen und zweimalige Differentiation folgt:

$$R_1 C_1 R_2 C_2 \ddot{u}_a(t) + [R_1 C_1 + R_1 C_2 + R_2 C_2] \dot{u}_a(t) + u_a(t) = u_e(t). \tag{3.11}$$

Die Dgl wird so sortiert, daß die Ausgangsgröße mit *absteigenden* Ableitungen auf der linken und die Eingangsgröße mit *aufsteigenden* Ableitungen auf der rechten Seite steht. Zusätzlich ist es zweckmäßig, den Faktor vor der nicht abgeleiteten Ausgangsgröße u_a auf Eins zu normieren. Da die Ausgangsgröße maximal in der 2. Ableitung vorkommt, handelt es sich um eine Dgl 2. Ordnung. Das System hat ebenfalls P-Verhalten, denn die Eingangsspannung wirkt *proportional*. Nachrichtentechnisch ist es ein Tiefpaß 2. Ordnung, denn Spektralanteile mit hohen Frequenzen werden durch die beiden Kondensatoren stark gedämpft.

Ist das System energiefrei, dann sind beide Kondensatoren zu Beginn leer:

$$u_a(0) = 0, \ u_1(0) = 0.$$

Die Spannungsfreiheit des ersten Kondensators stellt einen *Kurzschluß* dar. Dies bedeutet, daß sich die Ausgangsspannung im ersten Moment *nicht* ändert, d.h. ihre *Ableitung* ist Null; die Anfangsbedingungen lassen sich deshalb umformulieren:

$$u_a(0) = 0, \ \dot{u}_a(0) = 0.$$

Im Grenzfall $R_2 = 0$ sind die beiden Kondensatoren parallel geschaltet, so daß sie wie ein einziger mit der Kapazität $C = C_1 + C_2$ wirken, aus der Dgl 2. Ordnung wird eine Dgl 1. Ordnung:

$$R_1(C_1 + C_2) \dot{u}_a(t) + u_a(t) = u_e(t). \qquad\qquad \square$$

Der Vorgang des Speicherns kann am Beispiel des Kondensators noch etwas genauer diskutiert werden:

$$u_C = \frac{1}{C} \int_{-\infty}^{t} i_C(\tau)d\tau.$$

Umgangssprachlich ist diese Gleichung so zu interpretieren, daß die Ladungen des in den Kondensator fließenden Ladestromes „gesammelt" werden und so zu einer Spannung an seinen Klemmen führen; die Kapazität C ist ein Maß für das „Fassungsvermögen". Dieses Speichern ist im zeitkontinuierlichen Fall grundsätzlich ein *Integral*.

Auch die Grenzen haben eine Bedeutung: Die Integrationsvariable τ „läuft" von $-\infty$ bis zum jetzigen Zeitpunkt t. Dies soll zum Ausdruck bringen, daß der Ladestrom der gesamten *Vergangenheit* die Spannung zum *momentanen* Zeitpunkt bestimmt. Ein idealer Kondensator würde wegen eines unendlich großen Ableitwiderstandes seine Spannung beliebig lange beibehalten, ein realer Kondensator würde sich langsam entladen. Besitzt er zu Anfang die Spannung $u_C(0) = u_{Co}$, so ist es sinnvoll, das Integral in einen Anteil *vor* Beginn des Betrachtungszeitraumes und einen *danach* aufzuteilen:

$$u_C(t) = \frac{1}{C}\left[\int_{-\infty}^{0} i_C(\tau)d\tau + \int_{0}^{t} i_C(\tau)d\tau\right] = u_{Co} + \frac{1}{C}\int_{0}^{t} i_C(\tau)d\tau. \qquad (3.12)$$

Das folgende Bild veranschaulicht den Sachverhalt:

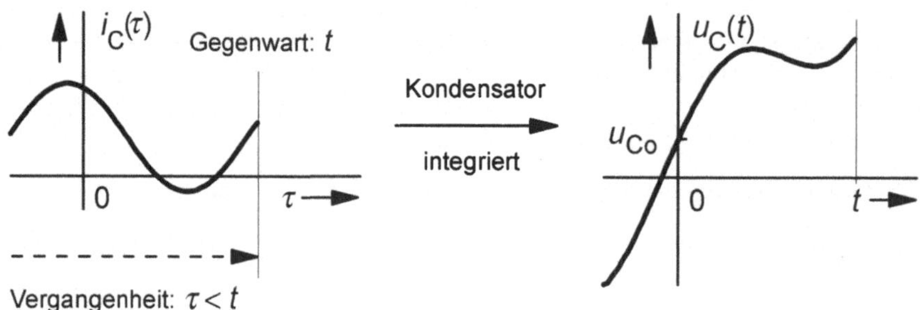

Bild 3.4
Laden und Entladen eines Kondensators

Mit dem besonderen Anfangszustand

$$u_C(0) = u_{Co} = 0 \qquad (3.13)$$

ist der Speicher (der Kondensator) *energiefrei*.

Die Gl. 3.5 könnte für den Ladestrom eines Kondensators so interpretiert werden, daß durch *Aufprägen* der Spannung ein Ladestrom vorgegebbar ist. Dies ist aber physikalisch *unmöglich*, denn der Speicherinhalt ist immer das Resultat (d.h. die Reaktion) und nicht die Erregung. Die Gleichung kann aber nützlich sein, z.B. um die Dgl eines Netzwerkes zu berechnen, in das der Kondensator eingebaut ist. Nachteilig ist, daß bei der Differentiation die konstante Anfangsspannung verlorengeht; sie wird deshalb *zusätzlich* angegeben:

$$\dot{u}_C(t) = \frac{1}{C} \cdot i_C(t), \quad u_C(0) = u_{Co}. \tag{3.14}$$

Diese Dgl mit der Ausgangsgröße u_C und der Eingangsgröße i_C beschreibt ebenfalls das Laden des Kondensators.

Bei einer Induktivität als Speicher sind die Verhältnisse genau umgekehrt, denn die „gesammelte" Größe ist die Spannung der Spule (genau genommen die Summe der Windungsspannungen), die Speichergröße ist der mit dem Magnetfeld gekoppelte Strom; die Dgl einer Induktivität lautet entsprechend:

$$\dot{i}_L(t) = \frac{1}{L} \cdot u_L(t), \quad i_L(0) = i_{Lo}. \tag{3.15}$$

Das „Sammeln" und Speichern von Energie, Masse oder auch Informationen ist im zeitkontinuierlichen Fall ein *Integral*. Eine *Kapazität* integriert den Strom zu einer Spannung auf:

$$u_C(t) = u_{Co} + \frac{1}{C} \int_0^t i_C(\tau)d\tau$$

und die *Indukuktivität* die Spannung zu einem Strom:

$$i_L(t) = i_{Lo} + \frac{1}{L} \int_0^t u_L(\tau)d\tau.$$

Die Speicher haben je nach Vorgeschichte zum Anfangszeitpunkt einen Speicherinhalt u_{Co}, i_{Lo}; sind sie leer bzw. ist ihr Wert Null, so sind sie *energiefrei*.

Systeme ohne Speicher heißen *statische*, diejenigen mit Speicher *dynamische* Systeme. Das Klemmenverhalten wird für ein statisches System durch eine *algebraische* Gleichung, für ein dynamisches durch eine *Differentialgleichung* (Dgl) beschrieben.

Die Dgl hat i.a. die *Ordnung* der *Anzahl* der Speicher; bei einem elektronischen bzw. elektrischen Netzwerk ist dies die Summe der Kapazitäten und Induktivitäten. Die Ordnung ist u.U. geringer, z.B. wenn sich mehrere gleiche Energiespeicher schaltungsmäßig wie einer verhalten.

3.2 Die Reaktion auf die Sprung-, Impuls- und Rampenfunktion

Wird die Erregung sprungartig verändert, so zeigt sich am Ausgang das charakteristische Einschwingverhalten des Systems. Um es zu berechnen, wird die das System beschreibende Dgl für ein sprungförmiges Eingangssignal gelöst.

☐ **Beispiel 3.3**

Die Dgl eines RC-Systems lautet in allgemeiner Form:

$$RC\,\dot{u}_\mathrm{a}\,(t) + u_\mathrm{a}(t) = u_\mathrm{e}(t), \ u_\mathrm{a}(0) = u_\mathrm{ao}.$$

Sie kann so interpretiert werden, daß derjenige Spannungsverlauf $u_\mathrm{a}(t)$ gesucht wird, dessen zeitliche Ableitung $\dot{u}_\mathrm{a}\,(t)$, mit der Konstanten RC multipliziert und zu $u_\mathrm{a}(t)$ addiert, zu *jedem Zeitpunkt* t gleich der Eingangsspannung u_e ist; es handelt demnach sich um eine mit der Zeit t *parametrierte* Gleichung. Die Konstante RC hat die Einheit s, da sich mit $\left[\frac{d}{dt}u_\mathrm{a}\right] = \frac{\mathrm{V}}{\mathrm{s}}$ wieder die Einheit V ergeben muß. Weil bei der Herleitung der Dgl der Anfangsspeicherwert des Kondensators verlorengegangen ist (bei einer Integralgleichung wäre dies nicht der Fall), entsteht in der Lösung ein freier Parameter, der durch eben diesen Anfangswert festgelegt wird.

Um die Zusammenhänge deutlich herauszuarbeiten, werden nun drei Fälle untersucht:

a) $u_\mathrm{e}(t) = 0, \ u_\mathrm{a}(0) = u_\mathrm{ao}$

Da die rechte Seite der Dgl Null ist, wird sie *homogen* genannt. Für das RC-System bedeutet dies ein eingangsseitiger *Kurzschluß*, der Kondensator kann sich über den Widerstand entladen. In Anlehnung an mechanische Systeme spricht man von der *Eigenbewegung*, die sich aus der Summe der *Eigenfunktionen* zusammensetzt. Die Anzahl der Eigenfunktionen ist identisch mit der Ordnung der Dgl, wobei hier nur ein Energiespeicher vorliegt; damit folgt der allgemeine Ansatz

$$u_\mathrm{ah}(t) = Ke^{\lambda t},$$

der (durch Einsetzen in die Dgl) auf die *charakteristische Gleichung* führt:

$$RC\lambda + 1 = 0.$$

Hieraus ergibt sich der *Eigenwert* zu

$$\lambda = -\frac{1}{RC},$$

womit folgt:

$$u_\mathrm{ah}(t) = Ke^{-\frac{1}{RC}t}.$$

Mit der Anfangsbedingung läßt sich die noch freie Konstante bestimmen:

$$u_{\text{ah}}(0) = u_{\text{ao}} = Ke^0 = K,$$

so daß damit der Entladevorgang vollständig beschrieben ist:

$$u_{\text{ah}}(t) = u_{\text{ao}}e^{-\frac{1}{RC}t} \text{ für } t \geq 0.$$

Kompakt läßt sich dafür auch schreiben:

$$u_{\text{ah}}(t) = u_{\text{ao}}e^{-\frac{1}{RC}t} \cdot \sigma(t).$$

Durch die Multiplikation mit der Sprungfunktion wird der Spannungsverlauf für negative Zeiten zwangsweise zu *Null* gesetzt; dies stört aber meistens nicht, da nicht bekannt und auch nicht von Interesse ist, *wie* der Kondensator zu seiner Anfangsspannung gekommen ist.

b) $u_{\text{e}}(t) = 10\text{V} \cdot \sigma(t)$, $u_{\text{ao}} = 0$

Bei Beaufschlagen der Schaltung mit 10V reagiert sie mit einem *Einschwingvorgang*, dabei wird fast immer die *Eigenbewegung* mit angeregt.

Da die rechte Seite der Dgl nun ungleich Null ist, heißt sie *inhomogen*. Die allgemeine Lösung dieser Dgl setzt sich zusammen aus der allgemeinen Lösung der homogenen Dgl und einer speziellen (partikulären) Lösung:

$$u_{\text{a}}(t) = u_{\text{ah}}(t) + u_{\text{ap}}(t).$$

Für die spezielle Lösung muß ein sinnvoller *Ansatz* gemacht werden. Im betrachteten Zeitbereich $t \geq 0$ handelt es sich bei der Erregung um die Konstante 10V. Aus der Theorie linearer Dgln ist bekannt, daß als Lösung dann ebenfalls eine Konstante angesetzt werden muß:

$$u_{\text{a}}(t) = K_1 e^{-\frac{t}{RC}} + K_2.$$

Diesmal werden zwei Bedingungen benötigt, um die Konstanten zu bestimmen. Neben der bekannten Anfangsspannung ist ersichtlich, daß der erste Term für *große Zeiten* $(t \to \infty)$ verschwindet: Der Kondensator ist aufgeladen, es gilt $u_{\text{a}} = K_2 \to \dot{u}_{\text{a}} = 0$; in die Dgl eingesetzt, führt dies auf:

$$K_2 = 10\text{V}.$$

Mit $u_{\text{a}}(0) = 0$ folgt aus der allgemeinen Lösung $K_1 = -K_2$, so daß man insgesamt

$$u_{\text{a}}(t) = \left(1 - e^{-\frac{t}{RC}}\right) \cdot 10\text{V} \text{ für } t \geq 0$$

erhält, bzw. in Kompaktschreibweise:

$$u_{\text{a}}(t) = \left(1 - e^{-\frac{t}{RC}}\right) \cdot 10\text{V} \cdot \sigma(t).$$

c) $u_{\text{e}}(t) = 10\text{V} \cdot \sigma(t)$, $u_{\text{a}}(0) = u_{\text{ao}}$

Offensichtlich ist dies die *Kombination* der Fälle a) und b). Da das System *linear* ist, ergibt sich die Reaktion als *Überlagerung* (Superposition) der beiden Lösungen:

$$u_{\text{a}}(t) = \left[\left(1 - e^{-\frac{t}{RC}}\right) \cdot 10\text{V} + u_{\text{ao}}e^{-\frac{t}{RC}}\right] \cdot \sigma(t).$$

Das Einschwingen der Kondensatorspannung für unterschiedliche Anfangsspannungen zeigt das Bild 3.5, wobei die Zeitkonstante RC = 1s beträgt. Es fällt auf, daß bei der Anfangsspannung u_{ao} = 10V die Eigenbewegung *nicht* angeregt wird, da die Anfangs- und die Endspannung *identisch* sind; der Kondensator verändert seine Spannung nicht. Der *energiefreie* Fall u_{ao} = 0 ist durch einen dickeren Kurvenzug etwas herausgehoben.

Wird das System z.B. mit der doppelten Eingangsspannung erregt, also $u_e(t) = 20V \cdot \sigma(t)$, dann folgt:

$$u_a(t) = \left[\left(1 - e^{-\frac{t}{RC}}\right) \cdot 20V + u_{ao} e^{-\frac{t}{RC}} \right] \cdot \sigma(t).$$

Dies ist wegen des additiven Entladevorganges *nur* für u_{ao} = 0 das Doppelte der Reaktion bei 10V; anders formuliert: Das Linearitätsprinzip ist nur für den *energiefreien* Fall gültig.

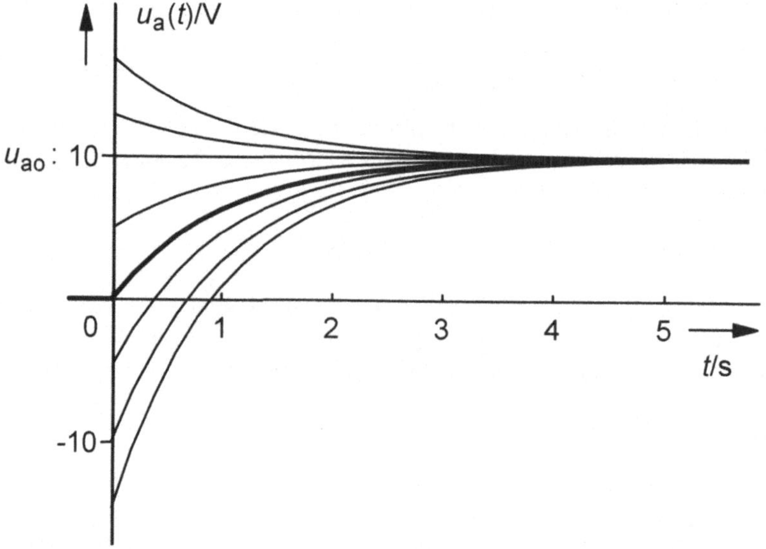

Bild 3.5
Reaktionen des RC-Systems auf $u_e(t) = 10V \cdot \sigma(t)$ mit verschiedenen Anfangsspannungen u_{ao} und RC = 1s ☐

Die Reaktion $y(t)$ eines *energiefreien* LTI-Systems auf die Erregung $x(t) = \sigma(t)$ heißt die *Sprungantwort* $h(t)$:

$$x(t) = \sigma(t) \xrightarrow{\text{energiefreies LTI-System}} y(t) = h(t). \tag{3.16}$$

Ein anderer Ausdruck ist *Übergangsfunktion*, da durch den Sprung ein (stabiles) System von einem stationären Zustand in einen anderen, ebenfalls stationären *übergeht*.

Die Sprungantwort des RC-Systems berechnet sich aus der obigen allgemeinen Lösung mit $x(t) = u_e(t)$, $y(t) = u_a(t)$, wobei durch den *Pegel* des Sprunges *geteilt* werden muß:

$$x(t) = 10\text{V} \cdot \sigma(t) \rightarrow h(t) = \frac{y(t)}{10\text{V}} = \left(1 - e^{-\frac{t}{RC}}\right) \cdot \sigma(t). \tag{3.17}$$

Entsprechend heißt die Reaktion eines energiefreien LTI-Systems auf die Impuls- bzw. Deltafunktion *Stoß-* bzw. *Impulsantwort*:

$$x(t) = \delta(t) \xrightarrow{\text{energiefreies LTI-System}} y(t) = g(t). \tag{3.18}$$

Es gibt einen einfachen mathematischen Zusammenhang zwischen der Impuls- und der Sprungantwort, wie die folgende Überlegung zeigt. Die Delta- und die Sprungfunktion sind über die (verallgemeinerte) Ableitung miteinander verbunden:

$$\delta(t) = \frac{d}{dt}\sigma(t).$$

Die Differentiation ist eine lineare Operation, sie kann als LTI-System interpretiert werden; mit Hilfe eines solchen idealen Differenzierers ließe sich die Impulsantwort folgendermaßen bestimmen:

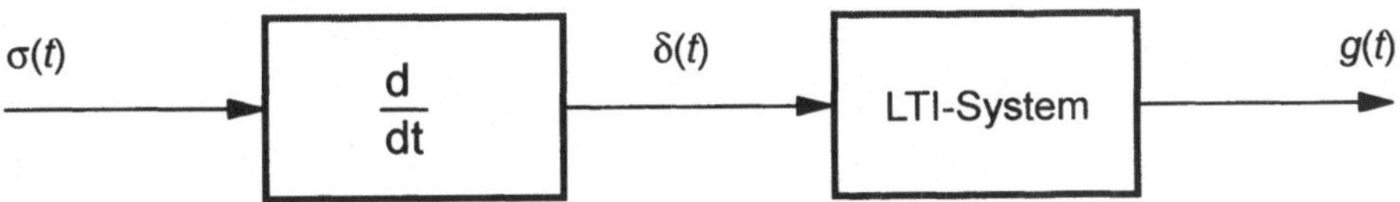

Bild 3.6
Erzeugung einer Deltafunktion mit Hilfe eines idealen Differenzierers

Ein technisch ausgeführter Differenzierer könnte die Aufgabe nur näherungsweise lösen, da eine Deltafunktion physikalisch *nicht* realisierbar ist. Da die Verarbeitungsreihenfolge der beiden linearen Systeme *vertauscht* werden darf, erfüllt die folgende Anordnung die gleiche Aufgabe:

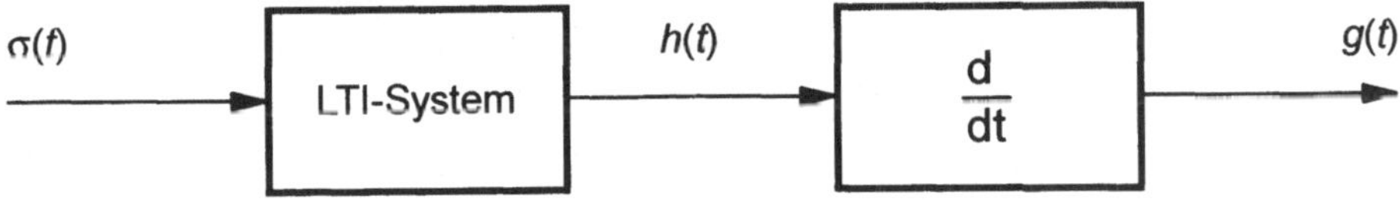

Bild 3.7
Vertauschung der Verarbeitungsreihenfolge mit gleichem Ausgangssignal

Damit besteht derjenige Zusammenhang, der zwischen den Erregungen vorhanden ist, der Sprung- und der Deltafunktion, auch zwischen den Reaktionen, der Sprung- und der Impulsantwort:

$$\delta(t) = \frac{d}{dt}\sigma(t) \rightarrow g(t) = \frac{d}{dt}h(t), \tag{3.19}$$

bzw.

$$\sigma(t) = \int_{-\infty}^{t} \delta(\tau)d\tau \rightarrow h(t) = \int_{-\infty}^{t} g(\tau)d\tau. \tag{3.20}$$

Für die Impulsantwort des RC-Systems folgt:

$$g(t) = \frac{d}{dt}\left[\left(1 - e^{-\frac{t}{RC}}\right) \cdot \sigma(t)\right] = \frac{1}{RC} e^{-\frac{t}{RC}} \cdot \sigma(t). \tag{3.21}$$

Bzgl. der Einheit der Deltafunktion und damit auch der Impulsantwort muß beachtet werden, daß mit der Definition der Fläche der Deltafunktion

$$\int_{-\infty}^{\infty} \delta(\tau)d\tau = 1$$

gilt:

$$[\delta(t)] = \tfrac{1}{s}; \tag{3.22}$$

und damit ebenfalls:

$$[g(t)] = \tfrac{1}{s}. \tag{3.23}$$

Hier zeigt sich deutlich der Vorteil einer frühen Normierung von Amplitude und Zeit.

In der gleichen Weise ist es möglich, die Reaktion $v(t)$ eines energiefreien LTI-Systems auf die *Rampenfunktion* $r(t)$ aus der Sprungantwort $h(t)$ zu berechnen; definitionsgemäß gilt:

$$x(t) = r(t) \xrightarrow{\text{energiefreies LTI-System}} y(t) = v(t). \tag{3.24}$$

Die Rampenfunktion berechnet sich durch die lineare Operation „Integration" aus der Sprungfunktion:

$$r(t) = \int_{-\infty}^{t} \sigma(\tau)d\tau. \tag{3.25}$$

Der gleiche Zusammenhang muß bei linearen Systemen dann auch für die Reaktionen gelten:

$$v(t) = \int_{-\infty}^{t} h(\tau)d\tau. \tag{3.26}$$

Die Reaktion des RC-Systems auf die Rampenfunktion berechnet sich damit zu

$$v(t) = \int_{-\infty}^{t} (1 - e^{-\tau/RC}) \cdot \sigma(\tau)d\tau = \begin{cases} 0 & \text{für } t < 0 \\ \int_0^t (1 - e^{-\tau/RC})d\tau & \text{für } t \geq 0 \end{cases}$$

$$= (t - RC + RCe^{-t/RC}) \cdot \sigma(t). \tag{3.27}$$

Bzgl. der Einheiten gilt in diesem Fall:

$$[r(t)] = [v(t)] = \text{s}. \tag{3.28}$$

Die Reaktionen und die Zusammenhänge zeigt das folgende Bild:

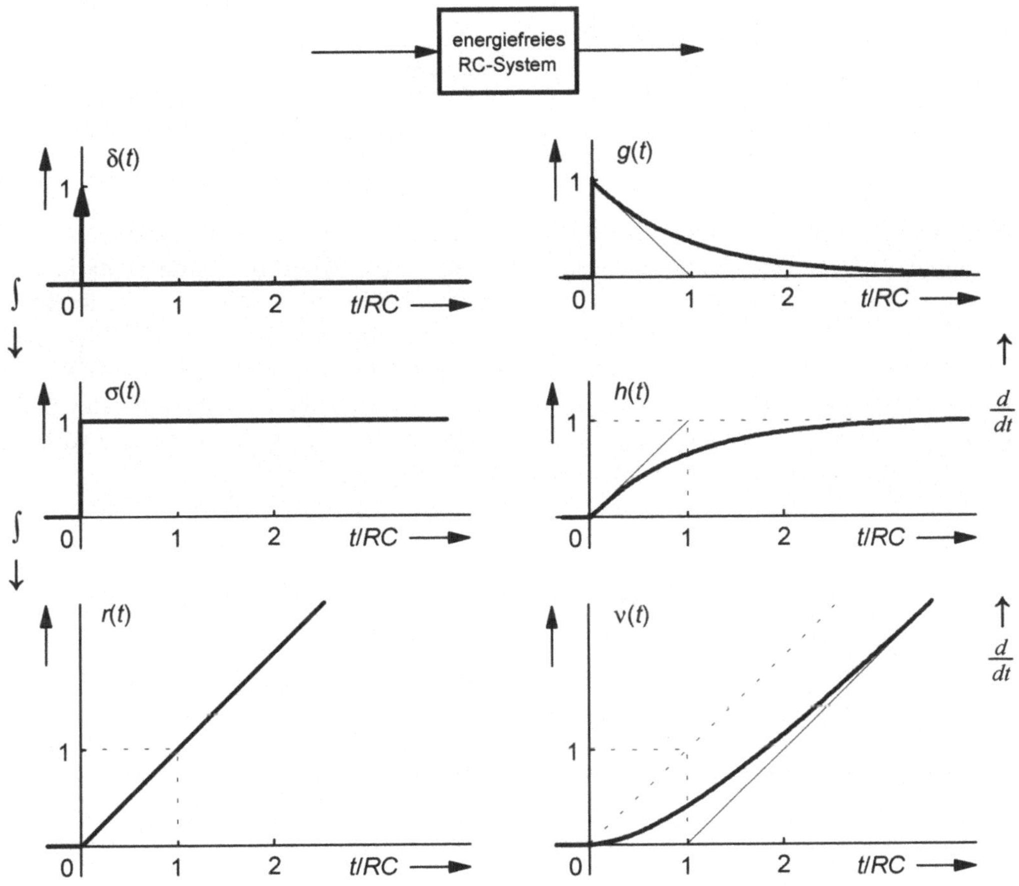

Bild 3.8
Reaktion des energiefreien RC-Systems auf die Impuls-, Sprung- und Rampenfunktion

Das RC-System ist *eine* mögliche Realisierung eines P_{T1}-Systems mit der allgemeinen Dgl

$$T_1 \, \dot{y}\,(t) + y(t) = k_p x(t) \tag{3.29}$$

und den speziellen Parameterwerten $T_1 = RC$, $k_p = 1$. Eine weitere Schaltung mit einem *identischen* Klemmenverhalten zeigt das Bild 3.9: die *LR-Schaltung* mit den Parametern $T_1 = \frac{L}{R}$, $k_p = 1$. Solche, in ihrem Verhalten gleiche Anordnungen heißen *äquivalent*.

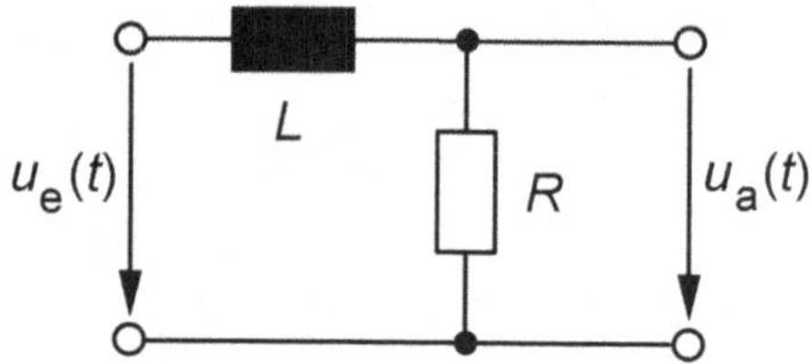

Bild 3.9
Die LR-Schaltung als P_{T1}-System mit einem zum RC-System identischen Verhalten

Manchmal soll das Verhalten eines Systems durch Messen seines Klemmenverhaltens bestimmt werden. Dazu bietet sich als Erregung insbesondere die Sprungfunktion an, d.h. das Eingangssignal wird mit einem konstanten Wert eingeschaltet und die Reaktion mit einem Schreiber oder einem Oszillographen aufgezeichnet; daraus folgt nach Teilung durch den Pegel der Erregung die Sprungantwort $h(t)$. Bei einfachen Systemen und der Kenntnis der speziellen Sprungantwort können daraus der Typ sowie die Parameter (und damit auch die Dgl) ermittelt werden. So ist z.B. die Sprungantwort, die das folgende Bild zeigt, *charakteristisch* für ein P_{T1}-System:

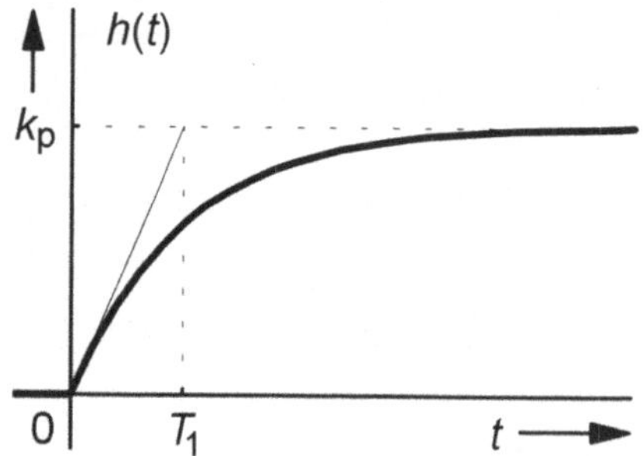

Bild 3.10
Identifikation eines P_{T1}-Systems mit Hilfe seiner Sprungantwort

Die Parameter der Funktion in allgemeiner Form,

$$h(t) = k_p \cdot \left(1 - e^{-\frac{t}{T_1}}\right) \cdot \sigma(t), \tag{3.30}$$

lassen sich leicht ablesen: Die Verstärkung k_p ergibt sich aus dem stationären Wert der Ausgangsgröße, sie heißt deshalb auch die *statische Verstärkung*. Die Zeitkonstante T_1 ergibt sich über die *Tangente* an den Beginn des Einschwingens. - Dies ist eine Lösung des Problems der *Identifikation* eines Systems mit unbekannter Struktur.

Das direkte Messen der Impulsantwort $g(t)$ ist grundsätzlich problematisch, da kein idealer Dirac-Impuls erzeugt werden kann. Falls notwendig, muß er durch einen realisierbaren Nadelimpuls $\tilde{\delta}(t)$ angenähert werden, z.B. durch die Impulsformen, die das folgende Bild zeigt. Es ist dann die *Fläche* des Eingangsimpulses zu bestimmen und auf sie zu normieren (die Reaktion durch die Fläche zu teilen), denn eine Deltafunktion hat definitionsgemäß die Fläche Eins; grundsätzlich wird $g(t)$ jedoch nur näherungsweise ermittelt.

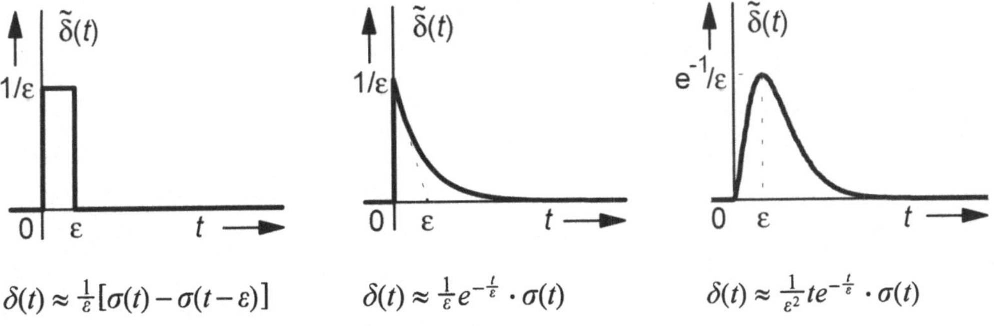

$$\delta(t) \approx \tfrac{1}{\varepsilon}[\sigma(t) - \sigma(t-\varepsilon)] \qquad \delta(t) \approx \tfrac{1}{\varepsilon}e^{-\frac{t}{\varepsilon}} \cdot \sigma(t) \qquad \delta(t) \approx \tfrac{1}{\varepsilon^2}te^{-\frac{t}{\varepsilon}} \cdot \sigma(t)$$

Bild 3.11
Näherungen eines Delta-Impulses durch realisierbare Impulsformen $(0 < \varepsilon \ll 1)$

Die Reaktion des energiefreien LTI-Systems auf die Sprungfunktion $\sigma(t)$ heißt die *Sprungantwort* $h(t)$, diejenige auf die Deltafunktion $\delta(t)$ die *Impulsantwort* $g(t)$:

$$x(t) = \sigma(t) \xrightarrow{\text{energiefreies LTI-System}} y(t) = h(t),$$

$$x(t) = \delta(t) \xrightarrow{\text{energiefreies LTI-System}} y(t) = g(t).$$

Wegen $\delta(t) = \dot{\sigma}(t)$ bzw. $\sigma(t) = \int\limits_{-\infty}^{t} \delta(\tau)d\tau$ gilt:

$$g(t) = \dot{h}(t) \quad \text{bzw.} \quad h(t) = \int\limits_{-\infty}^{t} g(\tau)d\tau.$$

Durch die Dgl, $h(t)$ und auch $g(t)$ ist ein System *eindeutig* festgelegt, allerdings nicht sein innerer Aufbau. Schaltungen, die ein identisches Klemmenverhalten aufweisen, heißen *äquivalent*.

3.3 Die Reaktion auf eine zusammengesetzte Erregung

Sofern sich Eingangssignale durch die gewichtete Summe von Elementarsignalen darstellen lassen, berechnen sich bei linearen Systemen die Ausgangssignale einfach aus der gewichteten Summe der zu den Elementarsignalen gehörenden Ausgangssignale; zwei Beispiele verdeutlichen diese Methode zur Berechnung der Reaktion.

☐ **Beispiel 3.4**

a) Die Eingangsspannung $u_e(t)$ eines energiefreien RC-Systems sei ein Rechteckimpuls, wie er als Teil eines digitalen Signals vorkommt; man berechne den Ausgangsspannungsverlauf $u_a(t)$ für $RC = 2\text{ms}$.

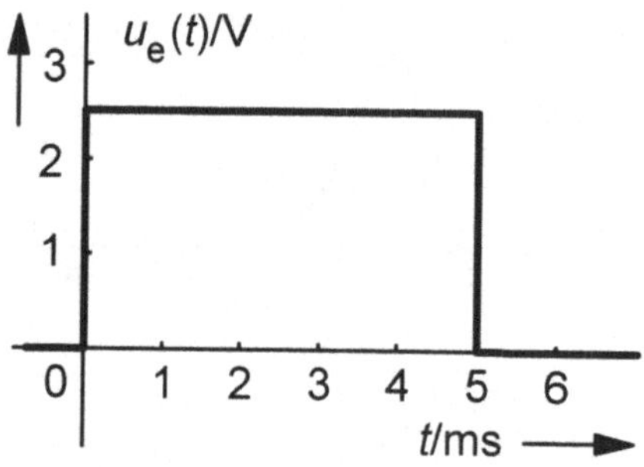

Bild 3.12
Digitaler Spannungsimpuls als Erregung eines RC-Systems

Das Eingangssignal läßt sich darstellen als:

$$u_e(t) = u_{e1}(t) + u_{e2}(t) = 2{,}5\text{V}\cdot \sigma(t) - 2{,}5\text{V}\cdot \sigma(t - 5\text{ms}).$$

Die Teilreaktionen des LTI-Systems auf die Teilerregungen lassen sich direkt angeben:

$$u_a(t) = u_{a1}(t) + u_{a2}(t) = 2{,}5\text{V}\cdot h(t) - 2{,}5\text{V}\cdot h(t - 5\text{ms}),$$

$$u_a(t) = 2{,}5\text{V}(1 - e^{-\frac{t}{2\text{ms}}})\cdot \sigma(t) - 2{,}5\text{V}(1 - e^{-\frac{t-5\text{ms}}{2\text{ms}}})\cdot \sigma(t - 5\text{ms}).$$

Der Impuls wird somit interpretiert als Summe eines Einschalt- und eines Ausschaltsprunges, womit sich die Reaktion als Summe der gewichteten Sprungantworten direkt angeben läßt. Die folgenden Bilder zeigen die Teilreaktionen sowie die Summe:

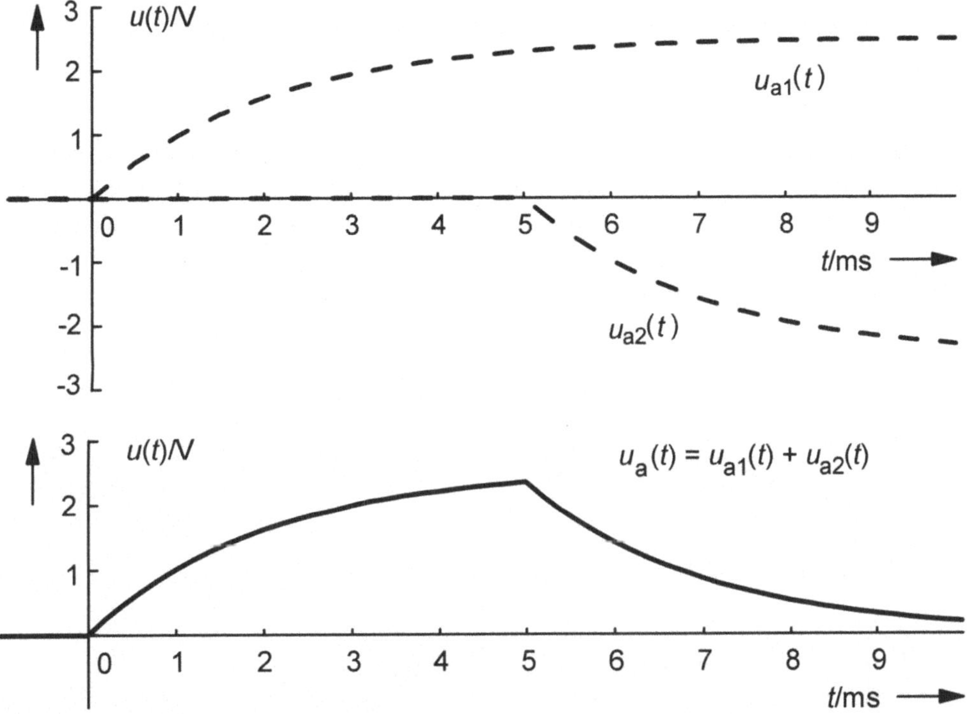

Bild 3.12

Zusammengesetzte Reaktion eines RC-Systems auf eine zusammengesetzte Erregung

Die geschlossene Darstellung läßt sich auch in eine zeitlich stückweise Beschreibung umformulieren, wobei für den dritten Zeitbereich als Anfangswert $t = 5\text{ms}$ eingesetzt werden muß:

$$u_a(t) = \begin{cases} 0 & t < 0 \\ 2,5\text{V}(1 - e^{-\frac{t}{2\,\text{ms}}}) & \text{für } 0 \leq t \leq 5\text{ms} \\ 2,295\text{V}e^{-\frac{t-5\text{ms}}{2\,\text{ms}}} & 5\text{ms} < t \end{cases} \quad .$$

b) Die Erregung $x(t)$ eines energiefreien LTI-Systems mit der Impulsantwort $g(t)$ sei mit normierter Amplitude und Zeit die gewichtete, unendliche Deltaimpulsfolge:

$$x(t) = \sum_{k=0}^{\infty} c_k \cdot \delta(t - k\text{T}) .$$

Wie lautet eine allgemeine Darstellung für die Reaktion $y(t)$?

Sie läßt sich sofort als Summe der Teilreaktionen formulieren:

$$y(t) = \sum_{k=0}^{\infty} c_k \cdot g(t - k\text{T}) = \sum_{k=0}^{\infty} c_k \cdot \overset{\bullet}{h}(t - k\text{T}) .$$

$\square$

3.4 Die Faltung

Es stellt sich die Frage, ob mit der Methode des letzten Kapitels mit Kenntnis der Sprung- bzw. der Impulsantwort die Reaktion auf ein *beliebiges* Eingangssignal berechnet werden kann. Das folgende Bild zeigt einen kurzen Ausschnitt aus dem Zeitverlauf der Erregung $x(t)$, der durch eine Treppenfunktion $\tilde{x}(t)$ mit Stufen im konstanten Zeitabstand T angenähert wird:

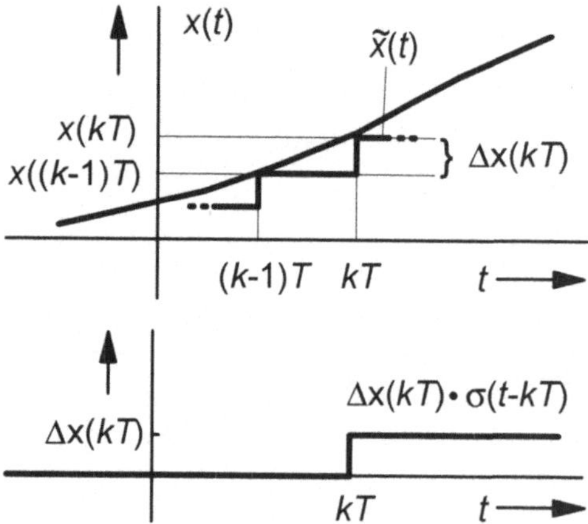

Bild 3.13
Ausschnitt aus dem Zeitverlauf einer Erregung $x(t)$, die durch Treppenstufen angenähert wird

Zu einem beliebigen Zeitpunkt $t = kT$ kommt eine weitere Stufe dazu, darstellbar durch eine zeitlich verschobene Sprungfunktion $\sigma(t - kT)$. Sie beschreibt die Treppenfunktion *bis* zum nächsten Sprung bei $t = (k+1)T$, so daß gilt:

$$\tilde{x}(t) = x((k-1)T) + \Delta x(kT) \cdot \sigma(t - kT) \text{ für } kT \le t < (k+1)T \tag{3.31}$$

mit $\Delta x(kT) = x(kT) - x((k-1)T)$.

Soll die Näherung der Reaktion $\tilde{y}(t)$ auf die Erregung $\tilde{x}(t)$ zu einem Zeitpunkt t mit $k'T \le t < (k'+1)T$ berechnet werden, so müssen alle Sprünge der Vergangenheit, also $k \le k'$, berücksichtigt werden; diesen Zusammenhang veranschaulicht das Bild 3.14. Es ist physikalisch sinnvoll anzunehmen, daß die Erregung in der Vergangenheit einmal begonnen hat und damit $\lim\limits_{t \to -\infty} x(t) = 0$ gilt. Die erste Stufe beginnt damit bei Null, und es folgt:

$$x(t) \approx \tilde{x}(t) = \sum_{k=-\infty}^{k'} [x(kT) - x((k-1)T)] \cdot \sigma(t - kT) \text{ für } k'T \le t < (k'+1)T . \tag{3.32}$$

Die Reaktion $\tilde{y}(t)$ auf diese Näherung kann mit Kenntnis der Sprungantwort $h(t)$ als eine Überlagerung gewichteter und zeitverschobener Sprungantworten sofort angegeben werden:

$$y(t) \approx \tilde{y}(t) = \sum_{k=-\infty}^{k'} [x(kT) - x((k-1)T)] \cdot h(t-kT) \text{ für } k'T \le t < (k'+1)T. \tag{3.33}$$

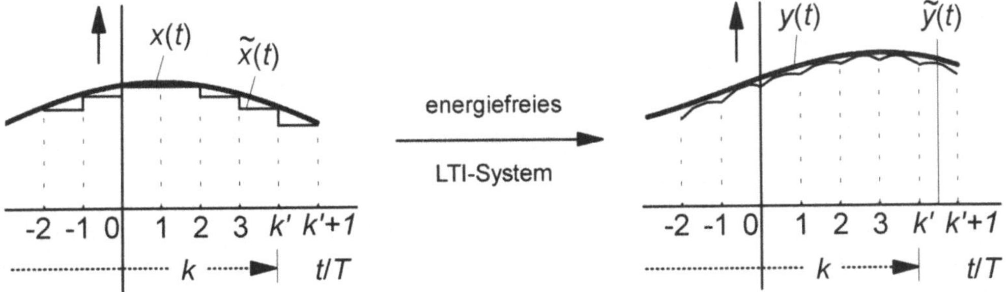

Bild 3.14
Annäherung der Erregung durch Treppenstufen sowie die Reaktion eines LTI-Systems

Eine numerische Auswertung dieser Gleichung (z.B. mit Hilfe eines Rechnerprogrammes) hat den Nachteil, daß für eine genügende Genauigkeit die Stufigkeit u.U. sehr klein sein muß und damit die Anzahl der Summanden groß wird. Interessant ist deshalb die Frage, ob sich eine sinnvolle Beziehung für den Grenzfall unendlich kleiner Treppenstufen ergibt: Die Summe wird dann zu einem Integral, dem *Faltungsintegral*, mit dem sich die Reaktion $y(t)$ *exakt* und analytisch berechnen läßt.

3.4.1 Die Grundgleichungen

Damit der Ausdruck in eine eine Integration übergeht, müssen in der Summe Flächeninkremente stehen; es wird deshalb mit T erweitert:

$$\tilde{x}(t) = \sum_{k=-\infty}^{k'} \frac{x(kT) - x((k-1)T)}{T} \cdot \sigma(t-kT) \cdot T, \tag{3.34}$$

$$\tilde{y}(t) = \sum_{k=-\infty}^{k'} \frac{x(kT) - x((k-1)T)}{T} \cdot h(t-kT) \cdot T. \tag{3.35}$$

Im Grenzfall infinitesimaler Zeitintervalle geht T in $d\tau$ über, und aus kT wird die *kontinuierliche* Laufvariable τ, die von $-\infty$ bis t läuft. Der Differenzenquotient $\frac{x(kT)-x((k-1)T)}{T} = \frac{\Delta x(kT)}{T}$ wird zum Differentialquotienten $\frac{dx(\tau)}{d\tau}$ und die Summe zu einem

Integral über τ. Da die Erregung exakt dargestellt wird, wird auch die Reaktion genau berechnet:

$$x(t) = \int_{-\infty}^{t} \dot{x}(\tau) \cdot \sigma(t-\tau)d\tau, \tag{3.36}$$

$$y(t) = \int_{-\infty}^{t} \dot{x}(\tau) \cdot h(t-\tau)d\tau. \tag{3.37}$$

Eine partielle Integration führt auf:

$$y(t) = [x(\tau) \cdot h(t-\tau)]_{-\infty}^{t} - \int_{-\infty}^{t} x(\tau) \cdot \tfrac{d}{d\tau}h(t-\tau)d\tau. \tag{3.38}$$

Für ein *kausales* System gilt $h(0) = 0$ (da das System energiefrei ist), so daß mit der für $t \to -\infty$ bei Null beginnenden Erregung der Klammerausdruck verschwindet. Mit der Kettenregel folgt

$$\tfrac{d}{d\tau}h(t-\tau) = \tfrac{d}{d(t-\tau)}h(t-\tau) \cdot \tfrac{d}{d\tau}(t-\tau) = -\dot{h}(t-\tau), \tag{3.39}$$

so daß mit $\dot{h}(t) = g(t)$ die Gleichung zu

$$y(t) = \int_{-\infty}^{t} x(\tau) \cdot g(t-\tau)d\tau \tag{3.40}$$

umformuliert werden kann. Das Eingangssignal wird nun unter dem Integral mit der zeitverschobenen und bzgl. der Laufvariablen τ *gespiegelten* Impulsantwort $g(t-\tau)$ *gewichtet*; deswegen wird die Impulsantwort auch *Gewichtsfunktion* genannt. Da sie außerdem umgeklappt bzw. *gefaltet* verwendet wird, hat die Gleichung die Bezeichnung *Faltungsintegral* (*Duhamelsches* Integral).

Die Impulsantwort kann auch als das „Gedächtnis" des dynamischen Systems interpretiert werden: Zu Beginn des Betrachtungszeitraumes wird das System mit dem Impuls beaufschlagt, es „erinnert" sich mit der durch $g(t)$ charakterisierten Weise am Ausgang noch länger an die kurzzeitige Erregung.

Eine schöne *Symmetrie* des Faltungsintegrals zeigt sich mit der Substitution $\eta = t - \tau$; mit $\tau = t - \eta$ und $d\tau = -d\eta$ folgt:

$$y(t) = -\int_{\infty}^{0} x(t-\eta) \cdot g(t-t+\eta)d\eta = \int_{0}^{\infty} x(t-\eta) \cdot g(\eta)d\eta.$$

Nun kann η auch wieder τ genannt werden:

$$y(t) = \int\limits_0^\infty x(t-\tau) \cdot g(\tau)d\tau. \tag{3.41}$$

Beide Faltungsintegrale liefern natürlich dasselbe Ergebnis. Ihre Auswertung erfordert einige Übung, die Vorgehensweise läßt sich am besten an einem Beispiel erläutern:

□ **Beispiel 3.5**

Ein RC-System mit nicht festgelegter Zeitkonstante RC und der bekannten Impulsantwort

$$g(t) = \tfrac{1}{RC} e^{-\tfrac{t}{RC}} \cdot \sigma(t)$$

wird mit der im untenstehenden Bild dargestellten Erregung $x(t)$ beaufschlagt; man berechne die Reaktion mit Hilfe eines der beiden Faltungsintegrale.

Da über die τ–Achse integriert wird, fertigt man zunächst eine gemeinsame Skizze der beiden Funktionen $x(\tau)$ und $g(\tau)$ an, die als *Produkt* im Integranden stehen. Sie sind mit $x(t)$ und $g(t)$ *identisch*, denn es wurde nur die Variable von t in τ umbenannt:

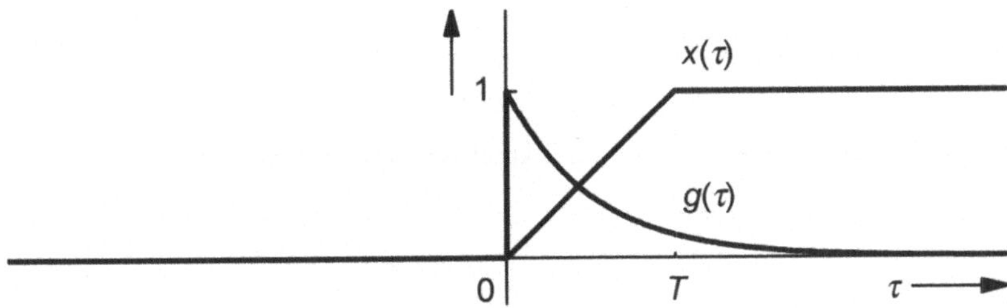

Bild 3.15
1. Skizze für die Berechnung des Faltungsintegrals

Die Berechnung der Erregung über ein Faltungsintegral erfordert, daß eines der beiden Signale zeitlich gespiegelt bzw. *gefaltet* wird. Bezüglich der τ–Achse hat t die Bedeutung eines *frei wählbaren Parameters*: Es ist der Zeitpunkt, für den das Ausgangssignal bestimmt werden soll. Manchmal ist die Auswertung eines der beiden Integrale einfacher, dies hängt von den jeweiligen Signalformen ab; eine generelle Regel läßt sich nicht angeben. Für die Spiegelung der Impulsantwort und die einfache Wahl $t = 0$ stellen sich die Signale wie folgt dar:

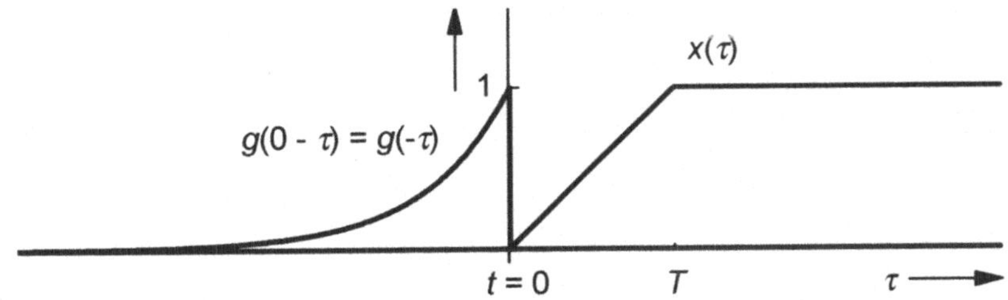

Bild 3.16
Skizze mit gefalteter Impulsantwort und $t = 0$

Die Wahl des Parameters t legt auch fest, *wo* sich die gespiegelte Impulsantwort über der τ – Achse befindet. Für $t = 0$ zeigt die Skizze, daß *entweder g oder x Null* ist, sò daß die *Fläche unter dem Produkt verschwindet;* damit ist $y(0) = 0$. Dies ist nicht verwunderlich, da das Eingangssignal erst bei $t = 0$ beginnt und das System energiefrei ist.

Eine weitere einheitliche Beschreibung des Ausgangssignals muß sicherlich für den Zeitbereich $0 \le t < T$ erfolgen, denn hier steigt das Eingangssignal linear an; der dritte Zeitbereich ist dann $t \ge T$. Sinnvollerweise fertigt man für jeden dieser drei Zeitbereiche eine getrennte Skizze an und berechnet das Integral separat.

1. Zeitbereich $t < 0$

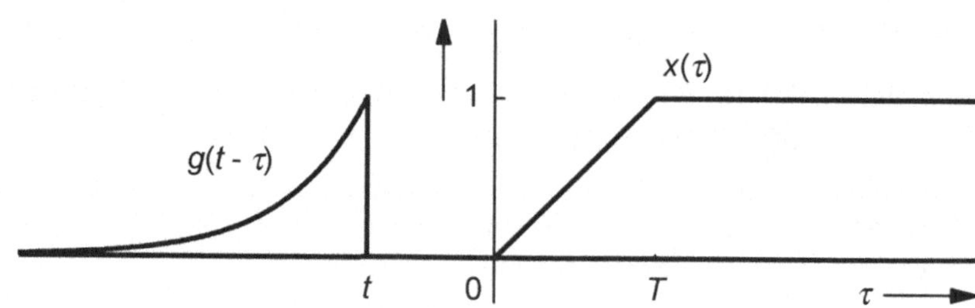

Bild 3.17
Skizze der Signale des Integranden für $t < 0$

Die beiden Funktionen überlappen sich nicht, das Produkt ist immer Null: $y(t) = 0$.

2. Zeitbereich $0 \le t < T$

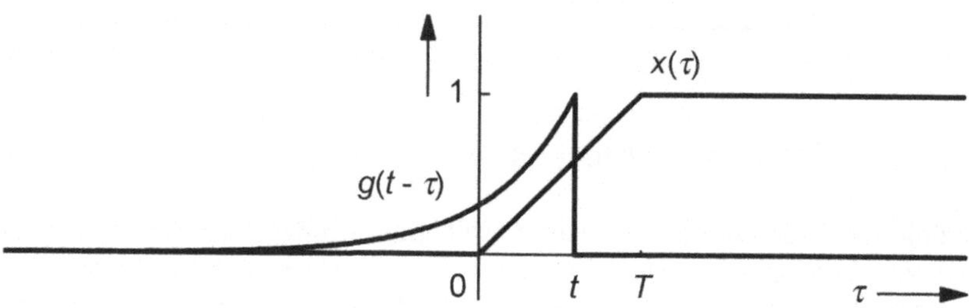

Bild 3.18
Skizze der Signale des Integranden für $0 \le t < T$

Die beiden Funktionen überlappen sich im Bereich 0 bis t, daher liefert die Berechnung des Integrals:

$$y(t) = \int_0^t x(\tau) \cdot g(t - \tau)\,d\tau$$

$$= \int_0^t \frac{\tau}{T} \cdot \frac{1}{RC} e^{-\frac{(t-\tau)}{RC}}\,d\tau$$

$$= \frac{1}{TRC} \int_0^t \tau \cdot e^{-\frac{t}{RC}} \cdot e^{\frac{\tau}{RC}}\,d\tau$$

Der Faktor $e^{-\frac{t}{RC}}$ ist für die Integration über τ eine *Konstante* und kann deshalb vor das Integral gezogen werden:

$$y(t) = \frac{1}{TRC}e^{-\frac{t}{RC}} \int\limits_{0}^{t} \tau \cdot e^{\frac{\tau}{RC}} \, d\tau$$

$$= \frac{1}{TRC}e^{-\frac{t}{RC}} \left[(RC)^2 e^{\frac{\tau}{RC}} \cdot \left(\frac{\tau}{RC} - 1 \right) \right]_{0}^{t}$$

$$= \frac{RC}{T} \left[\frac{t}{RC} - 1 + e^{-\frac{t}{RC}} \right].$$

3. Zeitbereich $t \geq T$

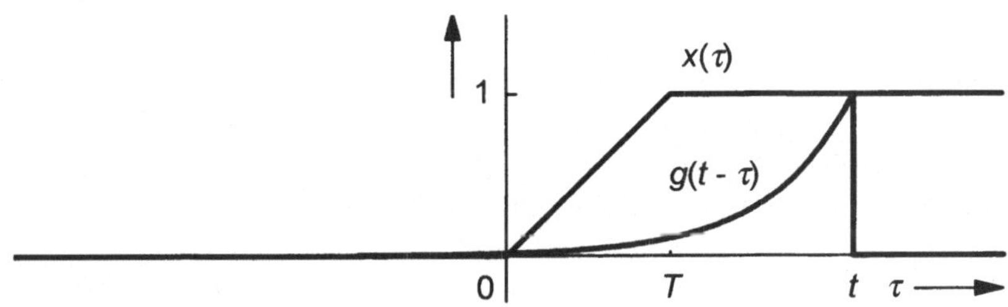

Bild 3.19
Skizze der Signale des Integranden für $t > T$

Die beiden Funktionen überlappen sich wieder im Bereich 0 bis t, daher liefert die Berechnung des Integrals:

$$y(t) = \int\limits_{0}^{T} \frac{\tau}{T} \cdot g(t-\tau) \, d\tau + \int\limits_{T}^{t} 1 \cdot g(t-\tau) \, d\tau$$

$$= \int\limits_{0}^{T} \frac{\tau}{T} \cdot \frac{1}{RC} e^{-\frac{(t-\tau)}{RC}} \, d\tau + \int\limits_{T}^{t} \frac{1}{RC} e^{-\frac{(t-\tau)}{RC}} \, d\tau$$

$$= \frac{1}{TRC} e^{-\frac{t}{RC}} \left[(RC)^2 e^{\frac{\tau I}{RC}} \cdot \left(\frac{\tau}{RC} - 1 \right) \right]_{0}^{T} + e^{-\frac{t}{RC}} \cdot \left[e^{\frac{\tau}{RC}} \right]_{T}^{t}$$

$$= 1 - \frac{RC}{T} \left(e^{\frac{T}{RC}} - 1 \right) \cdot e^{-\frac{t}{RC}}.$$

Insgesamt erhält man eine *zeitlich stückweise* Lösung in Abhängigkeit von den freien Parametern T und RC. Für die konkreten Werte $T = 2\text{s}$ und $RC = 1\text{s}$ zeigt das Bild 3.20 den Einschwingvorgang. Offensichtlich läßt sich die Erregung auch als Überlagerung von Rampenfunktionen auffassen. Dementsprechend kann das Ergebnis auch als zeitlich geschlossene Lösung mit der Summe der Reaktionen auf die Teil-Erregungen bestimmt werden (dazu muß die Impulsantwort zweimal integriert werden); die zeitlich geschlossene Lösung direkt aus der zeitlich stückweisen zu bestimmen ist meistens schwierig. Diese Berechnung und der Vergleich mit der obigen, zeitlich stückweisen Darstellung ist eine gute Übung für den Leser.

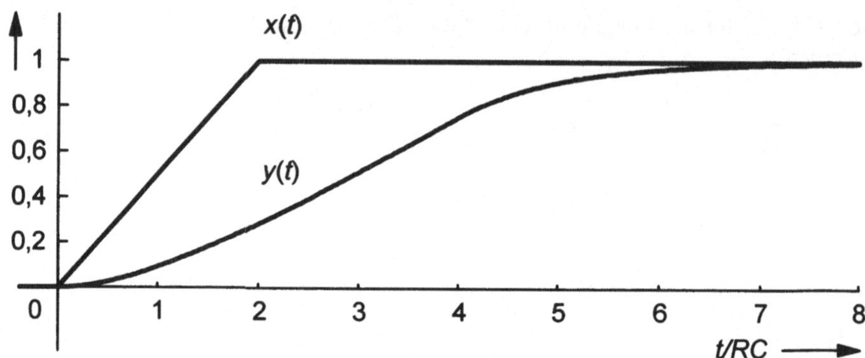

Bild 3.20
Über die Faltung berechnetes Einschwingen des RC-Systems mit $RC = 1s$, $T = 2s$ bzw. $\frac{T}{RC} = 2$

Ist das System *nicht* energiefrei, d.h. besitzt der Kondensator eine Anfangsspannung u_{ao}, dann *überlagert* sich für $t \geq 0$ noch der Entladevorgang $u_{ao}e^{-\frac{t}{RC}}$. $\qquad\qquad\square$

Faltungsintegrale sind Systembeschreibungen, die es ermöglichen, mit der Kenntnis der Impulsantwort (die sich durch Ableiten der Sprungantwort berechnen läßt), die Reaktion $y(t)$ auf jede beliebige (physikalisch sinnvolle) Erregung $x(t)$ zu berechnen. Dieser Weg ist für komplizierte Eingangssignale i.a. einfacher als das Lösen der Dgl.

Eine unmittelbare Herleitung des Faltungsintegrals ist auch über die *Ausblendeigenschaft* der Deltafunktion möglich. Für ein beliebiges Signal $f(t)$ gilt

$$f(t) = \int\limits_{-\infty}^{\infty} \delta(t - \tau) \cdot f(\tau)d\tau,$$

so daß für die Erregung eines Systems formuliert werden kann:

$$x(t) = \int\limits_{-\infty}^{\infty} \delta(t - \tau) \cdot x(\tau)d\tau. \qquad\qquad (3.42)$$

Damit kann für die Reaktion sofort die Beziehung angegeben werden:

$$y(t) = \int\limits_{-\infty}^{\infty} g(t - \tau) \cdot x(\tau)d\tau. \qquad\qquad (3.43)$$

Dies ist genau das Faltungsintegral mit den im Extremfall möglichen Grenzen von $-\infty$ bis ∞. Ist das System *kausal*, dann kann *vor* dem eingangsseitigen Impuls keine Reaktion vorhanden sein, so daß dann $g(t - \tau) = 0$ für $t - \tau < 0$ bzw. $\tau > t$ gilt. Die Obergrenze reduziert sich damit auf t, wie sie sich auch durch die Herleitung mit der Stufennäherung ergab.

Ebenfalls gilt dann mit den maximal möglichen Grenzen:

$$y(t) = \int\limits_{-\infty}^{\infty} g(\tau) \cdot x(t-\tau)d\tau. \tag{3.44}$$

Handelt es sich bei der Erregung um ein Einschaltsignal, und ist das System weiterhin kausal, dann reduzieren sich die Grenzen auf

$$y(t) = \int\limits_{0}^{t} g(\tau) \cdot x(t-\tau)d\tau. \tag{3.45}$$

Bei Unsicherheit über die Grenzen sollten auf jeden Fall Skizzen mit den Signalen des Integranden angefertigt werden. Wie im Beispiel ergeben sie sich dann durch denjenigen Bereich, in dem *beide* Funktionen einen Wert ungleich Null aufweisen.

Die *Faltung* ermöglicht die Berechnung der Reaktion $y(t)$ eines energiefreien LTI-Systems auf eine physikalisch sinnvolle Erregung $x(t)$, wobei die Impulsantwort (bzw. Gewichtsfunktion) $g(t)$ bekannt sein muß, mit Hilfe *eines* der Integrale:

$$y(t) = \int\limits_{-\infty}^{\infty} g(t-\tau) \cdot x(\tau)d\tau,$$

$$y(t) = \int\limits_{-\infty}^{\infty} x(t-\tau) \cdot g(\tau)d\tau.$$

Die folgenden Bearbeitungsschritte sind empfehlenswert:

1. Falls $g(t)$ nicht bekannt oder gegeben ist, Berechnung der Impulsantwort durch Ableiten der Sprungantwort $h(t)$; $h(t)$ erhält man z.B. durch exemplarisches Lösen der Differentialgleichung des Systems für $x(t) = \sigma(t)$.
2. Skizze von $x(\tau)$ und $g(\tau)$.
3. Skizze von $x(t-\tau)$ oder $g(t-\tau)$, je nachdem, welches Signal gefaltet werden soll (beides führt auf das gleiche Ergebnis). Am einfachsten ist zunächst die Wahl $t = 0$, d.h. eine einfache zeitliche Spiegelung des Signals.
4. Festlegung der Zeitbereiche von t, für die das Integral getrennt berechnet werden soll, am besten getrennte Skizze für jeden der Zeitbereiche.
5. Definition der Faltungsintegrale für jeden der Zeitbereiche, dabei ist insbesondere auf die Grenzen zu achten.
6. Lösen der Integrale, hierbei hat t nur die Funktion eines Parameters.
7. Hilfreich ist eine abschließende Skizze, die das Ein- und Ausgangssignal in einem Bild gegenüberstellt.

3.4.2 Faltungsalgebra

Das Faltungsintergal

$$y(t) = \int_{-\infty}^{\infty} g(t-\tau) \cdot x(\tau)d\tau$$

verknüpft die beiden Funktionen $g(t)$ und $x(t)$ miteinander; diese Beziehung wird symbolisch kurz durch

$$y(t) = g(t) * x(t) \tag{3.46}$$

ausgedrückt, wobei der „$*$" für das „Faltungsprodukt" steht. Wie im folgenden gezeigt wird, folgen Faltungsoperationen den gleichen Rechenregeln wie die algebraische Multiplikation. Hieran soll die Ähnlichkeit des Sterns mit dem „$\cdot$" erinnern.

a) Die Gleichung

$$f(t) = \int_{-\infty}^{\infty} \delta(t-\tau) \cdot f(\tau)d\tau$$

für ein beliebiges Signal $f(t)$ läßt sich in Kurzform als

$$f(t) = \delta(t) * f(t) \tag{3.47}$$

darstellen. Damit ist der Deltaimpuls das *Einselement* der Faltung.

b) Da ebenfalls

$$y(t) = \int_{-\infty}^{\infty} x(t-\tau) \cdot g(\tau)d\tau$$

mit der Kurzschreibweise

$$y(t) = x(t) * g(t) \tag{3.48}$$

gilt, ist die Faltung *kommutativ*.

c) Besteht das Eingangssignal aus der Summe zweier Signale $x_1(t)$ und $x_2(t)$, also

$$x(t) = x_1(t) + x_2(t),\qquad\qquad(3.49)$$

so folgt mit

$$y(t) = \int_{-\infty}^{\infty} g(t-\tau) \cdot x(\tau)d\tau = \int_{-\infty}^{\infty} g(t-\tau) \cdot [x_1(\tau) + x_2(\tau)]d\tau$$

$$= \int_{-\infty}^{\infty} g(t-\tau) \cdot x_1(\tau)d\tau + \int_{-\infty}^{\infty} g(t-\tau) \cdot x_2(\tau)d\tau = g(t) * x_1(t) + g(t) + x_2(t) \qquad(3.50)$$

das *Distributivgesetz* der Faltung.

d) Werden zwei Systeme mit

$$y_1(t) = g(t) * x_1(t), \ y_2(t) = g_2(t) * x_2(t)\qquad\qquad(3.51)$$

in Reihe geschaltet, d.h.

$$x_2(t) = y_1(t),\qquad\qquad(3.52)$$

so zeigt sich, daß die Faltung auch *assoziativ* ist:

$$y(t) = g_2(t) * x_2(t) = g_2(t) * [g_1(t) * x_1(t)]$$

$$= [g_2(t) * g_1(t)] * x_1(t) = [g_1(t) * g_2(t)] * x_1(t)$$

$$= g_1(t) * [g_2(t) * x_1(t)].\qquad\qquad(3.53)$$

Hierbei symbolisiert die Klammer, welche Signale gefaltet werden, denn sie ist über zwei Funktionen definiert; man faltet zunächst zwei beliebige Signale und das Ergebnis mit dem dritten. - Damit wurde auch die *Vertauschbarkeit* der Verarbeitungsreihenfolge von in Reihe geschalteten linearen Systemen hergeleitet.

Das Kommutativgesetz $g(t) * x(t) = x(t) * g(t)$ kann auch systemtheoretisch interpretiert werden: Offensichtlich erzeugt ein System mit einer Vertauschung von Erregung und Impulsantwort dasselbe Ausgangssignal:

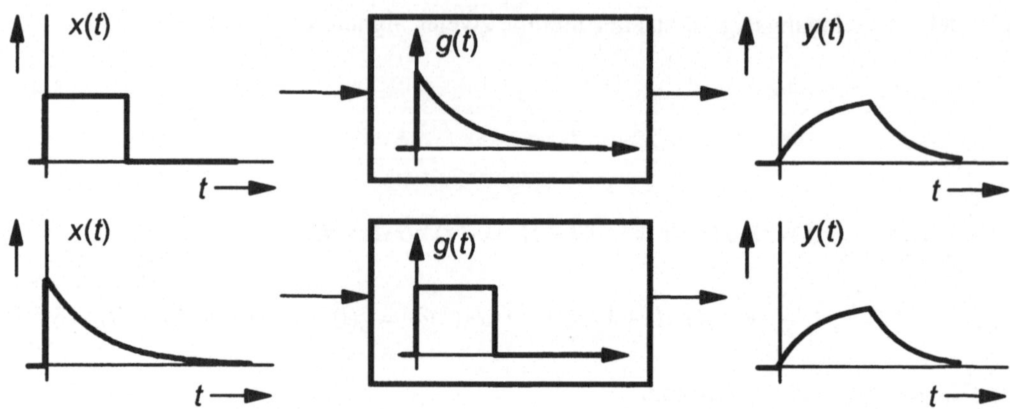

Bild 3.21
Systemtheoretische Deutung des Kommutativgesetzes der Faltung

Das Ausgangssignal eines *ideal verzerrungsfreien System*s entspricht dem Eingangssignal bis auf einen beliebigen Verstärkungsfaktor $k_\mathrm{p} \neq 0$:

$$y(t) = k_\mathrm{p}x(t); \tag{3.54}$$

hierbei wird davon ausgegangen, daß die „Verarbeitungzeit" bzw. die Laufzeit T_L durch das System vernachlässigbar kurz ist. Dies ist aber z.B. bei einer Kommunikation mit einer Raumsonde nicht mehr der Fall, so daß bei dem *verzerrungsfreien System*

$$y(t) = k_\mathrm{p}x(t - T_\mathrm{L}) \tag{3.55}$$

die Reaktion (mit dem Faktor k_p verstärkt) um die Laufzeit später die gleiche Signalform aufweist, wie das folgende Bild exemplarisch zeigt:

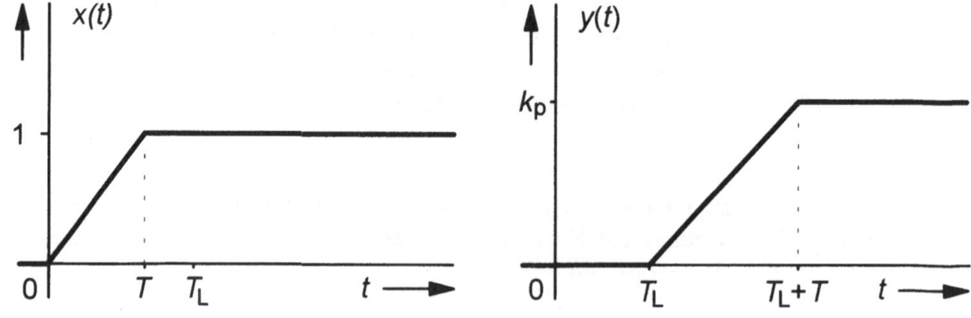

Bild 3.22
Reaktion eines verzerrungsfreien Systems

Wird für die Erregung $x(t) = \delta(t)$ gewählt, so folgt für die Impulsantwort des Systems sofort:

$$g(t) = k_{\mathrm{p}}\delta(t - T_{\mathrm{L}}). \tag{3.56}$$

Über die Faltung berechnet sich die Reaktion zu:

$$y(t) = k_{\mathrm{p}}\delta(t - T_{\mathrm{L}}) * x(t) = k_{\mathrm{p}}x(t - T_{\mathrm{L}}). \tag{3.57}$$

Damit folgt

$$x(t - T_{\mathrm{L}}) = \delta(t - T_{\mathrm{L}}) * x(t), \tag{3.58}$$

wobei es genauso möglich ist, ein System ohne Laufzeit ($T_{\mathrm{L}} = 0$) mit dem verzögerten Signal $x(t - T_{\mathrm{L}})$ zu erregen:

$$x(t - T_{\mathrm{L}}) = \delta(t) * x(t - T_{\mathrm{L}}). \tag{3.59}$$

Ein beliebiges Signal $f(t)$ wird durch Falten mit einer um t_0 zeitverschobenen Deltafunktion selbst zeitverschoben:

$$f(t - t_0) = f(t) * \delta(t - t_0). \tag{3.60}$$

Wird speziell $f(t) = \delta(t)$ gewählt, so folgt

$$\delta(t - t_0) = \delta(t) * \delta(t - t_0), \tag{3.61}$$

sowie mit $t_0 = 0$:

$$\delta(t) = \delta(t) * \delta(t). \tag{3.62}$$

Das Faltungsprodukt existiert demnach für die Deltafunktion, das algebraische Produkt jedoch *nicht*.

Wird das Eingangssignal mit Hilfe eines Systems integriert, also

$$y(t) = \int_{-\infty}^{t} x(\tau)d\tau, \tag{3.63}$$

dann folgt für die Impulsantwort

$$g(t) = \int_{-\infty}^{t} \delta(\tau)d\tau = \sigma(t). \tag{3.64}$$

Damit gilt

$$y(t) = \sigma(t) * x(t), \tag{3.65}$$

bzw. für ein beliebiges Signal $f(t)$:

$$\int_{-\infty}^{t} f(\tau)d\tau = f(t) * \sigma(t). \tag{3.66}$$

Manchmal wird ein sogenannter *Kurzzeit-Integrierer* benötigt, z.B. für die Mittelung eines Signals innerhalb einer mit der Zeit t mitlaufenden Zeitspanne T; er integriert das Eingangssignal über das feste Zeitfenster T:

$$y(t) = \int_{t-T}^{t} x(\tau)d\tau. \tag{3.67}$$

Um die Impulsantwort zu bestimmen, genügt eine einfache Überlegung: Solange das Zeitfenster die Deltafunktion am Eingang erfaßt, wird am Ausgang der Wert der Fläche des Impulses erscheinen, also Eins. Liegt die Deltafunktion außerhalb des Fensters, dann ist die Fläche immer Null:

$$g(t) = \begin{cases} 0 & t < 0 \\ 1 & \text{für } 0 \leq t < T \\ 0 & t \geq T \end{cases} ; \tag{3.68}$$

die zeitlich geschlossene Darstellung lautet offensichtlich:

$$g(t) = \sigma(t) - \sigma(t-T) = \text{rect}(\tfrac{t-0{,}5T}{T}). \tag{3.69}$$

Die Sprungantwort folgt durch eine Integration:

$$h(t) = \begin{cases} 0 & t < 0 \\ t & \text{für } 0 \leq t < T \\ T & t \geq T \end{cases} , \tag{3.70}$$

bzw. in zeitlich geschlossener Darstellung:

$$h(t) = t \cdot \sigma(t) - (t-T) \cdot \sigma(t-T). \tag{3.71}$$

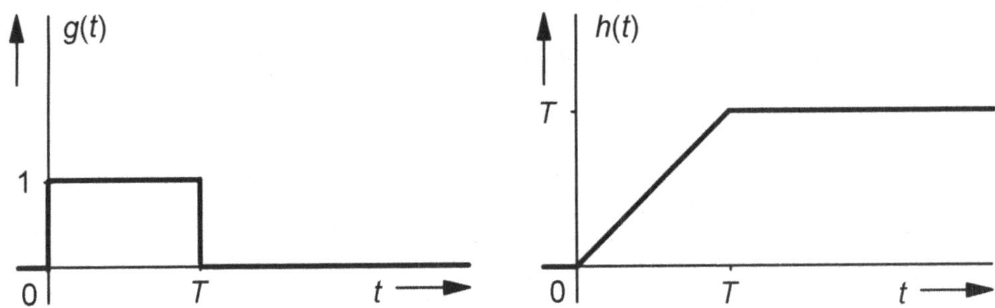

Bild 3.23
Die Impulsantwort und die Sprungantwort des Kurzzeitintegrierers

Damit gilt für ein beliebiges Signal:

$$\int_{t-T}^{t} f(\tau)d\tau = [\sigma(t) - \sigma(t-T)] * f(t) = \text{rect}(\tfrac{t-0,5T}{T}) * f(t). \tag{3.72}$$

Dieses Ergebnis läßt sich auch folgendermaßen herleiten:

$$\int_{-\infty}^{t} f(\tau)d\tau = \int_{-\infty}^{t-T} f(\tau)d\tau + \int_{t-T}^{t} f(\tau)d\tau,$$

$$\int_{t-T}^{t} f(\tau)d\tau = \int_{-\infty}^{t} f(\tau)d\tau - \int_{-\infty}^{t-T} f(\tau)d\tau,$$

$$\int_{t-T}^{t} f(\tau)d\tau = \sigma(t) * f(t) - \sigma(t-T) * f(t).$$

Das System

$$y(t) = \tfrac{d}{dt}x(t) = \dot{x}(t) \tag{3.73}$$

differenziert das Eingangssignal. Für seine Sprung- und Impulsantwort folgt durch Einsetzen der entsprechenden Erregungen:

$$h(t) = \tfrac{d}{dt}\sigma(t) = \delta(t), \tag{3.74}$$

$$g(t) = \tfrac{d}{dt}\delta(t) = \dot{\delta}(t). \tag{3.75}$$

Da verallgemeinerte Funktionen verallgemeinert abgeleitet werden dürfen, ist dies formal richtig; das folgende Bild verdeutlicht, daß es sich bei $\dot{\delta}(t)$ um zwei unendlich kurz aufeinanderfolgende Impulse handelt:

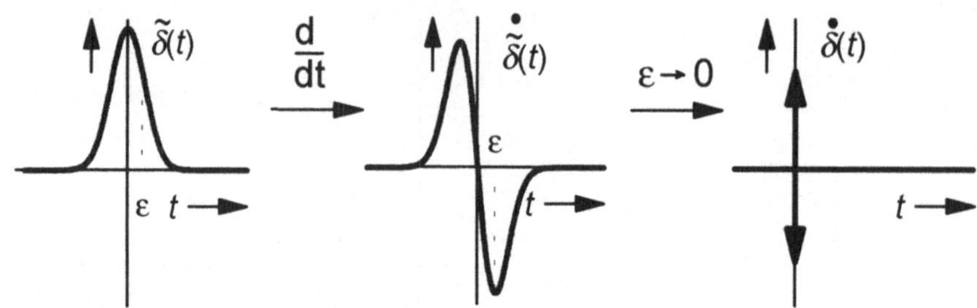

Bild 3.24
Veranschaulichung der abgeleiteten Deltafunktion

Die Sprungantwort eines *Differenzierers* bzw. *Differentiators* ist eine Deltafunktion, die in der Realität nur angenähert werden kann[2]; dies trifft für die auch als Doppelstoß bezeichnete Funktion $\overset{\bullet}{\delta}(t)$ erst recht zu.

Für ein beliebiges Signal gilt:

$$\overset{\bullet}{f}(t) = f(t) * \overset{\bullet}{\delta}(t). \tag{3.76}$$

Mit $\overset{\bullet}{f}(t) = \overset{\bullet}{f}(t) * \delta(t)$ gilt auch

$$\overset{\bullet}{f}(t) * \delta(t) = f(t) * \overset{\bullet}{\delta}(t). \tag{3.77}$$

3.5 Klassifizierung von LTI-Systemen

Mit der Faltung und mit Kenntnis der Sprungantwort bzw. ihrer Ableitung, der Impulsantwort, können die Reaktionen eines energiefreien LTI-Systems auf beliebige Erregungen berechnet werden. Zum Abschluß der Zeitbereichsbetrachtungen erfolgt nun eine Diskussion der verschiedenen Grundtypen von Systemen mit ihren Dgln, einer Typ-Klassifizierung (sie ist vor allem in der Meß-, Regelungs- und Automatisierungstechnik gebräuchlich) sowie der Berechnung der zugehörigen Sprung- und Impulsantworten.

---

[2] Daraus folgt, daß ein Differenzierer nur *näherungsweise* realisiert werden kann: siehe Unterkapitel 3.5.3.

3.5.1 Proportionale Systeme

Das Klemmenverhalten eines Systems aus Bauelementen *ohne* Speicherverhalten (z.B. Widerstände und ideale Verstärker) wird durch die *algebraische* Gleichung beschrieben:

$$y(t) = k_\mathrm{p}x(t) \qquad (3.78)$$

Dieses System, dessen Erregung *proportional* wirkt, heißt Proportional- oder kurz *P-System*; in diesem Fall ist es ein *ideales* P-System, da es verzögerungsfrei ist. Durch Einsetzen der Sprung- und der Deltafunktion folgen direkt die Sprung- und die Impulsantwort:

$$h(t) = k_\mathrm{p} \cdot \sigma(t), \qquad (3.79)$$

$$g(t) = k_\mathrm{p} \cdot \delta(t). \qquad (3.80)$$

Ein P-System wird in einem Schaltbild durch einen Block mit der eingetragenen *Sprungantwort* oder einfach durch Angabe der Verstärkung dargestellt:

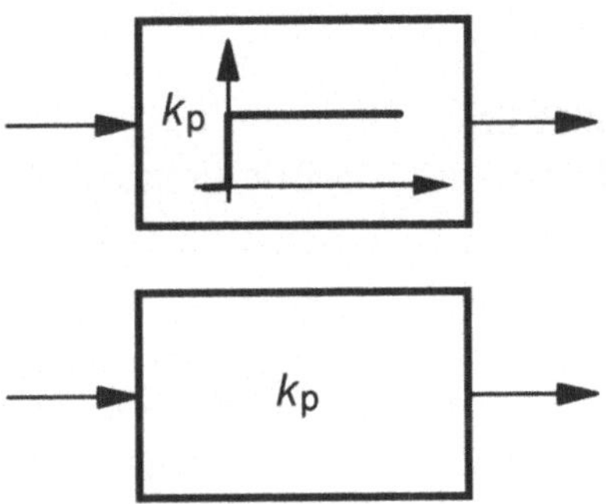

Bild 3.25
Blocksymbole des idealen P-Systems

Allerdings ist die Annahme *idealisierend*, die Reaktion würde bei sprungförmiger Erregung ebenfalls *springen*. Bei entsprechend hoher Zeitauflösung wird grundsätzlich ein *Einschwingvorgang* sichtbar, d.h. es sind immer parasitäre, kleine Energiespeicher vorhanden, die verzögernd wirken; solche Speicher können z.B. Eingangskapazitäten aktiver Bauelemente oder Leitungsinduktivitäten sein. Die korrekte Beschreibung ist dann eine Dgl 1. (oder höherer) Ordnung:

$$T_1 \dot{y}(t) + y(t) = k_\mathrm{p}x(t). \qquad (3.81)$$

Wenn die Zeitkonstante klein ist, also $0 < T_1 \ll 1$, dann kann der Term mit der ersten Ableitung vernachlässigt werden, so daß daraus die idealisierende Beschreibung der Gl. 3.78 folgt.

Gl. 3.81 ist die Dgl eines proportionalen Systems mit Verzögerung 1. Ordnung oder kurz ein P_{T1}-System, wie es schon mehrfach als RC-System behandelt wurde, das aber auch als LR-System oder eine völlig andere Schaltung aufgebaut sein kann. Die Sprung- und die Impulsantwort wurden schon berechnet:

$$h(t) = k_p\left(1 - e^{-\frac{t}{T_1}}\right) \cdot \sigma(t), \tag{3.82}$$

$$g(t) = \frac{k_p}{T_1} e^{-\frac{t}{T_1}} \cdot \sigma(t). \tag{3.83}$$

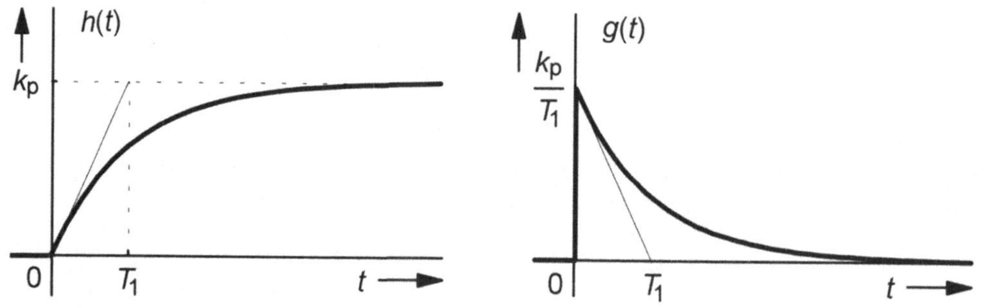

Bild 3.26

Sprung- und Impulsantwort des P_{T1}-Systems

Die Reihenschaltung zweier P_{T1}-Systeme zeigt das folgende Bild; sie ergibt insgesamt ein P_{T2}-System. Dabei wird davon ausgegangen, daß das erste System weiterhin *unbelastet* ist, d.h. das zweite System beeinflußt das Ausgangssignal des ersten nicht bzw. nur vernachlässigbar wenig, es ist damit *rückwirkungsfrei*.

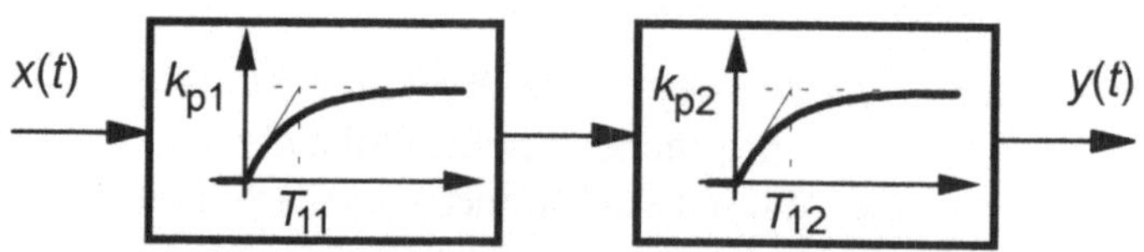

Bild 3.27

Ein P_{T2}-System als Reihenschaltung zweier P_{T1}-Systeme

Jedes weitere nachgeschaltete P_{T1}-System wirkt zusätzlich verzögernd, so daß der Ausgang des letzten Systems längere Zeit sehr klein bleibt. Das folgende Bild zeigt die

Sprungantworten von bis zu zehn in Reihe geschalteten P_{T1}-Systemen mit gleichen Zeitkonstanten $T_1 = 1$; insgesamt ergeben sich so P_{Tn}-Systeme mit $1 \leq n \leq 10$:

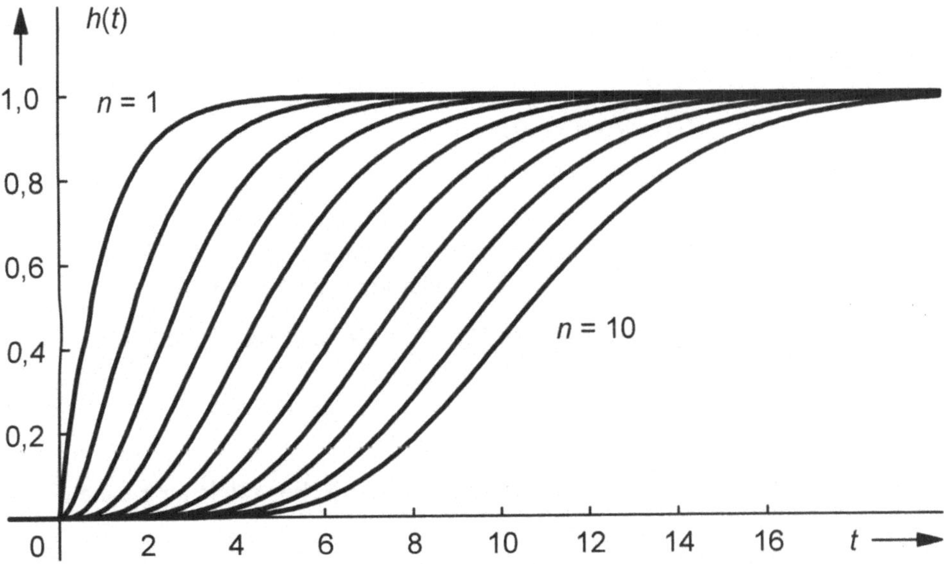

Bild 3.28
Sprungantworten von n in Reihe geschalteten P_{T1}-Systemen mit $T_1 = 1$

Die folgende LRC-Schaltung ist ebenfalls ein P_{T2}-System, sie wird auch als Reihenschwingkreis bezeichnet:

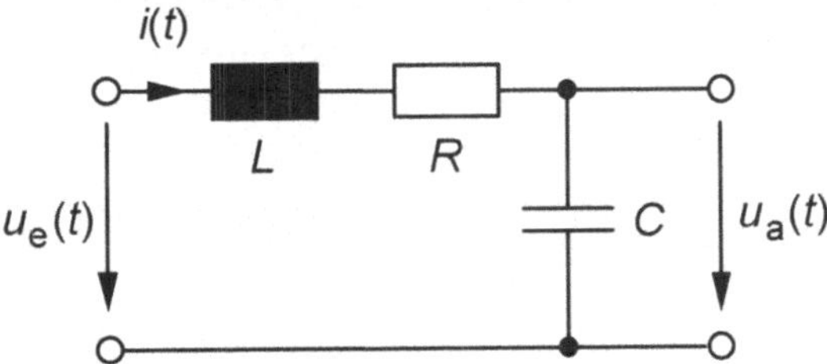

Bild 3.29
LRC-Reihenschwingkreis

Der Ladestrom $i(t)$ des Kondensators wird dabei zusätzlich durch die Induktivität verzögert; als Dgl folgt nach Anwendung der Kirchhoffschen Sätze:

$$LC \, \ddot{u}_a(t) + RC \, \dot{u}_a(t) + u_a(t) = u_e(t). \tag{3.84}$$

Anders als bei dem aus zwei P_{T1}-Systemen zusammengeschalteten P_{T2}-System zeigt dieses System in Abhängigkeit von der Parameterwahl R, L und C eine *schwingende* Sprung- und Impulsantwort, die Energie *pendelt* dann zwischen dem Kondensator und der Induktivität. Die Amplitude der Schwingung wird jedoch kontinuierlich *kleiner*, weil bei jedem Pendelvorgang Energie im Widerstand in Wärme umgewandelt wird.

Sinnvoll ist eine allgemeine Form der Dgl mit Parametern, die etwas über die Schwingungsfähigkeit aussagen:

$$\frac{1}{\omega_0^2}\,\ddot{y}\,(t) + \frac{2D}{\omega_0}\,\dot{y}\,(t) + y(t) = k_\mathrm{p}x(t)\,; \tag{3.85}$$

hierbei ist:

ω_0 – die *Kennkreisfrequenz* des *ungedämpften* Systems ($R = 0$),
D – das *Lehrsche Dämpfungsmaß* oder kurz die *Dämpfung*.

Durch Parametervergleich mit der obigen Dgl folgt für das LRC-System:

$$\omega_0 = \frac{1}{\sqrt{CL}}\,, \quad D = \frac{R}{2}\sqrt{\frac{C}{L}}\,, \quad k_\mathrm{p} = 1\,. \tag{3.86}$$

Die Eigenwerte und damit die Wurzeln der charakteristischen Gleichung lauten:

$$\lambda_{1,2} = -D\omega_0 \pm j\omega_0\sqrt{1 - D^2} = \sigma_\mathrm{D} \pm j\omega_\mathrm{D}. \tag{3.87}$$

Hierbei ist ω_D die Kennkreisfrequenz des *gedämpften* Systems, die bei zunehmender Dämpfung *kleiner* wird, denn das Pendeln der Energie wird bei Vergrößern des Widerstandes träger; ab $D = 1$ (aperiodischer Grenzfall) sind die Wurzeln *reell* und ω_D ist imaginär. Damit ergibt sich die folgende Fallunterscheidung:

$D = 0$:   ungedämpfter Fall (nur mit aktiven Bauelementen erreichbar)
$0 < D < 1$:   schwingendes Verhalten
$D = 1$:   aperiodischer Grenzfall
$D > 1$:   aperiodisches Verhalten

a) $D = 0$, ungedämpftes Verhalten

$$h(t) = k_\mathrm{p}[1 - \cos(\omega_0 t)] \cdot \sigma(t), \tag{3.88}$$

$$g(t) = k_\mathrm{p}\omega_0 \sin(\omega_0 t) \cdot \sigma(t). \tag{3.89}$$

b) $0 \leq D < 1$, schwingendes Verhalten

$$h(t) = k_\mathrm{p}[1 - \frac{\omega_0}{\omega_\mathrm{D}}e^{-\sigma_\mathrm{D} t}\cos(\omega_\mathrm{D} t - \arcsin D)] \cdot \sigma(t), \tag{3.90}$$

$$g(t) = k_\mathrm{p}\frac{\omega_0^2}{\omega_\mathrm{D}}e^{-\sigma_\mathrm{D} t}[D\cos(\omega_\mathrm{D} t - \arcsin D) + \frac{\omega_\mathrm{D}}{\omega_0}\sin(\omega_\mathrm{D} t - \arcsin D)] \cdot \sigma(t). \tag{3.91}$$

c) $D = 1$, aperiodischer Grenzfall

$$h(t) = k_p[1 - e^{-\omega_0 t}(1 + \omega_0 t)] \cdot \sigma(t), \tag{3.92}$$

$$g(t) = k_p \omega_0^2 t e^{-\omega_0 t} \cdot \sigma(t). \tag{3.93}$$

d) $D > 1$, aperiodisches Verhalten

$$h(t) = k_p\left[1 - \frac{1}{T_1 - T_2}\left(T_1 e^{-\frac{t}{T_1}} - T_2 e^{-\frac{t}{T_2}}\right)\right] \cdot \sigma(t), \quad T_{1,2} = \frac{1}{\omega_0}\left(D \pm \sqrt{D^2 - 1}\right), \tag{3.94}$$

$$g(t) = k_p\left[\frac{1}{T_1 - T_2}\left(e^{-\frac{t}{T_1}} - e^{-\frac{t}{T_2}}\right)\right] \cdot \sigma(t). \tag{3.95}$$

Das folgende Bild zeigt die Sprung- und Impulsantworten für verschiedene D:

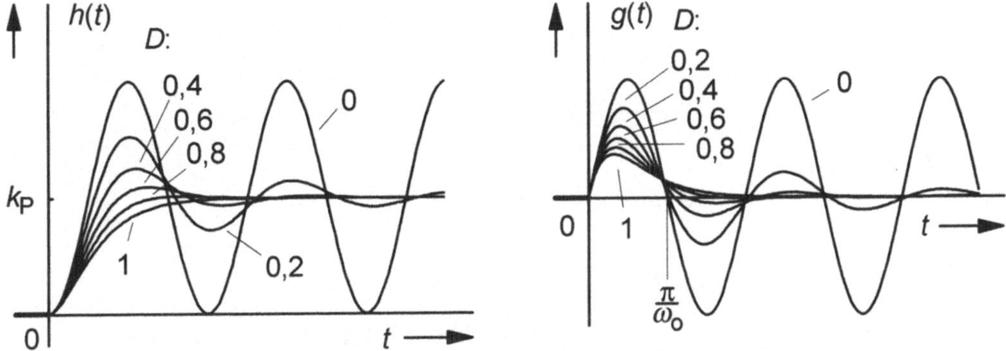

Bild 3.30
Sprung- und Impulsantworten des P_{T2}-Systems in Abhängigkeit von der Dämpfung D

Die Eigenwerte liegen für den schwingungsfähigen Fall ($0 \leq D < 1$) auf einem Kreis mit dem Radius ω_0, für $D \geq 1$ werden sie reell:

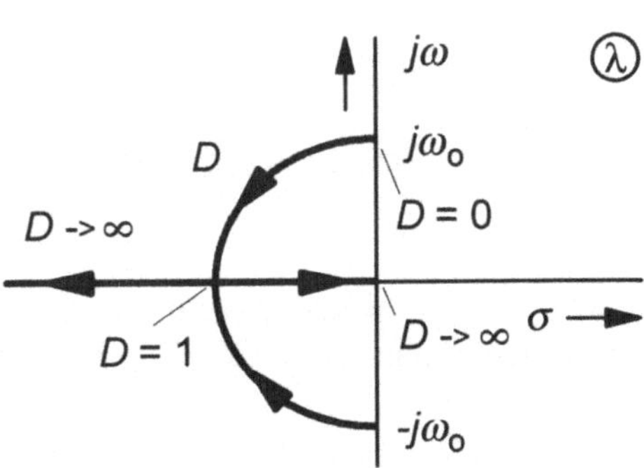

Bild 3.31
Eigenwerte des P_{T2}-Systems in Abhängigkeit von der Dämpfung D

Für den schwingungsfähigen Fall gibt es *keine* Ersatzschaltung in Form von zwei in Reihe geschalteten P_{T1}-Systemen, da die Eigenwerte konjugiert komplex sind. Anders ist dies für den aperiodischen Fall mit den reellen Eigenwerte $\lambda_1 = -\frac{1}{T_1}$, $\lambda_2 = -\frac{1}{T_2}$; für diesen Fall läßt sich eine Ersatzschaltung entsprechend Bild 3.27 angeben.

Der obige Schwingkreis zeigt aperiodisches Verhalten bei einem großen Widerstand R oder einem ungünstigen Verhältnis zwischen den Werten der Speicher C und L. Ein Trennverstärker zwischen den Speichern verhindert ebenfalls das Pendeln der Energie, da sie nicht rückwärts durch den Verstärker zum Eingang fließen kann, so daß dann immer $D \geq 1$ gilt:

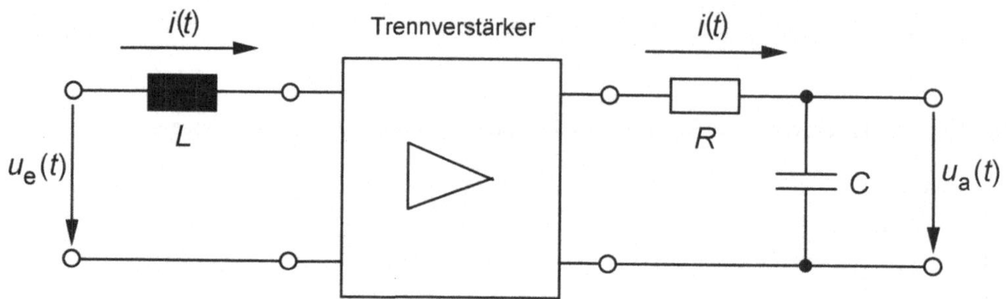

Bild 3.32
Aperiodisches Verhalten bei Entkopplung durch einen Trennverstärker

Schwingungsfähigkeit setzt die folgenden Bedingungen voraus:

1. Es müssen zwei *unterschiedliche* Energiespeicher (C und L) vorhanden sein.
2. Die Energie muß zwischen ihnen pendeln können.

Der erste Punkt stimmt nur, wenn das Ausgangssignal nicht auf den Eingang zurückgekoppelt wird. So kann z.B. mit drei in Reihe geschalteten RC-Systemen, einem aktiven Bauelement zur Deckung der Verluste (z.B. ein Operationsverstärker) sowie der Rückkopplung ein RC-Oszillator ($D = 0$) aufgebaut werden.

3.5.2 Integrale Systeme

Fließt das Signal der Erregung direkt in einen Energie-, Massen- oder auch Informationsspeicher, dann liegt ein *integrales* bzw. kurz ein *I-System* vor:

$$y(t) = k_\mathrm{I} \int_0^t x(\tau)d\tau = \tfrac{1}{T_\mathrm{I}} \int_0^t x(\tau)d\tau; \qquad\qquad (3.96)$$

Hierbei ist:

k_I - die Integrationsverstärkung,
T_I - die Integrationszeitkonstante.

T_I ist nur dann eine *Zeit*konstante, wenn es sich bei dem Ein- und Ausgangssignal um gleiche physikalische Größen handelt, z.B. um Spannungen. Sind es *unterschiedliche* Größen, dann ist die Verwendung von k_I sinnvoller.

In der obigen Gleichung steht die Ausgangsgröße $y(t)$ ohne Ableitung links neben dem Gleichheitszeichen, der Systemtyp ist als integral zu erkennen. Wird sie einmal abgeleitet, so folgt die Dgl

$$\dot{y}(t) = k_\mathrm{I}x(t), \qquad\qquad (3.97)$$

die zwar ebenfalls das System beschreibt, dessen Typ aber nicht direkt erkennbar ist.

Die Sprung- und die Impulsantwort des I-Systems können über die Integralbeziehung sofort berechnet werden:

$$h(t) = k_\mathrm{I}t \cdot \sigma(t), \qquad\qquad (3.98)$$

$$g(t) = k_\mathrm{I} \cdot \sigma(t). \qquad\qquad (3.99)$$

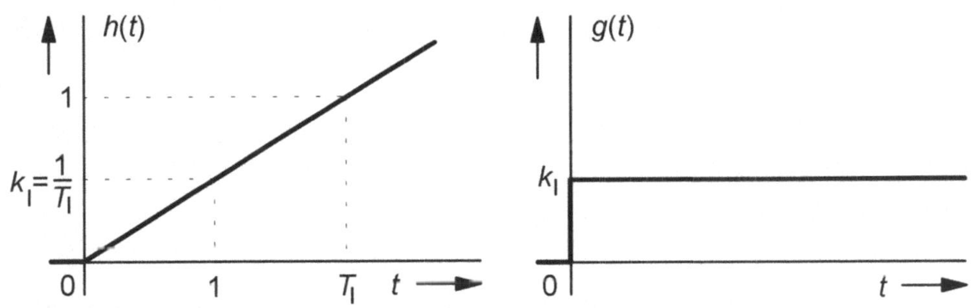

Bild 3.33
Sprung- und Impulsantwort des I-Systems

An der Sprungantwort wird die *Instabilität* des I-Systems deutlich: Das Ausgangssignal steigt unbegrenzt, obwohl das Eingangssignal beschränkt bleibt. Daraus oder aus der Gl. 3.97 kann geschlossen werden, daß der Ausgang nur dann konstant bleibt, wenn die Erregung Null ist:

$$y(t) = \text{const.} \rightarrow \dot{y}(t) = 0 \rightarrow x(t) = 0. \tag{3.100}$$

Ein I-System mit *Verzögerung* 1. Ordnung ist ein I_{T1}-System:

$$T_1\, \dot{y}(t) + y(t) = k_I \int\limits_0^t x(\tau)d\tau. \tag{3.101}$$

Es kann als *Reihenschaltung* (bzw. *Kettenschaltung*) eines I-Systems mit einem P_{T1}-System aufgefaßt werden:

$$T_1\, \dot{y}(t) + y(t) = z(t), \; z(t) = k_I \int\limits_0^t x(\tau)d\tau. \tag{3.102}$$

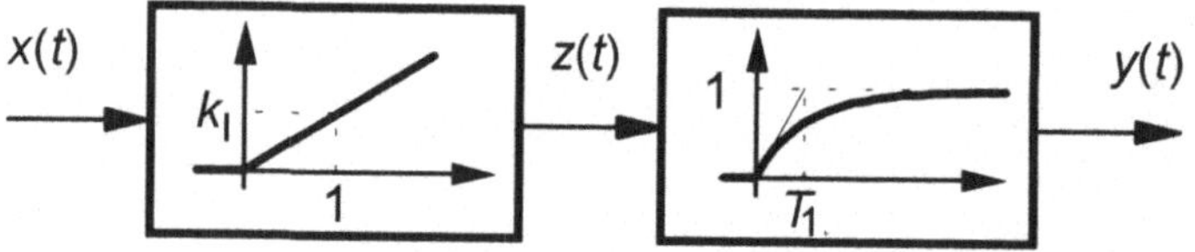

Bild 3.34

Ein I_{T1}-System als Reihenschaltung eines I- und eines P_{T1}-Systems

Aus der *Vertauschbarkeit* der Verarbeitungsreihenfolge linearer Systeme folgt, daß sich die Sprung- sowie Impulsantwort des I_{T1}-Systems aus denen des P_{T1}-Systems($k_p = 1$) berechnen lassen:

$$h_{I_{T1}}(t) = k_I \int\limits_0^t h_{P_{T1}}(\tau)d\tau = k_I\!\left(t - T_I + T_I e^{-\frac{t}{T_1}}\right) \cdot \sigma(t), \tag{3.103}$$

$$g_{I_{T1}}(t) = k_I \int\limits_0^t g_{P_{T1}}(\tau)d\tau = k_I \cdot h_{P_{T1}}(t) = k_I\!\left(1 - e^{-\frac{t}{T_1}}\right) \cdot \sigma(t). \tag{3.104}$$

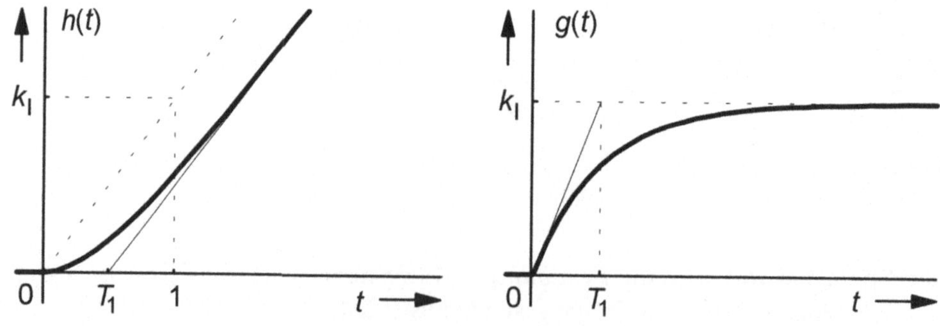

Bild 3.35

Sprung- und Impulsantwort des I_{T1}-Systems

3.5.3 Differenzierende Systeme

Bei einem CR-System ist gegenüber dem RC-System der Widerstand mit dem Kondensator vertauscht:

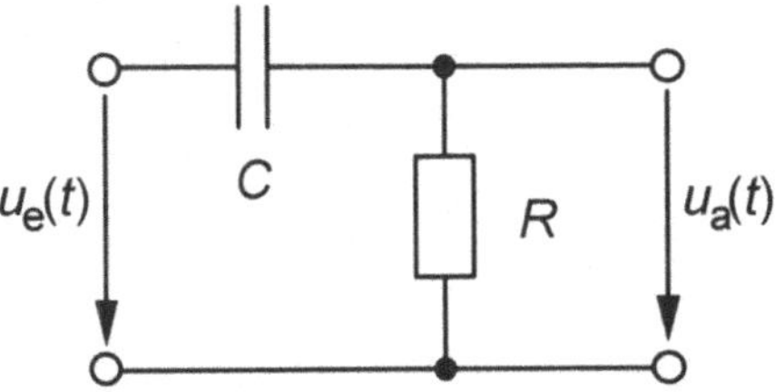

Bild 3.36
Das CR-System

Mit den Kirchhoffschen Sätzen folgt nach einigen Schritten die Dgl

$$RC\,\dot{u}_a\,(t) + u_a(t) = RC\,\dot{u}_e\,(t).\tag{3.105}$$

Die Eingangsspannung wirkt bei diesem System *differenzierend*, wegen der Verzögerung 1. Ordnung ist es ein D_{T1}-*System*; seine allgemeine Form lautet:

$$T_1\,\dot{y}\,(t) + y(t) = T_D\,\dot{x}\,(t),\tag{3.106}$$

$$T_1\,\dot{y}\,(t) + y(t) = k_D\,\dot{x}\,(t);\tag{3.107}$$

hierin ist:

T_D - die Differentiationszeitkonstante,
k_D - die Differentiationsverstärkung.

Bei dem CR-System lauten die Parameter $T_1 = RC$, $T_D = RC$, d.h. T_D ist in diesem Fall eine *Zeit*konstante, da es sich bei dem Eingangs- und dem Ausgangssignal um gleiche physikalische Größen handelt.

Das D_{T1}-System kann wieder als die Reihenschaltung zweier Systeme betrachtet werden, und zwar als ein idealer Differenzierer mit einem P_{T1}-System ($k_p = 1$):

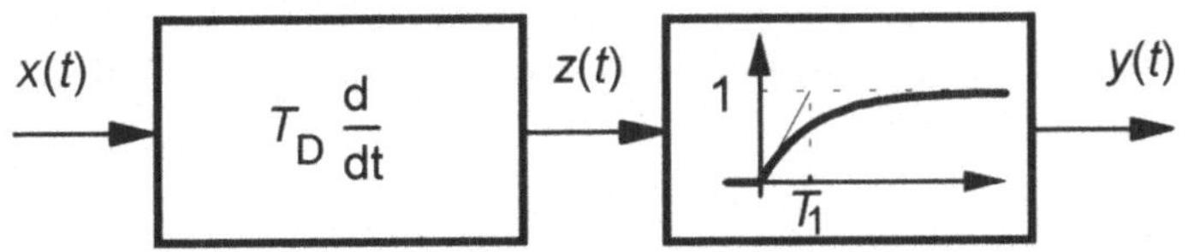

Bild 3.37
Das D_{T1}-System als Reihenschaltung eines D- und eines P_{T1}-Systems

Ein D_{TI}-System mit der Sprungfunktion zu erregen ergibt dasselbe Ergebnis wie ein P_{TI}-System mit einem Deltaimpuls zu beaufschlagen. Nach einer Vertauschung der Verarbeitungsreihenfolge folgen direkt die Beziehungen ($k_P = 1$, $k_D = T_D$):

$$h_{D_{TI}}(t) = T_D \frac{d}{dt} h_{P_{TI}}(t) = \frac{T_D}{T_1} e^{-\frac{t}{T_1}} \cdot \sigma(t), \tag{3.108}$$

$$g_{D_{TI}}(t) = T_D \frac{d}{dt} g_{P_{TI}}(t) = -\frac{T_D}{T_1^2} e^{-t/T_1} \cdot \sigma(t) + \frac{T_D}{T_1} \cdot \delta(t). \tag{3.109}$$

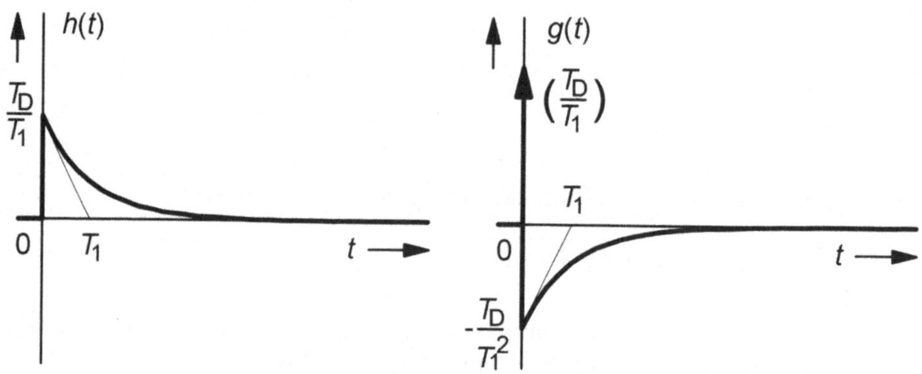

Bild 3.38
Sprung- und Impulsantwort des D_{TI}-Systems

Im obigen Bild wurde ein *ideales* D-System verwendet, ein D-System *ohne* Verzögerung:

$$y(t) = T_D \, \dot{x}(t). \tag{3.110}$$

Dieses System könnte ein Kondensator sein, bei dem die Spannung das Eingangs- und der Ladestrom das Ausgangssignal darstellt:

$$i_C(t) = C \cdot \dot{u}_C(t).$$

In diesem Fall müßte der *Speicherinhalt* als Erregung vorgegeben werden, dies ist in der Realität *nicht* möglich[3].

Ein beliebtes Beispiel für ein ideales D-System ist auch die OP-Schaltung, die das folgende Bild zeigt:

---

[3] Jedem vertraut ist die folgende, *analoge* Situation: Bei einem Eimer als Wasserspeicher kann durch Vorgabe des Füllstandes auch nicht die Stellung des Wasserhahns beeinflußt werden.

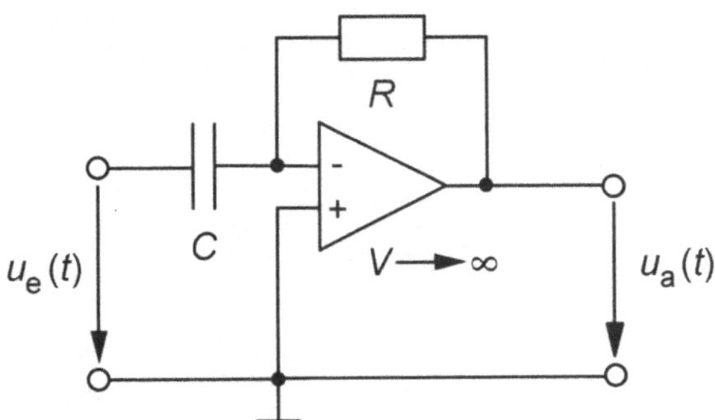

Bild 3.39
OP-Realisierung eines D-Systems

Mit

$$u_a(t) = -RC\,\dot{u}_e(t) \tag{3.111}$$

scheint tatsächlich ein differenzierendes System ohne Verzögerung vorzuliegen, allerdings werden *idealisierende* Annahmen getroffen, die in der Realität nicht zutreffen:

- Der Verstärker müßte am Ausgang einen *unbegrenzten* Spannungshub liefern können.
- Er benötigt eine *unendlich* hohe Verstärkung.

Weiterhin erhält das System den Wert des Eingangssignals zu einem Zeitpunkt t und soll aus dieser Information die Ableitung berechnen, d.h. die *Steigung* der *Tangente*. Durch einen einzigen Punkt lassen sich aber unendlich viele verschiedene Geraden legen. Das Problem ist also nicht eindeutig lösbar, sondern nur, wenn ein Wert *vor* diesem Zeitpunkt bekannt ist, das System benötigt deshalb einen *Speicher* bzw. ein *Gedächtnis*: Dies drückt sich in der Dgl 3.106 bzw. 3.107 durch den Term $\dot{y}(t)$ aus, der eine *Verzögerung* bedeutet.

Eine Sprungfunktion kann gut erzeugt werden, die *Sprungantwort* des idealen D-Systems gehört jedoch *nicht* mehr zu den realisierbaren Funktionen (während diejenige des D_{TI}-Systems realisierbar ist):

$$h(t) = T_D \cdot \delta(t), \tag{3.112}$$

$$g(t) = T_D \cdot \dot{\delta}(t). \tag{3.113}$$

Aus diesen Ergebnissen kann geschlossen werden, daß ein ideales D-System *nicht realisierbar*, sondern nur annäherbar bzw. *approximierbar* ist.

Einige Schlußbemerkungen zum etwas problematischen D-System:

1. In Blockschaltbildern werden manchmal ideale D-Systeme verwendet, auch wenn sie nicht realisierbar sind. Dies geschieht meistens aus Gründen einer einfacheren Darstellung, oder die Zeitverzögerung wird weggelassen, um zunächst die Betrachtungen zu vereinfachen.

2. Signale sind in der Praxis immer mehr oder weniger verrauscht. Ein D-System bewertet aber die schnellen Änderungen des Rauschanteils sehr stark, wodurch das eigentliche Ausgangssignal stark verfälscht wird:

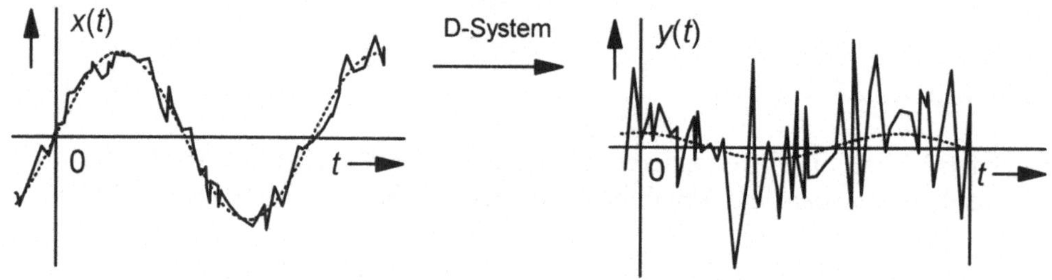

Bild 3.40
Erhöhung des Rauschanteils durch ein D-System

Die zeitliche „Glättung" durch ein mit dem D-System in Reihe geschaltetes P_{T1}-System (Tiefpaß) ist dabei durchaus vorteilhaft, wobei je nach Anwendung das Verhältnis T_1/T_D gewählt werden muß, damit das System noch eine hinreichend differenzierende Wirkung besitzt:

$$\frac{T_1}{T_D} \ll 1 \tag{3.114}$$

mit dem praktisch üblichen Bereich

$$0,1 < \frac{T_1}{T_D} < 0,5. \tag{3.115}$$

Wird ein D-System mit mehreren Speichern aufgebaut werden, z.B. als D_{T2}-System, dann ist die differenzierende Wirkung schlechter.

Das folgende Bild zeigt anschaulich, wie sich gegenüber einem idealen D-System die Sprungantwort des D_{T1}-Systems mit größer werdender Zeitkonstante T_1 verschleift:

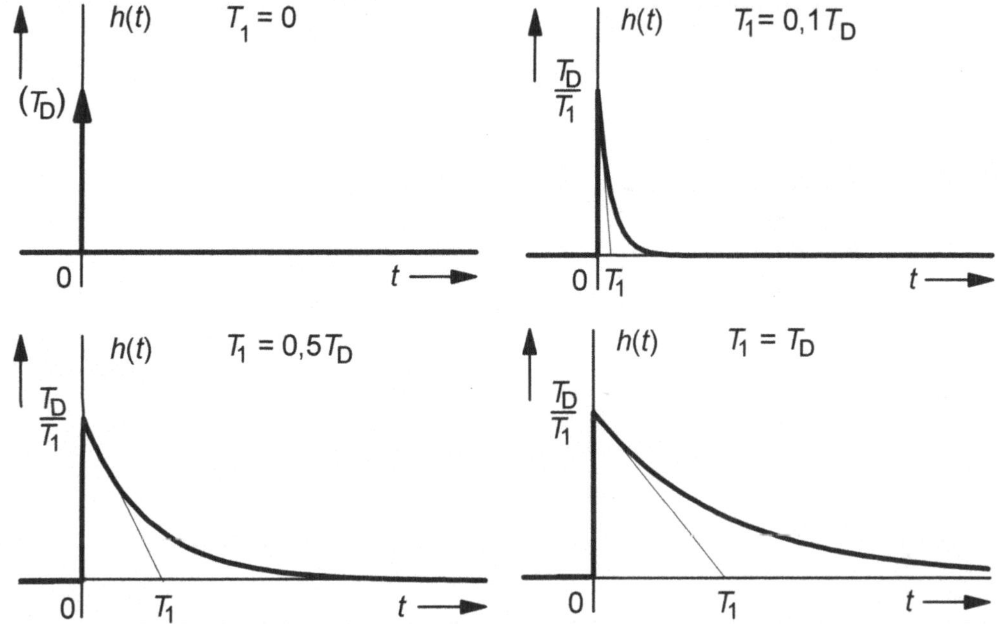

Bild 3.41
Verschleifen der Sprungantwort des D-Systems durch zunehmende zeitliche Verzögerung

3.5.4 Kombinierte Systeme

Sie zeigen gleichzeitig mehrere der bisherigen Verhaltensweisen. So wirkt z.B. bei einem PI-System die Erregung proportional *und* integral:

$$y(t) = k_\mathrm{p}x(t) + k_\mathrm{I} \int_0^t x(\tau)d\tau = k_\mathrm{p}\left[x(t) + \tfrac{1}{T_\mathrm{I}} \int_0^t x(\tau)d\tau\right], \ T_\mathrm{I} = \tfrac{k_\mathrm{p}}{k_\mathrm{I}}. \tag{3.116}$$

Entsprechend zeigt das Blockschaltbild eine Parallelstruktur (Bild 3.42). Das Ausklammern von k_P hat den Vorteil, daß in der Klammer gleiche physikalische Größen addiert werden und T_I eine Zeitkonstante ist.

Die Sprung- und Impulsantwort des PI-Systems überlagern sich einfach aus denen des P- und I-Systems:

$$h(t) = \left[k_\mathrm{p} + k_\mathrm{I}t\right] \cdot \sigma(t) = k_\mathrm{p}\left[1 + \tfrac{t}{T_\mathrm{I}}\right] \cdot \sigma(t), \tag{3.117}$$

$$g(t) = k_\mathrm{p} \cdot \delta(t) + k_\mathrm{I} \cdot \sigma(t) = k_\mathrm{p}\left[\delta(t) + \tfrac{1}{T_\mathrm{I}} \cdot \sigma(t)\right]. \tag{3.118}$$

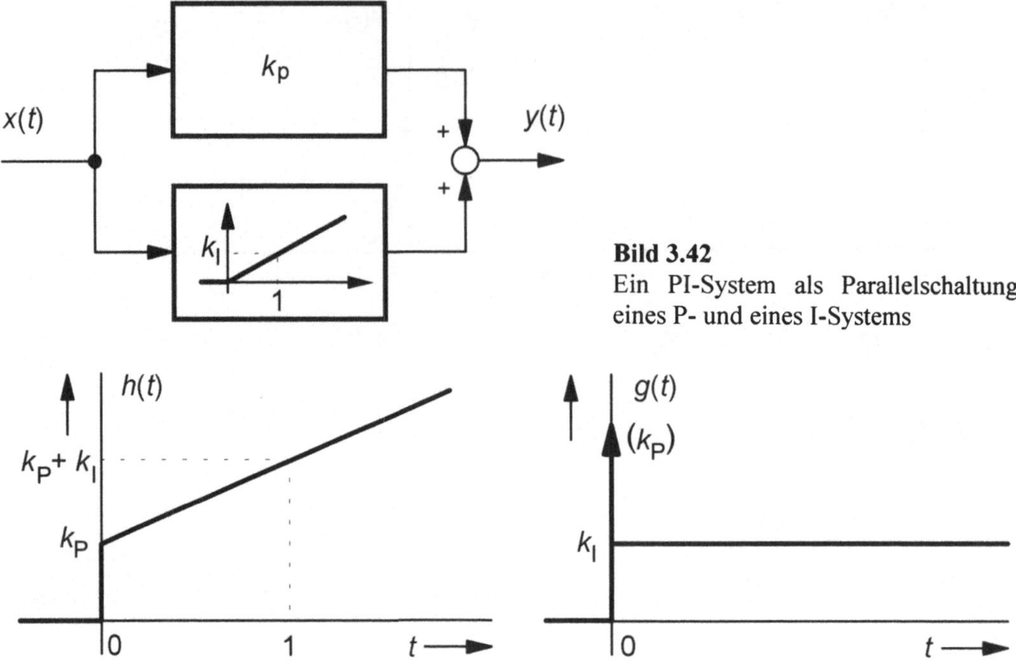

Bild 3.42
Ein PI-System als Parallelschaltung
eines P- und eines I-Systems

Bild 3.43
Sprung- und Impulsantwort des PI-Systems

Ein PI_{T1}-System läßt sich als *Kombination* einer Reihen- und einer Parallelschaltung auffassen:

$$T_1\,\dot{y}\,(t) + y(t) = k_\text{p}\left[x(t) + \tfrac{1}{T_1}\int_0^t x(\tau)d\tau\right].\qquad (3.119)$$

Bild 3.44
PI_{T1}-System als Kombination einer Parallel- (PI) und einer Reihenschaltung (PI-P_{T1})

Die Überlagerungen der Einzelantworten eines P_{T1}- und eines I_{T1}-Systems mit gleicher Zeitkonstante T_1 ergeben die Sprung- und Impulsantwort:

$$h(t) = k_\text{p}\left[\tfrac{t}{T_1} + \left(1 - \tfrac{T_1}{T_1}\right)\left(1 - e^{-\frac{t}{T_1}}\right)\right]\cdot\sigma(t),\qquad (3.120)$$

$$g(t) = k_\mathrm{p}\left[\tfrac{1}{T_\mathrm{I}} + \left(\tfrac{1}{T_\mathrm{I}} - \tfrac{1}{T_1}\right)e^{-\frac{t}{T_1}}\right] \cdot \sigma(t). \tag{3.121}$$

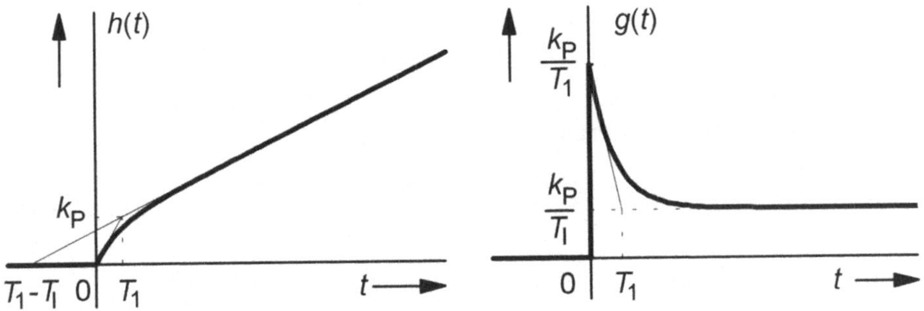

Bild 3.45
Sprung- und Impulsantwort des PI_{T1}-Systems

Entsprechend verhält es sich mit einem PD_{T1}-System:

$$T_1\,\dot{y}\,(t) + y(t) = k_\mathrm{p}[x(t) + T_\mathrm{D}\,\dot{x}\,(t)]. \tag{3.122}$$

Die Sprung- und Impulsantwort des PD_{T1}-Systems sind wiederum die Kombinationen:

$$h(t) = k_\mathrm{p}\left[1 + \left(\tfrac{T_\mathrm{D}}{T_1} - 1\right)e^{-\frac{t}{T_1}}\right] \cdot \sigma(t), \tag{3.123}$$

$$g(t) = \tfrac{k_\mathrm{p}}{T_1}\left[\left(1 - \tfrac{T_\mathrm{D}}{T_1}\right)e^{-\frac{t}{T_1}} \cdot \sigma(t) + T_\mathrm{D} \cdot \delta(t)\right]. \tag{3.124}$$

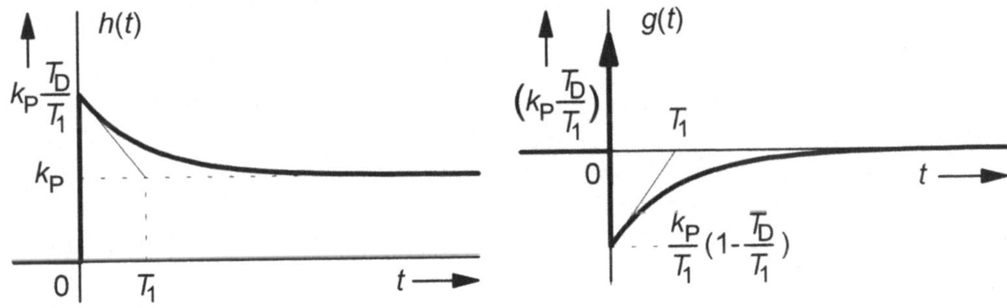

Bild 3.46
Sprung- und Impulsantwort des PD_{T1}-Systems

Mit allen drei Erregungsarten auf der rechten Seite ergibt sich insgesamt ein PID_{T1}-System:

$$T_1\,\dot{y}(t) + y(t) = k_p\left[x(t) + \tfrac{1}{T_1}\int_0^t x(\tau)d\tau + T_D\,\dot{x}(t)\right]$$ (3.125)

Die Summe der Einzelreaktionen ergibt:

$$h(t) = k_p\left[1 - \tfrac{T_1}{T_I} + \tfrac{t}{T_I} + \left(\tfrac{T_1}{T_I} + \tfrac{T_D}{T_I} - 1\right)e^{-\tfrac{t}{T_1}}\right]\cdot\sigma(t)$$ (3.126)

$$g(t) = k_p\left[\tfrac{1}{T_I} + \tfrac{1}{T_1}\left(1 - \tfrac{T_1}{T_I} - \tfrac{T_D}{T_I}\right)e^{-\tfrac{t}{T_1}}\right]\cdot\sigma(t) + k_p\tfrac{T_D}{T_1}\cdot\delta(t)$$ (3.127)

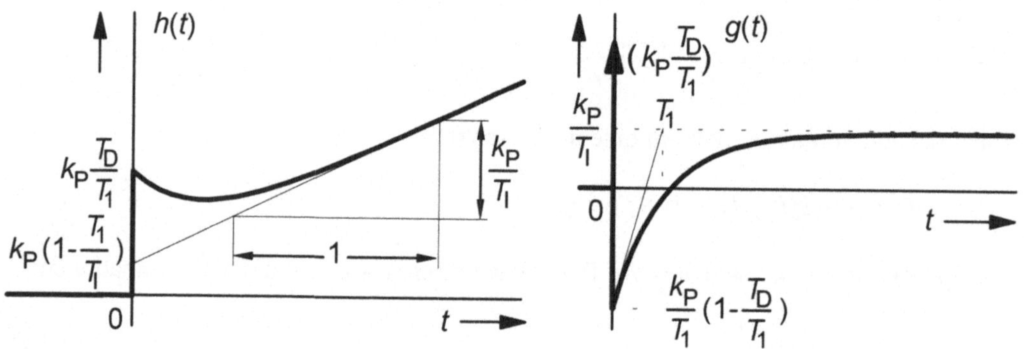

Bild 3.47
Sprung- und Impulsantwort des PID_{T1}-Systems

3.5.5 Tot- bzw. Laufzeitsysteme

Das *Tot-* oder *Laufzeitsystem* ist ein LTI-System, das in der Technik relativ häufig vorkommt und auch die Grundlage für die Beschreibung zeitdiskreter Systeme darstellt. Es ist dadurch definiert, daß das Eingangssignal *originalgetreu* (bis auf einen Faktor k_p) als Ausgangssignal wiedergegeben wird, jedoch um die Totzeit T_t bzw. die Laufzeit T_L später. Da die Signalform *unverändert* bleibt, wird es auch ein *verzerrungsfreies* System genannt:

$$y(t) = k_p\,x(t - T_t) = k_p\,x(t - T_L).$$ (3.128)

Der Begriff Totzeit ist dabei in der Meß- und Regelungstechnik gebräuchlicher, Laufzeit eher in der Nachrichtentechnik.

Die Zeitverschiebung entsteht dadurch, daß das Eingangssignal in Form eines *Transportprozesses* das System bis zum Ausgang durchläuft; einige typische Beispiele sind:

1. Das Echo: Eine Schallwelle „läuft" gegen eine Wand, wird reflektiert und kommt zurück. Die Zeit bis zum Echo ist die Tot- bzw. Laufzeit, wobei sie sich aus dem Abstand zur Wand und der Schallgeschwindigkeit ergibt.

2. Das Mobiltelefon: Ein Telefongespräch wird von einer Relaisstation empfangen und zu einem geostationären Satelliten gesendet, der es über eine weitere Relaisstation auf der Erde zum Empfänger weiterleitet. Mit einer geostationären Höhe von ca. 36Tkm, wobei der Weg doppelt zurückgelegt werden muß, und der Lichtgeschwindigkeit mit ca. 300Tkm/s, ergibt sich eine Laufzeit von ca. ¼s.

3. Die Hinterbandkontrolle bei einem Tonbandgerät: Durch einen zusätzlichen und räumlich etwas hinter dem Aufnahmekopf angeordneten Wiedergabekopf wird die gerade auf dem Band gespeicherte Musik abgespielt, um sie als Nachhall zuzumischen oder die Qualität der Aufnahme überprüfen zu können. Die Bandgeschwindigkeit sowie der Abstand der Köpfe bestimmen die Zeit T_L:

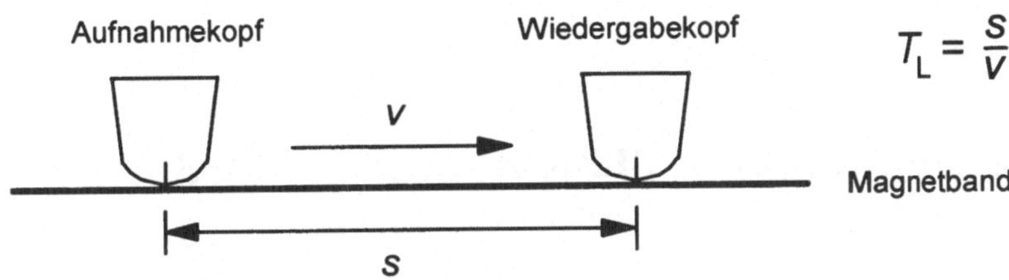

$$T_\mathrm{L} = \frac{s}{v}$$

Bild 3.48
Laufzeit zwischen Aufnahme- und Wiedergabekopf bei einem Tonbandgerät

Eine genauere Untersuchung der Hinterbandkontrolle ergibt, daß jedes Bandpartikel ein im Grenzfall unendlich kleines Speicherelement darstellt, in dem der Pegel zum Zeitpunkt der Aufnahme magnetisch gespeichert wird. Ein solches System heißt deshalb in der Systemtheorie auch *unendlichdimensional* oder System mit *verteilten Parametern*. Um es näherungsweise elektronisch nachzubilden, werden entsprechend viele Speicher benötigt, z.B. Kondensatoren, deren Kapazitäten mit zunehmender Anzahl kleiner werden, im Grenzfall auch unendlich klein.

Ein Laufzeitsystem ist einfacher *zeitdiskret* aufzubauen. Dazu wird die Zahlenfolge des Eingangssignals im Speicher zwischengespeichert (sie *durchläuft* den Speicher) und nach der Zeit T_L wieder ausgegeben. Bei hoher Änderungsgeschwindigkeit des Signals muß entsprechend schnell abgetastet werden, und es werden viele Speicherplätze benötigt; dies verdeutlicht die Analogie zum Magnetband.

Die Sprung- und Impulsantwort des Systems ergeben sich einfach durch Einsetzen der Erregungen:

$$h(t) = k_\mathrm{p} \cdot \sigma(t - T_\mathrm{L}), \tag{3.129}$$

$$g(t) = k_\mathrm{p} \cdot \delta(t - T_\mathrm{L}). \tag{3.130}$$

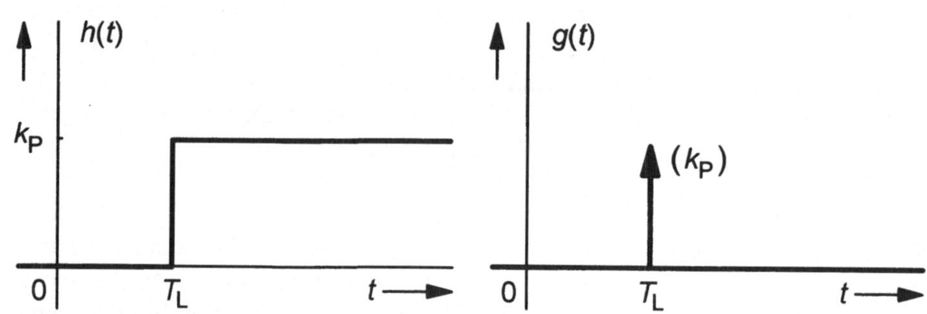

Bild 3.49
Sprung- und Impulsantwort des Tot- bzw. Laufzeitsystems

3.6 Das allgemeine LTI-System n-ter Ordnung

Die Klassifikationen P_{T2}, PD_{T1}, I, usw. ermöglichen eine Einordnung des Systemverhaltens. Dies hat allerdings schnell Grenzen, denn bzgl. der Ableitungen des Eingangssignals gibt es nur bis zum D-Verhalten eine Bezeichnung. Kompliziertere Systeme, z.B. ein steilflankiges Filter oder auch das mathematische Modell einer chemischen Anlage, haben eine größere Anzahl von Speichern, so daß die Dgl des Gesamtsystems von entsprechend hoher Ordnung ist. Es ist dann zwar häufig möglich, die Einzelsysteme nach dem obigen Schema zu klassifizieren, für das Gesamtsystem geht es in der Regel nicht.

Interessant ist, daß es auch in komplizierten Systemen mit beliebig vielen Teilsystemen nur zwei *Wirkungsrichtungen* gibt, die *vorwärts-* und *rückwärtsgerichtete*, aus denen das Gesamtsystem zusammengesetzt ist:

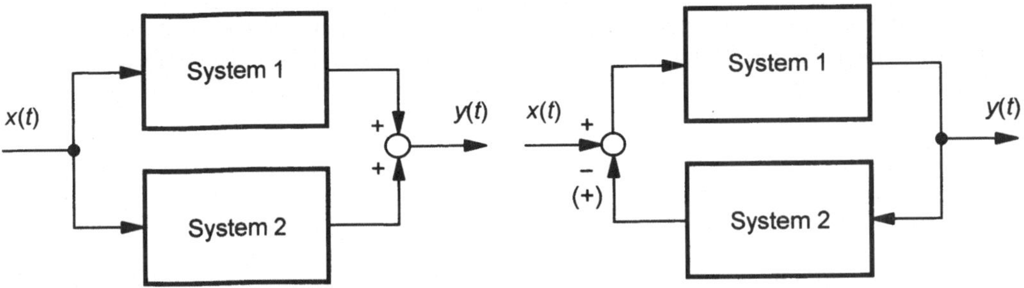

Bild 3.50
Die zwei möglichen Wirkungsrichtungen von Systemen

Die rechte Struktur ist die *Rückkopplung*: Sie hat ihre zentrale Bedeutung in der *Regelungstechnik*. Ihre Besonderheit liegt darin, daß der *Ausgang* des einen Systems der *Eingang* des anderen ist und umgekehrt. Dadurch ist es unmöglich, die Teilsysteme als solche zu erkennen, man „sieht" nur das Gesamtsystem. Nach heutiger Ausdrucksweise liegt eine *Synergie* vor, da der *geschlossene Wirkungskreis* i.a. völlig neue Eigenschaften hat, die nicht ohne weiteres aus den Eigenschaften der Einzelsysteme erkennbar sind.

☐ **Beispiel 3.6**

Die inneren Strukturen eines RC-Systems (Bild 2.37) und eines CR-Systems (Bild 3.36) sind mit Hilfe von Blockschaltbildern darzustellen und zu vergleichen.

a) Aus der Dgl des RC-Systems

$$RC\,\dot{u}_\mathrm{a}\,(t) + u_\mathrm{a}(t) = u_\mathrm{e}(t)$$

folgt durch einmaliges Integrieren und Umstellen die Integralgleichung:

$$u_\mathrm{a}(t) = \frac{1}{RC} \int_0^t [u_\mathrm{e}(\tau) - u_\mathrm{a}(\tau)]\,d\tau.$$

Hieraus folgt direkt ein mögliches Blockschaltbild, das nur noch aus P- und I-Systemen sowie Summationsstellen besteht:

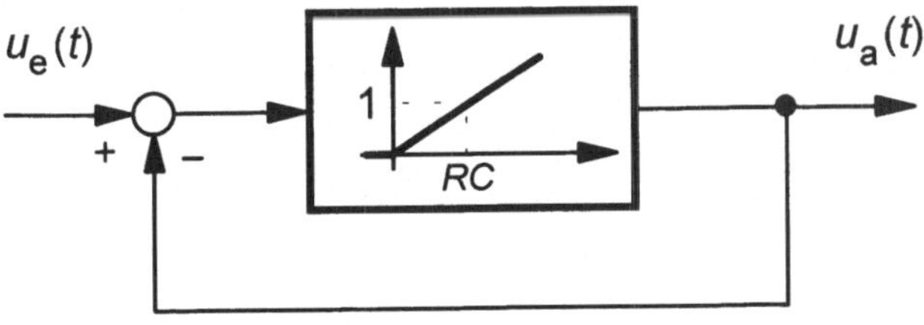

Bild 3.51
Die innere Struktur des RC-Systems als Blockschaltbild

Deutlich sichtbar werden der Kondensator als Energiespeicher und eine Gegenkopplung. Die in den Speicher fließende Größe ist proportional zu $u_e - u_a$, es ist der Strom $i_R = \frac{1}{R}(u_e - u_a)$. Die als Speichergröße auftretende Kondensatorspannung u_a *verringert* den Ladestrom: Dies ist die Gegenkopplung.

b) Aus der Dgl

$$RC\,\dot{u}_a\,(t) + u_a(t) = RC\,\dot{u}_e\,(t)$$

des CR-Systems folgt durch Integrieren und Umstellen die Integralgleichung:

$$u_a(t) = u_e(t) - \frac{1}{RC}\int_0^t u_a(\tau)d\tau.$$

Das sich aus dieser Gleichung ergebende Blockschaltbild zeigt das Bild 3.52. Die in den Speicher fließende Größe ist in diesem Fall proportional zu u_a, es ist wiederum der Ladestrom $i_R = \frac{1}{R}u_a$. Die Ausgangsspannung wird durch die Kondensatorspannung *verringert*: Dies ist in diesem Fall die Gegenkopplung.

Deutlich zu sehen sind die zueinander komplementären Strukturen der beiden Systeme, denn der Widerstand und der Kondensator sind vertauscht.

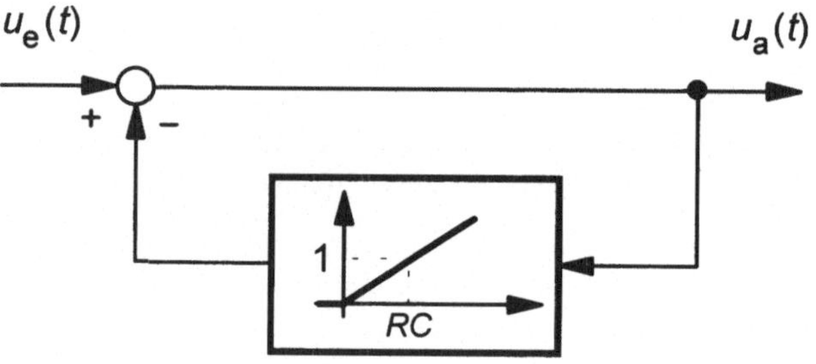

Bild 3.52

Die innere Struktur des CR-Systems als Blockschaltbild

Ein LTI-System mit n voneinander unabhängigen, räumlich konzentrierten Speichern (C,L,m ...), deren Werte sich zeitlich nicht ändern, besitzt als Beschreibung des Klemmenverhaltens die *lineare Dgl n-ter Ordnung* mit *konstanten* Koeffizienten

$$a_n y^{(n)}(t) + a_{n-1}y^{(n-1)}(t) + ... + a_1\,\dot{y}\,(t) + a_0 y(t) = \qquad (3.131)$$

$$b_0 x(t) + b_1\,\dot{x}\,(t) + ... + b_m x^{(m)}(t),\ a_n \neq 0,\ m \leq n,$$

mit den n Anfangswerten:

$$y(0) = y_0,\ \dot{y}\,(0) = \dot{y}_0\,,...,\ y^{(n-1)}(0) = y_0^{(n-1)}. \qquad (3.132)$$

Die größte Anzahl von Ableitungen m der Erregung, $x^{(m)}(t)$, kann für *realisierbare* Systeme maximal gleich sein mit der Anzahl von Ableitungen n der Reaktion, $y^{(n)}(t)$, es gilt also $m \leq n$, sonst läge ideales D-Verhalten vor. Da die Sprungantworten von Systemen mit $m = n$ springen, heißen sie *sprungfähig* (ein Beispiel ist das D_{T1}-System). Die Koeffizienten a_i, b_j können Null sein (bis auf a_n, sonst ist die Ordnung $n-1$) sowie auch negativ. So ist z.B. bei einem I-System $a_0 = 0$, bei zwei in Reihe geschalteten I-Systemen zusätzlich $a_1 = 0$ usw.

Für die innere Struktur eines Systems n-ter Ordnung lassen sich beliebig viele *verschiedene* Blockschaltbilder angeben, die auch dazu verwendet werden können, das System als elektronische Schaltung aufzubauen. Wäre es in Wirklichkeit das dynamische Verhalten eines Flugzeuges, dann würde sich die Schaltung *analog* verhalten: Dies ist die Idee des *Analogrechners*, wie er lange Zeit für Simulationen eingesetzt wurde. Mittlerweile ist er aber durch *Simulationsprogramme* auf PCs verdrängt worden, wie z.B. MATLAB oder SPICE.

Für ein dynamisches LTI-System, dessen Klemmenverhalten durch die Dgl, die Sprung- oder auch Impulsantwort beschrieben wird, gibt es *unendlich viele mögliche innere Strukturen*, die ein identisches Gesamtverhalten aufweisen.

So kann z.B. die ingenieurmäßige Aufgabe der Realisierung einer Filterschaltung zu ganz verschiedenen Lösungen führen, die aber in der Regel unterschiedlich aufwendig sind, so daß sich häufig eine Lösung durchsetzt, u.U. sogar als Chip.

Die folgenden Bilder zeigen zwei Standardstrukturen, die in der Regelungstechnik ihre besondere Bedeutung haben (mit der Normierung $a_n = 1$):

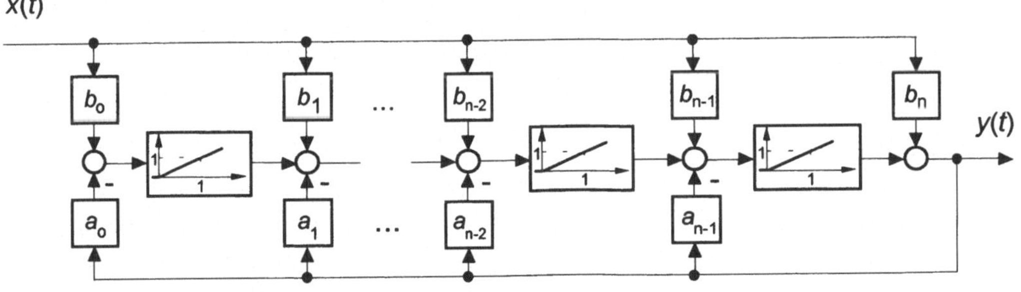

Bild 3.53
Die Beobachtungsnormalform eines LTI-Systems n-ter Ordnung

Diese *Beobachtungsnormalform* ist besonders günstig, wenn das System ein zu regelnder Prozeß ist, für den ein sogenannter *„Zustandsbeobachter"* entworfen werden soll, mit dem es möglich ist, die Speicherinhalte der I-Systeme durch eine „on-line-Simulation" auf einem Mikrorechner zu schätzen und so für einen sogenannten *„Zustandsregler"* zur Verfügung zu stellen. Dieser wird jedoch leichter auf der Basis derjenigen Struktur entworfen, die das folgende Bild zeigt; sie wird folgerichtig *Regelungsnormalform* genannt:

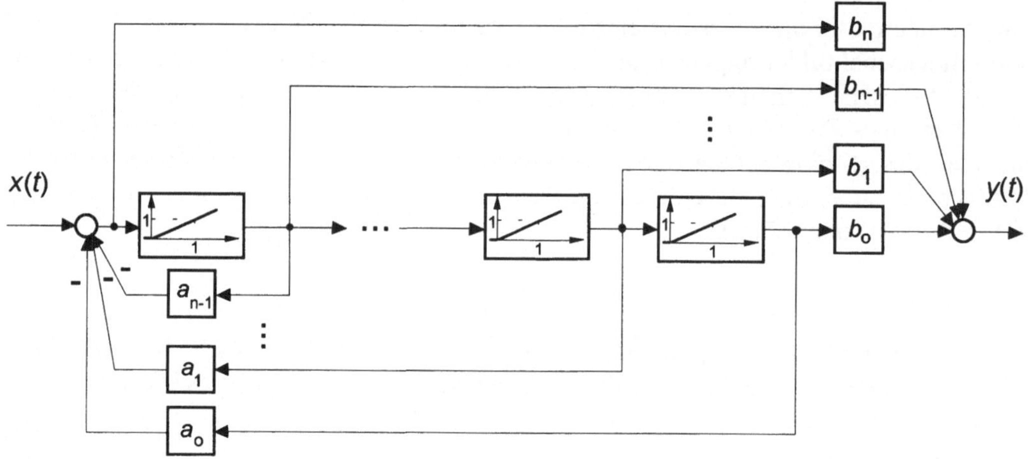

Bild 3.54
Die Regelungsnormalform eines LTI-Systems n-ter Ordnung

3.7 Stabilitätsbetrachtungen

Im folgenden werden drei Verfahren behandelt, mit denen ein System auf Stabilität untersucht werden kann.

1. Die Stabilitätsprüfung mit Hilfe der Impulsantwort

Ein System wird stabil genannt, genauer BIBO- (bounded input, bounded output) oder auch *amplitudenstabil*, wenn die Reaktion auf eine *amplitudenbegrenzte* Erregung ebenfalls *amplitudenbegrenzt* bleibt. Die Stabilität ist bei linearen Systemen eine *Systemeigenschaft*, die *unabhängig* vom Eingangssignal ist; mit der Faltung gilt:

$$y(t) = g(t) * x(t) = \int_{-\infty}^{\infty} g(\tau)x(t - \tau)d\tau.$$

Wird eine betragsmäßige Obergrenze für die Erregung definiert, also

$$|x(t)| < M < \infty, \tag{3.133}$$

dann folgt:

$$|y(t)| = \left| \int_{-\infty}^{\infty} g(\tau)x(t-\tau)d\tau \right| \le \int_{-\infty}^{\infty} |g(\tau)||x(t-\tau)|d\tau$$

$$< \int_{-\infty}^{\infty} |g(\tau)|M d\tau = M \int_{-\infty}^{\infty} |g(\tau)|d\tau < N < \infty; \tag{3.134}$$

hierbei sind M und N endliche positive Zahlen.

Damit ist ein System genau dann *stabil*, wenn seine Impulsantwort *absolut integrierbar* ist:

$$\int_{-\infty}^{\infty} |g(\tau)|d\tau < \infty. \tag{3.135}$$

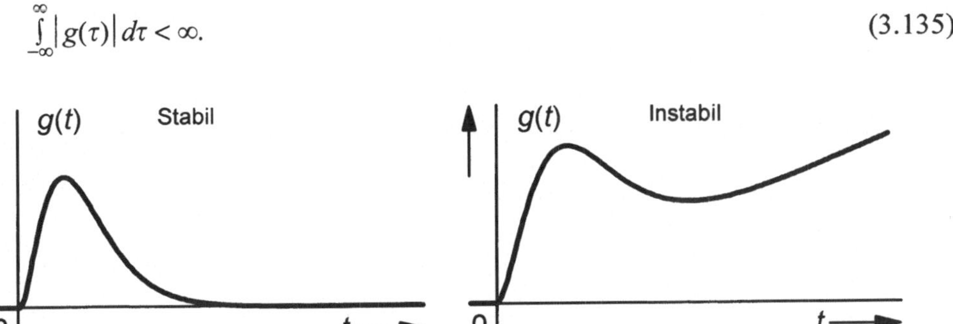

Bild 3.55
Die Impulsantwort eines stabilen und eines instabilen Systems

2. Stabilitätstest auf der Basis der Eigenwerte

Durch die Deltafunktion wird die *Eigenbewegung* angeregt, dies ist (hier mit verschiedenen Eigenwerten λ_i) die gewichtete Summe der Eigenfunktionen:

$$y_{\mathrm{h}}(t) = \sum_{i=1}^{n} K_i e^{\lambda_i t} \quad \text{für } t \ge 0. \tag{3.136}$$

Es ist zum einen plausibel und läßt sich zum anderen mathematisch nachweisen, daß *alle* Eigenwerte einen *negativen* Realteil besitzen müssen, um die Bedingung unter 1) zu erfüllen. Damit *klingt* die *Eigenbewegung* insgesamt *ab*, und die Impulsantwort ist absolut integrabel:

$$\lim_{t \to \infty} y_{\mathrm{h}}(t) \to 0, \tag{3.137}$$

$$\text{Re}\,\lambda_i < 0, \ i = 1, 2, ..., n. \tag{3.138}$$

Diese Bedingung ist somit ebenfalls notwendig und hinreichend für die Stabilität eines LTI-Systems.

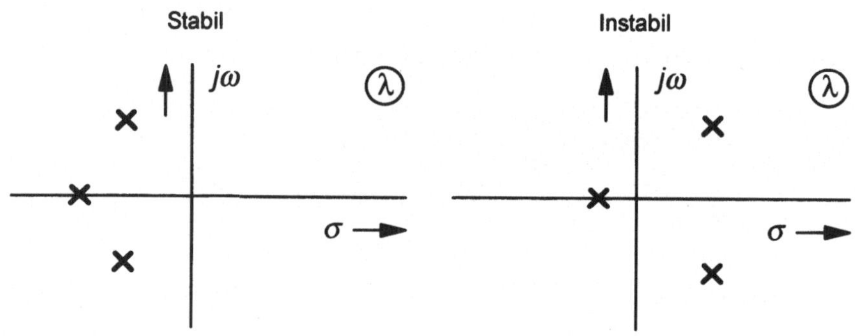

Bild 3.56
Eigenwertkonstellation eines stabilen und eines instabilen Systems

Die Eigenwerte sind die Wurzeln der zur homogenen System-Dgl ($a_\mathrm{n} = 1$)

$$y^{(n)}(t) + a_{\mathrm{n}-1}y^{(n-1)}(t) + ... + a_1\,\dot{y}\,(t) + a_0 y(t) = 0 \tag{3.139}$$

gehörenden charakteristischen Gleichung:

$$\lambda^n + a_{\mathrm{n}-1}\lambda^{n-1} + ... + a_1\lambda + a_0 = 0. \tag{3.140}$$

Die Suche nach den Nullstellen bzw. Wurzeln kann für größere n mühsam sein (bis $n = 4$ geht es analytisch, die Berechnungen sind aber umfangreich). Soll nur geprüft werden, *ob* das System stabil ist aber nicht, *wie* stabil es ist - d.h. es wird auf die explizite Berechnung der Eigenwerte verzichtet -, dann bietet sich das *Hurwitz-Kriterium* an, mit dem geprüft werden kann, ob alle Wurzeln negative Realteile haben.

3. Das Hurwitz-Kriterium

Nach Hurwitz haben die Nullstellen des Polynoms 3.140 mit reellen Koffizienten a_i nur *negative* Realteile, wenn die folgenden Bedingungen erfüllt sind:

a) Alle a_i sind *vorhanden* und *positiv*.

b) Die Hurwitz-Determinante $H_{\mathrm{n}-1}$ sowie alle ihre Unterdeterminanten H_i
   ($i = 1, 2, ... , n$ -2) sind *positiv*.

Beide Bedingungen *zusammen* sind notwendig und hinreichend.

Ist eine Bedingung *nicht* erfüllt, dann hat *mindestens* eine Wurzel und damit ein Eigenwert einen Realteil größer oder gleich Null, das System ist dann *instabil*. Ist eine der beiden Bedingungen erfüllt, dann kann es immer noch sein, daß die andere Bedingung nicht erfüllt ist; sie muß damit auf jeden Fall auch geprüft werden.

$$H_{n-1} = \begin{vmatrix} a_{n-1} & a_{n-3} & a_{n-5} & \cdots \\ a_n & a_{n-2} & a_{n-4} & \cdots \\ 0 & a_{n-1} & a_{n-3} & \cdots \\ 0 & a_n & a_{n-2} & \cdots \\ & \cdots & & \end{vmatrix} \tag{3.141}$$

Hierbei ist für einen Koeffizienten mit negativem Index Null einzusetzen, also $a_k = 0$ für $k < 0$.

□ Beispiel 3.7

Ein System mit der Dgl

$$\dddot{y}(t) + 6\ddot{y}(t) + 11\dot{y}(t) + 6y(t) = 6x(t) + 6\dot{x}(t) + 2\ddot{x}(t)$$

besitzt die Impulsantwort:

$$g(t) = [e^{-t} - 2e^{-2t} + 3e^{-3t}] \cdot \sigma(t).$$

Man entscheide mit den drei oben angegebenen Verfahren, ob es sich um ein stabiles System handelt.

1. Absolute Integrierbarkeit der Impulsantwort

Für $t \to \infty$ geht die Impulsantwort gegen Null: $g(t \to \infty) = 0$, sie ist damit *absolut integrierbar*, das System ist *stabil*; nach 2) ist diese Bedingung notwendig und hinreichend für die absolute Integrierbarkeit der Impulsantwort und damit für die Stabilität von LTI-Systemen.

2. Prüfung der Realteile der Eigenwerte

Aus der Impulsantwort sind die Eigenwerte direkt ablesbar: $\lambda_1 = -1$, $\lambda_2 = -2$, $\lambda_3 = -3$. Alle Eigenwerte des Systems sind reell und *negativ*, das System ist *stabil*.

3. Anwendung des Hurwitz-Kriteriums

Die Koeffizienten der linken Seite der Dgl 3. Ordnung, d.h. $n = 3$, lauten: $a_3 = 1$, $a_2 = 6$, $a_1 = 11$, $a_o = 6$. Prüfung der beiden Bedingungen:

a) Sind alle Koeffizienten vorhanden und positiv? Ja, trotzdem müssen für eine endgültige Aussage noch die Hurwitz-Determinanten berechnet werden.

b) Sind alle Hurwitz-Determinanten (hier: H_1 und H_2) positiv?

$$H_1 = |a_2| = |6| = 6 > 0,$$

$$H_2 = \begin{vmatrix} a_2 & a_o \\ a_3 & a_1 \end{vmatrix} = \begin{vmatrix} 6 & 6 \\ 1 & 11 \end{vmatrix} = 60 > 0.$$

Wie nicht anders zu erwarten war, sind auch die Determinanten *positiv*, das System ist *stabil*. $\quad\square$

4 Die Behandlung kontinuierlicher LTI-Systeme im Frequenzbereich

Die bisherige Beschreibung von Systemen erfolgte im Zeitbereich und führte auf Dgln sowie das Faltungsintegral. Beide Darstellungen eignen sich auch für eine *numerische* Simulation auf einem Digitalrechner, wie im Kapitel 7 über zeitdiskrete Systeme gezeigt wird. Eine *analytische* Berechnung des Ausgangssignals ist bei einer komplizierten Erregung aber aufwendig und unhandlich. Dies gilt umso mehr, wenn Systeme in Reihen- bzw. Kettenschaltung oder auch als Rückkopplung in komplexer Weise zusammengeschaltet werden. Einen Ausweg aus diesen Schwierigkeiten bieten die Frequenz-/Bildbereichsmethoden, denn durch sie wird ein System durch einen komplexen und frequenzabhängigen Verstärkungsfaktor, die *Übertragungsfunktion*, beschrieben.

4.1 Die Reaktion auf eine sinusförmige Erregung

Wird ein LTI-System mit dem Eingangssignal

$$x(t) = A \cos(\omega t) \tag{4.1}$$

erregt, so schwingt das Ausgangssignal bei *stabilen* Systemen ebenfalls auf eine sinusförmige Reaktion ein, wobei die Frequenz $f = \frac{\omega}{2\pi}$ *gleich* bleibt:

$$y(t) = B \cos(\omega t + \varphi); \tag{4.2}$$

hierbei ist:

- B eine i.a. von A verschiedene und von der Frequenz abhängige Amplitude: $B(\omega)$,
- φ ein i.a. von der Frequenz abhängiger Phasenwinkel: $\varphi(\omega)$.

Alle Spannungen und Ströme innerhalb eines elektrischen oder elektronischen LTI-Systems, das aus Bauelementen besteht, die selbst LTI-Systeme darstellen, schwingen dabei sinusförmig mit der *gleichen* Frequenz; dies ist die Basis der *Wechselstromrechnung*.

Praktisch muß das Eingangssignal irgend wann einmal eingeschaltet worden sein, auch wenn dies schon lange her sein kann. Stabile Systeme *schwingen* auf die Sinusfunktion *ein*: Dies ist der *eingeschwungene Zustand*. Bei instabilen Systemen überlagert sich die instabile, *aufklingende* Eigenbewegung, so daß der sinusförmige Anteil nicht beobachtet bzw. gemessen werden kann. (Eine Ausnahme bilden Systeme an der Stabilitätsgrenze, wie z.B. I-Systeme, mit einer amplitudenmäßig *beschränkten* Eigenbewegung.) Exemplarisch zeigt das folgende Bild die Reaktion eines stabilen und eines instabilen Systems auf eine eingeschaltete Kosinusfunktion:

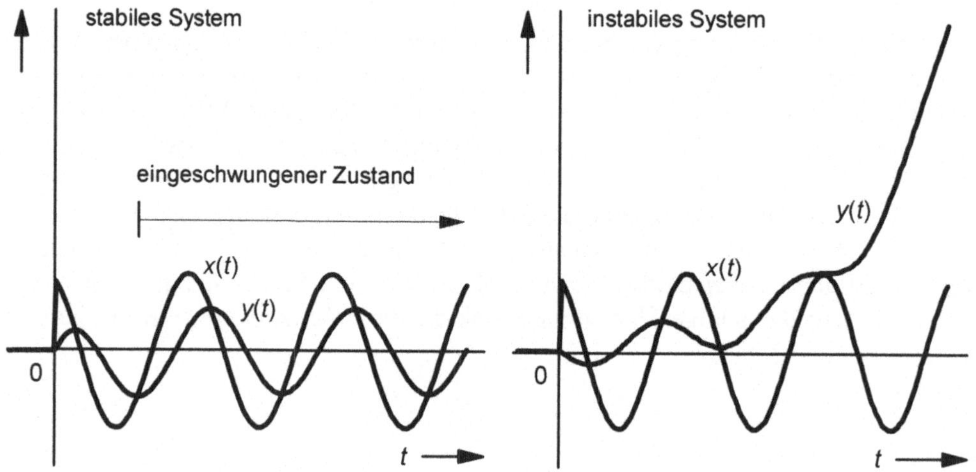

Bild 4.1
Reaktion eines stabilen und eines instabilen Systems auf eine eingeschaltete Kosinusfunktion

Für ein stabiles System gilt demnach im eingeschwungenen Zustand:

$$x(t) = A\cos(\omega t) \rightarrow y(t) = B\cos(\omega t + \varphi).$$

Mit der Eulerschen Beziehung

$$\cos(\omega t) = \tfrac{1}{2}(e^{j\omega t} + e^{-j\omega t})$$

folgt die Darstellung:

$$x(t) = \tfrac{A}{2}(e^{j\omega t} + e^{-j\omega t}) \rightarrow y(t) = \tfrac{B}{2}(e^{j(\omega t+\varphi)} + e^{-j(\omega t+\varphi)}) = \tfrac{B}{2}(e^{j\varphi}e^{j\omega t} + e^{-j\varphi}e^{-j\omega t}). \tag{4.3}$$

Offensichtlich gilt für die Teilerregungen und -reaktionen

$$x_1(t) = Ae^{j\omega t} \rightarrow y_1(t) = Be^{j\varphi}e^{j\omega t}, \quad x_2(t) = Ae^{-j\omega t} \rightarrow y_2(t) = Be^{-j\varphi}e^{-j\omega t} \tag{4.4}$$

und damit:

$$x_1(t) = e^{j\omega t} \to y_1(t) = \tfrac{B}{A}e^{j\varphi} \cdot e^{j\omega t}, \quad x_2(t) = e^{-j\omega t} \to y_2(t) = \tfrac{B}{A}e^{-j\varphi} \cdot e^{-j\omega t}. \tag{4.5}$$

Erregungen, für die gilt, daß sich die Reaktionen von ihnen nur durch einen (komplexen) Verstärkungsfaktor unterscheiden, heißen *Eigenfunktionen* des (erregten) Systems; danach sind komplexe harmonische Schwingungen Eigenfunktionen von LTI-Systemen:

$$x_1(t) = e^{j\omega t} \to y_1(t) = G(j\omega) \cdot e^{j\omega t}, \quad x_2(t) = e^{-j\omega t} \to y_2(t) = G(-j\omega) \cdot e^{-j\omega t} \tag{4.6}$$

mit $G(j\omega) = \tfrac{B(\omega)}{A}e^{j\varphi(\omega)}$ und $G(-j\omega) = \tfrac{B(\omega)}{A}e^{-j\varphi(\omega)}$; offensichtlich gilt $G(j\omega) = G^*(-j\omega)$. Der von der Frequenz abhängige, komplexe Verstärkungfaktor $G(j\omega)$ ist die *Übertragungsfunktion* bzw. der *Frequenzgang* des Systems. Für jede Frequenz $\omega \in (-\infty, \infty)$ gilt:

$$G(j\omega) = \tfrac{y(t)}{x(t)} \text{ für } x(t) = Ae^{j\omega t}. \tag{4.7}$$

Durch einen willkürlich gewählten Zeitpunkt $t = 0$ kann die Erregung und damit auch die Reaktion einen zusätzlichen (Null-) Phasenwinkel ϕ aufweisen:

$$x(t) = Ae^{j(\omega t + \phi)} \to y(t) = Be^{j(\omega t + \varphi + \phi)}, \tag{4.8}$$

$$x(t) = X \cdot e^{j\omega t} \to y(t) = Y \cdot e^{j\omega t}. \tag{4.9}$$

Hierbei sind nun

$$X = Ae^{j\phi}, \quad Y = Be^{j(\phi + \varphi)} \tag{4.10}$$

die *komplexen Amplituden* der komplexen harmonischen Schwingungen der Erregung und der Reaktion im eingeschwungenen Zustand, die in einer komplexen Ebene als *ruhende* Zeiger dargestellt werden können; mit ihnen folgt die Darstellung:

$$G(j\omega) = |G(j\omega)| e^{j\varphi} = \tfrac{Y}{X}. \tag{4.11}$$

Die Übertragungsfunktion läßt sich auf verschiedene Weise bestimmen:

a) Die Impulsantwort $g(t)$ ist bekannt

Mit der Faltung gilt für die Eigenfunktion $x(t) = e^{j\omega t}$:

$$y(t) = g(t) * x(t) = G(j\omega) \cdot x(t)$$

$$= \int_{-\infty}^{\infty} g(\tau)x(t - \tau)d\tau = \int_{-\infty}^{\infty} g(\tau)e^{j\omega(t-\tau)}d\tau = e^{j\omega t}\int_{-\infty}^{\infty} g(\tau)e^{-j\omega\tau}d\tau;$$

damit folgt:

$$G(j\omega) = \int_{-\infty}^{\infty} g(t)e^{-j\omega t}dt. \tag{4.12}$$

Hierbei wurde die Variable τ in t umbenannt, da t sonst *nicht* verwendet wird. Diese Beziehung ist die sogenannte *Fourier-Transformation*, sie wird wegen ihrer großen Bedeutung im Kapitel 4.7 ausführlich behandelt.

An dieser Stelle läßt sich auch kurz zeigen, daß *jede* e-Funktion e^{st} mit $s = \sigma + j\omega$ eine Eigenfunktion des (erregten) Systems ist:

$$y(t) = \int_{-\infty}^{\infty} g(\tau)e^{s(t-\tau)}d\tau = e^{st} \int_{-\infty}^{\infty} g(\tau)e^{-s\tau}d\tau = x(t) \cdot G(s)$$

mit

$$G(s) = \int_{-\infty}^{\infty} g(t)e^{-st}dt. \tag{4.13}$$

Dies ist die sogenannte *Laplace-Transformation*, sie wird im 5. Kapitel behandelt.

b) Die Dgl ist bekannt:

$$a_n y^{(n)}(t) + a_{n-1}y^{(n-1)}(t) + \ldots + a_1 \dot{y}(t) + a_0 y(t)$$

$$= b_0 x(t) + b_1 \dot{x}(t) + \ldots + b_m x^{(m)}(t), \quad m \le n, \ a_n \neq 0.$$

Ist bei einer sinusförmigen Erregung die Reaktion auf den sinusförmigen Verlauf eingeschwungen, dann erfüllen diese Funktionen weiterhin die Dgl; werden die Ableitungen berechnet, also

$$x(t) = Ae^{j\omega t}, \ \dot{x}(t) = j\omega Ae^{j\omega t}, \ldots, \ x^{(m)}(t) = (j\omega)^m Ae^{j\omega t}, \tag{4.14}$$

$$y(t) = Be^{j(\omega t+\varphi)}, \ \dot{y}(t) = j\omega Be^{j(\omega t+\varphi)}, \ldots, \ y^{(n)}(t) = (j\omega)^n Be^{j(\omega t+\varphi)}, \tag{4.15}$$

und in die Dgl eingesetzt:

$$a_n(j\omega)^n Be^{j\varphi}e^{j\omega t} + \ldots + a_0 Be^{j\varphi}e^{j\omega t} = b_0 Ae^{j\omega t} + \ldots + b_m(j\omega)^m Ae^{j\omega t},$$

dann folgt:

$$G(j\omega) = \frac{B}{A}e^{j\varphi} = \frac{b_0 + b_1 j\omega + \ldots + b_m(j\omega)^m}{a_0 + a_1 j\omega + \ldots + a_n(j\omega)^n} = \frac{Z(j\omega)}{N(j\omega)}, \quad m \le n, \ a_n \neq 0 \tag{4.16}$$

Die Übertragungsfunktion ist eine *gebrochen rationale* Funktion von $j\omega$. Offensichtlich folgt sie aus der Dgl (sowie auch umgekehrt) direkt durch *Interpretation*; das *Zählerpolynom* $Z(j\omega)$ entspricht dabei der *rechten* Seite und das *Nennerpolynom* $N(j\omega)$ der *linken* Seite der Dgl. Eine Potenz von $j\omega$ wird entsprechend als Ableitung gedeutet, also z.B. $(j\omega)^3$ als $\frac{d^3}{dt^3}$.

c) Durch Messung

Eine Messung des Frequenzganges ist bei elektrischen bzw. elektronischen Systemen besonders einfach, denn die Signale sind Spannungen und Ströme. Die eingangsseitige Sinusschwingung mit einer Frequenz f wird mit einem Frequenzgenerator erzeugt; so wird z.B. das Ein- und Ausgangssignal mit einem Zwei-Kanal-Oszillographen aufgezeichnet, und anschließend das Amplitudenverhältnis sowie der Phasenwinkel bestimmt. Der relevante Frequenz- bzw. Übertragungsbereich, in dem $G(j\omega)$ gemessen werden muß, hängt vom jeweiligen System ab. Ein Lautsprecher, der den Hörbereich (ca. 20 ... 20.000Hz) abdecken soll, hat einen anderen Bereich als z.B. eine UKW-Antenne. Das Frequenzraster sollte *logarithmisch* gewählt werden, um einen möglichst großen Bereich abzudecken, z.B. 1, 3, 10, 30, 100, ... , 10.000Hz.

Gemessen werden können nur die Frequenzgänge *stabiler* Systeme, während sie aus der Dgl auch für instabile Systeme berechnet werden können; letztere haben allerdings nur eine Bedeutung für theoretische Untersuchungen.

☐ **Beispiel 4.1**
Nach den obigen Methoden sollen die Übertragungsfunktion bzw. der Frequenzgang eines RC-Systems berechnet werden.

a) Mit der bekannten Impulsantwort $g(t) = \frac{1}{RC}e^{-\frac{t}{RC}} \cdot \sigma(t)$ erhält man:

$$G(j\omega) = \int_{-\infty}^{\infty} g(t)e^{-j\omega t}\,dt = \int_{0}^{\infty} \frac{1}{RC}e^{-\frac{t}{RC}}e^{-j\omega t}\,dt = \frac{1}{RC}\int_{0}^{\infty} e^{-(j\omega+\frac{1}{RC})t}\,dt$$

$$= \frac{1}{RC}\left[\frac{-1}{j\omega+\frac{1}{RC}}e^{-(j\omega+\frac{1}{RC})t}\right]_{0}^{\infty} = \frac{1}{1+RCj\omega}. \tag{4.17}$$

b) Die Dgl $RC\,\dot{u}_{\mathrm{a}}(t) + u_{\mathrm{a}}(t) = u_{\mathrm{e}}(t)$ hat die Koeffizienten: $a_1 = RC$, $a_0 = 1$, $b_0 = 1$. Damit folgt die Übertragungsfunktion direkt durch Interpretation:

$$G(j\omega) = \frac{b_0}{a_0+a_1 j\omega} = \frac{1}{1+RCj\omega}. \qquad\qquad ☐$$

Bei dynamischen Systemen ist das Übertragungsverhalten *frequenzabhängig*. Im Fall des RC-Systems kann man sich dieses qualitativ leicht klarmachen: $f = 0$ bedeutet Gleichspannung, der Kondensator ist im eingeschwungenen Zustand auf den Wert der Eingangsspannung aufgeladen (das Einschwingverhalten spielt bei dieser Betrachtung *keine* Rolle); somit gilt $G(j0) = 1$. Bei hohen Frequenzen wird der Kondensator immer mehr zu einem Kurzschluß, so daß an ihm keine Spannung mehr abfällt: damit gilt $G(j\infty) = 0$ (genau genommen $\lim\limits_{f\to\infty} G(j2\pi f) = 0$). Ein RC-System läßt also niedrige bzw. tiefe Frequenzen besser durch (passieren) als hohe Frequenzen; man nennt es deshalb einen *Tiefpaß*, und zwar 1. Ordnung, weil er mit *einem* Speicher, dem Kondensator, realisiert wurde. Man sagt auch umgekehrt, ein Tiefpaß *dämpft* hohe Frequenzen.

Die Übertragungsfunktion ist ein von der Frequenz abhängiger komplexer Verstärkungsfaktor. Grafisch dargestellt werden muß er deshalb entweder als Real- und Imaginärteil: Dies ist die *Ortskurve*, oder als Betrag (*Amplitudengang*) und Phasenwinkel (*Phasengang*): Dies ist das *Bode-Diagramm*. Beim Bode-Diagramm werden sowohl die Frequenzrasterung als auch die Einteilung des Betrages *logarithmisch* gewählt; dies hat mehrere Vorteile (siehe Kapitel 4.2). Das folgende Bild zeigt exemplarisch den Frequenzgang eines Tiefpasses 2. Ordnung, dessen Amplitudengang für hohe Frequenzen (im logarithmischen Maßstab) doppelt so schnell gegen Null geht wie beim Tiefpaß 1. Ordnung.:

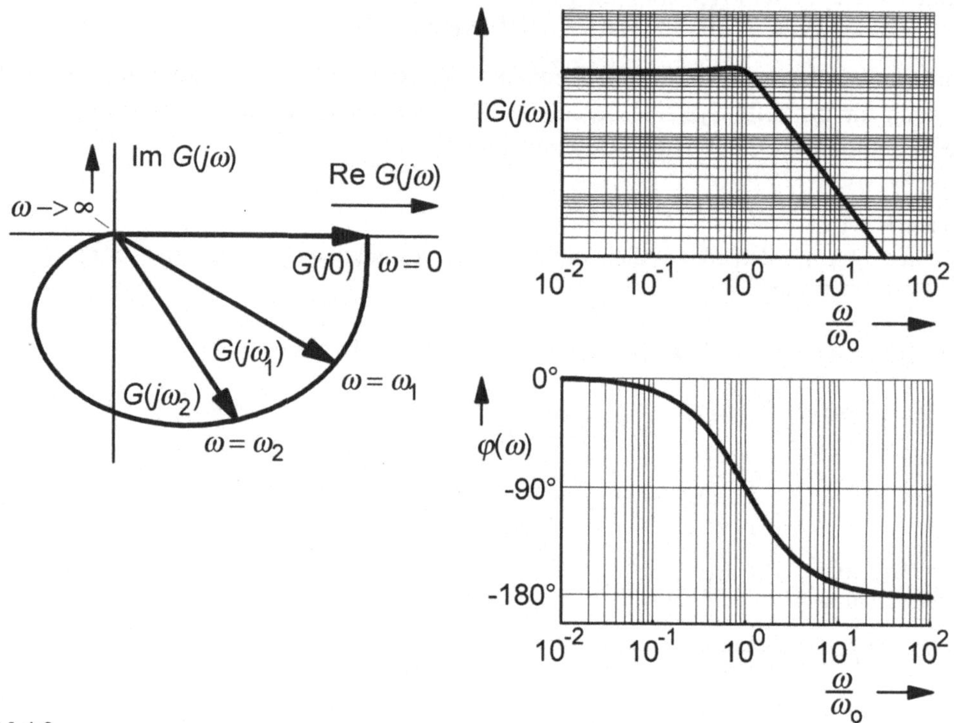

Bild 4.2
Frequenzgang eines Tiefpasses 2. Ordnung als Ortskurve und Bode-Diagramm

Während im *Zeitbereich* die Beschreibung eines Systems durch die Dgl, die Sprung- oder Impulsantwort erfolgt, d.h. es werden die Zeitfunktionen der Erregung und Reaktion miteinander verknüpft, erfolgt im *Frequenzbereich* die Beschreibung mit Hilfe der Übertragungsfunktion, d.h. es werden die komplexen Amplituden komplexer harmonischer Schwingungen bei einer Frequenz miteinander verknüpft

> Ein stabiles LTI-System antwortet auf die Erregung $x(t) = Ae^{j\omega t}$ im *eingeschwungenen Zustand* mit der Reaktion $y(t) = Be^{j(\omega t+\varphi)} = G(j\omega) \cdot x(t)$; hierbei ist
>
> $$G(j\omega) = \frac{B(\omega)}{A} \cdot e^{j\varphi(\omega)}$$
>
> die *Übertragungsfunktion* (bzw. der *Frequenzgang*) des Systems. Sie berechnet sich
>
> a) aus der Impulsantwort: $\quad G(j\omega) = \int\limits_{-\infty}^{\infty} g(t)e^{-j\omega t}dt,$
>
> b) aus der Dgl: $\quad G(j\omega) = \frac{b_0+b_1 j\omega+...+b_m(j\omega)^m}{a_0+a_1 j\omega+...+a_n(j\omega)^n},\ m \le n,\ a_n \ne 0.$
>
> Aus der Dgl läßt sich die Übertragungsfunktion auch für instabile Systeme bestimmen; sie spielt aber nur für theoretische Betrachtungen eine Rolle, da der eingeschwungene Zustand nicht existiert.

4.2 Logarithmierte Verhältnisgrößen

Häufig interessiert nicht der *absolute* Wert einer Größe, sondern sein Verhältnis zu einer *Vergleichsgröße*. Beispiele sind das Verhältnis des Effektivwertes eines periodischen Signals, bezogen auf denjenigen einer Oberwelle oder entsprechend das Verhältnis des Nutz- zum Störsignals an einer Stelle des Übertragungsweges.

Gewöhnlich wird dann der *Logarithmus* des Quotienten angegeben; dies ist besonders sinnvoll, wenn:

- Systeme in Reihe geschaltet sind, da an die Stelle der *Multiplikation* der Beträge der Übertragungsfunktionen im Bode-Diagramm eine *Addition* der Logarithmen tritt;
- große Zahlenbereiche erfaßt werden sollen;
- eine logarithmische Kennlinie zugrunde liegt. So besagt z.B. ein Grundgesetz der Physiologie, das *Weber-Fechnersche Gesetz*, daß die Empfindung für einen Signalpegel *logarithmisch* ist. (Die Natur hat die Empfindung so optimiert, daß die kleinste wahrnehmbare Pegeländerung zum absoluten Pegel eine Konstante darstellt.)

Der Quotient zweier gleichartiger reeller Größen A_1 und A_2 wird als *Verhältnisgröße* bezeichnet. Sind die Größen *komplex*, dann sind ihre *Beträge* einzusetzen. Die logarithmierte Verhältnisgröße hat die allgemeine Form:

$$a = k \cdot \log_b \frac{A_1}{A_2}; \tag{4.18}$$

hierbei ist b die Basis des Logarithmus.

In der Nachrichtentechnik sind die Zeitfunktionen, die durch die i.a. linearen Systeme miteinander verknüpft werden, physikalische Größen wie Spannungen, Ströme, Schalldrücke usw.; mit diesen sogenannten *Feldgrößen* gilt:

$$a_\text{F} = k_\text{F} \cdot \log_b \frac{F_1}{F_2}. \qquad (4.19)$$

Häufig handelt es sich dabei um eingeschwungene Sinusgrößen, die zweckmäßigerweise als komplexe Exponentialfunktionen und damit als sich drehende Zeiger dargestellt werden; in diesen Fällen sind die Beträge einzusetzen.

Im *eingeschwungenen* Zustand sind die *Leistungen* ebenfalls ein gebräuchliches Maß zur Charakterisierung der elektrischen Verhältnisse:

$$a_\text{P} = k_\text{P} \cdot \log_b \frac{P_1}{P_2}. \qquad (4.20)$$

In Anlehnung an die Definition der Scheinleistung gilt allgemein die Beziehung zu den Feldgrößen:

$$P_i = c \cdot F_i^2, \ i = 1,2; \qquad (4.21)$$

damit folgt:

$$a_\text{P} = 2k_\text{P} \cdot \log_b \frac{F_1}{F_2}. \qquad (4.22)$$

Zwischen den logarithmierten Größen a_F und a_P besteht daher grundsätzlich die Beziehung:

$$a_\text{P} = \frac{2k_\text{P}}{k_\text{F}} a_\text{F}. \qquad (4.23)$$

Allgemein kann mit den Faktoren $k_\text{P,F}$ festgelegt werden, auf welche zahlenmäßige Größenordnung eine Verstärkung oder auch eine Dämpfung abgebildet wird. Um unabhängig davon, ob es sich um eine Feld- oder eine Leistungsgröße handelt, den gleichen Zahlenwert

$$a = a_\text{P} = a_\text{F} \qquad (4.24)$$

zu erhalten, wird definiert:

$$k_\text{F} = 2k_\text{P}. \qquad (4.25)$$

Werden Ursache und Wirkung eines physikalischen Objektes einander zugeordnet, so wird dies bei den logarithmierten Größen durch Anhängen der Silbe „*maß*" zum Ausdruck gebracht. Beispiele hierfür sind *Übertragungsmaß*, *Dämpfungsmaß*, *Verstärkungsmaß* usw.

4.2.1 Logarithmierte Verhältnisgrößen mit der Basis e

Wird der natürliche Logarithmus (Basis e) verwendet, so wird von *Feldgrößen* ausgegangen; der Logarithmus erhält dann den Zusatz *„Neper"* bzw. das Kurzzeichen *Np*. (Physikalisch ist dies wie „rad" bei Winkeln nur ein Zusatz, um Verwechselungen zu vermeiden. Die Verhältnisgrößen haben an sich die Einheit 1, d.h. sie sind durch das Verhältnis dimensionslos.)

Es wird definiert:

$$b = e, \ k_{\mathrm{F}} = 1 \ \mathrm{Np}, \ k_{\mathrm{P}} = 0,5 \ \mathrm{Np}; \qquad (4.26)$$

damit folgt:

$$a = \ln \frac{F_1}{F_2} \ \mathrm{Np} = \tfrac{1}{2} \ln \frac{P_1}{P_2} \ \mathrm{Np}. \qquad (4.27)$$

4.2.2 Logarithmierte Verhältnisgrößen mit der Basis 10

Bei der Verwendung des Briggschen Logarithmus (Basis 10) dienen die *Leistungsgrößen* als die primären Größen; die Einheit ist *„Bel"* mit dem Kurzzeichen *„B"*. Gebräuchlicher ist allerdings die Einheit „Dezibel", also ein zehntel Bel, mit dem Kurzzeichen *„dB"*.

Es wird definiert:

$$b = 10, \ k_{\mathrm{P}} = 10 \ \mathrm{dB}, \ k_{\mathrm{F}} = 20 \ \mathrm{dB}; \qquad (4.28)$$

damit folgt:

$$a = 10 \log \frac{P_1}{P_2} \ \mathrm{dB} = 20 \log \frac{F_1}{F_2} \ \mathrm{dB} \qquad (4.29)$$

4.2.3 Beziehungen zwischen Np und dB

Np und dB können wie Einheiten von physikalischen Größen betrachtet und deshalb ineinander umgerechnet werden. Mit

$$\frac{F_1}{F_2} = e \ \text{und} \ 1 \ \mathrm{Np} = 20 \log e \ \mathrm{dB}$$

folgt:

$$a = 20 \log \frac{F_1}{F_2} \, \text{dB} = \ln \frac{F_1}{F_2} \, \text{Np,} \qquad (4.30)$$

$$1\text{Np} = 8,686\text{dB} \quad \text{und} \quad 1\text{dB} = 0,115\text{Np}. \qquad (4.31)$$

Um auch Absolutspannungen, Leistungen usw. als logarithmierte Verhältnisgrößen angeben zu können, haben sich in verschiedenen technischen Gebieten Bezugsgrößen eingebürgert:

- Leistungen: $P_0 = 1\text{mW}$ $\qquad\qquad\qquad\qquad\qquad\qquad\qquad$ (4.32)
- Spannungen: $U_0 = 0,775\text{V}$ $\qquad$ (NF-Technik: 1mW an $R = 600\Omega$)
- Spannungen: $U_0 = 1\mu\text{V}$ $\qquad$ (HF-Technik)
- Elektrische Feldstärken: $E_0 = 1\mu\text{V/m}$
- Schalldrücke: $p_0 = 20\mu\text{Pa}$ $\qquad$ (Hörgrenze)

Wird auf eine solche Normgröße bezogen, dann wird der Zusatz „maß" *nicht* verwendet.

□ **Beispiel 4.2**

Bei einer Frequenz f ist das Verhältnis der Amplituden des sinusförmigen Ausgangs- zum Eingangssignal $\frac{B}{A} = \frac{1}{\sqrt{2}}$. Wie groß ist dieses Verhältnis in dB als Verstärkungs- bzw. als Dämpfungsmaß?

Als Verstärkungsmaß setzt man die Ausgangs- zur Eingangsamplitude ins Verhältnis, d.h. man geht von einer Verstärkung aus:

$$a_\text{V} = 20 \log \frac{B}{A} \, \text{dB} = -3\text{dB}.$$

Für das Dämpfungsmaß ist der Kehrwert die bestimmende Größe:

$$a_\text{D} = 20 \log \frac{A}{B} \, \text{dB} = 3\text{dB}.$$

Wie man sieht, bedeutet im logarithmischen Sinne Dämpfung negative Verstärkung. Werden zwei solcher Systeme in Reihe geschaltet, so ist das Gesamtverhältnis

$$\frac{1}{\sqrt{2}} \cdot \frac{1}{\sqrt{2}} = \frac{1}{2},$$

das Dämpfungsmaß addiert sich zu 3dB + 3dB = 6dB. Fällt z.B. bei einer Stereoanlage ein Lautsprecher aus, so verringert sich der Schalldruck um 6dB (unter der Voraussetzung, daß beide Kanäle die gleiche Musik spielen). $\qquad\qquad\qquad\qquad\qquad\qquad\qquad\qquad\qquad$ □

Abschließend noch einige häufig vorkommende Werte von Verhältnissen:

Tabelle 4.1 Gebräuchliche Verhältnisse als Faktoren und in dB

F_2/F_1:	100	10	2	$\sqrt{2}$	1	0,5	0,1	0,01
a/dB:	40	20	6	3	0	-6	-20	-40

Ändert sich verstärkungsmäßig nichts, ist somit die Verstärkung Eins, dann entspricht dies 0dB.

Bei der logarithmierten Verhältnisgröße a zur Basis e wird von den *Feldgrößen* ausgegangen. Sie berechnet sich mit den Feldgrößen $F_{1,2}$ und den Leistungsgrößen $P_{1,2}$ sowie der (Schein-) Einheit *Neper* (Np) zu:

$$a = \ln \frac{F_1}{F_2} \ \mathrm{Np} = \tfrac{1}{2} \ln \frac{P_1}{P_2} \ \mathrm{Np}.$$

Bei der Verhältnisgröße zur Basis 10 wird von den *Leistungsgrößen* ausgegangen; sie erhält die Einheit *Bel*, üblicherweise 1/10Bel bzw. dB:

$$a = 10 \log \frac{P_1}{P_2} \ \mathrm{dB} = 20 \log \frac{F_1}{F_2} \mathrm{dB}.$$

Die Verhältnisgrößen lassen sich ineinander umrechnen:

$$1\mathrm{Np} = 8,686\mathrm{dB} \ \text{bzw.} \ 1\mathrm{dB} = 0,115\mathrm{Np}.$$

4.3 Zusammenschaltung von Systemen

Die Darstellung als *Ortskurve* ist besonders sinnvoll, wenn der Gesamtfrequenzgang von *parallel geschalteten* Teilsystemen grafisch bestimmt werden soll. Wie das folgende Bild mit zwei Teilsystemen deutlich zeigt, gilt nämlich:

$$G_{\mathrm{ges}}(j\omega) = \sum_{i=1}^{n} G_i(j\omega). \tag{4.33}$$

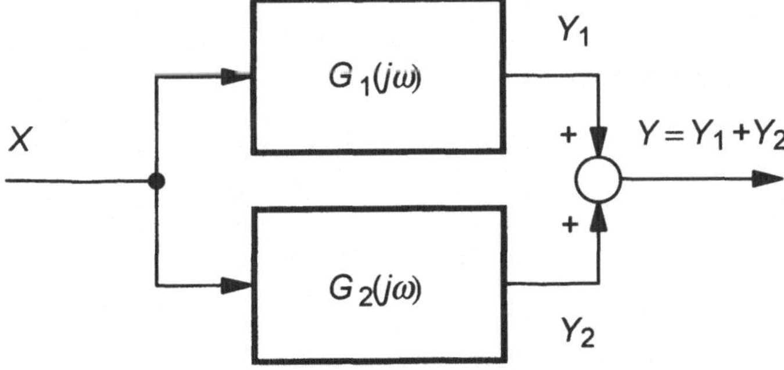

Bild 4.3
Parallelschaltung von Systemen

Für eine Frequenz f bzw. $\omega = 2\pi f$ stellen die Teil-Übertragungsfunktionen Zeiger dar, die *geometrisch addiert* werden müssen; dies ist in der *Ortskurvendarstellung* einfacher.

Häufig ist auch die Reihen- bzw. *Kettenschaltung* von Teilsystemen anzutreffen, hierbei *multiplizieren* sich die Teil-Übertragungsfunktionen:

$$G_{ges}(j\omega) = \prod_{i=1}^{n} G_i(j\omega). \tag{4.34}$$

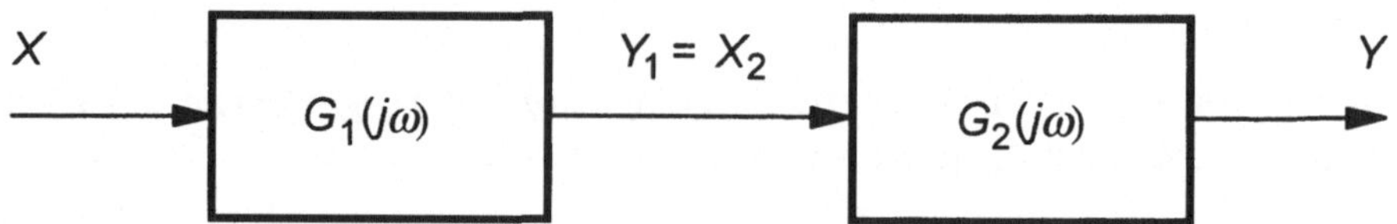

Bild 4.4
Reihenschaltung von Systemen

Dies ist im *Bode-Diagramm* einfacher, da dort der Logarithmus der Beträge dargestellt wird und sich die Logarithmen der Beträge sowie die Phasenwinkel addieren:

$$\log\left| G_{ges}(j\omega)\right| = \sum_{i=1}^{n} \log\left| G_i(j\omega)\right|, \tag{4.35}$$

$$\varphi_{ges}(\omega) = \sum_{i=1}^{n} \varphi_i(\omega). \tag{4.36}$$

Etwas schwieriger sind die Verhältnisse, wenn eine Rückkopplung vorliegt:

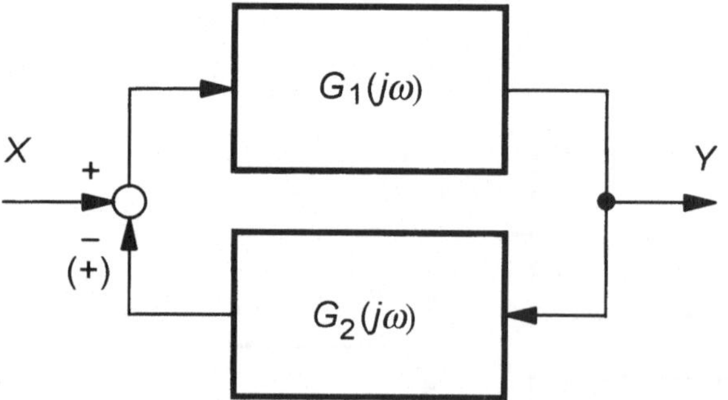

Bild 4.5
Zusammenschaltung zweier Systeme mit Rückkopplung

Hierbei zeigt sich deutlich der Vorteil der Übertragungsfunktionen, denn die komplexen Amplituden werden mit ihnen multipliziert; es folgt:

$$Y = G_1(j\omega) \cdot \left(X \underset{(+)}{-} G_2(j\omega)Y\right),$$

$$G_{ges}(j\omega) = \frac{Y}{X} = \frac{G_1(j\omega)}{1 \, \overset{+}{\underset{(-)}{}} \, G_1(j\omega)G_2(j\omega)} \, . \tag{4.37}$$

Das *positive* Vorzeichen im Nenner ist für die *negative* Rückkopplung gültig, die *Gegenkopplung* genannt wird, und das *negative* Vorzeichen für die *Mitkopplung*. Die Rückkopplung ist die Grundlage der Regelungstechnik; hierbei hat das Gesamtsystem völlig neue Eigenschaften, die aus den Eigenschaften der Teilsysteme kaum zu erkennen sind. Da sich keine einfache Beziehung für den Zeiger der Gesamt-Übertragungsfunktion in Abhängigkeit von den Teil-Übertragungsfunktionen angeben läßt, muß die Gesamt-Übertragungsfunktion berechnet und anschließend dargestellt werden.

4.4 Berechnung elektrischer Netzwerke mit Hilfe der Übertragungsfunktionen

Durch die spezielle Erregung mit Sinusfunktionen geht die Systembeschreibung durch Dgln bzw. die Faltung zu Übertragungsfunktionen und deren Multiplikation mit den komplexen Amplituden über, wodurch eine Algebraisierung erreicht wird.

In der Regel werden elektrische Geräte mit der Netzspannung von 230V/50Hz versorgt, systemtheoretisch handelt es sich damit um die Erregung mit einer stationären Sinusschwingung. In einem LTI-System, aufgebaut mit Bauteilen, die ihrerseits LTI-Teilsysteme darstellen, schwingt *jede* Spannung und *jeder* Strom ebenfalls mit einer Sinusschwingung gleicher Frequenz: Dies ist die Basis der komplexen *Wechselstromrechnung*. Hierbei spielen die Übertragungsfunktionen die Rolle komplexer Widerstände und Leitwerte oder auch Widerstands- und Leitwertverhältnisse.

Es hat sich in der Wechselstromrechnung eingebürgert, die *Amplitude* eines Stromes $\hat{I}$ bzw. einer Spannung $\hat{U}$ zu nennen, ohne Dach werden die *Effektivwerte* bezeichnet, mit

$$I = \frac{1}{\sqrt{2}}\hat{I}, \; U = \frac{1}{\sqrt{2}}\hat{U}. \tag{4.38}$$

Mit einer Kosinusfunktion und einem beliebigem Nullphasenwinkel ϕ als Erregung gelten z.B. für einen Strom die Beziehungen:

$$i(t) = \hat{I}\cos(\omega t + \phi) = \frac{\sqrt{2}}{2}I \cdot \left(e^{j(\omega t + \phi)} + e^{-j(\omega t + \phi)}\right)$$

$$= \frac{1}{\sqrt{2}}Ie^{j\phi} \cdot e^{j\omega t} + \frac{1}{\sqrt{2}}Ie^{-j\phi} \cdot e^{-j\omega t}. \tag{4.39}$$

Es werden dann mit

$$\underline{I}^+ = \frac{\hat{I}}{\sqrt{2}} e^{j\phi} = \frac{\hat{I}}{2} e^{j\phi}, \; \underline{I}^- = \frac{\hat{I}}{\sqrt{2}} e^{-j\phi} = \frac{\hat{I}}{2} e^{-j\phi} = \left(\underline{I}^+\right)^* \tag{4.40}$$

die komplexen Amplituden von zwei gegenläufigen Exponentialschwingungen bezeichnet, denn der eine Zeiger dreht sich mit $+\omega$ und der andere mit $-\omega$. Die Amplituden sind *immer* konjugiert komplex zueinander, wenn es sich um ein *reelles* Signal handelt:

$$\left(\underline{I}^+\right)^* = \underline{I}^- . \tag{4.41}$$

Für den Speicher Kapazität gilt die Beziehung

$$\underline{U}_C = \frac{1}{j\omega C} \underline{I}_C \tag{4.42}$$

sowie für die Induktivität:

$$\underline{I}_L = \frac{1}{j\omega L} \underline{U}_L . \tag{4.43}$$

Die komplexen Amplituden können als *ruhende* Zeiger gedeutet und in einer komplexen Ebene dargestellt werden, wobei dann die Kirchhoffschen Bilanzgleichungen einer Masche und eines Knotens

$$\sum_{i=1}^{n} \underline{U}_i = 0, \; \sum_{j=1}^{m} \underline{I}_j = 0, \tag{4.44}$$

als *vektorielle* Summen interpretierbar sind; dies führt auf die grafischen Lösungsmethoden mit Hilfe der *Zeigerdiagramme*.

□ **Beispiel 4.3**

Gegeben ist eine Schaltung mit einem Kondensator als Energiespeicher sowie den Werten $R = 10\text{k}\Omega$ und $C = 200\mu\text{F}$:

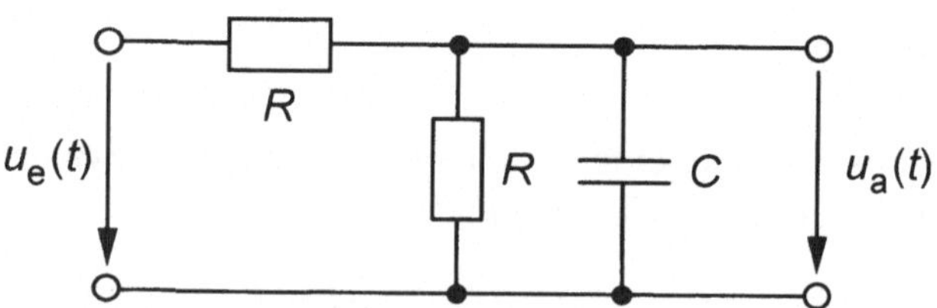

Bild 4.6
Elektronische Schaltung mit einem Kondensator

Die Eingangsspannung sei $u_e(t) = 50\text{V} \cdot \sin(6,28\frac{t}{s})$, wie lautet die Ausgangsspannung?

$\underline{U}_a$ fällt an dem komplexen Parallelwiderstand ab:

$$Z_{\mathrm{P}}(j\omega) = \frac{R \cdot \frac{1}{j\omega C}}{R + \frac{1}{j\omega C}} = \frac{R}{1 + j\omega RC},$$

$$G(j\omega) = \frac{\underline{U}_a}{\underline{U}_e} = \frac{Z_{\mathrm{P}}(j\omega)}{R + Z_{\mathrm{P}}(j\omega)} = \frac{\frac{R}{1 + j\omega RC}}{R + \frac{R}{1 + j\omega RC}} = \frac{0,5}{1 + j\omega \frac{R}{2} C},$$

$$G(j6,28\tfrac{1}{\mathrm{s}}) = \frac{0,5}{1 + j6,28} = 0,079\, e^{-j1,41},$$

$$\rightarrow u_a(t) = 50\mathrm{V} \cdot 0,079 \sin(6,28\tfrac{t}{\mathrm{s}} - 1,41) = 3,95\mathrm{V} \cdot \sin(6,28\tfrac{t}{\mathrm{s}} - 1,41).$$

Es handelt sich also auch bei diesem System um einen Tiefpaß 1. Ordnung (bzw. um ein $\mathrm{P_{T1}}$-System), die angelegte Frequenz von $f = 1\,\mathrm{Hz}$ ist für die gewählte Wertekombination schon ziemlich hoch, denn von den 50V bleiben am Ausgang nur knappe 4V übrig. Für den Kondensator liegen die beiden Widerstände *parallel* (deshalb R/2), denn wenn er aufgeladen ist, dann entlädt er sich über die parallelen Widerstände und die Eingangsspannung, die in diesem Sinn eine zweite, ideale Spannungsquelle ohne Innenwiderstand darstellt. $\qquad\square$

Bei der Berechnung elektrischer Netzwerke, erregt durch komplexe Exponential-schwingungen, werden die Energiespeicher durch Übertragungsfunktionen be-schrieben, die komplexe (Blind-) *Widerstände* und *Leitwerte* darstellen:

Kapazität:

$$G_{\mathrm{C}}(j\omega) = \frac{\underline{U}_{\mathrm{C}}}{\underline{I}_{\mathrm{C}}} = \frac{1}{j\omega C}.$$

Induktivität:

$$G_{\mathrm{L}}(j\omega) = \frac{\underline{I}_{\mathrm{L}}}{\underline{U}_{\mathrm{L}}} = \frac{1}{j\omega L}.$$

Damit lassen sich die Kirchhoffschen Bilanzgleichungen ansetzen und so die Gesamt-Übertragungsfunktion berechnen.

Häufig ist der Weg über die komplexen Widerstände bzw. die Übertragungsfunktionen einfacher, auch wenn die Dgl benötigt wird. Allerdings ist diese Methode nur bei Netzwerken mit Bauelementen uneingeschränkt möglich, die selbst LTI-Systeme darstellen (der Einfachheit halber nennt man sie kurz lineare Bauelemente), dagegen bei nichtlinearen Bauelementen nur dann, wenn sie durch eine genügend kleine Aussteuerung in einem nahezu linearen Bereich betrieben werden.

Wird z.B. auf einen Transistor eine sinusförmige Spannung gegeben, die nur einen kleinen Teil des gesamten Aussteuerungsbereichs durchfährt, dann kann die Kennline durch ihre Steigung im Arbeitspunkt, also eine Ersatzverstärkung, hinreichend genau dargestellt werden; dies ist das *Kleinsignalverhalten*.

Wird dagegen der gesamte Aussteuerungsbereich durchfahren, dann kann die Ausgangsgröße durch die nichtlineare Kennlinie des Transistors *nicht* mehr sinusförmig sein, sondern es handelt sich um eine sinusförmige Schwingung gleicher Frequenz mit Oberwellen, die die doppelte, die dreifache Frequenz usw. besitzen.

Es läßt sich jetzt auch prüfen, ob sich in Reihe geschaltete Systeme belasten oder nicht. Nur wenn ein nachgeschaltetes System das vorangehende *nicht* oder *kaum* belastet, d.h. es damit *rückwirkungsfrei* ist und ihm wenig Energie entnimmt, ändert sich das Systemverhalten des ersten Systems *nicht*: Die Übertragungsfunktionen dürfen *ausschließlich* in diesem Fall *multipliziert* werden. Die Beantwortung dieser Frage ist im Zeitbereich schwierig, da die Energieentnahme des nachfolgenden Systems bei beliebigen Signalen *zeitabhängig* ist, im Frequenzbereich kann dagegen mit den komplexen Scheinwiderständen gearbeitet werden.

□ **Beispiel 4.4**

Zwei gleiche RC-Systeme, erregt mit einer Sinusfunktion mit $f = 1\text{kHz}$, werden in Reihe geschaltet:

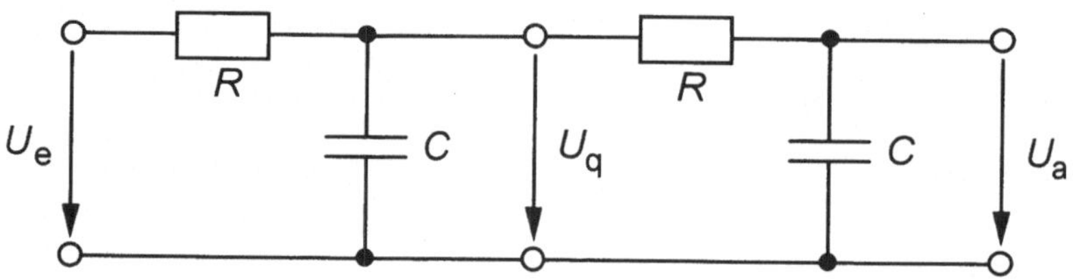

Bild 4.7
Reihenschaltung von zwei gleichen RC-Systemen

Welche Bedingung muß zwischen R und C eingehalten werden, damit das zweite System das erste nicht bzw. kaum belastet, es also rückwirkungsfrei ist?

Im Falle rückwirkungsfrei arbeitender Systeme dürfen die Übertragungsfunktionen miteinander multipliziert werden, d.h. die Gesamt-Übertragungsfunktion berechnet sich einfach zu:

$$G(j\omega) = \left(\frac{1}{1+j\omega RC}\right)^2.$$

Aus Sicht des ersten Systems stellt das zweite einen komplexen Belastungswiderstand $Z_\text{B}(j\omega)$ dar:

$$Z_\text{B}(j\omega) = R + \frac{1}{j\omega C}.$$

Dagegen ist das erste System für das zweite eine Spannungsquelle mit einem komplexen Innenwiderstand $Z_{\mathrm{I}}(j\omega)$, wobei diesmal der Widerstand und der Kondensator parallel geschaltet sind:

$$Z_{\mathrm{I}}(j\omega) = \frac{R \cdot \frac{1}{j\omega C}}{R + \frac{1}{j\omega C}} = \frac{1}{\frac{1}{R} + j\omega C} \, .$$

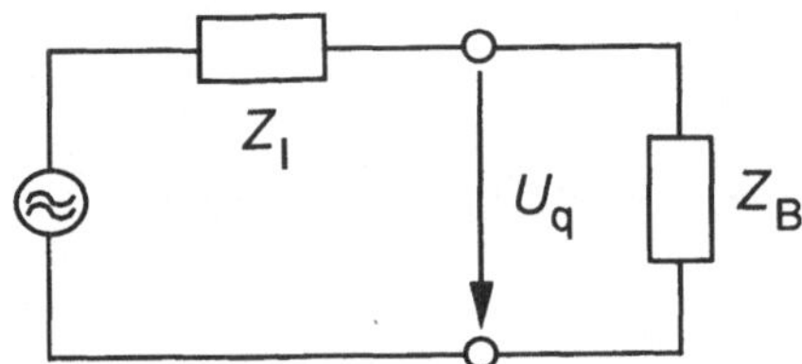

Bild 4.8
Ersatzschaltung der beiden Systeme mit Belastungs- und Innenwiderstand

Damit das zweite System das erste kaum belastet, muß offensichtlich gelten:

$$|Z_{\mathrm{B}}(j\omega)| \gg |Z_{\mathrm{I}}(j\omega)| \, ,$$

$$\sqrt{R^2 + \frac{1}{(\omega C)^2}} \gg \frac{1}{\sqrt{\frac{1}{R^2} + (\omega C)^2}} \, .$$

Diese Bedingung ist identisch mit den zwei Bedingungen

$$R \gg \frac{1}{\omega C} \quad \text{oder} \quad R \ll \frac{1}{\omega C} \, ,$$

wie durch Einsetzen gezeigt werden kann.

Bei $f = 1\,\mathrm{kHz}$ wird daraus:

$$R \gg \frac{1}{6{,}283C} 10^{-3}\mathrm{s} \quad \text{oder} \quad R \ll \frac{1}{6{,}283C} 10^{-3}\mathrm{s} \, . \qquad \square$$

Wie in der Systemtheorie üblich, werden im folgenden mit X und Y die komplexen Amplituden der Erregung und der Reaktion bezeichnet.

4.5 Die Frequenzgänge der elementaren Systeme

In diesem Kapitel werden die Übertragungsfunktionen bzw. Frequenzgänge berechnet und dargestellt; gegebenenfalls erfolgt auch eine Diskussion ihrer Filtercharakteristik.

4.5.1 Statische Systeme

Statische Systeme besitzen keinen Energiespeicher und sind deshalb proportionale Systeme ohne Verzögerung:

$$y(t) = k_\mathrm{P} x(t).$$

Für die Übertragungsfunktion (Bild 4.9) folgt einfach:

$$G(j\omega) = k_\mathrm{P}, \tag{4.45}$$

$$\operatorname{Re} G(j\omega) = k_\mathrm{P}, \quad \operatorname{Im} G(j\omega) = 0, \tag{4.46}$$

$$|G(j\omega)| = |k_\mathrm{P}|, \quad \varphi(\omega) = \begin{cases} 0 & \text{für } k_\mathrm{P} \geq 0 \\ \pm 180^\circ & \text{für } k_\mathrm{P} < 0 \end{cases}. \tag{4.47}$$

Vereinbarungsgemäß wird ein zusätzlicher Phasenwinkel von -180° berücksichtigt, wenn die Verstärkung negativ ist, da eine Sinusschwingung dadurch umgeklappt wird; ohne Anmerkung wird eine positive Verstärkung vorausgesetzt: $k_{()} > 0$.

4.5.2 I- und D-Systeme

Mit der Dgl des I-Systems folgt direkt:

$$\dot{y}(t) = k_\mathrm{I} x(t) = \tfrac{1}{T_\mathrm{I}} x(t) \rightarrow G(j\omega) = k_\mathrm{I} \tfrac{1}{j\omega} = \tfrac{1}{j\omega T_\mathrm{I}}, \tag{4.48}$$

$$\operatorname{Re} G(j\omega) = 0, \quad \operatorname{Im} G(j\omega) = -\tfrac{1}{\omega T_\mathrm{I}}, \tag{4.49}$$

$$|G(j\omega)| = \tfrac{1}{\omega T_\mathrm{I}}, \quad \varphi(\omega) = -90^\circ. \tag{4.50}$$

Die Darstellung ist aber bzgl. des Betrages doppelt-logarithmisch:

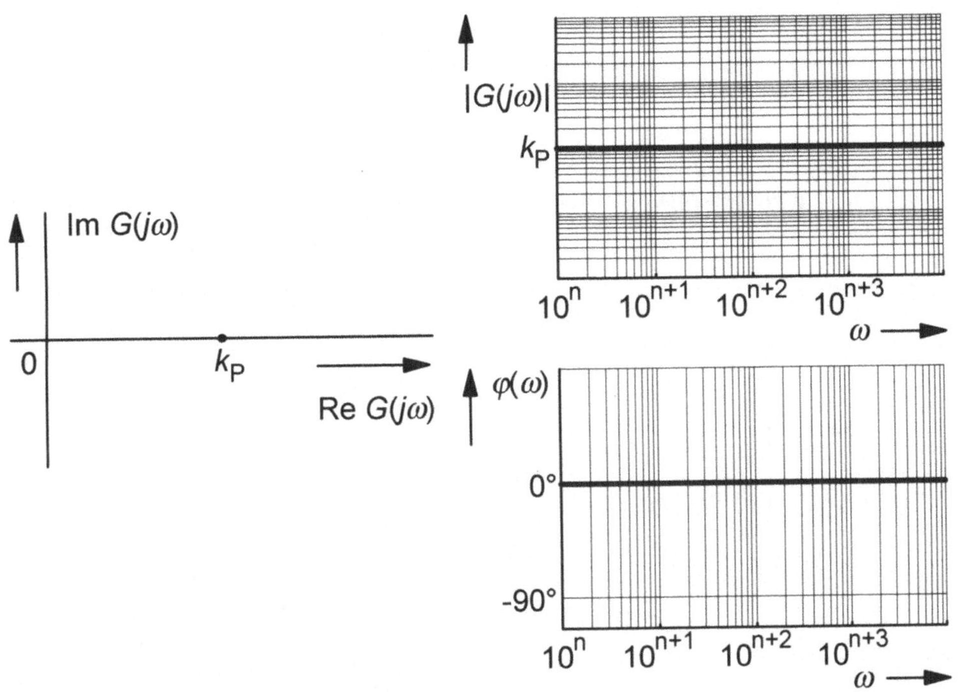

Bild 4.9
Frequenzgang des idealen P-Systems (ohne Verzögerung) mit $k_\mathrm{P} > 0$

$$\log|G(j\omega)| = \log k_\mathrm{I} - \log \omega \tag{4.51}$$

Als Abszisse x und Ordinate y ausgedrückt:

$$y = k - x, \quad k = \log k_\mathrm{I}.$$

Es handelt sich demnach um eine Gerade mit der Steigung -1. Für $\omega = 1$ ist $\log \omega = 0$; damit gilt $y = k$. Durch eine logarithmische Einteilung der Achsen können direkt ω und $k_\mathrm{I} = \frac{1}{T_\mathrm{I}}$ angetragen werden (Bild 4.10).

Das D-System hat die zum I-System *inverse* Systemeigenschaft, mit der Maßgabe, daß es sich um ein *ideales* D-System handelt:

$$y(t) = T_\mathrm{D}\,\dot{x}(t) = k_\mathrm{D}\,\dot{x}(t) \rightarrow G(j\omega) = j\omega T_\mathrm{D} = k_\mathrm{D}j\omega, \tag{4.52}$$

$$\mathrm{Re}\,G(j\omega) = 0, \quad \mathrm{Im}\,G(j\omega) = \omega T_\mathrm{D}, \tag{4.53}$$

$$|G(j\omega)| = \omega T_\mathrm{D}, \quad \varphi(\omega) = 90°, \tag{4.54}$$

$$\log|G(j\omega)| = \log T_\mathrm{D} + \log \omega \tag{4.55}$$

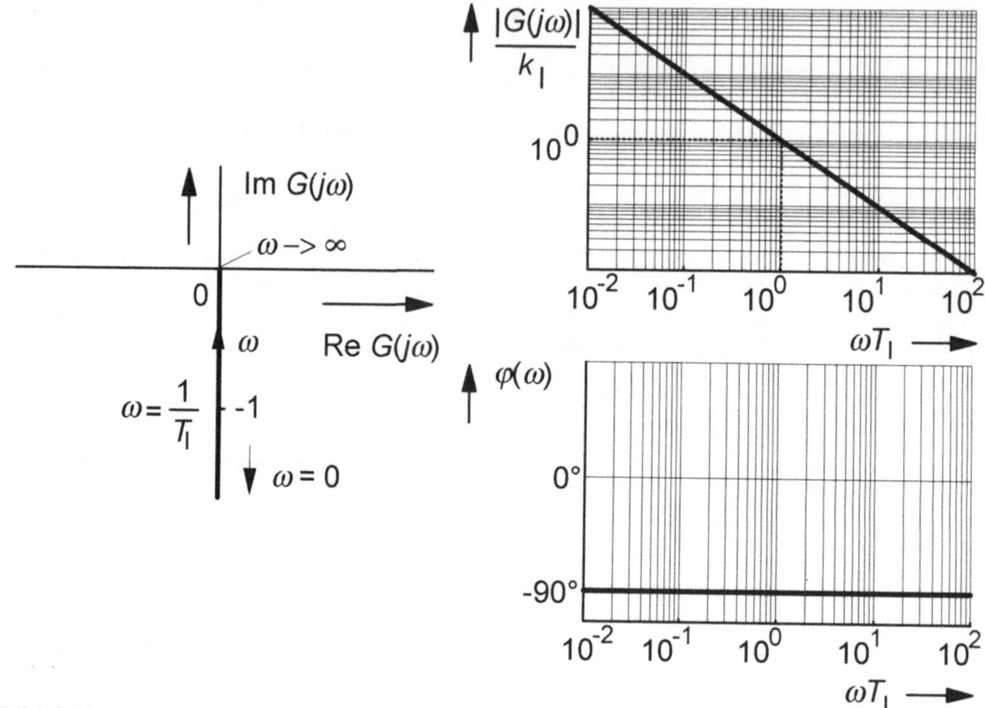

Bild 4.10
Frequenzgang des idealen I-Systems

Handelt es sich beim Amplitudengang des I-Systems um eine Gerade mit der Steigung -1, so ist es beim D-System eine Gerade mit der Steigung +1; der Phasenwinkel beträgt statt konstant -90° nun +90° (Bild 4.11).

4.5.3 Terme erster Ordnung

Ein System 1. Ordnung hat *einen* Energiespeicher, so z.B. das P_{T1}-System:

$$T_1\,\dot{y}\,(t)+y(t)=k_P x(t) \rightarrow G(j\omega)=\frac{k_P}{1+j\omega T_1}, \tag{4.56}$$

$$\mathrm{Re}\,G(j\omega)=\frac{k_P}{1+(\omega T_1)^2}, \quad \mathrm{Im}\,G(j\omega)=\frac{-k_P\omega T_1}{1+(\omega T_1)^2}, \tag{4.57}$$

$$|G(j\omega)|=\frac{k_P}{\sqrt{1+(\omega T_1)^2}}, \quad \varphi(\omega)=-\arctan(\omega T_1). \tag{4.58}$$

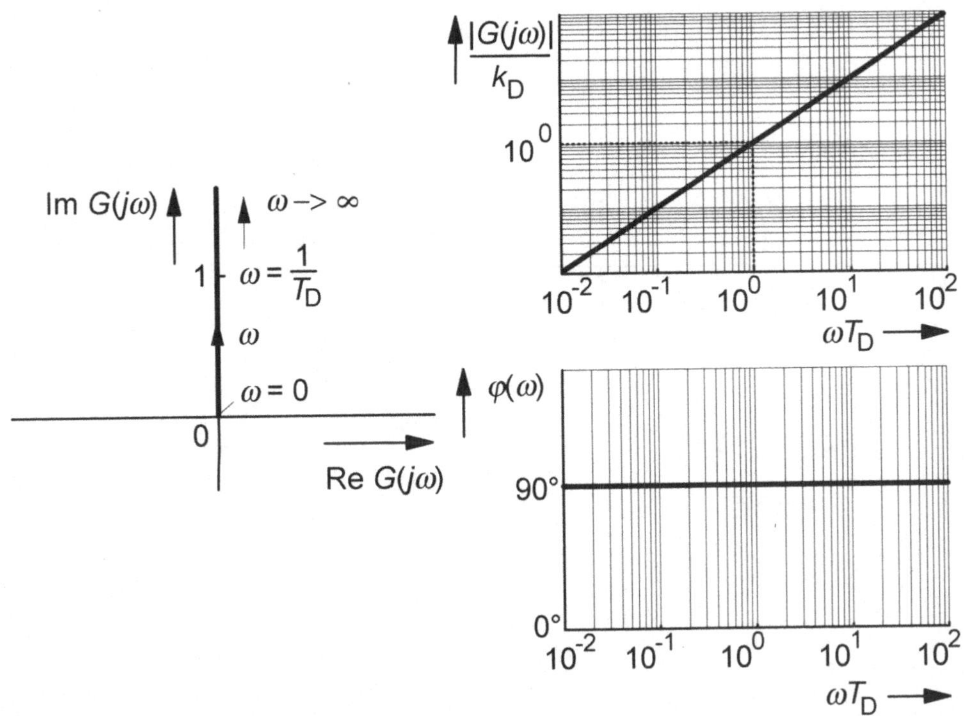

Bild 4.11
Frequenzgang des idealen D-Systems

Offensichtlich verhält sich das System bei kleinen Frequenzen wie ein P-System, bei hohen Frequenzen dagegen wie ein I-System:

$$\omega \to 0 : \ G(j\omega) = k_\mathrm{P}, \tag{4.59}$$

$$\omega \to \infty : G(j\omega) = k_\mathrm{P} \cdot \frac{1}{j\omega T_1}. \tag{4.60}$$

Entsprechend gibt es für kleine und große Frequenzen Asymptoten, an die sich der Amplituden- wie auch der Phasengang annähern. Interessant ist die Frage, bei welcher Frequenz sich diese Asymptoten treffen, dort tritt offensichtlich ein symmetrisches „Mischverhalten" der beiden Systemtypen auf. Als Ansatz müssen die Asymptoten bei dieser Frequenz, die *Eckfrequenz* ω_E genannt wird, den gleichen Wert annehmen:

$$k_\mathrm{P} = k_\mathrm{P} \frac{1}{\omega_\mathrm{E} T_1} \to \omega_\mathrm{E} = \frac{1}{T_1}.$$

Da es sich um den einfachsten *Tiefpaß* handelt (1. Ordnung, da mit einem Energiespeicher aufgebaut) , wird die Eckfrequenz auch *Grenzfrequenz* ω_G genannt. Bei ihr unterscheidet sich die Ausgangsamplitude gegenüber kleinen Frequenzen um den Faktor $\frac{1}{\sqrt{2}}$, d.h. die Amplitude einer Sinusschwingung mit der Frequenz $f_\mathrm{G} = \frac{\omega_\mathrm{G}}{2\pi}$ wird um $a_\mathrm{D} = 3\mathrm{dB}$ *gedämpft*:

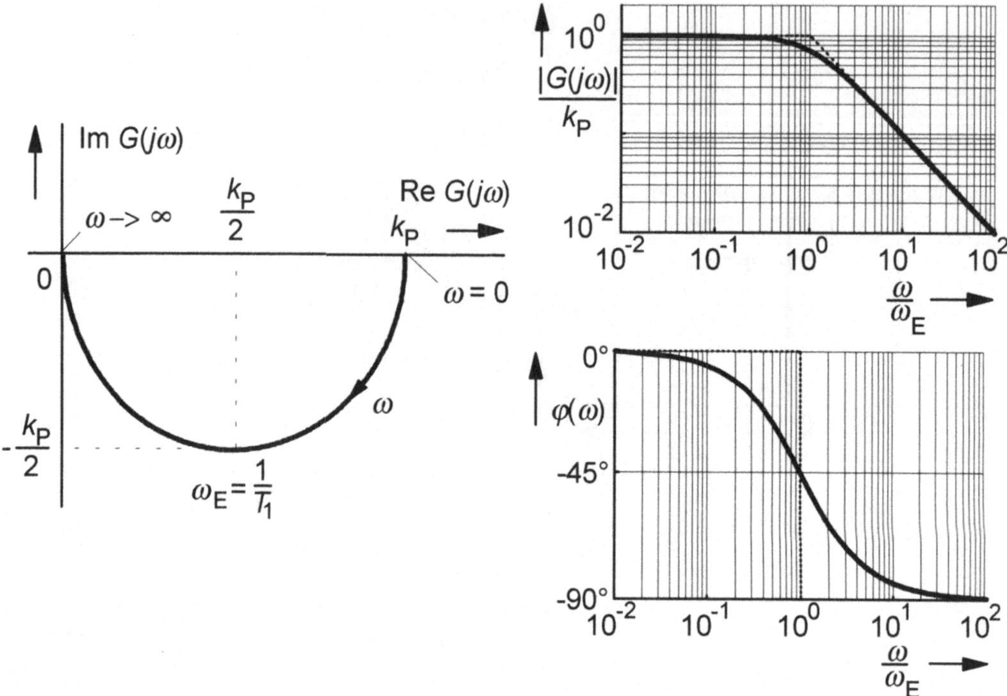

Bild 4.12

Frequenzgang des P_{T1}-Systems, eines Tiefpasses 1. Ordnung

$$|G(j\omega_G)| = \frac{|G(j0)|}{\sqrt{2}} \approx 0,707 |G(j0)|. \tag{4.61}$$

Auch bei anderen Filtern mit z.B. Hochpaßverhalten sowie auch Systemen höherer Ordnung wird dieser Dämpfungswert zur Bestimmung einer Frequenzgrenze herangezogen, sofern nicht ausdrücklich andere Angaben gemacht werden.

Die Phasenlage dieses Tiefpasses 1. Ordnung beträgt bei der Grenzfrequenz

$$\varphi(\omega_G) = -45°, \tag{4.62}$$

dies ist bei Grenzfrequenzen *nicht immer* der Fall.

Ein zum P_{T1}-System bzgl. seines Frequenzganges *inverses* Verhalten 1. Ordnung besitzt das PD-System:

$$y(t) = k_P[x(t) + T_D \dot{x}(t)] \rightarrow G(j\omega) = k_P(1 + j\omega T_D), \tag{4.63}$$

$$\text{Re}\, G(j\omega) = k_P, \ \text{Im}\, G(j\omega) = k_P\omega T_D, \tag{4.64}$$

$$|G(j\omega)| = k_P \sqrt{1 + (\omega T_D)^2}, \ \varphi(\omega) = \arctan(\omega T_D) \tag{4.65}$$

Es verhält sich bei kleinen Frequenzen wie ein P- und bei großen wie ein D-System:

$$\omega \to 0 : G(j\omega) = k_\mathrm{P}, \tag{4.66}$$

$$\omega \to \infty : G(j\omega) = k_\mathrm{P}j\omega T_\mathrm{D}. \tag{4.67}$$

Da das Polynom nun im *Zähler* der Übertragungsfunktion steht, verläuft der Frequenzgang im Bode-Diagramm durch die Logarithmierung gegenüber den „Nullinien" $|G| = 1$, $\varphi = 0$ (keine Verstärkung, keine Phasenverschiebung) *invers* zum P_{T1}-System. Die Ortskurve zeigt deutlich, daß das System auch als *Parallelschaltung* eines P- und eines D-Systems aufgefaßt werden kann:

$$G(j\omega) = k_\mathrm{P} + k_\mathrm{P}j\omega T_\mathrm{D}. \tag{4.68}$$

Für die Eckfrequenz gilt entsprechend

$$\omega_\mathrm{E} = \tfrac{1}{T_\mathrm{D}}; \tag{4.69}$$

bei ihr hat das System eine *Verstärkung* gegenüber kleinen Frequenzen:

$$\left|G(j\omega_\mathrm{E})\right| = \sqrt{2}\,\left|G(j0)\right|, \quad a_\mathrm{V} = 3\mathrm{dB}. \tag{4.70}$$

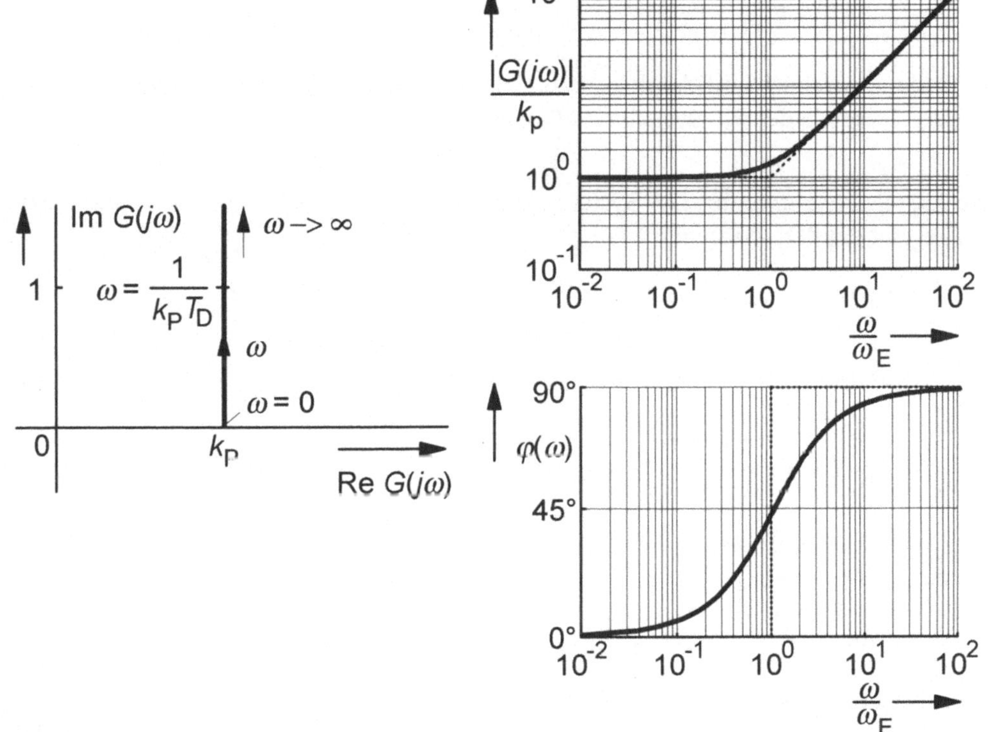

Bild 4.13
Frequenzgang des idealen PD-Systems

Es ist jedoch als Hochpaß *ungeeignet*, da tiefe Frequenzen ebenfalls „passieren"
können; durch sein ideales D-Verhalten wird außerdem die Amplitude bei hohen
Frequenzen immer größer

Der einfachste *Hochpaß* 1. Ordnung ist ein D_{T1}-*System*:

$$T_1 \dot{y}(t) + y(t) = T_D \dot{x}(t) \rightarrow G(j\omega) = \frac{j\omega T_D}{1+j\omega T_1}, \tag{4.71}$$

$$\mathrm{Re}\, G(j\omega) = \frac{T_D T_1 \omega^2}{1+(\omega T_1)^2}, \; \mathrm{Im}\, G(j\omega) = \frac{\omega T_D}{1+(\omega T_1)^2}, \tag{4.72}$$

$$|G(j\omega)| = \frac{\omega T_D}{\sqrt{1+(\omega T_1)^2}}, \; \varphi(\omega) = \frac{\pi}{2} - \arctan(\omega T_1) \tag{4.73}$$

Am Betragsverlauf ist ersichtlich, daß hohe Frequenzen durchgelassen werden, tiefe
dagegen nicht:

$$|G(j0)| = 0, \; |G(j\infty)| = \frac{T_D}{T_1}. \tag{4.74}$$

Das D_{T1}-System kann als *Reihenschaltung* eines idealen D- mit einem P_{T1}-System aufgefaßt werden:

$$G(j\omega) = j\omega T_D \cdot \frac{1}{1+j\omega T_1}. \tag{4.75}$$

Am Bode-Diagramm wird deutlich, daß sich durch die Logarithmierung der Frequenzgang des D- sowie des P_{T1}-Systems *additiv* überlagern (Bild 4.14).

Eine *Parallelschaltung* des D_{T1}-Systems mit dem P_{T1}-Systems bei *gleichen* Zeitkonstanten T_1 ergibt ein PD_{T1}-System:

$$T_1 \dot{y}(t) + y(t) = k_P[x(t) + T_D \dot{x}(t)] \rightarrow G(j\omega) = k_P\frac{1+j\omega T_D}{1+j\omega T_1} = \frac{k_P}{1+j\omega T_1} + \frac{k_P j\omega T_D}{1+j\omega T_1} \tag{4.76}$$

$$\mathrm{Re}\, G(j\omega) = k_P\frac{1+T_D T_1 \omega^2}{1+(\omega T_1)^2}, \; \mathrm{Im}\, G(j\omega) = k_P\frac{(T_D-T_1)\omega}{1+(\omega T_1)^2}, \tag{4.77}$$

$$|G(j\omega)| = k_P\sqrt{\frac{1+(\omega T_D)^2}{1+(\omega T_1)^2}}, \; \varphi(\omega) = \arctan(\omega T_D) - \arctan(\omega T_1) \tag{4.78}$$

Das System kann auch als *Reihenschaltung* eines idealen PD-Systems mit einem P_{T1}-Sy-
stem aufgefaßt werden:

$$G(j\omega) = k_P(1+j\omega T_D) \cdot \frac{1}{1+j\omega T_1}. \tag{4.79}$$

Deutlich sichtbar ist das asymptotische Abknicken „nach oben" mit der Eckfrequenz
$\omega_D = \frac{1}{T_D}$ sowie dem Abknicken bei $\omega_E = \frac{1}{T_1}$ „nach unten" im Bode-Diagramm (Bild
4.15).

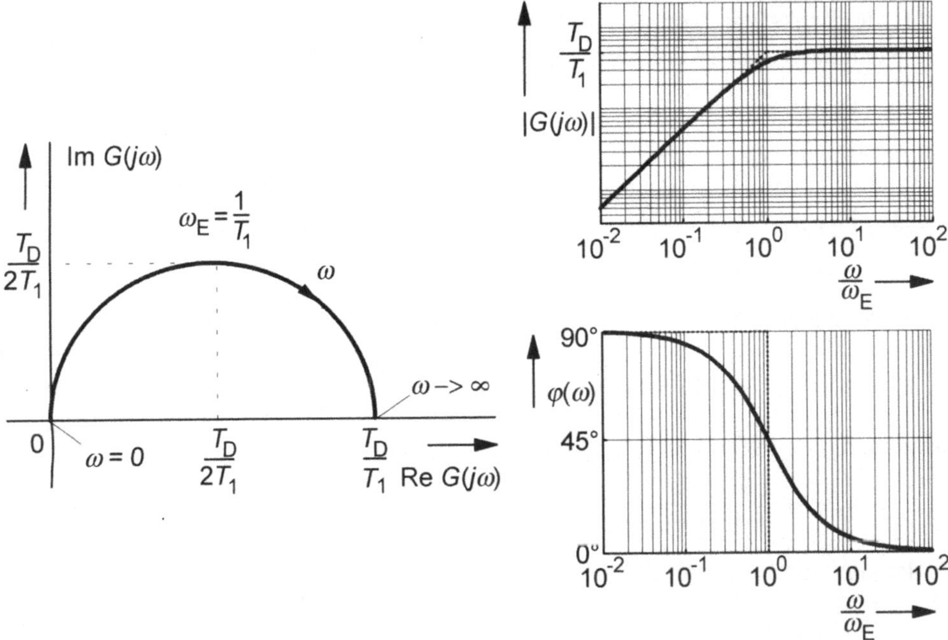

Bild 4.14

Frequenzgang des D_{T1}-Systems

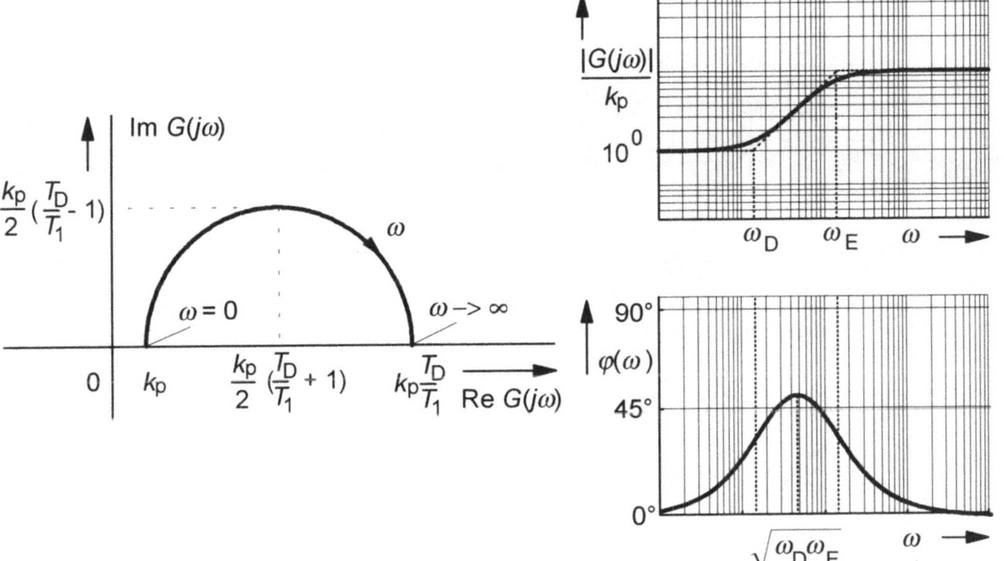

Bild 4.15

Frequenzgang des PD_{T1}-Systems mit $T_D > T_1$

Mehr Möglichkeiten, Terme 1. Ordnung zu kombinieren, gibt es nicht, denn z.B. das I_{T1}-System hat schon zwei Energiespeicher, den einen des I- und den anderen des P_{T1}-Systems.

4.5.4 Terme 2. Ordnung

Ein P_{T2}-System entsteht z.B. durch die *Reihenschaltung* zweier P_{T1}-Systeme:

$$G_1(j\omega) = \frac{k_{P1}}{1+j\omega T_1}, \ G_2(j\omega) = \frac{k_{P2}}{1+j\omega T_2}, \ G(j\omega) = G_1(j\omega) \cdot G_2(j\omega). \tag{4.80}$$

Zusammengefaßt wird hieraus die Gesamt-Übertragungsfunktion

$$G(j\omega) = \frac{k_{P1}\,k_{P2}}{1+j\omega(T_1+T_2)+T_1 T_2 (j\omega)^2}, \tag{4.81}$$

aus der sich durch Interpretation direkt die Dgl angeben läßt:

$$T_1 T_2 \, \ddot{y}\,(t) + (T_1 + T_2)\,\dot{y}\,(t) + y(t) = k_{P1}k_{P2}x(t). \tag{4.82}$$

Im Bode-Diagramm liegen die Eckfrequenzen der Einzelsysteme bei $\omega_{E1} = \frac{1}{T_1}$ und $\omega_{E2} = \frac{1}{T_2}$:

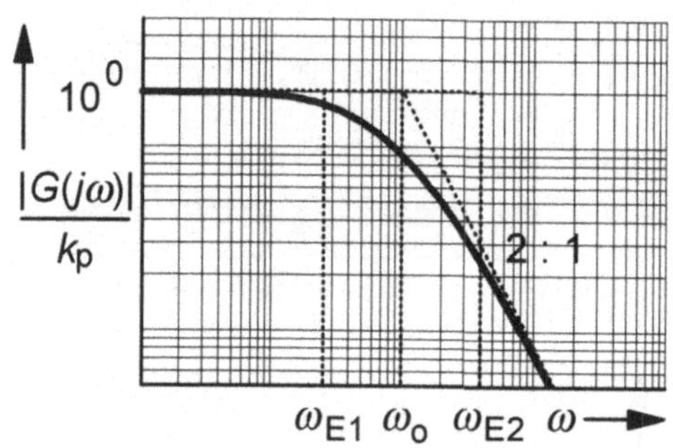

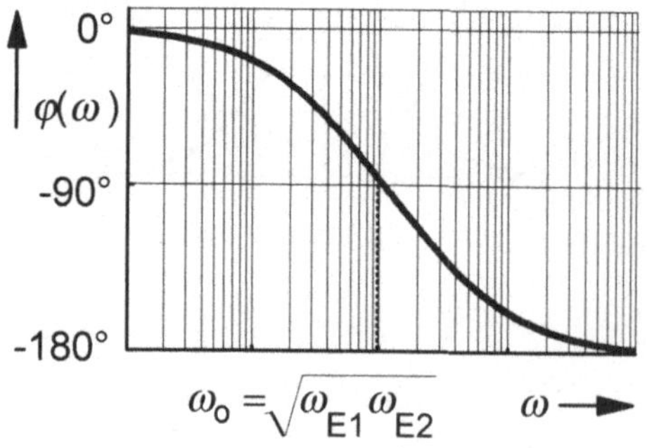

Bild 4.16
Frequenzgang eines P_{T2}-Systems als Reihenschaltung zweier P_{T1}-Systeme

Ein Vergleich mit der allgemeinen Dgl und seiner zugehörigen Übertragungsfunktion

$$\frac{1}{\omega_0^2}\ddot{y}(t) + \frac{2D}{\omega_0}\dot{y}(t) + y(t) = k_P x(t) \rightarrow G(j\omega) = \frac{k_P}{1+2Dj\frac{\omega}{\omega_0}+(j\frac{\omega}{\omega_0})^2} \tag{4.83}$$

führt auf

$$\omega_0 = \frac{1}{\sqrt{T_1 T_2}}, \quad D = \frac{1}{2}\left(\sqrt{\frac{T_1}{T_2}} + \sqrt{\frac{T_2}{T_1}}\right); \tag{4.84}$$

wegen $\frac{1}{2}(x + \frac{1}{x}) \geq 1$ für $x > 0$ gilt grundsätzlich $D \geq 1$. Das System hat zwar ebenfalls Tiefpaßcharakter, aber der Übergang zwischen dem Sperr- und dem Durchlaßbereich ist sehr fließend. Dies wird besser für den Fall gleicher Zeitkonstanten, also $T_1 = T_2$ bzw. $\omega_{E1} = \omega_{E2} = \omega_0$, denn dann liegt ein P_{T2}-System mit $D = 1$ vor; in diesem Fall ist der Betrag der Steigung für $|G|$ im -3dB-Punkt am größten.

Für den *schwingungsfähigen* Fall, also $0 \leq D < 1$, kann *keine* Ersatzschaltung in Form von zwei in Reihe geschalteten P_{T1}-Systemen angegeben werden:

$$\operatorname{Re} G(j\omega) = k_P\frac{1-(\frac{\omega}{\omega_0})^2}{[1-(\frac{\omega}{\omega_0})^2]^2+(2D\frac{\omega}{\omega_0})^2}, \quad \operatorname{Im} G(j\omega) = -k_P\frac{2D\frac{\omega}{\omega_0}}{[1-(\frac{\omega}{\omega_0})^2]^2+(2D\frac{\omega}{\omega_0})^2} \tag{4.85}$$

$$|G(j\omega)| = \frac{k_P}{\sqrt{[1-(\frac{\omega}{\omega_0})^2]^2+(2D\frac{\omega}{\omega_0})^2}}, \quad \varphi(\omega) = \arctan\frac{-2D\frac{\omega}{\omega_0}}{1-(\frac{\omega}{\omega_0})^2}. \tag{4.86}$$

Dies ist ein Tiefpaß 2. Ordnung, dessen Frequenzgang für $D < 1/\sqrt{2} \approx 0,707$ *Resonanzverhalten* zeigt, also eine Amplitudenüberhöhung:

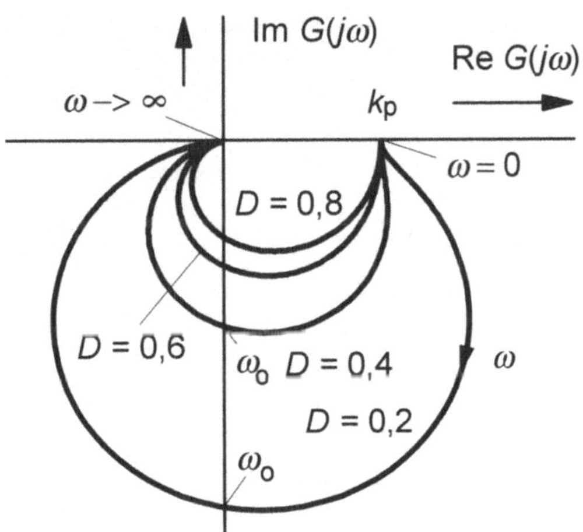

Bild 4.17
Ortskurven des schwingungsfähigen P_{T2}-Systems für verschiedene Dämpfungen D

Für $D = 0$ ist das System ungedämpft; es ist elektronisch nur mit aktiven Bauelementen realisierbar und hat mit $x(t) = 0$ seine technische Bedeutung als Oszillator. In diesem Fall sind die Eigen-Kreisfrequenz des *gedämpften* Systems $\omega_D = \omega_0\sqrt{1-D^2}$ und des *ungedämpften* Systems ω_0 identisch, ansonsten ist das gedämpfte System langsamer bzw. *träger*. Dies drückt sich in $\omega_D \leq \omega_0$ sowie einer Sprungantwort aus, die *länger* benötigt, um z.B. 90% des Endwertes zu erreichen. Wird ein ungedämpftes System mit seiner Resonanzfrequenz erregt, dann nimmt es immer mehr Energie auf; dies kann im Extremfall zu Schäden oder zur Zerstörung führen, es sei denn, Nichtlinearitäten begrenzen bei einem realen System die Energieaufnahme. Je kleiner die Dämpfung ist, desto schneller wechselt die Phasenlage bei ω_0, im ungedämpften Fall *springt* sie um -180°; grundsätzlich, d.h. dämpfungsunabhängig gilt:

$$\varphi(\omega_0) = -90°. \tag{4.87}$$

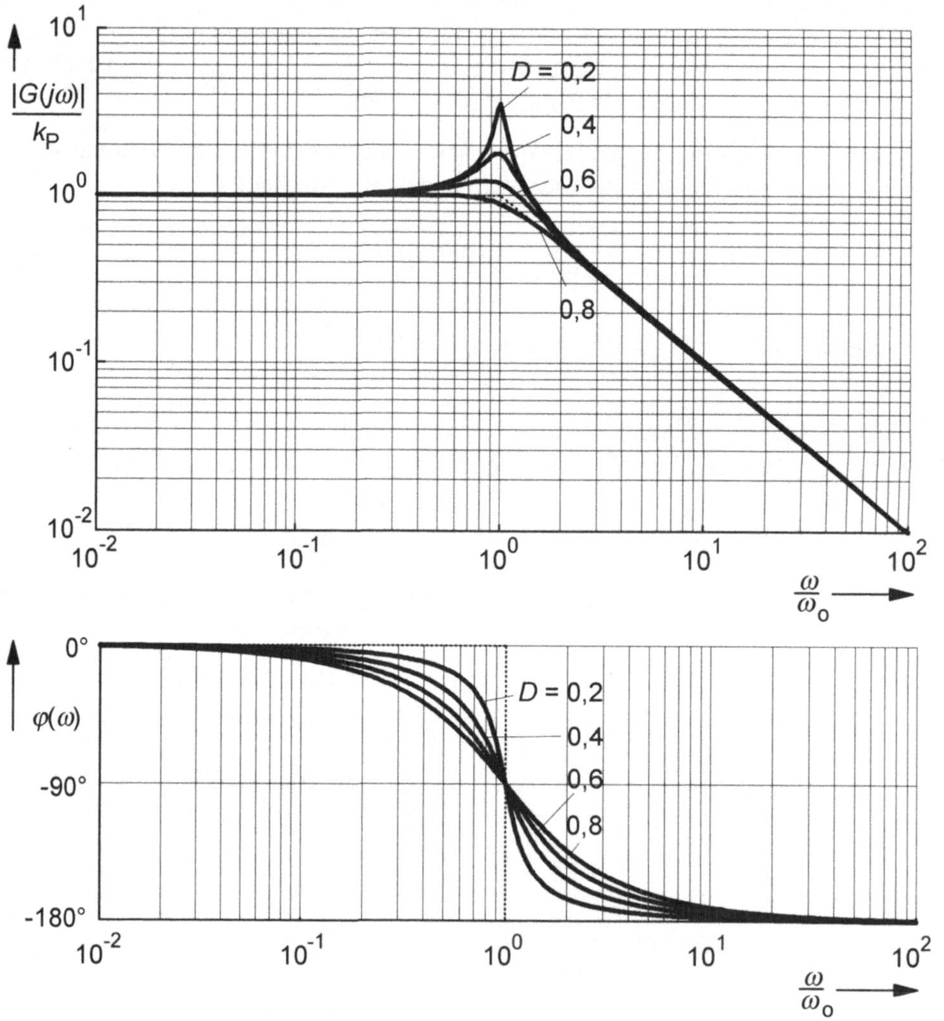

Bild 4.18

Bode-Diagramm des schwingungsfähigen P_{T2}-Systems für verschiedene Dämpfungen D

Die maximale Überhöhung für $0 \le D \le \frac{1}{\sqrt{2}}$ befindet sich bei der Frequenz

$$\omega_{max} = \omega_0 \sqrt{1 - 2D^2}\,. \tag{4.88}$$

Bei dieser Frequenz hat das System die Verstärkung

$$|G(j\omega_{max})| = |G(j\omega)|_{max} = \frac{1}{2D\sqrt{1-D^2}}. \tag{4.89}$$

Die Verstärkung bei kleinen Frequenzen $|G(j0)| = k_P$ wird dann nach der Resonanzüberhöhung wieder bei ω_s angenommen:

$$\omega_s = \omega_0 \sqrt{2(1 - 2D^2)}\,. \tag{4.90}$$

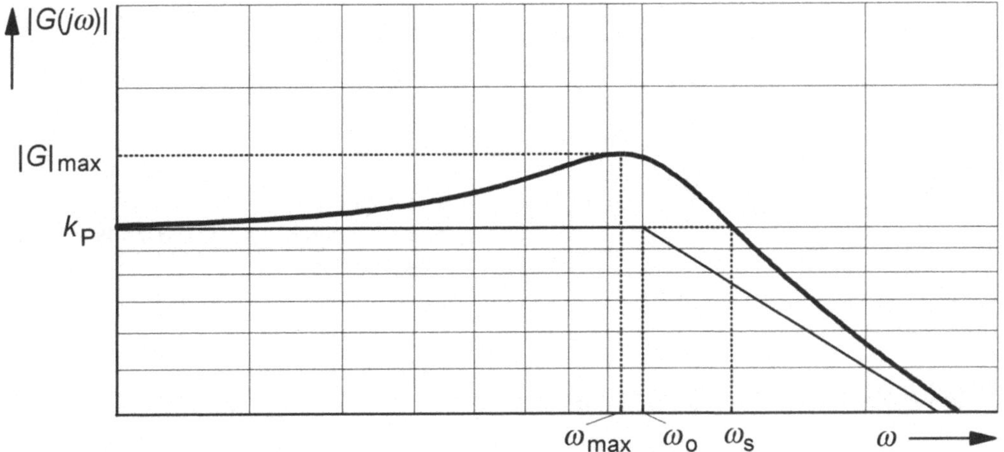

Bild 4.19
Kenngrößen des Amplitudengangs eines schwingungsfähigen P_{T2}-Systems

Der Nennerterm des P_{T2}-Systems kann auch als Zähler auftreten, wobei ein solches System ohne zusätzliche Verzögerung wegen $(j\omega)^2$ doppeltes, ideales D-Verhalten hätte und damit erst recht nicht realisierbar wäre; ein realisierbares System besitzt einen Nennerterm mit mindestens der gleichen Ordnung wie der Zählerterm.

Zählerterm mit $0 \le D < 1$:

$$G(j\omega) = k_P\left[1 + 2Dj\frac{\omega}{\omega_0} + (j\frac{\omega}{\omega_0})^2\right]. \tag{4.91}$$

Durch die Logarithmierung ist im Bode-Diagramm einfach alles invers zum Nennerterm:

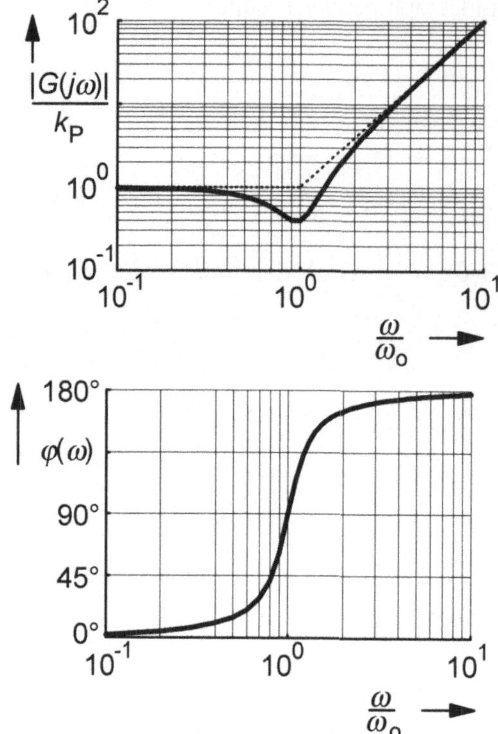

Bild 4.20
Bode-Diagramm des Zählerterms 2. Ordnung mit $D < 1$

4.5.5 Tot- bzw. Laufzeitsysteme

Diese Systeme behalten auch im Frequenzbereich ihre Sonderstellung, denn ihre Übertragungsfunktionen sind *keine* rationalen Funktionen. Die Bestimmung des Frequenzganges ist über die *Impulsantwort* einfach:

$$g(t) = k_P\delta(t - T_t) = k_P\delta(t - T_L),$$

$$G(j\omega) = \int_{-\infty}^{\infty} k_P\delta(t - T_t)e^{-j\omega t}\,dt. \tag{4.92}$$

Mit der Ausblendeigenschaft der Deltafunktion folgt:

$$G(j\omega) = k_P e^{-j\omega T_t}, \tag{4.93}$$

$$\operatorname{Re} G(j\omega) = k_P \cos(\omega T_t), \quad \operatorname{Im} G(j\omega) = -k_P \sin(\omega T_t), \tag{4.94}$$

$$\left|G(j\omega)\right| = k_P, \quad \varphi(\omega) = -\omega T_t. \tag{4.95}$$

Da eine Sinusschwingung - mit dem Faktor k_P multipliziert -, ansonsten aber nur zeitlich verzögert wird (weswegen das System auch *verzerrungsfrei* genannt wird), ist der Betrag konstant und die Phasenverschiebung proportional zur Frequenz. Anschaulich ausgedrückt, passen mit zunehmender Frequenz f entsprechend mehr Perioden mit der Periodendauer $T = \frac{1}{f}$ in die konstante Totzeit T_t. Die Phase ist negativ, da das Signal am Ausgang verzögert erscheint; aus dieser Überlegung folgt ebenfalls die obige Beziehung:

$$\varphi(\omega) = -2\pi \frac{T_t}{T} = -2\pi f T_t.$$

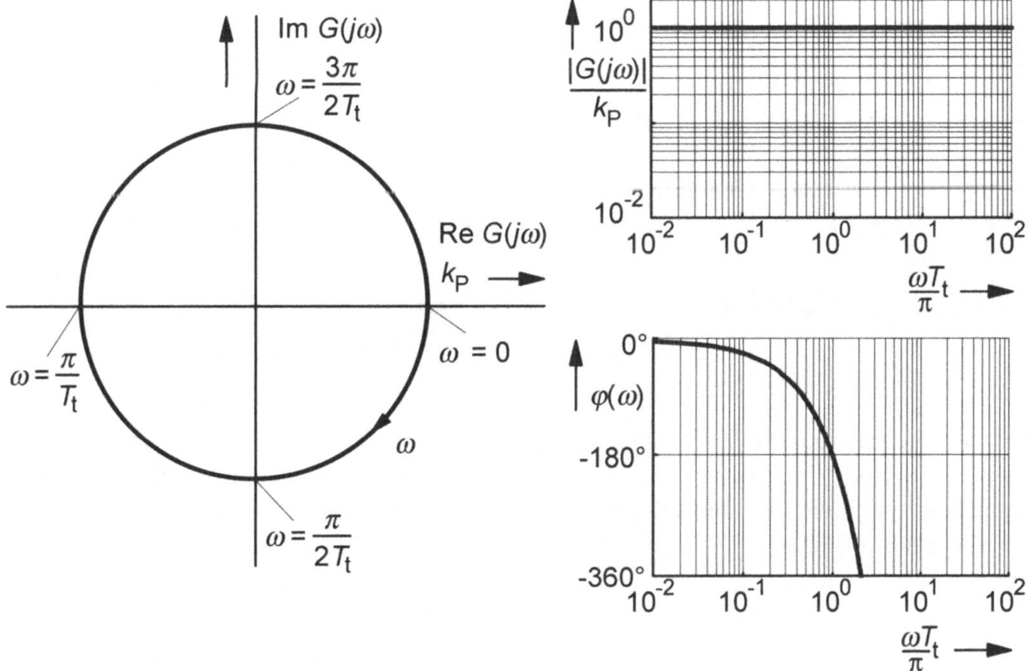

Bild 4.21
Frequenzgang des Tot- bzw. Laufzeitsystems

Wegen der zur Frequenz proportionalen Phase wird das System auch *linearphasig* genannt; im Bode-Diagramm ist dies wegen der logarithmischen Frequenzeinteilung nur schwer zu erkennen. An die Ortskurve ist die ω-Parametrierung für eine Umdrehung angetragen, die Phase dreht sich jedoch immer weiter. So ist die Sinusschwingung der Reaktion *phasensynchron* zu derjenigen der Erregung bei den Frequenzen

$$\omega = \frac{n \cdot 2\pi}{T_t} \text{ für } n \geq 0 \tag{4.96}$$

sowie *gegenphasig* bei

$$\omega = \frac{\pi + n \cdot 2\pi}{T_t} = \frac{\pi \cdot (1+2n)}{T_t} \text{ für } n \geq 0. \tag{4.97}$$

4.5.6 Zusammengeschaltete Systeme

Bei der *Parallelschaltung* werden die Frequenzgänge der Einzelsysteme *addiert*; dies ist in der Ortskurvendarstellung besonders einfach, da die Ortskurven nur punktweise, d.h. für eine bestimmte Frequenz, geometrisch addiert werden müssen. So läßt sich z.B. das PI-System als Parallelschaltung eines P- und eines I-Systems darstellen:

$$y(t) = k_\mathrm{P}\left(x(t) + \frac{1}{T_\mathrm{I}} \int_0^t x(\tau)d\tau\right) \rightarrow G(j\omega) = k_\mathrm{P} + \frac{k_\mathrm{P}}{j\omega T_\mathrm{I}}. \tag{4.98}$$

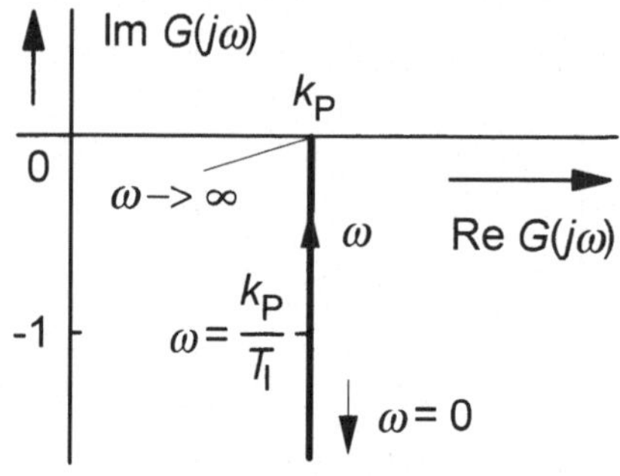

Bild 4.22
Ortskurve des PI-Systems

Soll der Frequenzgang eines System, das aus der Parallelschaltung von Einzelsystemen besteht, im Bode-Diagramm dargestellt werden, so ist die Umwandlung der Übertragungsfunktion in eine Produktform sinnvoll, die eine *Reihenschaltung* bedeutet; im Fall des PI-Systems folgt:

$$G(j\omega) = k_\mathrm{P}\frac{1+T_\mathrm{I}j\omega}{T_\mathrm{I}j\omega} = \frac{k_\mathrm{P}}{j\omega T_\mathrm{I}} \cdot (1 + T_\mathrm{I}j\omega). \tag{4.99}$$

Das PI-System kann demnach auch als Reihenschaltung eines I- mit einem idealen PD-System aufgefaßt werden, wobei die Verstärkung willkürlich einem der beiden Systeme zugeordnet wird. Durch die Logarithmierung werden die Teil-Frequenzgänge im Bode-Diagramm *additiv* überlagert (Bild 4.23).

Um ein Bode-Diagramm zu konstruieren bzw. zu zeichnen, sollte die Übertragungsfunktion zweckmäßigerweise zunächst in der *Bode-Normalform* dargestellt werden:

$$G(j\omega) = k \cdot \frac{\left(1+j\frac{\omega}{\omega_{\mathrm{E}1}}\right)\left[1+2D_1 j\frac{\omega}{\omega_{\mathrm{o}1}}+\left(j\frac{\omega}{\omega_{\mathrm{o}1}}\right)^2\right]\cdots}{(j\omega)^p\left(1+j\frac{\omega}{\omega_{\mathrm{E}2}}\right)\left[1+2D_2 j\frac{\omega}{\omega_{\mathrm{o}2}}+\left(j\frac{\omega}{\omega_{\mathrm{o}2}}\right)^2\right]\cdots}, \quad p = 0, \pm 1, \pm 2, \ldots \tag{4.100}$$

Totzeitsysteme sind hierbei unberücksichtigt, sie könnten aber einfach als zusätzliche Phasenverschiebung und ggf. Verstärkung berücksichtigt werden.

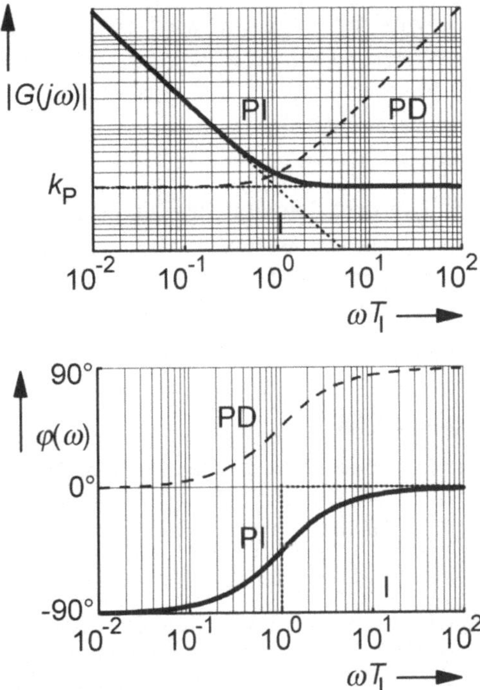

Bild 4.23
Bode-Diagramm des PI-Systems

Für $p = 0$ liegt P-, für $p \geq 1$ I- und für $p \leq -1$ D-Verhalten vor. In k wird die gesamte Verstärkung zusammengefaßt, die im Fall stabiler Systeme (kein I-Verhalten, keine Eigenwerte mit verschwindendem oder positivem Realteil) auch die *statische Verstärkung* V_{stat} genannt wird, denn mit ihr wird ein Gleichsignal ($f = 0$) verstärkt:

$$V_{stat} = G(j0). \tag{4.101}$$

Zur Konstruktion des Amplitudenganges werden zunächst die Teilsysteme entsprechend ihren Eckfrequenzen ω_{Ei} sowie Eigen-Kreisfrequenzen ω_{0i} in aufsteigender Folge sortiert, d.h. es wird mit der kleinsten begonnen fortschreitend zur größten. Liegt I- oder D-Verhalten vor, so beginnt der Amplitudengang immer mit diesem Verhalten. Die Verstärkung wird (willkürlich) diesem Teilsystem zugeordnet, ansonsten dem Teilsystem mit der kleinsten Frequenz $\omega_{E,0}$.

Anschließend wird der asymptotische Verlauf gezeichnet, indem mit dem ersten Teilsystem begonnen wird. Bei jeder Eck- bzw. Resonanzfrequenz *knickt* der asymptotische Verlauf: Durch einen *Zählerterm* knickt er nach *oben* und druch einen *Nennerterm* nach *unten*; zusätzlich knickt er bei einem *schwingungsfähigen* Term ($0 \leq D < 1$) sowie zwei Termen 1. Ordnung mit der gleichen Eckfrequenz $\omega_E = \frac{1}{T_1}$ (als Term 2. Ordnung $D = 1$) um das *Doppelte*.

Der wirkliche Verlauf wird anschließend konstruiert, indem die *Abweichungen* der Teilsysteme zu ihren asymptotischen Verläufen berücksichtigt und addiert werden. Bzgl. der Frequenzen $\omega_{E,o}$ weit entfernt liegende Teilsysteme haben kaum Auswirkungen und sind vernachlässigbar, dicht daneben liegende müssen auf jeden Fall berücksichtigt werden.

Zur Konstruktion des Phasenverlaufes ist entsprechend vorzugehen, mit dem Unterschied, daß der asymptotische Verlauf einen *Phasensprung* von $\pm 90°$ bei einer Eckfrequenz ω_E aufweist, bzw. $\pm 180°$ bei einer Resonanzfrequenz ω_o. Der wirkliche Verlauf ergibt sich dann wieder aus der Berücksichtigung der Abweichungen zu den Asymptoten.

□ Beispiel 4.5

Man konstruiere bzw. zeichne das Bode-Diagramm des folgenden Systems:

$$G(j\omega) = \frac{(3+15j\omega)}{j\omega(1+1{,}25j\omega)\left[1+0{,}08j\omega+0{,}04(j\omega)^2\right]}.$$

Zunächst wird die Bode-Normalform benötigt, deshalb werden die Teilsysteme etwas umgeschrieben:

$$G(j\omega) = \frac{3}{j\omega} \cdot \left(1+j\frac{\omega}{0{,}2}\right) \cdot \frac{1}{1+j\frac{\omega}{0{,}8}} \cdot \frac{1}{1+2\cdot\frac{0{,}2}{5}j\omega+\left(j\frac{\omega}{5}\right)^2}$$

Es sind also vier in Reihe geschaltete Einzelsysteme:

$$G_1(j\omega) = \frac{3}{j\omega}: \qquad\qquad \text{I-System mit Verstärkung 3,}$$

$$G_2(j\omega) = 1+j\frac{\omega}{0{,}2}: \qquad\qquad \text{PD-System mit } \omega_{E1} = 0{,}2,$$

$$G_3(j\omega) = \frac{1}{1+j\frac{\omega}{0{,}8}}: \qquad\qquad \text{P}_{T1}\text{-System mit } \omega_{E2} = 0{,}8,$$

$$G_4(j\omega) = \frac{1}{1+2\cdot\frac{0{,}2}{5}j\omega+\left(j\frac{\omega}{5}\right)^2}: \quad \text{P}_{T2}\text{-System mit } D = 0{,}2,\ \omega_o = 5.$$

Nun werden zunächst die asymptotischen Ampituden- sowie Phasengänge der Teilsysteme skizziert:

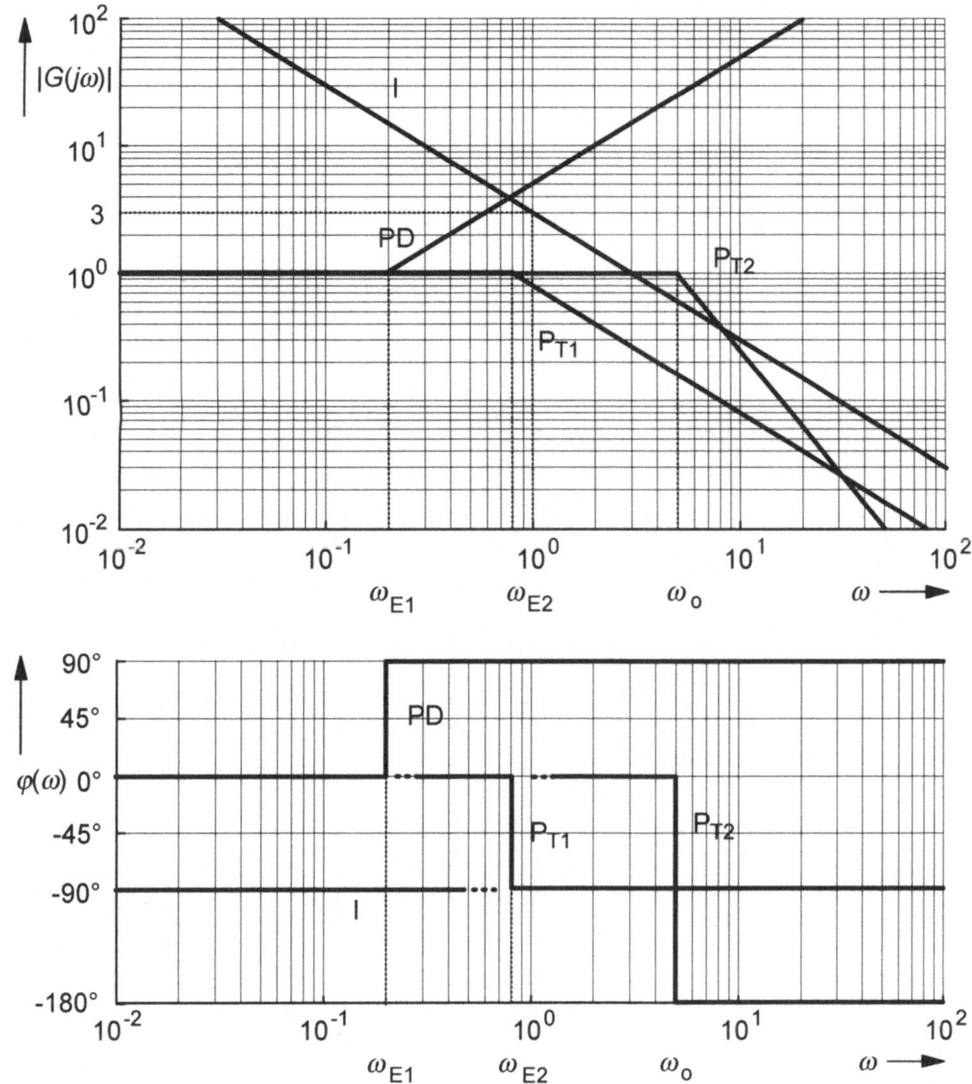

Bild 4.24

Asymptotische Amplituden- und Phasengänge der Teilsysteme

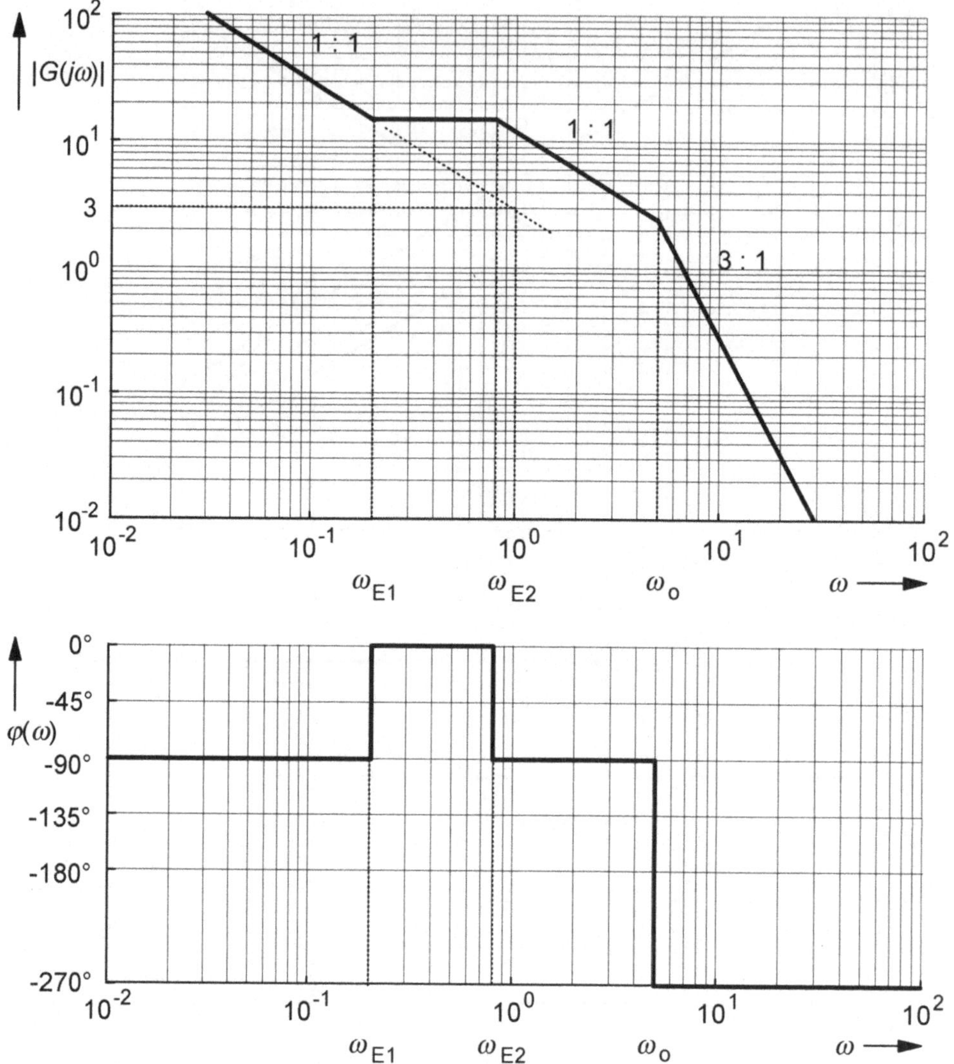

Bild 4.25

Asymptotischer Amplituden- und Phasengang des Gesamtsystems

Abschließend summiert man die Abweichungen der Teilsysteme zu ihren Asymptoten, wobei „weit entfernt liegende Teilsysteme" keinen nennenswerten Beitrag liefern. Diese Summe wird für eine Reihe von Frequenzen als Abweichung vom Verlauf der Asymptote des Gesamtfrequenzganges angetragen:

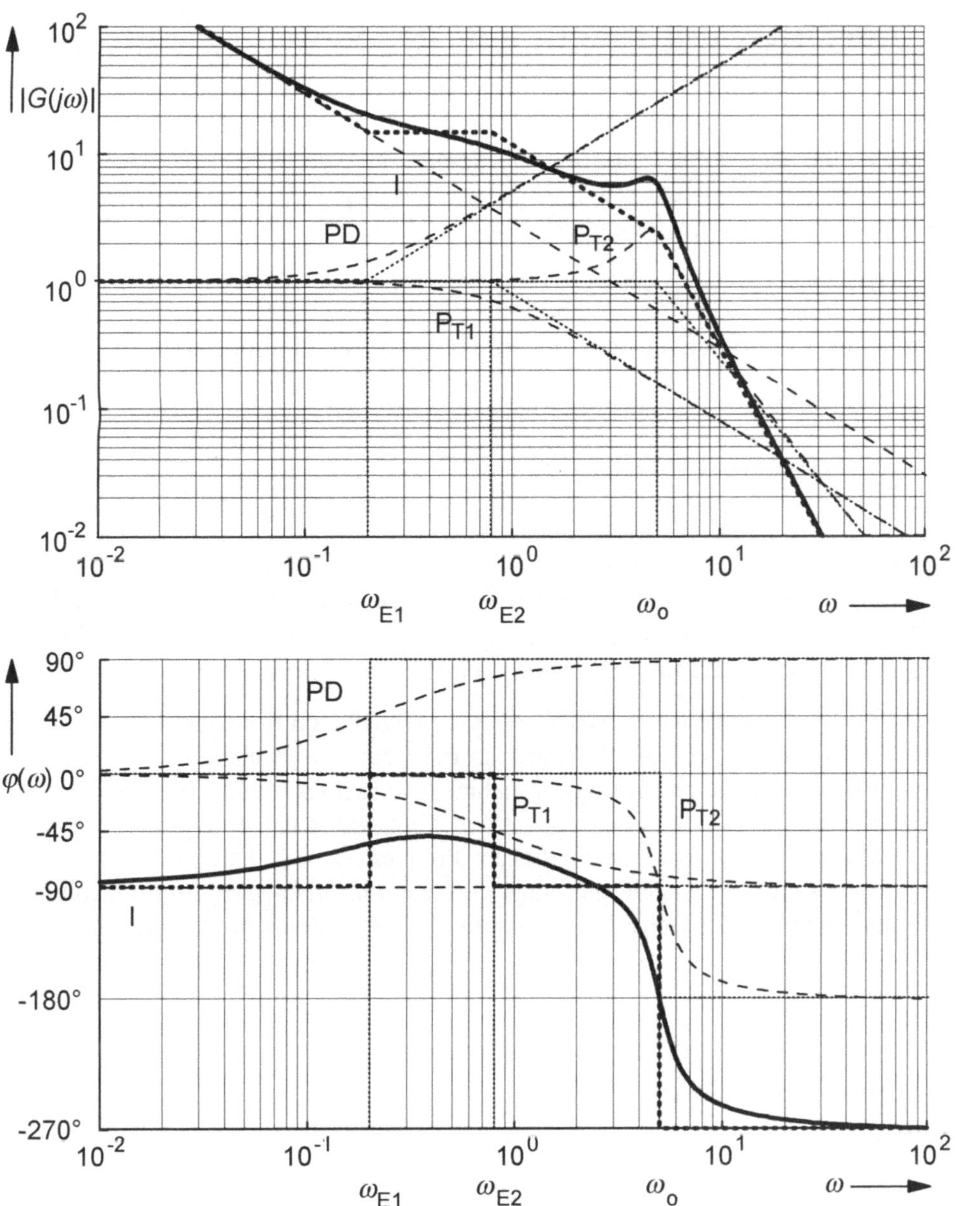

Bild 4.26
Bode-Diagramm mit Asymptoten und wirklichem Verlauf

4.6 Periodische Erregungen: Die Fourier-Analyse

Durch den Übergang vom Zeit- in den Frequenzbereich wird eine Algebraisierung erreicht, denn im Frequenzbereich wird bei Erregung eines LTI-Systems mit einer komplexen Exponentialschwingung, d.h.

$$x(t) = Ae^{j\phi} \cdot e^{j\omega t} = X \cdot e^{j\omega t},$$

deren komplexe Amplitude X mit der Übertragungsfunktion multipliziert:

Zeitbereich   *Frequenzbereich*

$$y(t) = g(t) * x(t) \rightarrow Y = G(j\omega) \cdot X.$$

Periodische Signale der Periodendauer t_0 bestehen neben einem Gleichanteil aus einer *Summe* von harmonischen Schwingungen, also einem *Frequenzgemisch*. Darin hat die Grundschwingung die Grundfrequenz $f_0 = \frac{1}{t_0}$, und die Frequenzen der Oberschwingungen (höhere Harmonische) sind *ganzzahlige Vielfache* der Grundfrequenz.

Die Berechnung der in dem *periodischen* Signal enthaltenen harmonischen Schwingungen heißt nach *Joseph Fourier*, Professor an der École Polytechnique in Paris (1822), *Fourier-Analyse*. Die gleiche Zerlegung nehmen Menschen sowie viele Tierarten beim Hören von Musik und Geräuschen vor, indem Töne und Klänge gehört werden, sowie beim Sehen, wobei die unterschiedlichen Frequenzen als Farben wahrgenommen werden. Hierbei handelt es sich allerdings meistens um *nicht-periodische* Signale, eine Erweiterung, die nach der Behandlung periodischer Signale als *Fourier-Transformation* folgt.

4.6.1 Die Grundgleichungen

Ein periodisches Signal $f(t)$ ist eine (zunächst reelle) Zeitfunktion, die eine *Perioden-dauer* (bzw. kurz die *Periode*) t_0 aufweist:

$$f(t) = f(t + t_0); \tag{4.102}$$

zwei Beispiele periodischer Signale zeigt das folgende Bild. Wie deutlich zu sehen ist, kann die Periodendauer zu *jedem* beliebigen Zeitpunkt angetragen werden:

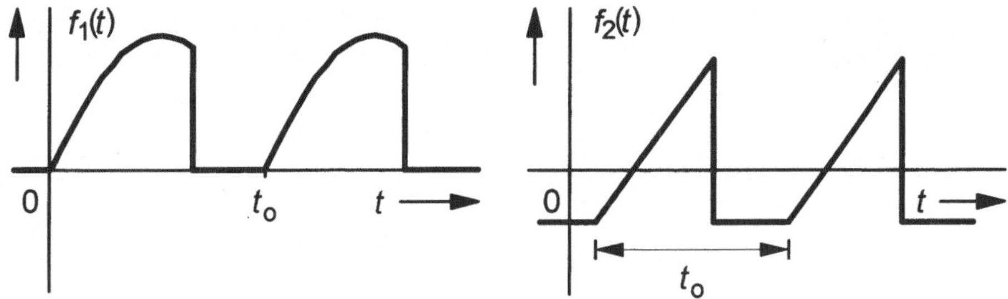

Bild 4.27
Zwei Beispiele für periodische Signale

Periodische Signale können als eine unendliche Summe von Sinus- und Kosinusschwingungen dargestellt werden, die als *Fourier-Reihe* bezeichnet wird:

$$f(t) = \frac{a_0}{2} + \sum_{n=1}^{\infty} [a_n \cos(n\omega_0 t) + b_n \sin(n\omega_0 t)], \quad \omega_0 = 2\pi f_0, \; f_0 = \tfrac{1}{t_0}. \qquad (4.103)$$

Die Bestimmung der Einzelschwingungen wird *Fourier-Analyse* bzw. *-Zerlegung* (auch *Spektral-Analyse* bzw. *-Zerlegung*) genannt. Hierbei ist t_0 die Periodendauer, f_0 die Frequenz der *Grundschwingung* bzw. die *Grundfrequenz*, $2f_0$, $3f_0$ die Frequenzen der 1. sowie der 2. *Oberschwingung* usw.; der Summand $\frac{a_0}{2}$ ist der *Gleichanteil*.

Sinus- und Kosinusfunktionen können geometrisch addiert werden, womit die Darstellung folgt:

$$f(t) = \frac{a_0}{2} + \sum_{n=1}^{\infty} d_n \cos(n\omega_0 t + \varphi_n), \qquad (4.104)$$

$$d_n = \sqrt{a_n^2 + b_n^2}, \; \varphi_n = \arctan \tfrac{b_n}{a_n}, \; n = 1, 2, 3, \dots \qquad (4.105)$$

Das einfachste periodische Signal ist eine gewöhnliche Sinusschwingung; in diesem Fall ist nur der Koeffizient d_1 ungleich Null.

Die *maximale* zeitliche *Änderung* der Teilschwingungen des Signals $f(t)$ ist *proportional* zur Frequenz nf_0:

$$\tfrac{d}{dt}[d_n \cos(n\omega_0 t + \varphi_n)] = -d_n n\omega_0 \sin(n\omega_0 t + \varphi_n) \qquad (4.106)$$

$$\rightarrow \left| \dot{f}_{\max,n} \right| \sim nf_0. \qquad (4.107)$$

Hieraus folgt, daß ein Signal mit *schneller* zeitlicher Änderung *hohe* bzw. *sehr hohe* Frequenzen enthält. Springt z.B. ein Signal bzw. besitzt es Unstetigkeitsstellen, so entspricht dies einer unendlich schnellen Änderung; solche Signale enthalten damit (theoretisch) unendlich hohe Frequenzen.

Nun sollen gerade digitale Impulse möglichst steile Flanken aufweisen, damit alle Bauteile gleichzeitig definiert ihren neuen Zustand annehmen und auch die Verluste während der Schaltphase klein bleiben. Da die Abstrahlung elektromagnetischer Wellen ebenfalls proportional mit der Frequenz zunimmt, treten selbst schon bei kurzen Verbindungen auf elektronischen Platinen *Antennenwirkungen* auf: Dies ist eines der Hauptprobleme der *elektromagnetischen Verträglichkeit,* kurz EMV.

Das Hauptproblem der Mathematiker zur Zeit Fouriers war es zu akzeptieren, daß eine unstetige, also springende Funktion für $n \to \infty$ durch die Summe harmonischer Schwingungen tatsächlich exakt dargestellt wird, obwohl die Funktionen selbst nicht springen. Mathematisch ausgedrückt konvergiert die Reihe im Sinne eines Abstandsmaßes, und dies ist tatsächlich der Fall.

Zur Berechnung der Koeffizienten a_n und b_n wird ausgenutzt, daß das Integral über das Produkt zweier sinusförmiger Größen über eine Periode nur dann ungleich *Null* ist, wenn die Frequenzen *gleich* sind:

$$\int_0^{t_0} \sin(\omega_1\tau)\cdot\sin(\omega_2\tau)d\tau = \begin{cases} 0 & \text{für } \omega_1 \neq \omega_2 \\ \frac{t_0}{2} & \text{für } \omega_1 = \omega_2 \end{cases}, \quad t_0 = \frac{2\pi}{\omega_1}. \tag{4.108}$$

Damit gilt ebenfalls für die Grund- und Oberschwingungen:

$$\int_0^{t_0} \sin(n\omega_0\tau)\cdot\sin(m\omega_0\tau)d\tau = \begin{cases} 0 & \text{für } n \neq m \\ \frac{t_0}{2} & \text{für } n = m \end{cases}, \quad t_0 = \frac{2\pi}{\omega_0}. \tag{4.109}$$

(Das gleiche gilt für zwei Kosinusfunktionen sowie für eine Sinus- und eine Kosiusfunktion unter dem Integral.) Diese Eigenschaft zweier Funktionen heißt *orthogonal* im *Funktionenraum,* in Analogie zum Skalarprodukt zweier Vektoren im Vektorraum. Das obige Integral ist das Skalarprodukt von quadratisch integrierbaren Funktionen, definiert im Bereich $t \in [0, t_0]$. Das System aus Gleichanteil, Grund- und Oberschwingungen ist ein *vollständiges Funktionensystem,* wenn die Reihe

$$\tilde{f}(t) = \frac{a_0}{2} + \sum_{n=1}^{N} [a_\mathrm{n}\cos(n\omega_0 t) + b_\mathrm{n}\sin(n\omega_0 t)] \tag{4.110}$$

für $N \to \infty$ im Sinne des Abstandsmaßes

$$\int_0^{t_0} \left[f(\tau) - \tilde{f}(\tau)\right]^2 d\tau \tag{4.111}$$

konvergiert; wie bewiesen wurde, ist dies sogar der Fall, wenn die Funktion $f(t)$ Sprungstellen aufweist. Dies ist allerdings keine *punktuelle* Konvergenz, sondern die *Fläche* zwischen der Funktion sowie ihrer äquivalenten Reihendarstellung verschwindet im Grenzfall. Im Sinne dieses Abstandsmaßes gilt also

$$\lim_{N\to\infty} \tilde{f}(t) = f(t). \tag{4.112}$$

Wird der Funktionswert $f(t_u)$ an einer Unstetigkeitsstelle t_u als der *Mittelwert* des links- und rechtsseitigen Grenzwertes definiert, also

$$f(t_u) = \tfrac{1}{2}[f(t_u^-) + f(t_u^+)], \qquad (4.113)$$

dann konvergiert die Reihe sogar *punktuell*. Dies ist der Vorteil einer derartigen Definition; am Funktionsverlauf selbst ändert sich natürlich nichts.

Zur Bestimmung der Koeffizienten werden beide Seiten der Gl. 4.103 mit einer der Sinus- oder Kosinusfunktionen multipliziert, und es wird über eine beliebige Periode integriert:

$$\int_0^{t_o} f(t)\cos(n\omega_o t)dt = \int_0^{t_o}\left\{\frac{a_o}{2} + \sum_{i=0}^{\infty}[a_i\cos(i\omega_o t) + b_i\sin(i\omega_o t)]\right\}\cdot\cos(n\omega_o t)dt$$

$$= \frac{t_o}{2}a_n, \quad n = 0, 1, 2, \ldots, \qquad (4.114)$$

$$\rightarrow a_n = \frac{2}{t_o}\int_0^{t_o} f(t)\cos(n\omega_o t)dt. \qquad (4.115)$$

Entsprechend werden die Koeffizienten der Sinusschwingungen berechnet, wobei der Index erst bei Eins beginnt ($\frac{a_o}{2}$ ist der Gleichanteil):

$$b_n = \frac{2}{t_o}\int_0^{t_o} f(t)\sin(n\omega_o t)dt, \quad n = 1, 2, 3, \ldots \qquad (4.116)$$

Da für jeden beliebigen Zeitpunkt $f(t) = f(t + t_o)$ gilt, können für eine praktische Berechnung die Grenzen so definiert werden, daß sie besonders einfach durchzuführen ist; so werden z.B. in der Literatur die Grenzen häufig auch mit $\pm\frac{t_o}{2}$ angegeben.

Die Gesamtheit der a_n und b_n sowie genauso der d_n und φ_n definiert *vollständig* das periodische Signal; sie wird sein *Spektrum* genannt. Grafisch werden die Werte über dem Laufindex n (manchmal auch m, k, i usw.) als *Linien* aufgetragen, deswegen hat sich auch der Ausdruck *Linienspektrum* eingebürgert (Bild 4.28).

Das Spektrum ist nur an *diskreten* Frequenzen ungleich Null, deshalb ist eine weitere Bezeichnung *diskretes* Spektrum; ein Linien- bzw. diskretes Spektrum ist damit *charakteristisch* für periodische Signale. Umgekehrt stellt ein Linienspektrum nur dann ein periodisches Signal dar, wenn die Verhältnisse der vorkommenden Frequenzen zur kleinsten Frequenz (ungleich Null) entweder *ganze Zahlen* oder *rationale Zahlen* darstellen. Treten z.B. Spektrallinien bei ω_o, $3\omega_o$, $5\omega_o$, $7\omega_o$... auf, so sind alle Verhältnisse ganzzahlig, und die Grundkreisfrequenz beträgt ω_o. Fehlt jedoch ω_o, d.h. es gibt nur die Spektrallinien bei $3\omega_o$, $5\omega_o$, $7\omega_o$..., dann ist die Periodendauer t_o und damit die Grundfrequenz ω_o immer noch dieselbe, wie man sich leicht klarmachen kann. In diesem Fall sind die Verhältnisse rationale Zahlen: $\frac{5}{3}$, $\frac{7}{3}$, ...

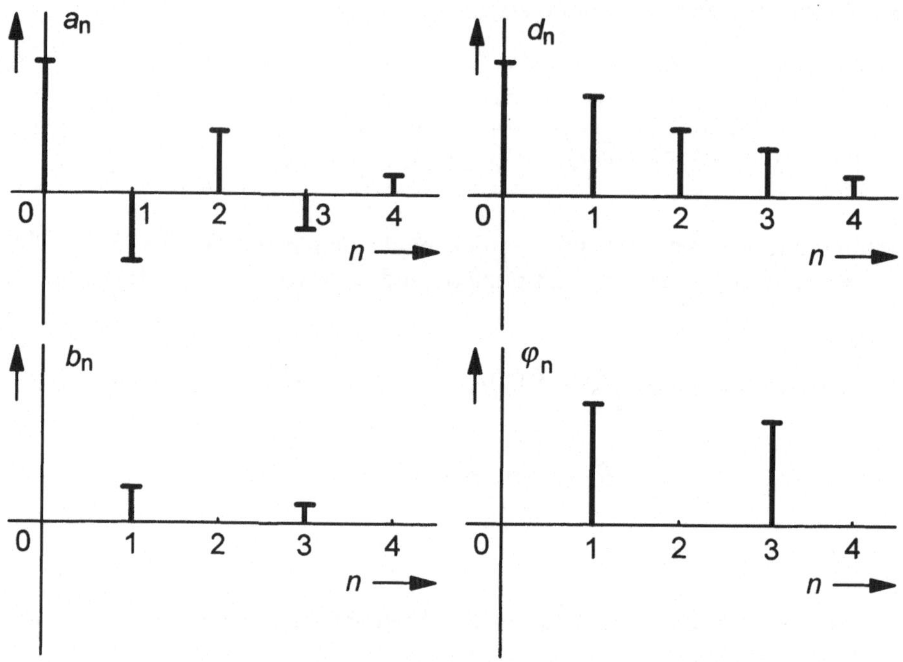

Bild 4.28

Das Linienspektrum eines periodischen Signals

☐ Beispiel 4.6

Man berechne das Spektrum einer periodischen Rechteckschwingung $f(t)$ mit variablem Puls-/Pausenverhältnis $t_P/(t_o - t_P)$:

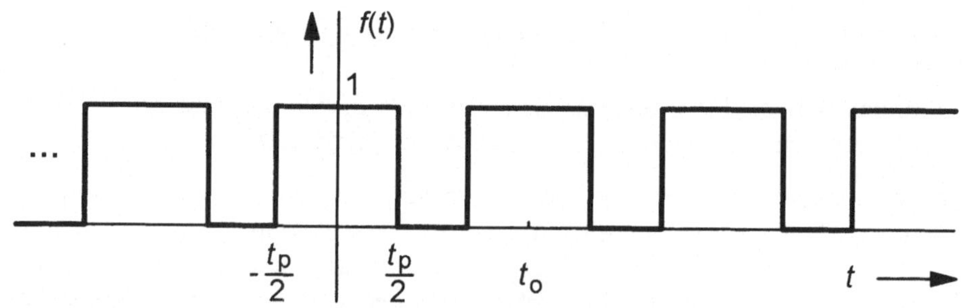

Bild 4.29

Die periodische Rechteckschwingung mit variablem Puls-/Pausenverhältnis

Nach den obigen Gleichungen folgt für die Koeffizienten a_n:

$$a_0 = \frac{2}{t_0} \int_{-t_0/2}^{t_0/2} f(\tau)d\tau = \frac{2}{t_0} \int_{-t_P/2}^{t_P/2} 1 \, d\tau = 2\frac{t_P}{t_0},$$

$$a_n = \frac{2}{t_0} \int_{-t_P/2}^{t_P/2} 1 \cdot \cos(n\omega_0\tau)d\tau, \quad n = 1, 2, 3, \ldots$$

$$= \frac{2}{n\pi} \sin\left(n\pi\frac{t_P}{t_0}\right),$$

sowie für die b_n:

$$b_n = \frac{2}{t_0} \int_{-t_P/2}^{t_P/2} 1 \cdot \sin(n\omega_0\tau)d\tau, \quad n = 1, 2, 3, \ldots$$

$$= 0.$$

Für ein Puls-/Pausenverhältnis von Eins, d.h. $t_P = t_0/2$, ergibt sich als Fourier-Reihe die bekannte Summe:

$$f(t) = \frac{1}{2} + \sum_{n=1}^{\infty} \frac{\sin\left(\frac{n\pi}{2}\right)}{\frac{n\pi}{2}} \cos(n\omega_0 t)$$

$$= \frac{1}{2} + \sum_{n=1}^{\infty} \text{si}\left(\frac{n\pi}{2}\right) \cos(n\omega_0 t)$$

mit $\omega_0 = \frac{2\pi}{t_0}$ bzw. $f_0 = \frac{1}{t_0}$; hierbei ist $\text{si}\,x = \frac{\sin x}{x}$ die *si-Funktion* mit $\text{si}\,0 = 1$, wie man durch eine Grenzwertberechnung leicht berechnen kann. Ausgeschrieben folgt für die Reihendarstellung der Rechteckfunktion:

$$f(t) = \frac{1}{2} + \frac{2}{\pi}\left[\cos(\omega_0 t) - \frac{1}{3}\cos(3\omega_0 t) + \frac{1}{5}\cos(5\omega_0 t) - \frac{1}{7}\cos(7\omega_0 t) + - \ldots\right]$$

Das Spektrum der Rechteckschwingung zeigt das Bild 4.30, wobei negative Koeffizienten sowie eine Phasenverschiebung um $\pm\pi$ einen *gegenphasigen* Anteil der entsprechenden Schwingung bedeuten.

Die Reihe hat unendlich viele Glieder, da die Funktion Sprünge aufweist, die nach dem oben Erläuterten unendlich hohe Frequenzen bedeuten. Die Koeffizienten bei den geradzahligen n sind alle Null (die 1. Oberschwingung mit $2\omega_0$, die 3. mit $4\omega_0$ usw.). Der Gleichanteil ist nichts anderes als das Flächenintegral einer Periode und damit auch der zeitliche Mittelwert der Funktion; in diesem Fall ist er 0,5, da genausoviel Puls- wie Pausenzeit vorhanden ist. In der Funktion sind nur Kosinusfunktionen enthalten, da es sich um eine *gerade* Funktion handelt (gerade: $f(t) = f(-t)$, ungerade: $f(t) = -f(-t)$).

Interessant ist natürlich, wie gut die Rechteckschwingung angenähert bzw. approximiert wird, wenn die Reihe vorzeitig abgebrochen wird, z.B. nach dem 3. oder 5. Glied. Eine sinnvolle Näherung ergibt sich erst nach der Grundschwingung, da der Gleichanteil nicht die Periodendauer t_0 besitzt (Bild 4.31).

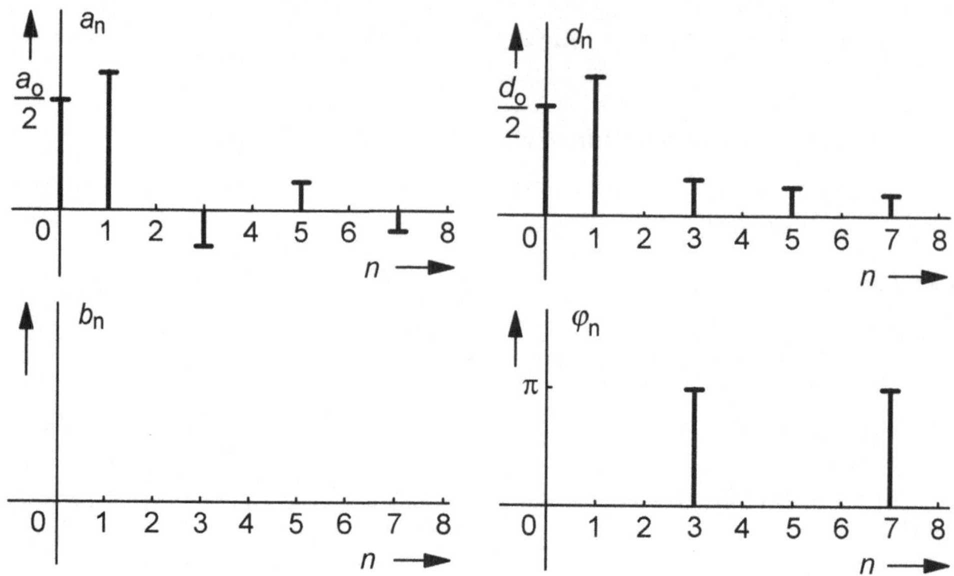

Bild 4.30
Das Linienspektrum der periodischen Rechteckschwingung mit einem Puls-/Pausenverhältnis von Eins

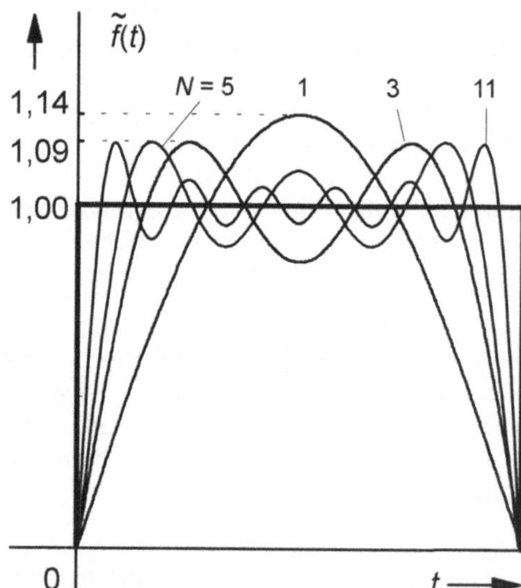

Bild 4.31
Annäherung der Rechteckschwingung bei Abbruch der Reihe ($1 \leq n \leq N$)

Zwar wird die Schwingung immer besser angenähert, es kommt aber nach einem Sprung bzw. einer Unstetigkeitsstelle im Funktionsverlauf zu einem deutlichen Überschwingen. Außerdem bleibt die *Höhe* des Überschwingens mit ca. 9% der Sprunghöhe *unabhängig* von der Anzahl der Teilschwingungen *konstant*, ein Effekt, der nach seinem Entdecker als *Gibbssches Phänomen* bekannt ist.

Muß daraus geschlossen werden, daß die Reihe doch nicht konvergiert, denn auch für $N \to \infty$ bleibt der Überschwinger als ein punktueller Ausreißer erhalten? Dazu muß man bedenken, daß im Sinne des quadratischen Abstandsmaßes die Reihe und die Originalfunktion identisch sind, denn die Fläche unter einem Punkt ist verschwindend klein, mathematisch Null. Definiert man den Funktionswert bei einer Unstetigkeitsstelle in der *Mitte*, d.h. bei der Rechteckschwingung bei 1/2, dann konvergiert die Reihe *punktuell*, was allerdings am Verlauf nichts ändert und damit keine praktischen Auswirkungen hat.

Wird die Reihe früher abgebrochen, dann ist auch die Flächendifferenz des Überschwingers groß und kann sich störend bemerkbar machen. Dieses Phänomen hat nichts mit dem Schwingen eines schwingungsfähigen Systems zu tun. $\qquad\qquad$ $\square$

Die Koeffizienten der Oberschwingungen des Beipiels werden bei zunehmender Frequenz (mit zunehmendem n) betragsmäßig kleiner. Je schneller dies geschieht, desto besser konvergiert die Reihe; es gilt grundsätzlich (ohne Beweis):

$$\lim_{n \to \infty} a_n = 0, \quad \lim_{n \to \infty} b_n = 0. \tag{4.117}$$

Handelt es sich bei dem periodischen Signal um die Erregung eines Systems, dann führt der Übergang zu komplexen Exponentialschwingungen zu einer eleganten Berechnung der Reaktion, da die komplexen Amplituden direkt mit der Übertragungsfunktion bei den entsprechenden Frequenzen multipliziert werden dürfen. Nach den Eulerschen Beziehungen lassen sich Sinus- und Kosinusfunktionen darstellen als:

$$\sin(\omega_0 t) = \tfrac{1}{2j}\left[e^{j\omega_0 t} - e^{-j\omega_0 t}\right],$$

$$\cos(\omega_0 t) = \tfrac{1}{2}\left[e^{j\omega_0 t} + e^{-j\omega_0 t}\right].$$

Werden sie in die Fourier-Reihe eingesetzt, so folgt:

$$f(t) = \sum_{n=-\infty}^{\infty} c_n e^{jn\omega_0 t} \tag{4.118}$$

mit $\omega_0 = \frac{2\pi}{t_0}$, $f_0 = \frac{1}{t_0}$; dabei ist zu beachten, daß es nun auch *negative* Indizes n gibt. Die Koeffizienten c_n sind *komplex*, deshalb wird diese Darstellung die *komplexe Fourier-Reihe* genannt sowie die Gesamtheit der Koeffizienten c_n, $n \in (-\infty, \infty)$, das *komplexe Spektrum*. Sie stehen mit den reellen Koeffizienten a_n und b_n in einem einfachen Zusammenhang; so gilt z.B. für die Grundschwingung mit $n = 1$:

$$a_1 \cos(\omega_0 t) + b_1 \sin(\omega_0 t) = \tfrac{1}{2} a_1 \left[e^{j\omega_0 t} + e^{-j\omega_0 t}\right] - j\tfrac{1}{2} b_1 \left[e^{j\omega_0 t} - e^{-j\omega_0 t}\right]$$

$$= \tfrac{1}{2}(a_1 - jb_1) e^{j\omega_0 t} + \tfrac{1}{2}(a_1 + jb_1) e^{-j\omega_0 t}. \tag{4.119}$$

Damit folgt

$$c_1 = \tfrac{1}{2}(a_1 - jb_1) \text{ und } c_{-1} = \tfrac{1}{2}(a_1 + jb_1) = c_1^*, \tag{4.120}$$

so daß insgesamt formuliert werden kann:

$$c_n = \begin{cases} \frac{1}{2}(a_n - jb_n) & n > 0 \\ \frac{a_o}{2} & \text{für } n = 0 \\ \frac{1}{2}(a_{-n} + jb_{-n}) & n < 0 \end{cases} . \qquad (4.121)$$

Da die Koeffizienten mit betragsmäßig gleichem positivem und negativem Index n konjugiert komplex zueinander sind, d.h.

$$c_n = c_{-n}^* \text{ bzw. } c_n^* = c_{-n}. \qquad (4.122)$$

brauchen neben dem Gleichanteil nur die Koeffizienten mit positivem Index berechnet zu werden; durch Negierung des Imaginärteils ergeben sich daraus diejenigen mit negativem Index. Die Anzahl der notwendigen Berechnungen hat sich dadurch gegenüber der reellen Darstellung nicht erhöht.

Die komplexen Koeffizienten können auch direkt berechnet werden:

$$c_n = \frac{1}{t_o} \int_0^{t_o} f(t) e^{-jn\omega_o t} dt, \ n = 0, \pm 1, \pm 2, \pm 3, \dots . \qquad (4.123)$$

(Diese Gleichung kann auch zur Berechnung der Fourier-Koeffizienten *komplexer* Funktionen verwendet werden.) Beide Wege zur Bestimmung des komplexen Spektrums zeigt exemplarisch das folgende Beispiel.

□ **Beispiel 4.7**

a) Man berechne die komplexen Fourier-Koeffizienten c_n der Rechteckschwingung (Puls-/Pausenverhältnis Eins) mit Hilfe der schon berechneten reellen Koeffizienten a_n und b_n.

Da die Schwingung nur Kosinusfunktionen enthält, d.h. $b_n = 0$, sind für diesen Fall die Koeffizienten c_n reell. (Enthielte sie nur Sinusfunktionen, so wären sie imaginär.) Es folgt

$$c_n = c_{-n} = \frac{a_n}{2}$$

$$= \frac{1}{2} \frac{\sin(\frac{n\pi}{2})}{\frac{n\pi}{2}} = \frac{1}{2} \text{si}\left(\frac{n\pi}{2}\right);$$

mit si$(0) = 1$ ist $c_o = 0,5$. Damit ergibt sich die einfache und elegante Beschreibung der Rechteckschwingung:

$$f(t) = \frac{1}{2} \sum_{n=-\infty}^{\infty} \text{si}\left(\frac{n\pi}{2}\right) e^{jn\omega_o t} = \frac{1}{\pi}\left[\dots - \frac{1}{3} e^{-j3\omega_o t} + e^{-j\omega_o t} + \frac{\pi}{2} + e^{j\omega_o t} - \frac{1}{3} e^{j3\omega_o t} + \dots\right].$$

Das komplexe Linienspektrum kann grafisch als Real- und Imaginärteil der c_n oder als Betrag und Phase dargestellt werden:

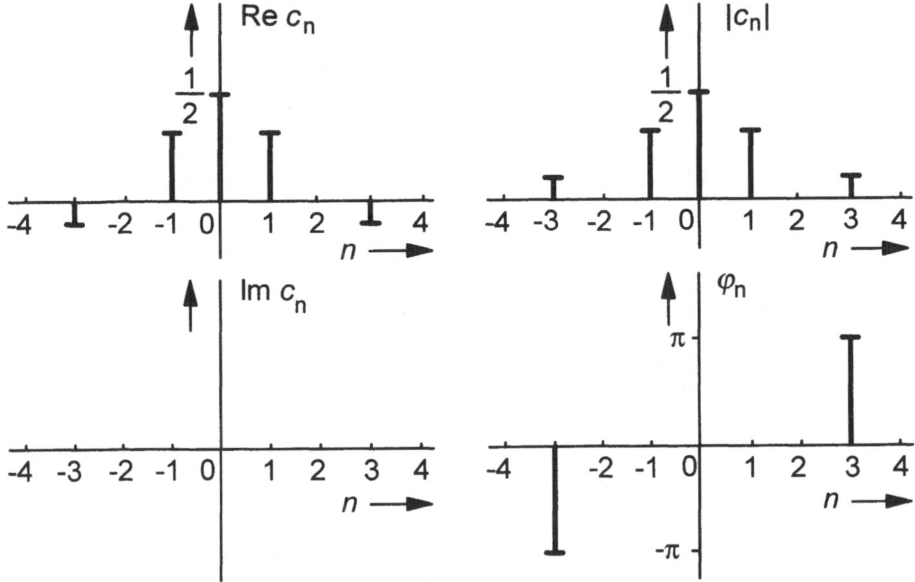

Bild 4.32
Das komplexe Linienspektrum der Rechteckfolge

b) Gesucht ist das komplexe Spektrum des folgenden Spannungsverlaufes:

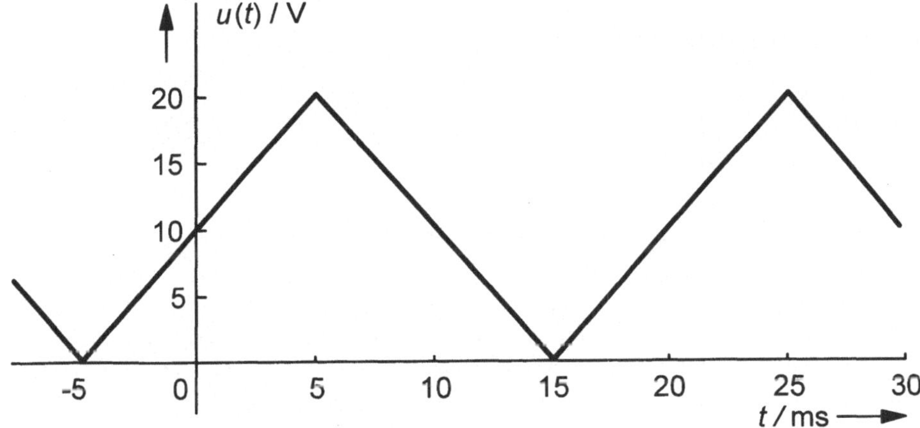

Bild 4.33
Ein periodisches Spannungssignal

Offensichtlich ist die Periodendauer $t_o = 20\text{ms}$ sowie die Grundfrequenz $f_o = \frac{1}{20\text{ms}} = 50\text{Hz}$; für den Spannungsverlauf gilt die zeitlich stückweise Beschreibung:

$$u(t) = \begin{cases} 10\text{V} + 2\frac{\text{V}}{\text{ms}} \cdot t \\ 30\text{V} - 2\frac{\text{V}}{\text{ms}} \cdot t \end{cases} \text{für} \quad \begin{array}{l} -5\text{ms} \le t < 5\text{ms} \\ 5\text{ms} \le t < 15\text{ms} \end{array} , \; u(t) = u(t + 20\text{ms}) \; .$$

Der Gleichanteil berechnet sich aus der Integration über eine Periode:

$$c_0 = \frac{1}{20\text{ms}} \int\limits_{-5\text{ms}}^{15\text{ms}} u(t)\,dt$$

$$= \frac{1}{20\text{ms}}\left[\int\limits_{-5\text{ms}}^{5\text{ms}} (10\text{V} + 2\tfrac{\text{V}}{\text{ms}} \cdot t)\,dt + \int\limits_{5\text{ms}}^{15\text{ms}} (30\text{V} - 2\tfrac{\text{V}}{\text{ms}} \cdot t)\,dt\right] = 10\text{V}.$$

Dieser Mittelwert der Spannung kann mit etwas Übung bei dieser einfachen Funktion auch direkt abgelesen werden.

Der um den Gleichanteil *bereinigte* Wechselanteil $u_\sim$ ist eine *ungerade* Funktion, so daß nur *Sinusfunktionen* enthalten sind. Die weitere Rechnung vereinfacht sich etwas, wenn die Grund- und Oberschwingungen dieses Anteils berechnet werden, die mit denen von u *identisch* sind:

$$c_n = \frac{1}{20\text{ms}} \int\limits_{-5\text{ms}}^{15\text{ms}} u_\sim(t)e^{-jn\omega_0 t}\,dt$$

$$= \frac{1}{20\text{ms}}\left[\int\limits_{-5\text{ms}}^{5\text{ms}} (2\tfrac{\text{V}}{\text{ms}} \cdot t)e^{-jn\omega_0 t}\,dt + \int\limits_{5\text{ms}}^{15\text{ms}} (20\text{V} - 2\tfrac{\text{V}}{\text{ms}} \cdot t)e^{-jn\omega_0 t}\,dt\right].$$

Mit $5\text{ms} = \frac{\pi}{2\omega_0}$, $15\text{ms} = \frac{3\pi}{2\omega_0}$ sowie $\cos(n\frac{\pi}{2}) = \cos(n\frac{3\pi}{2})$, $\sin(n\frac{\pi}{2}) = -\sin(n\frac{3\pi}{2})$ ergibt sich nach elementarer Rechnung:

$$c_n = -j\frac{40\,\text{V}}{n^2\pi^2} \cdot \sin\left(n\tfrac{\pi}{2}\right),\ n = \pm 1, \pm 2, \ldots$$

Die reelle Fourier-Reihe folgt sofort, da

$$a_n = 2\operatorname{Re}c_n,\ n \geq 0,$$

$$b_n = -2\operatorname{Im}c_n,\ n > 0:$$

$$u(t) = 10\text{V} + 8,1\text{V} \cdot \sum_{n=1}^{\infty} \frac{\sin(n\frac{\pi}{2})}{n^2} \sin(n\omega_0 t),\ \omega_0 = 314\tfrac{1}{\text{s}}.$$

Weil der Funktionsverlauf *keine* Sprünge aufweist, konvergiert die Reihe *schneller* als unter a). Im Vergleich mit der Rechteckschwingung, deren Koeffizienten mit $\frac{1}{n}$ betragsmäßig kleiner wurden, nehmen sie bei dieser Dreiecksschwingung mit $\frac{1}{n^2}$ ab. Das folgende Bild verdeutlicht diese gute Konvergenz; es zeigt die Näherung der Funktion bei bis zu N Gliedern ($1 \leq n \leq N$):

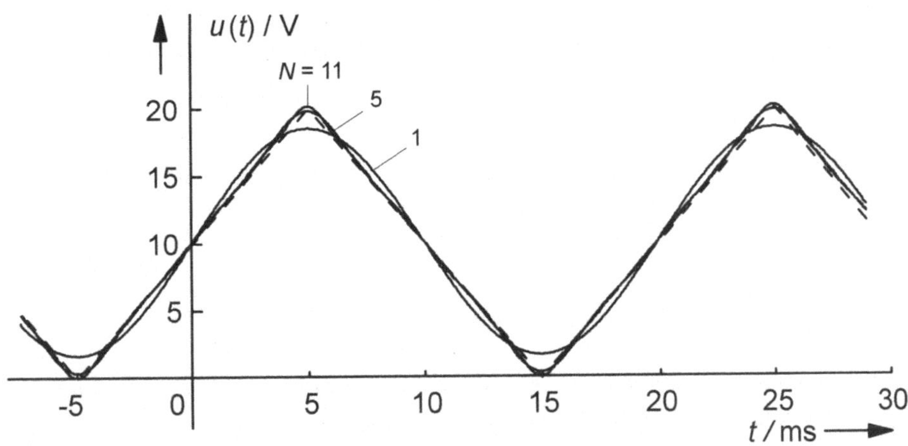

Bild 4.34
Qualität der Näherung der Fourier-Reihe bei Abbruch nach dem N-ten Glied   □

Durch diese Beispiele wird deutlich, daß bei bestimmten Symmetriebedingungen eines Signals nur Sinus- oder nur Kosinusfunktionen enthalten sind; die Reihe sowie die Berechnung der Koeffizienten vereinfachen sich dann. Es ist leicht einzusehen, daß ein gerades Signal, d.h. $f(t) = f(-t)$, neben dem Gleichanteil $f_=(t)$ nur Kosinusanteile enthält, da diese Funktionen ebenfalls gerade sind. Entsprechend sind in einem ungeraden Signal, d.h. $f(t) = -f(-t)$, nur Sinusanteile enthalten:

$$f(t) = f(-t) \quad \rightarrow b_n = 0, \operatorname{Im} c_n = 0, \tag{4.124}$$

$$f(t) = -f(-t) \rightarrow a_n = 0, \operatorname{Re} c_n = 0. \tag{4.125}$$

Ist der Wechselanteil $f_-(t) = f(t) - f_=(t)$ *ungerade*, also das um den Gleichanteil bereinigte Signal, dann sind ebenfalls nur Sinusfunktionen enthalten:

$$f_-(t) = -f_-(-t) \rightarrow a_n = 0, \operatorname{Re} c_n = 0. \tag{4.126}$$

Wie in dem obigen Beispiel b) tritt dieser Fall durchaus auf, z.B. wenn ein Signal nur positive Werte aufweist.

Ein periodisches Signal $f(t) = f(t + t_o)$ läßt sich als *Fourier-Reihe* darstellen:

$$f(t) = \frac{a_o}{2} + \sum_{n=1}^{\infty} [a_n \cos(n\omega_o t) + b_n \sin(n\omega_o t)], \quad \omega_o = 2\pi f_o, \quad f_o = \frac{1}{t_o}.$$

Die Kosinus- und Sinusanteile können geometrisch zusammengefaßt werden:

$$f(t) = \frac{a_o}{2} + \sum_{n=1}^{\infty} d_n \cos(n\omega_o t + \varphi_n),$$

$$d_n = \sqrt{a_n^2 + b_n^2}\,, \quad \varphi_n = \arctan \frac{b_n}{a_n}, \quad n = 1, 2, 3, \ldots$$

Mit den Eulerschen Beziehungen läßt sich die Reihe in eine mit *komplexen Koeffizienten* sowie komplexen Exponentialschwingungen umformulieren:

$$f(t) = \sum_{n=-\infty}^{\infty} c_n e^{jn\omega_o t},$$

$$c_n = \begin{cases} \frac{1}{2}(a_n - jb_n) & n > 0 \\ \frac{a_o}{2} & \text{für} \quad n = 0 \\ \frac{1}{2}(a_{-n} + jb_{-n}) & n < 0 \end{cases},$$

$$c_n = c_{-n}^*.$$

Die Koeffizienten werden durch eine Integration über eine Periode berechnet:

$$a_n = \frac{2}{t_o} \int_0^{t_o} f(t) \cos(n\omega_o t)dt, \quad n = 0, 1, 2, \ldots,$$

$$b_n = \frac{2}{t_o} \int_0^{t_o} f(t) \sin(n\omega_o t)dt, \quad n = 1, 2, 3, \ldots,$$

$$c_n = \frac{1}{t_o} \int_0^{t_o} f(t) e^{-jn\omega_o t}dt, \quad n = 0, \pm 1, \pm 2, \pm 3, \ldots.$$

Liegt eine *Symmetrie* des Signals vor, dann sind *entweder* nur Kosinus- oder Sinusanteile enthalten, ansonsten *beide*:

$f(t)$ gerade, nur Kosinusanteile und Gleichanteil, $b_n = 0$, $\text{Im}\, c_n = 0$,

$f(t)$ ungerade, nur Sinusanteile, $a_n = 0$, $\text{Re}\, c_n = 0$.

Ist der Wechselanteil $f_\sim(t)$ des Signal ungerade, dann gilt ebenfalls:

$f_\sim(t)$ ungerade, nur Sinusanteile, $a_n = 0$, $\text{Re}\, c_n = 0$.

4.6.2 Die Reaktion auf eine periodische Erregung

Die eingeschwungene Reaktion eines stabilen LTI-Systems auf ein *Frequenzgemisch* kann ebenfalls mit Hilfe der Übertragungsfunktion leicht berechnet werden, da sich die *Teilreaktion* auf jede *Einzelschwingung* bestimmen läßt und anschließend die Gesamtreaktion aus der *Überlagerung* zusammengesetzt wird; mit beliebigen Frequenzen ω_i gilt:

$$x(t) = \sum_{i=1}^{n} A_i e^{j(\omega_i t + \phi_i)} \tag{4.127}$$

$$= \sum_{i=1}^{n} A_i e^{j\phi_i} \cdot e^{j\omega_i t}$$

$$= \sum_{i=1}^{n} X_i \cdot e^{j\omega_i t} \quad \overset{\text{LTI-System}}{\rightarrow}$$

$$y(t) = \sum_{i=1}^{n} Y_i \cdot e^{j\omega_i t}$$

$$= \sum_{i=1}^{n} X_i \cdot G(j\omega_i) \cdot e^{j\omega_i t}$$

$$= \sum_{i=1}^{n} A_i e^{j\phi_i} \cdot \left| G(j\omega_i) \right| e^{j\varphi(\omega_i)} \cdot e^{j\omega_i t}$$

$$= \sum_{i=1}^{n} A_i \left| G(j\omega_i) \right| \cdot e^{j(\omega_i t + \phi_i + \varphi(\omega_i))}. \tag{4.128}$$

Liegt ein *periodisches* Signal vor, dann sind die Frequenzen ω_i ganzzahlige Vielfache der Grundfrequenz ω_o; die komplexen Amplituden sind dabei die Koeffizienten c_n:

$$x(t) = \sum_{n=-\infty}^{\infty} c_n e^{jn\omega_o t} \quad \overset{\text{LTI-System}}{\rightarrow} \tag{4.129}$$

$$y(t) = \sum_{n=-\infty}^{\infty} c_n \cdot \left| G(jn\omega_o) \right| \cdot e^{j(n\omega_o t + \varphi(n\omega_o))}. \tag{4.130}$$

Aus diesen Gleichungen folgt, daß die *eingeschwungene* Reaktion auf eine periodische Erregung ebenfalls grundsätzlich periodisch ist. Wie das folgende Beispiel zeigt, muß eine gegebene reelle Fourier-Reihe als Erregung jedoch nicht grundsätzlich in eine komplexe umgewandelt werden, da die Anfangsphasenwinkel *erhalten* bleiben.

□ **Beispiel 4.8**

Eine sinusförmige Spannung wird durch eine Nichtlinearität in das Frequenzgemisch

$$u_e(t) = 3V + 8V \cos(2\pi \cdot 50Hz \cdot t) + 2V \sin(2\pi \cdot 100Hz \cdot t)$$

umgewandelt, das auf einen Tiefpaß mit der Übertragungsfunktion

$$G(j\omega) = \frac{1}{1+10ms \cdot j\omega},$$

d.h. $\omega_G = 100\frac{1}{s}$, $f_G = 16Hz$, gegeben wird. Man berechne das Ausgangssignal $u_a(t)$.

Durch seine Linearität „sieht" der Tiefpaß jede Schwingung separat. Welches *Teil-Ausgangssignal* aus jedem *Teil-Eingangssignal* durch das System entsteht, läßt sich mit Hilfe der Übertragungsfunktion berechnen, indem die entsprechenden Frequenzen eingesetzt werden:

$$G(j0) = 1,$$

$$G(j2\pi \cdot 50Hz) = \frac{1}{1+10ms \cdot j2\pi \cdot 50Hz} = 0,3e^{-j1,26},$$

$$G(j2\pi \cdot 100Hz) = \frac{1}{1+10ms \cdot j2\pi \cdot 100Hz} = 0,16e^{-j1,41}.$$

Das Ausgangssignal läßt sich damit sofort formulieren:

$$u_a(t) = 3V \cdot 1 + 8V \cdot 0,3 \cdot \cos(2\pi \cdot 50Hz \cdot t - 1,26) +$$

$$+2V \cdot 0,16 \cdot \sin(2\pi \cdot 100Hz \cdot t - 1,41)$$

$$= 3V + 2,4V \cos(2\pi \cdot 50Hz \cdot t - 1,26) +$$

$$+ 0,32V \sin(2\pi \cdot 100Hz \cdot t - 1,41). \qquad \qquad □$$

Bei realen Systemen wirken bei hohen Frequenzen grundsätzlich parasitäre Energiespeicher, d.h. die hohen Frequenzen werden gedämpft; es gilt damit $\lim\limits_{\omega \to \infty} |G(j\omega)| = 0$. Je nachdem, wo die Grenzfrequenz dieses Tiefpaßverhaltens liegt, werden die Signale dann *verschliffen*.

4.7 Nicht-periodische Erregungen: Die Fourier-Transformation

Mit den bisher diskutierten Methoden gelang es, das Spektrum *periodischer* Funktionen zu bestimmen. Handelt es dabei z.B. um eine gestrichene Geigensaite, also um Schallwellen, dann bewerkstelligt das menschliche Ohr mit den zugehörigen Nerven diese

Analyse, so daß direkt Töne wahrgenommen werden. Die Frequenz der Grundschwingung bestimmt die *Tonhöhe*, z.B. den Kammerton a mit 440Hz, das Oberwellenspektrum die *Klangfarbe*, die charakteristisch ist für das Instrument. Der gleiche Ton, jedoch auf einem anderen Instrument gespielt, hat ein abweichendes Oberwellenspektrum und erlaubt es damit, einen anderen musikalischen Ausdruck zu erzielen, aber auch, das Instrument durch den Höreindruck zu identifizieren.

Die Beschreibung eines periodischen Signals als Zeitfunktion wird der *Zeitbereich* genannt, im Gegensatz zu der Beschreibung im *Frequenzbereich* durch eine Summe harmonischer Funktionen mit ihren komplexen Amplituden:

Zeitbereich   *Frequenzbereich*

$$\text{Signal } f(t), -\infty < t < \infty \iff \text{Spektrum } c_n, -\infty < n < \infty. \tag{4.131}$$

Das *komplexe* Spektrum eignet sich ganz besonders, da eine Weiterverarbeitung des Signals durch ein System im Frequenzbereich eine Multiplikation des Spektrums mit der Übertragungsfunktion bedeutet; dieses Verfahren war bisher auf periodische Signale beschränkt. Wie jeder aus Erfahrung weiß, sind z.B. in einem gesprochenen Wort - also ein typisches *nicht-periodisches* Signal - auch kurzzeitige Töne und Klänge enthalten. Für ihre Bestimmung wird die Fourier-Reihe zur *Fourier-Transformation* erweitert.

4.7.1 Die Grundgleichungen

Für den Übergang zu nicht-periodischen Signalen wird zunächst das Spektrum eines impulsförmigen, *periodischen* Signals $f_T(t)$ mit

$$f_T(t) = 0 \ \forall \ \tfrac{T}{2} < |t| < \tfrac{t_o}{2}, \tag{4.132}$$

$$f_T(t) = f_T(t + t_o)$$

betrachtet, bei dem der Abstand zwischen den Impulsen und damit die Periodendauer t_o stetig *vergrößert* wird. Wird im Frequenzbereich $t_o c_n$ statt c_n dargestellt, dann verändert sich die *Hüllkurve* des Spektrums nicht. Die Spektrallinien rücken nur dichter zusammen, da sich der Abstand $\omega_o = \frac{2\pi}{t_o}$ (bzw. $f_o = \frac{1}{t_o}$) zwischen zwei benachbarten Spektrallinien verkleinert:

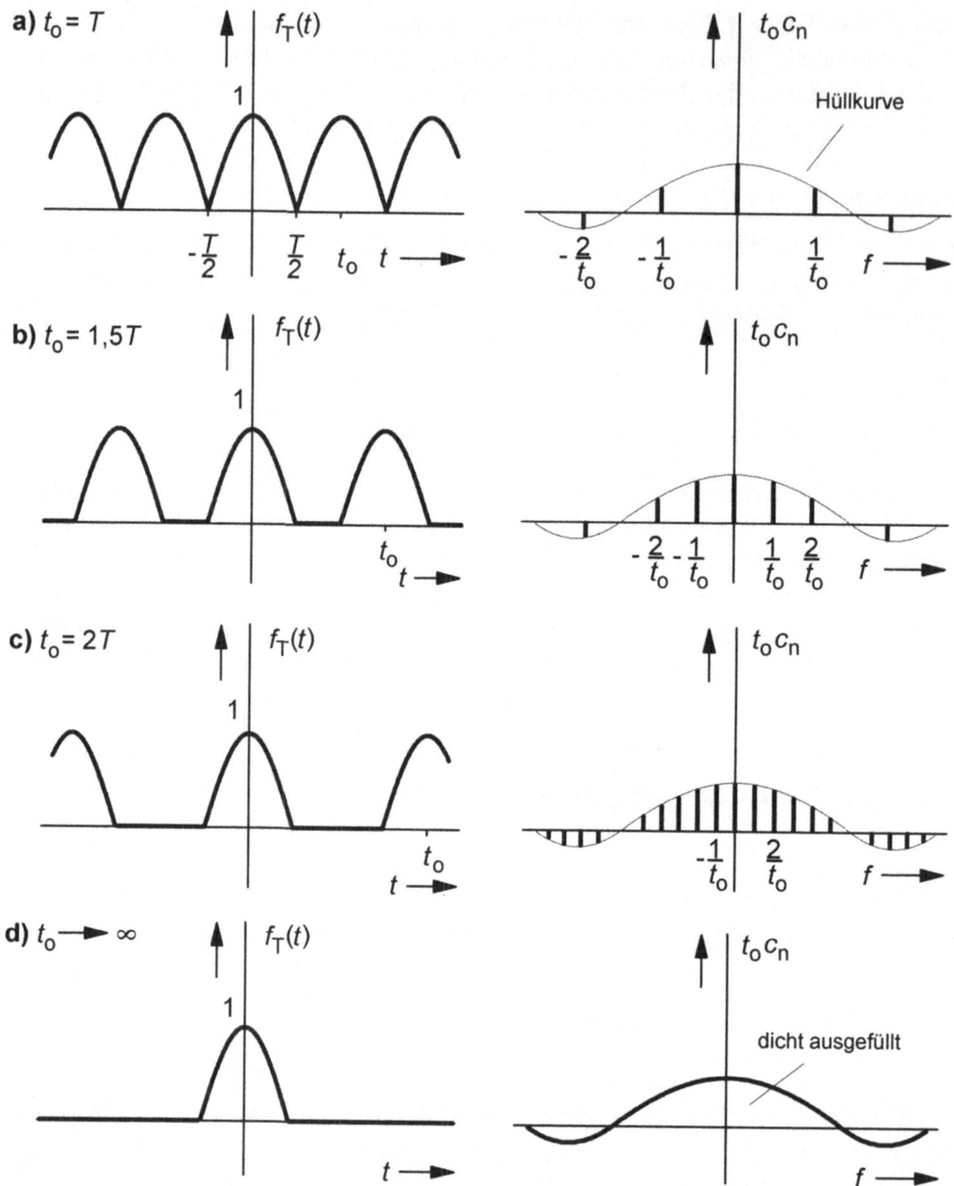

Bild 4.35

Impulsförmige, periodische Signale mit zunehmender Periodendauer und zugehörige Spektren

Für $t_0 \to \infty$ liegt nur noch ein Impuls und damit ein nicht-periodisches Signal vor; die Hüllkurve ist *dicht* mit Spektrallinien ausgefüllt, weswegen *nur* die Hüllkurve gezeichnet wird. Im Gegensatz zum *diskreten* Spektrum des *periodischen* Signals besitzt ein *nicht-periodisches* Signal ein *kontinuierliches* Spektrum, das sich durch den Grenzübergang berechnen läßt:

$$t_0 c_n = \int_{-T/2}^{T/2} f_T(t) e^{-jn\omega_0 t} dt. \tag{4.133}$$

Für $t_0 \to \infty$ wird $n\omega_0 = \omega$ zu einer kontinuierlichen Variablen, $F_T(j\omega)$ wird das kontinuierliche Spektrum bzw. die *Spektraldichte*:

$$F_T(j\omega) = \int_{-T/2}^{T/2} f_T(t) e^{-j\omega t} dt. \tag{4.134}$$

Definitionsgemäß ist $F_T(j\omega)$ die Hüllkurve für den Grenzübergang:

$$F_T(j\omega) = t_0 c_n \text{ für } t_0 \to \infty. \tag{4.135}$$

Die Berechnung kann nun für jedes beliebige Signal durchgeführt werden; im Extremfall ist es über der gesamten Zeitachse ungleich Null:

$$F(j\omega) = \int_{-\infty}^{\infty} f(t) e^{-j\omega t} dt. \tag{4.136}$$

Diese Integralbeziehung besteht auch zwischen der Impulsantwort und der Übertragungsfunktion (Gl. 4.12), sie wurde jedoch auf einem anderen Weg hergeleitet. Es handelt sich um eine *lineare Integraltransformation*, die *Fourier-Transformation* genannt wird. Mit ihr wird die Beschreibung des Signals $f(t)$ im Zeitbereich durch die Transformation in eine Beschreibung im Frequenzbereich durch das Spektrum $F(j\omega)$ (auch *Spektral-* oder *Frequenzfunktion)* überführt; beide Beschreibungen sind genauso wie bei periodischen Signalen *eindeutig* und *umkehrbar*, d.h. aus dem Spektrum läßt sich durch die Rück-Transformation das zugehörige Zeitsignal eindeutig bestimmen. Dazu wird der Grenzübergang der Summe zu einem Integral mit Gl. 4.118 vollzogen:

$$f_T(t) = \sum_{n=-\infty}^{\infty} \frac{c_n}{\omega_0} \cdot e^{jn\omega_0 t} \omega_0 = \frac{1}{2\pi} \sum_{n=-\infty}^{\infty} t_0 c_n \cdot e^{jn\omega_0 t} \omega_0. \tag{4.137}$$

Für $t_0 \to \infty$ folgt:

$$\omega_0 \to d\omega, \ n\omega_0 \to \omega, \ t_0 c_n \to F_T(j\omega),$$

$$f_T(t) = \frac{1}{2\pi} \int_{-\infty}^{\infty} F_T(j\omega) \cdot e^{j\omega t} d\omega, \tag{4.138}$$

bzw. für eine beliebige Zeitfunktion:

$$f(t) = \frac{1}{2\pi} \int_{-\infty}^{\infty} F(j\omega) \cdot e^{j\omega t} d\omega. \tag{4.139}$$

Die harmonischen Funktionen $e^{j\omega t}$ sind in periodischen Signalen als Anteile $c_n e^{jn\omega_0 t}$ enthalten, bei nicht-periodischen Signalen nun ganz entsprechend als (infinitesimaler) Spektralanteil $[F(j\omega)d\omega]e^{j\omega t}$. Damit ist $F(j\omega)$ eine Größe „komplexe Amplitude pro Frequenz" bzw. eine Dichtefunktion, und sie wird deshalb auch *Spektraldichte* genannt.

□ Beispiel 4.9

Die Hüllkurve des Spektrums der periodischen Rechteckfunktion wurde durch die si-Funktion beschrieben. Handelt es sich nur um einen einzigen Rechteckimpuls $\mathrm{rect}(\frac{t}{T})$, dann ist die Hüllkurve dicht ausgefüllt mit Spektrallinien, das diskrete Spektrum geht in ein kontinuierliches über, das nun berechnet werden soll.

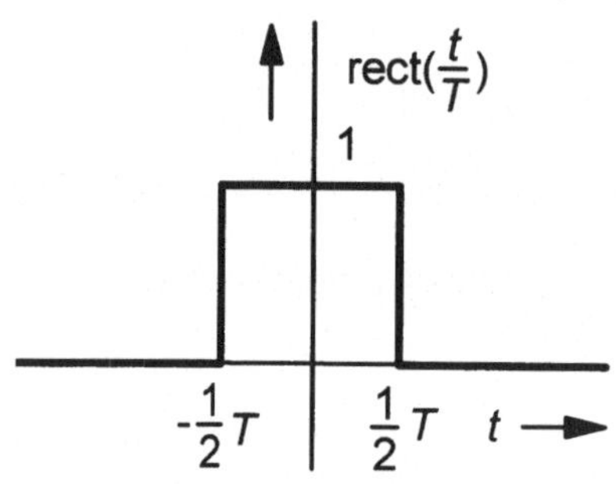

Bild 4.36
Der Impuls $\mathrm{rect}(\frac{t}{T})$

Mit den obigen Gleichungen folgt:

$$F(j\omega) = \int_{-T/2}^{T/2} e^{-j\omega t}\,dt = \left[-\frac{1}{j\omega}e^{-j\omega t}\right]_{-T/2}^{T/2}$$

$$= \frac{1}{j\omega}[e^{j\omega T/2} - e^{-j\omega T/2}] = T\,\mathrm{si}\!\left(\omega\frac{T}{2}\right). \tag{4.140}$$

Dies ist ein *reelles* Spektrum (Bild 4.37), da es sich bei $f(t)$ um eine *gerade* Funktion handelt. (Würde sich der Impuls periodisch wiederholen, dann wären nur Kosinusanteile sowie ein Gleichanteil enthalten, d.h. nur Koeffizienten a_n, eben der Realteil der c_n.)

Es mag zunächst merkwürdig erscheinen, daß in dem Signal negative Frequenzen vorkommen. Man muß sich aber daran erinnern, daß es sich hierbei um eine komplexe Beschreibung handelt, d.h. die komplexen harmonischen Schwingungen $e^{j\omega t}$ sowie $e^{-j\omega t}$ (die sich drehenden Zeiger) überlagern sich zu einer *reellen* Kosinus- bzw. Sinusfunktion.

In diesem Signal sind bis auf die Nullstellen bei Vielfachen von $\omega = \frac{2\pi}{T}$ bzw. $f = \frac{1}{T}$ alle Frequenzen vorhanden, jedoch nimmt der Betrag der Hüllkurve mit $\frac{1}{\omega}$ ab. Definiert man alle Anteile unterhalb einer gewissen Schwelle als *Rauschen*, da z.B. dem Signal sowieso ein Rauschanteil überlagert ist oder ein Verstärker, der das Signal verarbeitet, ein entsprechendes Signal-/Rauschverhältnis besitzt, dann wird dadurch eine Frequenzgrenze ω_G definiert; exemplarisch wird sie für $a_D = 60\mathrm{dB}$ berechnet:

$$20\log\left|\frac{F(j0)}{F(j\omega_G)}\right| = -60 \rightarrow \left|F(j\omega_G)\right| = 10^{-3}\left|F(j0)\right| \rightarrow \omega_G \approx \frac{2000}{T}.$$

So wird z.B. mit $T = 20\mathrm{ms}$ $\omega_G \approx 10^5\frac{1}{\mathrm{s}}$ und $f_G \approx 15{,}92\mathrm{kHz}$.

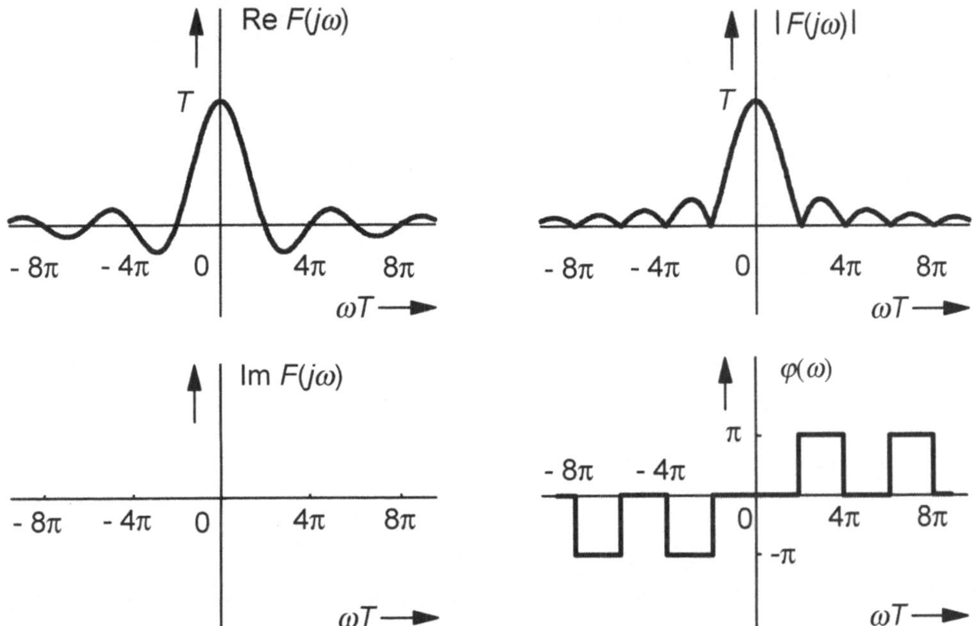

Bild 4.37
Spektrum des Rechteckimpulses

Eine weitere interessante Eigenschaft kann an diesem Beispiel beobachtet werden: Je schmaler der Impuls ist (d.h. je kürzer seine Zeitdauer T ist) desto größer sein beanspruchter Frequenzbereich, den man als Bandbreite $B = 2f_G$ bezeichnet, und umgekehrt. Diese Reziprozität (Wechselseitigkeit) von Zeit und Frequenz kann man auch schon an der Lage der Nullstellen der Spektraldichte erkennen: $f_n = \frac{n}{T}$;sie gilt grundsätzlich und wird später noch eingehend behandelt.

Multipliziert man die Zeitdauer T des Impulses mit seiner bei $-60\,$dB definierten Bandbreite B, so folgt:

$$2\pi f_G \approx \frac{2000}{T},$$

$$2f_G = B \approx \frac{2000}{\pi T},$$

$$T \cdot B \approx \frac{2000}{\pi}.$$

Ändert sich das Signal-/Rauschverhältnis, unterhalb dessen ein Spektralanteil als Rauschen bezeichnet wird, so ändert sich nur die Konstante des Produktes; es gilt also grundsätzlich

$$T \cdot B = \text{const.} \tag{4.141}$$

$\square$

4.7.2 Existenz und Darstellung der Fourier-Transformierten

Um in mathematischen Ableitungen die Fourier-Transformation kurz darstellen zu können, wird in Operator-Schreibweise symbolisch geschrieben:

$$F(j\omega) = \mathrm{F}\{f(t)\}, \tag{4.142}$$

$$f(t) = \mathrm{F}^{-1}\{F(j\omega)\}; \tag{4.143}$$

bzw. in Transformations-Schreibweise:

$$F(j\omega) \bullet\!-\!\circ f(t), \tag{4.144}$$

$$f(t) \circ\!-\!\bullet F(j\omega). \tag{4.145}$$

Diese Beziehung zwischen zwei umkehrbar eindeutig zugeordneten Funktionen wird *Korrespondenz* genannt, das Symbol „$\circ\!-\!\bullet$" ist das *Korrespondenzsymbol*. Ein Gleichheitszeichen wäre falsch, da die beiden Funktionen i.a. völlig unterschiedlich sind, sie gehören aber zusammen (sie korrespondieren miteinander), indem sie über das Fourier-Integral bzw. das -Umkehrintegral ineinander umgerechnet werden können.

Nicht immer sind die Faktoren vor den Integralen bei verschiedenen Autoren gleich gewählt, manchmal sind sie umgekehrt verteilt, d.h.

$$F(j\omega) = \tfrac{1}{2\pi} \int\limits_{-\infty}^{\infty} f(t)e^{-j\omega t}\,dt, \; f(t) = \int\limits_{-\infty}^{\infty} F(j\omega)e^{j\omega t}\,d\omega,$$

oder auch symmetrisch:

$$F(j\omega) = \tfrac{1}{\sqrt{2\pi}} \int\limits_{-\infty}^{\infty} f(t)e^{-j\omega t}\,dt, \; f(t) = \tfrac{1}{\sqrt{2\pi}} \int\limits_{-\infty}^{\infty} F(j\omega)e^{j\omega t}\,d\omega.$$

Gerade in der Nachrichtentechnik wird häufig die Abhängigkeit von der Frequenz f, die wegen $f = \tfrac{\omega}{2\pi}$ ebenso die Variable darstellt, hervorgehoben und dann geschrieben:

$$H(f) = \int\limits_{-\infty}^{\infty} h(t)e^{-j2\pi f t}\,dt \text{ sowie } h(t) = \int\limits_{-\infty}^{\infty} H(f)e^{j2\pi f t}\,df.$$

Hierbei ist dann $h(t)$ statt $g(t)$ die Impulsantwort und $H(f)$ statt $G(j\omega)$ die Übertragungsfunktion; diese Darstellung hat den Vorteil, daß die Reziprozität zwischen Zeit- und Frequenzbereich besonders deutlich wird. Wegen der verschiedenen gebräuchlichen Darstellungen muß insbesondere bei Korrespondenztabellen darauf geachtet werden, welche Darstellung der Autor verwendet, da sonst die Faktoren nicht stimmen.

Wann *existiert* nun das Fourier-Integral? Dazu wird gefordert, daß das Integral konvergiert:

$$|F(j\omega)| = \frac{1}{2\pi}\left|\int\limits_{-\infty}^{\infty} f(t)e^{-j\omega t}dt\right| < \infty; \qquad (4.146)$$

$$\left|\int\limits_{-\infty}^{\infty} f(t)e^{-j\omega t}dt\right| \leq \int\limits_{-\infty}^{\infty} |f(t)e^{-j\omega t}|dt = \int\limits_{-\infty}^{\infty} |f(t)||e^{-j\omega t}|dt = \int\limits_{-\infty}^{\infty} |f(t)|dt,$$

$$\rightarrow \int\limits_{-\infty}^{\infty} |f(t)|dt < \infty. \qquad (4.147)$$

(Die bei den Transformationen vorkommenden uneigentlichen Integrale sind dabei grundsätzlich als Cauchyscher Hauptwert, d.h.

$$\lim_{c\to\infty} \int\limits_{-c}^{c} (\bullet)dt$$

zu behandeln.)

Ist also die Funktion $f(t)$ absolut integrabel in $(-\infty, \infty)$, dann existiert auch das Fourier-Integral; z.B. ist dies der Fall, wenn eine Funktion außerhalb eines Zeitbereiches Null ist, oder wenn sie mit $e^{-a|t|}$, $a > 0$, bzw. einer solchen Hüllkurve, gegen Null strebt. Umgekehrt kann geschlossen werden, daß in einem solchen Fall ebenfalls gelten muß

$$\lim_{\omega\to\infty} F(j\omega) = 0, \qquad (4.148)$$

da sonst mit der gleichen Begründung das Umkehrintegral nicht konvergiert.

Die obige Bedingung ist *hinreichend*, sie ist leider nicht *notwendig*, denn es gibt Funktionen, die sie *nicht* erfüllen, deren Integral aber *existiert*; ein Beispiel ist die Funktion

$$f(t) = \sin(\omega_0 t).$$

Die Fourier-Transformierte $F(j\omega)$ der Zeitfunktion $f(t)$ ist eine *komplexe* Funktion der *reellen* Variablen ω bzw. $f = \frac{\omega}{2\pi}$. Genauso wie bei der Darstellung der Übertragungsfunktion (bzw. des Frequenzganges) $G(j\omega)$ kann sie als Amplituden- und Phasenspektrum

$$|F(j\omega)| \text{ und } \varphi(\omega) \qquad (4.149)$$

sowie mit

$$F(j\omega) = R(\omega) + jI(\omega) \qquad (4.150)$$

als Real- und Imaginärteil über ω oder auch f dargestellt werden. Eine Ortskurvendarstellung ist nur bei einer Übertragungsfunktion $G(j\omega)$ gebräuchlich.

Die Zeitfunktion $f(t)$ konvergiert bei Berücksichtigung hoher Frequenzen des Spektrums *punktförmig*, wenn bei einer zeitlichen Sprungstelle der Mittelwert des links- und rechtsseitigen Grenzwertes zugrundegelegt wird (z.B. 0,5 für $\sigma(t)$ bei $t = 0$); mit dem Konvergenzbegriff der quadratisch integrierbaren Funktionen konvergiert sie im *quadratischen Mittel*. Besonders sinnvoll ist eine Theorie auf der Basis der verallgemeinerten Funktionen bzw. Distributionen, da sowohl im Zeit- als auch im Frequenzbereich Deltafunktionen vorkommen können.

4.7.3 Eigenschaften der Fourier-Transformation

a) Symmetrien des Real- und Imaginärteils des Spektrums

Ist $f(t)$ reell, dann gilt:

$$R(\omega) = \int_{-\infty}^{\infty} f(t)\cos(\omega t)\,dt, \quad I(\omega) = -\int_{-\infty}^{\infty} f(t)\sin(\omega t)\,dt, \tag{4.151}$$

$$R(\omega) = R(-\omega), \quad I(\omega) = -I(-\omega). \tag{4.152}$$

<u>Herleitung</u>:

Mit

$$e^{-j\omega t} = \cos(\omega t) - j\sin(\omega t)$$

folgt:

$$F(j\omega) = \int_{-\infty}^{\infty} f(t)[\cos(\omega t) - j\sin(\omega t)]\,dt$$

$$= \int_{-\infty}^{\infty} f(t)\cos(\omega t)\,dt - j\int_{-\infty}^{\infty} f(t)\sin(\omega t)\,dt,$$

und damit:

$$R(\omega) = \int_{-\infty}^{\infty} f(t)\cos(\omega t)\,dt, \quad I(\omega) = -\int_{-\infty}^{\infty} f(t)\sin(\omega t)\,dt.$$

Wird ω durch $-\omega$ ersetzt, so folgt sofort die Symmetrie:

$$R(\omega) = R(-\omega), \quad I(\omega) = -I(-\omega).$$

Der *Realteil* ist also eine *gerade*, der *Imaginärteil* eine *ungerade* Funktion der Frequenz.

b) Symmetrien von Betrag und Phase

Ist $f(t)$ reell, dann gilt Entsprechendes für Betrag und Phase:

$$|F(j\omega)| = \sqrt{R^2(\omega) + I^2(\omega)} \ , \quad \varphi(\omega) = \arctan \frac{I(\omega)}{R(\omega)}, \tag{4.153}$$

$$|F(j\omega)| = |F(-j\omega)| \ , \quad \varphi(\omega) = -\varphi(-\omega). \tag{4.154}$$

Herleitung:

Für den Betrag ist die Gleichung trivialerweise auch für komplexe Funktionen gültig, für die Phase folgt die Beziehung für reelle Funktionen direkt aus Gl. 4.152.

c) Aufteilung einer Zeitfunktion in einen geraden und ungeraden Anteil

Jede Funktion läßt sich in einen geraden Anteil, d.h. $f_g(t) = f_g(-t)$, sowie einen ungeraden, d.h. $f_u(t) = -f_u(-t)$, aufspalten, so daß $f(t) = f_g(t) + f_u(t)$:

$$f_g(t) = \tfrac{1}{2}[f(t) + f(-t)], \quad f_u(t) = \tfrac{1}{2}[f(t) - f(-t)]. \tag{4.155}$$

(Da ein Gleichanteil ein gerader Anteil ist, ergibt sich die entsprechende Betrachtung für $f_\sim(t)$ wie bei der Diskussion periodischer Signale.)

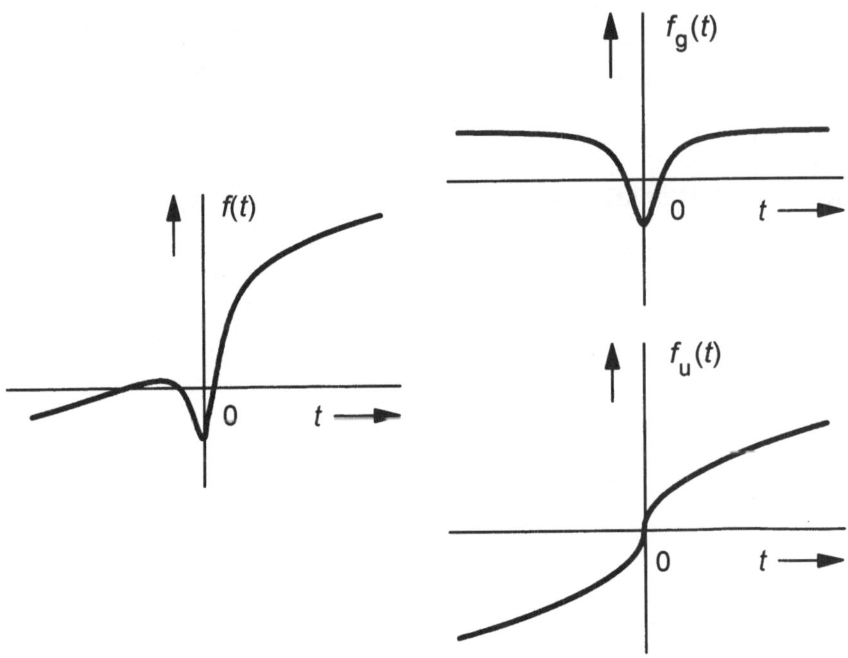

Bild 4.38
Aufteilung einer Funktion in einen geraden und einen ungeraden Anteil

Mit den obigen Symmetrien für den Real- und den Imaginärteil der Transformierten folgt für reelle Funktionen direkt:

$$R(\omega) = \text{F}\,\{f_{\text{g}}(t)\},\ jI(\omega) = \text{F}\{f_{\text{u}}(t)\}. \tag{4.156}$$

d) Reelle und symmetrische Zeitfunktionen

Ebenso folgt damit, daß bei geraden bzw. ungeraden Funktionen gilt:

$$f(t)\ \text{reell, gerade}\ \rightarrow F(j\omega) = \int_{-\infty}^{\infty} f(t)\cos(\omega t)dt = R(\omega) \tag{4.157}$$

$$f(t)\ \text{reell, ungerade} \rightarrow F(j\omega) = \int_{-\infty}^{\infty} f(t)\sin(\omega t)dt = jI(\omega) \tag{4.158}$$

e) Reelle und symmetrische Spektren

$$F(j\omega)\ \text{reell, gerade}\ \rightarrow f(t) = \frac{1}{2\pi} \int_{-\infty}^{\infty} F(j\omega)\cos(\omega t)d\omega \tag{4.159}$$

$$F(j\omega)\ \text{reell, ungerade} \rightarrow f(t) = \frac{j}{2\pi} \int_{-\infty}^{\infty} F(j\omega)\sin(\omega t)d\omega \tag{4.160}$$

Herleitung:

Diese Folgerung ergibt sich in analoger Weise aus dem Umkehrintegral zur Herleitung unter d).

f) Symmetrische Zeitfunktionen

Für eine gerade (nicht notwendigerweise reelle) Funktion gilt

$$f(t) = f(-t) \rightarrow F(j\omega) = F(-j\omega), \tag{4.161}$$

sowie für eine ungerade Funktion:

$$f(t) = -f(-t) \rightarrow F(j\omega) = -F(-j\omega). \tag{4.162}$$

Herleitung:

Aus

$$f(t) = f(-t)$$

folgt:

$$F(j\omega) = \int_{-\infty}^{\infty} f(t)e^{-j\omega t}dt = \int_{-\infty}^{\infty} f(-t)e^{j\omega t}dt = F(-j\omega);$$

sowie aus

$$f(t) = -f(-t)$$

folgt:

$$F(j\omega) = \int_{-\infty}^{\infty} f(t)e^{-j\omega t}\,dt = -\int_{-\infty}^{\infty} f(-t)e^{j\omega t}\,dt = -F(-j\omega).$$

g) Konjugiert komplexe Zeitfunktion

$$f^*(t) \circ - \bullet F^*(-j\omega). \tag{4.163}$$

Herleitung:

$$F^*(j\omega) = \left[\int_{-\infty}^{\infty} f(t)e^{-j\omega t}\,dt\right]^* = \int_{-\infty}^{\infty} f^*(t)e^{j\omega t}\,dt,$$

$$F^*(-j\omega) = \int_{-\infty}^{\infty} f^*(t)e^{-j\omega t}\,dt.$$

h) Zeitumkehr

Wird ein Signal zeitlich gespiegelt, d.h. $f(-t)$, dann gilt:

$$f(-t) \circ - \bullet F(-j\omega). \tag{4.164}$$

Herleitung:

$$\int_{-\infty}^{\infty} f(-t)e^{-j\omega t}\,dt = -\int_{\infty}^{-\infty} f(\tau)e^{j\omega\tau}\,d\tau = \int_{-\infty}^{\infty} f(\tau)e^{j\omega\tau}\,d\tau = F(-j\omega).$$

Wegen des negativen Faktors vor t kehrt sich die Integration um, d.h. sie läuft von ∞ bis $-\infty$, so daß vor dem Integral mit den Integrationsgrenzen ein zusätzliches negatives Vorzeichen entsteht.

i) Linearität

Die Fourier-Transformation ist linear:

$$f(t) = c_1 f_1(t) + c_2 f_2(t) \circ - \bullet F(j\omega) = c_1 F_1(j\omega) + c_2 F_2(j\omega). \tag{4.165}$$

Herleitung:

$$f(t) = c_1 f_1(t) + c_2 f_2(t) \circ - \bullet F(j\omega) = \int_{-\infty}^{\infty} [f_1(t) + f_2(t)]e^{-j\omega t}\,dt$$

$$= \int\limits_{-\infty}^{\infty} c_1 f_1(t) e^{-j\omega t}\, dt + \int\limits_{-\infty}^{\infty} c_2 f_2(t) e^{-j\omega t}\, dt$$

$$= c_1 F_1(j\omega) + c_2 F_2(j\omega).$$

j) Symmetrie zwischen Zeit- und Frequenzbereich

Mit

$$f(t) \circ\!-\!\bullet F(j\omega)$$

gilt ebenfalls:

$$F(jt) \circ\!-\!\bullet 2\pi f(-\omega). \tag{4.166}$$

Herleitung:

Das Fourier-Integral

$$F(j\omega) = \int\limits_{-\infty}^{\infty} f(t) e^{-j\omega t}\, dt$$

unterscheidet sich vom inversen Integral

$$f(t) = \frac{1}{2\pi} \int\limits_{-\infty}^{\infty} F(j\omega) e^{j\omega t}\, d\omega$$

nur durch das Vorzeichen des Exponenten sowie den Faktor $\frac{1}{2\pi}$. Mit der Substitution $t \to -t$ folgt

$$f(-t) = \frac{1}{2\pi} \int\limits_{-\infty}^{\infty} F(j\omega) e^{-j\omega t}\, d\omega.$$

Eine Vertauschung der Bezeichnungen, also $t \to \omega$ und $\omega \to t$, ergibt die obige Beziehung:

$$2\pi f(-\omega) = \int\limits_{-\infty}^{\infty} F(jt) e^{-j\omega t}\, dt.$$

Diese Beziehung hat nützliche Folgen, denn sie bedeutet, daß eine hergeleitete Korrespondenz auch umgekehrt gilt; diesen Sachverhalt veranschaulicht das Bild 4.39.

k) Positive Zeitfunktion

$$f(t) \geq 0 \to |F(j\omega)| \leq F(0). \tag{4.167}$$

Herleitung:

Ist ein Signal nur positiv (oder Null), dann folgt mit $f(t) = |f(t)|$:

$$|F(j\omega)| = \left| \int\limits_{-\infty}^{\infty} f(t)e^{-j\omega t}dt \right| = \int\limits_{-\infty}^{\infty} |f(t)||e^{-j\omega t}|dt \le \int\limits_{-\infty}^{\infty} f(t)dt = F(0)$$

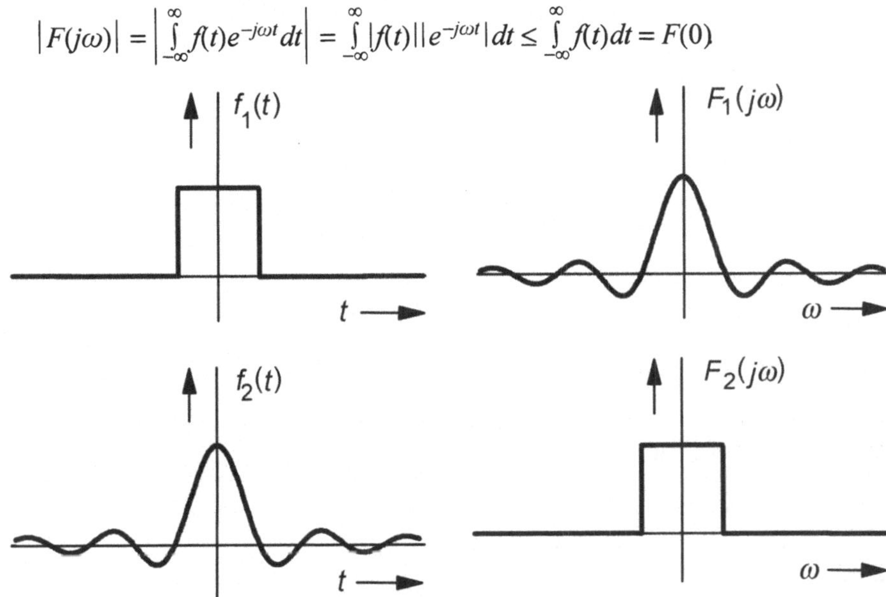

Bild 4.39
Zur Symmetrie Zeitbereich ⇔ Frequenzbereich.

4.7.4 Rechenregeln und Theoreme

a) Faltung im Zeitbereich

Die Faltung im Zeitbereich geht in eine Multiplikation im Frequenzbereich über; dies ist einer der großen Vorteile:

$$\int\limits_{-\infty}^{\infty} f(\tau)g(t-\tau)d\tau \; \circ\!\!-\!\!\bullet \; F(j\omega) \cdot G(j\omega). \tag{4.168}$$

<u>Herleitung:</u>

$$\int\limits_{-\infty}^{\infty}\left[\int\limits_{-\infty}^{\infty} f(\tau)g(t-\tau)d\tau\right]e^{-j\omega t}dt = \int\limits_{-\infty}^{\infty}\left[\int\limits_{-\infty}^{\infty} f(\tau)g(t-\tau)e^{-j\omega t}d\tau\right]dt$$

$$= \int\limits_{-\infty}^{\infty}\left[\int\limits_{-\infty}^{\infty} f(\tau)g(t-\tau)e^{-j\omega t}dt\right]d\tau$$

$$= \int\limits_{-\infty}^{\infty}\left[\int\limits_{-\infty}^{\infty} g(t-\tau)e^{-j\omega(t-\tau)}d(t-\tau)\right]f(\tau)e^{-j\omega\tau}d\tau$$

$$= \int\limits_{-\infty}^{\infty} G(j\omega)f(\tau)e^{-j\omega\tau}d\tau$$

$$= G(j\omega) \int_{-\infty}^{\infty} f(\tau)e^{-j\omega\tau}\,d\tau = G(j\omega) \cdot F(j\omega).$$

Insbesondere zur Berechnung einer Reaktion mit der *Impulsantwort* eines Systems,

$$y(t) = g(t) * x(t),$$

folgt :

$$Y(j\omega) = G(j\omega) \cdot X(j\omega). \tag{4.169}$$

b) Zeitverschiebung

Wird ein Signal um T_L zeitlich verschoben, z.B. durch ein Lauf- bzw. Totzeitsystem, dann wird aus dem Spektrum:

$$f(t - T_L) \circ\!\!-\!\!\bullet\; e^{-j\omega T_L} \cdot F(j\omega). \tag{4.170}$$

<u>Herleitung:</u>

$$\int_{-\infty}^{\infty} f(t - T_L)e^{-j\omega t}\,dt = \int_{-\infty}^{\infty} f(\tau)e^{-j\omega(\tau + T_L)}\,d\tau = e^{-j\omega T_L} \cdot F(j\omega).$$

Hierbei ist offensichtlich $G(j\omega) = e^{-j\omega T_L}$ die schon bestimmte Übertragungsfunktion des Laufzeitsystems, mit der das Originalspektrum multipliziert wird.

c) Zeitdehnung bzw. -streckung (Ähnlichkeit)

Wird ein Signal zeitlich gedehnt, d.h. $f(at)$ mit $|a| < 1$, oder gestreckt, d.h. $|a| > 1$ ($a < 0$ bedeutet, daß das Signal zeitlich gespiegelt wird), dann gilt:

$$f(at) \circ\!\!-\!\!\bullet\; \frac{1}{|a|} F(j\tfrac{\omega}{a}). \tag{4.171}$$

<u>Herleitung:</u>

Für ein positives a gilt:

$$\int_{-\infty}^{\infty} f(at)e^{-j\omega t}\,dt = \frac{1}{a} \int_{-\infty}^{\infty} f(\tau)e^{-j\frac{\omega}{a}\tau}\,d\tau = \frac{1}{a} F(j\tfrac{\omega}{a}).$$

Für ein negatives a kehrt sich die Richtung der Integration um, so daß vor dem Integral mit den Integrationsgrenzen ein negatives Vorzeichen entsteht und die Korrespondenz damit wie oben mit $|a|$ geschrieben werden kann; für $a = -1$ ergibt sich Gl. 4.164.

Damit ist auch gezeigt, daß sich Zeitdauer und Bandbreite eines Signals *reziprok* zueinander verhalten: Ein zeitlich *kurzes* Signal besitzt eine *große* Bandbreite und umgekehrt.

d) Differentiation im Zeitbereich

$$\tfrac{d}{dt}f(t) \circ\!-\!\bullet\; j\omega \cdot F(j\omega), \tag{4.172}$$

$$\tfrac{d^n}{dt^n}f(t) \circ\!-\!\bullet\; (j\omega)^n \cdot F(j\omega). \tag{4.173}$$

Herleitung:

$$\tfrac{d}{dt}f(t) = \tfrac{1}{2\pi}\tfrac{d}{dt}\int_{-\infty}^{\infty} F(j\omega)e^{j\omega t}\,d\omega$$

$$= \tfrac{1}{2\pi}\int_{-\infty}^{\infty} [j\omega F(j\omega)]e^{j\omega t}\,d\omega.$$

e) Integration im Zeitbereich

$$\int_{-\infty}^{t} f(\tau)d\tau \circ\!-\!\bullet\; \tfrac{1}{j\omega}F(j\omega) + \pi F(0)\cdot\delta(\omega), \tag{4.174}$$

Ist die Funktion $f(t)$ mittelwertfrei (wie z.B. die Sinus- oder die komplexe Exponential-funktionen), d.h. ist der Gleichanteil Null, dann gilt mit $F(0) = 0$ insbesondere:

$$\int_{-\infty}^{t} f(\tau)d\tau \circ\!-\!\bullet\; \tfrac{1}{j\omega}F(j\omega). \tag{4.175}$$

Herleitung:

Das Integral kann in eine Faltung mit $\sigma(t-\tau)$ umgeschrieben werden:

$$\int_{-\infty}^{t} f(\tau)\cdot\sigma(t-\tau)d\tau = \int_{-\infty}^{\infty} f(\tau)\cdot\sigma(t-\tau)d\tau \circ\!-\!\bullet\; F(j\omega)\cdot F\{\sigma(t)\}.$$

Unter Verwendung der in Unterkapitel 4.7.5 unter b) hergeleiteten Korrespondenz der Sprungfunktion

$$\sigma(t) \circ\!-\!\bullet\; \tfrac{1}{j\omega} + \pi\cdot\delta(\omega)$$

folgt mit $F(j\omega)\cdot\delta(\omega) = F(0)\cdot\delta(\omega)$ das obige Ergebnis.

f) Multiplikation mit $e^{j\omega_0 t}$, Frequenzverschiebung, Modulation

$$e^{j\omega_0 t}\cdot f(t) \circ\!-\!\bullet\; F(j\omega - j\omega_0). \tag{4.176}$$

Herleitung:

$$e^{j\omega_0 t}\cdot f(t) \circ\!-\!\bullet\; \int_{-\infty}^{\infty} [f(t)e^{j\omega_0 t}]e^{-j\omega t}\,dt = \int_{-\infty}^{\infty} f(t)e^{-(j\omega - j\omega_0)t}\,dt = F(j\omega - j\omega_0)$$

Diese Beziehung ist die Grundlage der *Modulation*, bei der das Spektrum eines Signals durch die Multiplikation mit einer harmonischen Schwingung in einen *höheren* Frequenzbereich verschoben wird.

g) Faltung im Frequenzbereich

$$g(t) \cdot f(t) \circ\!\!-\!\!\bullet \frac{1}{2\pi} \int_{-\infty}^{\infty} G(j\rho)F(j\omega - j\rho)d\rho = \frac{1}{2\pi} G(j\omega) * F(j\omega) \qquad (4.177)$$

<u>Herleitung</u>:

Es wurde gezeigt, daß

$$g(t) * f(t) \circ\!\!-\!\!\bullet G(j\omega) \cdot F(j\omega)$$

gilt. Die Symmetrie zwischen Zeit- und Frequenzbereich läßt sich auch schreiben als:

$$F(j\omega) \circ\!\!-\!\!\bullet 2\pi f(-t);$$

hierbei wurden die Variablennamen ω und t vertauscht. Damit gilt aber offensichtlich:

$$G(j\omega) * F(j\omega) \circ\!\!-\!\!\bullet 2\pi g(-t) \cdot f(-t);$$

mit der Substituition $-t \rightarrow t$ folgt die obige Beziehung.

h) Parsevalsche Formel

$$\int_{-\infty}^{\infty} g(t)f^*(t)dt = \frac{1}{2\pi} \int_{-\infty}^{\infty} G(j\omega)F^*(j\omega)d\omega; \qquad (4.178)$$

ist zusätzlich $g(t) = f(t)$:

$$\int_{-\infty}^{\infty} |f(t)|^2 dt = \frac{1}{2\pi} \int_{-\infty}^{\infty} |F(j\omega)|^2 d\omega. \qquad (4.179)$$

Entgegen den bisherigen Beziehungen ist dies *keine* Korrespondenz, sondern die *Identität* eines Wertes im Zeit- und Frequenzbereich, der sich physikalisch deuten läßt: Ist z.B. $f(t) = u_R(t)$ die Spannung an einem Widerstand R, dann ist $u_R^2(t)$ ein Maß für die momentan im Widerstand umgesetzte *Leistung* und das Integral die *Gesamtenergie*, die in Wärme umgewandelt wird. Diese Energie läßt sich somit auch im Frequenzbereich berechnen, weshalb $|F(j\omega)|^2$ auch das *Energiespektrum* oder die spektrale *Energiedichte* genannt wird.

Für reelle Zeitfunktionen gilt

$$\int_{-\infty}^{\infty} g(t)f(t)dt = \frac{1}{2\pi} \int_{-\infty}^{\infty} G(j\omega)F^*(j\omega)d\omega. \qquad (4.180)$$

Herleitung:

Die Transformation des Produktes der beiden Zeitfunktionen entspricht im Frequenzbereich einer Faltung der Spektren:

$$\int\limits_{-\infty}^{\infty} g(t)f(t)e^{-j\omega t}dt = \tfrac{1}{2\pi} \int\limits_{-\infty}^{\infty} G(j\rho)F(j\omega - j\rho)d\rho;$$

mit der Wahl $\omega = 0$ folgt:

$$\int\limits_{-\infty}^{\infty} g(t)f(t)dt = \tfrac{1}{2\pi} \int\limits_{-\infty}^{\infty} G(j\rho)F(-j\rho)d\rho.$$

Da unter dem rechten Integral nur noch die Variable ρ vorkommt, kann sie auch in ω umbenannt werden. Wird nun $f(t)$ durch $f^*(t)$ ersetzt, so ist nach der obigen Korrespondenz $F(j\omega)$ durch $F^*(-j\omega)$ zu ersetzten, womit folgt:

$$\int\limits_{-\infty}^{\infty} g(t)f^*(t)dt = \tfrac{1}{2\pi} \int\limits_{-\infty}^{\infty} G(j\omega)F^*(j\omega)d\omega.$$

i) Differentiation im Frequenzbereich

$$t^n \cdot f(t) \circ\!-\!\bullet (-1)^n \tfrac{d^n}{dj\omega^n}F(j\omega), \quad n = 0, 1, 2, ..; \qquad (4.181)$$

insbesondere gilt für $n = 1$:

$$t \cdot f(t) \circ\!-\!\bullet -\tfrac{d}{dj\omega}F(j\omega). \qquad (4.182)$$

Herleitung:

Diese Beziehung folgt sofort aus der entsprechenden für die Differentiation im Zeitbereich und der Symmetrie zwischen Zeit- und Frequenzbereich.

j) Anfangswerte

Der Anfangswert der Zeitfunktion läßt sich im Frequenzbereich berechnen:

$$f(0) = \tfrac{1}{2\pi} \int\limits_{\infty}^{\infty} F(j\omega)d\omega. \qquad (4.183)$$

Der Anfangswert der Spektraldichte ist der Gleichanteil der Zeitfunktion:

$$F(0) = \int\limits_{-\infty}^{\infty} f(t)dt. \qquad (4.184)$$

Herleitung:

Die Beziehungen folgen direkt aus den Grundgleichungen, indem in der Transformation $t = 0$ und in dem Umkehrintegral $\omega = 0$ gewählt wird.

k) Momententheorem

$$\frac{d^n}{d\omega^n} F(j\omega) \mid_{\omega = 0} = (-1)^n \int_{-\infty}^{\infty} t^n f(t)dt, \quad n = 0, 1, 2, \ldots \tag{4.185}$$

Diese Beziehung, die direkt aus Gl. 4.181 mit 4.184 folgt, heißt *Momententheorem*, weil damit die Fläche, die $f(t)$ mit der t −Achse aufspannt, sowie die t-Koordinate des Flächenschwerpunktes berechnet werden können.

4.7.5   Weitere Spektren und Anwendungen der Theoreme

Zum einen werden im folgenden einige weitere elementare Signale in den Frequenzbereich transformiert, zum anderen lassen sich die obigen Theoreme anwenden, um schnell und elegant ein Ergebnis zu erhalten.

a) Das Spektrum der Deltafunktion

Mit der Transformationsgleichung folgt:

$$\delta(t) \circ\!\!-\!\bullet \int_{-\infty}^{\infty} \delta(t)e^{-j\omega t}dt = \int_{-\infty}^{\infty} \delta(t)e^0 dt = e^0 \int_{-\infty}^{\infty} \delta(t)dt = 1. \tag{4.186}$$

Auch hierin zeigt sich wieder die besondere Rolle der Deltafunktion, denn in ihr sind *alle* Frequenzen *gleichmäßig* enthalten; da es sich um eine - verallgemeinerte - *reelle* und *gerade* Funktion handelt, ist auch das Spektrum *reell* und *gerade*.

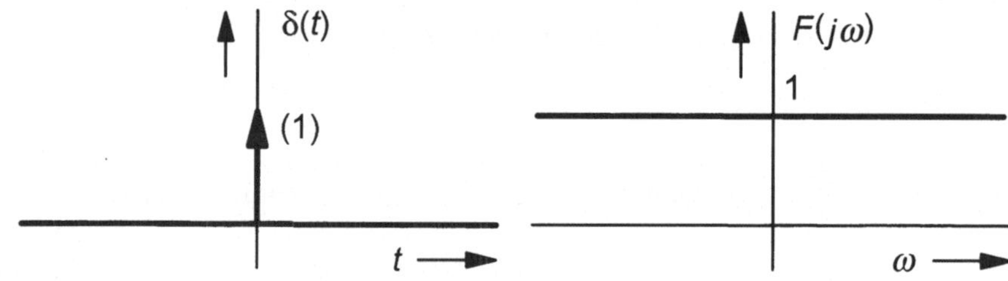

Bild 4.40

Die Deltafunktion und ihr Spektrum

Mit der Rücktransformation läßt sich die Zeitfunktion bestimmen, die zu $F(j\omega) = 1$ gehört; damit folgt das bemerkenswerte Ergebnis:

$$\delta(t) = \frac{1}{2\pi} \int_{-\infty}^{\infty} e^{j\omega t}d\omega. \tag{4.187}$$

Wird das Integral als der Cauchysche Hauptwert geschrieben (den es eigentlich darstellt), dann folgt:

$$\delta(t) = \frac{1}{2\pi} \lim_{\omega_0 \to \infty} \int_{-\omega_0}^{\omega_0} e^{j\omega t}\, d\omega = \frac{1}{\pi t} \lim_{\omega_0 \to \infty} \frac{1}{2j}[e^{j\omega t}]_{-\omega_0}^{\omega_0} = \lim_{\omega_0 \to \infty} \frac{\sin(\omega_0 t)}{\pi t}. \tag{4.188}$$

Neben den schon diskutierten Funktionenfolgen, wie z.B. die immer schmaler und höher werdende Rechteckfunktion, gibt es offensichtlich noch weitere, deren Grenzfunktion die Deltafunktion ist; es gibt sogar *unendlich* viele.

Das folgende Bild zeigt noch einmal die Zusammenhänge zwischen dem Zeit- und dem Frequenzbereich:

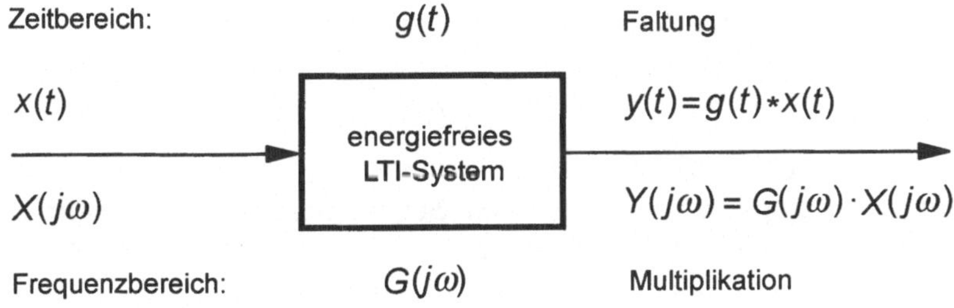

Bild 4.41
Zusammenhänge zwischen Zeit- und Frequenzbereich

Die Erregung mit der Deltafunktion wird im Frequenzbereich zu

$$Y(j\omega) = G(j\omega) \cdot X(j\omega), \quad X(j\omega) = 1 \rightarrow Y(j\omega) = G(j\omega). \tag{4.189}$$

Dem System werden *gleichmäßig alle Frequenzen* angeboten; sein eigenes, i.a. frequenzabhängiges Verhalten verstärkt einige Frequenzbereiche oder läßt sie unverändert, andere werden gedämpft. Diese Charakteristik wird am Ausgang direkt sichtbar, z.B. als Tiefpaß:

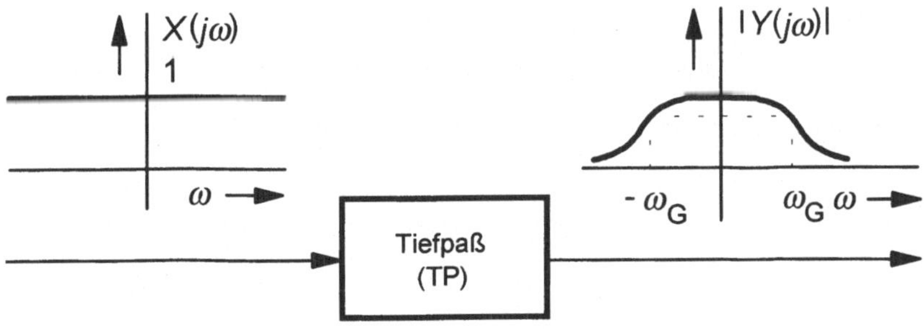

Bild 4.42
Ausgangsspektrum eines Tiefpasses

b) Das Spektrum periodischer Signale

Da periodische Signale als Fourier-Reihe dargestellt werden können, genügt es, exemplarisch die Spektren einer Konstanten als Gleichanteil sowie einer Kosinus- und Sinusfunktion zu bestimmen: 1, $\cos(\omega_0 t)$, $\sin(\omega_0 t)$.

Mit der Korrespondenz

$$\delta(t) \circ\!\!-\!\!\bullet\; 1$$

folgt aus der Symmetrie Gl. 4.166 zwischen Zeit- und Frequenzbereich direkt:

$$1 \circ\!\!-\!\!\bullet\; 2\pi\delta(-\omega) = 2\pi\delta(\omega). \tag{4.190}$$

Die Eulersche Beziehung der Kosinusfunktion läßt sich schreiben als

$$\cos(\omega_0 t) = \tfrac{1}{2}e^{-j\omega_0 t}\cdot 1 + \tfrac{1}{2}e^{j\omega_0 t}\cdot 1,$$

so daß unter Berücksichtigung der obigen Gleichung sowie der Tatsache, daß die Multiplikation mit der komplexen harmonischen Schwingung eine *Frequenzverschiebung* bedeutet, sofort formuliert werden kann:

$$\cos(\omega_0 t) \circ\!\!-\!\!\bullet\; \pi\delta(\omega + \omega_0) + \pi\delta(\omega - \omega_0) \tag{4.191}$$

dementsprechend folgt für die Sinusfunktion die Korrespondenz:

$$\sin(\omega_0 t) \circ\!\!-\!\!\bullet\; j\pi\delta(\omega + \omega_0) - j\pi\delta(\omega - \omega_0). \tag{4.192}$$

Das Linienspektrum *periodischer* Signale wird als Spektraldichte zu Deltafunktionen bei $\omega = 0$, der Grundfrequenz ω_0 sowie den ganzzahligen Vielfachen $n\omega_0$ mit den Gewichten der Amplituden.

Der zusätzliche Faktor π hat seine Ursache in der Formulierung der Beziehung über der ω −Achse; mit

$$\delta(\omega) = \delta(2\pi f) = \tfrac{1}{2\pi}\delta(f) \tag{4.193}$$

folgen die etwas einleuchtenderen Korrespondenzen:

$$\cos(2\pi f_0 t) \circ\!\!-\!\!\bullet\; \tfrac{1}{2}\delta(f + f_0) + \tfrac{1}{2}\delta(f - f_0), \tag{4.194}$$

$$\sin(2\pi f_0 t) \circ\!\!-\!\!\bullet\; \tfrac{j}{2}\delta(f + f_0) - \tfrac{j}{2}\delta(f - f_0). \tag{4.195}$$

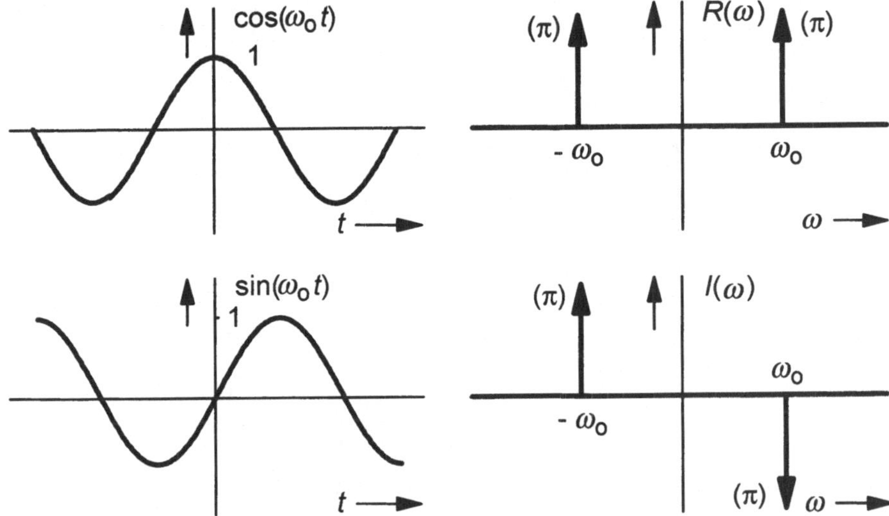

Bild 4.43
Das Spektrum periodischer Signale am Beispiel der Kosinus- und Sinusfunktion

c) Das Spektrum der Sprungfunktion

Bei der direkten Transformation der Sprungfunktion ergibt sich das Problem, daß Unstetigkeitsstellen mit der Hälfte der Sprunghöhe abgebildet werden. Ein einfacherer Weg ergibt sich über die schon diskutierte Aufteilung in einen geraden und ungeraden Anteil:

$$\sigma(t) = 0,5[1 + \text{sign}(t)] \text{ mit sign}(t) = \begin{cases} 1 & \text{für } t \geq 0 \\ -1 & \text{für } t < 0 \end{cases} ; \tag{4.196}$$

damit folgt:

$$\sigma_g(t) = 0,5, \quad \sigma_u(t) = 0,5\,\text{sign}(t), \tag{4.197}$$

$$\sigma_g(t) \circ\!\!-\!\!\bullet \; \pi \cdot \delta(\omega). \tag{4.198}$$

Diese Beziehung ergibt sich einfach aus der Symmetrie zwischen Zeit- und Frequenzbereich, wobei auf der rechten Seite der Faktor 2π berücksichtigt werden muß.

$$\sigma_u(t) \circ\!\!-\!\!\bullet -0,5\left[\int_{-\infty}^{0} e^{-j\omega t}dt + \int_{0}^{\infty} e^{-j\omega t}dt\right] = \frac{0,5}{j\omega}([e^{-j\omega t}]_{-\infty}^{0} - [e^{-j\omega t}]_{0}^{\infty}) = \frac{1}{j\omega}. \tag{4.199}$$

Insgesamt ergibt sich die Korrespondenz:

$$\sigma(t) \circ\!\!-\!\!\bullet \; \frac{1}{j\omega} + \pi \cdot \delta(\omega). \tag{4.200}$$

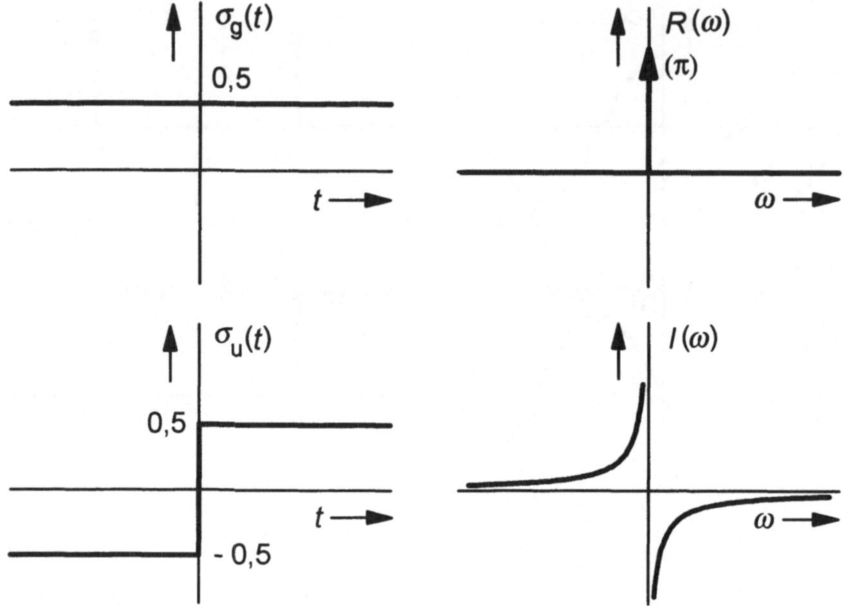

Bild 4.44

Gerader und ungerader Anteil der Sprungfunktion sowie ihr Spektrum

d) Das Spektrum des Dreiecksimpulses

Der Dreiecksimpuls $\Lambda(t)$ wird zeitlich stückweise beschrieben durch:

$$\Lambda(t) = \begin{cases} t+1 & -1 \leq t \leq 0 \\ -t+1 & \text{für} \quad 0 \leq t \leq 1 \\ 0 & |t| \geq 1 \end{cases} \quad ;$$

damit folgt:

$$F(j\omega) = \int\limits_{-1}^{0} (t+1)e^{-j\omega t}\,dt + \int\limits_{0}^{1}(-t+1)e^{-j\omega t}\,dt$$

$$= \frac{1}{\omega^2}(2 - e^{j\omega} - e^{-j\omega}) = \frac{2}{\omega^2}(1 - \cos\omega). \tag{4.201}$$

Mit

$$\tfrac{1}{2}(1 - \cos a) = \sin^2 \tfrac{a}{2}$$

wird daraus:

$$F(j\omega) = \frac{4}{\omega^2}\sin^2\frac{\omega}{2}. \tag{4.202}$$

Für einen Dreiecksimpuls, der von $-T$ bis $+T$ ungleich Null ist, d.h. also $\Lambda(\frac{t}{T})$, kann die Änlichkeitsbeziehung angewendet werden:

$$\Lambda(t) \to \Lambda(\tfrac{t}{T}), \quad F(j\omega) \to T \cdot F(j\omega T), \tag{4.203}$$

$$\Lambda(\tfrac{t}{T}) \circ\!\!-\!\!\bullet \; \tfrac{4}{T\omega^2} \sin^2(\omega\tfrac{T}{2}) = T\,\mathrm{si}^2(\omega\tfrac{T}{2}). \tag{4.204}$$

Ein Vergleich dieses Spektrums mit dem des Rechteckimpulses,

$$\mathrm{rect}(\tfrac{t}{T}) \circ\!\!-\!\!\bullet \; T\,\mathrm{si}(\omega\tfrac{T}{2}),$$

zeigt, daß für $T = 1$ (die Elementarsignale) gilt:

$$\mathrm{F}\{\Lambda(t)\} = \mathrm{F}\{\mathrm{rect}(t)\} \cdot \mathrm{F}\{\mathrm{rect}(t)\}. \tag{4.205}$$

Ein *Produkt* im Frequenzbereich bedeutet aber eine *Faltung* im Zeitbereich, womit ebenfalls gilt:

$$\Lambda(t) = \mathrm{rect}(t) * \mathrm{rect}(t). \tag{4.206}$$

e) Aus Rechteckimpulsen zusammengesetztes Signal

Zu transformieren ist das Signal:

$$f(t) = \mathrm{rect}(\tfrac{t-0{,}5T}{T}) - \mathrm{rect}(\tfrac{t+0{,}5T}{T}). \tag{4.207}$$

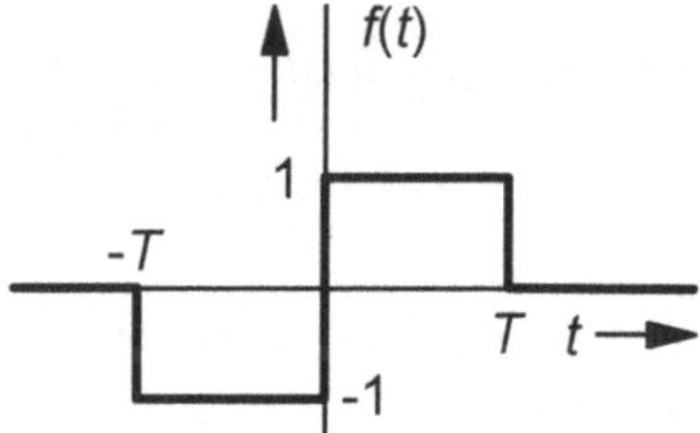

Bild 4.45
Der Impuls $f(t)$

Durch einfache Anwendung der Beziehung Gl. 4.170 für zeitverschobene Signale ergibt sich:

$$f(t) \circ\!\!-\!\!\bullet \; Te^{-j\omega\frac{T}{2}}\,\mathrm{si}(\omega\tfrac{T}{2}) - Te^{j\omega\frac{T}{2}}\,\mathrm{si}(\omega\tfrac{T}{2})$$

$$= -T\,\mathrm{si}(\omega\tfrac{T}{2}) \cdot (e^{j\omega\frac{T}{2}} - e^{-j\omega\frac{T}{2}}) = -2jT\,\mathrm{si}(\omega\tfrac{T}{2}) \cdot \sin(\omega\tfrac{T}{2})$$

$$= -4j\frac{\sin^2(\omega\frac{T}{2})}{\omega}. \tag{4.208}$$

f) Spektrum eines Sinus-Burst

Ein „Paket" von 10 Sinusschwingungen kann durch die Multiplikation der Sinus- mit der Rechteckfunktion dargestellt werden:

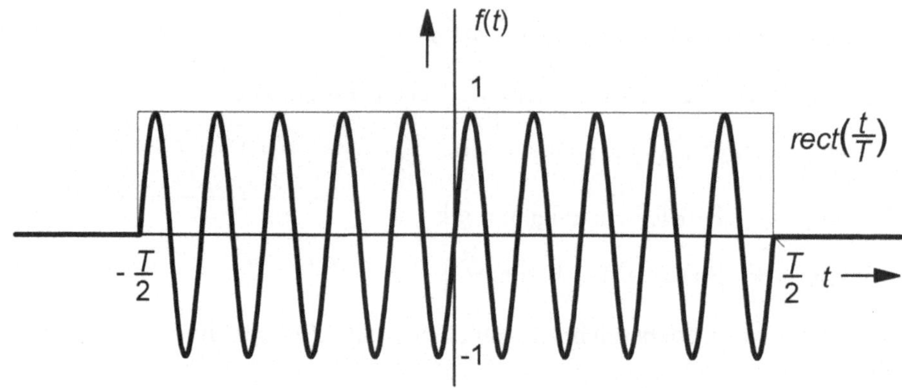

Bild 4.46
Sinus-Burst als Multiplikation einer Sinusschwingung mit einem Rechteckimpuls

Mit

$$f(t) = \text{rect}(\tfrac{t}{T}) \cdot \sin(\omega_0 t), \quad T = \tfrac{10}{f_0}, \quad f_0 = \tfrac{\omega_0}{2\pi} \tag{4.209}$$

folgt:

$$f(t) = \text{rect}(\tfrac{t}{T}) \cdot \tfrac{1}{2j}[e^{j\omega_0 t} - e^{-j\omega_0 t}]$$

$$= \tfrac{1}{2j}\left[e^{j\omega_0 t}\,\text{rect}(\tfrac{t}{T}) - e^{-j\omega_0 t}\,\text{rect}(\tfrac{t}{T})\right].$$

Die Multiplikation mit den harmonischen Schwingungen bedeutet eine Frequenzverschiebung:

$$e^{j\omega_0 t}\,\text{rect}(\tfrac{t}{T}) \;\circ\!\!-\!\!\bullet\; T\,\text{si}\!\left[(\omega - \omega_0)\tfrac{T}{2}\right] \tag{4.210}$$

$$e^{-j\omega_0 t}\,\text{rect}(\tfrac{t}{T}) \;\circ\!\!-\!\!\bullet\; T\,\text{si}\!\left[(\omega + \omega_0)\tfrac{T}{2}\right] \tag{4.211}$$

Damit wird aus dem Spektrum:

$$f(t) \;\circ\!\!-\!\!\bullet\; j\,\tfrac{T}{2}\left(\text{si}\!\left[(\omega + \omega_0)\tfrac{T}{2}\right] - \text{si}\!\left[(\omega - \omega_0)\tfrac{T}{2}\right]\right) \tag{4.212}$$

sowie mit $T = \tfrac{10 \cdot 2\pi}{\omega_0}$:

$$f(t) \;\circ\!\!-\!\!\bullet\; j\,\tfrac{10\pi}{\omega_0}\left(\text{si}[(\tfrac{\omega}{\omega_0} + 1)10\pi] - \text{si}[(\tfrac{\omega}{\omega_0} - 1)10\pi]\right). \tag{4.213}$$

Es ist imaginär und ungerade, da $f(t)$ reell und ungerade ist. Das folgende Bild zeigt deutlich, wie schon bei 10 Perioden die Deltafunktionen des Spektrums der stationären Sinusschwingung (Bild 4.43) angenähert werden; im Grenzfall $T \to \infty$ werden die si-Funktionen zu den Deltafunktionen.

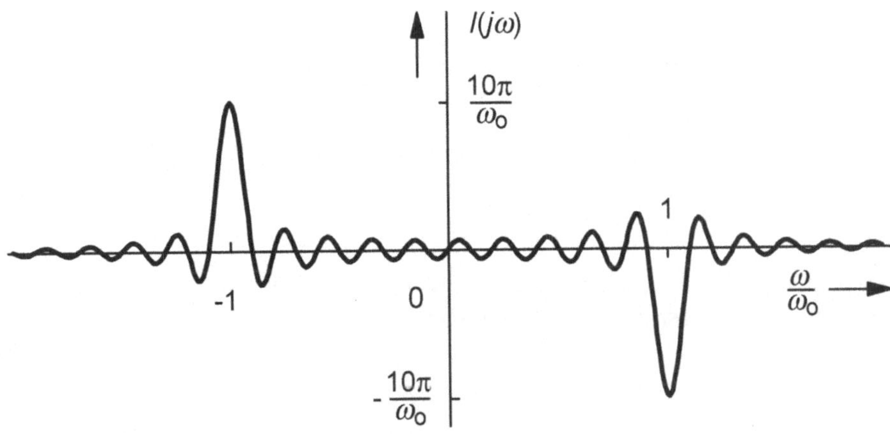

Bild 4.47
Das Spektrum des Sinus-Burst

Da die Spektren der beiden miteinander multiplizierten Zeitfunktionen schon bestimmt wurden, kann die Fourier-Transformierte auch über einen anderen Weg berechnet werden. Wegen der Symmetrie entspricht ein *Produkt* im Zeitbereich einer *Faltung* im Frequenzbereich (genau genommen bzgl. f, deshalb der Faktor $\frac{1}{2\pi}$):

$$\text{rect}(\tfrac{t}{T}) \cdot \sin(\omega_0 t) \;\circ\!\!-\!\!\bullet\; \tfrac{1}{2\pi}\big(T\,\text{si}(\omega\tfrac{T}{2}) * [j\pi\delta(\omega+\omega_0) - j\pi\delta(\omega-\omega_0)]\big) \qquad (4.214)$$

Die Faltung mit den frequenzverschobenen Deltafunktionen verschiebt die si-Funktion, so daß folgt:

$$F(j\omega) = j\,\tfrac{T}{2}\big(\text{si}[(\omega+\omega_0)\tfrac{T}{2}] - \text{si}[(\omega-\omega_0)\tfrac{T}{2}]\big)$$

g) Das Spektrum der Diracstoßfolge

Die Diracstoßfolge ist eine mathematisch elegante Möglichkeit, periodische Vorgänge zu beschreiben, so u.a. bei Abtastsystemen, Linienspektren usw. Mit normierter Zeit t und Frequenz f gilt die Beschreibung:

$$III(t) = \sum_{n=-\infty}^{\infty} \delta(t-n).$$

Mit Hilfe des Superpositions- und Verschiebungstheorems folgt:

$$III(t) \;\circ\!\!-\!\!\bullet\; \sum_{n=-\infty}^{\infty} e^{-jn\omega}. \qquad (4.215)$$

Die harmonischen Schwingungen können mit Hilfe der Eulerschen Beziehungen darge-stellt werden als:

$$\sum_{n=-\infty}^{\infty} e^{-jn\omega} = \sum_{n=-\infty}^{\infty} \cos(-n\omega) + j \sum_{n=-\infty}^{\infty} \sin(-n\omega).$$

Mit

$$\sin(x) = -\sin(-x) \quad \text{und} \quad \cos(x) = \cos(-x), \quad \cos(0) = 1$$

folgt:

$$III(t) \circ\!-\!\bullet\ 1 + 2 \sum_{n=1}^{\infty} \cos(n2\pi f). \tag{4.216}$$

Dies ist offensichtlich eine *Fourier-Reihe* im *Frequenzbereich*, das folgende Bild zeigt die Überlagerung der ersten Summanden bis $n = 10$:

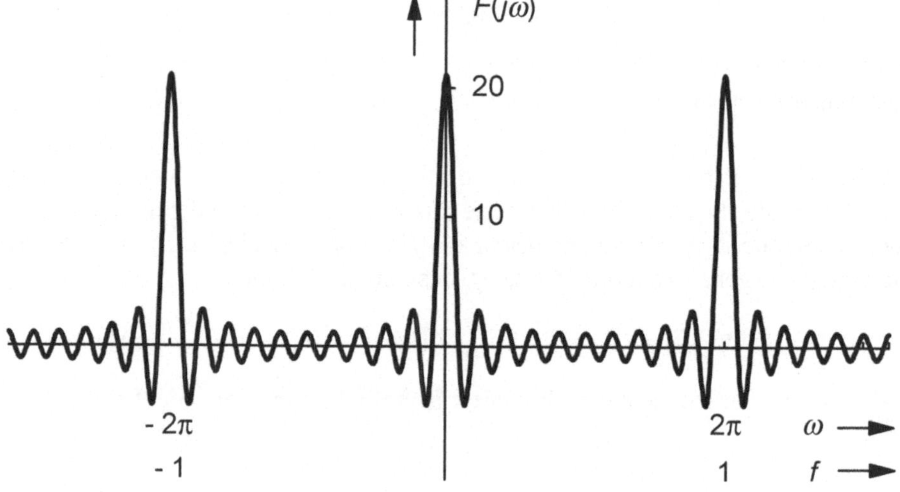

Bild 4.48
Näherung der Fourier-Transformierten von $III(t)$

Es kann gezeigt werden, daß die Summe für $n \to \infty$ konvergiert gegen

$$1 + 2 \sum_{n=1}^{\infty} \cos(n2\pi f) = \sum_{n=-\infty}^{\infty} \delta(f-n); \tag{4.217}$$

als Endresultat folgt damit:

$$\sum_{n=-\infty}^{\infty} \delta(t-n) \circ\!-\!\bullet \sum_{n=-\infty}^{\infty} \delta(f-n), \tag{4.218}$$

$$III(t) \circ\!-\!\bullet III(f). \tag{4.219}$$

Die Diracstoßfolge hat als Spektraldichte ebenfalls eine Diracstoßfolge, Funktionen mit dieser Eigenschaft heißen *selbstreziprok*; eine weitere selbstreziproke Funktion wird unter h) behandelt: der *Gaußimpuls*.

Wird die Zeit umnormiert, so daß die Deltafunktionen nun bei Vielfachen von T auftreten, dann läßt sich das Spektrum mit Hilfe des Ähnlichkeitssatzes 4.171 bestimmen:

$$III(\tfrac{t}{T}) \circ\!\!-\!\!\bullet \; |T| III(Tf). \tag{4.220}$$

Da für eine zeitlich gedehnte oder gestauchte Deltafunktion gilt

$$\delta(\tfrac{t}{T}) = |T| \delta(t), \text{ bzw. } \delta(Tf) = \tfrac{1}{|T|}\delta(f)$$

folgt mit

$$\delta(\tfrac{t}{T} - n) = \delta\left[\tfrac{1}{T}(t - nT)\right] = |T|\delta(t - nT) \, , \tag{4.221}$$

$$\delta(Tf - n) = \delta\left[T(f - \tfrac{n}{T})\right] = \tfrac{1}{|T|}\delta(f - \tfrac{n}{T}): \tag{4.222}$$

$$\sum_{n=-\infty}^{\infty}\delta(t - nT) \circ\!\!-\!\!\bullet \; \tfrac{1}{|T|}\sum_{n=-\infty}^{\infty}\delta(f - \tfrac{n}{T}) \, . \tag{4.223}$$

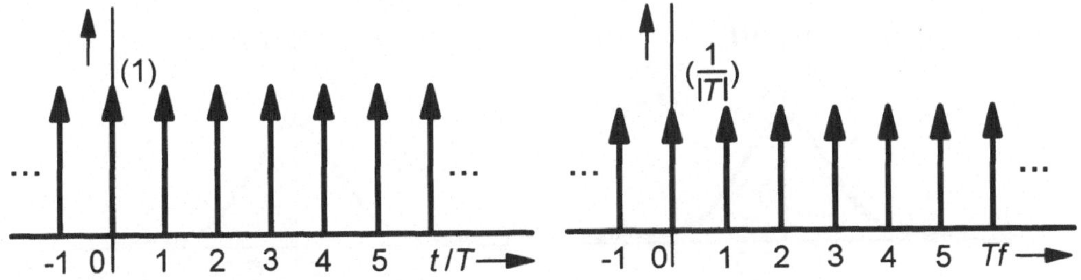

Bild 4.49
Die Diracstoßfolge und ihr Spektrum bei umnormierter Zeit

h) Das Spektrum des Gaußimpulses

Gesucht wird das Spektrum der Funktion

$$f(t) = e^{-\pi t^2}. \tag{4.224}$$

Für die Transformation dieses Signals wird ein etwas anderer Weg beschritten, der mathematisch vorteilhafter ist. Eine Ableitung der Zeitfunktion ergibt die Dgl, die sie erfüllt:

$$\dot{f}(t) = -2t\pi e^{-\pi t^2} = -2t\pi f(t); \tag{4.225}$$

diese Gleichung in den Frequenzbereich transformiert ergibt:

$$jωF(jω) = -j2π\frac{d}{dω}F(jω).\tag{4.226}$$

Eine Trennung der Veränderlichen sowie eine Integration liefert:

$$\ln F(jω) = -\frac{ω^2}{4π} + K,$$

$$F(jω) = e^{-\frac{ω^2}{4π}} \cdot e^K.$$

Die Konstante läßt sich bestimmen über:

$$F(0) = e^K = \int\limits_{-\infty}^{\infty} f(t)dt = \int\limits_{-\infty}^{\infty} e^{-πt^2}dt = 1,$$

d.h. $K = 0$. Insgesamt folgt:

$$F(jω) = e^{-\frac{ω^2}{4π}} = e^{-πf^2},\tag{4.227}$$

$$e^{-πt^2} \circ\!-\!\bullet\ e^{-πf^2}.\tag{4.228}$$

Damit ist ein weiteres *selbstreziprokes* Signal gefunden, das im Zeit- und im Frequenzbereich den gleichen Funktionsverlauf aufweist:

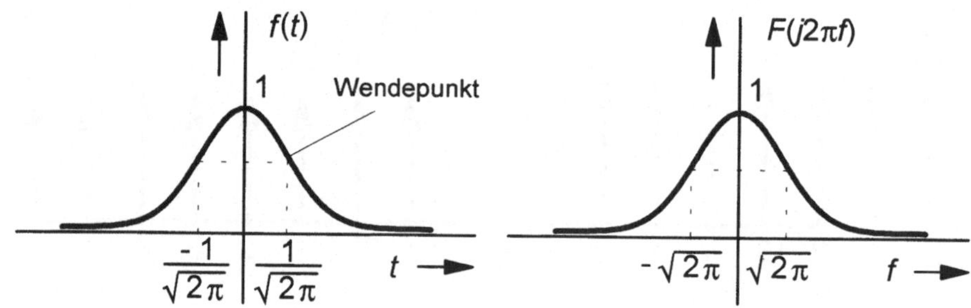

Bild 4.50
Der Gaußimpuls und sein Spektrum

Ein *nicht-periodisches* Signal $f(t)$ besitzt ein *kontinuierliches* Spektrum $F(jω)$:

$$F(jω) = \int\limits_{-\infty}^{\infty} f(t)e^{-jωt}dt;$$

ihm ist ebenfalls eindeutig die Zeitfunktion zugeordnet:

$$f(t) = \frac{1}{2π}\int\limits_{-\infty}^{\infty} F(jω)e^{jωt}dω.$$

Eine Korrespondenztabelle (Symbol: $f(t) \circ\!-\!\bullet\ F(jω)$) befindet sich im Anhang 4.

4.7.6 Zeitdauer und Bandbreite

Es ist sofort einzusehen, daß sowohl die für eine Nachricht benötigte Zeit wie auch der benötigte Frequenzbereich für die Informationstechnologie eine große Rolle spielen. Es gibt allerdings verschiedene Möglichkeiten, die Zeitdauer D und die Bandbreite B eines Signals zu definieren.

Eine praktische Möglichkeit besteht darin, Schwellen bezüglich $|f(t)|$ sowie $|F(j\omega)|$ festzulegen; für theoretische Untersuchungen ist diese Definition allerdings unhandlich. Um den Zusammenhang aufzuzeigen, wird der Einfachheit halber von einem reellen und nicht-negativen Spektrum ausgegangen. Damit ist die Zeitfunktion reell und gerade, und sie besitzt ihr Maximum bei $t = 0$:

$$f(t) = \frac{1}{2\pi} \int_{-\infty}^{\infty} F(j\omega) \cos(\omega t) d\omega \leq \frac{1}{2\pi} \int_{-\infty}^{\infty} F(j\omega) d\omega = f(0) \tag{4.229}$$

Als Zeitdauer D kann nun der Ausdruck

$$D = \frac{1}{f(0)} \int_{-\infty}^{\infty} f(t) dt \tag{4.230}$$

definiert werden; damit hat das Rechteck $D \cdot f(0)$ die *gleiche Fläche* wie das Signal. Entsprechend wird die Bandbreite als

$$B = \frac{1}{2\pi F(0)} \int_{-\infty}^{\infty} F(j\omega) d\omega \tag{4.231}$$

gewählt, wobei sie sich (wie in der Nachrichtentechnik üblich) durch die Division durch 2π auf die *Frequenz f* bezieht. Bei dieser Zeitdauer und Bandbreite handelt es sich nun um *Ersatzgrößen*, die die folgende theoretische Untersuchung erlauben. Mit

$$f(0) = \frac{1}{2\pi} \int_{-\infty}^{\infty} F(j\omega) d\omega,$$

$$F(0) = \int_{-\infty}^{\infty} f(t) dt,$$

folgt dann:

$$D \cdot B = 1. \tag{4.232}$$

Damit ist (auf der Basis der obigen Definitionen) das *Produkt* von *Zeitdauer* und *Bandbreite* konstant. Hieraus folgt, daß ein Signal mit *großer Zeitdauer* eine *kleine Bandbreite* besitzt und umgekehrt; wird z.B. die Zeitdauer halbiert, so verdoppelt sich die Bandbreite[3]:

---

[3] Dabei wird auch $|F(j\omega)|$ *halbiert*; der Betrag bleibt im Fall des Impulses (Bild 4.51) *gleich*, wenn sich seine *Fläche* nicht verändert, d.h. gleichzeitig seine Amplitude *verdoppelt* wird. Im Grenzfall eines unendlich schmalen und unendlich hohen Impulses wird er zur Deltafunktion und die Fourier-Transformierte zu ihrem Spektrum, einer Konstanten.

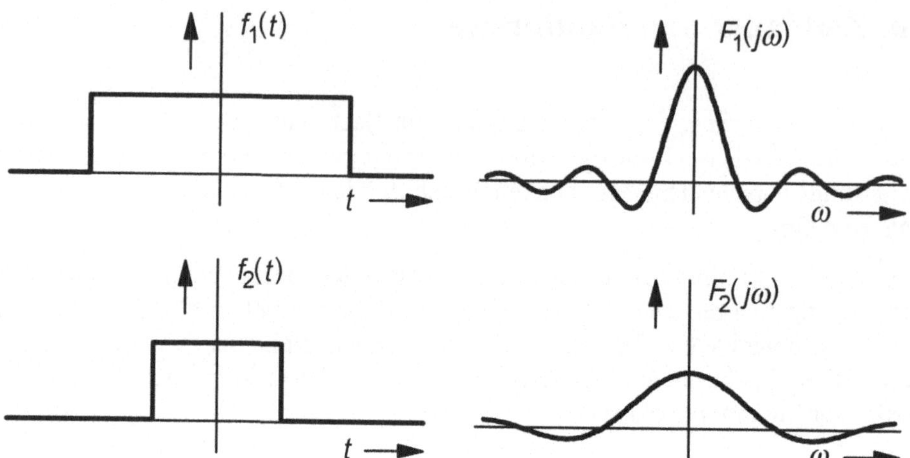

Bild 4.51
Zusammenhang zwischen Zeitdauer und Bandbreite eines Signals

Bei Impulsen sind auch die folgenden Definitionen gebräuchlich:

$$D = \left[\frac{\int\limits_{-\infty}^{\infty} t^2 f^2(t)\,dt}{\int\limits_{-\infty}^{\infty} f^2(t)\,dt} \right]^{\frac{1}{2}}, \tag{4.233}$$

$$B = \frac{1}{2\pi} \left[\frac{\int\limits_{-\infty}^{\infty} \omega^2 |F(j\omega)|^2\,d\omega}{\int\limits_{-\infty}^{\infty} |F(j\omega)|^2\,d\omega} \right]^{\frac{1}{2}}; \tag{4.234}$$

dabei wird ein Energiesignal ($\int\limits_{-\infty}^{\infty} f^2(t)\,dt < \infty$) vorausgesetzt. Mit diesen Definitionen folgt für das Zeitdauer/Bandbreite-Produkt die Beziehung

$$D \cdot B \geq \tfrac{1}{4\pi}, \tag{4.235}$$

die in Anlehnung an die Quantenmechanik *Unschärferelation* genannt wird (Herleitung siehe z.B. [53]).

Wie gezeigt werden kann, besitzen Signale mit einer *endlichen* Zeitdauer, also insbesondere Impulse, eine *unbegrenzte* bzw. *unendliche* Bandbreite; umgekehrt besitzen Signale mit einer *begrenzten* Bandbreite eine *unendliche* Zeitdauer. Praktisch wird aber immer ein Pegel unterhalb einer Schwelle vernachlässigt, womit z.B. für die Übertragung eines zeitlich begrenzten Signals dann ein endlicher Frequenzbereich ausreicht mit dem Nachteil einer gewissen, unvermeidlichen Signalverfälschung.

Daraus ergibt sich die Frage, welche Signalform das kleinste mögliche Produkt $D \cdot B$ aufweist; in diesem Fall gilt das Gleichheitszeichen. Man kann zeigen, daß dies der Gaußimpuls ist:

$$D \cdot B \text{ ist minimal für } f(t) = Ae^{-bt^2}. \tag{4.236}$$

Werden z.B. statt digitaler Rechteckimpulse Gaußimpulse verwendet werden, so hat dies den großen Vorteil, daß alle analogen Verarbeitungsglieder eine geringere Bandbreite aufweisen können; dies nutzt man in der digitalen *Übertragungstechnik* aus (siehe z.B. [30]). Ebenfalls sind dann die EMV-Probleme bzgl. der Abstrahlung kleiner. Nachteilig ist jedoch, daß der zeitliche Verlauf unterhalb einer Schwelle zu Null gesetzt werden muß. Die Erzeugung der Signalform ist ebenfalls ungleich aufwendiger, aber z.B. mit *digitalen Signalumformern* möglich (siehe Kapitel 7). Für eine rein binäre Interpretation der Impulse gibt es einen relativ lang anhaltenden, undefinierten Bereich; außerdem ist die Verlustleistung (z.B. der Transistoren) während des Schaltvorganges höher. Wegen dieser Nachteile werden in der Digitaltechnik meistens möglichst *steilflankige* Rechteckimpulse verwendet, obwohl sie vor allem deswegen hohe Frequenzen beinhalten.

Die *Reziprozität* (Wechselseitigkeit) von Zeit- und Frequenzbereich besagt, daß ein Signal mit *kurzer* Zeitdauer eine *große* Bandbreite besitzt und *umgekehrt*. Ein *zeitbegrenztes* Signal benötigt einen *unendlichen* Frequenzbereich, umgekehrt gehört zu einem *bandbegrenzten* Spektrum ein zeitlich *unbegrenztes* Signal.

Das Signal mit dem *kleinsten* Produkt aus Zeitdauer und Bandbreite ist der *Gaußimpuls*.

4.8 Die Reaktion auf eine nicht-periodische Erregung

Es wurde gezeigt, daß auch bei einer nicht-periodischen Erregung die Faltung im Zeitbereich in eine Multiplikation im Frequenzbereich übergeht:

$$y(t) = g(t) * x(t) \circ\!\!-\!\bullet\ Y(j\omega) = G(j\omega) \cdot X(j\omega).$$

Damit ist es möglich, die Reaktion $y(t)$ mit dem *Umweg* über den Frequenzbereich zu berechnen und sich die Faltung zu sparen. Allerdings ist bei Anwendung der Fourier-Transformation vor allem interessant, was bei der Übertragung eines Signals durch ein System aus den einzelnen *Spektralanteilen* bzw. *-bereichen* wird, und dabei ist es i.a. ohne Bedeutung, wie sich der *zeitliche* Verlauf ändert. Ein Beispiel ist eine Telefonverbindung, bei der auch hohe Frequenzen übertragen werden müssen, da sie für die *Verständlichkeit* wichtig sind: Dies führt auf die erneute Diskussion des verzerrungsfreien Systems, nun allerdings im Frequenzbereich. Für die Berechnung des *Zeitverlaufs* einer Reaktion ist in der Regel die *Laplace-Transformation* die geeignetere, die im 5. Kapitel diskutiert wird.

Für die Anwendung der Fourier-Transformation werden i.a. Korrespondenz-Tabellen verwendet, wobei ein kompliziertes Signal zweckmäßigerweise in eine Summe von Elementarsignalen zerlegt wird, wie das folgende Beispiel zeigt. Im Gegensatz zur Faltung ist das Ergebnis eine *zeitlich geschlossene* Beschreibung.

□ Beispiel 4.10

Ein RC-System wird mit einem Impuls variabler Dauer T und Amplitude U erregt, der als $u_e(t) = U \cdot \text{rect}(\frac{t}{T})$ dargestellt wird. Man berechne $u_a(t)$ mit Hilfe der Fourier-Transformation.

Im Frequenzbereich gilt:

$$U_e(j\omega) = U \cdot T\,\text{si}\left(\omega\tfrac{T}{2}\right), \quad G(j\omega) = \tfrac{1}{1+RCj\omega};$$

damit folgt:

$$U_a(j\omega) = \tfrac{U\cdot T}{1+RCj\omega} \cdot \text{si}\left(\omega\tfrac{T}{2}\right) = \tfrac{U\cdot T}{1+RCj\omega} \cdot \frac{\sin\left(\omega\frac{T}{2}\right)}{\omega\frac{T}{2}} = \tfrac{U\cdot T}{1+RCj\omega} \cdot \frac{1}{j\omega T} \cdot \left(e^{j\omega\frac{T}{2}} - e^{-j\omega\frac{T}{2}}\right)$$

$$= \tfrac{U\cdot T}{1+RCj\omega} \cdot \frac{1}{j\omega T} \cdot e^{j\omega\frac{T}{2}} - \tfrac{U\cdot T}{1+RCj\omega} \cdot \frac{1}{j\omega T} \cdot e^{-j\omega\frac{T}{2}}.$$

Die Multiplikationen mit den e-Funktionen stellen im Zeitbereich reine *Zeitverschiebungen* dar. Das Produkt der beiden Brüche wird zweckmäßigerweise in eine *Summe* umgewandelt:

$$\frac{\frac{U}{RC}}{j\omega+\frac{1}{RC}} \cdot \frac{1}{j\omega} = \frac{A_1}{j\omega+\frac{1}{RC}} + \frac{A_2}{j\omega} = \frac{(A_1+A_2)j\omega+\frac{A_2}{RC}}{(j\omega+\frac{1}{RC})j\omega};$$

ein Koeffizientenvergleich liefert:

$$A_1 + A_2 = 0, \quad A_2 = U = -A_1.$$

Damit gilt für das Spektrum der Ausgangsspannung die Darstellung

$$U_a(j\omega) = U \cdot \left[\tfrac{1}{j\omega} - \tfrac{1}{j\omega+1/RC}\right] \cdot e^{j\omega\frac{T}{2}} - U \cdot \left[\tfrac{1}{j\omega} - \tfrac{1}{j\omega+1/RC}\right] \cdot e^{-j\omega\frac{T}{2}}.$$

Die Klammerausdrücke stellen nun *Elementarausdrücke* dar, deren zugehörige Zeitverläufe bekannt sind oder die Korrespondenztabellen entnommen werden können:

$$\tfrac{1}{j\omega} - \tfrac{1}{j\omega+\frac{1}{RC}} \bullet\!\!-\!\!\circ \sigma(t) - 0,5 - e^{-\frac{t}{RC}} \cdot \sigma(t)$$

das Produkt mit der e-Funktion ergibt die Zeitverschiebung:

$$\left[\tfrac{1}{j\omega} - \tfrac{1}{j\omega+\frac{1}{RC}}\right] \cdot e^{j\omega\frac{T}{2}} \bullet\!\!-\!\!\circ \sigma\!\left(t+\tfrac{T}{2}\right) - 0,5 - e^{-\frac{t+\frac{T}{2}}{RC}} \cdot \sigma\!\left(t+\tfrac{T}{2}\right)$$

Subtrahiert man den zweiten Term, dann fällt die Konstante weg, so daß letztlich folgt:

$$u_a(t) = U \cdot \left(1 - e^{-\frac{t+\frac{T}{2}}{RC}}\right) \cdot \sigma(t + \tfrac{T}{2}) - U \cdot \left(1 - e^{-\frac{t-\frac{T}{2}}{RC}}\right) \cdot \sigma(t - \tfrac{T}{2})$$

In diesem einfachen Fall ist es natürlich auch möglich, die beiden Sprungantworten nach bewährter Methode zu überlagern, denn nichts anderes stellt dieses Resultat dar. $\qquad\square$

4.9 Ideale Übertragungssysteme

In der Nachrichten- und Kommunikationstechnik wird das Übertragungsverhalten eines realen Systems an dem eines idealen gemessen. Diese Vorgehensweise geht auf Küpfmüller (1949) zurück und erlaubt es, Qualität und Aufwand einer Lösung gegenüberzustellen. Nach einer einführenden Diskussion der etablierten Begriffe werden das verzerrungsfreie System im Frequenzbereich behandelt und anschließend der ideale Tief-, Hoch- und Bandpaß sowie die Bandsperre untersucht.

4.9.1 Dämpfungs-, Phasen- und Laufzeitdefinitionen

In der Nachrichtentechnik hat sich eingebürgert, statt der Verstärkung $|G(j\omega)|$ die Dämpfung (bzw. das Dämpfungsmaß)

$$a(\omega) = -20\lg\left|\frac{Y(j\omega)}{X(j\omega)}\right| \text{ dB } = 20\lg\left|\frac{X(j\omega)}{Y(j\omega)}\right| \text{ dB} \tag{4.237}$$

sowie statt des Phasenwinkels $\varphi(\omega)$ die Phase (bzw. das Phasenmaß)

$$b(\omega) = -\varphi(\omega) \tag{4.238}$$

zu verwenden. Insbesondere die Dämpfung berücksichtigt, daß bei in Reihe geschalteten Übertragungssystemen sich die Gesamtdämpfung aus der *Summe* der Einzeldämpfungen ergibt; durch die Lauf- bzw. Verarbeitungszeiten der Systeme ist i.a. der Phasenwinkel negativ, das Phasenmaß dann positiv.

Die Phase ist mit ganzzahligen Vielfachen von 2π mehrdeutig. Diese Mehrdeutigkeit läßt sich bei manchen Systemen eliminieren, z.B. wenn wegen eines Proportionalverhaltens des Systems $b(0) = 0$ bekannt ist und die Phase mit einer entsprechend kleinen Rasterung der Frequenz nahezu kontinuierlich bestimmt werden kann. Dies ist bei allen Tiefpässen der Fall, bei Hoch- und Bandpässen trifft es nicht zu, da sie mit D-Verhalten beginnen.

Wird das System mit einer Sinusfunktion erregt und befindet es sich im eingeschwungenen Zustand, so gilt für einen beliebigen Zeitpunkt t_1 :

$$x(t) = A\sin(\omega t_1) \rightarrow y(t) = B\sin(\omega t_1 + \varphi(\omega)).$$

Der Wert des *Phasenwinkels* zu diesem herausgegriffenen Zeitpunkt t_1, also ωt_1, erscheint am Ausgang zu einem *späteren* Zeitpunkt t_2. Die zeitliche Differenz Δt ist frequenzabhängig; sie wird die *Phasenlaufzeit* T_P genannt. Für sie gilt:

$$\omega t_1 \stackrel{!}{=} \omega t_2 + \varphi(\omega),$$

$$\Delta t(\omega) = t_2 - t_1 = -\frac{\varphi(\omega)}{\omega} = \frac{b(\omega)}{\omega}, \tag{4.239}$$

$$T_\mathrm{P}(\omega) = \frac{b(\omega)}{\omega}. \tag{4.240}$$

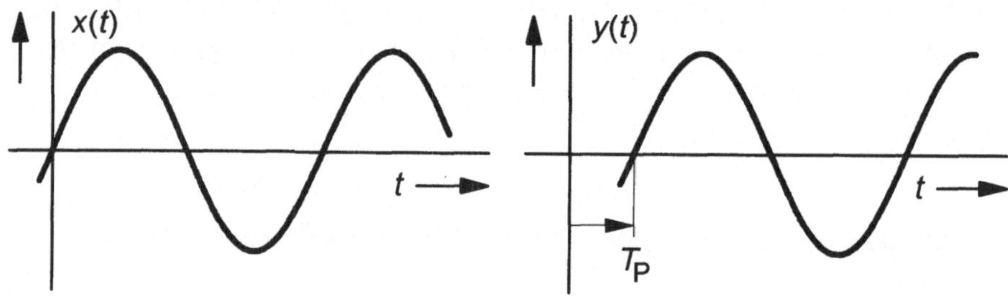

Bild 4.52
Zur Definition der Phasenlaufzeit $T_\mathrm{P}(\omega)$

Wie die Phase $b(\omega)$ ist die Phasenlaufzeit i.a. mehrdeutig; wird jedoch der Quotient in Gl. 4.240 durch den Differentialquotienten ersetzt, so ist das Resultat die bzgl. der Frequenz eindeutige *Gruppenlaufzeit* $T_\mathrm{G}(\omega)$:

$$T_\mathrm{G}(\omega) = \frac{db(\omega)}{d\omega}. \tag{4.241}$$

Wie das Bild 4.53 zeigt, ist einer Schar von möglichen $b(\omega)$ eine eindeutige Kurve $T_\mathrm{G}(\omega)$ zugeordnet; umgekehrt ist bei gegebener Gruppenlaufzeit die Phase durch Integration nur bis auf eine Konstante bestimmbar, durch die die Mehrdeutigkeit bedingt war. Ursprünglich lag der Gruppenlaufzeit die Beobachtung zugrunde, daß sich z.B. die „Wellenbäuche" eines schwingenden Stabes mit einer anderen Geschwindigkeit ausbreiten als der Phasenwinkel einer einzigen Sinusschwingung. Diesbezüglich kann die Gruppenlaufzeit als Grenzfall einer *Schwebungslaufzeit* angesehen werden.

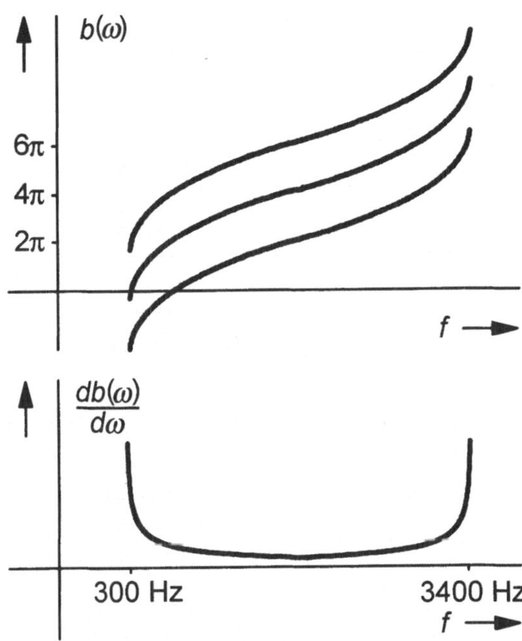

Bild 4.53
Phase $b(\omega)$ und Gruppenlaufzeit $T_G(\omega)$
am Beispiel eines Telefonkanals

4.9.2 Das verzerrungsfreie System

Von vielen nachrichtentechnischen Systemen wird verlangt, daß sie die *Signalform* nicht verfälschen; Systeme, die diese Bedingung erfüllen, heißen *verzerrungsfrei*. Es muß ihnen allerdings eine Verstärkung bzw. Dämpfung sowie eine gewisse Lauf- oder auch Verarbeitungszeit T_L zugebilligt werden:

$$y(t) = k_P x(t - T_L).$$

Dies ist das Laufzeitsystem (bzw. Totzeitsystem, siehe Unterkapitel 3.5.5) mit der Sprung- bzw. Impulsantwort sowie der Übertragungsfunktion (mit $k_P > 0$):

$$h(t) = k_P \cdot \sigma(t - T_L), \quad g(t) = k_P \cdot \delta(t - T_L) \;\; \circ\!\!-\!\!\bullet \;\; G(j\omega) = k_P e^{-j\omega T_L};$$

damit folgt:

$$|G(j\omega)| = k_P, \quad \varphi(\omega) = -\omega T_L \;\rightarrow\; a = -20 \log k_P, \quad b(\omega) = \omega T_L. \tag{4.242}$$

Die Dämpfung ist damit *frequenzunabhängig* eine Konstante, die Phase ist *linear* bzw. proportional zur Frequenz. Dies liegt daran, daß bei zunehmender Frequenz bei konstanter Laufzeit T_L immer mehr Perioden im System zeitlich zwischengespeichert werden. Die Phasen- und Gruppenlaufzeit sind bei diesem System konstant:

$$T_{\mathrm{P}}(\omega) = \frac{b(\omega)}{\omega} = T_{\mathrm{L}}, \tag{4.243}$$

$$T_{\mathrm{G}}(\omega) = \frac{db(\omega)}{d\omega} = T_{\mathrm{L}}. \tag{4.244}$$

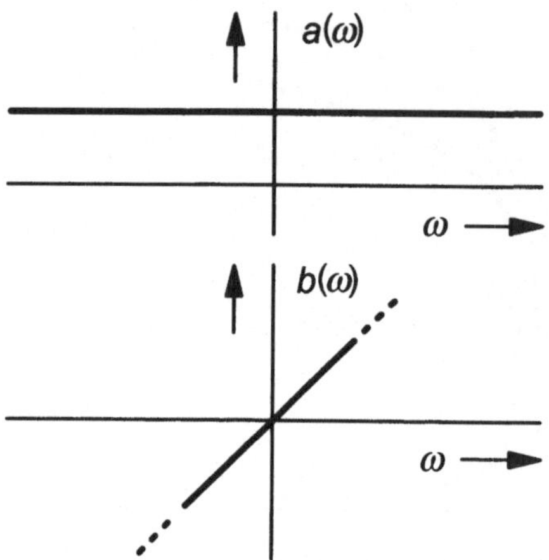

Bild 4.54
Dämpfung und Phase des ideal verzerrungsfreien Systems

Jedes reale System hat jedoch aufgrund kleiner und z.T. parasitärer Energiespeicher
(z.B. Eingangskapazitäten oder Leitungsinduktivitäten) bei hohen Frequenzen Abweichungen vom idealen Verhalten; dadurch werden die Dämpfung und die Phase größer.
Von entscheidender Bedeutung ist dabei der Nutz-Frequenzbereich $-\omega_{\mathrm{G}} \leq \omega \leq \omega_{\mathrm{G}}$ des
Eingangssignals $X(j\omega)$. Außerhalb der Grenzfrequenz ist in der Regel zwar $|X(j\omega)| \neq 0$,
hierbei handelt es sich aber um irrelevante Informationen bzw. Rauschen. Die Grenzfre-
quenz (in der Regel $f_{\mathrm{G}} = \frac{\omega_{\mathrm{G}}}{2\pi}$) wird durch das Signal-/Rauschverhältnis des Eingangssignals bestimmt, z.B. 60dB.

Besitzt (innerhalb des Nutzfrequenzbereichs) das Übertragungsverhalten eines Systems
Abweichungen vom idealen Verhalten, dann ist die Signalform des Ausgangssignals
gegenüber dem Eingangssignal verändert. Ist die Ursache eine frequenzabhängige
Verstärkung bzw. Dämpfung, dann spricht man von *linearen Amplitudenverzerrungen*,
bei einer Abweichung vom linearen Phasengang von *linearen Phasenverzerrungen*.
„Lineare Verzerrungen" soll zum Ausdruck bringen, daß die Signalformveränderungen
keine Ursache in *nichtlinearen* Übertragungsgliedern bzw. Bauelementen haben; hierbei
spricht man von *nichtlinearen Verzerrungen*.

Verzerrungsfreie Systeme verändern die Signalform der Erregung nicht; die Signale erscheinen *originalgetreu* am Ausgang, bis auf einen Verstärkungsfaktor $k_P > 0$ sowie eine Verarbeitungs- bzw. Laufzeit T_L:

$$y(t) = k_P x(t - T_L).$$

Sie besitzen eine frequenzunabhängige, *konstante* Dämpfung (für $0 < k_P < 1$ bzw. Verstärkung für $k_P \geq 1$) sowie eine *lineare* Phase:

$$a = -20 \log k_P, \quad b(\omega) = \omega T_L .$$

Reale verzerrungsfreie Systeme erfüllen diese Bedingungen im Idealfall innerhalb des Frequenzbereichs der Erregung und haben lediglich Abweichungen außerhalb.

4.9.3 Der ideale Tiefpaß

Ein ideales Tiefpaßfilter bzw. kurz ein idealer Tiefpaß ist dadurch definiert, daß er im Gegensatz zum verzerrungsfreien System innerhalb einer Grenzfrequenz ω_G das Eingangssignal unverfälscht läßt, außerhalb von ω_G dagegen die Spektralanteile ideal dämpft, so daß sie im Ausgangssignal nicht mehr vorkommen:

$$G_{TP}(j\omega) = \begin{cases} k_P e^{-j\omega T_L} & \text{für} \quad |\omega| \leq \omega_G = 2\pi f_G \\ 0 & \text{sonst} \end{cases} . \tag{4.245}$$

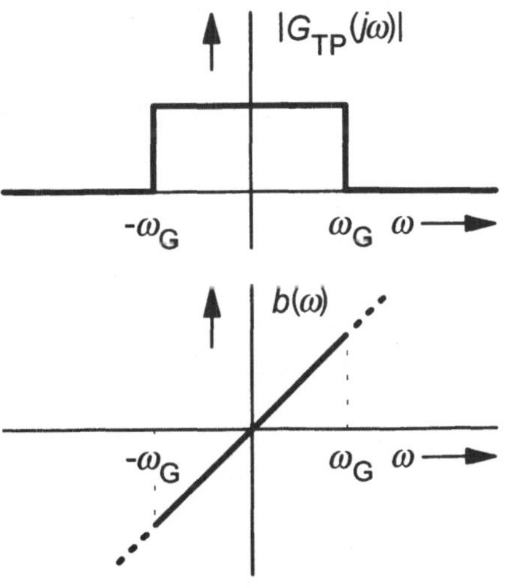

Bild 4.55
Amplitudengang und Phase des idealen Tiefpasses

Dementsprechend spricht man vom *Durchlaßbereich* $|\omega| \leq \omega_G$ (tiefe Frequenzen können passieren) und vom *Sperrbereich* $|\omega| > \omega_G$ (hohe Frequenzen werden gesperrt bzw. unendlich stark gedämpft).

Zur Berechnung der Impulsantwort wird die Fourier-Rücktransformation verwendet:

$$g_{TP}(t) = \; F^{-1}\{G_{TP}(j\omega)\} = \tfrac{1}{2\pi} \int\limits_{-\infty}^{\infty} G_{TP}(j\omega)e^{j\omega t}\,d\omega = \tfrac{1}{2\pi} \int\limits_{-\omega_G}^{\omega_G} k_P e^{j\omega(t-T_L)}\,d\omega$$

$$= \tfrac{k_P}{\pi} \cdot \tfrac{1}{2j(t-T_L)}[e^{j\omega_G(t-T_L)} - e^{-j\omega_G(t-T_L)}] = \tfrac{k_P\omega_G}{\pi} \cdot \tfrac{\sin[\omega_G(t-T_L)]}{\omega_G(t-T_L)}$$

$$= \tfrac{k_P\omega_G}{\pi} \cdot \mathrm{si}[\omega_G(t - T_L)] = 2k_P f_G \cdot \mathrm{si}[\omega_G(t - T_L)]. \tag{4.246}$$

Das gleiche Resultat ergibt sich mit der Symmetriebedingung Gl. 4.166, denn die Spektraldichte eines Rechteckimpulses in Form einer si-Funktion wurde im Beispiel 4.9 berechnet; mit $T = 1$ gilt:

$$\mathrm{rect}(t) \circ\!-\!\bullet \; \mathrm{si}\left(\tfrac{\omega}{2}\right).$$

Mit der Symmetrie zwischen Zeit- und Frequenzbereich folgt:

$$\mathrm{si}(\tfrac{t}{2}) \circ\!-\!\bullet \, 2\pi\,\mathrm{rect}(-\omega) = 2\pi\,\mathrm{rect}(\omega),$$

$$\tfrac{1}{2\pi}\,\mathrm{si}(2\omega_G \tfrac{t}{2}) \circ\!-\!\bullet \tfrac{1}{2\omega_G}\,\mathrm{rect}(\tfrac{\omega}{2\omega_G}),$$

$$\tfrac{k_P\omega_G}{\pi}\,\mathrm{si}[\omega_G(t-T_L)] \circ\!-\!\bullet \, k_P e^{-j\omega T_L}\,\mathrm{rect}(\tfrac{\omega}{2\omega_G}).$$

Die Sprungantwort berechnet sich durch die Integration der Impulsantwort:

$$h_{TP}(t) = \int\limits_{-\infty}^{t} g_{TP}(\tau)d\tau = \tfrac{k_P\omega_G}{\pi} \int\limits_{-\infty}^{t} \mathrm{si}[\omega_G(\tau - T_L)]d\tau;$$

mit der Substitution $\eta = \omega_G(\tau - T_L)$ und damit $d\eta = \omega_G d\tau$ folgt:

$$h_{TP}(t) = \tfrac{k_P}{\pi} \int\limits_{-\infty}^{\omega_G(t-T_L)} \mathrm{si}\,\eta\,d\eta.$$

Bei einer Aufspaltung des Integrals in zwei Teile, d.h.

$$h_{TP}(t) = \tfrac{k_P}{\pi} \int\limits_{-\infty}^{0} \mathrm{si}\,\eta\,d\eta + \tfrac{k_P}{\pi} \int\limits_{0}^{\omega_G(t-T_L)} \mathrm{si}\,\eta\,d\eta,$$

hat das erste feste Grenzen; sein Wert beträgt $\tfrac{\pi}{2}$:

$$h_{TP}(t) = \tfrac{k_P}{2} + \tfrac{k_P}{\pi} \int\limits_{0}^{\omega_G(t-T_L)} \mathrm{si}\,\eta\,d\eta. \tag{4.247}$$

Das zweite Integral ist die sogenannte *Integralsinusfunktion*:

$$\mathrm{Si}(x) = \int\limits_0^x \mathrm{si}\,\eta\,d\eta. \tag{4.248}$$

Diese Funktion ist nicht geschlossen darstellbar, sie liegt aber in Tabellenform vor; damit gilt:

$$h_{\mathrm{TP}}(t) = \frac{k_{\mathrm{P}}}{2} + \frac{k_{\mathrm{P}}}{\pi}\,\mathrm{Si}[\omega_{\mathrm{G}}(t - T_{\mathrm{L}})]. \tag{4.249}$$

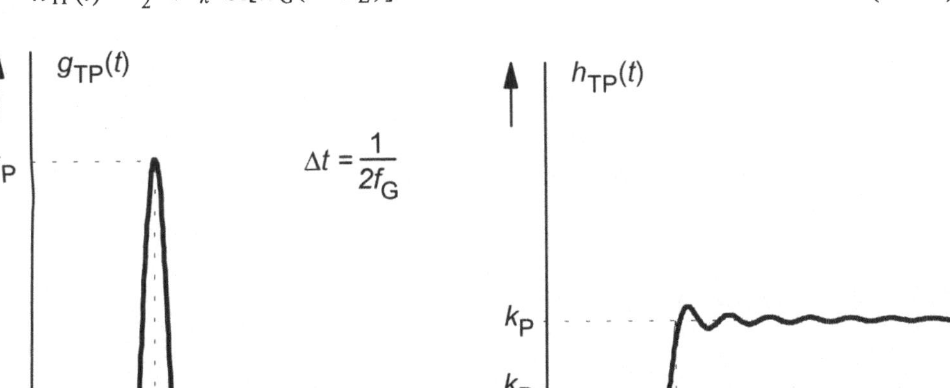

Bild 4.56
Impuls- und Sprungantwort des idealen Tiefpasses

An diesen Signalen fällt auf, daß sie nicht Null sind für $t < 0$, d.h. die Reaktion beginnt *vor* der Erregung; ein solches System ist nicht- bzw. *akausal* und dementsprechend auch *nicht realisierbar*. Die Impulsantwort ist gegenüber derjenigen des verzerrungsfreien Systems (der Deltafunktion bei T_{L}, siehe Bild 3.49) symmetrisch „zerflossen". Als *Impulsdauer* T_{I} wird häufig auch die Zeit zwischen den beiden Nulldurchgängen neben dem Maximum bei T_{L} bezeichnet; für sie gilt:

$$T_{\mathrm{I}} = 2\Delta t = \frac{1}{f_{\mathrm{G}}}. \tag{4.250}$$

Offensichtlich kann das ideale System durch ein kausales und damit realisierbares um so besser angenähert werden, je größer die Laufzeit T_{L} gewählt wird bzw. je größer die *Reaktionszeit* des Tiefpasses sein darf. Um einen guten und realisierbaren Tiefpaß zu erhalten, wird versucht, den Frequenzgang des idealen bestmöglich anzunähern; an dieser Stelle seien stellvertretend die Verfahren nach *Tschebyscheff*, *Butterworth* und *Cauer* erwähnt, die auf Filter gleichen Namens führen.

In die obige Sprungantwort ist die *Tangente* zum Zeitpunkt T_L eingezeichnet, mit ihrer Hilfe kann die *Einschwingzeit* T_E des idealen Tiefpasses berechnet werden. Die Steigung zum Zeitpunkt T_L berechnet sich zu:

$$\dot{h}_{TP}(T_L) = g_{TP}(T_L) = \frac{k_P \omega_G}{\pi} \, \mathrm{si}\, 0 = \frac{k_P \omega_G}{\pi}; \tag{4.251}$$

mit dem Steigungsdreieck folgt:

$$\frac{k_P}{T_E} = g_{TP}(T_L) \rightarrow T_E = \frac{\pi}{\omega_G} = \frac{1}{2 f_G}. \tag{4.252}$$

Die Einschwingzeit eines idealen Tiefpasses ist somit umgekehrt proportional zu seiner Grenzfrequenz. Obwohl ein solcher Tiefpaß nicht realisierbar ist, so eignet er sich doch für theoretische Untersuchungen. Außerdem kann beurteilt werden, wie weit das Übertragungsverhalten eines realen Tiefpasses von dem eines idealen entfernt ist.

4.9.4 Der ideale Hochpaß

Der ideale Hochpaß ist im Prinzip das Gegenteil des idealen Tiefpasses, d.h. er läßt *hohe* Frequenzen *passieren*, während er tiefe *ideal dämpft*, so daß sie im Ausgangssignal nicht mehr vorkommen:

$$G_{HP}(j\omega) = \begin{cases} k_P e^{-j\omega T_L} & \text{für} \quad |\omega| \geq \omega_G = 2\pi f_G \\ 0 & \text{sonst} \end{cases}. \tag{4.253}$$

Diese Übertragungsfunktion läßt sich damit auch mit der des idealen Tiefpasses ausdrücken:

$$G_{HP}(j\omega) = k_P e^{-j\omega T_L} - G_{TP}(j\omega). \tag{4.254}$$

Für den besonderen Fall, daß die Laufzeitzeit T_L zu Null gewählt wird (was jedoch, wie diskutiert wurde, Nachteile für die Realisierbarkeit hat), ergibt sich einfach:

$$G_{HP}(j\omega) = k_P - G_{TP}(j\omega) \tag{4.255}$$

mit $T_L = 0$.

Die Impulsantwort folgt aus der Rücktransformation von Gl. 4.253:

$$\begin{aligned} g_{HP}(t) &= k_P \delta(t - T_L) - \frac{k_P \omega_G}{\pi} \, \mathrm{si}[\omega_G(t - T_L)] \\ &= k_P \delta(t - T_L) - 2 k_P f_G \, \mathrm{si}[\omega_G(t - T_L)]. \end{aligned} \tag{4.256}$$

Durch Integration dieser Beziehung unter Verwendung der Sprungantwort des idealen Tiefpasses folgt die Sprungantwort:

$$h_{HP}(t) = k_P \cdot \sigma(t - T_L) - \frac{k_P}{2} - \frac{k_P}{\pi} \, Si[\omega_G(t - T_L)] \quad . \tag{4.257}$$

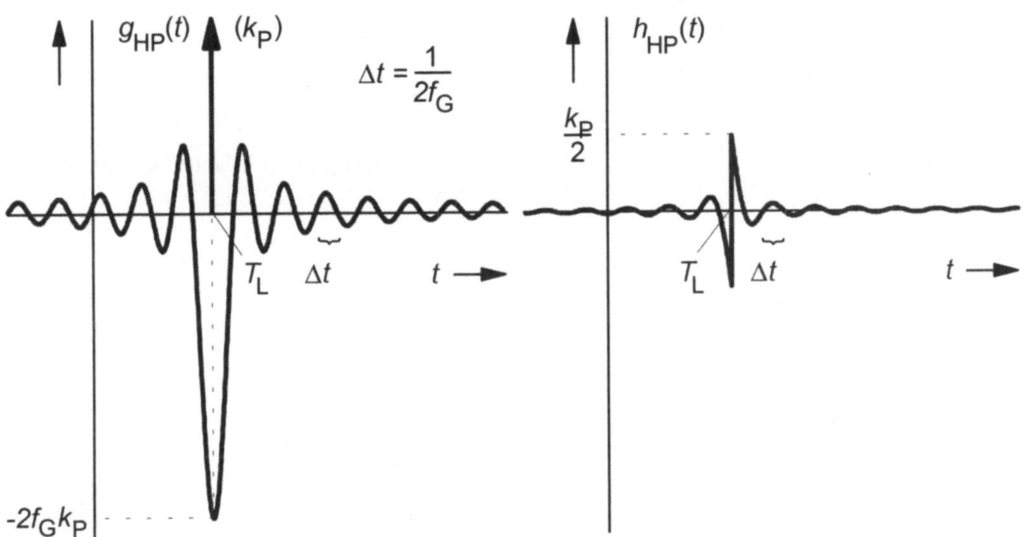

Bild 4.57
Amplitudengang und Phase des idealen Hochpasses

Bild 4.58
Impuls- und Sprungantwort des idealen Hochpasses

Wie nicht anders zu erwarten war, ist auch der ideale Hochpaß akausal und damit nicht realisierbar.

4.9.5 Der ideale Bandpaß

Der ideale Bandpaß überträgt *innerhalb* eines Frequenzbereichs $\omega_\mathrm{u} \leq |\omega| \leq \omega_\mathrm{o}$ mit der Mittenfrequenz $\omega_\mathrm{m} = 0,5(\omega_\mathrm{u} + \omega_\mathrm{o})$ sowie der Bandbreite $B = f_\mathrm{o} - f_\mathrm{u}$ ein Signal verzerrungsfrei, während alle Spektralanteile *außerhalb* ideal gedämpft werden und im Ausgangssignal nicht mehr vorkommen:

$$G_\mathrm{BP}(j\omega) = \begin{cases} k_\mathrm{P} e^{-j\omega T_\mathrm{L}} & \text{für} \quad \omega_\mathrm{u} \leq |\omega| \leq \omega_\mathrm{o} \\ 0 & \text{sonst} \end{cases} \,. \tag{4.258}$$

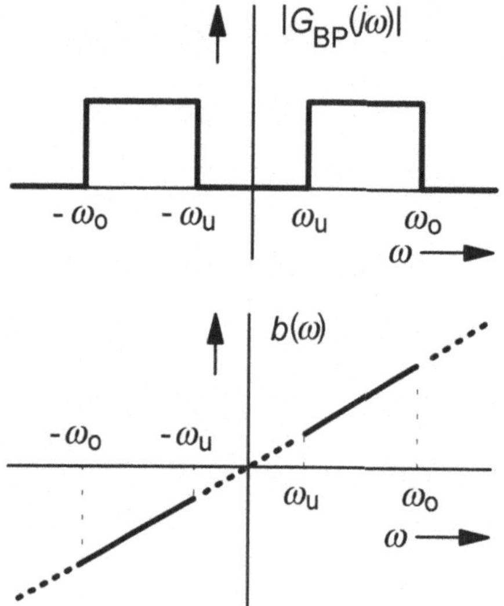

Bild 4.59
Amplitudengang und Phase des idealen Bandpasses

Damit läßt sich die Übertragungsfunktion aber darstellen als

$$G_\mathrm{BP}(j\omega) = k_\mathrm{P} e^{-j\omega T_\mathrm{L}} - G_\mathrm{TP}(j\omega)_{\omega_\mathrm{G} = \omega_\mathrm{u}} - G_\mathrm{HP}(j\omega)_{\omega_\mathrm{G} = \omega_\mathrm{o}}; \tag{4.259}$$

bzw. für die Impuls- und Sprungantwort entsprechend:

$$g_\mathrm{BP}(t) = k_\mathrm{P}\delta(t - T_\mathrm{L}) - g_\mathrm{TP}(t)_{\omega_\mathrm{G} = \omega_\mathrm{u}} - g_\mathrm{HP}(t)_{\omega_\mathrm{G} = \omega_\mathrm{o}}, \tag{4.260}$$

$$h_\mathrm{BP}(t) = k_\mathrm{P}\sigma(t - T_\mathrm{L}) - h_\mathrm{TP}(t)_{\omega_\mathrm{G} = \omega_\mathrm{u}} - h_\mathrm{HP}(t)_{\omega_\mathrm{G} = \omega_\mathrm{o}}. \tag{4.261}$$

Damit folgt:

$$g_\mathrm{BP}(t) = \tfrac{k_\mathrm{P}}{\pi}(\omega_\mathrm{o}\,\mathrm{si}[\omega_\mathrm{o}(t - T_\mathrm{L})] - \omega_\mathrm{u}\,\mathrm{si}[\omega_\mathrm{u}(t - T_\mathrm{L})]) \tag{4.262}$$

$$= 2k_\mathrm{P}(f_\mathrm{o}\,\mathrm{si}[\omega_\mathrm{o}(t - T_\mathrm{L})] - f_\mathrm{u}\,\mathrm{si}[\omega_\mathrm{u}(t - T_\mathrm{L})]). \tag{4.263}$$

Mit dem Additionstheorem

$$\sin x - \sin y = 2 \cos \frac{x+y}{2} \sin \frac{x-y}{2}$$

läßt sich die Beziehung etwas vereinfachen:

$$g_{\mathrm{BP}}(t) = 2k_{\mathrm{P}}B\,\mathrm{si}[\pi B(t - T_{\mathrm{L}})]\cos[\omega_{\mathrm{m}}(t - T_{\mathrm{L}})]. \tag{4.264}$$

Für die Sprungantwort folgt nach Gl. 4.261 zusammen mit der Sprungantwort des idealen Tiefpasses Gl. 4.248:

$$h_{\mathrm{BP}}(t) = \frac{k_{\mathrm{P}}}{\pi}\{\mathrm{Si}[\omega_{\mathrm{o}}(t - T_{\mathrm{L}})] - \mathrm{Si}[\omega_{\mathrm{u}}(t - T_{\mathrm{L}})]\}. \tag{4.265}$$

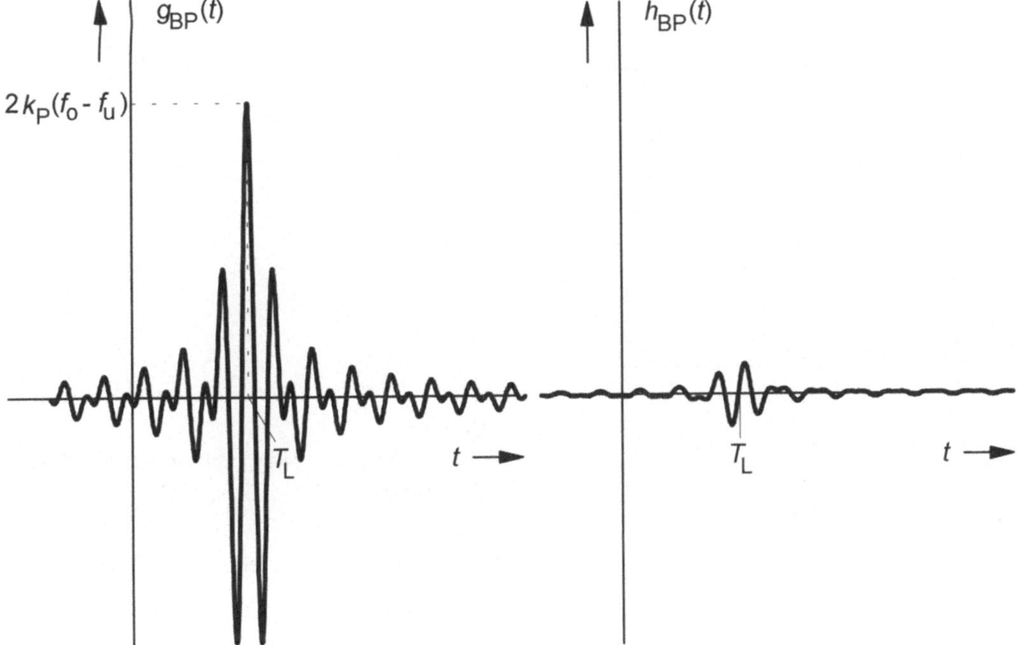

Bild 4.60
Impuls- und Sprungantwort des idealen Bandpasses mit $f_{\mathrm{o}} = 2f_{\mathrm{u}}$

Wie die anderen idealen Filter ist auch der ideale Bandpaß akausal.

4.9.6 Die ideale Bandsperre

Im Gegensatz zum Bandpaß hat eine Bandsperre die Aufgabe, innerhalb des Frequenzbereiches $\omega_u \le |\omega| \le \omega_o$ die Spektralanteile eines Signals ideal zu dämpfen, während sie außerhalb des Bereichs verzerrungsfrei durchgelassen werden sollen:

$$G_{BS}(j\omega) = \begin{cases} 0 & \text{für} \quad \omega_u \le |\omega| \le \omega_o \\ k_P e^{-j\omega T_L} & \text{sonst} \end{cases}.$$

$$(4.266)$$

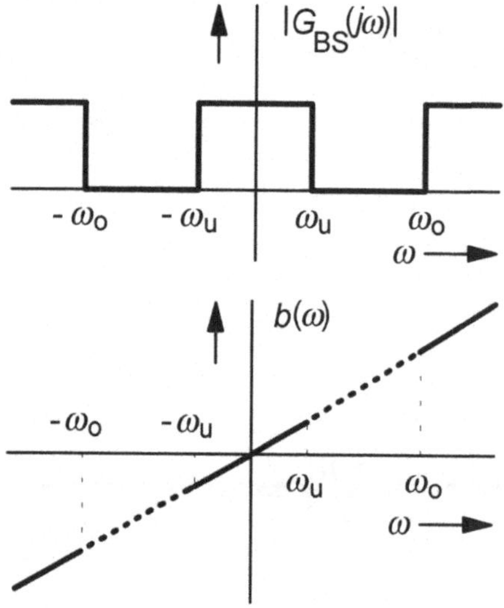

Bild 4.61
Amplitudengang und Phase der idealen Bandsperre

Offensichtlich gilt damit für die Bandsperre zum Bandpaß die gleiche Komplementarität wie zwischen Tief- und Hochpaß; damit folgt

$$G_{BS}(j\omega) = k_P e^{-j\omega T_L} - G_{BP}(j\omega),$$

$$(4.267)$$

sowie für die Impuls- bzw. Sprungantwort:

$$g_{BS}(t) = k_P\,\delta(t - T_L) - g_{BP}(t)$$

$$= k_P\,\delta(t - T_L) - 2k_P B\,\text{si}[\pi B(t - T_L)]\cos[\omega_m(t - T_L)],$$

$$(4.268)$$

$$h_{BS}(t) = k_P\sigma(t - T_L) - h_{BP}(t)$$

$$= k_P\sigma(t - T_L) - \frac{k_P}{\pi}\{\text{Si}[\omega_o(t - T_L)] - \text{Si}[\omega_u(t - T_L)]\}.$$

$$(4.269)$$

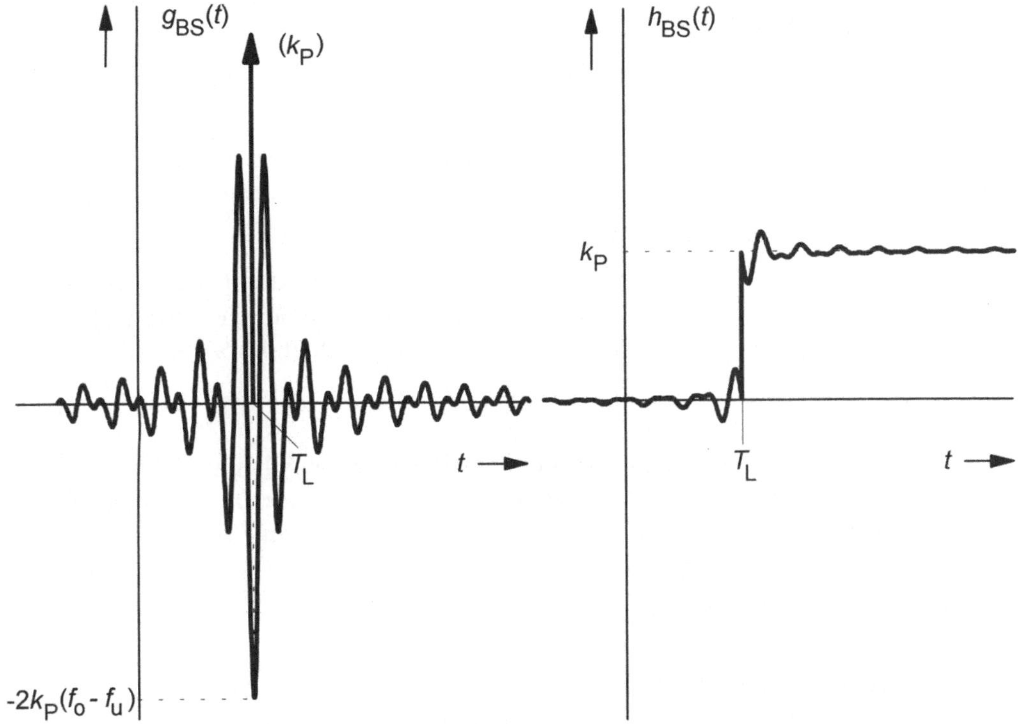

Bild 4.62
Impuls- und Sprungantwort der idealen Bandsperre mit $f_o = 2f_u$

> Ideale Filter sind *nicht realisierbar*, da ihre Stoß- und Sprungantworten *akausal* sind; ihr Frequenzgang ist deshalb durch ein *realisierbares* System nur *approximierbar*. Zusammen mit dem verzerrungsfreien System stellt der Tiefpaß dabei das *Grundsystem* der Filter dar, da sich alle anderen Filtertypen daraus ableiten lassen.

4.10 Die Amplitudenmodulation

Eine der wichtigsten Verbindungswege zwischen Sender und Empfänger einer Nachricht ist nicht leitungsgebunden, wie z.B. beim klassischen Telefonnetz, sondern es wird die Ausbreitung einer elektromagnetischen Welle zwischen einer Sende- und einer Empfangsantenne genutzt, wie z.B. beim digitalen, mobilen Telefon oder auch beim Rundfunk und Fernsehen. Dazu wird mit Hilfe einer Modulation das Spektrum des Sendesignals in einen höheren Frequenzbereich verschoben.

Dies hat deutliche Vorteile:

- Die von einer Antenne abgestrahlte und auch empfangene Leistung nimmt mit der Frequenz f zu, dementsprechend können die Antennen kleiner sein.
- Durch eine Aufteilung des zur Verfügung stehenden gesamten Frequenzbereiches in einzelne Frequenzbänder kann gleichzeitig eine Vielzahl von Nachrichten übertragen werden.

Die (reelle) Nachricht sei $s(t)$ mit der bandbegrenzten Spektraldichte $S(j\omega)$, so daß $|S(j\omega)| = 0$ für $|\omega| > \omega_G$. Durch Multiplikation mit einer harmonischen Schwingung, die *Trägerschwingung* bzw. kurz der *Träger* genannt wird, entsteht das Signal $f(t)$:

$$f(t) = s(t) \cdot e^{j\omega_o t}. \tag{4.270}$$

Demnach verändert sich die Amplitude der Schwingung im Rhythmus der Nachricht, der Amplitude wird die Nachricht *aufmoduliert*, weswegen von einer *Amplitudenmodulation* gesprochen wird. Die Multiplikation hat den Sinn, das Spektrum der Nachricht entsprechend Gl. 4.176 um ω_0 zu „verschieben":

$$s(t) \circ\!\!-\!\!\bullet\ S(j\omega),$$

$$s(t) \cdot e^{j\omega_o t} \circ\!\!-\!\!\bullet\ S(j\omega - j\omega_0). \tag{4.271}$$

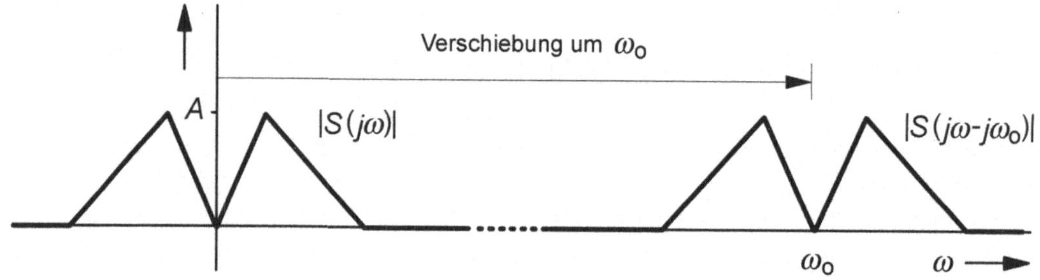

Bild 4.63
Verschiebung des Spektrums einer Nachricht um ω_o

Die Nachricht ist nun in der Amplitude der Schwingung verborgen bzw. codiert, sie kann wieder unverfälscht zurückerhalten werden, indem $f(t)$ mit $e^{-j\omega_o t}$ multipliziert wird (*Demodulation*):

$$s(t) = f(t) \cdot e^{-j\omega_o t}. \tag{4.272}$$

Im Frequenzbereich verschiebt sich dadurch das Spektrum an die Originalposition zurück. Die prinzipielle technische Anordnung der Modulation und Demodulation zeigt das folgende Bild:

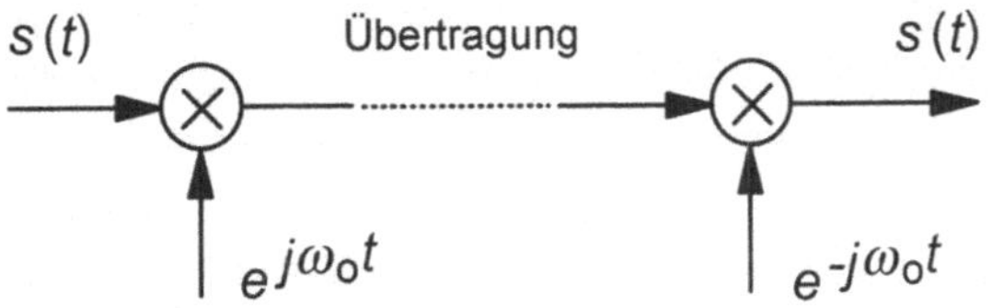

Bild 4.64
Prinzipielle Anordnung zur Modulation und Demodulation

Allerdings kann die harmonische Schwingung $e^{j\omega_o t}$ nicht erzeugt werden; wird statt dessen mit der Trägerschwingung $\cos(\omega_o t)$ multipliziert, so folgt:

$$f(t) = s(t) \cdot \cos(\omega_o t) = \tfrac{1}{2}s(t)e^{j\omega_o t} + \tfrac{1}{2}s(t)e^{-j\omega_o t}. \tag{4.273}$$

Damit findet *gleichzeitig* eine Verschiebung des Spektrums $S(j\omega)$ um ω_0 sowie auch um $-\omega_0$ statt, beide nehmen betragsmäßig um die Hälfte ab:

$$F(j\omega) = \tfrac{1}{2}S(j\omega - j\omega_0) + \tfrac{1}{2}S(j\omega + j\omega_0) \tag{4.274}$$

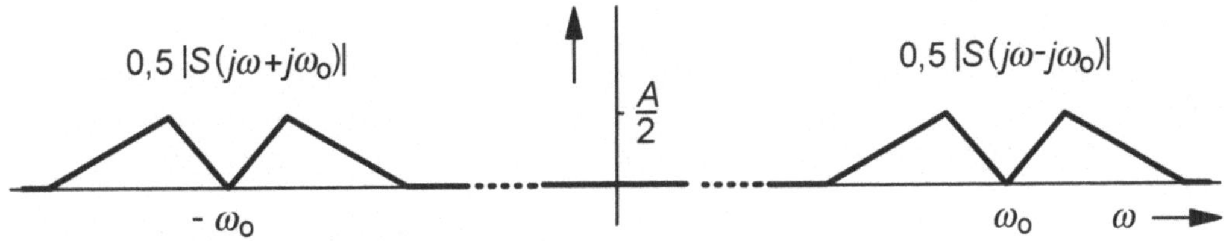

Bild 4.65
Verschiebung des Spektrums bei Multiplikation mit $\cos(\omega_o t)$

Für eine Demodulation wird das Signal $f(t)$ noch einmal mit $\cos(\omega_o t)$ multipliziert; für das resultierende Spektrum folgt dann:

$$f(t) \cdot \cos(\omega_o t) \circ\!-\!\bullet \tfrac{1}{4}S(j\omega - 2j\omega_0) + \tfrac{1}{4}S(j\omega + 2j\omega_0) + \tfrac{1}{2}S(j\omega) \tag{4.275}$$

Um das Originalspektrum zurückzuerhalten bzw. die Spektralanteile in der Umgebung von $\pm 2\omega_0$ zu dämpfen, muß nun noch ein Tiefpaß nachgeschaltet werden:

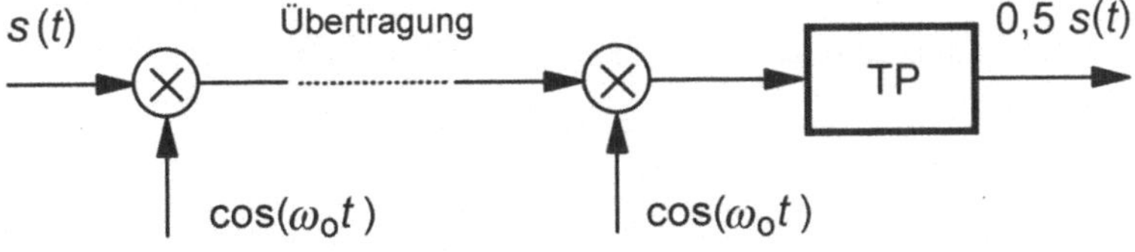

Bild 4.66
Übertragungssystem bei der Amplitudenmodulation

Ein in der Praxis auftretendes Problem ist, daß die Frequenz ω_0 im Empfänger (bzw. Demodulator) mit derjenigen im Sender (bzw. Modulator) genau übereinstimmen muß, da es sonst bei der Demodulation zu einer *Frequenzverschiebung* kommt. Deshalb wird die Trägerfrequenz im Signal $f(t)$ mitgeführt und der *Modulationsgrad m* ($0 < m < 1$) definiert, der angibt, zu wieviel Prozent die Amplitude des Trägers maximal verändert wird:

$$f(t) = \cos(\omega_0 t) + m \cdot s(t) \cdot \cos(\omega_0 t) = [1 + m \cdot s(t)] \cdot \cos(\omega_0 t) \tag{4.276}$$

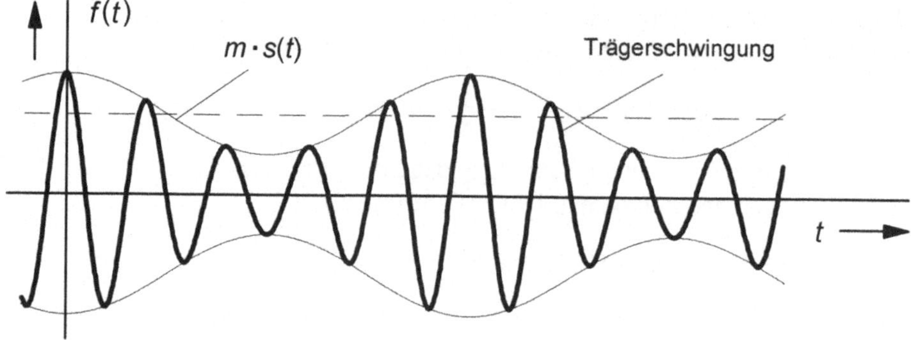

Bild 4.67
Amplitudenmodulierte Trägerschwingung $\cos(\omega_0 t)$ mit $m = 0,5$

Im Spektrum $F(j\omega)$ treten nun noch zusätzlich die Deltafunktionen des Trägers auf, da

$$\cos(\omega_0 t) = \tfrac{1}{2}(e^{j\omega_0 t} + e^{-j\omega_0 t}),$$

$$\tfrac{1}{2}e^{j\omega_0 t} \circ\!\!-\!\!\bullet \pi\delta(\omega - \omega_0), \quad \tfrac{1}{2}e^{-j\omega_0 t} \circ\!\!-\!\!\bullet \pi\delta(\omega + \omega_0).$$

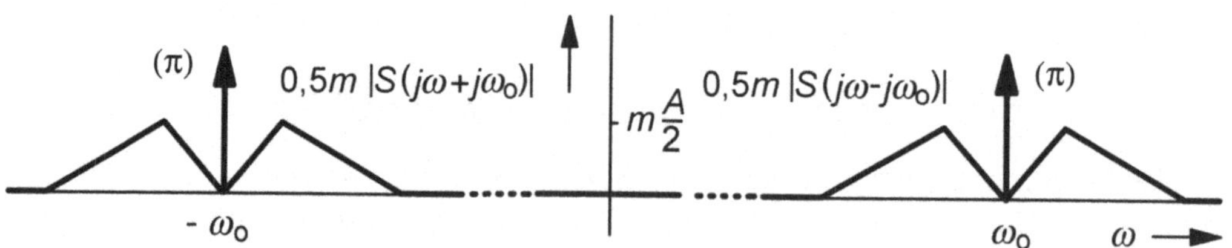

Bild 4.68
Spektrum des amplitudenmodulierten Signals mit Trägerschwingung

5 Die Behandlung kontinuierlicher LTI-Systeme im Bildbereich

Mit der *Fourier-Transformation* können die *Spektralanteile* eines Signals bestimmt werden und wie sie sich durch die Systeme eines Übertragungsweges *verändern*; sie hat deswegen ihre große Bedeutung in der Nachrichten- und Kommunikationstechnik. Es ist dabei meistens nebensächlich, welchen *zeitlichen* Verlauf die Signale haben.

Selbst bei einfachen Signalen, wie z.B. der Sprungfunktion, kann es aber Konvergenzprobleme geben. Zwar läßt sich das Spektrum des Einheitssprunges noch berechnen, jedoch nur mit Hilfe verallgemeinerter Funktionen (siehe Unterkapitel 4.7.5); die meisten Reaktionen instabiler Systeme z.B. lassen sich dagegen nicht mehr über die Fourier-Transformation berechnen, da sie nicht absolut integrabel sind.

Im Gegensatz dazu kommt es bei einer Vielzahl von Fragestellungen auf den *zeitlichen* Verlauf an, so u.a. beim Einschwingen von Netzwerken, Meßgeräten sowie geschlossenen Regelkreisen. Dies gilt insbesondere dann, wenn es sich um kritische Regelstrecken bzw. Prozesse handelt, wie z.B. um ein Flugzeug, das in alle drei Bewegungsachsen - Nicken, Gieren, Rollen - instabiles Verhalten aufweist. Ein weiteres Beispiel ist die Beurteilung von Tiefpässen anhand des Einschwingverhaltens in der Impuls- und Breitbandtechnik, zusätzlich zu den Forderungen an die Übertragungseigenschaften im Durchlaß- und Sperrbereich.

Fast immer interessiert dabei das Verhalten erst *ab* einem bestimmten Zeitpunkt, zu dem z.B. eine sprungförmige Erregung beginnt, und der entsprechend der bisherigen Vorgehensweise willkürlich mit $t = 0$ bezeichnet werden kann; er hat dann die Bedeutung eines *Anfangszeitpunktes*. Für solche Aufgabenstellungen ist es legitim, nur Signale zu betrachten, die für $t < 0$ identisch Null sind. Solche Funktionen heißen *Einschaltfunktionen*, oder man nennt sie *kausal*, in Anlehnung an die Sprung- und Impulsantworten kausaler Systeme. Für $t = 0$ ist schon ein Funktionswert erlaubt, so daß auch Deltafunktionen vorkommen dürfen, wie das folgende Bild beispielhaft zeigt:

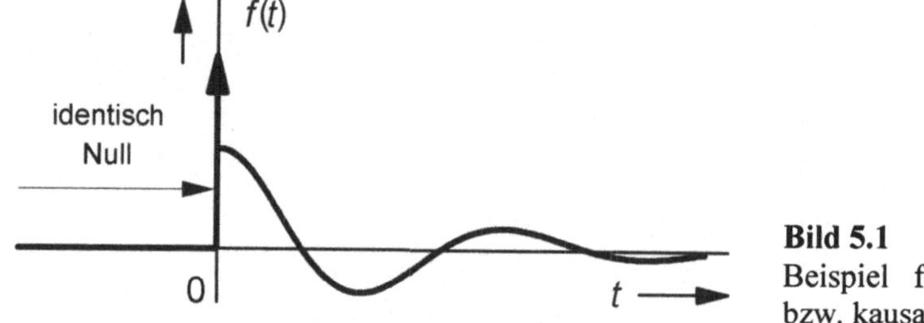

Bild 5.1
Beispiel für eine Einschaltfunktion
bzw. kausale Funktion

Naturwissenschaftlich und technisch relevante kausale Funktionen besitzen eine sogenannte *Laplace-Transformierte* (nach Pierre Simon Laplace, französischer Mathematiker und Physiker, 1749 - 1827). Wird von der Laplace-Transformation gesprochen, so handelt es sich um die sogenannte *einseitige* Transformation, mit der kausale Funktionen transformiert werden können und die im folgenden diskutiert wird; mit der *zweiseitigen* können zwar auch nicht-kausale Funktionen behandelt werden, sie hat aber nicht dieselbe praktische Bedeutung.

5.1 Grundlagen

Es ist die nach Laplace benannte Idee, statt einer nicht absolut integrablen Funktion $f(t)$, für die keine Fourier-Transformierte existiert, die mit einem *Dämpfungsfaktor* $e^{-\sigma t}$ multiplizierte Funktion zu betrachten:

Originalfunktion: *gedämpfte Funktion*:

$$f(t) \quad \xrightarrow{\text{Multiplikation mit Dämpfungsfaktor}} \quad f_{\text{ged}}(t) = e^{-\sigma t} \cdot f(t). \tag{5.1}$$

Hierbei ist σ ein *freier* Parameter[4], der so gewählt werden muß, daß das Fourier-Integral konvergiert. Die in der Praxis am schnellsten ansteigenden Funktionen sind die e-Funktionen, z.B. die Eigenfunktion eines instabilen Systems, so daß immer ein σ gefunden werden kann und damit die Fourier-Transformierte existiert. Ein Gegenbeispiel ist die noch schneller ansteigende Funktion e^{t^2}, die aber lediglich von akademischem Interesse ist.

Der „Trick" funktioniert jedoch nur für kausale Funktionen, wie das folgende Bild verdeutlicht:

---

[4] Leider ist es üblich, den Parameter des Dämpfungsterms σ zu nennen. Aus dem Kontext ist jedoch erkennbar, ob es sich um diesen Parameter oder um die Sprungfunktion $\sigma(t)$ handelt.

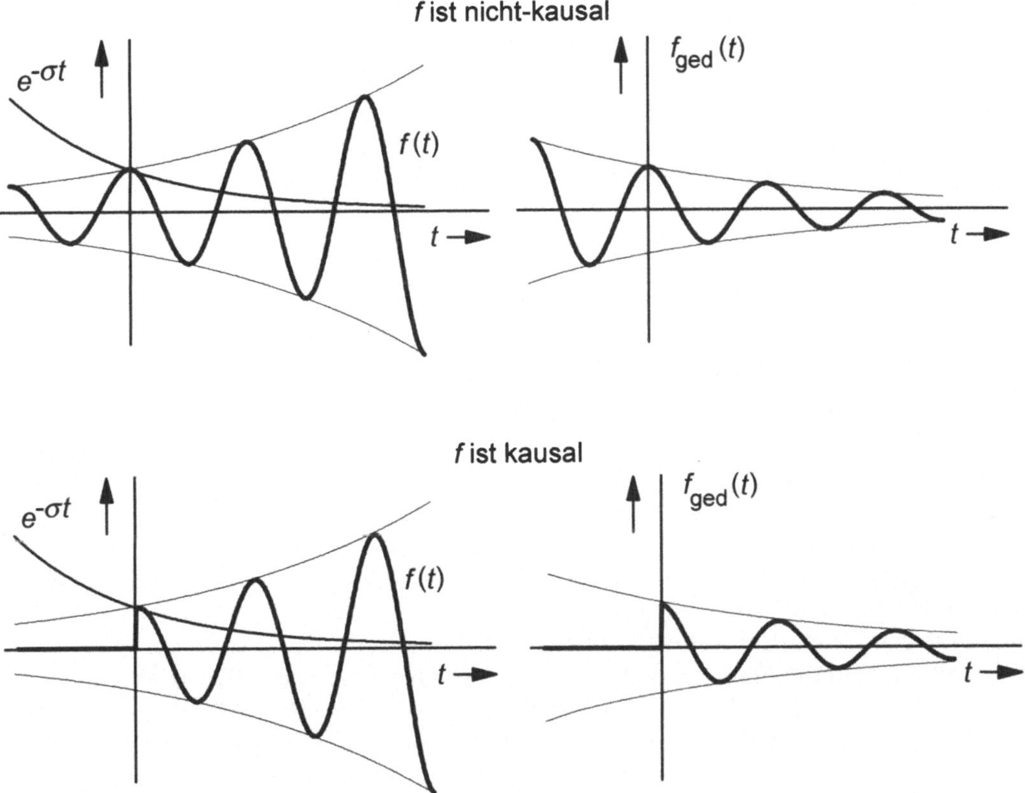

Bild 5.2
Beispiele für eine nicht-kausale und eine kausale Funktion mit sinnvoll gewähltem Parameter σ

5.1.1 Definition der Laplace-Transformation

Wie das obige Bild zeigt, ist die nicht-kausale gedämpfte Funktion $f_{ged}(t)$ zwar für $t > 0$ absolut integrabel, nicht jedoch für $t < 0$. Für kausale Zeitfunktionen gilt $f(t) = f(t) \cdot \sigma(t)$, so daß die untere Grenze der Fourier-Transformation zu Null gesetzt werden kann:

$$F_{ged}(j\omega) = \int_0^\infty f_{ged}(t) \cdot e^{-j\omega t} dt = \int_0^\infty f(t) e^{-\sigma t} \cdot e^{-j\omega t} dt = \int_0^\infty f(t) \cdot e^{-(\sigma + j\omega)t} dt. \tag{5.2}$$

Zum Teil wird die untere Grenze in der Literatur mit 0_- angegeben; dies soll nachdrücklich daran erinnern, daß Deltafunktionen in der Funktion berücksichtigt werden müssen. Da nun σ sowie auch ω Parameter bzw. Variable darstellen, können sie zu einer komplexen Variablen $s = \sigma + j\omega$ zusammengefaßt werden (z.T. wird auch p statt s verwendet), wodurch die von s abhängige Bildfunktion $F(s)$ definiert wird:

$$F(s) = \int_0^\infty f(t) \cdot e^{-st}\, dt. \tag{5.3}$$

Diese Abbildung heißt *Laplace-Transformation*, sie bildet die Originalfunktion $f(t)$ im *Zeitbereich* auf die Bildfunktion $F(s)$ im *Bildbereich* ab (im Gegensatz zur Spektraldichte $F(j\omega)$ im Frequenzbereich). In der Operatorschreibweise wird dies durch

$$F(s) = \text{L}\,\{f(t)\}, \tag{5.4}$$

$$f(t) = \text{L}^{-1}\,\{F(s)\} \tag{5.5}$$

dargestellt; das Korrespondenzzeichen soll wie bei der Fourier-Transformation ausdrükken, daß die beiden Funktionen zusammengehören:

$$f(t) \circ\!\!-\!\!\bullet F(s).$$

Die Bildfunktion korrespondiert eindeutig mit der Zeitfunktion. Wird diese an *endlich* vielen Stellen *punktuell* verändert, so bleibt die Bildfunktion *gleich*, denn die Veränderungen tragen *nicht* zum Integral bei. Solche Zeitfunktionen werden deshalb als *identisch* betrachtet; damit ist die Laplace-Transformation *umkehrbar eindeutig* bzw. die Original- und Bildfunktion gehören *eineindeutig* zusammen. Diese Besonderheit gibt es genauso bei der Fourier-Transformation: Sie zeigt sich z.B. als Gibbssches Phänomen bei der Spektral-Darstellung der Rechteckschwingung. Auch bei der Laplace-Transformation bildet die Bildfunktion die Originalfunktion an Unstetigkeitsstellen auf den arithmetischen Mittelwert des rechts- und linksseitigen Grenzwertes ab, also z.B. bei der Sprungfunktion für $t = 0$ auf 0,5. Da die Laplace-Transformation aus der Fourier-Transformation hervorgegangen ist, bleiben noch weitere Eigenschaften erhalten, wie z.B. die *Linearität*; es gibt jedoch einige Unterschiede, die in Kapitel 5.3 diskutiert werden.

Bei der Laplace-Transformation muß der Parameter $\sigma = \text{Re}\,s$ so gewählt werden, daß das Transformationsintegral konvergiert, also nicht unendlich wird. Die Vorgehensweise verdeutlicht das folgende Beispiel:

☐ **Beispiel 5.1**

Man bestimme die Laplace-Transformierte bzw. Bildfunktion von $u(t) = 10\text{V} \cdot \sigma(t)$.

Normalerweise würde man diese sprungförmige Spannung normieren; es kann aber ohne Normierung gezeigt werden, daß es sich bei $U(s)$ wie schon bei $U(j\omega)$ um eine *Dichtefunktion* handelt. Die Zeitfunktion in das Laplace-Integral eingesetzt, ergibt:

$$U(s) = \int_0^\infty 10\text{V} \cdot e^{-st}\, dt = 10\text{V} \cdot [-\tfrac{1}{s} e^{-st}]_0^\infty = -\tfrac{10\text{V}}{s} \cdot [e^{-\sigma t} \cdot e^{-j\omega t}]_0^\infty.$$

$e^{-j\omega t}$ stellt einen sich drehenden Zeiger mit dem *konstanten* Betrag Eins dar; damit hängt es wie erwartet vom Dämpfungsterm $e^{-\sigma t}$ ab, ob der Wert bei der oberen Grenze für $t \to \infty$ endlich wird oder nicht. Offensichtlich sind alle $\sigma > 0$ erlaubt, denn dann gilt $\lim\limits_{t\to\infty} e^{-\sigma t} = 0$. Diesen erlaubten Bereich für Re $s = \sigma$ nennt man die *Konvergenzhalbebene* oder den *Konvergenzbereich*, die nicht mehr dazugehörende Grenze $\sigma = 0$ die *Konvergenzabszisse c*:

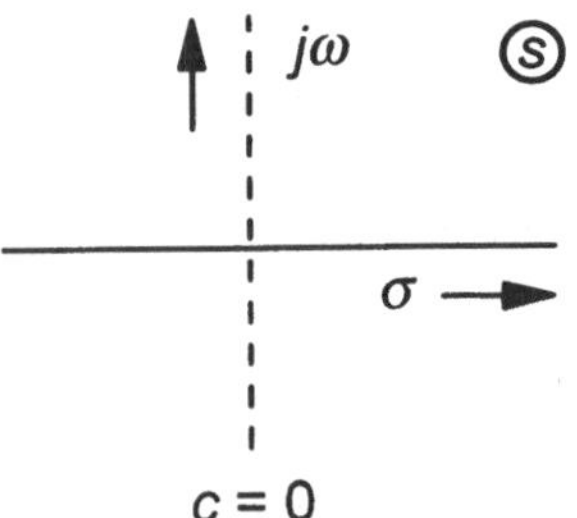

Bild 5.3
Konvergenzbereich mit -abszisse c für die
Sprungfunktion $\sigma(t)$

Für die gesuchte Bildfunktion folgt letztlich:

$$U(s) = \frac{10\,\mathrm{V}}{s} \text{ für Re } s > 0.$$

Damit treten in der Tat durch den Dämpfungsterm bei der Transformation der Sprungfunktion im Gegensatz zur Fourier-Transformation keine Konvergenzprobleme mehr auf. Bei unnormierter Zeit hat s die gleiche Einheit wie ω, also 1/Sekunde, sowie $U(s)$ die Einheit Vs; damit ist gezeigt, daß es sich um eine *Dichtefunktion* handelt (komplexe Amplitude pro Frequenz). $\square$

5.1.2 Der Konvergenzbereich

Durch die Definition des Dämpfungsterm als $e^{-\sigma t}$ befindet sich die Konvergenzhalbebene *rechts* von der Grenze c. Es ist auch möglich, daß die gesamte s-Ebene der Konvergenzbereich ist. Der andere Extremfall, daß für eine Funktion das Laplace-Integral nicht konvergiert und damit kein Konvergenzbereich existiert, ist für technische Anwendungen ohne Bedeutung (Beispiele sind $\frac{1}{t} \cdot \sigma(t)$ oder $\log t \cdot \sigma(t)$).

$\square$ **Beispiel 5.2**

a) Zu bestimmen ist die Bildfunktion von $f_1(t) = e^{at} \cdot \sigma(t)$.

$$F_1(s) = \int\limits_0^\infty e^{at} \cdot e^{-st}\, dt = \int\limits_0^\infty e^{(a-s)t}\, dt = \frac{-1}{(s-a)} \cdot \left[e^{-(s-a)t} \right]_0^\infty = \frac{-1}{(s-a)} \cdot \left[e^{-(\sigma-a)t} \cdot e^{-j\omega t} \right]_0^\infty.$$

Auch in diesem Fall kann es wieder bei der oberen Grenze Probleme geben; es muß gefordert werden, daß $\lim\limits_{t\to\infty} e^{-(\sigma-a)t} = 0$. Daraus folgt Re $s > a$ (bzw. $c = a$) sowie für die Bildfunktion:

$$F_1(s) = \frac{1}{s-a} \text{ für Re } s > a. \tag{5.6}$$

Der obige Fall der Sprungfunktion ist für $a = 0$ in diesem Beispiel enthalten:

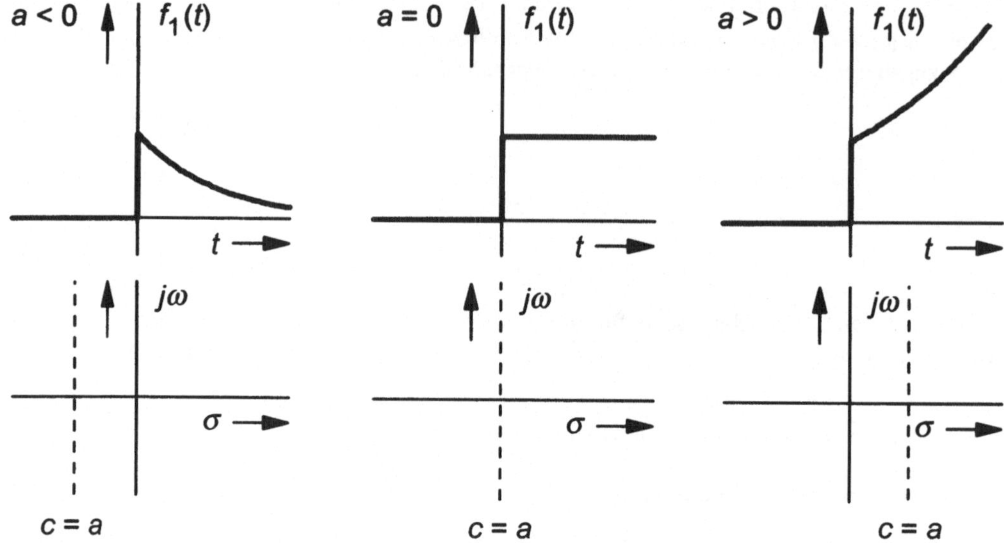

Bild 5.4
Verschiedene eingeschaltete e-Funktionen $f_1(t) = e^{at} \cdot \sigma(t)$ und ihre Konvergenzbereiche

b) Zu bestimmen ist die Bildfunktion von $f_2(t) = [3e^{-3t} - 5e^{0,1t}] \cdot \sigma(t)$.

Dies ist eine Summe bzw. Überlagerung von zwei Einzelfunktionen; da es sich um eine *lineare* Integral-Transformation handelt, *überlagern* sich auch die Bildfunktionen:

$$F_2(s) = \frac{3}{s+3} - \frac{5}{s-0,1}.$$

Die Konvergenzabszisse der ersten Teilfunktion beträgt $c_1 = -3$, die der zweiten $c_2 = 0,1$. Da der Dämpfungsfaktor σ so gewählt werden muß, daß *beide* Bildfunktionen existieren, ist die *Schnittmenge* der Konvergenzbereiche entscheidend; anders ausgedrückt, das *größte* c ist die *gemeinsam* gültige Grenze: $c = 0,1$.

Bringt man die beiden rationalen Funktionen auf einen Hauptnenner, so erhält man die *alternative* Darstellung:

$$F_2(s) = \frac{-2s-15,3}{(s+3)(s-0,1)} = -2 \cdot \frac{s+7,65}{(s+3)(s-0,1)}, \ \text{Re } s > 0,1.$$

c) Zu bestimmen ist die Bildfunktion von $f_3(t) = \text{rect}(t - \frac{1}{2})$.

(Für die unverschobene Rechteckfunktion existiert *keine* Bildfunktion, da sie akausal ist.) Die verschobene Funktion ist Eins für $0 \le t \le 1$, so daß folgt:

$$F_3(s) = \int_0^1 e^{-st} dt = \frac{-1}{s}[e^{-st}]_0^1 = \frac{1}{s}(1 - e^{-s}).$$

Offensichtlich ist bei beiden Grenzen jeder Wert von σ erlaubt, ohne daß Konvergenzprobleme auftreten; die Konvergenzebene ist somit die gesamte s-Ebene. Der Grund liegt darin, daß die

Fläche des Impulses $f_3(t)$ endlich ist. Auch mit einem sehr negativen σ ändert sich daran für die „gedämpfte" Funktion $e^{-\sigma t} \cdot f_3(t)$ nichts.

Die Rechteckfunktion kann auch als Summe von zwei Sprungfunktionen dargestellt werden:

$$f_3(t) = \sigma(t) - \sigma(t-1).$$

Nach dem obigen Ergebnis korrespondiert damit die Bildfunktion

$$F_3(s) = \tfrac{1}{s} - \tfrac{1}{s} \cdot e^{-s}.$$

Nun war bei der Fourier-Transformation die Multiplikation mit $e^{-j\omega T_L}$ eine zeitliche *Verzögerung* der Originalfunktion um T_L, denn es handelt sich gleichzeitig um die Übertragungsfunktion des Laufzeitsystems. Bei der Laplace-Transformation ist die Verzögerung im Bildbereich nun eine Multiplikation mit e^{-sT_L}. Formal ist dabei nur $j\omega$ durch s ersetzt worden; leider ist dies nicht immer so (sonst wäre dieses Hauptkapitel über die Laplace-Transformation überflüssig), wie im Kapitel 5.7 noch diskutiert wird. $\qquad\Box$

Zusammenfassend kann festgestellt werden, daß für die naturwissenschaftlich und technisch relevanten Funktionen ein Konvergenzbereich gefunden werden kann, so daß die Bildfunktionen existieren. Es muß deshalb nicht bei jeder Aufgabenstellung der Konvergenzbereich untersucht werden, denn letztlich muß σ nur groß genug sein.

Die zu transformierende Funktion $f(t)$ muß damit die folgenden Bedingungen erfüllen:

- Sie muß kausal sein, d.h. $f(t) = 0$ für $t < 0$.
- Sie darf im Bereich $0 \le t < \infty$ keine nicht absolut integrablen Unendlichkeitsstellen (Pole) aufweisen (Deltafunktionen sind integrabel und damit erlaubt).
- Sie darf betragsmäßig nicht schneller ansteigen als eine e-Funktion e^{at} mit beliebigem $a < \infty$.

5.1.3 Definition der Rücktransformation

Wird für die gedämpfte Funktion die Fourier-Rücktransformation angesetzt, wobei die Bildfunktion nur den *kausalen* Anteil $f(t) \cdot \sigma(t)$ der Funktion darstellt, so folgt:

$$f(t) \cdot \sigma(t) \cdot e^{-\sigma t} = \tfrac{1}{2\pi} \int\limits_{-\infty}^{\infty} F(s) \cdot e^{j\omega t}\, d\omega. \tag{5.5}$$

Beide Seiten werden mit $e^{\sigma t}$ multipliziert:

$$f(t) \cdot \sigma(t) = \tfrac{1}{2\pi} \int\limits_{-\infty}^{\infty} F(s) \cdot e^{\sigma t} e^{j\omega t}\, d\omega = \tfrac{1}{2\pi} \int\limits_{-\infty}^{\infty} F(s) \cdot e^{st}\, d\omega.$$

Da auch bei der Rücktransformation die neue Variable s gebildet werden kann, sollte die Integration ebenfalls über s vorgenommen werden:

$$s = \sigma + j\omega \;\rightarrow\; ds = jd\omega \;\rightarrow\; d\omega = \frac{1}{j}ds.$$

Der Integrationsweg muß dabei so gewählt werden, daß er *in* der Konvergenzhalbebene verläuft:

$$f(t) \cdot \sigma(t) = \frac{1}{2\pi j} \int\limits_{\sigma-j\infty}^{\sigma+j\infty} F(s) \cdot e^{st} ds, \; \text{Re } s > c. \tag{5.6}$$

Die Auswertung dieses Umkehr-Integrals ist deutlich schwieriger als die Berechnung einer Bildfunktion, denn sie erfordert Kenntnisse aus der Theorie komplexer Funktionen, der *Funktionentheorie*. Diese Schwierigkeiten lassen sich durch eine Beschränkung auf die wesentlichen, in der Praxis vorkommenden Signale umgehen. Insbesondere bei Erregungen der hier betrachteten LTI-Systeme, die durch *rationale* Übertragungsfunktionen beschrieben werden, sind die Reaktionen im Bildbereich häufig als eine *Summe elementarer Bildfunktionen* darstellbar, deren zugehörige Zeitfunktionen bekannt sind oder die einer Korrespondenztabelle (siehe Anhang 5) entnommen werden können. Korrespondenztabellen haben deshalb bei Aufgabenstellungen mit der Laplace-Transformation eine größere Bedeutung als bei der Fourier-Transformation, denn in der Regel sollen gerade die Zeitfunktionen bestimmt werden. Eine weitere übliche Aufgabenstellung ist die Bestimmung der Gesamt-Übertragungsfunktion komplizierter zusammengeschalteter Systeme; dafür wurde analog zur Faltungsalgebra eine *Blockschaltbildalgebra* entwickelt, die im Kapitel 5.6 behandelt wird.

Die Laplace-Transformation ordnet der *kausalen* Zeitfunktionen $f(t)$ eineindeutig die *Bildfunktion $F(s)$* zu:

$$F(s) = \int\limits_{0}^{\infty} f(t) \cdot e^{-st} dt, \; \text{Re } s > c.$$

Hierbei ist $s = \sigma + j\omega$ eine komplexe Variable, $\text{Re } s = \sigma$ muß so groß gewählt werden, daß das Integral konvergiert (an keiner der beiden Grenzen unendlich wird). Die gerade nicht mehr erlaubte Grenze c ist die *Konvergenzabszisse*, der erlaubte Bereich $\sigma > c$ die *Konvergenzhalbebene*.

Die Zeit- bzw. *Originalfunktion* kann aus der Bildfunktion durch das Umkehrintegral berechnet werden, der Integrationsweg muß dabei innerhalb des Konvergenzgebietes liegen:

$$f(t) \cdot \sigma(t) = \frac{1}{2\pi j} \int\limits_{\sigma-j\infty}^{\sigma+j\infty} F(s) \cdot e^{st} ds, \; \text{Re } s > c.$$

> Die Auswertung des Integrals kann vermieden werden, wenn die Bildfunktion als eine Summe elementarer Funktionen darstellbar ist, deren Originalfunktionen bekannt sind oder die einer Korrespondenztabelle entnommen werden können.

5.2 Bildfunktionen elementarer Signale

In den obigen Beispielen wurden schon einige Bildfunktionen und ihre zugehörigen Konvergenzbereiche bestimmt:

$$e^{at} \cdot \sigma(t) \; \circ\!\!-\!\!\bullet \; \tfrac{1}{s-a}, \; \operatorname{Re} s > a; \tag{5.7}$$

der Sonderfall der Sprungfunktion ist mit $a = 0$ enthalten, denn

$$e^{0t} \cdot \sigma(t) = \sigma(t) \; \circ\!\!-\!\!\bullet \; \tfrac{1}{s}, \; \operatorname{Re} s > 0. \tag{5.8}$$

a) $f_1(t) = t^n \cdot \sigma(t)$ (n ist ganz und nicht-negativ) bzw. Polynome $f_2(t) = \sum\limits_{n=0}^{N} a_n t^n \cdot \sigma(t)$

Mit der Transformationsgleichung folgt:

$$F_1(s) = \int\limits_0^\infty t^n e^{-st} dt.$$

Mit der Substitution $st = \tau$, bzw. $t^n = \tfrac{1}{s^n} \tau^n$, $dt = \tfrac{1}{s} d\tau$, kann formuliert werden:

$$F_1(s) = \tfrac{1}{s^{n+1}} \int\limits_0^\infty \tau^n e^{-\tau} d\tau.$$

Für dieses Integral ist bekannt, daß es den Wert besitzt

$$\int\limits_0^\infty \tau^n e^{-\tau} d\tau = n! \; \text{für } \operatorname{Re} \tau > 0.$$

Damit gilt die Korrespondenz:

$$t^n \cdot \sigma(t) \; \circ\!\!-\!\!\bullet \; \tfrac{n!}{s^{n+1}}, \; \operatorname{Re} s > 0. \tag{5.9}$$

Bis $n = 3$ folgen damit die Korrespondenzen, jeweils mit $\operatorname{Re} s > 0$:

$$\sigma(t) \circ\!\!-\!\!\bullet \frac{1}{s}\,,$$

$$t \cdot \sigma(t) \circ\!\!-\!\!\bullet \frac{1}{s^2}\,, \tag{5.10}$$

$$t^2 \cdot \sigma(t) \circ\!\!-\!\!\bullet \frac{2}{s^3}\,, \tag{5.11}$$

$$t^3 \cdot \sigma(t) \circ\!\!-\!\!\bullet \frac{6}{s^4}\,. \tag{5.12}$$

Mit der Linearität der Laplace-Transformation folgt für das Polynom $f_2(t)$ sofort:

$$F_2(s) = \sum_{n=0}^{N} a_n \frac{n!}{s^{n+1}}\,, \quad \mathrm{Re}\,s > 0. \tag{5.13}$$

b) Eingeschaltete komplexe Exponentialschwingung $f_3(t) = e^{\pm j\omega_0 t} \cdot \sigma(t)$

Mit dem Transformationsintegral folgt:

$$F_3(s) = \int_0^\infty e^{\pm j\omega_0 t} \cdot e^{-st}\,dt = \int_0^\infty e^{\pm j\omega_0 t} \cdot e^{-[\sigma + j\omega]t}\,dt$$

$$= \int_0^\infty e^{-[\sigma + j(\omega \mp \omega_0)]t}\,dt = \frac{1}{s \mp j\omega_0}\,, \quad \mathrm{Re}\,s > 0. \tag{5.14}$$

Das Vorzeichen des Exponenten dreht sich dabei im Nenner der Bildfunktion um.

c) Eingeschaltete Sinusfunktion $f_4(t) = \sin(\omega_0 t) \cdot \sigma(t)$
  bzw. Kosinusfunktion $f_5(t) = \cos(\omega_0 t) \cdot \sigma(t)$

Mit den Eulerschen Beziehungen

$$\sin(\omega_0 t) = \frac{1}{2j}[e^{j\omega_0 t} - e^{-j\omega_0 t}], \quad \cos(\omega_0 t) = \frac{1}{2}[e^{j\omega_0 t} + e^{-j\omega_0 t}],$$

sowie dem Ergebnis unter b) folgt sofort:

$$F_4(s) = \frac{1}{2j}\left[\frac{1}{s - j\omega_0} - \frac{1}{s + j\omega_0}\right] = \frac{\omega_0}{s^2 + \omega_0^2}\,, \quad \mathrm{Re}\,s > 0, \tag{5.15}$$

$$F_5(s) = \frac{1}{2}\left[\frac{1}{s - j\omega_0} + \frac{1}{s + j\omega_0}\right] = \frac{s}{s^2 + \omega_0^2}\,, \quad \mathrm{Re}\,s > 0. \tag{5.16}$$

d) Auf- $(a > 0)$ oder abklingende $(a < 0)$ Funktionen $f_6(t) = e^{at} \cdot t^n \cdot \sigma(t)$

Die bisherigen Berechnungen der Bildfunktionen zeigen, daß die Multiplikation einer Zeitfunktion mit der e-Funktion nur eine *Verschiebung* des Realteils für einen reellen Exponenten bzw. des Imaginärteils für einen imaginären Exponenten in der Bildfunktion bewirkt; damit gilt unter Berücksichtigung des Ergebnisses von a):

$$F_6(s) = \frac{n!}{(s-a)^{n+1}}, \ \text{Re } s > a.$$ (5.17)

e) Auf- und abklingende eingeschaltete Sinusfunktion $f_7(t) = e^{at} \cdot \sin(\omega_0 t) \cdot \sigma(t)$
bzw. Kosinusfunktion $f_8(t) = e^{at} \cdot \cos(\omega_0 t) \cdot \sigma(t)$

Entsprechend dem unter d) Erläuterten folgt mit dem Ergebnis von c):

$$F_7(s) = \frac{\omega_0}{(s-a)^2+\omega_0^2} = \frac{\omega_0}{s^2-2as+(a^2+\omega_0^2)}, \ \text{Re } s > a,$$ (5.18)

$$F_8(s) = \frac{s-a}{(s-a)^2+\omega_0^2} = \frac{s-a}{s^2-2as+(a^2+\omega_0^2)}, \ \text{Re } s > a.$$ (5.19)

f) Mit t zunehmende eingeschaltete Sinusfunktion $f_9(t) = t \cdot \sin(\omega_0 t) \cdot \sigma(t)$
bzw. Kosinusfunktion $f_{10}(t) = t \cdot \cos(\omega_0 t) \cdot \sigma(t)$

Wird $t \cdot \sigma(t)$ als eine mit zwei komplexen Exponentialschwingungen multiplizierte
Zeitfunktion gedeutet, dann folgt aus den Erkenntnissen aus c) und d) direkt:

$$F_9(s) = \frac{2\omega_0 s}{(s^2+\omega_0^2)^2}, \ \text{Re } s > 0,$$ (5.20)

$$F_{10}(s) = \frac{s^2-\omega_0^2}{(s^2+\omega_0^2)^2}, \ \text{Re } s > 0.$$ (5.21)

g) Die Deltafunktion $\delta(t)$ und ihre Ableitungen $\delta^{(n)}(t)$

Mit der Transformationsgleichung folgt:

$$\delta(t) \circ\!\!-\!\!\bullet \int_0^\infty \delta(t) \cdot e^{-st} dt = 1 \ \text{für alle } \sigma.$$ (5.22)

Wie nicht anders zu erwarten war, ist im Bildbereich die Deltafunktion wiederum die
Eins (-Funktion). Auch wenn die Ableitungen von Deltafunktionen erst recht nicht realisierbar sind, so läßt sich mit ihnen manchmal elegant arbeiten. Nach sukzessiver partiel-
ler Integration folgt:

$$\delta^{(n)}(t) \circ\!\!-\!\!\bullet \int_0^\infty \delta^{(n)}(t) \cdot e^{-st} dt = s^n, \ n = 0, 1, 2, \dots .$$ (5.23)

Allen obigen Bildfunktionen ist gemeinsam, daß es sich um *rationale* Funktionen von s
handelt. Vom letzten Beispiel abgesehen, sind es ausnahmslos gebrochen rationale
Funktionen, meistens sogar *echt gebrochene*, wenn der Nennergrad *größer* als der
Zählergrad ist. Bei technischen Fragestellungen kommen am häufigsten rationale Bild-
und Übertragungsfunktionen vor; eine Ausnahme bilden Systeme wie z.B. das Lauf-
bzw. Totzeit-System, deren Übertragungsfunktionen transzendent sind.

Bevor die Rücktransformation rationaler Bildfunktionen auf der Basis der bisherigen Korrespondenzen (Korrespondenztabelle siehe Anhang 5) erarbeitet wird, folgt ein kurzer Einschub über die Eigenschaften der Laplace-Transformation, denn sie sind nicht in allen Punkten mit denen der Fourier-Transformation identisch.

5.3 Eigenschaften der Laplace-Transformation

Im folgenden werden nur die wesentlichen Eigenschaften aufgeführt; sie werden nur dann hergeleitet, wenn sie nicht mit denen der Fourier-Transformation übereinstimmen. Gegeben seien zwei kausale Zeitfunktionen mit ihren korrespondierenden Bildfunktionen:

$$f(t) \circ\!\!-\!\!\bullet F(s), \quad \mathrm{Re}\ \sigma > c_1; \quad g(t) \circ\!\!-\!\!\bullet G(s), \mathrm{Re}\ s > c_2.$$

a) Linearität

$$a_1 f(t) + a_2 g(t) \circ\!\!-\!\!\bullet a_1 F(s) + a_2 G(s),$$

$$\mathrm{Re}\ s > \max(c_1, c_2), \quad a_{1,2}\ \text{beliebig komplex.} \tag{5.24}$$

b) Zeitverschiebung

$$f(t - T_L) \circ\!\!-\!\!\bullet e^{-T_L s} \cdot F(s), \quad \mathrm{Re}\ s > c_1. \tag{5.25}$$

Wie im Frequenzbereich ist $e^{-T_L s}$ die Übertragungsfunktion des Tot- bzw. Laufzeitsystems, d.h. $j\omega$ wurde nur durch s ersetzt. Für die zeitverschobene Originalfunktion muß sichergestellt sein, daß sie kausal ist, dies ist für $T_L \geq 0$ sicher der Fall, da $f(t)$ kausal ist.

d) Dämpfungssatz

Mit der komplexen Konstanten $s_0 = \sigma_0 + j\omega_0$ gilt die Korrespondenz:

$$f(t) \cdot e^{s_0 t} \circ\!\!-\!\!\bullet F(s - s_0), \quad \mathrm{Re}\ s > c_1 + \sigma_0. \tag{5.26}$$

Diese Erkenntnis wurde bei den obigen Berechnungen der Korrespondenzen schon verwendet, Real- und Imaginärteil von s_0 dürfen dabei positiv wie auch negativ sein. Ist einer der beiden Teile Null, so verschiebt sich entweder nur der Real- oder der Imaginärteil der Bildfunktion.

e) Ähnlichkeitssatz

$$f(at) \circ\!\!-\!\!\bullet \tfrac{1}{a}F(\tfrac{s}{a}), \text{ Re } s > c_1, \ a \text{ reell und positiv.} \tag{5.27}$$

Im Gegensatz zur Fourier-Transformation darf a *nicht* negativ sein, da sonst die Zeitfunktion gespiegelt und damit *nicht* mehr kausal wäre.

f) Differentiation der Zeitfunktion

Darf mit *verallgemeinerten* Ableitungen gerechnet werden, so daß auch Sprungstellen und Delta-Funktionen differenzierbar sind, dann gilt entsprechend der Fourier-Transformation:

$$\frac{d}{dt}[f(t) \cdot \sigma(t)] \circ\!\!-\!\!\bullet s \cdot F(s); \tag{5.28}$$

bzw. für die n-te Ableitung:

$$\frac{d^n}{dt^n}[f(t) \cdot \sigma(t)] \circ\!\!-\!\!\bullet s^n \cdot F(s). \tag{5.29}$$

Ist $f(t)$ kausal, dann gilt $f(t) = f(t) \cdot \sigma(t)$; ist die Funktion nicht kausal, dann ist das Produkt der transformierbare, *kausale* Teil (bzw. der Funktionsverlauf für $t \geq 0$). Die Umkehr-Transformation wurde deshalb als

$$f(t) \cdot \sigma(t) = \frac{1}{2\pi j} \int\limits_{\sigma-j\infty}^{\sigma+j\infty} F(s) \cdot e^{st}ds, \text{ Re } s > c_1$$

formuliert; damit folgt:

$$\frac{d}{dt}[f(t) \cdot \sigma(t)] = \frac{d}{dt}\left[\frac{1}{2\pi j} \int\limits_{\sigma-j\infty}^{\sigma+j\infty} F(s) \cdot e^{st}ds\right] = \frac{1}{2\pi j} \int\limits_{\sigma-j\infty}^{\sigma+j\infty} sF(s) \cdot e^{st}ds, \text{ Re } s > c_1$$

$$\frac{d}{dt}[f(t) \cdot \sigma(t)] \circ\!\!-\!\!\bullet s \cdot F(s).$$

Sind nur die *gewöhnlichen* Ableitungen erlaubt, so stellt eine Unstetigkeitsstelle ein Problem dar; es muß dann an jeder Sprungstelle, insbesondere bei $t = 0$, der Sprung berücksichtigt werden (was viel umständlicher ist); mit der Produktregel folgt für die linke Seite:

$$\overset{\bullet}{f}(t) \cdot \sigma(t) + f(t) \cdot \delta(t) = \overset{\bullet}{f}(t) \cdot \sigma(t) + f(+0) \cdot \delta(t) = \frac{1}{2\pi j} \int\limits_{\sigma-j\infty}^{\sigma+j\infty} sF(s) \cdot e^{st}ds$$

Mit $f(+0) \cdot \delta(t) \circ\!\!-\!\!\bullet f(+0) \cdot 1$ folgt:

$$\dot{f}(t) \circ - \bullet s \cdot F(s) - f(+0), \ \mathrm{Re}\, s > c_1, \ \text{für } t > 0; \tag{5.30}$$

hierbei muß $f(t)$ *gewöhnlich* differenzierbar sein für $t > 0$. Da viele kausale Funktionen bei $t = 0$ sprungförmiges Verhalten aufweisen, soll mit der Schreibweise $t = +0$ darauf hingewiesen werden, daß der Wert „nach einem Sprung", also der rechtsseitige Grenzwert, zu berücksichtigen ist.

Mit dieser Beziehung lassen sich sukzessive auch die höheren *gewöhnlichen* Ableitungen bestimmen, die nur der Vollständigkeit halber angegeben werden:

$$f^{(n)}(t) \cdot \sigma(t) \circ - \bullet s^n \cdot F(s) - s^{n-1} f(+0) - \dots - f^{(n-1)}(+0), \ \mathrm{Re}\, \sigma > c_1; \tag{5.31}$$

hierbei müssen nun für $t > 0$ *alle gewöhnlichen* Ableitungen n-ter Ordnung existieren.

g) Integration der Zeitfunktion

$$\int_0^t f(\tau) d\tau \circ - \bullet \frac{1}{s} F(s), \ \mathrm{Re}\, s > c_1, \tag{5.32}$$

$$\int_0^t \int_0^{\tau_n} \dots \int_0^{\tau_2} f(\tau_1) d\tau_1 \dots d\tau_{n-1} d\tau_n \circ - \bullet \frac{1}{s^n} F(s), \ \mathrm{Re}\, s > c_1. \tag{5.33}$$

h) Faltung der Originalfunktion

$$f(t) * g(t) \circ - \bullet F(s) \cdot G(s), \ \mathrm{Re}\, s > \max(c_1, c_2). \tag{5.34}$$

Diese Beziehung hat wieder ihre besondere Bedeutung für die Berechnung einer Reaktion im Bildbereich, da dann $G(s)$ die *Übertragungsfunktion* des Systems darstellt, die mit der Bildfunktion der Erregung *multipliziert* wird.

i) Differentiation der Bildfunktion

$$(-1)^n t^n f(t) \circ - \bullet F^{(n)}(s), \ \mathrm{Re}\, s > c_1. \tag{5.35}$$

Bei der Laplace-Transformation gibt es *nicht* mehr die schöne *Symmetrie* zwischen Zeitfunktion und Spektrum wie bei der Fourier-Transformation (siehe Unterkapitel 4.7.3, Gl. 4.166), die es ermöglicht, viele Korrespondenzen aus vorhandenen abzuleiten.

Im Unterschied zu den bisherigen Sätzen erlauben es die beiden folgenden Theoreme, spezielle *Werte* der Originalfunktion aus der Bildfunktion zu bestimmen:

k) Endwertsatz

$$\lim_{t\to\infty} f(t) = \lim_{s\to 0} \left(s \cdot F(s) \right). \tag{5.36}$$

Herleitung:

Für die *gewöhnliche* Differentiation gilt

$$\int_0^\infty \dot{f}(t) \cdot e^{-st} dt = s \cdot F(s) - f(+0).$$

Wird der Grenzübergang $s \to 0$ unter dem Integral vorgenommen, was erlaubt ist, wenn der Grenzwert der Originalfunktion existiert und endlich ist, dann folgt:

$$f(\infty) - f(+0) = \lim_{s\to 0} \left(s \cdot F(s) \right) - f(+0).$$

Existiert der Grenzwert *nicht*, z.B. für $f(t) = e^t \cdot \sigma(t)$, dann führt die Beziehung zu *falschen* Ergebnissen.

l) Anfangswertsatz

In der gleichen Weise kann in der obigen Beziehung den Grenzübergang $s \to \infty$ vorgenommen werden, wodurch $e^{-st} \to 0$ strebt; aus der so folgenden Beziehung läßt sich der *Anfangswert* der Zeitfunktion im Bildbereich berechnen:

$$\lim_{t\to +0} f(t) = \lim_{s\to\infty} \left(s \cdot F(s) \right). \tag{5.37}$$

Auch diese Identität stimmt nur, wenn der Anfangswert existiert und endlich ist; für Aufgabenstellungen der Netzwerktheorie oder auch der Meß- und Regelungstechnik darf man das „fast immer" annehmen.

5.4 Rationale Bildfunktionen

Rationale Laplace-Transformierte sind für praktische Aufgabenstellungen besonders wichtig: Zum einen sind es die Bildfunktionen von Standard-Signalen, zum anderen handelt es sich auch bei den meisten Übertragungsfunktionen um rationale Funktionen. Ausnahmen sind Systeme wie z.B. das Tot- bzw. Laufzeitsystem, deren Übertragungsfunktionen transzendent sind.

Im folgenden werden die rationalen Bildfunktionen

$$F(s) = \frac{b_0 + b_1 s + \ldots + b_m s^m}{a_0 + a_1 s + \ldots + a_n s^n}$$

betrachtet.

Für $m = n$ läßt sich eine *additive* Konstante K_1 abspalten, im Zeitbereich entspricht sie (als $K_1 \cdot 1$) nach der Korrespondenztabelle $K_1 \cdot \delta(t)$; in der Originalfunktion ist somit eine Deltafunktion enthalten. Ist der Zählergrad um Eins *höher* als der Nennergrad ($m = n + 1$), dann läßt sich das Polynom $K_1 + K_2 s$ abspalten, und es wäre zusätzlich die abgeleitete Deltafunktion enthalten: $K_1 \delta(t) + K_2 \dot{\delta}(t)$. Im folgenden reicht es aus, den Fall $m < n$ zu behandeln, so daß es sich um *echt gebrochen* rationale Bildfunktionen handelt. U.U. muß dann bei einer gegebenen Aufgabenstellung durch eine Polynomdivision zunächst ein Polynom in s abgespalten werden, so daß die Originalfunktion entsprechend Deltafunktionen enthält. Diese Vorgehensweise verdeutlicht das folgende Beispiel:

$\square$ **Beispiel 5.3**

Für die Bildfunktion

$$F(s) = \frac{s + 0{,}5}{s + 2}$$

soll die Originalfunktion bestimmt werden.

Teilt man das Zählerpolynom durch das Nennerpolynom, so folgt:

$$(s + 0{,}5) : (s + 2) = 1 \quad \text{Rest} \quad -1{,}5 ;$$

damit gilt:

$$F(s) = 1 - \frac{1{,}5}{s + 2} .$$

Dies ist eine *Summe* von Elementarausdrücken, wobei die rationale Funktion nun *echt gebrochen* ist; für die Zeitfunktion folgt mit den obigen Korrespondenzen:

$$f(t) = \delta(t) - 1{,}5 e^{-2t} \cdot \sigma(t) . \qquad\qquad \square$$

An der einfachsten echt gebrochen rationalen Bildfunktion $F(s) = \frac{1}{s}$ werden im folgenden die prinzipiellen Eigenschaften dieser komplexen Funktionen diskutiert. Es schließt sich ein Unterkapitel über Pol-Nullstellen-Diagramme an, die rationale Bildfunktionen bis auf eine multiplikative Konstante beschreiben. Anschließend werden die rationalen Bildfunktionen in eine Summe von Elementarausdrücken zerlegt, deren Zeitfunktionen Korrespondenztabellen entnommen werden können.

5.4.1 Die Bildfunktion $F(s) = \frac{1}{s}$

Nach der obigen Herleitung korrespondiert mit $\frac{1}{s}$ die Zeitfunktion:

$$\sigma(t) \circ\!-\!\bullet\; \frac{1}{s}.$$

Während die Spektraldichte $F(j\omega)$ eine *komplexe* Funktion der *reellen* Variablen ω war, ist die Bildfunktion $F(s)$ eine *komplexe* Funktion der *komplexen* Variablen s. Dadurch müssen nun entweder Betrag und Phase oder Real- und Imaginärteil der Bildfunktion über der komplexen Ebene $s = \sigma + j\omega$ aufgetragen werden; hierfür bietet sich eine perspektivische Darstellung an. Es gilt:

$$|F(s)| = \frac{1}{|s|} = \frac{1}{\sqrt{\sigma^2+\omega^2}}, \quad \varphi(s) = -\arctan(\tfrac{\omega}{\sigma}), \tag{5.38}$$

$$\operatorname{Re}F(s) = \frac{\sigma}{\sigma^2+\omega^2}, \quad \operatorname{Im}F(s) = -\frac{\omega}{\sigma^2+\omega^2}. \tag{5.39}$$

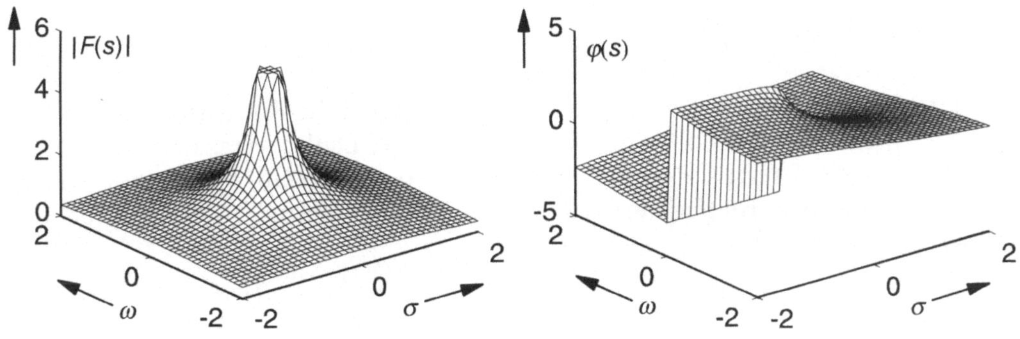

Bild 5.5
Perspektivische Darstellung von Betrag und Phase von $F(s) = \frac{1}{s}$

Es ist deutlich zu sehen, daß $F(s) = \frac{1}{s}$ eine Unendlichkeitsstelle bzw. einen *Pol* bei $s = 0$ besitzt. Der Betrag (in den folgenden Bildern ebenfalls der Real- und Imaginärteil) wurde bei 5 abgekappt, da sonst die Wölbungen des Profils um den Pol herum nicht sichtbar wären, denn jeder Wert ist gegenüber unendlich verschwindend klein, so daß ein „korrektes" Bild den Pol als eine im Ursprung angeordnete Delta-Funktion enthalten würde.

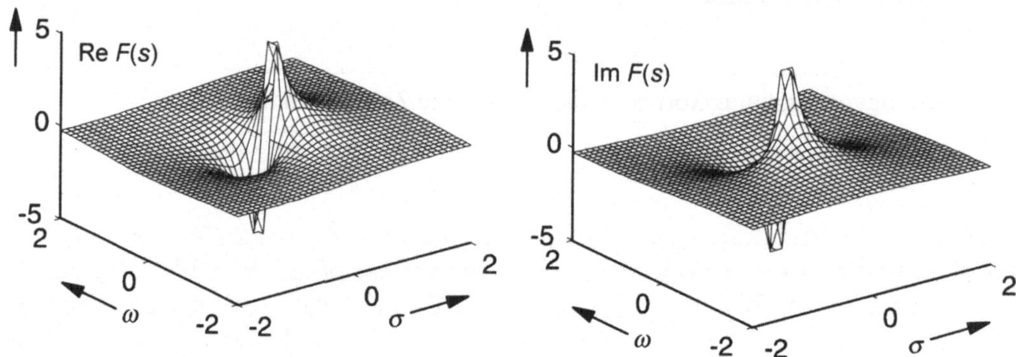

Bild 5.6
Perspektivische Darstellung des Real- und Imaginärteils von $F(s) = \frac{1}{s}$

In der *Spektraldichte*, also der Fourier-Transformierten von $\sigma(t)$, ist die Deltafunktion *enthalten*:

$$\sigma(t) \circ\!\!-\!\!\bullet\ \pi\delta(\omega) + \frac{1}{j\omega}\ .$$

Da bei der Fourier-Transformation $\sigma = 0$ gilt, läuft z.B. bei der Rücktransformation der Integrationsweg „über den Pol" hinweg, während bei der Laplace-Transformation $\sigma > 0$ gefordert wird, der Integrationsweg also *rechts* am Pol vorbeiläuft. Der *Konvergenzbereich* ist bei rationalen Bildfunktionen demnach derjenige rechte Teil der s-Ebene, der gerade *keine* Pole enthält.

☐ **Beispiel 5.4**

Gegeben sei die Bildfunktion

$$F_1(s) = \frac{1}{s+2-j2} + \frac{1}{s+2+j2} + \frac{2}{s-4}\ ,$$

die offensichtlich die drei Pole $s_{\infty i}$

$$s_{\infty 1} = -2 + j2,\ \ s_{\infty 2} = -2 - j2 = s_{\infty 1}^{*},\ \ s_{\infty 3} = 4$$

besitzt. Die korrespondierende Zeitfunktion kann bei dieser Darstellung als *Summe* elementarer Bildfunktionen wegen der Linearität der Abbildung ebenfalls direkt als *Summe* elementarer Originalfunktionen angegeben werden:

$$f_1(t) = [e^{(-2+j2)t} + e^{(-2-j2)t} + 2e^{4t}] \cdot \sigma(t)\ .$$

Mit der Eulerschen Beziehung

$$\cos x = \frac{1}{2}(e^{jx} + e^{-jx})$$

folgt die Darstellung

$$f_1(t) = [2e^{-2t} \cdot \cos(2t) + 2e^{4t}] \cdot \sigma(t).$$

Eine andere Herleitung führt über den Dämpfungssatz:

$$f(t) \circ\!-\!\bullet F(s),$$

$$e^{at} \cdot f(t) \circ\!-\!\bullet F(s-a) \, ;$$

mit $f(t) = \sigma(t)$ und $F(s) = \frac{1}{s}$ folgt:

$$e^{4t} \cdot \sigma(t) \circ\!-\!\bullet \frac{1}{s-4} \, ,$$

$$e^{(-2+j2)t} \cdot \sigma(t) \circ\!-\!\bullet \frac{1}{s+2-j2} \, ,$$

$$e^{(-2-j2)t} \cdot \sigma(t) \circ\!-\!\bullet \frac{1}{s+2+j2} \, .$$

Da alle (Laplace-) transformierbaren Zeitfunktionen kausal sind, also als Produkt mit $\sigma(t)$ geschrieben werden können, lassen sich die Bildfunktionen eingeschalteter e-Funktionen immer auf diese Weise bestimmen. Der Dämpfungssatz kann auch so interpretiert werden, daß der Pol des Betragsreliefs von $\frac{1}{s}$ von $s = 0$ zu den Exponenten der e-Funktionen „verschoben" wurde.

Für die Berechnung des Betrages $|F_1(s)|$ überführt man die Summendarstellung besser in die Produktform

$$F_1(s) = 4 \frac{s(s+1)}{(s+2+j2)(s+2-j2)(s-4)} \, ,$$

denn nun läßt sich der Betrag als *Produkt* der Beträge ausdrücken:

$$|F_1(s)| = 4 \frac{|s||s+1|}{|s+2+j2||s+2-j2||s-4|} \, .$$

Das Bild 5.7 zeigt das Betragsrelief über der s-Ebene, jedoch als $\log|F_1(s)|$ und in einem anderen Blickwinkel als bei den obigen Bildern, sowie die zugehörigen Höhenlinien mit der Konvergenzabszisse c sowie -halbebene, d.h. $\sigma > c$.

An der Produktform sowie auch dem Relief ist weiterhin zu erkennen, daß die Bildfunktion zwei *Nullstellen* s_{oi} besitzt, für die gilt:

$$F_1(s_0) = 0 \, ;$$

in diesem Fall haben sie die Werte

$$s_{o1} = 0, \ s_{o2} = -1 \, .$$

Durch die Logarithmierung werden die Pole im Bild auf $+\infty$ abgebildet, dies entspricht einem unendlichen *Verstärkungsmaß*, und die Nullstellen auf $-\infty$, was ein *Dämpfungsmaß* von unendlich bedeutet. Die Werte wurden jedoch auf ± 5 begrenzt, der Betrag der Bildfunktion dementsprechend auf $|F_1(s)| = 10^{\pm 5}$.

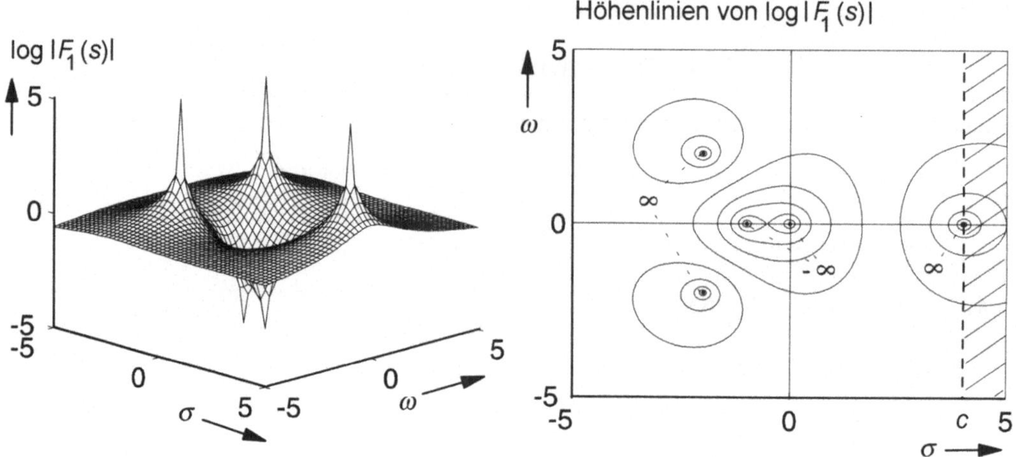

Bild 5.7
Perspektivische Darstellung von $\log |F_1(s)|$ sowie die zugehörigen Höhenlinien mit der Konvergenzabszisse c sowie der -halbebene $\sigma > c$

Sind die Pole und Nullstellen gegeben oder bekannt, so kann offensichtlich die Produktform der Bildfunktion angegeben werden, bis auf einen konstanten Faktor K, wobei in diesem Fall $K = 4$ beträgt. Dieser und weitere Zusammenhänge werden im folgenden Unterkapitel 5.4.2 ausführlich diskutiert. $\square$

Als eine der wesentlichen Eigenschaften der Laplace-Transformation ergab sich, daß die *Faltung* im Zeitbereich wieder in eine *Multiplikation* im Bildbereich übergeht. Meistens ist dabei $x(t)$ mit der Bildfunktion $X(s)$ die kausale *Erregung* eines energiefreien LTI-Systems sowie $g(t)$ die ebenfalls kausale *Impulsantwort* (sonst würde keine Laplace-Transformierte existieren) des Systems mit der Übertragungsfunktion $G(s)$:

$$y(t) = x(t) * g(t) \circ\!\!-\!\!\bullet\ Y(s) = X(s) \cdot G(s).$$

Im Gegensatz zur Fourier-Transformation darf das System Eigenwerte mit *positivem* Realteil besitzen, d.h. instabil sein.

Ist die Bildfunktion $G(s) = \frac{1}{s}$ eine Übertragungsfunktion, so korrespondiert sie mit der Impulsantwort $g(t) = \sigma(t)$. Dies ist die Übertragungsfunktion eines Integrierers, der *Pol* $s_\infty = 0$ ist der *Eigenwert* λ des I-Systems. Wird der Integrierer z.B. mit der Sprungfunktion erregt, so folgt für die Sprungantwort direkt im Zeitbereich

$$y(t) = \int\limits_{-\infty}^{t} \sigma(\tau)d\tau = t \cdot \sigma(t);$$

sowie über den Umweg des Bildbereichs mit $x(t) = \sigma(t) \circ\!\!-\!\!\bullet\ \frac{1}{s} = X(s)$ berechnet:

$$Y(s) = G(s) \cdot X(s) = \tfrac{1}{s} \cdot \tfrac{1}{s} = \tfrac{1}{s^2} \bullet\!\!-\!\!\circ\, y(t) = t \cdot \sigma(t).$$

Damit strebt die Reaktion gegen unendlich, denn dieses System wurde mit seiner eingeschalteten *Eigenfunktion* $e^{0t} \cdot \sigma(t)$ beaufschlagt, es liegt also *Resonanz* vor. Genauso verhält es sich bei einem System mit einem beliebigen Pol bzw. Eigenwert s_∞, wenn das System mit $x(t) = A e^{s_\infty t} \cdot \sigma(t)$ erregt wird; auch dann strebt das Ausgangssignal gegen unendlich.

Technisch interessant ist vor allem die Wahl

$$x(t) = \tfrac{A}{2}[e^{j\omega t} + e^{-j\omega t}] \cdot \sigma(t) = A\cos(\omega t) \cdot \sigma(t),$$

denn es handelt sich um eine eingeschaltete Kosinusschwingung, woraus mit variablem ω die Interpretation der Übertragungsfunktion als Frequenzgang folgt.

5.4.2 Das Pol-Nullstellen-Diagramm

Betrachtet wird im folgenden die echt gebrochen rationale Bildfunktion

$$F(s) = \frac{Z(s)}{N(s)} = \frac{b_0 + b_1 s + \ldots + b_m s^m}{a_0 + a_1 s + \ldots + a_n s^n}, \quad m < n, \; a_n \neq 0 \tag{5.40}$$

mit den reellen Koeffizienten a_i, b_j.

Die m Nullstellen s_{0j} des Zählers $Z(s)$ sind gleichzeitig die *Nullstellen* von $F(s)$, die n Nullstellen $s_{\infty i}$ des Nenners $N(s)$ die *Pole* der Bildfunktion:

$$Z(s) = 0 \rightarrow s_{0j}, \; j = 1, 2, \ldots, m : \text{Nullstellen von } F(s), \tag{5.41}$$

$$N(s) = 0 \rightarrow s_{\infty i}, \; i = 1, 2, \ldots, n : \text{Pole von } F(s). \tag{5.42}$$

Wegen der *reellen* Koeffizienten der Polynome sind die Pole und die Nullstellen entweder *reell* oder *konjugiert komplex*; *mehrfache* Pole und Nullstellen können ebenfalls auftreten.

Sind die Pole und Nullstellen bekannt, so kann $F(s)$ in der *Produktform* geschrieben werden:

$$F(s) = \frac{b_m}{a_n} \cdot \frac{(s-s_{01})(s-s_{02})\cdot\ldots\cdot(s-s_{0m})}{(s-s_{\infty 1})(s-s_{\infty 2})\cdot\ldots\cdot(s-s_{\infty n})} = \frac{b_m}{a_n} \cdot \frac{\displaystyle\prod_{j=1}^{m}(s-s_{0j})}{\displaystyle\prod_{i=1}^{n}(s-s_{\infty i})}, \quad m < n, \; a_n \neq 0. \tag{5.43}$$

Zur Charakterisierung der Bildfunktion wird üblicherweise die Lage der Pole in der s-Ebene mit Kreuzen „×" und die der Nullstellen mit Kreisen „∘" markiert; das Ergebnis ist das *Pol-Nullstellen-Diagramm*:

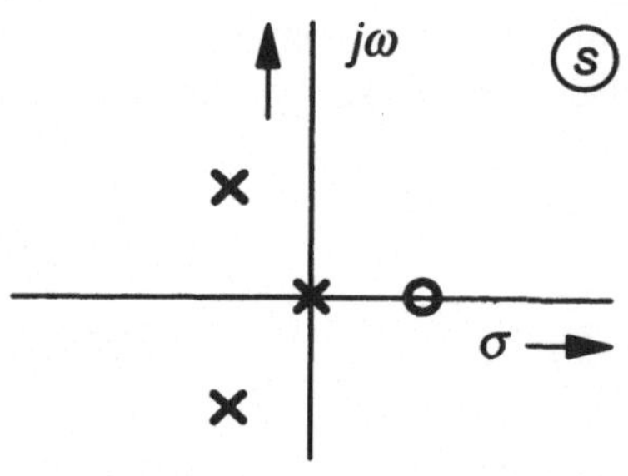

Bild 5.8
Pol-Nullstellen-Diagramm einer Bildfunktion mit $m = 1$ und $n = 3$

Umgekehrt liegt die Bildfunktion bis auf die multiplikative Konstante $K = \frac{b_m}{a_n}$ fest, wenn das Pol-Nullstellen-Diagramm gegeben ist. Statt dieses Faktors kann aber auch der Wert von $F(s)$ an einer beliebigen Stelle der s-Ebene bekannt sein, z.B. $F(0)$, so daß sich K berechnen läßt.

□ **Beispiel 5.5**

Gegeben ist das Pol-Nullstellen-Diagramm einer Bildfunktion $F_2(s)$, mit $F_2(0) = 4$:

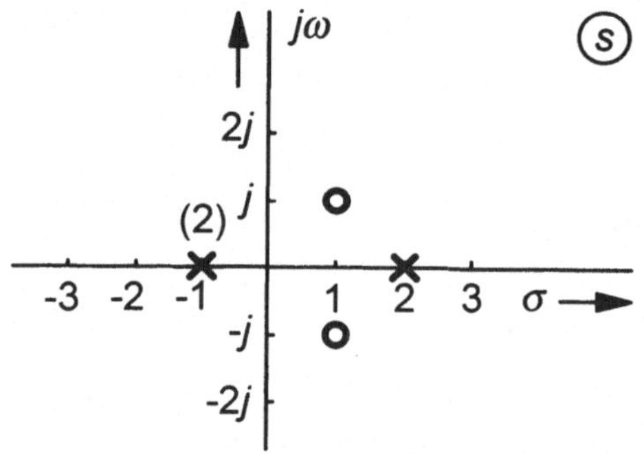

Bild 5.9
Pol-Nullstellen-Diagramm einer Bildfunktion $F_2(s)$

Dem Diagramm entnimmt man, daß F_2 zwei konjugiert komplexe Nullstellen sowie drei reelle Pole (einen *Doppelpol* bei -1) besitzt, somit ist $m = 2$ und $n = 3$:

$$s_{o1} = 1 + j, \ s_{o2} = 1 - j = s_{o1}^{*},$$

$$s_{\infty 1} = 2, \ s_{\infty 2} = s_{\infty 3} = -1 \, ;$$

damit folgt:

$$F_2(s) = K \cdot \frac{(s-1-j)(s-1+j)}{(s-2)(s+1)^2}$$

Mit $s = 0$ läßt sich nun noch K berechnen:

$$F_2(0) = K \cdot \frac{(-1-j)(-1+j)}{(-2)(+1)^2} = K \cdot \frac{2}{-2} \stackrel{!}{=} 4 \rightarrow K = -4,$$

$$F_2(s) = -4 \cdot \frac{(s-1-j)(s-1+j)}{(s-2)(s+1)^2} \, . \qquad\qquad \square$$

Das Pol-Nullstellen-Diagramm ist dann vorteilhaft, wenn die Bildfunktion eine *Übertragungsfunktion* darstellt, da die *Pole* dann die *Eigenwerte* des Systems sind. Für eine Rücktransformation in den Zeitbereich ist die damit berechenbare Produktform nur geeignet, wenn es sich um sehr einfache Funktionen handelt. Ansonsten ist es zweckmäßig, sie in die Summendarstellung zu überführen und jeden einzelnen Summanden mit Hilfe einer Korrespondenztabelle zurückzutransformieren.

5.4.3 Die Rücktransformation rationaler Bildfunktionen

Betrachtet wird wieder die Bildfunktion

$$F(s) = \frac{Z(s)}{N(s)} = \frac{b_0 + b_1 s + \ldots + b_m s^m}{a_0 + a_1 s + \ldots + a_n s^n} = \frac{b_m}{a_n} \cdot \frac{\prod\limits_{j=1}^{m}(s - s_{0j})}{\prod\limits_{i=1}^{n}(s - s_{\infty i})}, \quad m < n, \ a_n \neq 0.$$

Für die weiteren Rechnungen reicht die Kenntnis der *Pole* aus, d.h. die Darstellung

$$F(s) = \frac{\frac{1}{a_n} \cdot (b_0 + b_1 s + \ldots + b_m s^m)}{(s - s_{\infty 1})(s - s_{\infty 2}) \cdot \ldots \cdot (s - s_{\infty n})} \, . \qquad\qquad (5.44)$$

Zur Erinnerung: Die Pole sind die *Nullstellen* des *Nennerpolynoms*, also $N(s) = 0$. Da der weitere Weg für mehrfache Pole (Doppelpole, Dreifachpole usw.) etwas schwieriger ist, werden zunächst nur einfache Pole angenommen.

a) Bildfunktionen mit einfachen Polen

Die Summenform der Bildfunktion hat die grundsätzliche Form

$$F(s) = \frac{A_1}{s - s_{\infty 1}} + \frac{A_2}{s - s_{\infty 2}} + \ldots + \frac{A_n}{s - s_{\infty n}} = \sum_{i=1}^{n} \frac{A_i}{s - s_{\infty i}}, \qquad\qquad (5.45)$$

wobei dies die *Partialbruchzerlegung* der rationalen Funktion ist, mit noch zu bestimmenden Koeffizienten A_i. Hierzu kann direkt die Originalfunktion angegeben werden, da sie die entsprechende Überlagerung der Teilfunktionen im Zeitbereich darstellt:

$$f(t) = A_1 e^{s_{\infty 1} t} \cdot \sigma(t) + A_2 e^{s_{\infty 2} t} \cdot \sigma(t) + \dots + A_n e^{s_{\infty n} t} \cdot \sigma(t) = \sum_{i=1}^{n} A_i e^{s_{\infty i} t} \cdot \sigma(t). \qquad (5.46)$$

Werden nun beide Seiten der Summenform mit dem Nennerterm $(s - s_{\infty 1})$ multipliziert, so folgt:

$$(s - s_{\infty 1}) \cdot F(s) = A_1 + (s - s_{\infty 1}) \cdot \left[\frac{A_2}{s - s_{\infty 2}} + \dots + \frac{A_n}{s - s_{\infty n}} \right].$$

Auf der rechten Seite bleibt nur A_1 übrig, wenn $s = s_{\infty 1}$ gewählt wird:

$$A_1 = [(s - s_{\infty 1}) \cdot F(s)]_{s = s_{\infty 1}}. \qquad (5.47)$$

Auf den ersten Blick sieht es so aus, als wenn bei dieser Gleichung immer Null herauskommen muß, da in der Klammer die Bildfunktion mit Null multipliziert wird; dies ist aber nicht so, weil sich der Ausdruck $(s - s_{\infty 1})$ wegkürzen läßt, wie Gl. 5.44 zeigt. Die richtige Reihenfolge ist deshalb: *Erst* mit $(s - s_{\infty 1})$ multiplizieren, *dann* kürzen und *anschließend* $s = s_{\infty 1}$ setzen.

Allgemein gilt für die zu bestimmenden Koeffizienten:

$$A_i = [(s - s_{\infty i}) \cdot F(s)]_{s = s_{\infty i}}, \quad i = 1, 2, \dots, n. \qquad (5.48)$$

□ **Beispiel 5.6**

Gegeben ist die Bildfunktion

$$F_3(s) = 4 \cdot \frac{s+1}{s^2 + 2s}.$$

Die Nullstelle bei $s_0 = -1$ ist momentan ohne Bedeutung; die beiden Pole liegen bei

$$s_{\infty 1} = 0, \; s_{\infty 2} = -2.$$

Klammert man im Nenner s aus, so sind diese Werte sofort ersichtlich:

$$F_3(s) = 4 \cdot \frac{s+1}{s \cdot (s+2)}.$$

Für die Summendarstellung der Bildfunktion wird deshalb der Ansatz gemacht:

$$F_3(s) = \frac{A_1}{s} + \frac{A_2}{s+2}.$$

Mit der obigen Bestimmungsgleichung für die Koeffizienten folgt:

$$A_1 = \left[s \cdot 4 \cdot \frac{s+1}{s \cdot (s+2)} \right]_{s=0} = \left[4 \cdot \frac{s+1}{s+2} \right]_{s=0} = 2,$$

$$A_2 = \left[(s+2) \cdot 4 \cdot \frac{s+1}{s \cdot (s+2)} \right]_{s=-2} = \left[4 \cdot \frac{s+1}{s} \right]_{s=-2} = 2.$$

Damit läßt sich die Bildfunktion in die Summendarstellung

$$F_3(s) = \frac{2}{s} + \frac{2}{s+2}$$

überführen, die nur noch *elementare* Bildfunktionen enthält. Sie kann nach der Korrespondenztabelle leicht zurücktransformiert werden:

$$f_3(t) = 2 \cdot \sigma(t) + 2e^{-2t} \cdot \sigma(t).$$

Bleibt noch die Frage, welchen Einfluß die Nullstelle hat und „wo sie geblieben ist"?

Es ist leicht zu erkennen, daß die Pole sowohl in der Produkt- wie auch in der Summendarstellung berechenbar sind, denn auch die Summe strebt gegen unendlich, wenn *ein* Summand unendlich wird. Die Koeffizienten sind zwar ebenfalls von den Nullstellen abhängig, da sie in die Berechnung beim Einsetzen der Pole eingehen; aus der Summenform sind die Nullstellen aber nur *schwer* ersichtlich. Offensichtlich gibt es Werte s_0, bei denen sich die Summanden *aufheben*:

$$F_3(s_0) \overset{!}{=} 0 \rightarrow \frac{2}{s_0} = -\frac{2}{s_0+2} \rightarrow s_0 = -1. \qquad\qquad \Box$$

Sind konjugiert komplexe Pole enthalten, so ist die Berechnung der A_i im Prinzip dieselbe, sie ist aber etwas aufwendiger; auf jeden Fall sind die Koeffizienten der zugehörigen Partialbrüche ebenfalls konjugiert komplex, so daß die Berechnung nur einmal durchgeführt werden muß.

b) Bildfunktionen mit mehrfachen Polen

Es wird beispielhaft eine Laplace-Transformierte mit einem k-fachen Pol s_∞ angenommen:

$$F(s) = \frac{\frac{1}{a_n} \cdot (b_0 + b_1 s + ... + b_m s^m)}{(s-s_\infty)^k \cdot (s-s_{\infty 1}) \cdot ... \cdot (s-s_{\infty n-k})}. \qquad\qquad (5.49)$$

Aus der Theorie der Partialbruchzerlegung ist bekannt, daß für den Mehrfachpol dann der folgende Ansatz gemacht werden muß:

$$F(s) = \frac{A_1}{s-s_\infty} + \frac{A_2}{(s-s_\infty)^2} + ... + \frac{A_k}{(s-s_\infty)^k} + F'(s);$$

hierbei sind in $F'(s)$ die Terme der *einfachen* Pole zusammengefaßt. Mit einer ähnlichen Herleitung wie für einfache Pole folgt die Gleichung für die k Koeffizienten A_i:

$$A_i = \frac{1}{(k-i)!} \cdot \frac{d^{k-i}}{ds^{k-i}} \left[(s-s_\infty)^k \cdot F(s) \right]_{s=s_\infty}, \quad i = 1, 2, ..., k. \qquad (5.50)$$

Die Berechnung ist also deutlich schwieriger als bei einfachen Polen. Wieder ist die Reihenfolge entscheidend: *Erst* multiplizieren, *dann* kürzen, *dann* Ableiten, und *zum Schluß* den Pol einsetzen.

Die *Rücktransformation* jedes Summanden erfolgt nach der Korrespondenz:

$$\frac{1}{(s-s_\infty)^i} \; \bullet\!-\!\circ \left[\frac{t^{i-1}}{(i-1)!} e^{s_\infty t} \right] \cdot \sigma(t), \quad i = 1, 2, ..., k.$$ (5.51)

□ **Beispiel 5.7**

Gegeben ist die Bildfunktion

$$F_4(s) = \frac{1}{(s+2)^2(s+1)},$$

die offensichtlich die drei Pole besitzt:

$$s_{\infty 1} = s_{\infty 2} = -2, \; s_{\infty 3} = -1.$$

Da bei $s = -2$ ein *Doppelpol* vorliegt, wird für die Summenform angesetzt:

$$F_4(s) = \frac{A_1}{s+2} + \frac{A_2}{(s+2)^2} + \frac{A_3}{s+1}.$$

Nach der obigen Gleichung folgt für die gesuchten Koeffizienten:

$$A_1 = \frac{d}{ds}\left[(s+2)^2 \cdot \frac{1}{(s+2)^2(s+1)} \right]_{s=-2} = \frac{d}{ds}\left[\frac{1}{s+1} \right]_{s=-2}.$$

Das Ableiten erfolgt am einfachsten nach der Kettenregel:

$$\frac{d}{ds}\left[\frac{1}{s+1} \right] = \frac{d}{d(s+1)}(s+1)^{-1} \cdot \frac{d}{ds}(s+1) = -(s+1)^{-2} \cdot 1 = -\frac{1}{(s+1)^2}.$$

Den Pol $s = -2$ eingesetzt ergibt:

$$A_1 = -1.$$

Für die beiden anderen Koeffizienten muß nun nicht mehr abgeleitet werden:

$$A_2 = \left[(s+2)^2 \cdot \frac{1}{(s+2)^2(s+1)} \right]_{s=-2} = \left[\frac{1}{s+1} \right]_{s=-2} = -1,$$

$$A_3 = \left[(s+1) \cdot \frac{1}{(s+2)^2(s+1)} \right]_{s=-1} = \left[\frac{1}{(s+2)^2} \right]_{s=-1} = 1;$$

damit folgt

$$F_4(s) = -\frac{1}{s+2} - \frac{1}{(s+2)^2} + \frac{1}{s+1}$$

sowie

$$f_4(t) = -e^{-2t} \cdot \sigma(t) - te^{-2t} \cdot \sigma(t) + e^{-t} \cdot \sigma(t).$$ □

Die echt gebrochen *rationalen* Bildfunktionen

$$F(s) = \frac{Z(s)}{N(s)} = \frac{b_0 + b_1 s + \ldots + b_m s^m}{a_0 + a_1 s + \ldots + a_n s^n}, \quad m < n, \quad a_n \neq 0$$

mit *reellen* Koeffizienten a_i, b_j besitzen n Pole $s_{\infty i}$, (die Nullstellen des Nennerpolynoms, also $N(s_{\infty i}) = 0$, $i = 1, 2, \ldots, n$) sowie m Nullstellen s_{0j} (die Nullstellen des Zählerpolynoms, also $Z(s_{0j}) = 0$, $j = 1, 2, \ldots, m$). Die Pole und Nullstellen sind entweder reell oder paarweise konjugiert komplex; sie können auch mehrfach auftreten.

Mit ihrer Kenntnis läßt sich die Bildfunktion in eine *Produktform* umschreiben:

$$F(s) = \frac{b_m}{a_n} \cdot \frac{(s-s_{01})(s-s_{02}) \cdot \ldots \cdot (s-s_{0m})}{(s-s_{\infty 1})(s-s_{\infty 2}) \cdot \ldots \cdot (s-s_{\infty n})} = \frac{b_m}{a_n} \cdot \frac{\prod\limits_{j=1}^{m}(s-s_{0j})}{\prod\limits_{i=1}^{n}(s-s_{\infty i})} \, .$$

Das *Pol-Nullstellen-Diagramm* zeigt die Orte der Pole und Nullstellen (üblicherweise mit Kreuzen und Kreisen) in der komplexen s-Ebene. Aus ihm ergibt sich die Produktform der Bildfunktion bis auf die multiplikative Konstante $K = \frac{b_m}{a_n}$; sie läßt sich berechnen, wenn $F(s)$ an einer Stelle der s-Ebene bekannt ist, z.B. $F(0)$.

Für eine *Rücktransformation* in den Zeitbereich eignet sich die *Summendarstellung* besser, die man durch *Partialbruchzerlegung* erhält; dabei sind die *Pole* von entscheidender Bedeutung.

a) Nur einfache Pole

$$F(s) = \frac{A_1}{s-s_{\infty 1}} + \frac{A_2}{s-s_{\infty 2}} + \ldots + \frac{A_n}{s-s_{\infty n}} = \sum_{i=1}^{n} \frac{A_i}{s-s_{\infty i}} \, ,$$

$$A_i = [(s - s_{\infty i}) \cdot F(s)]_{s=s_{\infty i}}, \quad i = 1, 2, \ldots, n,$$

$$f(t) = A_1 e^{s_{\infty 1}t} \cdot \sigma(t) + A_2 e^{s_{\infty 2}t} \cdot \sigma(t) + \ldots + A_n e^{s_{\infty n}t} \cdot \sigma(t) = \sum_{i=1}^{n} A_i e^{s_{\infty i}} \cdot \sigma(t).$$

b) k-facher Pol (ohne die einfachen Pole)

$$F(s) = \frac{A_1}{s-s_\infty} + \frac{A_2}{(s-s_\infty)^2} + \ldots + \frac{A_k}{(s-s_\infty)^k} = \sum_{i=1}^{k} \frac{A_i}{(s-s_{\infty i})^i} \, ,$$

$$A_i = \frac{1}{(k-i)!} \cdot \frac{d^{k-i}}{ds^{k-i}}\left[(s - s_\infty)^k \cdot F(s)\right]_{s=s_\infty}, \quad i = 1, 2, \ldots, k,$$

$$\frac{1}{(s-s_\infty)^i} \; \bullet\!\!-\!\!\circ \left[\frac{t^{i-1}}{(i-1)!} e^{s_\infty t}\right] \cdot \sigma(t), \quad i = 1, 2, \ldots, k.$$

5.5 Berechnung der Reaktionen mit der Laplace-Transformation

Zunächst werden die Reaktionen energiefreier Systeme berechnet, d.h. die Speicher sind zum Anfangszeitpunkt $t = 0$ leer. Anschließend wird auf den Fall nicht-energiefreier Systeme erweitert.

5.5.1 Energiefreie Systeme

Die Faltung im Zeitbereich ist eine Multiplikation im Bildbereich, so daß für die Berechnung der Reaktion eines energiefreien und kausalen LTI-Systems gilt:

$$y(t) = g(t) * x(t) \circ\!\!-\!\!\bullet\ Y(s) = G(s) \cdot X(s).$$

(Im Gegensatz zur Fourier-Transformation braucht das System *nicht* mehr stabil zu sein, da mit dem Dämpfungfaktor $e^{-\sigma t}$ die Konvergenz des Transformationsintegrals erreicht wird.) Hierbei ist nun $G(s) = \frac{Y(s)}{X(s)}$ wieder die Übertragungsfunktion des Systems, die auf verschiedene Weise bestimmt werden kann:

a) Die Dgl ist bekannt

Die Dgl des allgemeinen LTI-Systems n-ter Ordnung,

$$a_n y^{(n)}(t) + a_{n-1} y^{(n-1)}(t) + \dots + a_0 y(t) = b_0 x(t) + \dots + b_m x^{(m)}(t), \ m \leq n, \ a_n \neq 0,$$

wird in den Bildbereich transformiert. Dabei geht jede Ableitung in eine Multiplikation mit s über und die Signale im Zeitbereich in ihre entsprechenden Bildfunktionen:

$$a_n s^n Y(s) + a_{n-1} s^{n-1} Y(s) + \dots + a_0 Y(s) = b_0 X(s) + \dots + b_m s^m X(s);$$

mit der obigen Definition folgt:

$$G(s) = \frac{Y(s)}{X(s)} = \frac{b_0 + b_1 s + \dots + b_m s^m}{a_0 + a_1 s + \dots + a_n s^n}. \tag{5.52}$$

Zur Übertragungsfunktion korrespondiert im Zeitbereich die Impulsantwort. Es ist sinnvoll anzunehmen, daß sie keine *Ableitungen* von Deltafunktionen enthält und damit der Zählergrad m maximal gleich dem Nennergrad n sein kann: $m \leq n$.

b) Die Sprung- oder Impulsantwort ist bekannt

Die Sprungfunktion sowie die Sprungantwort besitzen die Bildfunktionen:

$$\sigma(t) \circ\!\!-\!\!\bullet \frac{1}{s},$$

$$h(t) \circ\!\!-\!\!\bullet H(s);$$

damit folgt:

$$G(s) = s \cdot H(s). \tag{5.53}$$

Ist die Impulsantwort gegeben, so muß sie nur in den Bildbereich transfomiert werden:

$$g(t) \circ\!\!-\!\!\bullet G(s). \tag{5.54}$$

c) Eine beliebige Erregung und die zugehörige Reaktion sind gegeben

Die beiden Signale $x(t)$ und $y(t)$ werden in den Bildbereich transformiert:

$$x(t) \circ\!\!-\!\!\bullet X(s), \quad y(t) \circ\!\!-\!\!\bullet Y(s);$$

damit läßt sich die Übertragungsfunktion sofort bestimmen:

$$G(s) = \frac{Y(s)}{X(s)}. \tag{5.55}$$

Werden die Dgl oder auch die Impuls- und die Sprungantwort benötigt, so können die Beziehungen unter a) und b) verwendet werden.

□ Beispiel 5.8

a) Gegeben ist die Dgl eines Systems:

$$0,5\,\dot{y}(t) + y(t) = 0,5[x(t) + \dot{x}(t)];$$

man bestimme die Übertragungsfunktion.

Nach Gl. 5.52 folgt sofort

$$G(s) = 0,5\frac{1+s}{1+0,5s}.$$

b) Die Sprungantwort eines Systems lautet

$$h(t) = 0,5[1 + e^{-2t}] \cdot \sigma(t).$$

Man bestimme die Übertragungsfunktion.

Wird $h(t)$ als die Summe

$$h(t) = 0,5 \cdot \sigma(t) + 0,5e^{-2t} \cdot \sigma(t)$$

elementarer Funktionen dargestellt, so folgt direkt für die Bildfunktion:

$$H(s) = 0,5 \cdot \tfrac{1}{s} + 0,5 \cdot \tfrac{1}{s+2} ;$$

nach Gl. 5.53 gilt:

$$G(s) = s \cdot H(s) = s \cdot \left(0,5 \cdot \tfrac{1}{s} + 0,5 \cdot \tfrac{1}{s+2}\right) = 0,5 \cdot \left(1 + \tfrac{s}{s+2}\right).$$

Bringt man diese Darstellung noch auf die Produktform, so folgt:

$$G(s) = 0,5\tfrac{2+2s}{2+s} = 0,5\tfrac{1+s}{1+0,5s} .$$

c) Auf die Erregung

$$x(t) = 5e^{-t} \cdot \sigma(t)$$

antwortet ein System mit der Reaktion

$$y(t) = 5e^{-2t} \cdot \sigma(t).$$

Man bestimme die Übertragungsfunktion.

Zunächst benötigt man die Bildfunktionen der Signale:

$$X(s) = \tfrac{5}{s+1}, \ Y(s) = \tfrac{5}{s+2} ;$$

damit folgt nach Gl. 5.55 direkt:

$$G(s) = \tfrac{Y(s)}{X(s)} = \tfrac{5}{5} \cdot \tfrac{s+1}{s+2} = 0,5\tfrac{1+s}{1+0,5s} .$$

An diesem Beispiel ist vor allem interessant, daß die e-Funktion der Erregung *nicht* im Ausgangssignal erscheint. Warum, wird sofort ersichtlich, wenn man im Bildbereich schreibt:

$$Y(s) = G(s) \cdot X(s) = 0,5\tfrac{1+s}{1+0,5s} \cdot \tfrac{5}{1+s} .$$

Demnach wird der Pol $s_\infty = -1$ der Erregung gegen die Nullstelle $s_0 = -1$ der Übertragungsfunktion weggekürzt, man spricht von einer *Kompensation*. Insbesondere bei einer Reihenschaltung von Systemen kann so erreicht werden, daß das Gesamtsystem *schneller* wird, indem ein „langsamer" Pol weggekürzt wird. Dies ist jedoch nur bei stabilen Polen möglich, d.h. mit $\mathrm{Re}\,s_\infty < 0$, wie etwas weiter unten am Beispiel des I-Systems noch ausführlich diskutiert wird.   □

Zur Dgl des Systems gehört die *charakteristische Gleichung:*

$$a_n\lambda^n + a_{n-1}\lambda^{n-1} + ... + a_0 = 0.$$

Bei *reellen* Koeffizienten a_i sind die Wurzeln bzw. *Eigenwerte* λ_i entweder reell oder paarweise konjugiert komplex. Ein Vergleich mit der Übertragungsfunktion des Systems zeigt, daß dieses Polynom genau dem Nenner entspricht:

$$N(s) = a_n s^n + a_{n-1} s^{n-1} + \dots + a_0. \tag{5.56}$$

Damit sind die *Pole* $s_{\infty i}$ von $G(s)$ *identisch* mit den *Eigenwerten* λ_i des Systems.

Dies trifft allerdings nur unter der Einschränkung zu, daß sich durch den inneren Aufbau des Systems keine Pole und Nullstellen kompensieren. Genau genommen gibt die Übertragungsfunktion nur den vollständig steuer- und beobachtbaren Teil wieder. Diese Begriffe sind jedoch nur sauber definierbar, wenn die Dgl in der *Zustandsraumdarstellung* formuliert wird, die das Be- und Entladen der Speicher beschreibt; hierfür wird auf die regelungstechnische Literatur verwiesen.

Unter der Voraussetzung, daß sich keine Pole und Nullstellen wegkürzen, ist der Nenner $N(s)$ der Übertragungsfunktion $G(s) = \frac{Z(s)}{N(s)} = \frac{b_0 + b_1 s + \dots + b_m s^m}{a_0 + a_1 s + \dots + a_n s^n}$ *identisch* mit dem charakteristischen Polynom. Die Nullstellen bzw. Wurzeln des Polynoms sind die *Eigenwerte* des Systems und die *Pole* der Übertragungsfunktion.

Das System ist damit stabil, wenn *alle* Pole einen *negativen* Realteil besitzen, so daß die Eigenbewegung insgesamt abklingt; anders ausgedrückt, müssen alle Pole des Systems in der linken s-Halbebene liegen. Ist nur von Interesse, *ob* das System stabil ist, so kann auf das Nennerpolynom das Hurwitz-Kriterium angewendet werden (siehe Kapitel 3.7).

□ Beispiel 5.9

Ein elektronisch angesteuertes System (z.B. ein Stellglied, ein Meßsystem usw.) besitze die große Zeitkonstante $T_1 = 2$, die ein zu träges Einschwingen bewirkt; die Übertragungsfunktion laute:

$$G(s) = \frac{1}{1+2s}.$$

Durch eine *Reihenschaltung* mit einem elektronischen *Kompensationsglied* soll versucht werden, die Zeitkonstante des Gesamtsystems auf 10%, also $T_{1,\text{ges}} = 0,2$, zu verkleinern. Wie lautet die Übertragungsfunktion $G_K(s)$ des Kompensationsgliedes?

Die Übertragungsfunktion der Reihenschaltung berechnet sich aus dem Produkt

$$G_{\text{ges}}(s) = G_K(s) \cdot G(s).$$

Nach den Erkenntnissen des obigen Beispiels muß sich der Pol mit der großen Zeitkonstante wegkürzen:

$$G_K(s) = \frac{1+2s}{N(s)}.$$

Könnte man den Nenner einfach zu Eins wählen, dann wäre das Gesamtsystem *verzögerungsfrei*; das Kompensationsglied wäre dann aber ein *ideales* PD-System und damit nicht realisierbar. Das Gesamtsystem ist um so schneller, je *kleiner* der Grad n des Nenners ist; mit der obigen Forderung erhält man:

$$G_K(s) = \tfrac{1+2s}{1+0{,}2s} \, .$$

Es handelt sich damit um ein realisierbares PD_{T1}-System mit $T_D/T_1 = 10$; dies bedeutet ein stark differenzierendes Verhalten mit allen damit verbundenen Problemen. Das folgende Bild zeigt die Sprungantworten des Kompensationsgliedes sowie des Gesamtsystems:

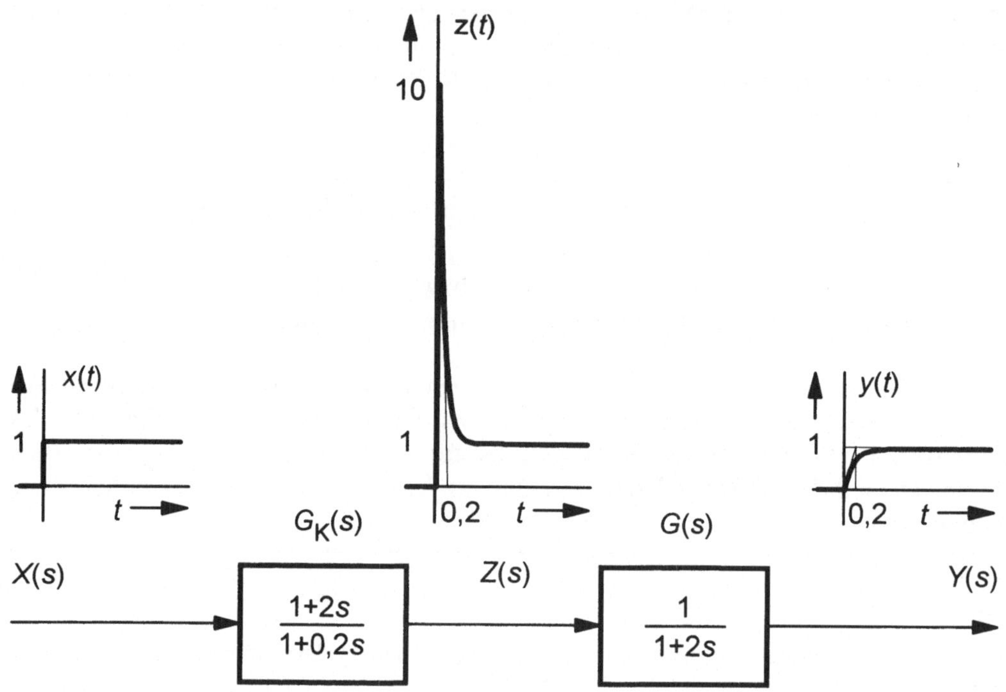

Bild 5.10
Die Kompensation mit den Sprungantworten

Kritisch ist an dieser Realisierung, daß das Eingangssignal $z(t)$ des trägen Systems kurzzeitig hohe oder sogar sehr hohe Werte annehmen muß; in der Praxis gibt es immer eine Obergrenze, z.B. durch die Versorgungsspannung. Außerdem reagiert das differenzierende Kompensationsglied kritisch auf Rauschen und zwar um so mehr, je schneller das Gesamtsystem werden soll.   □

Offensichtlich ist die Methode der Kompensation zwar wirkungsvoll, sie hat aber praktische Grenzen. Dies wird ganz besonders deutlich, wenn versucht wird, *instabile* Pole (d.h. mit Re $s_\infty \geq 0$) zu kompensieren und damit zu stabilisieren. So könnte ein einfaches instabiles System, wie z.B. das I-System, *theoretisch* mit einem D_{T1}-System stabilisiert werden:

$$G(s) = \tfrac{1}{s}, \; G_K(s) = \tfrac{s}{1+T_1 s} \rightarrow G_{\text{ges}}(s) = \tfrac{1}{1+T_1 s}. \tag{5.57}$$

Wird das Kompensationsglied hinter dem I-System angeordnet, was theoretisch zum gleichen Ergebnis führt, so zeigt das folgende Bild, daß das Ausgangssignal des I-Systems trotzdem gegen unendlich strebt. Praktisch gibt es jedoch immer eine Obergrenze, oder das System nimmt Schaden, wie z.B. ein Kondensator, der mit einem konstanten Strom beladen wird, und dessen Spannung immer höher wird.

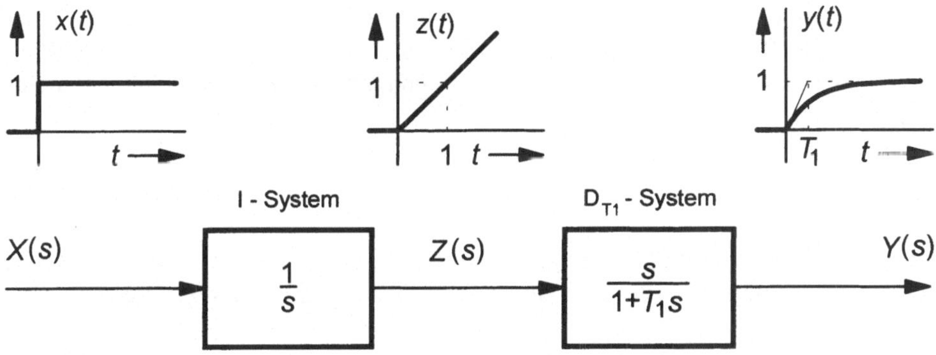

Bild 5.11
Kompensation des instabilen Pols $s_\infty = 0$ eines I-Systems durch ein D_{T1}-System

Bei instabilen Polen in der rechten s-Halbebene kommt noch das Problem hinzu, daß kleine Abweichungen der kompensierenden Nullstellen von den Polen auch insgesamt wieder zu einem instabilen System führen.

Welche Möglichkeit gibt es dann, ein instabiles System durch Beschaltung mit einem System $G_K(s)$ zu stabilisieren?

Die Lösung liegt in der Rückkopplung, meistens als Gegenkopplung, wie beim RC-System. Der Kondensator (das instabile I-System) vermindert seinen eigenen Ladestrom, wenn seine Spannung ansteigt. Wie gezeigt wurde, sind die Speicher der Systeme grundsätzlich I-Systeme; sind die Eigenwerte des Gesamtsystems stabil, so müssen intern *Rückkopplungen* vorhanden sein, die zur Stabilisierung führen. Diese wichtige Erkenntnis, daß die Eigenwerte eines Systems am besten durch eine Rückkopplungsstruktur veränderbar sind, wird in der *Regelungstechnik* ausgenutzt, wobei hierbei das System $G(s) = G_S(s)$ der *Prozeß* bzw. die *Strecke* und das System $G_K(s) = G_R(s)$ der *Regler* ist:

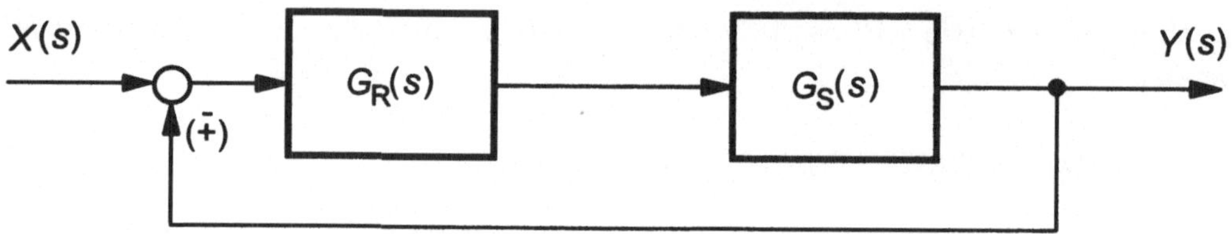

Bild 5.12
Regelkreisstruktur mit Regler $G_R(s)$ und Strecke $G_S(s)$

Dadurch werden nun die Eingangs- und die Ausgangsgröße miteinander verglichen, regelungstechnisch ist die Erregung in diesem Fall die Führungsgröße bzw. der Sollwert, die Reaktion die Regelgröße; im Idealfall schwingt die Regelgröße auf den Wert der Führungsgröße ein. Für die Gesamt-Übertragungsfunktion folgt nach elementarer Rechnung:

$$G(s) = \frac{G_R(s)G_S(s)}{1\pm G_R(s)G_S(s)} \cdot \tag{5.58}$$

Das positive Vorzeichen im Nenner gilt dabei für die negative Rückführung, die *Gegenkopplung*, und das negative für die positive Rückführung, die *Mitkopplung*.

□ **Beispiel 5.10**

Ein System Heizstäbe/Kochplatte werde - stark vereinfacht - durch die folgende Dgl beschrieben:

$$5\,\mathrm{min}\,\Delta\,\dot{\vartheta} + \Delta\vartheta = \frac{20\mathrm{K}}{\mathrm{V}} \cdot u(t)\,.$$

Hierbei ist $\Delta\vartheta = \vartheta - 20°\mathrm{C}$ die Temperatur der Platte über der Umgebungstemperatur von $20°\mathrm{C}$, mit der Steuerspannung $0 \le u \le 10\mathrm{V}$ können die Heizstäbe angesteuert werden. Die mögliche Temperaturerhöhung beträgt damit: $\Delta\vartheta_{max} = \frac{20\mathrm{K}}{\mathrm{V}} \cdot u_{max} = 200\mathrm{K}$. Ein Sensor in einem einfachen Verstärker mit der Verstärkung K_R als Regler erfasse nahezu verzögerungsfrei (genauer: vernachlässigbar gegenüber der Zeitkonstante von 5min der Kochplatte) die Temperaturdifferenz, die mit dem Sollwert $\vartheta_w(t)$ verglichen wird:

$$u(t) = K_R \cdot (\vartheta_w(t) - \Delta\vartheta)\,.$$

Transformiert man die Gleichungen in den Bildbereich, so folgt:

$$G_S(s) = \frac{\Delta\vartheta(s)}{U(s)} = \frac{20\mathrm{K}}{\mathrm{V}} \cdot \frac{1}{1+5\,\mathrm{min}\cdot s}\,,\ G_R(s) = K_R\,.$$

Auch hierbei wäre natürlich eine Normierung der Amplituden und der Zeit sinnvoll gewesen, da dann keine Einheiten mehr in den Übertragungsfunktionen vorkommen.

Mit der obigen Gleichung folgt für das Gesamtsystem bei Gegenkopplung:

$$G(s) = \frac{K_R \cdot \frac{20\mathrm{K/V}}{1+5\,\mathrm{min}\cdot s}}{1+K_R \cdot \frac{20\mathrm{K/V}}{1+5\,\mathrm{min}\cdot s}} = \frac{K_R \cdot 20\mathrm{K/V}}{(1+K_R \cdot 20\mathrm{K/V})+5\,\mathrm{min}\cdot s} = \frac{K_R \cdot 20\mathrm{K/V}}{1+K_R \cdot 20\mathrm{K/V}} \cdot \frac{1}{1+\frac{5\,\mathrm{min}}{1+K_R \cdot 20\mathrm{K/V}}\cdot s}\,\cdot$$

Dies ist nun ein P_{T1}-System mit $V_{\text{stat}} = G(0) = \frac{K_\text{R} \cdot 20\text{K/V}}{1 + K_\text{R} \cdot 20\text{K/V}}$ und $T_1 = \frac{5\,\text{min}}{1 + K_\text{R} \cdot 20\text{K/V}}$. Da der Eigenwert bzw. der Pol des Systems bei dem reellen Wert $s_\infty = \lambda = -\frac{1}{T_1} = -\frac{1 + K_\text{R} \cdot 20\text{K/V}}{5\,\text{min}}$ liegt, kann direkt untersucht werden, für welche Reglerverstärkungen das System stabil ist:

$$s_\infty \overset{!}{<} 0 \rightarrow -\frac{1 + K_\text{R} \cdot 20\text{K/V}}{5\,\text{min}} < 0 \rightarrow 1 + K_\text{R} \cdot 20\text{K/V} > 0 \rightarrow K_\text{R} > -0,05 \frac{\text{V}}{\text{K}}.$$

Für negative K_R liegt offensichtlich *Mitkopplung* vor. Für die gerade nicht mehr erlaubte Grenze $K_\text{R} = -0,05 \frac{\text{V}}{\text{K}}$ besitzt das Gesamtsystem die Übertragungsfunktion $G(s) = -\frac{1}{5\,\text{min}} \cdot \frac{1}{s}$, es hat demnach *I-Verhalten*. Für $K_\text{R} = 0$ ist der Regler inaktiv und für $K_\text{R} > 0$ ist das Gesamtsystem stabil. Je größer dabei die Verstärkung gewählt wird, desto schneller wird das System und um so mehr nähert sich V_{stat} dem Idealwert Eins. Das folgende Bild zeigt die Eigenwerte in Abhängigkeit von der Reglerverstärkung für positive und negative K_R, die sogenannte *Wurzelortskurve*, kurz WOK:

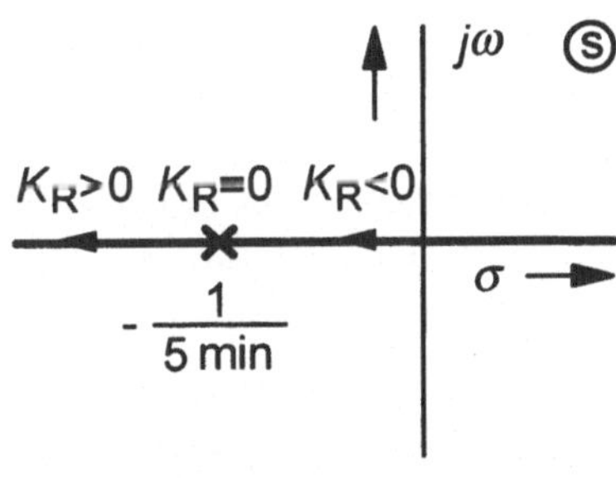

Bild 5.13
Die Wurzelortskurve, also die Eigenwerte des Regelkreises in Abhängigkeit von der Reglerverstärkung K_R

Das Beispiel ist jedoch insofern ein Sonderfall, als es meistens eine betragsmäßige Obergrenze für die Reglerverstärkung gibt, bei der der Regelkreis instabil wird. Dies ist z.B. dann der Fall, wenn der Prozeß durch mehrere Speicher eine große Trägheit aufweist und damit der Regler erst spät eine Abweichung registriert und reagieren kann. Auch hierbei hilft es, den Regler mit D-Verhalten auszustatten, z.B. als PD_{T1}-System, und zu versuchen, den Pol mit der größten Trägheit zu kompensieren, was aber u.U. erneut zu den oben diskutierten Schwierigkeiten führt.

Das Bild 5.14 zeigt beispielhaft die Wurzelortskurve eines Regelkreises mit einem Prozeß 2. Ordnung mit zwei instabilen, konjugiert komplexen Polen mit $\text{Re}\,s_\infty = 0$, also sinusförmigen Eigenfunktionen, sowie einem PD_{T1}-Regler. Aus der Kurve wird deutlich, daß es einen Bereich der Reglerverstärkung gibt, für den der *geschlossene* Kreis *stabil* ist, obwohl der Prozeß selbst instabil ist.

Diese Beispiele haben gezeigt, daß die Rückkopplung die sinnvollste Methode ist, langsame und sogar instabile Systeme in ihrem Verhalten zu beeinflussen. Die Regler-Designverfahren erlauben es, für gegebene Prozesse möglichst gut passende Regler-strukturen und -Parameter zu finden; da die Rückkopplung leicht zur Instabilität des Kreises führt, sind viele Verfahren aus Stabilitätsbetrachtungen abgeleitet. - Für eine Vertiefung wird auf die regelungstechnische Literatur verwiesen ([16],[23],[52]).

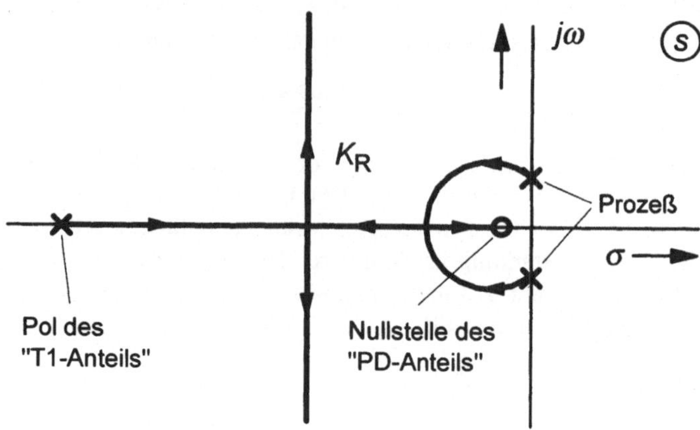

Bild 5.14
Wurzelortskurve eines instabilen Prozesses 2. Ordnung mit einem PD_{T1}-Regler in Abhängigkeit von der Reglerverstärkung K_R

5.5.2 Nicht-energiefreie Systeme

Elektrische bzw. elektronische Systeme haben als Speicher Kapazitäten und Induktivitäten, Speicher regelungstechnischer Prozesse können aber auch Wärmekapazitäten, Behälter für Füllgut usw. sein. Sind die Speicher zum Anfangszeitpunkt $t = 0$ *nicht* leer, so überlagert sich der durch die Erregung hervorgerufenen Reaktion die Eigenbewegung, die sich bei n Speichern aus der Summe der n Eigenfunktionen zusammensetzt:

$$y_h(t) = \sum_{i=1}^{n} K_i e^{\lambda_i t} \text{ für } t \geq 0. \tag{5.59}$$

Hierbei sind allerdings verschiedene Eigenwerte λ_i vorausgesetzt; liegt z.B. ein k-facher Eigenwert λ_1 vor, dann ist entsprechend den Ausführungen zur Rücktransformation rationaler Bildfunktionen anzusetzen (siehe Unterkapitel 5.4.3):

$$y_h(t) = \sum_{j=1}^{k} K_j t^{j-1} e^{\lambda_1 t} + \sum_{i=k+1}^{n} K_i e^{\lambda_i t} \text{ für } t \geq 0. \tag{5.60}$$

Da die Eigenwerte mit den Polen der Übertragungsfunktion *identisch* sind, kann auch geschrieben werden:

$$y_h(t) = \sum_{i=1}^{n} K_i e^{s_{\infty i} t} \text{ für } t \geq 0; \tag{5.61}$$

für mehrfache Pole gilt Gl. 5.60 entsprechend. Sind die Pole bekannt, dann müssen die Konstanten K_i noch an die Anfangswerte angepaßt werden.

□ Beispiel 5.11

Die Übertragungsfunktion des CR-Systems wurde als D_{T1}-System berechnet zu

$$G(s) = \frac{RCs}{1+RCs} .$$

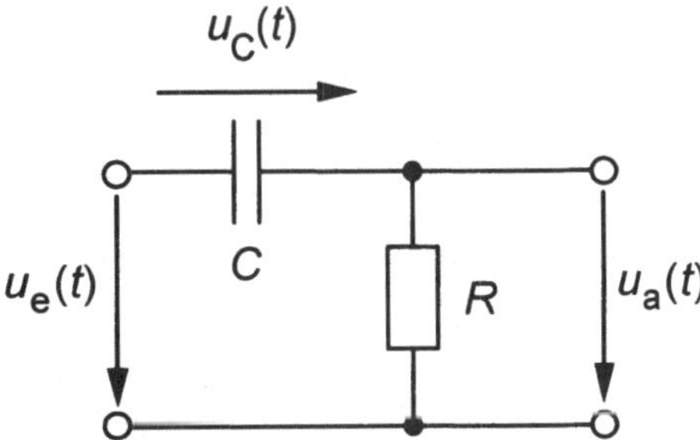

Bild 5.15
CR-System mit geladenem Kondensator

Die Eingangsspannung werde abgeschaltet, so daß gilt: $u_e(t) = 0$ für $t \geq 0$. Der Kondensator habe zum Zeitpunkt $t = 0$ noch eine Spannung von $u_C(0) = 15\,\text{V}$. Man berechne den Entladevorgang des Kondensators sowie den Ausgangsspannungsverlauf $u_a(t)$.

Der Zähler der Übertragungsfunktion ist ohne Bedeutung, da die Eingangsspannung Null ist. Mit dem Pol $s_\infty = -\frac{1}{RC}$ wird für den Entladevorgang für $t \geq 0$ der Ansatz

$$u_C(t) = K \cdot e^{-\frac{t}{RC}}$$

gemacht, dessen Konstante K mit der Anfangsspannung identisch ist, wie durch Einsetzen von $t = 0$ direkt folgt:

$$u_C(t) = 15\,\text{V} \cdot e^{-\frac{t}{RC}} .$$

Um zum Ausdruck zu bringen, daß dieser Spannungsverlauf nur für $t \geq 0$ gilt, wird häufig noch mit der Sprungfunktion multipliziert:

$$u_C(t) = 15\,\text{V} \cdot e^{-\frac{t}{RC}} \cdot \sigma(t).$$

Dadurch wird zwar $u_C(t)$ für negative Zeiten zu Null gesetzt, aber es ist meistens auch nicht von Interesse, *wie* der Kondensator zu seiner Anfangsspannung gekommen ist.

Aus dem obigen Schaltbild ist erkennbar, daß bei einem eingangsseitigen Kurzschluß ($u_e(t) = 0$)

$$u_a(t) = -u_C(t)$$

gilt, so daß folgt:

$$u_a(t) = -15\,\text{V} \cdot e^{-\frac{t}{RC}} \cdot \sigma(t).$$

Bei *gleichzeitiger* Erregung des Systems mit einer Eingangsspannung wird zunächst die erzwungene Reaktion des energiefreien Systems über die Laplace-Transformation, die Partialbruchzerlegung und die Rücktransformation berechnet. Die *Gesamtreaktion* bestimmt sich dann aus der *Überlagerung* der Eigenbewegung des nicht-energiefreien Systems, die gerade berechnet wurde, sowie der erzwungenen Reaktion des energiefreien Systems. $\qquad\square$

Sind die n Speicher eines Systems zum Anfangszeitpunkt $t = 0$ nicht leer, so führt dies zu n Anfangswerten der zugehörigen Dgl:

$$y(0) = y_0,\ \dot{y}(0) = \dot{y}_0\ ,\ \dots\ , y^{(n-1)}(0) = y_0^{(n-1)}\ .$$

Die n Pole $s_{\infty i}$ der Übertragungsfunktion sind identisch mit den Eigenwerten λ_i des Systems, so daß bei verschiedenen Polen der Ansatz für die Eigenbewegung gemacht werden kann:

$$y_\mathrm{h}(t) = \sum_{i=1}^{n} K_i e^{s_{\infty i} t} \text{ für } t \ge 0\ .$$

Liegt ein k-facher Pol, z.B. $s_{\infty 1}$ vor, so ist anzusetzen:

$$y_\mathrm{h}(t) = \sum_{j=1}^{k} K_j t^{j-1} e^{s_{\infty 1} t} + \sum_{i=k+1}^{n} K_i e^{s_{\infty i} t} \text{ für } t \ge 0;$$

die Konstanten K_i bestimmen sich aus den Anfangswerten.

Ist die Erregung *nicht* Null, so ist die *erzwungene* Reaktion des *energiefreien* Systems zu berechnen und der Eigenbewegung zu *überlagern*.

5.6 Blockschaltbildalgebra

Entsprechend der Faltungsalgebra im Zeitbereich gibt es eine Blockschaltbildalgebra im Frequenz- bzw. Bildbereich, die es erlaubt, *Äquivalenzumformungen* vorzunehmen. Umfangreich zusammengeschaltete Teilsysteme können damit auch anders angeordnet werden, ohne daß sich das Gesamtverhalten ändert; die Beziehungen sind deshalb als Gleichungen zu verstehen. Das einfachste Beispiel ist die Vertauschung der Reihenfolge von Systemen einer Verarbeitungskette, die schon mehrfach angewendet wurde.

Im folgenden werden die Abhängigkeiten der Übertragungsfunktionen von $j\omega$ bzw. s weggelassen. Da die Identität des Übertragungsverhaltens über die Multiplikationen mit den Übertragungsfunktionen leicht nachgerechnet werden kann, wird auf eine Herleitung verzichtet.

a) Zusammenfassung zweier in Reihe liegender Blöcke

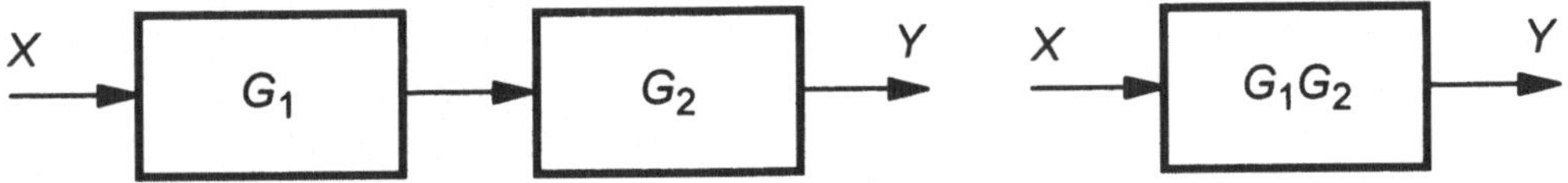

Bild 5.16

b) Zusammenfassung zweier paralleler Blöcke

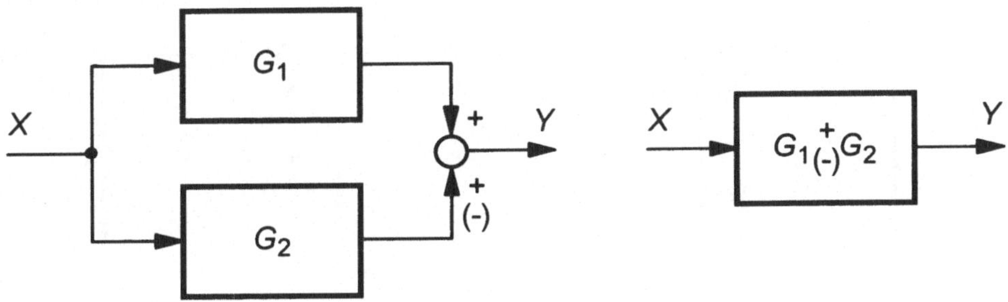

Bild 5.17

c) Umordnung von Additionsstellen

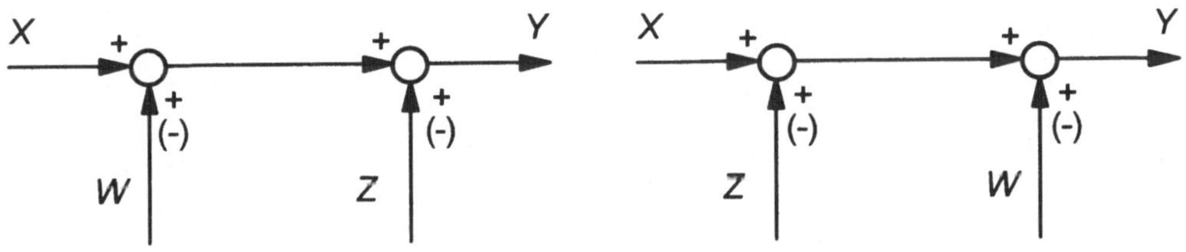

Bild 5.18

d) Verlegung einer Verzweigungsstelle vor eine Additionsstelle

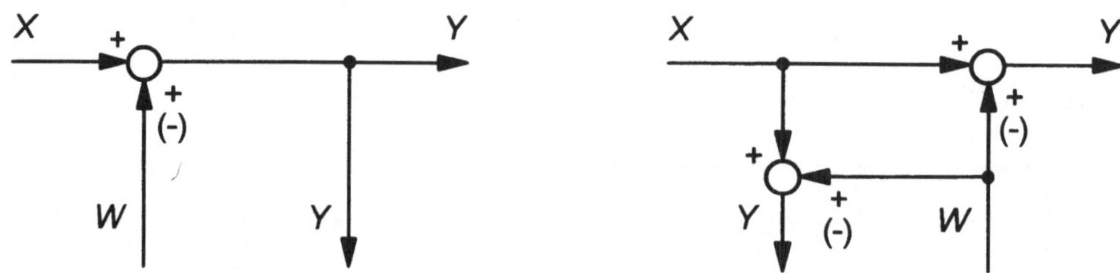

Bild 5.19

e) Verlegung einer Verzweigungsstelle hinter eine Additionsstelle

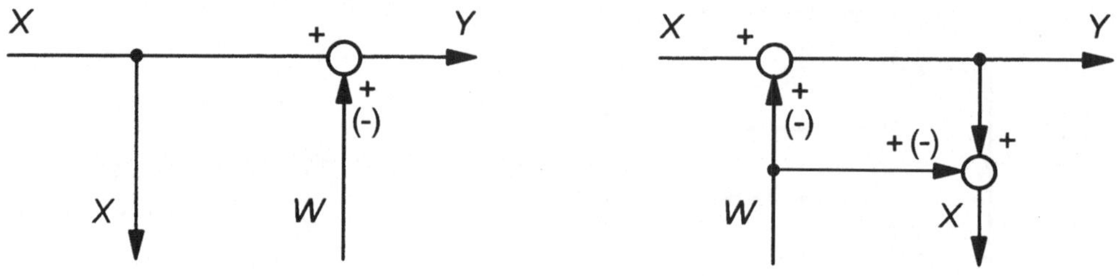

Bild 5.20

f) Elimination einer Rückführschleife

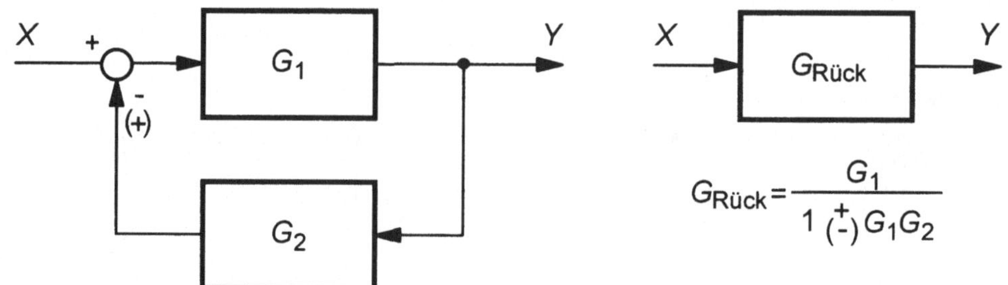

$$G_{\text{Rück}} = \frac{G_1}{1 \overset{+}{(-)} G_1 G_2}$$

Bild 5.21

g) Verlegung einer Additionsstelle vor einen Block

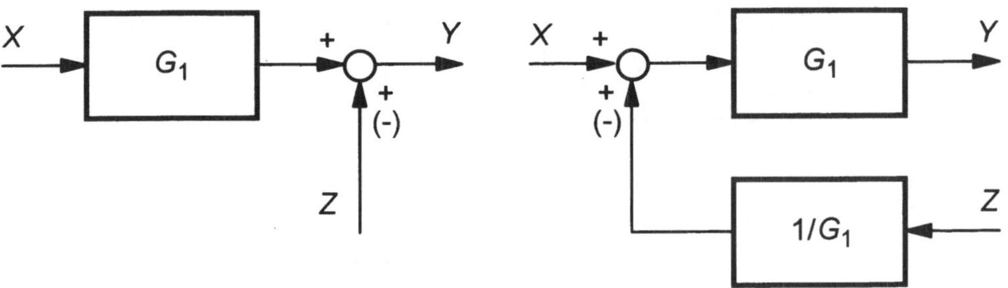

Bild 5.22

h) Verlegung einer Additionsstelle hinter einen Block

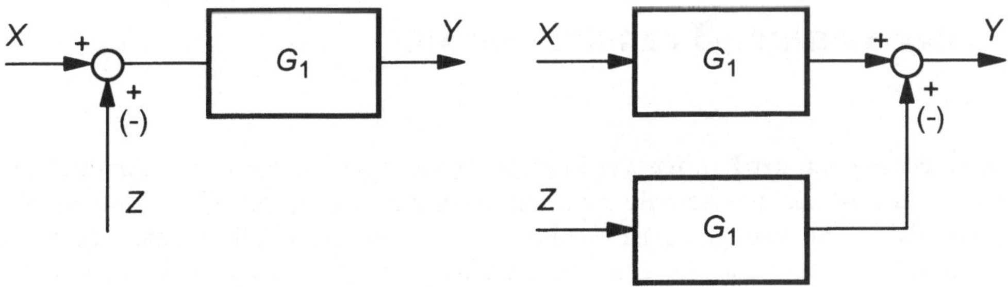

Bild 5.23

i) Verlegung einer Verzweigungsstelle vor einen Block

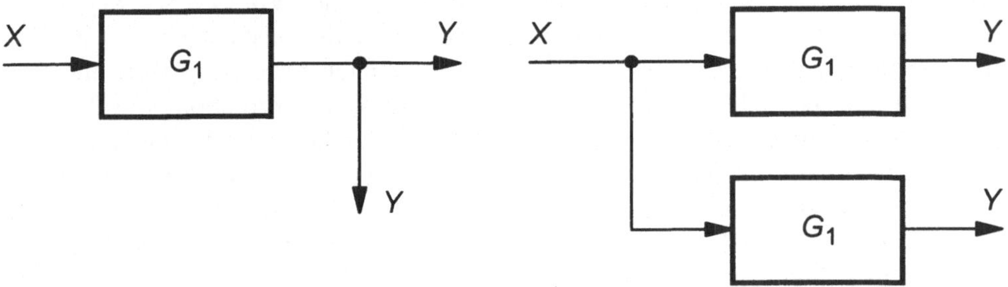

Bild 5.24

j) Verlegung einer Verzweigungsstelle hinter einen Block

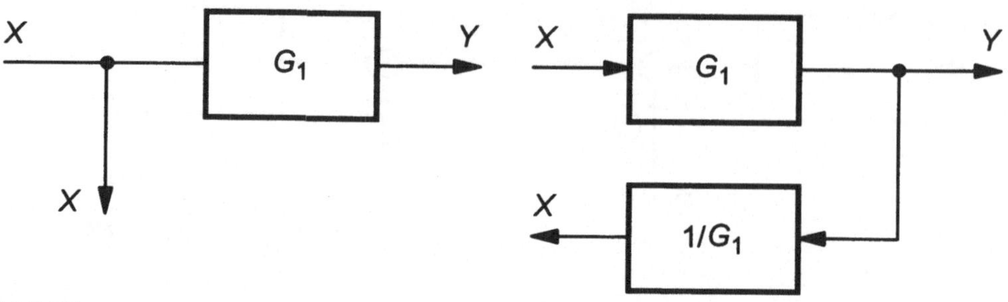

Bild 5.25

5.7 Der Zusammenhang zwischen der Fourier- und der Laplace-Transformation

Beim Übergang von der Fourier- zur Laplace-Transformation wurde die Einschränkung gemacht, daß es sich um kausale Zeitfunktionen handelt, die demnach Null sind für negative Zeiten. So betrachtet, ist die Fourier-Transformation allgemeiner, da für sie diese Einschränkung nicht gilt. Durch den „Trick" der Multiplikation der Zeitfunktion mit dem Dämpfungsterm $e^{-\sigma t}$ kann jedoch mit dem weiteren Parameter σ die Konvergenz des Transformationsintegrals erreicht werden, wodurch es nun auch möglich ist, z.B. die Sprungantworten eines instabilen Systems zu transformieren; so gesehen ist die Laplace-Transformation eine Erweiterung der Fourier-Transformation.

Offensichtlich haben beide Tansformationen ihre spezifischen Vorteile, weswegen beide auch ihre Berechtigung haben: Der Fourier-Transformation erlaubt es, die in einem Signal enthaltenen Spektralanteile und ihre Veränderungen bzgl. Amplitude und Phase durch Übertragungsglieder zu bestimmen. Die Laplace-Transformation ist z.B. vorteilhaft, um die Gesamt-Übertragungsfunktion vieler zusammenwirkender Teilsysteme mit Hilfe der Blockschaltbildalgebra zu bestimmen; falls notwendig, können dann anschließend über die Partialbruchzerlegung sowie Korrespondenztabellen die Zeitsignale berechnet werden. Dies ist besonders in der Meß- und Regelungstechnik wichtig, wo es z.B. auf das Einschwingen der Regelgröße ankommt.

Trotzdem gibt es Zusammenhänge zwischen den beiden Transformationen sowie auch einen „Überschneidungsbereich", d.h. es gibt Transformierte, die identisch sind, wenn s durch $j\omega$ ersetzt wird und umgekehrt; unter welchen Voraussetzungen dies erlaubt ist wird im folgenden diskutiert.

Mit der Beschränkung auf kausale Signale $f(t)$ (sonst existieren die Laplace-Transformierten nicht) gelte:

$$f(t) \circ\!\!-\!\!\bullet F_\omega(j\omega), \ f(t) \circ\!\!-\!\!\bullet F_s(s) \ ,$$

wobei $F_\omega(j\omega)$ die Fourier- und $F_s(s)$ die Laplace-Transformierte darstellt. Unter welcher *Voraussetzung* ist mit $\sigma = 0$ die Laplace-Transformierte dann identisch mit der Fourier-Transformierten, d.h.

$$F_\omega(j\omega) = F_s(j\omega)? \qquad\qquad (5.62)$$

Dazu werden zunächst beispielhaft die Transformierten einer eingeschalteten e-Funktion mit $a < 0$ betrachtet:

$$e^{at} \cdot \sigma(t) \circ\!\!-\!\!\bullet \frac{1}{j\omega-a}, \ e^{at} \cdot \sigma(t) \circ\!\!-\!\!\bullet \frac{1}{s-a} \ .$$

Hierbei darf demnach $s = j\omega$ $(\sigma = 0)$ gesetzt werden und umgekehrt. Für $a = 0$ ist die e-Funktion wegen $e^{0t} = 1$ der Einheitssprung. Die Fourier-Transformation hat nun bereits Konvergenzprobleme, denn ihre Tansformierte besitzt einen Deltafunktionsanteil:

$$\sigma(t) \circ\!\!-\!\!\bullet \pi\delta(\omega) + \frac{1}{j\omega}, \ \sigma(t) \circ\!\!-\!\!\bullet \frac{1}{s} \ .$$

Der Konvergenzbereich der Sprungfunktion für die Laplace-Transformation ist $\sigma > 0$, er ist diejenige rechte s-Halbebene, die gerade keine Pole der Bildfunktion enthält. Dies ist ja gerade der Vorteil der Laplace-Transformation: Für die praktisch relevanten (kausalen) Zeitfunktionen kann immer ein Konvergenzbereich gefunden werden.

Insgesamt können drei Fälle unterschieden werden:

a) Die $j\omega$ –Achse liegt *innerhalb* des Konvergenzbereiches von $F_s(s)$; es gilt:

$$F_\omega(j\omega) = F_s(j\omega).$$

b) Die $j\omega$ –Achse liegt *außerhalb* des Konvergenzbereiches: Die Fourier-Transformation konvergiert nicht.

c) Die $j\omega$ –Achse ist die *Grenze* des Konvergenzbereiches. In diesem Fall *können*, aber müssen die Transformierten nicht übereinstimmen[5].

---

[5] Im Fall der bisher behandelten rationalen Bildfunktionen würden Pole auf der $j\omega$-Achse liegen, so daß die Transformierten nicht identisch wären, denn die Fourier-Transformierten enthalten dann Deltafunktionsanteile. Es gibt aber auch andere Arten von Bildfunktionen, die keine Pole auf der $j\omega$-Achse enthalten und dort auch differenzierbar (analytisch) sind; in diesem Fall sind die Bildfunktionen identisch (siehe z.B. [53]).

Wenn die Übertragungsfunktion bzw. der Frequenzgang eines *instabilen* Systems gesucht und die Dgl bekannt ist, kann aber die Fourier-Transformation *umgangen* werden; es gilt:

$$a_n y^{(n)}(t) + a_{n-1} y^{(n-1)}(t) + \ldots + a_0 y(t) = b_0 x(t) + \ldots + b_m x^{(m)}(t), \quad m \le n, \; a_n \ne 0,$$

$$\rightarrow G(j\omega) = \frac{b_0 + b_1 j\omega + \ldots + b_m (j\omega)^m}{a_0 + a_1 j\omega + \ldots + a_n (j\omega)^n}.$$

Besitzt die Übertragungsfunktion $G(s)$ Pole in der rechten s-Halbebene, so kann der Frequenzgang $G(j\omega)$ weder gemessen noch kann er über die Fourier-Transformation aus der Impulsantwort $g(t)$ berechnet werden.

Die Ortskurve bzw. das Bode-Diagramm ist die grafische Darstellung von $G(j\omega)$ für $\omega \ge 0$. Sind die Koeffizienten der Dgl bzw. der Übertragungsfunktion reell (was bei realisierbaren Systemen grundsätzlich der Fall ist), dann ist auch $g(t)$ reell, und es gilt:

$$G(j\omega) = G(-j\omega)^*.$$

Es reicht demnach aus, den Frequenzgang eines (stabilen) Systems für *positive* Frequenzen zu messen, eine Erkenntnis, die nicht neu ist, denn so begann der Übergang vom Zeit- in den Frequenzbereich. Es ist sogar so, daß bei *kausalen* Impulsantworten $g(t)$ (entsprechend für beliebige Zeitfunktionen $f(t)$) der Real- und Imaginärteil der Bildfunktion *nicht unabhängig* voneinander sind, sondern der eine aus dem anderen über die *Hilbert-Transformation* berechnet werden kann.

Wird die Übertragungsfunktion in der Produktform

$$G(s) = \frac{b_m}{a_n} \cdot \frac{(s-s_{o1})(s-s_{o2}) \cdot \ldots \cdot (s-s_{om})}{(s-s_{\infty 1})(s-s_{\infty 2}) \cdot \ldots \cdot (s-s_{\infty n})}$$

dargestellt, so können aus dieser Darstellung die Pole und Nullstellen direkt abgelesen werden; für $s = j\omega$ folgt:

$$G(j\omega) = \frac{b_m}{a_n} \cdot \frac{(j\omega-s_{o1})(j\omega-s_{o2}) \cdot \ldots \cdot (j\omega-s_{om})}{(j\omega-s_{\infty 1})(j\omega-s_{\infty 2}) \cdot \ldots \cdot (j\omega-s_{\infty n})}, \tag{5.63}$$

$$|G(j\omega)| = \frac{b_m}{a_n} \cdot \frac{|j\omega-s_{o1}||j\omega-s_{o2}| \cdot \ldots \cdot |j\omega-s_{om}|}{|j\omega-s_{\infty 1}||j\omega-s_{\infty 2}| \cdot \ldots \cdot |j\omega-s_{\infty n}|}, \tag{5.64}$$

$$\varphi(\omega) = \varphi_{o1} + \varphi_{o2} + \ldots + \varphi_{om} - \varphi_{\infty 1} - \varphi_{\infty 2} - \ldots - -\varphi_{\infty n} \tag{5.65}$$

für $\frac{b_m}{a_n} > 0$ (ansonsten ist noch eine Phasenverschiebung von $\pm\pi$ zu berücksichtigen). Alle Terme im Zähler oder Nenner können für ein bestimmtes $\omega = \omega_1$ auch als *Differenzzeiger* in der s-Ebene aufgefaßt werden, wie das folgende Bild an einem instabilen System mit zwei Polen in der rechten s-Halbebene beispielhaft zeigt:

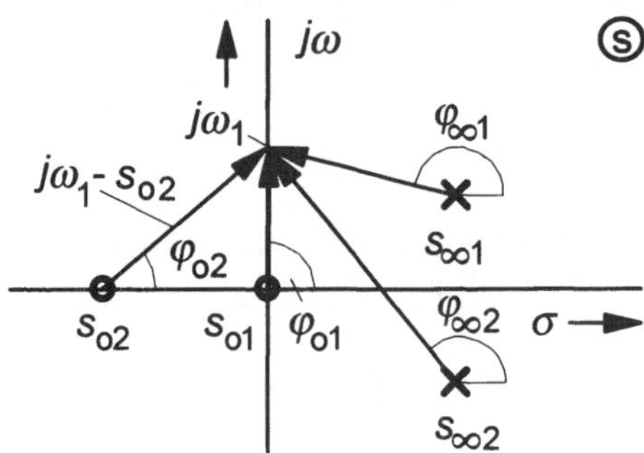

Bild 5.26
Pol-Nullstellen-Diagramm einer Übertragungsfunktion und Differenzzeiger zu den Polen und Nullstellen für $\omega = \omega_1$

Offensichtlich ist die *Länge* der Zeiger von Polen und Nullstellen identisch, die sich gespiegelt an der $j\omega$ –Achse befinden, also der bzw. die eine in der linken und der andere bzw. die andere in der rechten s-Halbebene. Damit sind ihre Beträge gleich, *nicht* aber ihre Winkel, wie beispielhaft das folgende Bild zeigt:

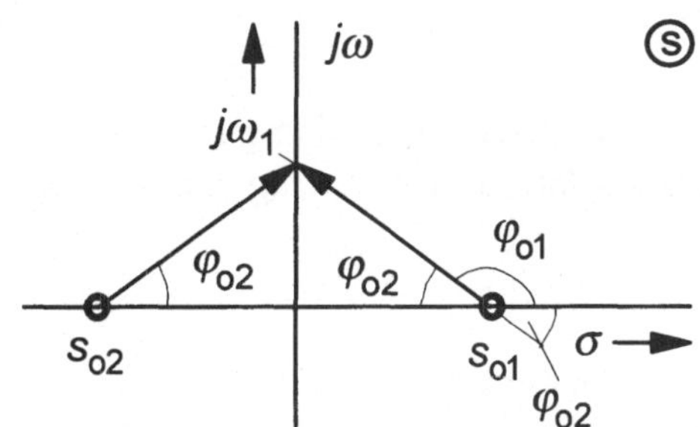

Bild 5.27
Pol-Nullstellen-Diagramm mit den Differenzzeigern für $\omega = \omega_1$ zu den an der $j\omega$ –Achse gespiegelten Nullstellen

An den Nullstellen $s_{o1} = \sigma_o$ und $s_{o2} = -\sigma_o$ dieses Bildes läßt sich exemplarisch untersuchen, wie sich die Winkel und damit die Phasengänge unterscheiden; es gilt:

$$j\omega_1 - s_{o1} = j\omega_1 - \sigma_o, \tag{5.66}$$

$$j\omega_1 - s_{o2} = j\omega_1 + \sigma_o, \tag{5.67}$$

$$\left| j\omega_1 - s_{o1} \right| = \sqrt{(-\sigma_o)^2 + \omega_1^2} = \sqrt{\sigma_o^2 + \omega_1^2} = \left| j\omega_1 - s_{o2} \right|, \tag{5.68}$$

$$\varphi_{o1} = \arctan\left(\frac{\omega_1}{-\sigma_o}\right), \tag{5.69}$$

$$\varphi_{o2} = \arctan\left(\frac{\omega_1}{\sigma_o}\right). \tag{5.70}$$

Nach dem obigen Bild gilt aber auch

$$\varphi_{o1} = -\varphi_{o2} + \pi; \tag{5.71}$$

wegen der Vieldeutigkeit des Phasenwinkels mit Vielfachen von $\pm 2\pi$ kann dafür z.B. genauso

$$\varphi_{o1} = -\varphi_{o2} - \pi \tag{5.72}$$

geschrieben werden. Nun muß aber noch berücksichtigt werden, daß die statische Verstärkung ($s = 0$ setzen) für den Anteil der Nullstelle in der *linken* s-Halbebene

$$(s - s_{o2})_{s=0} = (s + \sigma_o)_{s=0} = \sigma_o \tag{5.73}$$

beträgt und damit *positiv* ist, während er für die Nullstelle auf der *rechten* Seite

$$(s - s_{o1})_{s=0} = (s - \sigma_o)_{s=0} = -\sigma_o \tag{5.74}$$

beträgt und *negativ* ist. In der *Bode-Normalform* (siehe Unterkapitel 4.5.6) werden deshalb durch Ausklammern von $\pm\sigma_o$ Terme der Form $(1 \pm \frac{s}{\sigma_o})$ gebildet, wodurch sich eine statische Verstärkung der Teilsysteme von *Eins* ergibt; das Gesamtsystem besitzt dann *resultierend* eine positive oder negative Verstärkung.

Eine negative Verstärkung erzeugt aber gerade eine konstante Phasenverschiebung von $\pm\pi$, so daß für den *Beitrag* zum Phasengang Gl. 5.71/5.72 korrigiert werden muß:

$$\varphi_{o1} = -\varphi_{o2} . \tag{5.75}$$

Der Winkel einer Nullstelle geht in den Phasengang Gl. 5.65 des Gesamtsystems *positiv* und der eines Pols *negativ* ein. Der Winkel φ_{o1} einer Nullstelle in der *rechten* s-Halbebene liefert deshalb den gleichen Beitrag wie derjenige eines an der $j\omega$ –Achse *gespiegelten* Pols, der in der *linken* s-Halbebene liegt. Das folgende Bild zeigt eine solche Pol-Nullstellen-Konstellation:

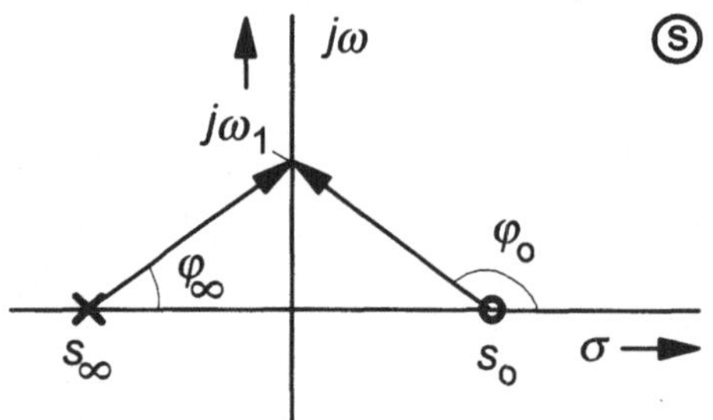

Bild 5.28
Pol-Nullstellen-Diagramm mit den Differenzzeigern für $\omega = \omega_1$ zu einer Nullstelle und ihrem gespiegelten Pol

Dies ist ein stabiler *Allpaß* 1. Ordnung mit der Übertragungsfunktion

$$G_{AP}(s) = K\frac{1 - T_1 s}{1 + T_1 s} \tag{5.76}$$

sowie $s_0 = -\frac{1}{T_1} = -s_\infty$; offensichtlich gilt

$$G_{AP}(s) = K\frac{Z(s)}{N(s)} = K\frac{Z(s)}{Z(-s)} = K\frac{N(-s)}{N(s)}\,. \qquad (5.77)$$

Das System heißt Allpaß, da der Amplitudengang eine *frequenzunabhängige* Konstante darstellt:

$$\left|G_{AP}(j\omega)\right| = |K|\,. \qquad (5.78)$$

Die Phase hebt sich nach dem oben Erläuterten *nicht* auf, sondern sie *ergänzt* sich; der Phasengang der Nullstelle verläuft genauso wie derjenige des Pols. Deshalb wird das rein *phasenschiebende* System auch zur Korrektur bzw. gezielten Beeinflussung von Phasengängen eingesetzt. Das folgende Bild zeigt den Frequenzgang als Ortskurve des Allpasses 1. Ordnung für $K=1$ sowie eine mögliche Realisierung als elektronische Schaltung; diese hat die Übertragungsfunktion

$$G_{AP}(s) = \frac{1-RCs}{1+RCs}\,, \qquad (5.79)$$

wie sich leicht nachrechnen läßt.

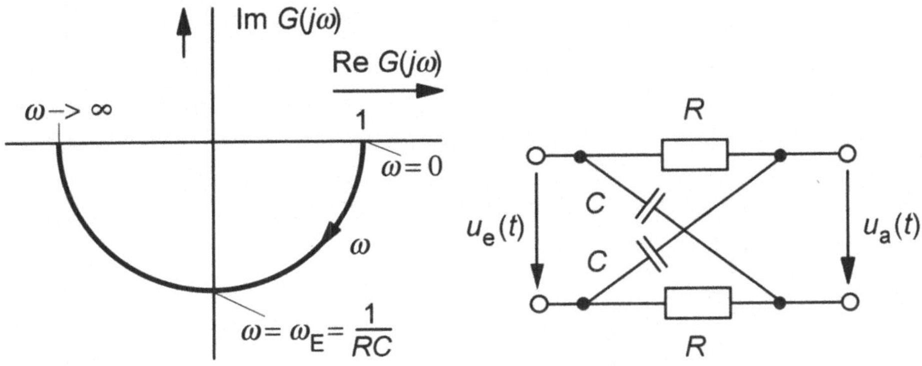

Bild 5.29
Ortskurve des stabilen Allpasses 1. Ordnung sowie eine mögliche Realisierung

Allpässe können auch mehrere Speicher und damit Pole besitzen; das folgende Bild zeigt das Pol-Nullstellen-Diagramm eines schwingungsfähigen Allpaßsystems 2. Ordnung:

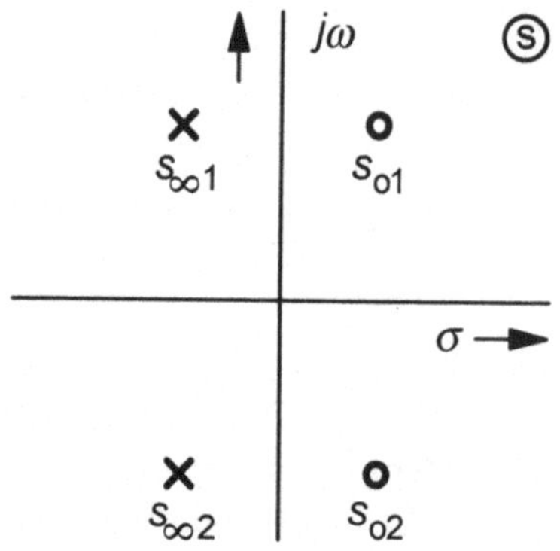

Bild 5.30
Pol-Nullstellen-Diagramm eines stabilen, schwingungsfähigen Allpasses 2. Ordnung

Seine Übertragungsfunktion lautet in allgemeiner Form

$$G_{AP}(s) = K\frac{(\frac{s}{\omega_0})^2 - 2D\frac{s}{\omega_0} + 1}{(\frac{s}{\omega_0})^2 + 2D\frac{s}{\omega_0} + 1}. \tag{5.80}$$

Eine perspektivische Darstellung von $\log|G_{AP}(s)|$ dieses Systems mit $K = 1$, wieder begrenzt auf ± 5, zeigt das folgende Bild; deutlich zu sehen ist die konstante Verstärkung ($K = 1$ wird dabei zu $\log 1 = 0$) auf der $j\omega$ −Achse:

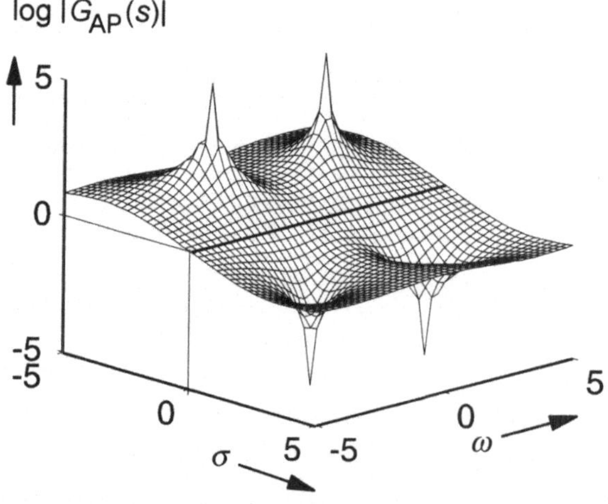

Bild 5.31
Perspektivische Darstellung des logarithmierten Betrages $\log|G_{AP}(s)|$ des schwingungsfähigen, stabilen Allpasses 2. Ordnung

Die Sprungantwort dieses Allpasses zeigt das folgende Bild:

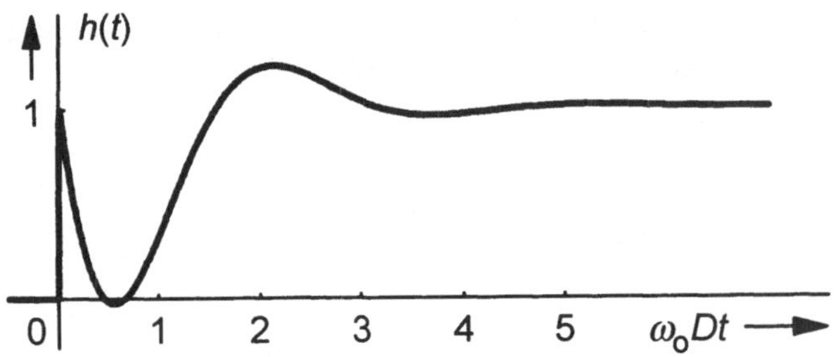

Bild 5.32
Sprungantwort des stabilen, schwingungsfähigen Allpasses 2. Ordnung

Hätte ein zu regelnder Prozeß ein solches Verhalten, so würde die Regelgröße auf eine Stellgrößenänderung des Reglers nach einer sofortigen, aber kurzen Reaktion in die erwartete Richtung (Allpässe sind *sprungfähig*, da sie dieselbe Anzahl von Polen und Nullstellen aufweisen) vorübergehend gar nicht oder sogar *entgegengesetzt* reagieren; Regelstrecken mit Nullstellen in der rechten s-Halbebene sind deshalb schlecht zu regeln, auch wenn sie stabil sind.

Allpässe können auch instabil sein: In diesem Fall liegen die Pole in der *rechten* und die Nullstellen spiegelbildlich in der *linken* s-Halbebene. Wegen ihrer Instabilität können sie nicht zur Phasenkorrektur eingesetzt werden. Systeme, die *weder* Pole noch Nullstellen in der rechten s-Halbebene besitzen, heißen *minimalphasig*.

Nicht-minimalphasige Systeme $G_{\mathrm{NMP}}(s)$ werden auch als *allpaßhaltig* bezeichnet, da sie sich als Reihenschaltung eines minimalphasigen Systems $G_{\mathrm{MP}}(s)$ mit einem Allpaß $G_{\mathrm{AP}}(s)$ darstellen lassen:

$$G_{\mathrm{NMP}}(s) = G_{\mathrm{MP}}(s) \cdot G_{\mathrm{AP}}(s). \tag{5.81}$$

Hierbei ergeben alle Pole und Nullstellen in der rechten s-Halbebene zusammen mit *gespiegelten* Nullstellen und Polen den Allpaß; dies verdeutlicht beispielhaft das Bild 5.33. Die Pole des Allpasses, die im System ursprünglich nicht vorhanden waren, werden dabei durch zusätzliche Nullstellen des minimalphasigen Systems *kompensiert*.

Im Unterschied zum ursprünglichen System besitzt die Reihenschaltung deshalb auch zwei *zusätzliche* Pole: Eine elektronische Realisierung würde ebenfalls zwei Speicher mehr benötigen, z.B. Kondensatoren; das Klemmenverhalten der beiden Anordnungen wäre jedoch identisch. Dieses Beispiel zeigt noch einmal anschaulich, daß aus der Übertragungsfunktion nur auf die *minimal* benötigte Anzahl von Speichern geschlossen werden kann, nicht auf die im System wirklich vorhandene, die größer sein kann.

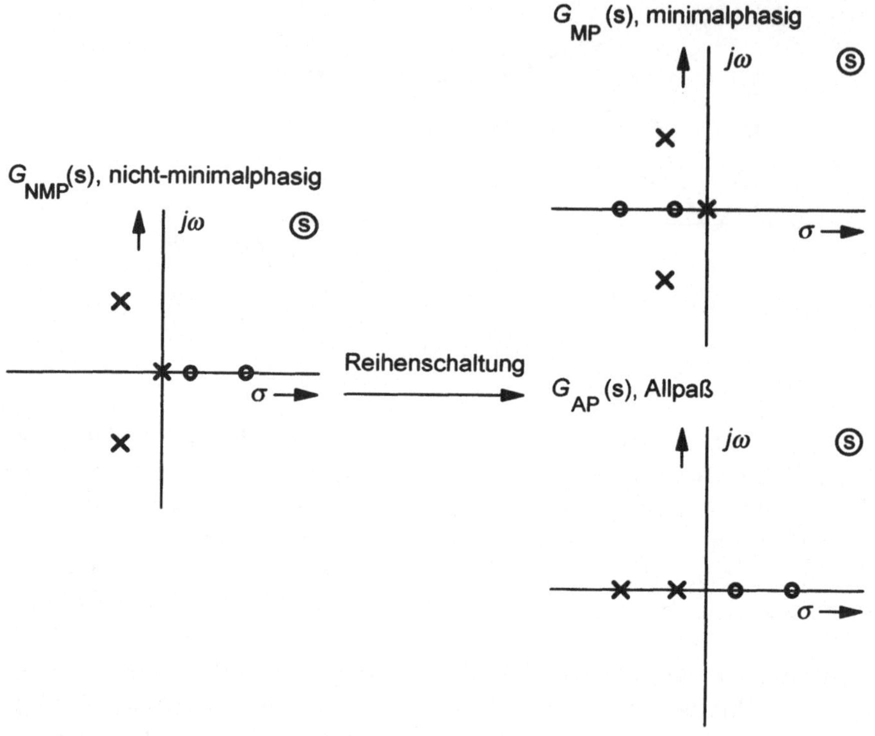

Bild 5.33
Aufteilung eines nicht-minimalphasigen Systems in ein minimalphasiges System und einen Allpaß

Auf der Grundlage der Ergebnisse dieses Kapitels kann der Entwurf eines Filters als die Optimierung der Verteilung von Polen und Nullstellen in der s-Ebene aufgefaßt werden, mit dem Ziel, auf der $j\omega$–Achse den gewünschten Frequenzgang, z.B. den eines Tiefpasses, zu erhalten. So wird z.B. ein Filter mit drei Kondensatoren durch eine Übertragungsfunktion mit drei Polen beschrieben, die selbstverständlich in der linken s-Halbebene liegen müssen, damit das Filter stabil ist. Mit Nullstellen kann erreicht werden, daß der Amplitudengang auf kleine Werte gedrückt wird, wobei ein Tiefpaß weniger Nullstellen als Pole haben *muß*, da sonst die Verstärkung für hohe Frequenzen nicht Null ist, sondern eine von Null verschiedene Konstante. Je *dichter* dabei die Pole oder Nullstellen an der $j\omega$–Achse liegen, desto *größer* ist ihr Einfluß auf den Frequenzgang.

Eine Nullstelle in der *rechten* s-Halbebene erzeugt im Gesamtsystem einen Teil-Phasengang, der genauso verläuft, wie ein an der $j\omega$ −Achse *gespiegelter* Pol in der *linken* Halbebene; ein Pol in der rechten s-Halbebene erzeugt entsprechend einen Teil-Phasengang wie eine gespiegelte Nullstelle.

Systeme, die eine zur $j\omega$ −Achse *symmetrische* Pol-Nullstellen-Verteilung aufweisen, heißen *Allpässe*. Sie sind rein *phasenschiebend*, da ihre Verstärkung frequenzunabhängig eine *Konstante* ist.

Systeme *ohne* Pole oder Nullstellen in der rechten s-Halbebene heißen *minimalphasig*, mit mindestens einem Pol oder einer Nullstelle in der rechten s-Halbebene *nicht-minimalphasig*.

Nicht-minimalphasige Systeme nennt man auch *allpaßhaltig*, da sie sich als Reihenschaltung eines minimalphasigen Systems mit einem Allpaß darstellen lassen.

6 Zeitdiskrete Signale und Systeme

Wird ein kontinuierliches Signal *abgetastet*, so ist es danach *zeitdiskret*, da es nun nur noch zu den *diskreten* Abtastzeitpunkten definiert ist. Mit der Abtastung ist eine *Werte-quantisierung* und eine anschließende *Codierung* verbunden, um die Amplitudenwerte als *Zahlenfolgen* bearbeiten, im einfachsten Fall abspeichern zu können. Während man im kontinuierlichen Fall häufig von *analogen* Signalen und Systemen spricht, insbesondere von analogen Schaltungen, nennt man diskrete Signale und Systeme meistens *digital*, da die Zahlen binär bzw. digital codiert werden. Die Quantisierung soll dabei unberücksichtigt bleiben, da die heute verfügbaren Wandler eine große Stellenzahl besitzen, so daß das Quantisierungsrauschen durch Abbildungsfehler unterhalb des Signal-/Rauschabstands des kontinuierlichen Signals bleibt.

Ein zeitdiskretes System ist entweder eine in Digitaltechnik fest installierte oder meistens programmierte Berechnungsvorschrift bzw. ein *Algorithmus*, der aus der Eingangs- eine i.a. andere Ausgangszahlenfolge berechnet. Auf diese Weise kann das Programm z.B. einen digitalen PID-Regler (Fachausdruck: DDC-Regelung, Direct Digital Control) oder auch ein digitales Filter darstellen.

Historisch war zunächst der *Ersatz* analoger Systeme durch digitale vorrangig; es stellte sich jedoch heraus, daß diskrete Signale und Systeme z.T. Eigenschaften besitzen, die *keine* analoge Entsprechung haben. Deswegen sind die *digitale Signalverarbeitung* und auch die *digitale Regelung* heutzutage eigenständige Gebiete, die sich immer noch schnell weiterentwickeln.

6.1 Die Arbeitsweise der digitalen Signalverarbeitung

Ein kontinuierliches Signal wird in einem i.a. festen Zeitraster T gemessen bzw. abgetastet und in eine Folge von Digitalzahlen umgewandelt. Das Zeitraster wird *Abtastperiode*, Abtastintervall und manchmal auch Abtastzeit genannt, der Kehrwert ist die

Abtastrate bzw. *Abtastfrequenz* $f_a = \frac{1}{T}$. Der Ausdruck Abtastzeit ist mehrdeutig, da er auch die Zeit T_w meint, die eine Wandlung selbst benötigt.

Durchgeführt werden die Wandlungen von einem periodisch mit der Abtastfrequenz angesteuerten Analog/Digital-Wandler (*A/D-Wandler*). Danach wird die Zahlenfolge in einem Rechenprogramm, dem diskreten bzw. digitalen System, verarbeitet und häufig anschließend über einen Digital/Analog-Wandler (*D/A-Wandler*) wieder in ein kontinuierliches bzw. analoges Signal umgesetzt. Hierunter versteht man nicht nur die Umwandlung von einer Folge von Digitalzahlen in entsprechende analoge physikalische Größen, z.B. Spannungen, sondern auch den Übergang zu einem *kontinuierlichen* Signal. Im einfachsten Fall bewerkstelligt dies ein im D/A-Wandler integriertes *Halteglied* (englisch: Hold, abgekürzt H), so daß die Ausgangsspannung *zwischen* den Ausgaben erhalten bleibt. Ist der sprunghafte Wechsel störend, so wird noch ein *Tiefpaß* verwendet, um einen geglätteten und stetigen Ausgangssignalverlauf zu erzeugen.

Hinter der Abtastung (englisch: Sample) und vor dem A/D-Wandler ist ebenfalls ein Halteglied vorhanden, damit sich die abgetasteten analogen Werte *während* der Umwandlung in Digitalzahlen nicht verändern. Dies ist momentan ohne weitere Bedeutung, da die binären Zahlen sofort nach der Wandlung weiterverarbeitet werden und die Wandlungszeit T_w möglichst *kurz* sein soll. Das Abtast-Halteglied (englisch: Sample & Hold, kurz S&H) ist in der Regel ebenfalls im A/D-Wandler-Baustein integriert.

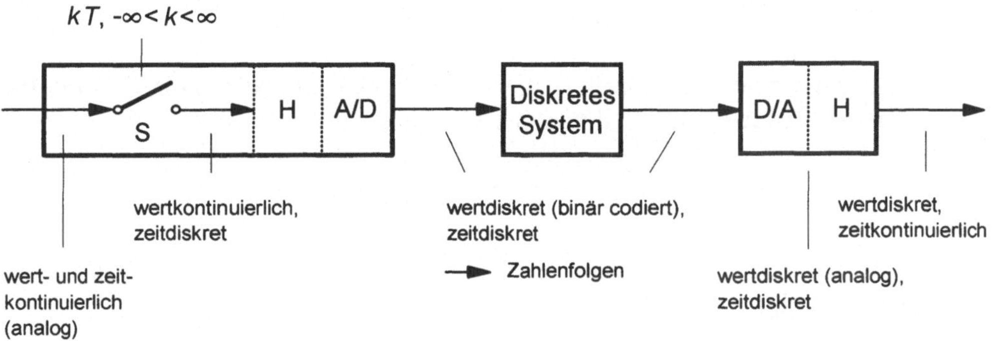

Bild 6.1
Prinzipieller Aufbau einer digitalen Signalverarbeitung

Das obige Prinzipbild zeigt die Abtastung als Schalter, der periodisch zu den Zeitpunkten kT, $-\infty < k < \infty$, geschlossen wird; der Zählindex k wird auch *Takt* genannt. Hinter dem Schalter sind kurze Impulse mit der *Höhe* der Funktionswerte vorhanden. Ist die Wandlungszeit T_w vernachlässigbar kurz, dann können die Impulse idealisiert als *Deltafunktionen* beschrieben werden, wobei ihr Gewicht *symbolisch* als Höhe dargestellt wird:

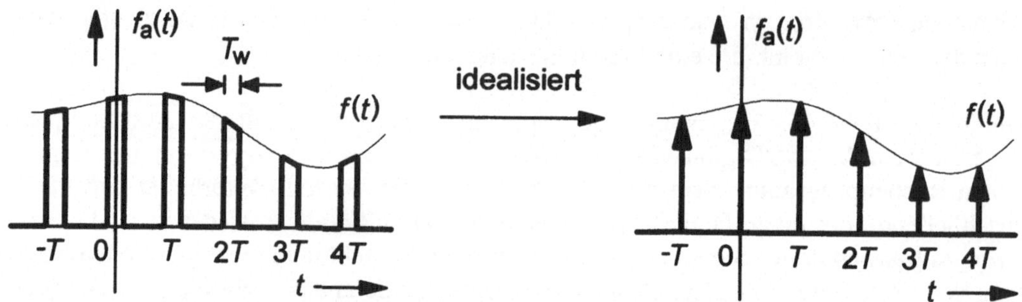

Bild 6.2
Übergang von dem kontinuierlichen zum diskreten Signal durch Abtastung

Die mathematische Beschreibung dieses Überganges stellt sich wie folgt dar: *Ein solcher Impuls mit einer kurzen, aber endlichen Wandlungszeit T_w und dem zum Zeitpunkt kT abgetasteten Funktionswert läßt sich näherungsweise als Rechteckfunktion beschreiben:*

$$f_a(kT) \approx f(t) \cdot \mathrm{rect}\!\left(\tfrac{t-kT}{T_w}\right). \tag{6.1}$$

Das *gesamte* diskrete Signal $f_a(t)$ besteht aus der *Summe* aller Abtastungen:

$$f_a(t) \approx f(t) \cdot \sum_{k=-\infty}^{\infty} \mathrm{rect}\!\left(\tfrac{t-kT}{T_w}\right). \tag{6.2}$$

Mit idealisiert kurzer Wandlungszeit T_w gehen die Rechteckfunktionen in *Deltafunktionen* über, die Abtastwerte $f(kT)$ sind nun ihre *Gewichte*:

$$f_a(t) = f(t) \cdot \sum_{k=-\infty}^{\infty} \delta(t-kT) = \sum_{k=-\infty}^{\infty} f(kT) \cdot \delta(t-kT) . \tag{6.3}$$

Dieser *ideale* Abtaster wird auch *Deltamodulator* genannt, da das Signal mit der unendlichen Dirac-Stoßfolge *multipliziert* wird:

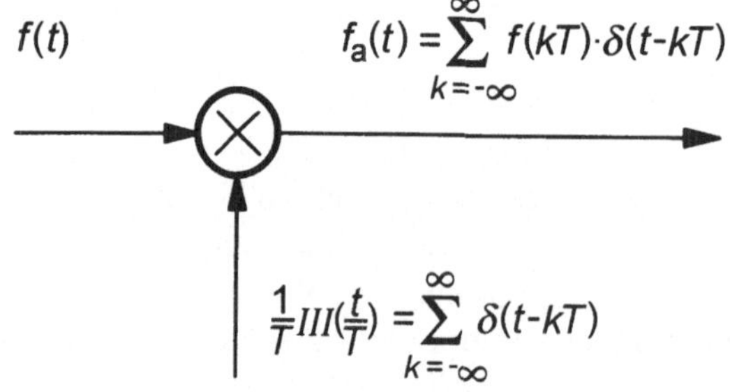

Bild 6.3
Darstellung der idealen Abtastung durch die Multiplikation mit einer Dirac-Stoßfolge als Deltamodulator

Nach Unterkapitel 2.3.3 kann diese auch als

$$\frac{1}{T}III(\frac{t}{T}) = \sum_{k=-\infty}^{\infty} \delta(t-kT) \tag{6.4}$$

dargestellt werden. Hierbei muß das Signal $III(\frac{t}{T})$ mit $\frac{1}{T}$ multipliziert werden, da die normierte Diracfolge $III(t)$ als Summe verschobener Deltafunktionen $\delta(t-k)$ definiert ist. Wird die Zeitachse gedehnt bzw. gestaucht, so daß die Impulse nun zu den Zeitpunkten kT vorhanden sind, so verändert sich ihr Gewicht auf T; mit dem Faktor $\frac{1}{T}$ ist es wieder Eins.

Aus der Spektraldichte $F(j\omega)$ des *kontinuierlichen* Signals läßt sich nun das Spektrum $F_a(j\omega)$ der *diskreten Abtastfolge* berechnen, wobei nach Gl. 4.223 die Korrespondenz gilt:

$$\sum_{k=-\infty}^{\infty} \delta(t-kT) \circ\!\!-\!\!\bullet \frac{1}{T} \sum_{k=-\infty}^{\infty} \delta(f-k\tfrac{1}{T}) \text{ mit } T > 0.$$

Soll diese Korrespondenz bzgl. ω ausgedrückt werden, so muß zusätzlich im Frequenzbereich eine Stauchung der Deltafunktionen durchgeführt werden; mit

$$\sum_{k=-\infty}^{\infty} \delta(f-k\tfrac{1}{T}) = \sum_{k=-\infty}^{\infty} \delta(\tfrac{\omega}{2\pi} - k\tfrac{1}{T}) = 2\pi \sum_{k=-\infty}^{\infty} \delta(\omega - k\tfrac{2\pi}{T})$$

folgt:

$$\sum_{k=-\infty}^{\infty} \delta(t-kT) \circ\!\!-\!\!\bullet \frac{2\pi}{T} \sum_{k=-\infty}^{\infty} \delta(\omega - k\tfrac{2\pi}{T}). \tag{6.5}$$

Das *Produkt* im Zeitbereich bedeutet eine *Faltung* im Frequenzbereich; ist die Spektraldichte über ω *definiert*, so muß nach Gl. 4.177 mit $\frac{1}{2\pi}$ gewichtet werden:

$$F_a(j\omega) = \frac{1}{2\pi}F(j\omega) * \frac{2\pi}{T} \sum_{k=-\infty}^{\infty} \delta(\omega - k\tfrac{2\pi}{T}) = F(j\omega) * \frac{1}{T} \sum_{k=-\infty}^{\infty} \delta(\omega - k\tfrac{2\pi}{T}) \tag{6.6}$$

Ist sie dagegen über der Frequenz f *definiert* (d.h. ω muß durch $2\pi f$ ersetzt werden), so folgt

$$F_a(f) = F(f) * \frac{1}{T} \sum_{k=-\infty}^{\infty} \delta(f-k\tfrac{1}{T}). \tag{6.7}$$

Nun bedeutet die Faltung mit *zeitlich* verschobenen Deltaimpulsen eine zeitliche Verschiebung der Funktion, also

$$f(t) * \delta(t-t_0) = f(t-t_0),$$

und damit übertragen auf den Frequenzbereich

$$F(j\omega) * \delta(\omega - \omega_0) = F(j\omega - j\omega_0),$$ (6.8)

so daß für die Spektraldichte des diskreten Signals folgt:

$$F_a(j\omega) = \frac{1}{T} \sum_{k=-\infty}^{\infty} F(j\omega - jk\frac{2\pi}{T}) = \frac{1}{T} \sum_{k=-\infty}^{\infty} F(j\omega - jk\omega_a) \text{ mit } \omega_a = \frac{2\pi}{T}.$$ (6.9)

Ist die Fourier-Transformierte über der *Frequenz f* definiert, so gilt

$$F_a(f) = \frac{1}{T} \sum_{k=-\infty}^{\infty} F(f - k\frac{1}{T}) = \frac{1}{T} \sum_{k=-\infty}^{\infty} F(f - kf_a) \text{ mit } f_a = \frac{1}{T}.$$ (6.10)

Neben dem mit $\frac{1}{T}$ gewichteten Originalspektrum sind im Spektrum des diskreten Signals nun als Folge der Abtastung noch unendlich viele verschobene Spektren vorhanden; die Spektraldichte wird durch die Abtastung mit ω_a *periodisch fortgesetzt*:

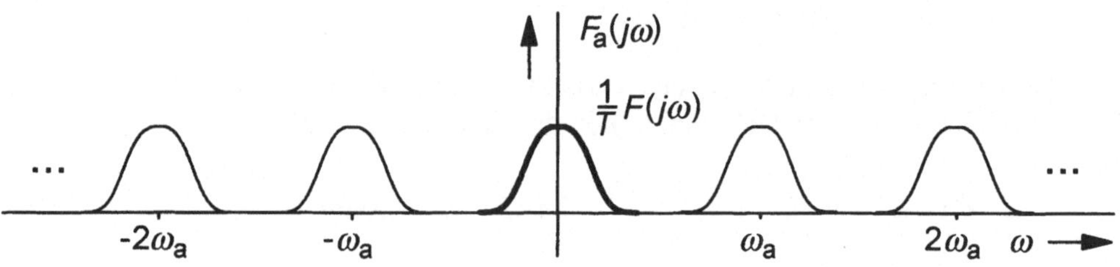

Bild 6.4
Das mit $\frac{1}{T}$ gewichtete Spektrum $F(j\omega)$ des kontinuierlichen Signals und das durch die Abtastung periodisch fortgesetzte Spektrum $F_a(j\omega)$ des diskreten Signals

Es mag zunächst merkwürdig erscheinen, daß das Spektrum periodisch wird, doch Zeit- und Frequenzbereich besitzen eine Symmetrie, die sich auch hier wieder zeigt: Das Spektrum eines *periodischen* Signals ist *diskret* bzw. ein Linienspektrum, umgekehrt gehört zu einem *periodischen* Spektrum ein zeitlich *diskretes* Signal.

Damit die Informationen eines kontinuierlichen Signals durch eine Abtastung auf das diskrete unverfälscht übertragen wird, muß es offensichtlich *bandbegrenzt* sein. Weiterhin muß die Abtastfrequenz *hoch* genug sein, damit keine Frequenzbereiche entstehen, in denen sich die periodisch fortgesetzten Spektren *überlagern*:

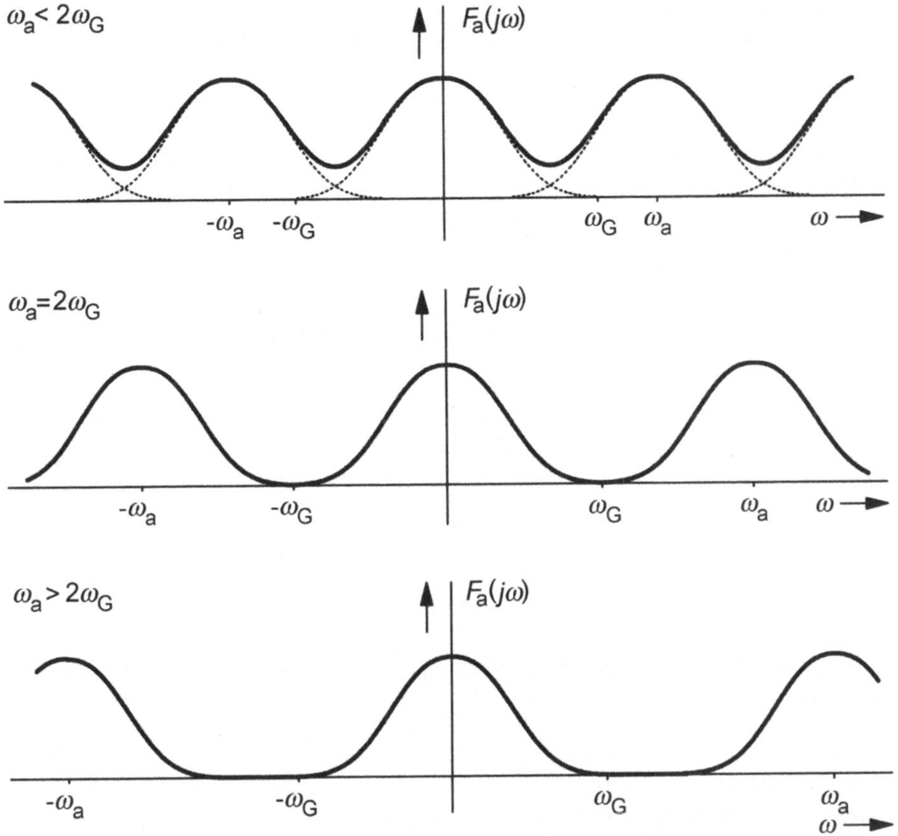

Bild 6.5
Spektrum $F_a(j\omega)$ der diskreten Abtastfolge mit zu kleiner, gerade ausreichender und genügend großer Abtastfrequenz

Ist das Originalspektrum *bandbegrenzt* mit $f_G = \frac{\omega_G}{2\pi}$, so folgt aus dem obigen Bild direkt die *größte* erlaubte Abtastperiode:

$$T \leq T_{max} = \frac{1}{f_{a,min}} = \frac{1}{2f_G} = \frac{\pi}{\omega_G} \ . \tag{6.11}$$

Diese wichtige Beziehung heißt *Abtasttheorem*, die sich daraus ergebende Untergrenze für die Abtastfrequenz

$$f_{a,min} = 2f_G = \frac{1}{T_{max}} \tag{6.12}$$

wird *Nyquistrate* genannt. Eine zu häufige Abtastung bzw. *Überabtastung* (englisch: *oversampling*), d.h.

$$f_a > f_{a,min},$$

ist unökonomisch, aber zumindest theoretisch unkritisch; eine zu seltene Abtastung bzw. *Unterabtastung* führt zu Verfälschungen und damit *Verzerrungen* des Signals durch Überlappungen der periodischen Spektraldichten (englisch: *aliasing*).

Beim Übergang vom diskreten zum kontinuierlichen Signal, bzw. der *Rekonstruktion* des kontinuierlichen Signals, wird ein *Tiefpaß* benötigt, um die Originalspektraldichte und damit das Originalsignal zurückzuerhalten. Das folgende Bild zeigt die Filterung mit einem idealen *Rekonstruktionsfilter* mit der Grenzfrequenz des Signals:

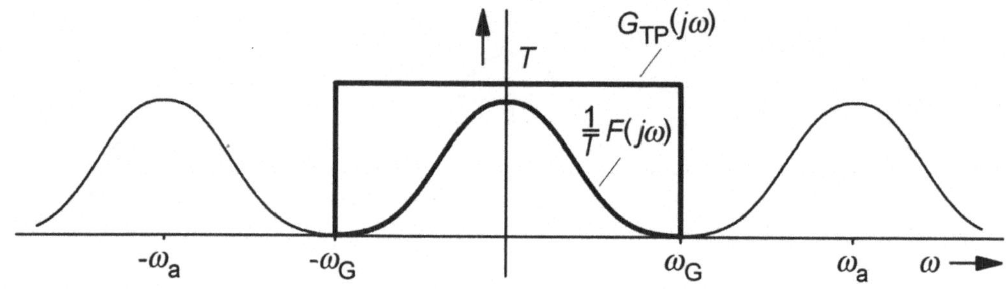

Bild 6.6
Die Rekonstruktion des kontinuierlichen Signals aus dem diskreten durch Filterung mit einem idealen Tiefpaß

Es lohnt sich, die Rekonstruktion noch etwas genauer zu untersuchen. Da der Frequenzbereich der Information des kontinuierlichen Signals nicht *erweitert*, sondern höchstens *reduziert* werden kann, wird die Diskussion dabei auf den Bereich *innerhalb* der Bandbreite $\pm f_G$ bzw. $\pm\omega_G$ beschränkt.

Wie bei der Spektralanalyse periodischer Signale in Kapitel 4.6 gezeigt wurde, ist die erste Ableitung eines Signals abhängig von der *höchsten* vorkommenden Frequenz. Dies zeigte sich ebenfalls an der Einschwingzeit T_E des idealen Tiefpasses:

$$T_E = \frac{1}{2f_G}\,;$$

es fällt auf, daß die Einschwingzeit *identisch* ist mit dem Kehrwert der Nyquistrate.

Wird der Übergang Δh der Sprungantwort $h(t)$ des Rekonstruktionsfilters zwischen zwei Abtastungen *näherungsweise* als Gerade dargestellt, so folgt:

$$\Delta h_{TP} \approx \frac{\Delta t}{T_E} = 2\Delta t f_G\,. \tag{6.13}$$

Nach dem Zeitintervall $\Delta t = T_{max} = 1/2f_G$, der größtmöglichen Abtastperiode gegeben durch die Nyquistrate, kann der Tiefpaß gerade der Änderung des bandbegrenzten

Signals folgen; die Differenz des Signalpegels Δf_{TP} im Abtastzeitpunkt kT_{max} zu der vorherigen Abtastung bestimmt sich zu

$$\Delta h_{\text{TP}} \approx 1 \rightarrow \Delta f_{\text{TP}} \approx \Delta h_{\text{TP}} \cdot [f(kT_{\text{max}}) - f((k-1)T_{\text{max}})]$$

$$= f(kT_{\text{max}}) - f((k-1)T_{\text{max}}). \tag{6.14}$$

Der ideale Tiefpaß hinter dem D/A-Wandler läßt also zu, daß das rekonstruierte kontinuierliche Signal *höchstens* die geforderte Steigung aufweist.

Neben dieser mehr heuristischen Betrachtung führt die folgende Herleitung auf eine weitere Darstellung des Abtasttheorems. Die Übertragungsfunktion des idealen Tiefpasses ohne Zeitverzögerung wird dargestellt als

$$G_{\text{TP}}(j\omega) = T\,\text{rect}(\tfrac{\omega}{2\omega_{\text{G}}}); \tag{6.15}$$

die Gewichtung mit T soll dabei den Faktor $\frac{1}{T}$ im Spektrum F_{a} wieder ausgleichen. Damit gilt im Frequenzbereich:

$$F(j\omega) = F_{\text{a}}(j\omega) \cdot G_{\text{TP}}(k\omega) = F_{\text{a}}(j\omega) \cdot T\,\text{rect}(\tfrac{\omega}{2\omega_{\text{G}}}). \tag{6.16}$$

Ein Produkt im Frequenzbereich ist eine Faltung im Zeitbereich, wobei mit Gl. 4.246 als Impulsantwort des idealen Tiefpasses berechnet wurde (mit $k_{\text{P}} = 1$, $T_{\text{L}} = 0$):

$$\text{rect}(\tfrac{\omega}{2\omega_{\text{G}}}) \;\bullet\!\!-\!\!\circ\; \tfrac{\omega_{\text{G}}}{\pi} \cdot \text{si}(\omega_{\text{G}}t).$$

Damit folgt

$$f(t) = f_{\text{a}}(t) * \tfrac{T\omega_{\text{G}}}{\pi} \cdot \text{si}(\omega_{\text{G}}t), \tag{6.17}$$

wobei mit dem abgetasteten Signal gilt:

$$f(t) = \left[\sum_{k=-\infty}^{\infty} f(kT) \cdot \delta(t - kT)\right] * \tfrac{T\omega_{\text{G}}}{\pi} \cdot \text{si}(\omega_{\text{G}}t).$$

Die abgetasteten Funktionswerte sind die Gewichte der Deltafunktionen und *keine* Zeitfunktionen, so daß geschrieben werden kann:

$$f(t) = \sum_{k=-\infty}^{\infty} f(kT) \cdot \left[\delta(t - kT) * \tfrac{T\omega_{\text{G}}}{\pi} \cdot \text{si}(\omega_{\text{G}}t)\right]. \tag{6.18}$$

Die Faltung mit einer zeitverschobenen Deltafunktion ergibt eine Zeitverschiebung des Signals:

$$f(t) = \sum_{k=-\infty}^{\infty} f(kT) \cdot \frac{T\omega_G}{\pi} \cdot \text{si}[\omega_G(t-kT)].$$ (6.19)

Wird mit der Nyquistrate abgetastet, so folgt:

$$f(t) = \sum_{k=-\infty}^{\infty} f(kT) \cdot \text{si}[\omega_G(t-kT)] = \sum_{k=-\infty}^{\infty} f(kT) \cdot \text{si}(\pi\tfrac{t-kT}{T}), \quad T = T_{max} = .\tfrac{\pi}{\omega_G}$$ (6.20)

Diese Darstellung des Abtasttheorems wird das *Shannonsche Abtasttheorem* genannt, sie geht auf Whittaker (1915) sowie Shannon (1948) zurück, der sie in die Nachrichtentechnik einführte. Zum Zeitpunkt der k-ten Abtastung hat die zugehörige si-Funktion in der Summe gerade den Wert Eins und zu den Zeiten aller anderen Abtastungen Null, so daß sich die si-Funktionen gegenseitig nicht beeinflussen, wie das folgende Bild verdeutlicht. *Zwischen* den Abtastzeitpunkten *überlagern* sich alle si-Funktionen, die Zwischenwerte werden auf diese Weise fehlerfrei *interpoliert*:

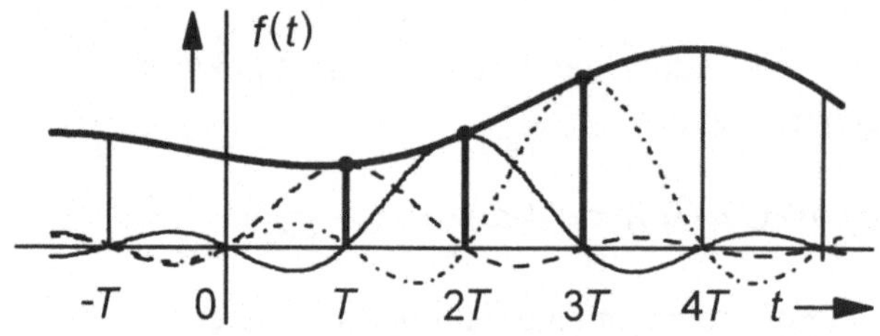

Bild 6.7
Rekonstruktion des kontinuierlichen Signals aus den Abtastwerten und interpolierenden, zeitverschobenen si-Funktionen

Die systemtheoretische Beschreibung der Verarbeitungskette der digitalen Signalverarbeitung ist damit im Prinzip abgeschlossen; bei einer praktischen Umsetzung entstehen aber grundsätzlich *Abweichungen* von der idealen, theoretischen Beschreibung, die im folgenden diskutiert werden.

a) Die Bandbegrenzung der abzutastenden Signale

Aus physikalischen Gründen besitzt jedes *realisierbare* Signal $f(t)$ die Eigenschaft, daß seine Spektraldichte für große Frequenzen gegen Null geht: $\lim_{\omega\to\infty} F(j\omega) = 0$. Da dies in der Regel mit einem stetigen und nicht sprunghaften Übergang geschieht, wie z.B. bei der Sprungfunktion mit $F \sim \frac{1}{\omega}$, muß eine Grenze für $|F|$ *festgelegt* werden (üblicherweise in dB), unterhalb derer die Spektralanteile zu *vernachlässigen* sind. Jedem realen Signal ist ein *Rauschanteil* überlagert, der *irrelevante* Informationen darstellt. Ist das Signal-/Rauschverhältnis bekannt, so kann es als Grundlage für die Festlegung der Frequenzgrenze f_G bzw. ω_G verwendet werden.

Selbstverständlich sind durch diese Festlegung reale Signale *nicht* bandbegrenzt, so daß es zu Überlappungen im Frequenzbereich kommt und ein rekonstruiertes, kontinuierliches Signal Verzerrungen aufweist. Es wird deshalb *vor* der Abtastung ein Tiefpaß eingesetzt, der die Spektralanteile ab der festgelegten Frequenzgrenze zusätzlich dämpft. Für dieses Filter hat sich der Ausdruck *Anti-Aliasing-Filter* durchgesetzt, jedes praktisch ausgeführte Abtastsystem sollte eingangsseitig einen solchen Tiefpaß aufweisen. Ein reales Anti-Aliasing-Filter besitzt *kein* ideales Durchlaß- und Sperrverhalten. Die Abtastfrequenz muß deswegen *größer* als theoretisch notwendig gewählt werden, um so einen *Sicherheitsabstand* zwischen den periodischen Spektren zu erreichen, wie das folgende Bild zeigt:

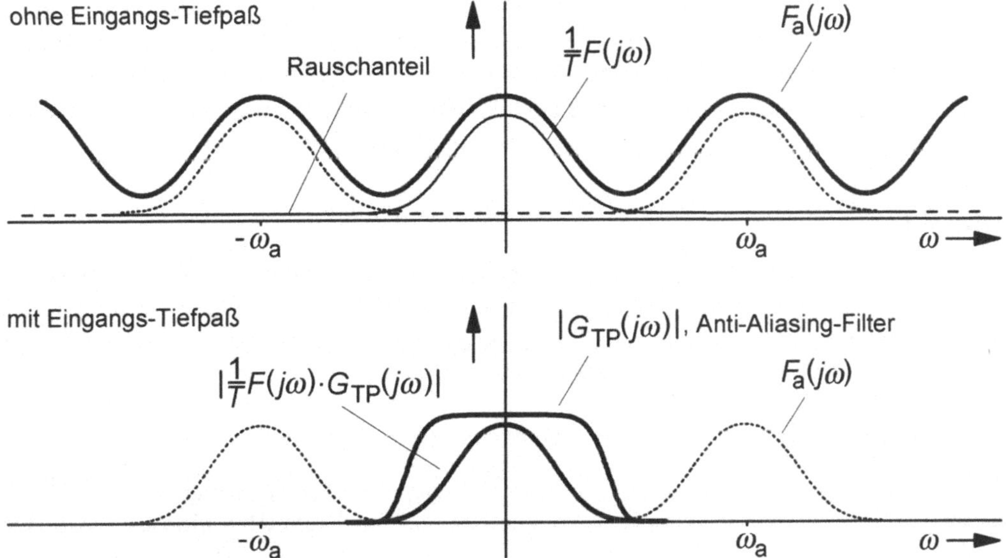

Bild 6.8
Überlappung der Spektren des abgetasteten Signals bei nicht vorhandener Bandbegrenzung und Vermeidung der Verzerrungen durch ein Anti-Aliasing-Filter

Unter diesen Voraussetzungen sind bei digitalen Signalen die folgende Verhältnisse üblich:

Tabelle 6.1 Übliche Abtastfrequenzen und Wortbreiten in der digitalen Signalverarbeitung

Signal	Grenzfrequenz	Abtastfrequenz	Wortbreite
Digitales Telefon	3,4kHz	8kHz	12Bit
Audiosignal	20kHz	48kHz	16Bit
Digitales Fernsehen	5MHz	13,3MHz	8Bit

b) Die obere Begrenzung der Abtastfrequenz

Manchmal, in der digitalen Regelungstechnik fast immer, sind *mehrere* Signale von einem Mikrorechner abzutasten und zu verarbeiten. Meistens sind die maximalen Änderungsgeschwindigkeiten und damit die Grenzfrequenzen der Signale nicht gleich oder sogar sehr unterschiedlich. Da das Abtasttheorem nur fordert, daß die minimale Abtastfrequenz bzw. die Nyquistrate nicht *unterschritten* wird, ist es denkbar, die *größte* vorkommende Frequenz für alle Signale *gemeinsam* zu verwenden; dies hat aber *praktische Nachteile*, wie im folgenden gezeigt wird.

In den Algorithmen der digitalen Systeme spielen Differenzen die Rolle der Differential-qoutienten bei den kontinuierlichen Systemen, deshalb werden Abtastwerte häufig voneinander abgezogen, z.B. $x(kT) - x((k-1)T)$. Ist die Abtastfrequenz *wesentlich höher* als die doppelte Grenzfrequenz des Signals, so ist die Differenz der Werte immer sehr klein; im Extremfall ist sie innerhalb der Wortbreite des digitalen Systems nicht mehr abbildbar, so daß das Ergebnis fälschlicherweise fast immer Null ist.

□ **Beispiel 6.1**

Ein diskretes System soll die Änderungsgeschwindigkeit eines Temperatursignals $\vartheta(t)$ berechnen; sie beträgt maximal $\left| \dot{\vartheta}_{max} \right| = 1°C/\min$. Die Temperatur wird in dem Bereich $0 \leq \vartheta \leq 100°C$ mit einem 12Bit-Sensor abgetastet und anschließend eingelesen. Die Änderungsgeschwindigkeit wird *näherungsweise* über den *Differenzenquotienten* berechnet:

$$\dot{\vartheta}(kT) \approx \frac{1}{T}[\vartheta(kT) - \vartheta((k-1)T)] = \frac{1}{T}\Delta\vartheta(kT) \; .$$

Es wird also von dem *momentan* eingelesenen Temperaturwert derjenige der *vorherigen* Abtastung (der gespeichert werden muß) abgezogen und durch die Abtastperiode geteilt. Ein 12Bit-Wandler hat $2^{12} - 1 = 4095$ Stufen, so daß die Auflösung $\Delta\vartheta = \frac{100°C}{4095} = 0,024°C$ beträgt. Umgekehrt muß sich die Temperatur um $\Delta\vartheta$ geändert haben, damit sich ein Bit ändert.

Geht man von der maximalen Änderungsgeschwindigkeit aus, so folgt für die Änderung zwischen zwei Abtastungen:

$$\Delta\vartheta_{max}(kT) = T \cdot \dot{\vartheta}_{max} = T \cdot \frac{1°C}{\min} = \frac{1}{f_a} \cdot \frac{1°C}{\min} \; .$$

Setzt man diese maximale Änderung gleich der Auflösung, so läßt sich die *minimale* Abtastperiode T_{min} sowie die *maximale* Abtastfrequenz $f_{a,max}$ berechnen:

$$T_{min} \cdot \frac{1°C}{\min} = 0,024°C \rightarrow T_{min} = 0,024\min = 1,47s, f_{a,max} = 0,68Hz \; .$$

Diese Grenzen bedeuten jedoch, daß nur bei der maximalen Änderung $\Delta\vartheta_{max}(kT)$ die Auflösung des 12Bit-Wortes erreicht wird. Möchte man mit 1% dieses maximalen Wertes auflösen, dann ist $T = 100 \cdot T_{min}$ und $f_a = \frac{1}{100} \cdot f_{a,max}$ zu wählen.

Die Grenzfrequenz des Signals und damit die größtmögliche Abtastperiode bzw. die minimale erlaubte Abtastfrequenz (die Nyquistrate) läßt sich abschätzen, indem man ein sinusförmiges Signal mit einer Amplitude von $50°C$ *um* einen Gleichanteil von $50°C$ ansetzt, das gerade die maximale Änderungsgeschwindigkeit aufweist. Es ist eine gute Übung für den Leser, diese Näherung der Grenzfrequenz zu berechnen und zu zeigen, daß man sogar noch wesentlich langsamer abtasten darf, ohne das Abtasttheorem zu verletzen. □

c) Die Rekonstruktion des kontinuierlichen Signals durch ein Halteglied

Ein Abtastwert wird in dem Abtast-Halteglied elektronisch zwischengespeichert, damit er sich während der Wandlung in die Digitalzahl nicht verändert. Die Digitalzahl soll möglichst *schnell* bestimmt werden, damit die anschließende Verarbeitung den *Momentanwert* berücksichtigt; auch der Algorithmus des digitalen Systems soll wenig Zeit verbrauchen. Handelt es sich z.B. um einen digitalen Regler, dann entspricht die gesamte Wandlungs- sowie die Verarbeitungszeit einer *Totzeit*, die zu einer Verzögerung der Anpassung der Stellgröße führt und grundsätzlich *nachteilig* ist; im Extremfall kann sie sogar zur *Instabilität* des Regelkreises führen.

Zwischen den Abtastungen und den sofort folgenden Berechnungen mit anschließenden Ausgaben kann sich ein Mikrorechner anderen Aufgaben widmen, wie z.B. Darstellungen auf einem LCD-Display. In der Regel wird ein Interrupt ausgelöst, um den nächsten Zyklus anzustoßen.

Die Zahlenfolge entspricht den Gewichten der Deltafunktionen bei der Beschreibung des diskreten Signals als Folge solcher Impulse, die den *Übergang* vom zeitkontinuierlichen zum zeitdiskreten Signal darstellt. Wird nach einer Berechnung des digitalen Systems über einen D/A-Wandler ein Wert ausgegeben, dann handelt es sich *nicht* um einen Deltaimpuls, sondern nur um sein *Gewicht*; es macht in der Regel auch wenig Sinn, den Impuls näherungsweise zu erzeugen, um ihn mit dem Zahlenwert zu multiplizieren und anschließend über einen Rekonstruktions-Tiefpaß auszugeben. Statt dessen *hält* der D/A-Wandler den analogen Ausgangswert, solange keine neue Wandlung veranlaßt wird.

Der Frequenzgang dieses Haltegliedes läßt sich einfach berechnen, da es aus einem Deltaimpuls (der kontinuierlichen Modellfunktion) einen Rechteckimpuls mit der Länge T erzeugt; damit berechnen sich die Impulsantwort und die Übertragungsfunktion zu

$$g(t) = \sigma(t) - \sigma(t - T) \circ\!\!-\!\!\bullet\ G(j\omega) = \frac{1}{j\omega} - \frac{1}{j\omega}e^{-j\omega T} = \frac{T}{2} \cdot \frac{e^{j\omega\frac{T}{2}} - e^{-j\omega\frac{T}{2}}}{j\omega\frac{T}{2}} \cdot e^{-j\omega\frac{T}{2}}$$

$$= T\,\mathrm{si}\!\left(\omega\frac{T}{2}\right) \cdot e^{-j\omega\frac{T}{2}}\,, \tag{6.21}$$

$$\left|G(j\omega)\right| = T\left|si\!\left(\omega\frac{T}{2}\right)\right| \tag{6.22}$$

mit $T > 0$, da $\left|e^{-j\omega\frac{T}{2}}\right| = 1$.

Das folgende Bild zeigt den Amplitudengang des idealen Tiefpasses zur Rekonstruktion des kontinuierlichen Signals und denjenigen des Haltegliedes (wobei gilt $\omega_a = \frac{2\pi}{T}$):

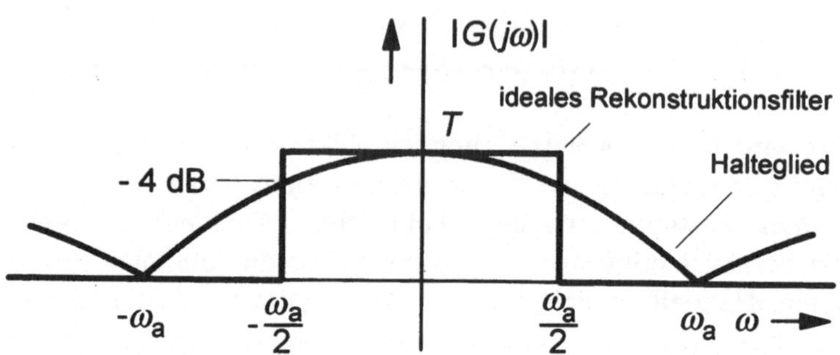

Bild 6.9

Vergleich der Amplitudengänge des idealen Rekonstruktionsfilters und des Haltegliedes

Ein dem Halteglied zur Glättung nachgeschalteter Tiefpaß müßte idealerweise *auch* die Abweichung der Verstärkung kompensieren, weswegen man von einem *kompensierten Rekonstruktionsfilter* spricht; seine ideale Übertragungsfunktion lautet:

$$G_K(j\omega) = \begin{cases} \dfrac{e^{j\omega\frac{T}{2}}}{\mathrm{si}(\omega\frac{T}{2})} & \text{für } |\omega| \leq \frac{\pi}{T} = \frac{\omega_a}{2} \\ 0 & \text{sonst} \end{cases} \qquad (6.23)$$

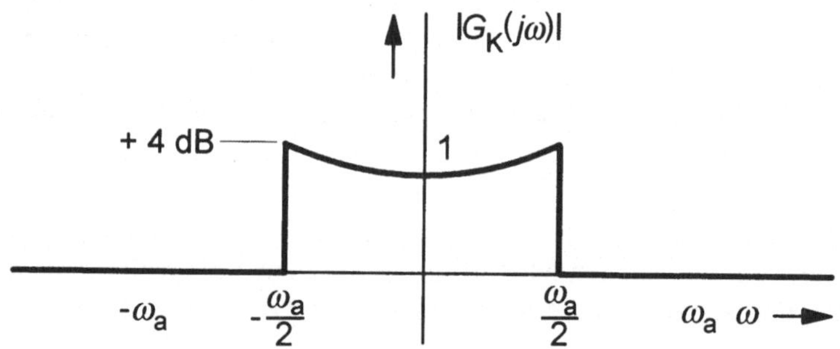

Bild 6.10

Amplitudengang des ideal kompensierenden Rekonstruktionsfilters

Aus zwei Gründen ist dieses Filter *nicht* realisierbar: Zum einen soll die Phase *vorauseilend* die Zeitverzögerung des Totzeitverhaltens kompensieren, und zum anderen wird zusätzlich ein *ideales* Tiefpaßverhalten gefordert. Der Amplitudengang läßt sich aber durch ein Filter höherer Ordnung *approximieren*, eine resultierend nacheilende Phase wird dabei akzeptiert.

Meistens wird jedoch auf einen nachgeschalteten Tiefpaß und auch auf eine Kompensation verzichtet. Handelt es sich bei dem diskreten System z.B. um einen digitalen Regler, so hat in vielen Fällen der zu regelnde Prozeß selbst Tiefpaßverhalten, so daß ein zusätzliches Filter nur eine schädliche Zeitverzögerung bewirkt. Ohne Kompensation muß berücksichtigt werden, daß am Rand des Nutzfrequenzbandes $\omega = \frac{\pi}{T}$ bzw. $f = \frac{1}{2T}$ eine Dämpfung von $2/\pi \triangleq 4\text{dB}$ vorliegt. Außerdem muß sichergestellt sein, daß keine periodischen Spektralanteile „durchgelassen" werden, die unerwünschte, sogenannte „*si-Verzerrungen*" verursachen:

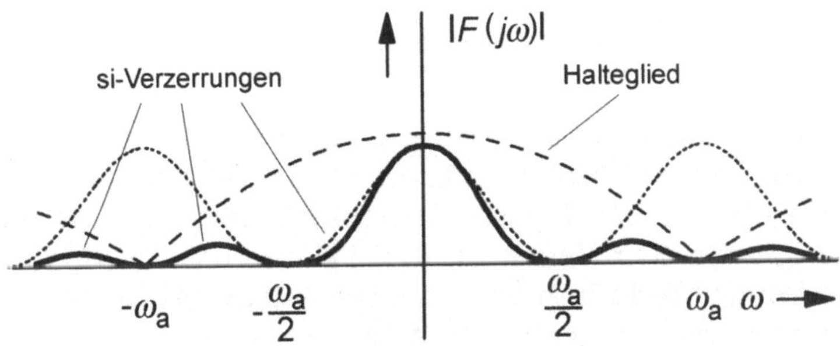

Bild 6.11
si-Verzerrungen durch das Halteglied als Rekonstruktionsfilter ohne nachgeschalteten Tiefpaß

d) Verminderte Anforderungen an die Tiefpässe durch Überabtastung (oversampling)

Um sicherzustellen, daß es nicht zu Verzerrungen durch Überlappungen im Frequenzbereich kommt, sollte das Anti-Aliasing-Filter möglichst steilflankig sein. Dies läßt sich nur durch einen entsprechend hohen Aufwand erreichen, d.h. durch ein häufig sogar aktiv aufgebautes Filter hoher Ordnung mit entsprechend vielen Speichern; das gleiche Problem ergibt sich auch beim Rekonstruktionsfilter. Der Aufwand läßt sich deutlich reduzieren, wenn es technisch möglich ist, das Eingangssignal *überabzutasten*, z.B. gegenüber der minimal notwendigen mit der doppelten oder noch höheren Frequenz, wobei ein *ganzzahliger* Faktor *n* vorteilhaft ist.

Durch diese Überabtastung entsteht ein *Sicherheitsabstand* zwischen den periodischen Spektren, durch den an beide Filter wesentlich *geringere* Anforderungen gestellt werden, wie das folgende Bild zeigt:

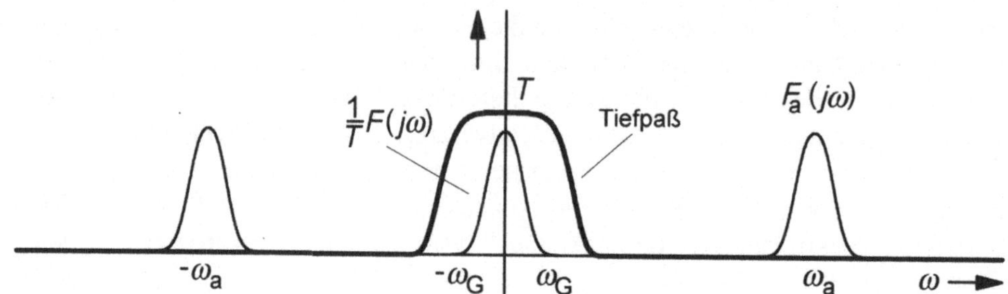

Bild 6.12
Großer Abstand zwischen den Spektren durch Überabtastung

Um nun nicht auf der anderen Seite Probleme mit einer zu hohen Abtastfrequenz zu erhalten, wie sie im vorigen Abschnitt diskutiert wurden, sollten *hinter* den A/D-Wandler ein oder mehrere *digitale* Tiefpässe geschaltet werden, die die ungewünschten Spektralanteile dämpfen. Der Vorteil ist, daß digitale Filter aus Soft- und nicht aus Hardware bestehen und deshalb so gut wie nichts kosten (bis auf den Speicherplatz). Nach der Filterung wird nur jeder n-te Abtastwert verwendet, so daß gerade das Abtasttheorem erfüllt wird, die Überabtastung wird dadurch wieder aufgehoben.

Will man vor der D/A-Wandlung wieder zur hohen Abtastfrequenz zurückkehren (was nicht immer notwendig ist), so können die Zwischenwerte interpoliert werden. Ein Rekonstruktions-Tiefpaß hinter dem Halteglied muß dann wegen der weit auseinander-liegenden Spektren auch nur eine geringe Flankensteilheit aufweisen und kann entsprechend einfach aufgebaut sein.

Das folgende Bild zeigt zusammenfassend die Verarbeitungskette der digitalen Signal-verarbeitung. Eingangs- und ausgangsseitig sind häufig noch Anpaßschaltungen notwendig, insbesondere Verstärkerschaltungen, die hier nicht dargestellt sind. Die An- steuerung der A/D- und D/A-Wandlung kann dabei, wie eingezeichnet, im digitalen System selbst ausgelöst werden, oder alternativ von einer separaten Hard- oder Software.

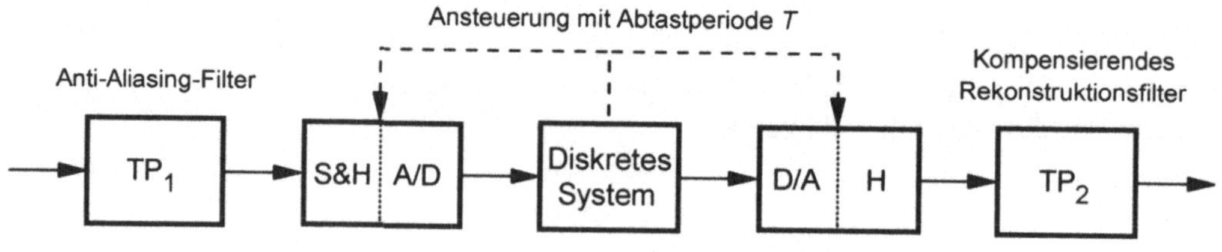

Bild 6.13
Die Verarbeitungskette der digitalen Signalverarbeitung

Wird ein kontinuierliches Signal $f(t)$ zu festen Zeitpunkten kT abgetastet, so läßt sich der Übergang zum *diskreten* Signal $f_a(t)$ darstellen als

$$f_a(t) = f(t) \cdot \sum_{k=-\infty}^{\infty} \delta(t - kT) = \sum_{k=-\infty}^{\infty} f(kT) \cdot \delta(t - kT).$$

Zu ihm gehört ein *periodisches* Spektrum $F_a(j\omega)$; das ursprüngliche Spektrum $F(j\omega)$ wird durch die Abtastung mit $\frac{1}{T}$ gewichtet und *periodisch fortgesetzt*:

$$F_a(j\omega) = \frac{1}{T} \sum_{k=-\infty}^{\infty} F(j\omega - jk\tfrac{2\pi}{T}) = \frac{1}{T} \sum_{k=-\infty}^{\infty} F(j\omega - jk\omega_a) \text{ mit } \omega_a = \frac{2\pi}{T}.$$

Ist das Originalspektrum *bandbegrenzt* mit $f_G = \frac{\omega_G}{2\pi}$, dann läßt sich das Signal abtasten ohne daß Verfälschungen durch Überlappungen der periodischen Spektren auftreten. Dazu muß das *Abtasttheorem* eingehalten werden:

$$T \leq T_{max} = \frac{1}{2f_G} = \frac{\pi}{\omega_G};$$

die minimale Abtastfrequenz $f_{a,min} = 2f_G$ heißt *Nyquistrate*. Das kontinuierliche Signal läßt sich aus den Abtastwerten zurückgewinnen durch die Summe

$$f(t) = \sum_{k=-\infty}^{\infty} f(kT) \cdot \frac{T\omega_G}{\pi} \cdot \text{si}[\omega_G(t - kT)].$$

Zwischen den Abtastzeitpunkten wird der Funktionswert durch die si-Funktionen *interpoliert*; wird mit mindestens der Nyquistrate abgetastet, dann ist die Interpolation *exakt*:

$$f(t) = \sum_{k=-\infty}^{\infty} f(kT) \cdot \text{si}[\omega_G(t - kT)] = \sum_{k=-\infty}^{\infty} f(kT) \cdot \text{si}(\pi\tfrac{t-kT}{T}).$$

Unter Berücksichtigung der praktischen Probleme kann nun im weiteren davon ausgegangen werden, daß diskrete Signale *Zahlenfolgen* sind, die aus kontinuierlichen Signalen durch Abtastungen entstanden sein können aber nicht müssen, denn digitale Systeme können z.B. auch zusammengeschaltet werden. Bildlich wird ein diskretes Signal weiterhin als *Impulsfolge* dargestellt, die die Zahlen *repräsentieren*, jedoch nicht mehr als Deltafunktionen. Ein Zahlenwert stellt eine *normierte* physikalische Größe dar; statt der kontinuierlichen Zeit werden nur die Abtastungen durchgezählt, denn es wird auf die konstante Abtastperiode T normiert (dadurch gibt es auch negative Abtastungen):

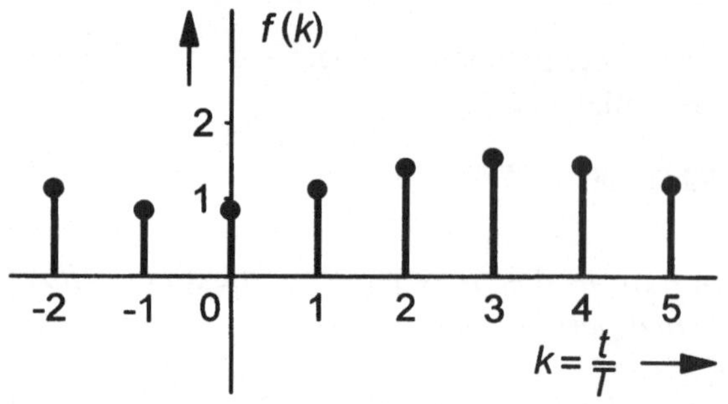

Bild 6.14
Darstellung eines diskreten Signals als
Impulsfolge über den Takten k

Analog zu einem kontinuierlichen Signal wird mit $f(k)$ zum einen der Wert der Folge für eine Abtastung k bezeichnet, z.B. $f(5)$, zum anderen auch die gesamte Folge für alle möglichen Werte von k, eine Mehrdeutigkeit, die sich leider nicht vermeiden läßt. Die Zahlenfolge kann auch als geordnete Menge aufgefaßt werden, so daß z.B. geschrieben wird: $f(k) = \{1, 0, 1, 0, 0, 0, ..\}$ für $k \geq 0$.

6.2 Elementare Signalfolgen

Die Abtastung der Sprungfunktion ergibt die *Sprungfolge*:

$$\sigma(k) = \begin{cases} 1 & \text{für } k \geq 0 \\ 0 & \text{sonst} \end{cases} . \qquad (6.24)$$

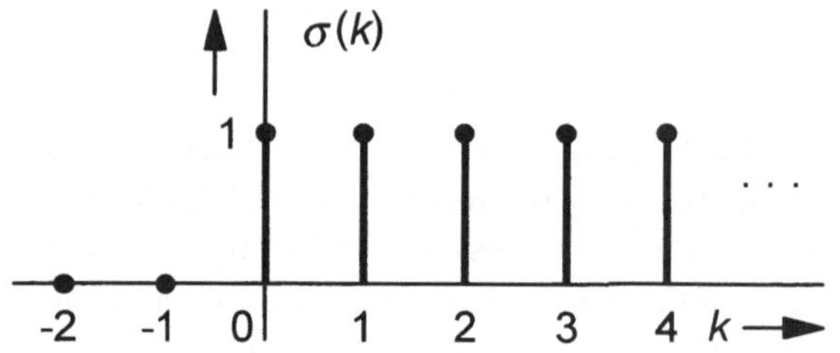

Bild 6.15
Die Sprungfolge $\sigma(k)$

Etwas schwieriger sind zunächst die Verhältnisse bei der Deltafunktion, denn sie kann *nicht* abgetastet werden. Im Kontinuierlichen ist die Deltafunktion die verallgemeinerte Ableitung der Sprungfunktion. Ersetzt man die Ableitung durch das *Steigungsdreieck* $\frac{\Delta\sigma}{\Delta k} = \frac{\sigma(k)-\sigma(k-1)}{1}$, so folgt:

$$\delta(k) = \sigma(k) - \sigma(k-1) = \begin{cases} 1 & \text{für } k = 0 \\ 0 & \text{sonst} \end{cases}. \qquad (6.25)$$

Wie im folgenden gezeigt wird, besitzt dieser *Delta-* bzw. *Einheitsimpuls* (auch *Kronek-ker-Delta* oder kurz *Impuls*) tatsächlich die entsprechenden Eigenschaften der kontinu-ierlichen Deltafunktion wie die Sieb- oder die Ausblendeigenschaft; allerdings ist er nun mathematisch völlig unproblematisch, denn er ist eine *gewöhnliche* Signalfolge. Die *Differenzierung* ist im diskreten Fall eine *Subtraktion*. Offensichtlich werden die Opera-tionen sehr einfach, insbesondere durch die Normierung auf die Abtastperiode.

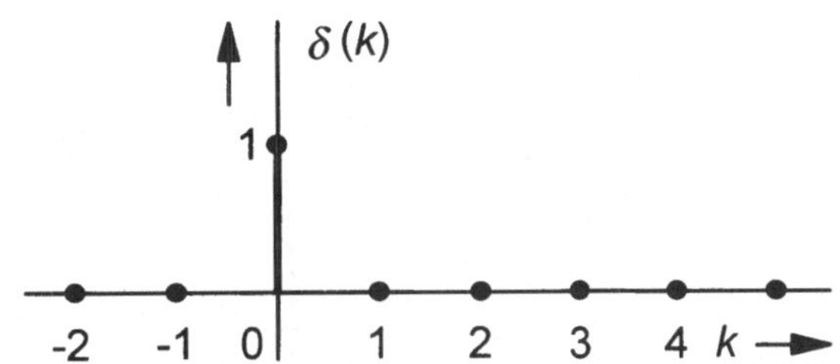

Bild 6.16
Der Delta- bzw. Einheitsimpuls $\delta(k)$

Im Kontinuierlichen ist die Sprungfunktion das Integral der Deltafunktion. Ersetzt man es im Diskreten durch die Summe über die Flächeninkremente $\delta(k) \cdot \Delta k = \delta(k) \cdot 1$, so ist das Ergebnis tatsächlich die Sprungfolge:

$$\sigma(k) = \sum_{n=-\infty}^{k} \delta(n); \qquad (6.26)$$

das *Integral* geht in eine *Summe* über.

Signalfolgen lassen sich ebenfalls zeitlich verschieben, z.B. $\delta(k-n)$

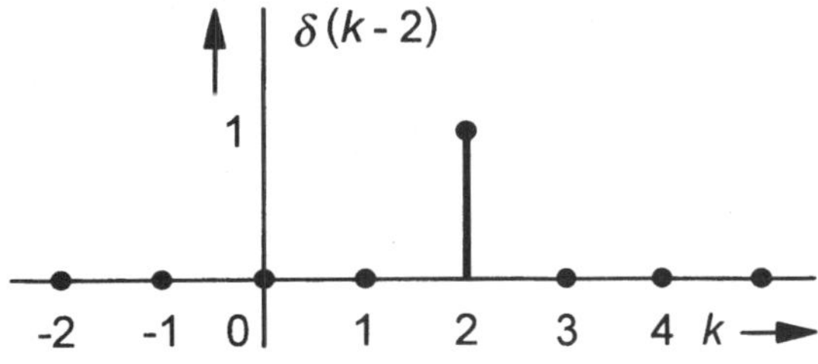

Bild 6.17
Der zeitlich nach $n = 2$ verschobene Deltaimpuls

oder auch zeitlich spiegeln, wie z.B. $\sigma(-k)$

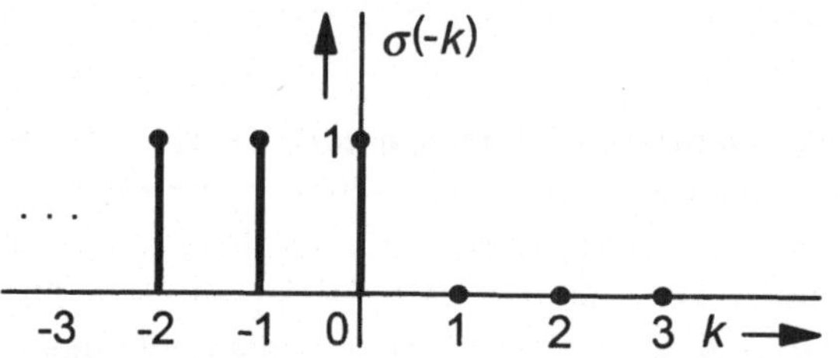

Bild 6.18
Die zeitlich gespiegelte Signalfolge
$\sigma(-k)$

und natürlich auch gleichzeitig verschieben und spiegeln, wie z.B. $\sigma(2-k)$:

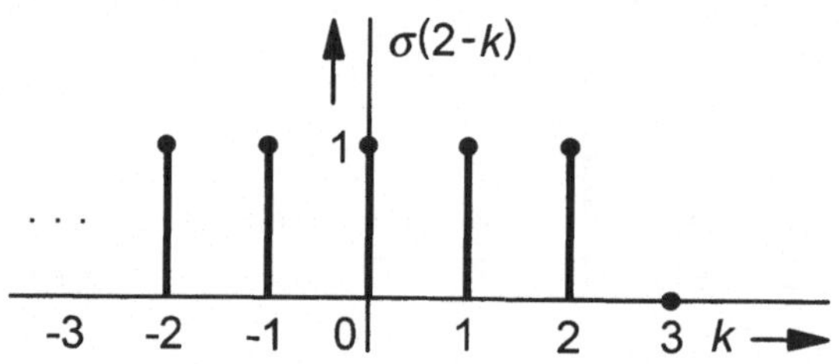

Bild 6.19
Die gleichzeitig verschobene und gespiegelte Sprungfolge $\sigma(2-k)$

Nach Bild 6.15 läßt sich die Sprungfolge auch aus zeitlich verschobenen Deltaimpulsen „zusammensetzen":

$$\sigma(k) = \delta(k) + \delta(k-1) + \delta(k-2) + ... = \sum_{n=0}^{\infty} \delta(k-n). \tag{6.27}$$

Diese Beziehung folgt aus Gl. 6.26 durch eine Variablensubstitution mit $n = k - n'$:

$$\sigma(k) = \sum_{n=-\infty}^{k} \delta(n) = \sum_{n'=\infty}^{0} \delta(k-n') = \sum_{n'=0}^{\infty} \delta(k-n') = \sum_{n=0}^{\infty} \delta(k-n). \tag{6.28}$$

Offensichtlich kann dafür auch geschrieben werden:

$$\sigma(k) = \sum_{n=-\infty}^{\infty} \sigma(n) \cdot \delta(k-n). \tag{6.29}$$

Dies ist aber nichts anderes als die *Ausblendeigenschaft*, die für beliebige Folgen $f(k)$ gilt, denn an der „Stelle" $n = k$ ist $\delta(k-n) = 1$, ansonsten Null:

$$f(k) = \sum_{n=-\infty}^{\infty} f(n) \cdot \delta(k-n). \tag{6.30}$$

Auch die *Siebeigenschaft* folgt damit direkt:

$$f(k) \cdot \delta(k-n) = f(n) \cdot \delta(k-n). \tag{6.31}$$

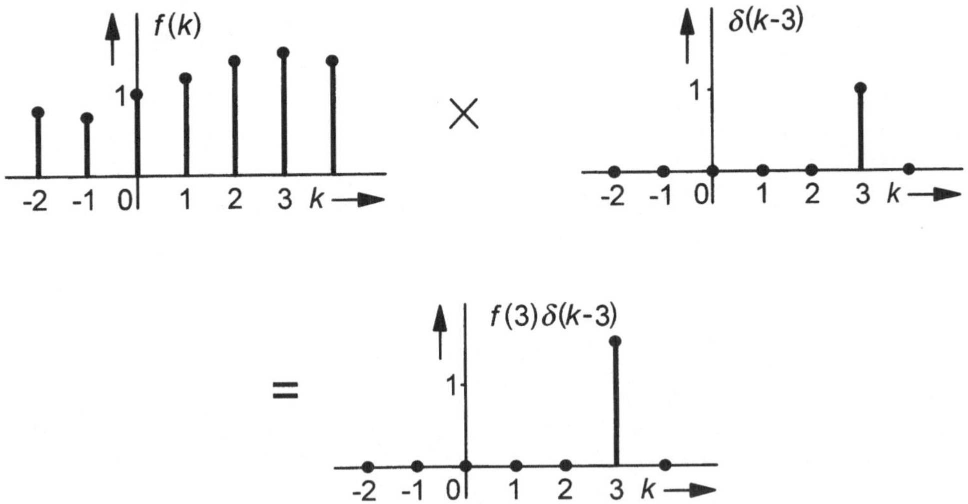

Bild 6.20
Zur Sieb- und Ausblendeigenschaft des Deltaimpulses

Weitere wichtige Signale sind die *Exponential-* und *Sinusfolgen*, deren allgemeine Form

$$f_e(k) = A \cdot a^k \tag{6.32}$$

lautet; hierbei muß bzgl. A und a eine Fallunterscheidung durchgeführt werden.

a) A und a reell

Für $0 < a < 1$ liegt eine zeitlich *abklingende reelle Exponentialfolge* vor, für $a = 1$ die Konstante 1 und für $1 < a < \infty$ eine zeitlich *aufklingende* Folge. Für negative a gilt das gleiche bzgl. der *Beträge* der Zahlenfolge, nur die *Vorzeichen* wechseln:

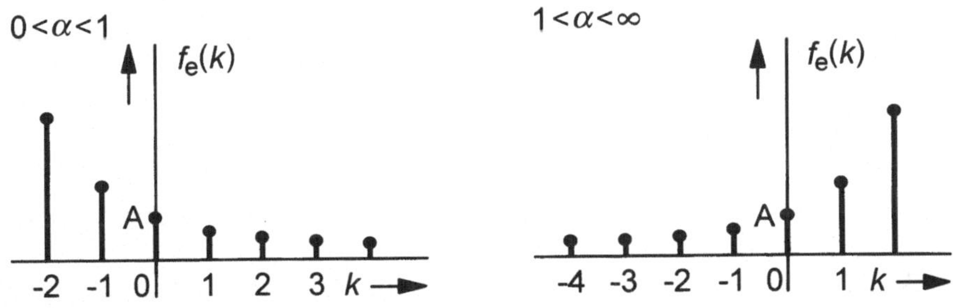

Bild 6.21 a

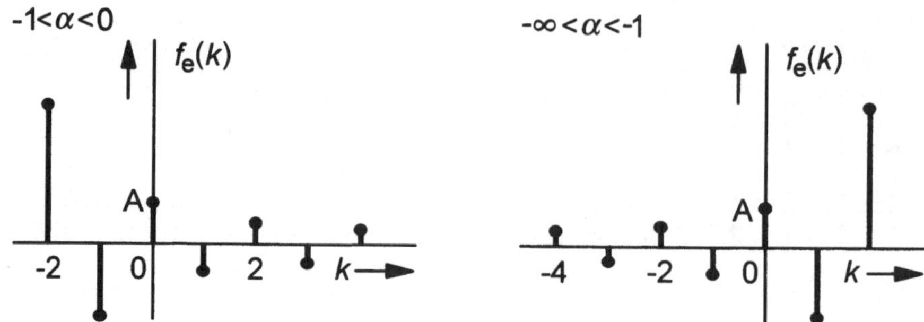

Bild 6.21 b
Die reelle Exponentialfolge für verschiedene Bereiche von a

b) A reell und $a = e^{j\Omega_o}$

Hierbei ist, wie in der digitalen Signalverarbeitung üblich,

$$\Omega = \frac{\omega}{f_a} = 2\pi\frac{f}{f_a} \tag{6.33}$$

die *normierte* Kreisfrequenz. Damit läßt sich der Exponent von a ebenfalls schreiben als

$$j\Omega_o k = j\frac{\omega_o}{f_a}\cdot k . \tag{6.34}$$

Offensichtlich liegt der Bereich $0 \le \Omega < 2\pi$ *unterhalb* und der Bereich $\Omega > 2\pi$ *oberhalb* der Abtastfrequenz. Im kontinuierlichen Fall ist die Kreisfrequenz die Größe „Winkel/Zeit" bzw. die Winkelgeschwindigkeit, im diskreten Fall ist sie nun die Größe „Winkel/Abtastung", die Winkelgeschwindigkeit bzgl. der „diskreten, normierten Zeit k", da k die k-te Abtastung darstellt.

Mit den obigen Parametern ergibt sich die *komplexe Exponentialfolge*

$$f_e(k) = A\cdot e^{j\Omega_o k} = A\cos(\Omega_o k) + jA\sin(\Omega_o k). \tag{6.35}$$

Eine Überlagerung von zwei gegenläufigen Exponentialfolgen ergibt z.B. eine Kosinusfolge:

$$f_e(k) = \frac{A}{2}e^{j\Omega_o k} + \frac{A}{2}e^{-j\Omega_o k} = A\cos(\Omega_o k). \tag{6.36}$$

Im Gegensatz zum kontinuierlichen Fall sind Sinus- und Kosinusfolgen *immer* frequenz-, aber *nicht* immer zeitperiodisch. Die Frequenzperiodizität ergibt sich zum einen direkt aus der Tatsache, daß das Signal zeitdiskret ist, sie läßt sich an diesem Signal aber auch einfach berechnen. Eine Signalfolge ist periodisch mit der

Periodendauer k_0, wenn das Signal nach einer Zeitverschiebung um k_0 Abtastwerte wieder auf sich selbst abgebildet wird:

$$f(k) = f(k - k_0) \, ; \tag{6.37}$$

damit folgt für die Periodizität der Frequenz:

$$e^{j\Omega_0 k} \overset{!}{=} e^{j\Omega_0(k-k_0)} = e^{j\Omega_0 k} \cdot e^{j\Omega_0 k_0} \rightarrow e^{j\Omega_0 k_0} = 1 \rightarrow \Omega_0 k_0 \overset{!}{=} n \cdot 2\pi. \tag{6.38}$$

Da sowohl k_0 wie auch n ganze Zahlen sind, muß das Verhältnis $\frac{n}{k_0}$ eine *rationale Zahl* sein, damit *Frequenzperiodizität* auftritt; dieses Verhältnis ist die normierte Frequenz

$$f_0 = \frac{\Omega_0}{2\pi} = \frac{n}{k_0} \, . \tag{6.39}$$

Zwar dreht sich mit zunehmendem Ω_0 der Zeiger der komplexen Exponentialfolge schneller, aber die Abtastwerte können identisch sein, da sich die Abtastperiode T nicht ändert, wie das folgende Bild anschaulich zeigt:

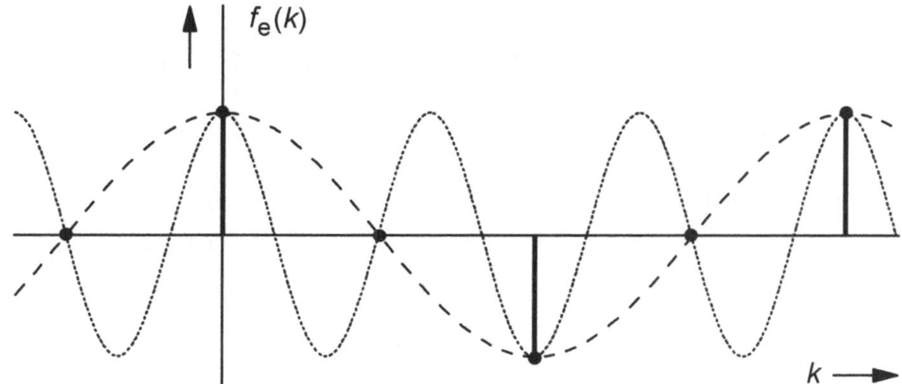

Bild 6.22
Zwei Kosinusschwingungen mit identischer Abtastfolge

Wird die Frequenz Ω_0 von Null beginnend vergrößert, dann schwingt die zugehörige Kosinusfolge bis $\Omega_0 = \pi$ zunächst schneller, um anschließend bis $\Omega_0 = 2\pi$ wieder langsamer zu werden, wie das folgende Bild zeigt:

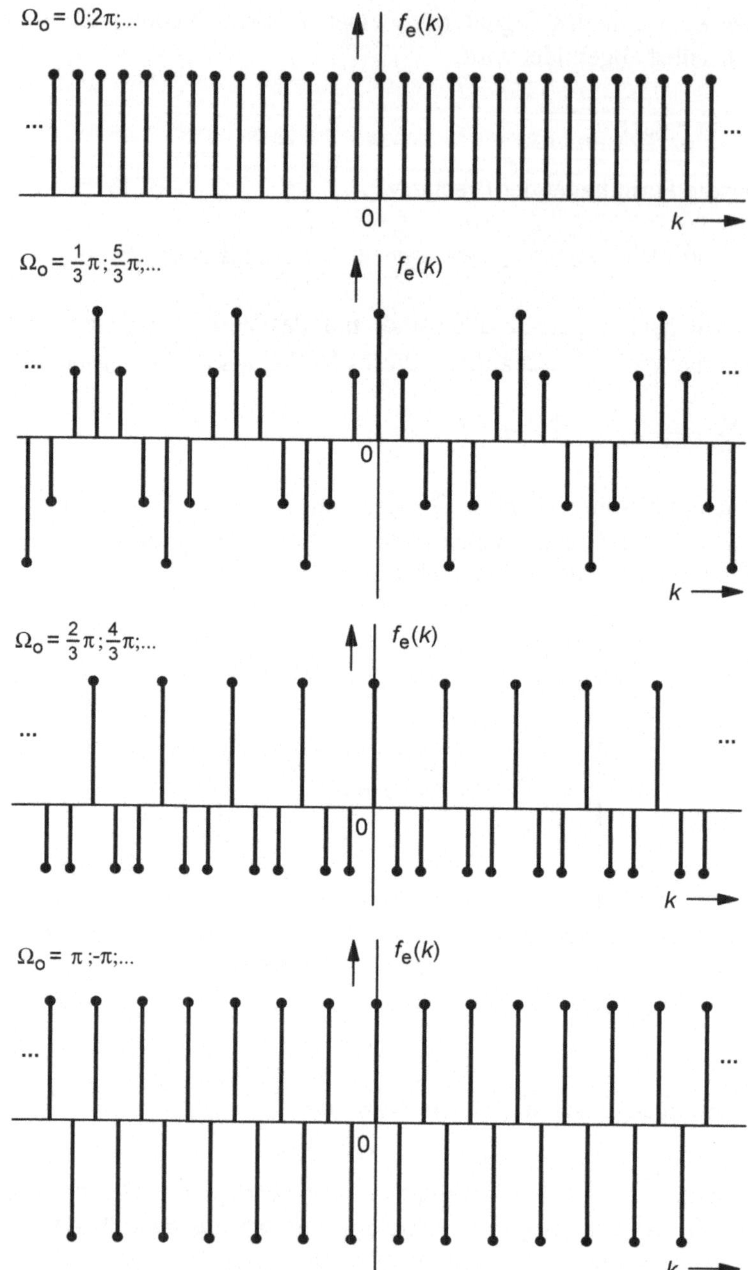

Bild 6.23

Kosinusfolgen für verschiedene Werte von Ω_o

Wegen der *Periodizität* reicht es aus, *eine* Periode der Frequenz zu betrachten, also z.B. $\Omega_o \in [0, 2\pi]$ oder $\Omega_o \in [-\pi, \pi]$. Außerdem werden die Frequenzen komplexer Exponentialfolgen sowie auch Kosinus- und Sinusfolgen in dem Bereich *um* $\Omega_o = n \cdot 2\pi$ für alle ganzzahligen n üblicherweise als *tiefe* bzw. *niedrige* Frequenzen bezeichnet und *um* $\Omega_o = \pi + n \cdot 2\pi$ als *hohe*:

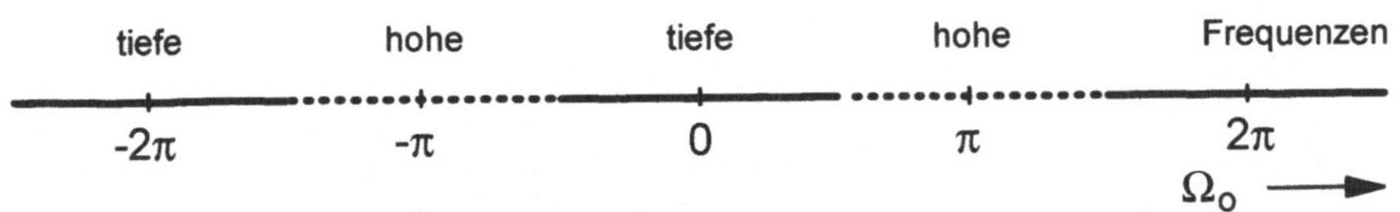

Bild 6.24
Periodische Bereiche für Ω_o bzgl. tiefer und hoher Frequenzen

Die Folgen sind nach *einer* Schwingung bzgl. der Abtastwerte *zeitperiodisch*, wenn für $\Omega_o = \frac{2\pi}{n}$ erfüllt ist, wobei n wieder eine ganze Zahl ist. Sie werden mit $\Omega_o = \frac{4\pi}{n}$ nach *zwei* Schwingungen periodisch, wobei n ungerade sein muß, da sonst $\Omega_o = \frac{2\pi}{n/2}$ mit ganzzahligem $\frac{n}{2}$ geschrieben werden kann; dies bedeutet, daß die Folge doch schon nach einer Schwingung periodisch wird. Allgemein ist eine Folge deshalb mit $\Omega_o = \frac{m}{n} \cdot 2\pi$ nach m Schwingungen periodisch, wenn m und n aus den obigen Gründen teilerfremd sind. Ansonsten ergibt sich die Periodizität nach m' Schwingungen, wenn sich mit einer teilerfremden ganzen Zahl n' nach dem Kürzen die Beziehung $\Omega_o = \frac{m'}{n'} \cdot 2\pi$ ergibt.

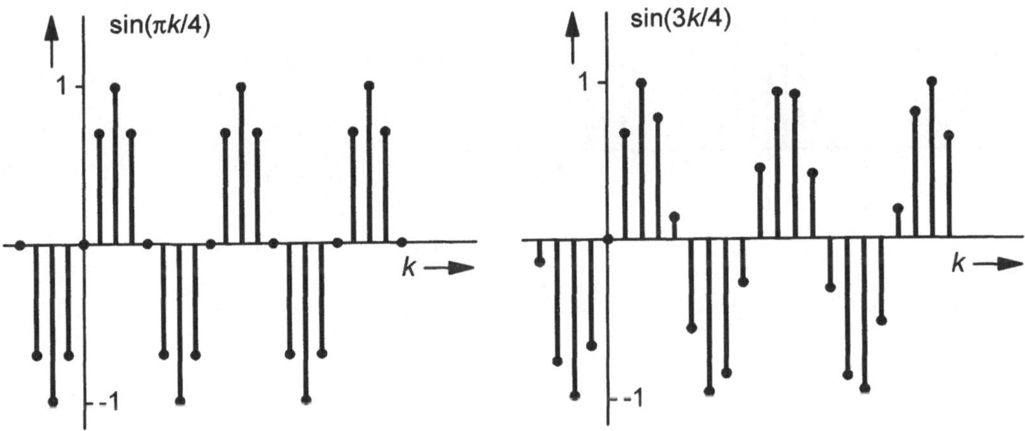

Bild 6.25
Zeitperiodische Sinusfolge $\sin(\frac{\pi}{4}k)$ und nicht-zeitperiodische Folge $\sin(\frac{3}{4}k)$

Für diese Phänomene gibt es im Zeitkontinuierlichen *keine* Analogie.

c) $A = |A|e^{j\phi}$ **und** $a = e^{j\Omega_0}$

Mit dieser Wahl gilt

$$f_e(k) = |A|e^{j\phi} \cdot e^{j\Omega_0 k} = |A| \cdot e^{j(\Omega_0 k + \phi)}. \tag{6.40}$$

Mit der *komplexen* Amplitude A kann eine beliebige Anfangsphase erzeugt werden, ansonsten gelten alle Ausführungen des vorherigen Abschnittes entsprechend.

Zum Abschluß des Kapitels seien noch einige besondere Folgen und Eigenschaften von Folgen erwähnt, die für die weitere Diskussion nützlich sind. So ergibt z.B. eine abgetastete si-Funktion die *si-Folge*:

$$f(k) = \frac{\sin(\Omega_0 k)}{\Omega_0 k} = \mathrm{si}(\Omega_0 k). \tag{6.41}$$

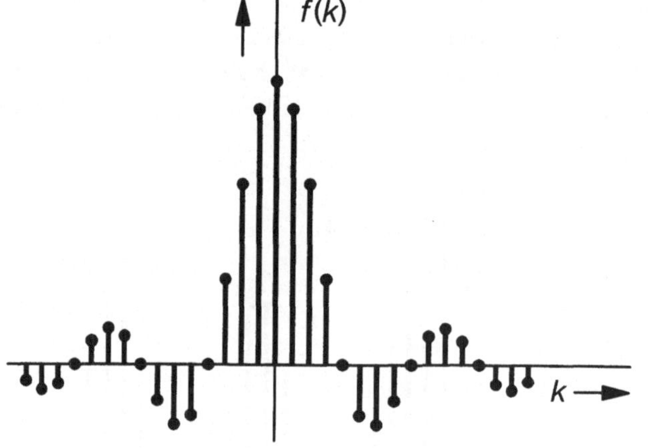

Bild 6.26
Die si-Folge für $\Omega_0 = \frac{\pi}{4}$

Einschaltfolgen bzw. *kausale* Folgen haben die Eigenschaft, daß für sie

$$f(k) = 0 \text{ für } k < 0 \tag{6.42}$$

gilt und damit ebenfalls

$$f(k) = f(k) \cdot \sigma(k). \tag{6.43}$$

Exponentialfolgen sind *geometrische* Reihen, deren erste n Glieder sich durch Ausklammern einer Konstanten darstellen lassen als

$$1, q, q^2, ..., q^{n-1}; \tag{6.44}$$

hierbei kann q auch komplex sein. Für die *Summe* der ersten n Werte läßt sich ein geschlossener Ausdruck angeben:

$$S_n = \sum_{i=0}^{n-1} q^i = \frac{1-q^n}{1-q}. \tag{6.45}$$

Für $|q| < 1$ handelt es sich um eine *fallende* geometrische Reihe; der Grenzübergang $n \to \infty$ liefert unter dieser Voraussetzung die Summe

$$S_\infty = \frac{1}{1-q}. \tag{6.46}$$

6.3 Die Sprung- und Impulsantwort sowie die Faltungssumme

Für die Faltung muß die Linearität und Zeitinvarianz des diskreten Systems vorausgesetzt werden; ganz entsprechend zum zeitkontinuierlichen System gilt:

Linearität:

$$c_1 x_1(k) + c_2 x_2(k) \to c_1 y_1(k) + c_2 y_2(k) \tag{6.47}$$

mit beliebigen, komplexen Konstanten $c_{1,2}$.

Zeitinvarianz:

$$x(k-n) \to y(k-n) \tag{6.48}$$

für alle ganzzahligen n (häufig auch *verschiebeinvariant* genannt). Sind *beide*, voneinander unabhängigen Eigenschaften erfüllt, so handelt es sich um ein (zeit-) *diskretes LTI-System* (oder *LSI-System*, von linear shift-invariant).

Das System ist *kausal*, wenn die Reaktion nicht vor der Erregung beginnt, also aus $x(k) = 0$ für $k < K$ folgt $y(k) = 0$ für $k < K$.

Es ist weiterhin amplituden- bzw. *BIBO-stabil*, wenn die Reaktion auf eine beschränkte Erregung ebenfalls beschränkt bleibt (siehe Kapitel 3.7):

$$|x(k)| < M < \infty \stackrel{\text{stabil}}{\to} |y(k)| < N < \infty. \tag{6.49}$$

Ein diskretes LTI-System ist *energiefrei* zum Zeitpunkt $t = 0$, wenn seine Speicherinhalte leer bzw. Null sind. Die Reaktion eines energiefreien LTI-Systems auf die *Sprungfolge* bzw. den Einheitssprung ist die *Sprungantwort*:

$$\sigma(k) \rightarrow h(k). \tag{6.50}$$

Entsprechend ist die Reaktion auf den Delta- bzw. Einheitsimpuls die *Stoß-* bzw. *Impulsantwort* oder auch die *Gewichtsfolge*:

$$\delta(k) \rightarrow g(k). \tag{6.51}$$

Nach den obigen Erkenntnissen können die Reaktionen ineinander *umgerechnet* werden, da die linearen Zusammenhänge zwischen den Erregungen auch bei den Reaktionen *erhalten bleiben*:

$$\sigma(k) = \sum_{n=-\infty}^{k} \delta(n) \rightarrow h(k) = \sum_{n=-\infty}^{k} g(n), \tag{6.52}$$

$$\delta(k) = \sigma(k) - \sigma(k-1) \rightarrow g(k) = h(k) - h(k-1). \tag{6.53}$$

Die Ausblendeigenschaft Gl. 6.30 für eine Eingangsfolge führt direkt auf die *Faltungssumme*, das diskrete Äquivalent des Faltungsintegrals:

$$x(k) = \sum_{n=-\infty}^{\infty} x(n) \cdot \delta(k-n) \rightarrow y(k) = \sum_{n=-\infty}^{\infty} x(n) \cdot g(k-n). \tag{6.54}$$

Alle Eigenschaften wie die Kommutativität usw. gelten auch im Diskreten:

$$y(k) = g(k) * x(k) = x(k) * g(k), \tag{6.55}$$

$$x(k) = x_1(k) + x_2(k) \rightarrow y(k) = g(k) * x_1(k) + g(k) * x_2(k) = y_1(k) + y_2(k). \tag{6.56}$$

Analog zum Zeitkontinuierlichen ist ein LTI-System dann *stabil*, wenn seine (kausale) Impulsantwort absolut summierbar ist:

Stabiles diskretes LTI-System:

$$\sum_{k=0}^{\infty} |g(k)| < \infty. \tag{6.57}$$

□ **Beispiel 6.2**

Gegeben ist die Impulsantwort eines diskreten LTI-Systems:

$$g(k) = \left(\tfrac{1}{2}\right)^k \cdot \sigma(k).$$

a) Man skizziere $g(k)$.

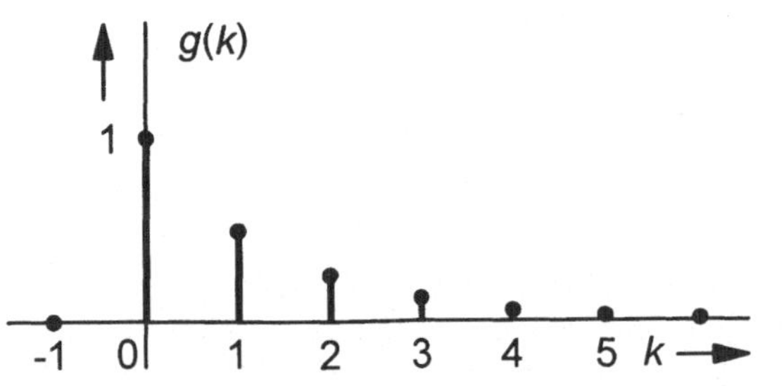

Bild 6.27
Impulsantwort eines diskreten LTI-Systems

b) Ist das System kausal, ist es stabil?

Da die Reaktion nicht vor der Erregung beginnt, ist es kausal. Für eine Stabilitätsprüfung läßt sich die Folge mit der Summenformel Gl. 6.46 auch einfach aufsummieren:

$$S_\infty = \sum_{n=0}^{\infty} g(n) = \sum_{n=0}^{\infty} \left(\tfrac{1}{2}\right)^n = \frac{1}{1-\frac{1}{2}} = 2.$$

Die Impulsantwort ist damit absolut summierbar, das System ist stabil.

c) Man berechne und skizziere die Sprungantwort

    c1) über die Summierung der Impulsantwort,
    c2) über die Faltungssumme.

c1) Allgemein gilt:

$$h(k) = \sum_{n=-\infty}^{k} g(k).$$

Für $k < 0$ ist wegen $g(k) = 0$ auch immer $h(k) = 0$. Für $k \geq 0$ wird die Summe berechnet, wobei die untere Grenze zu Null gesetzt werden muß:

$$h(k) = \sum_{n=0}^{k} \left(\tfrac{1}{2}\right)^n = \frac{1-\left(\frac{1}{2}\right)^{k+1}}{1-\frac{1}{2}} = 2 - \left(\tfrac{1}{2}\right)^k.$$

Damit ergibt sich als Resultat die zeitlich stückweise Lösung

$$h(k) = \begin{cases} 2 - \left(\tfrac{1}{2}\right)^k & k \geq 0 \\ 0 & k < 0 \end{cases} \quad \text{für} \quad ,$$

die sich auch zeitlich geschlossen formulieren läßt:

$$h(k) = \left[2 - \left(\tfrac{1}{2}\right)^k\right] \cdot \sigma(k).$$

c2) Entsprechend der Auswertung des Faltungsintegrals muß schrittweise vorgegangen werden, wobei die Berechnung der Faltungssumme grundsätzlich numerisch erfolgen kann und nur manchmal ein formelmäßiger Ausdruck angegeben werden kann. - Schöne Listen geschlossener Ausdrücke für Summen findet sich z.B. in [22] und [29]. -

Es muß eine der beiden Faltungssummen

$$y(k) = \sum_{n=-\infty}^{\infty} x(n) \cdot g(k-n) \quad \text{oder} \quad y(k) = \sum_{n=-\infty}^{\infty} x(k-n) \cdot g(n)$$

ausgewertet werden. Für die Sprungantwort $h(k)$ gilt $x(k) = \sigma(k)$, so daß folgt:

$$h(k) = \sum_{n=-\infty}^{\infty} \sigma(n) \cdot g(k-n) \quad \text{oder} \quad h(k) = \sum_{n=-\infty}^{\infty} \sigma(k-n) \cdot g(n).$$

Ein Vergleich mit der Lösung von c1) ist in diesem Fall insbesondere mit der zweiten Version möglich. Bei dieser einfachen Aufgabe gibt es für den *Parameter k* nur zwei Zeitbereiche, die unterschiedlich auszuwerten sind. Es ist zu beachten, daß n die Laufvariable darstellt, wobei Skizzen wieder besonders hilfreich sind:

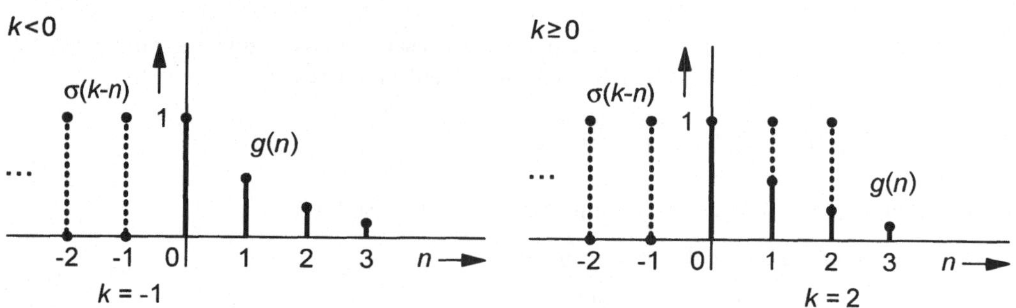

Bild 6.28
Skizzen für die zwei Zeitbereiche zur Auswertung der Faltungssumme

Der erste Zeitbereich ist trivial, denn es gibt *keinen* Überlappungsbereich der beiden zu multiplizierenden Folgen (der Bereich der Laufvariablen n, für den *beide* Folgen einen Funktionswert ungleich Null aufweisen); auch wegen der *Kausalität* des Systems gilt:

$$h(k) = 0 \quad \text{für } k < 0.$$

Für den zweiten Zeitbereich ist der Überlappungsbereich $0 \le n \le k$, so daß folgt:

$$h(k) = \sum_{n=0}^{\infty} \sigma(k-n) \cdot \left(\tfrac{1}{2}\right)^n = \sum_{n=0}^{k} \left(\tfrac{1}{2}\right)^n = 2 - \left(\tfrac{1}{2}\right)^k \quad \text{für } k \ge 0.$$

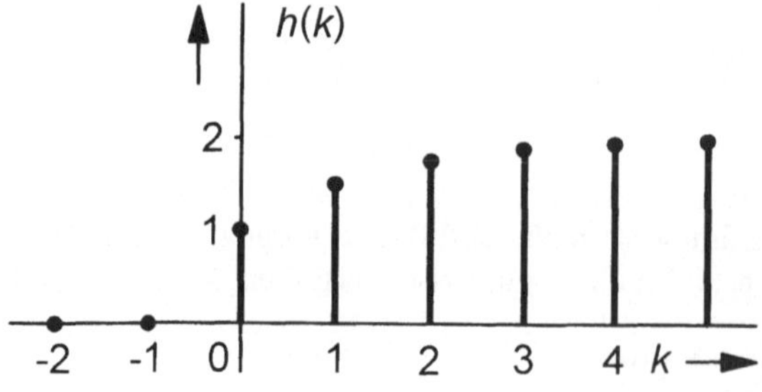

Bild 6.29
Sprungantwort eines diskreten LTI-Systems

Wie beim Faltungsintegral ergibt die Auswertung der Faltungssumme grundsätzlich eine zeitlich stückweise Lösung. In sehr einfachen Fällen, wie unter c1) für die berechnete Sprungantwort gezeigt wurde, läßt sich daraus auch eine zeitlich geschlossene Darstellung bestimmen.

d) Man überprüfe das Ergebnis unter c) durch Berechnung der gegebenen Impulsantwort aus der Sprungantwort.

Mit der allgemeinen Beziehung $g(k) = h(k) - h(k-1)$ folgt:

$$g(k) = 0 \text{ für } k < 0;$$

$$g(k) = \left[2 - \left(\tfrac{1}{2}\right)^k\right] - \left[2 - \left(\tfrac{1}{2}\right)^{k-1}\right] = -\left(\tfrac{1}{2}\right)^k + \left(\tfrac{1}{2}\right)^k \cdot \left(\tfrac{1}{2}\right)^{-1}$$

$$= -\left(\tfrac{1}{2}\right)^k + \left(\tfrac{1}{2}\right)^k \cdot 2 = \left(\tfrac{1}{2}\right)^k \text{ für } k \geq 0.$$

Kompakt läßt sich dafür wieder schreiben:

$$g(k) = \left(\tfrac{1}{2}\right)^k \cdot \sigma(k) \qquad \qquad \qquad \square$$

Zwischen den diskreten Elementarsignalen

$$\sigma(k) = \begin{cases} 1 & \text{für } k \geq 0 \\ 0 & \text{sonst} \end{cases} \quad \text{und } \delta(k) = \begin{cases} 1 & \text{für } k = 0 \\ 0 & \text{sonst} \end{cases}$$

bestehen die Beziehungen

$$\sigma(k) = \sum_{n=-\infty}^{k} \delta(n) \text{ und } \delta(k) = \sigma(k) - \sigma(k-1).$$

Damit gelten die Beziehungen auch zwischen der Sprung- und der Impulsantwort:

$$h(k) = \sum_{n=-\infty}^{k} g(n) \text{ und } g(k) = h(k) - h(k-1).$$

Aus der Ausblendeigenschaft der diskreten Deltafolge, formuliert für ein Eingangssignal

$$x(k) = \sum_{n=-\infty}^{\infty} x(n) \cdot \delta(k-n) \quad ,$$

folgt direkt die Faltungssumme, die kommutativ ist:

$$y(k) = \sum_{n=-\infty}^{\infty} x(n) \cdot g(k-n) = \sum_{n=-\infty}^{\infty} x(k-n) \cdot g(n).$$

6.4 Die zeitdiskrete Fourier-Transformation (ZDFT)

Auf die Beschreibung eines Abtastsignals als Folge von Deltafunktionen,

$$f(t) = \sum_{k=-\infty}^{\infty} f(kT) \cdot \delta(t - kT),$$

kann die Fourier-Transformation angewendet werden:

$$F(j\omega) = \sum_{k=-\infty}^{\infty} f(kT) \cdot e^{-jkT\omega}. \tag{6.58}$$

Dieses Spektrum des Abtastsignals ist *frequenzkontinuierlich* und *periodisch* mit $\omega_a = \frac{2\pi}{T}$; wie im Kapitel 6.1 hergeleitet und diskutiert wurde, ergibt sich aus dieser Tatsache das Abtasttheorem für bandbegrenzte Signale.

Die Zahlen- und damit Impulsfolge läßt sich durch Anwendung der inversen Fourier-Transformation wieder aus einer beliebigen Periode des Spektrums berechnen:

$$f(kT) = \frac{1}{2\pi} \int_{-\frac{\omega_a}{2}}^{\frac{\omega_a}{2}} F(j\omega) e^{jkT\omega} d\omega \tag{6.59}$$

Das gesamte Zeitsignal ergibt sich durch die Summe Gl. 6.3.

Mit der Zeitnormierung $k = \frac{t}{T}$, $T > 0$, sowie der normierten Frequenz $\Omega = \frac{\omega}{f_a} = \omega T$ folgt damit die Fourier-Transformation für Zahlenfolgen, die auch *zeitdiskrete Fourier-Transformation* (ZDFT) genannt wird:

$$F(j\Omega) = \sum_{k=-\infty}^{\infty} f(k) \cdot e^{-j\Omega k}. \tag{6.60}$$

Für die Rücktransformation, die entsprechend *inverse zeitdiskrete Fourier-Transformation* (IZDFT) genannt wird, folgt mit $d\omega = \frac{1}{T} d\Omega$ und $F(j\Omega) = T \cdot F(j\omega)$:

$$f(k) = \frac{1}{2\pi} \int_{-\pi}^{\pi} F(j\Omega) \cdot e^{j\Omega k} d\Omega. \tag{6.61}$$

Die wesentlichen Eigenschaften der kontinuierlichen Fourier-Transformation wie z.B. die Symmetrie zwischen Zeit- und Frequenzbereich sind weiterhin gültig.

□ Beispiel 6.3

Man berechne und skizziere das Spektrum der Impulsantwort

$$g(k) = \left(\tfrac{1}{2}\right)^k \cdot \sigma(k).$$

Es gilt:

$$G(j\Omega) = \sum_{k=-\infty}^{\infty} g(k) \cdot e^{-j\Omega k} = \sum_{k=0}^{\infty} \left(\tfrac{1}{2}\right)^k \cdot e^{-j\Omega k} = \sum_{k=0}^{\infty} \left(\frac{e^{-j\Omega}}{2}\right)^k.$$

Mit $\left|\frac{e^{-j\Omega}}{2}\right| < 1$ folgt:

$$G(j\Omega) = \frac{1}{1-\frac{e^{-j\Omega}}{2}} = \frac{2}{2-e^{-j\Omega}}.$$

Betrag und Phase folgen direkt mit $e^{\pm j\Omega} = \cos(\Omega) \pm j\sin(\Omega)$:

$$G(j\Omega) = \frac{2}{2-(\cos(\Omega)-j\sin(\Omega))} = \frac{2}{2-\cos(\Omega)+j\sin(\Omega)},$$

$$\left|G(j\Omega)\right| = \frac{2}{\sqrt{(2-\cos(\Omega))^2+\sin^2(\Omega)}} = \frac{2}{\sqrt{4-4\cos(\Omega)+\cos^2(\Omega)+\sin^2(\Omega)}} = \frac{1}{\sqrt{1,25-\cos(\Omega)}},$$

$$b(\Omega) = \arctan\left(\frac{\sin(\Omega)}{2-\cos(\Omega)}\right).$$

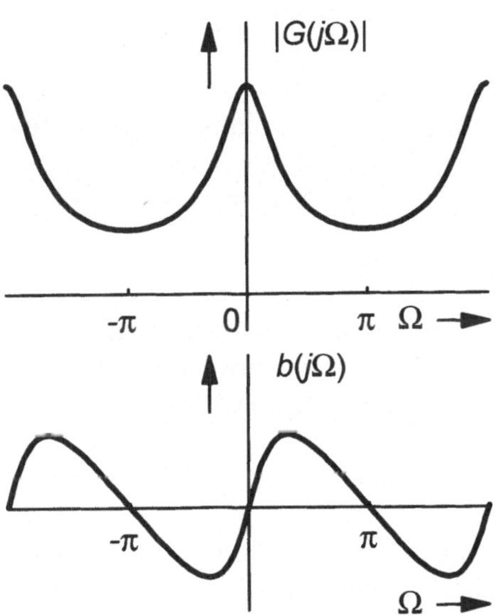

Bild 6.30
Das Spektrum der Impulsantwort
$g(k) = 0,5^k \cdot \sigma(k)$

Wie zu erwarten war, ist das Spektrum periodisch mit $\Omega = 2\pi = 2\omega_a T$. □

Die Spektraldichte der Impulsantwort $g(k)$ ist analog zum Zeitkontinuierlichen die *Übertragungsfunktion* $G(j\Omega)$ des diskreten Systems. Wählt man als Erregung die komplexe Exponentialfolge

$$x(k) = Ae^{j\phi} \cdot e^{j\Omega k} = X \cdot e^{j\Omega k} \tag{6.62}$$

mit der komplexen Amplitude $X = Ae^{j\phi}$, so folgt mit der Faltung für die Reaktion:

$$y(k) = \sum_{n=-\infty}^{\infty} x(k-n) \cdot g(n) = \sum_{n=-\infty}^{\infty} X \cdot e^{j\Omega(k-n)} \cdot g(n)$$

$$= \sum_{n=-\infty}^{\infty} X \cdot e^{j\Omega k} \cdot e^{-j\Omega n} \cdot g(n) = X \cdot e^{j\Omega k} \cdot \sum_{n=-\infty}^{\infty} e^{-j\Omega n} \cdot g(n), \tag{6.63}$$

$$\rightarrow G(j\Omega) = \sum_{n=-\infty}^{\infty} e^{-j\Omega n} \cdot g(n) = \sum_{k=-\infty}^{\infty} e^{-j\Omega k} \cdot g(k). \tag{6.64}$$

Genauso wie im Zeitkontinuierlichen ist die Übertragungsfunktion auch der Quotient der Spektren von Aus- zu Eingangsfolge, da die Faltung im Zeitbereich in eine Multiplikation im Frequenzbereich übergeht:

$$y(k) = g(k) * x(k) \circ\!\!-\!\!\bullet\ Y(j\Omega) = G(j\Omega) \cdot X(j\Omega), \tag{6.65}$$

$$\rightarrow G(j\Omega) = \frac{Y(j\Omega)}{X(j\Omega)}. \tag{6.66}$$

Die Erregung mit dem Impuls bedeutet im Frequenzbereich wieder die *Multiplikation* mit *Eins*, dies ist ein *periodisches* Spektrum mit einer *unendlichen* Periodendauer:

$$\delta(k) \circ\!\!-\!\!\bullet\ \sum_{k=-\infty}^{\infty} e^{-j\Omega k} \cdot \delta(k) = e^0 = 1. \tag{6.67}$$

Wird ein diskretes System mit dem Einheitsprung erregt, so läßt sich die Impulsantwort aus der Sprungantwort durch eine einfache *Differenzenbildung* berechnen, die der zeitkontinuierlichen Differentiation entspricht:

$$g(k) = h(k) - h(k-1).$$

Allgemein läßt sich diese Beziehung durch ein *System* realisieren, das in der Lage ist, die Eingangsfolge in einem *Speicherelement* um eine *Abtastperiode* T (auf T normiert, um $\Delta k = 1$) zwischenzuspeichern, und so verzögert für die Subtraktion zur Verfügung zu stellen:

$$y(k) = x(k) - x(k-1). \tag{6.68}$$

Dies ist eine *lineare Differenzengleichung* 1. Ordnung, da sie *eine* Zeitverschiebung bzw. -verzögerung enthält. Mit diesem *diskreten Speicher*, gekennzeichnet mit einem D für *Delay*, folgt direkt das Blockschaltbild des diskreten Differenzierers:

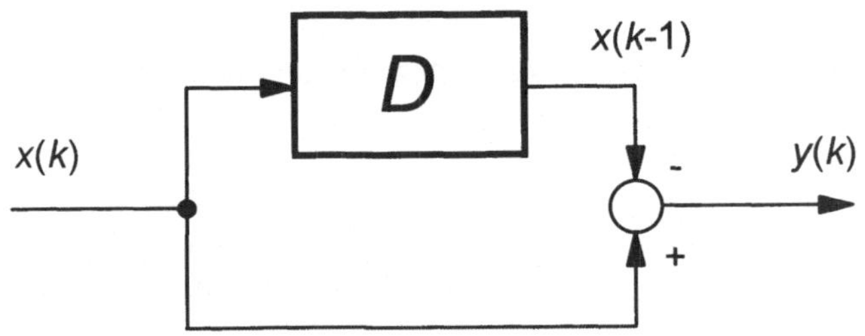

Bild 6.31
Das Blockschaltbild des Differenzierers mit einem diskreten Verzögerungsglied D

Die Impulsantwort dieses Differenzierers läßt sich sofort angeben, indem als Erregung der Einheitsimpuls gewählt wird:

$$g(k) = \delta(k) - \delta(k-1).$$ (6.69)

Die Übertragungsfunktion des Verzögerungsgliedes um einen Abtastwert ist $e^{-j\Omega}$, wie sich durch Einsetzen des verzögerten Impulses in die ZDFT leicht zeigen läßt:

$$G_D(j\Omega) = \sum_{k=-\infty}^{\infty} e^{-j\Omega k} \cdot \delta(k-1) = e^{-j\Omega \cdot 1} = e^{-j\Omega}.$$ (6.70)

Hierbei liefert der Deltaimpuls nur bei $k = 1$ eine Eins; dies ist die zeitdiskrete Ausblendeigenschaft. Damit läßt sich die obige Differenzengleichung transformieren:

$$y(k) = x(k) - x(k-1) \circ\!\!-\!\!\bullet\ Y(k) = X(k) - e^{-j\Omega}X(k),$$ (6.71)

$$\rightarrow G(j\Omega) = \frac{Y(k)}{X(k)} = 1 - e^{-j\Omega}.$$ (6.72)

Umgekehrt läßt sich die Sprungantwort aus der Impulsantwort durch eine *Summation* berechnen, die der Integration im Zeitkontinuierlichen entspricht:

$$h(k) = \sum_{n=-\infty}^{k} g(n).$$

Indem die Summe in zwei Teile aufgespaltet wird, d.h.

$$h(k) = g(k) + \sum_{n=-\infty}^{k-1} g(n),$$ (6.73)

entspricht die Teilsumme offensichtlich gerade der Sprungantwort zum vorherigen Takt $k-1$:

$$h(k) = g(k) + h(k-1). \tag{6.74}$$

Auch diese Berechnung kann wieder von einem System durchgeführt werden:

$$y(k) = x(k) + y(k-1). \tag{6.75}$$

Dies ist ebenfalls eine lineare Differenzengleichung 1. Ordnung, genauer eine *rekursive* Differenzengleichung, da die Ausgangsgröße eines vorherigen Taktes auch auf der *rechten* Seite steht, die in einem Verzögerungsglied zwischengespeichert werden muß:

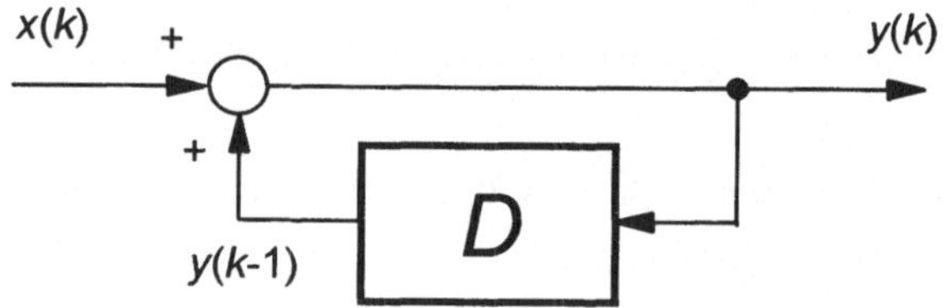

Bild 6.32
Blockschaltbild des Integrierers mit einem Verzögerungsglied D

Wird in Gl. 6.75 formal die Erregung mit der Reaktion *vertauscht*, dann ist das Resultat die Differenzengleichung des Differenzierers Gl. 6.68. Auch ein Vergleich der Übertragungsfunktionen zeigt, daß es sich um inverse Operationen handelt:

$$G(j\Omega) = \frac{1}{1-e^{-j\Omega}}. \tag{6.76}$$

Genauso wie im Zeitkontinuierlichen erhält man die Differenzengleichung des Systems durch *Interpretation*, dabei sind die Übertragungsfunktionen linearer Differenzengleichungen rationale Funktionen in $e^{-j\Omega}$, dem *Verschiebeoperator* im Frequenzbereich; das folgende Beispiel verdeutlicht die Vorgehensweise:

☐ **Beispiel 6.4**

Gegeben sei Übertragungsfunktion eines diskreten LTI-Systems:

$$G(j\Omega) = \frac{1}{1-0{,}5e^{-j\Omega}}.$$

Man bestimme die Differenzengleichung und berechne und skizziere die Sprungantwort $h(k)$ für $-1 \le k \le 5$.

Es folgt:

$$G(j\Omega) = \frac{1}{1-0,5e^{-j\Omega}} = \frac{Y(j\Omega)}{X(j\Omega)} \rightarrow Y(j\Omega) \cdot (1 - 0,5e^{-j\Omega}) = X(j\Omega),$$

$$Y(j\Omega) - 0,5e^{-j\Omega} \cdot Y(j\Omega) = X(j\Omega) \bullet\!-\!\circ \; y(k) - 0,5y(k-1) = x(k);$$

bzw. nach dem *momentanen* Ausgangswert aufgelöst:

$$y(k) = x(k) + 0,5y(k-1).$$

Für die Sprungantwort ist das System energiefrei, dies bedeutet, daß für den „Altwert" $y(-1)$ Null einzusetzen ist. Die Berechnung erfolgt am einfachsten in Form einer Tabelle:

Tabelle 6.2 Numerische Berechnung der Sprungantwort mit der Differenzengleichung

k	-1	0	1	2	3	4	5
$x(k) = \sigma(k)$	0	1	1	1	1	1	1
$y(k) = h(k)$	0	1	$1,5$	$1,75$	$1,875$	$1,9375$	$1,9688$

Diese Sprungantwort wurde in Beispiel 6.2 c auf einem anderen Weg schon berechnet; Bild 6.29 zeigt ihren Verlauf.

Selbstverständlich läßt sich die Reaktion des Systems auch für einen anderen Anfangswert sowie eine andere Erregung auf diese Weise berechnen. Es handelt sich damit um eine einfache Form einer numerischen Simulation. $\square$

6.5 Die diskrete Fourier-Transformation (DFT)

Die Fourier-Transformation ist eines der „Hauptwerkzeuge" der Signalanalyse. Es ist deshalb naheliegend, den Frequenzbereich zu *diskretisieren* und die ZDFT in eine Form zu überführen, die auf *Digitalrechnern*, insbesondere Mikroprozessoren, Mikrocontrollern und Signalprozessoren, implementiert und *numerisch* ausgewertet werden kann.

Zunächst liege ein kontinuierliches Signal $f(t)$ vor, z.B. die Bandaufzeichnung von Bodenerschütterungen in einer seismischen Station. Diese Aufzeichnung ist grundsätzlich *zeitbegrenzt* und hat damit eine zeitliche *Obergrenze*, die in Anlehnung an die

Bandgrenze im Frequenzbereich die *Zeitgrenze* t_G genannt werden kann; das Signal ist somit über $t \in [0, t_G]$ definiert. *Außerhalb* dieser Grenzen kann es *beliebig* sein, da dort sein Verlauf *nicht bekannt* ist.

Für eine numerische Frequenzanalyse wird das zeitbegrenzte Signal mit der Abtastperiode T abgetastet, das Resultat sind N Abtastungen und die diskrete Signalfolge $f(k)$ mit $k \in [0, N-1]$. Die zugehörige Spektraldichte wird durch die Abtastung *periodisch fortgesetzt*, und zwar mit $\omega_a = \frac{2\pi}{T}$ (bzw. mit der Frequenz $f_a = \frac{1}{T}$), so daß $F(j\omega) = F(j\omega - j\omega_a)$ mit der Normierung $\Omega = \omega T$ bzw. $\Omega_a = \omega_a T = 2\pi$ entsprechend als $F(j\Omega) = F(j\Omega - j\Omega_a)$.

Sie läßt sich nach den obigen Ausführungen durch Auswerten der Gleichung

$$F(j\Omega) = \sum_{k=0}^{N-1} f(k) \cdot e^{-j\Omega k} \tag{6.77}$$

berechnen, die der Zahlenfolge $f(k)$ das *kontinuierliche* und *periodische* Spektrum $F(j\Omega)$ zuordnet. Soll die Berechnung nicht (wie bisher in den Beispielen durchgeführt) analytisch, sondern *numerisch* auf einem Digitalrechner erfolgen, so muß die Variable Ω *diskretisiert* werden, wobei wegen der Periodizität die Berechnung *eine* Periode zugrunde gelegt wird, also z.B. $\Omega \in [0, 2\pi]$ oder auch $\Omega \in [-\pi, \pi]$.

Dazu wird als Frequenzinkrement $\Delta\Omega$ gerade

$$\Delta\Omega = \frac{2\pi}{N} \tag{6.78}$$

gewählt, was einer *unnormierten* Frequenzrasterung von $\Delta\omega = \frac{2\pi}{NT}$ bzw. $\Delta f = \frac{1}{NT}$ entspricht. Die diskreten Frequenzen, für die das Spektrum berechnet wird, sind also bei der Wahl der Periode $\Omega \in [0, 2\pi]$:

$$\Omega_n = n \cdot \Delta\Omega = \frac{n}{N} \cdot 2\pi. \tag{6.79}$$

Diese Stützpunkte in die obige Gleichung eingesetzt ergibt:

$$F(j\Omega_n) = F(jn\Delta\Omega) = F(n) = \sum_{k=0}^{N-1} f(k) \cdot e^{-jn\Delta\Omega k} = \sum_{k=0}^{N-1} f(k) \cdot e^{-j\frac{n}{N}2\pi k}. \tag{6.80}$$

Dies ist die Transformationsgleichung der *diskreten Fourier-Transformation*, kurz DFT; mit ihr werden an den Stützstellen Ω_n die *exakten* Werte der ZDFT berechnet, nun allerdings für eine zunächst *zeitbegrenzte* Zahlenfolge.

Warum werden gerade so viele Stützstellen im Frequenzbereich gewählt, wie Abtastwerte des zeitbegrenzten, kontinuierlichen Signals vorhanden sind?

Dies liegt daran, daß mit N voneinander unabhängigen Abtastungen $f(k)$ auch nur N unabhängige Spektralwerte $F(n)$ berechnet werden können. Nun handelt es sich aber bei $F(n)$ um eine *komplexe* Funktion der *reellen* Variablen n, also

$$F(n) = \operatorname{Re} F(n) + j \operatorname{Im} F(n)$$

und damit um $2n$ unbekannte Werte. Dieser Widerspruch klärt sich auf, wenn berücksichtigt wird, daß für *reelle* Zahlenfolgen $f(k)$ gilt:

$$F(n) = F^*(-n), \tag{6.81}$$

bzw. mit der Perioditizität

$$F(n) = F(n + N) \tag{6.82}$$

sowie

$$F(-n) = F(-n + N) = F(N - n): \tag{6.83}$$

$$F(N - n) = F^*(n). \tag{6.84}$$

Es müssen damit bei einer reellen Folge nur $\frac{N}{2}$ Werte berechnet werden (bzw. bei ungeraden N ein Wert mehr), da sich die weiteren Werte einer Periode $n \in [0, N-1]$ als konjugiert komplexe Werte ergeben. Ist die Zahlenfolge komplex, so gilt die Symmetrie zwar nicht, es sind dann aber auch $2N$ Werte vorhanden, nämlich gerade die Summe aus den N Real- und N Imaginärteilen, so daß sich damit auch $2N$ Spektralwerte berechnen lassen.

Soll umgekehrt die Zahlenfolge aus den diskreten Spektralwerten berechnet werden, so muß die Umkehrformel der ZDFT *numerisch* ausgewertet werden:

$$f(k) = \frac{1}{2\pi} \int_0^{2\pi} F(j\Omega) \cdot e^{j\Omega k} \, d\Omega.$$

Werden die Stützstellen $\Omega_n = n \cdot \Delta\Omega$ als eine frequenzmäßige *Abtastung* aufgefaßt, dann geht das Integral in eine Summe über mit den *Flächeninkrementen*

$$F(jn\Delta\Omega) \cdot e^{jn\Delta\Omega k} \cdot \Delta\Omega = F(n) \cdot e^{j\frac{n}{N}2\pi k} \cdot \frac{n}{N}2\pi,$$

so daß folgt:

$$f(k) = \frac{1}{N} \sum_{n=0}^{N-1} F(n) \cdot e^{jn\Delta\Omega k} = \frac{1}{N} \sum_{n=0}^{N-1} F(n) \cdot e^{j\frac{n}{N}2\pi k}. \tag{6.85}$$

Dies ist die *inverse diskrete Fourier-Transformation*, kurz IDFT. Um zu zeigen, daß sie wieder die ursprüngliche Zahlenfolge ergibt, wird die Orthogonalitätsbeziehung für die diskretisierten harmonischen Schwingungen benötigt, die sogenannte *Summenorthogonalität*:

$$\sum_{n=0}^{N-1} e^{jn2\pi\cdot m} = \begin{cases} N & \text{für } m \text{ ganzzahlig} \\ 0 & \text{sonst} \end{cases} \qquad (6.86)$$

Durch Einsetzen der Rücktransformations- in die Transformationsgleichung folgt:

$$f(k) = \frac{1}{N} \sum_{n=0}^{N-1} F(n) \cdot e^{j\frac{n}{N}2\pi k} = \frac{1}{N} \sum_{n=0}^{N-1} \left[\sum_{i=0}^{N-1} f(i) \cdot e^{-j\frac{n}{N}2\pi i} \right] \cdot e^{j\frac{n}{N}2\pi k}$$

$$= \frac{1}{N} \sum_{n=0}^{N-1} \sum_{i=0}^{N-1} f(i) \cdot e^{-j\frac{n}{N}2\pi i} \cdot e^{j\frac{n}{N}2\pi k} = \frac{1}{N} \sum_{i=0}^{N-1} f(i) \sum_{n=0}^{N-1} e^{jn2\pi\frac{k-i}{N}}.$$

Da immer $k-i < N$ gilt, kann $\frac{k-i}{N}$ nicht ganzzahlig sein, bis auf $k-i=0$ bzw. $k=i$; damit folgt

$$f(k) = \frac{1}{N} \cdot f(k) \cdot N = f(k),$$

da alle anderen Summanden $f(i)$ mit Null multipliziert werden. Daraus kann auch geschlossen werden, daß das kontinuierliche und periodische Spektrum einer *zeitbegrenzten* Folge von N Werten *eindeutig* durch N Stützstellen *einer Frequenzperiode* festgelegt wird.

Sieht man sich die Transformations- und Umkehrformel etwas genauer an, so stellt man eine Ähnlichkeit mit der Fourier-Analyse periodischer Funktionen fest. Wie hergeleitet wurde, ist das Spektrum des diskreten Signals *periodisch*. Nun ist auch das Spektrum *diskret*, d.h. es wird nur zu diskreten Frequenzen betrachtet und ist auch nur dort definiert; man kann deshalb auch von einem *abgetasteten* Spektrum sprechen. Dadurch wird jedoch nun das an sich zeitbegrenzte Signal, dessen Abtastwerte nur für $k \in [0, N-1]$ definiert waren, ebenfalls *periodisch*, wie an der Umkehrformel direkt ersichtlich ist:

$$f(k) = \frac{1}{N} \sum_{n=0}^{N-1} F(n) \cdot e^{j\frac{n}{N}2\pi k} \rightarrow f(0) = f(N), \qquad (6.87)$$

sowie allgemein:

$$f(k) = f(k+N). \qquad (6.88)$$

Das folgende Bild zeigt die bisher behandelten Fourier-Transformationen am Beispiel des Gauß-Impulses[6]: Die Fourier-Transformation kontinuierlicher Signale, die zeitdiskrete Fourier-Transformation, die einer Zahlenfolge ein kontinuierliches, periodisch fortgesetztes Spektrum zuordnet, sowie die diskrete Fourier-Transformation, bei der dieses Spektrum äquidistant abgetastet wird, wodurch die Zahlenfolge ebenfalls periodisch fortgesetzt wird:

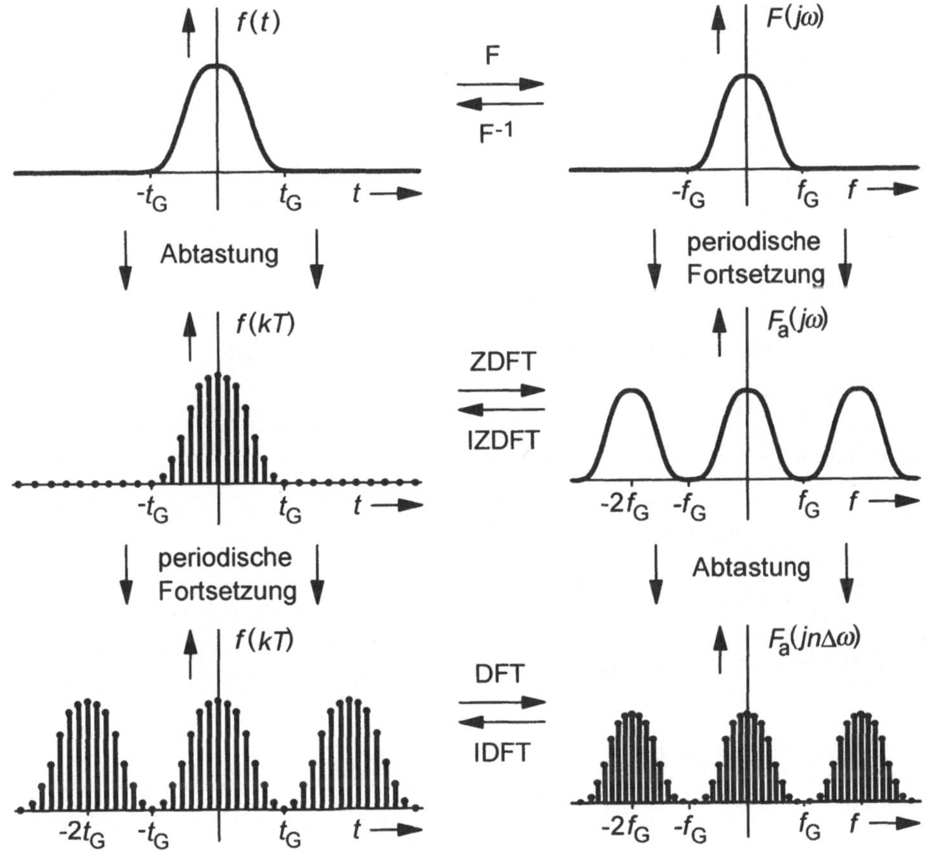

Bild 6.33
Die verschiedenen Fourier-Transformationen

---

[6] Der Gauß-Impuls ist genau genommen weder zeit- noch bandbegrenzt. Er kann jedoch in guter Näherung als zeit- und bandbegrenzt betrachtet werden, indem Anteile unterhalb einer festgelegten Schwelle vernachlässigt werden (siehe Unterkapitel 4.7.6).

☐ **Beispiel 6.5**

a) Das Spektrum des Einheitsimpulses $\delta(k)$ ist zu bestimmen, wobei die Folge gegeben ist durch:

$$f(k) = \{1, 0, 0, 0\}.$$

Mit $N = 4$ ergibt sich:

$$F(n) = \sum_{k=0}^{3} f(k) \cdot e^{-jn\frac{\pi}{2}k} = e^{-jn\frac{\pi}{2} \cdot 0} = \{1, 1, 1, 1\}.$$

Das zeitbegrenzte Signal wird nun allerdings *periodisch fortgesetzt*:

$$f(k) = \{..., 0, 1, 0, 0, 0, 1, 0, 0, 0, 1, 0, ...\}.$$

b) Das diskrete Spektrum der Rechteckfolge

$$f(k) = \sigma(k) - \sigma(k - 4)$$

soll berechnet werden.

Definiert man als Folge nur denjenigen Bereich, der Einsen enthält, also

$$f(k) = \{1, 1, 1, 1\} \qquad \text{für } 0 \le k \le 3,$$

so folgt für die DFT

$$F(n) = \sum_{k=0}^{N-1} f(k) \cdot e^{-j\frac{n}{N}2\pi k} = \sum_{k=0}^{3} e^{-jn\frac{\pi}{2}k}, \; n = 0, 1, 2, 3,$$

sowie für die einzelnen Spektrallinien:

$$F(0) = \sum_{k=0}^{3} e^0 = \sum_{k=0}^{3} 1 = 4,$$

$$F(1) = \sum_{k=0}^{3} e^{-j\frac{\pi}{2}k} = 1 + e^{-j\frac{\pi}{2}} + e^{-j\pi} + e^{-j\frac{3\pi}{2}} = 0,$$

$$F(2) = \sum_{k=0}^{3} e^{-j2 \cdot \frac{\pi}{2}k} = 1 + e^{-j\pi} + e^{-j2\pi} + e^{-j3\pi} = 0,$$

$$F(3) = \sum_{k=0}^{3} e^{-j3 \cdot \frac{\pi}{2}k} = 1 + e^{-j\frac{3\pi}{2}} + e^{-j3\pi} + e^{-j\frac{9\pi}{2}} = 0.$$

Nun hat man aber nichts anderes berechnet als das Spektrum eines *Gleichsignals*, da ja die Zeitfunktion periodisch fortgesetzt wird:

$$f(k) = f(k + 4) = 1.$$

Will man dagegen das Spektrum des Rechteckimpulses berechnen, so müssen die Sprünge mit abgebildet werden; das Signal wird deshalb etwas abgewandelt.

c) Zu berechnen ist das Spektrum von

$$f(k) = \sigma(k-4) - \sigma(k-8)$$

für $N = 12$. Offensichtlich ist dies ein Rechteckimpuls mit Einsen für $4 \le k \le 7$:

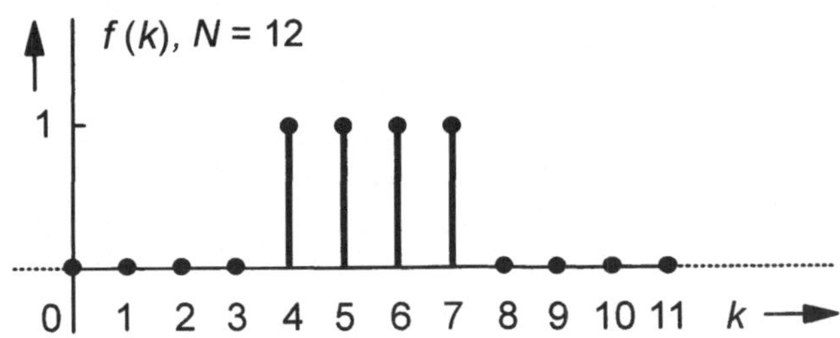

Bild 6.34
Der diskrete Rechteckimpuls

Es folgt:

$$F(n) = \sum_{k=0}^{N-1} f(k) \cdot e^{-j\frac{n}{N}2\pi k} = \sum_{k=4}^{7} 1 \cdot e^{-j\frac{n}{12}2\pi k} = \sum_{k=4}^{7} e^{-jn\frac{\pi}{6}k}, \quad n = 0, 1, ..., 11$$

Verwendet man diesmal die Summenformel Gl. 6.45, so folgt mit der Substitution $m = k - 4$:

$$F(n) = \sum_{m=0}^{3} e^{-jn\frac{\pi}{6}(m+4)} = e^{-jn\frac{2\pi}{3}} \cdot \sum_{m=0}^{3} e^{-jn\frac{\pi}{6}m} = e^{-jn\frac{2\pi}{3}} \cdot \frac{1-e^{-jn\frac{\pi}{6}\cdot 4}}{1-e^{-jn\frac{\pi}{6}}}$$

$$= e^{-jn\frac{2\pi}{3}} \cdot \frac{e^{-jn\frac{\pi}{3}}}{e^{-jn\frac{\pi}{12}}} \cdot \frac{e^{jn\frac{\pi}{3}} - e^{-jn\frac{\pi}{3}}}{e^{jn\frac{\pi}{12}} - e^{-jn\frac{\pi}{12}}} = e^{-jn\frac{2\pi}{3}} \cdot e^{-jn\pi(\frac{1}{3}-\frac{1}{12})} \cdot \frac{\sin\left(n\frac{\pi}{3}\right)}{\sin\left(n\frac{\pi}{12}\right)}$$

$$= e^{-jn\pi\frac{11}{12}} \cdot \frac{\sin\left(n\frac{\pi}{3}\right)}{\sin\left(n\frac{\pi}{12}\right)},$$

sowie

$$|F(n)| = \left| \frac{\sin\left(n\frac{\pi}{3}\right)}{\sin\left(n\frac{\pi}{12}\right)} \right|, \quad \varphi(n) = \begin{cases} -n\pi\frac{11}{12} \\ -n\pi\frac{11}{12} \pm \pi \end{cases} \text{für} \quad \begin{array}{l} \frac{\sin\left(n\frac{\pi}{3}\right)}{\sin\left(n\frac{\pi}{12}\right)} \ge 0 \\[2mm] \frac{\sin\left(n\frac{\pi}{3}\right)}{\sin\left(n\frac{\pi}{12}\right)} < 0 \end{array} \quad .$$

Die Phase ist davon abhängig, *wo* der Impuls zeitlich angeordnet ist, da eine zeitliche Verschiebung die Multiplikation des Spektrums mit der Übertragungsfunktion des Laufzeitsystems bedeutet. Der Impuls kann natürlich auch symmetrisch zu $k = 0$ angeordnet werden, d.h. der Index der DFT läuft dann von $-N/2$ bis $N/2$.

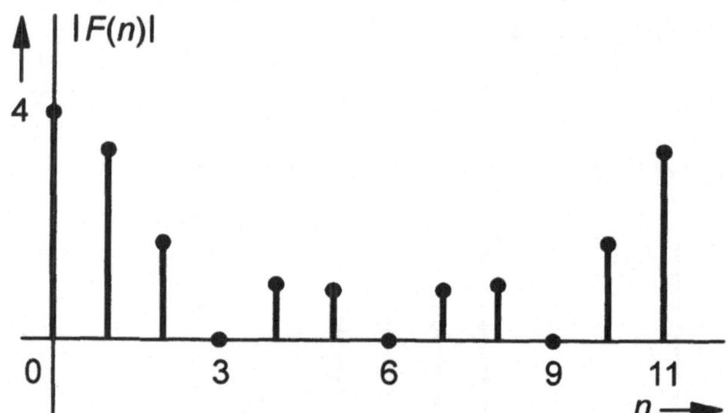

Bild 6.35
Betragsverlauf des Spektrums des Rechteckimpulses

Um die Frequenzauflösung zu verfeinern bzw. eine engere Abtastung im Spektralbereich zu erhalten, können nun an das eigentliche Rechtecksignal zusätzliche Nullen angefügt werden, z.B. indem N auf das Doppelte erhöht wird (englisch: *zero paddding*):

d) Das Spektrum des Signals $f(k) = \sigma(k-9) - \sigma(k-13)$ mit $N = 24$ ist zu berechnen.

Es folgt

$$F(n) = \sum_{k=9}^{12} 1 \cdot e^{-j\frac{n}{24}2\pi k} = \sum_{k=9}^{12} e^{-jn\frac{\pi}{12}k}, \; n = 0, 1, ..., 23,$$

sowie nach entsprechender Rechnung:

$$|F(n)| = \left| \frac{\sin\left(n\frac{\pi}{6}\right)}{\sin\left(n\frac{\pi}{24}\right)} \right|, \; \varphi(n) = \begin{cases} -n\pi\frac{7}{8} \\ -n\pi\frac{7}{8} \pm \pi \end{cases} \text{für} \quad \begin{aligned} \frac{\sin\left(n\frac{\pi}{6}\right)}{\sin\left(n\frac{\pi}{24}\right)} \geq 0 \\ \frac{\sin\left(n\frac{\pi}{6}\right)}{\sin\left(n\frac{\pi}{24}\right)} < 0 \end{aligned}.$$

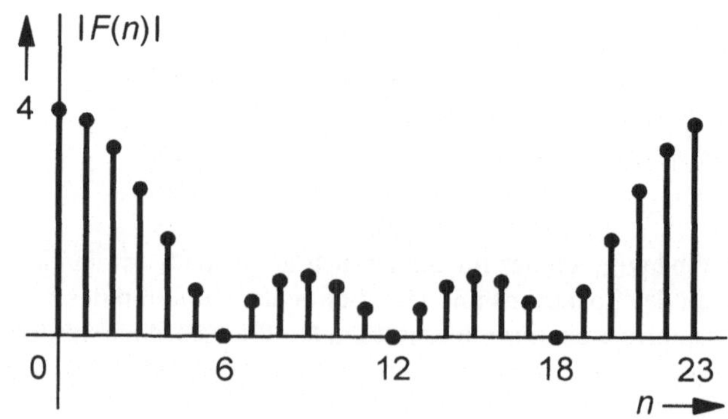

Bild 6.36
Betragsverlauf des Spektrums des Rechteckimpulses mit zusätzlich angefügten Nullen

Wie man sieht, wird die Frequenzauflösung in der Tat höher: Durch die Verdopplung von N sind die Spektrallinien nun doppelt so eng wie vorher angeordnet. Die Hüllkurve, die si-Funktion als Spektrum eines Rechteckimpulses, hat sich durch die *Normierung* auf die *Periode* $\Omega \in [0, 2\pi]$ nicht verändert, da *keine* neuen Informationen hinzugefügt wurden. Diese Verhältnisse wurden schon ausführlich beim Übergang eines periodischen Signals zu einem nicht-periodischen in Kapitel 4.7 diskutiert. $\square$

Für ein aus N Abtastwerten bestehendes zeitbegrenztes Signal ist das periodische Spektrum durch die N berechneten Spektrallinien vollständig bestimmt. Handelt es sich dagegen um den Ausschnitt bzw. um das zeitliche „Fenster" eines an sich zeitlich unbegrenzten Signals, dann entsteht durch die periodische Fortsetzung ein Signal, das nicht der Realität entspricht. Insbesondere durch die „Stoßstellen" entstehen Fehler im Spektrum, aber auch dadurch, daß das Fenster einer *Multiplikation* des Signals $f(k)$ mit einer Rechteckfolge entspricht, die im Frequenzbereich zu einer *Faltung* mit einer si-Funktion wird; insgesamt entsteht ein *Verschmierungseffekt* (Leakage oder auch *Leck-Effekt*, siehe Unterkapitel 4.7.5, Beispiel f)):

$$f(k), \ -\infty < k < \infty \ \xrightarrow{\text{Fenster: } 0 \le k \le N-1} \ f_\mathrm{N}(k) = f(k) \cdot [\sigma(k) - \sigma(k-N)]. \tag{6.89}$$

Mit der Korrespondenz, die sich entsprechend dem obigen Beispiel berechnen läßt, folgt:

$$[\sigma(k) - \sigma(k-N)] \ \bullet\!-\!\circ \ \sum_{k=0}^{N-1} e^{-j2\pi \frac{n}{N}k} = e^{-j(N-1)\pi\frac{n}{N}} \cdot \frac{\sin(\pi n)}{\sin\left(\pi\frac{n}{N}\right)}, \tag{6.90}$$

$$F_\mathrm{N}(n) = F(n) * \left[e^{-j(N-1)\pi\frac{n}{N}} \cdot \frac{\sin(\pi n)}{\sin\left(\pi\frac{n}{N}\right)} \right]. \tag{6.91}$$

Mit dem Anfügen zusätzlicher Nullen werden die Spektrallinien enger, lokale Maxima lassen sich besser erkennen, und auch die si-Funktion, mit der gefaltet wird, tritt deutlicher hervor.

Die Fehler, die sich im Spektralbereich ergeben, lassen sich anschaulich an einer abgetasteten Kosinusfunktion erläutern, wie sie Bild 6.37 zeigt. Die Abtastung im Frequenzbereich führt im Zeitbereich zu einer Periodizität, die an den „Stoßstellen" der Folge zu falschen Übergängen führt; offensichtlich ist der Fehler am kleinsten, wenn die periodisch fortgesetzte Folge mit der Originalfolge identisch ist. Außerdem wird die Frequenz der Schwingung genauer bestimmbar sein, wenn die $1\frac{1}{4}$ Perioden stark überabgetastet werden. Wesentlich besser wäre es natürlich, so viele Perioden wie möglich in die Frequenzbestimmung einzubeziehen. Das folgende Bild 6.38 zeigt, wie sich in diesem Fall die Multiplikation der kontinuierlichen Kosinusfunktion mit einem Rechteckfenster im Frequenzbereich auswirkt.

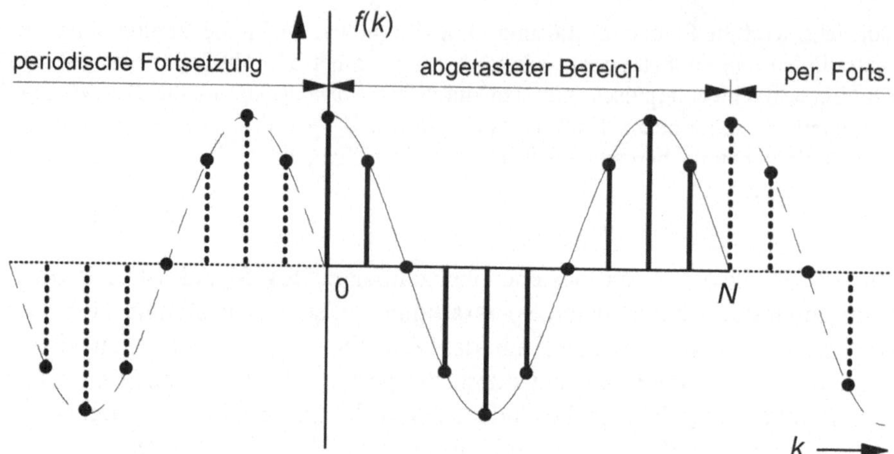

Bild 6.37
Kosinusfolge mit sprunghafter periodischer Fortsetzung

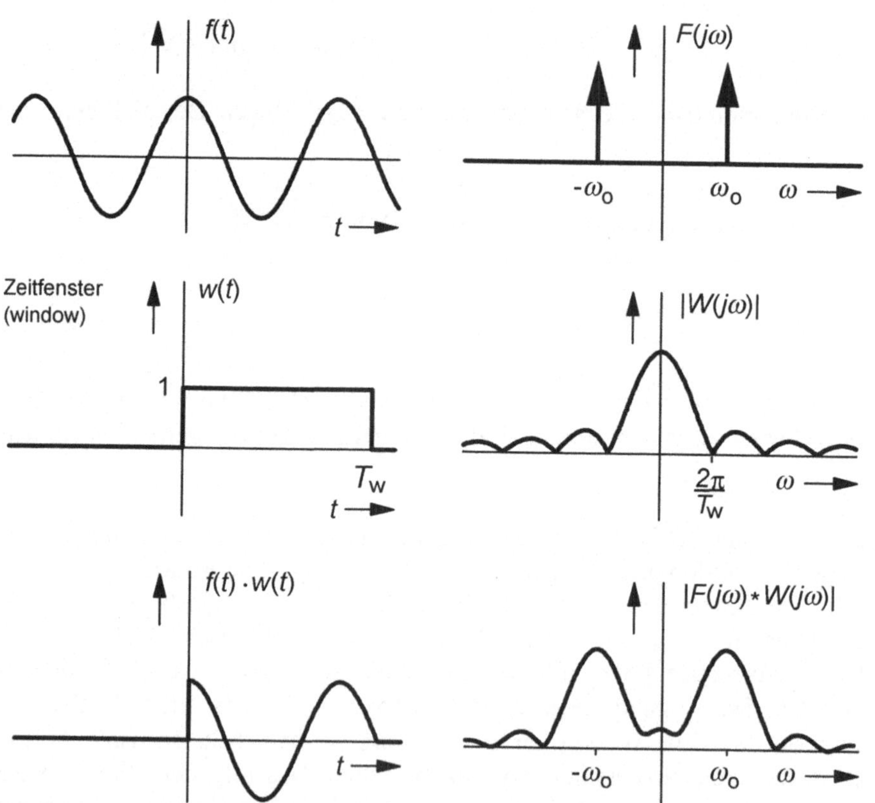

Bild 6.38
Auswirkungen der Multiplikation mit dem Rechteckfenster im Frequenzbereich

Je mehr Perioden durch das Fenster ausgeblendet werden, desto besser werden die Deltafunktionen bei $\pm\omega_0$ durch die si-Funktionen angenähert; dies wird an der Lage der ersten Nullstellen bei $\pm\frac{2\pi}{T_w}$ deutlich. Durch die Abtastung im Zeitbereich wird das Spektrum, gewichtet mit $\frac{1}{T}$, im Frequenzbereich mit ω_a periodisch fortgesetzt. Wird es mit der DFT nun an diskreten Frequenzen berechnet, so entspricht dies einer *Abtastung* im Frequenzbereich, die eine *periodische Fortsetzung* im Zeitbereich zur Folge hat; die Zusammenhänge verdeutlicht das Bild 6.33. Das *Maximum* der si-Funktionen liegt nicht unbedingt bei den gesuchten Frequenzen, da sich die periodisch fortgesetzten si-Funktionen insgesamt überlagern. Ihr Einfluß wird um so geringer sein, je *weiter entfernt* diese Spektren sind, bzw. je größer das Verhältnis ω_a/ω_0 gewählt wird. Durch das Anfügen von Nullen an die Zeitfolge wird zwar die Frequenzauflösung besser, wenn das Maximum jedoch nicht genau bei ω_0 liegt, dann läßt sich dieser Fehler nicht beseitigen.

Das folgende Bild zeigt das Spektrum der Kosinusfolge. Die Lage des Maximums des Spektrums der 1,25 Perioden der Kosinusschwingung sowie dasjenige der mit $\omega_a/\omega_0 = 2,4$ abgetasteten Kosinusfolge (dies bedeutet $N = 3$) sind deutlich unterschiedlich. In diesem Fall wäre $\omega_{0,\text{gem}} = \frac{1}{3}\omega_a$ statt $\omega_0 = \frac{1}{2,4}\omega_a$; dies entspricht einem Fehler von $8,3\%$.

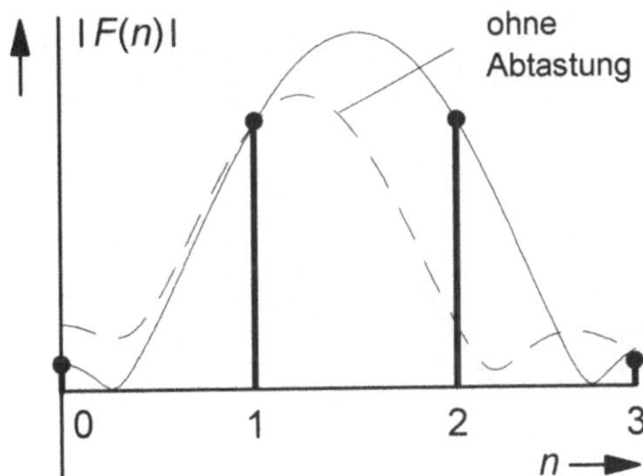

Bild 6.39
Das Spektrum der Kosinusfolge mit $N = 3$ und damit $\omega_a/\omega_0 = 2,4$

Durch Anfügen von Nullen an die Folge würde nur die *fehlerhafte Lage* des Maximums besser bestimmt werden. Dieser Fehler läßt sich jedoch nur beseitigen, wenn eine höhere Abtastrate und damit ein größeres N gewählt werden. Wird die Abtastfrequenz auf $\omega_a/\omega_0 = 8$ erhöht (dies entspricht $N = 10$), dann gewinnt man entsprechend mehr Informationen über die Schwingung, so daß die relevanten Spektrallinien nun deutlicher hervortreten; dieses Spektrum zeigt das Bild 6.40. Nun stimmen die Maxima gut überein: Ein Anfügen von Nullen an die Kosinusfolge und die dadurch bedingte bessere Frequenzauflösung erlauben eine sehr genaue Bestimmung der Frequenz $\omega_0 = 0,125\omega_a$

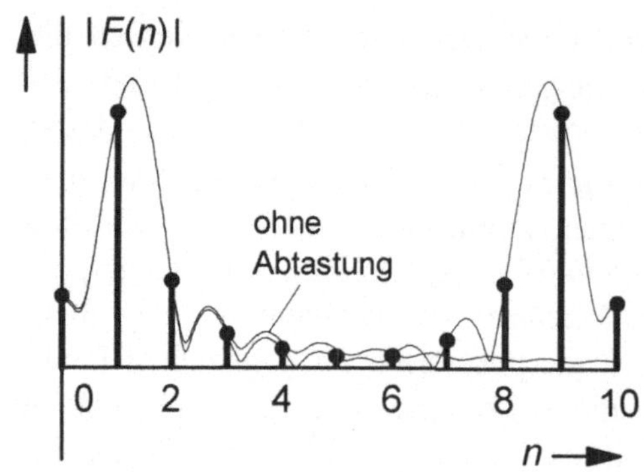

Bild 6.40
Das Spektrum der Kosinusfolge mit
$N = 10$ und damit $\omega_a/\omega_o = 8$

Kommt es nur auf die Lage des Maximus an, so ist das Anfügen von Nullen sicherlich
eine sinnvolle Methode. Zur Verkleinerung des Fehlers durch die Stoßstellen (Leck-Effekt) bietet es sich an, statt mit dem Rechteckfenster mit Fenstern zu arbeiten, die keine
Sprungstellen an den Übergängen zulassen. Vor der numerischen Berechnung der DFT
wird z.B. mit dem *Hann-* bzw. *Hanning-Fenster* multipliziert (nach J. von Hann, auch
als *Raised-Cosinus-Window* bekannt) :

$$w(k) = \begin{cases} 0,5\left[1 - \cos\left(\frac{2\pi k}{N}\right)\right] & \text{für } 0 \leq k \leq N \\ 0 & \text{sonst} \end{cases} \tag{6.92}$$

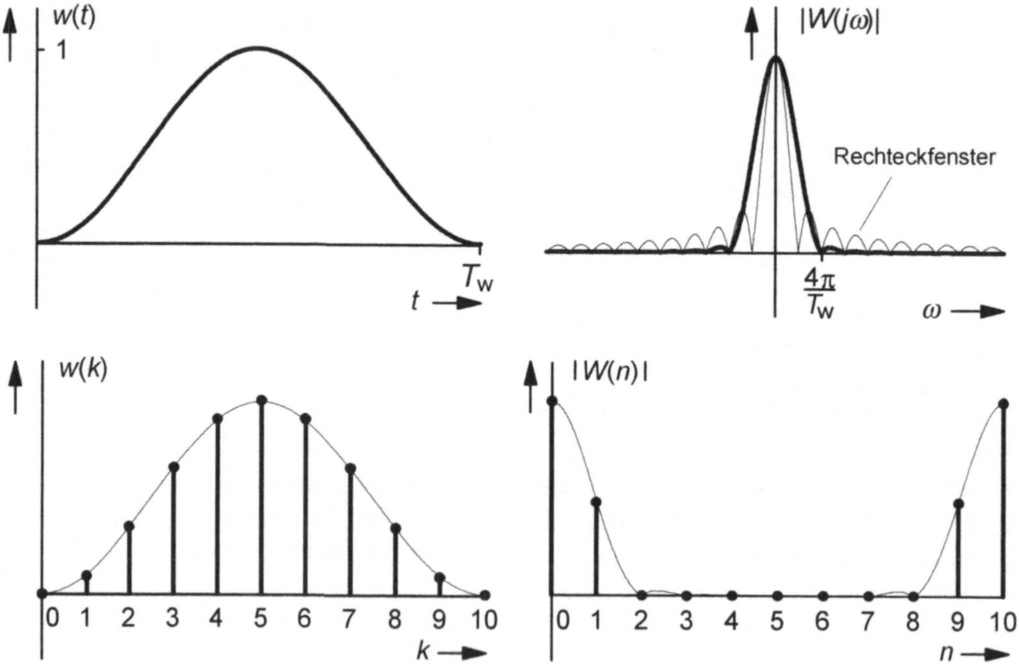

Bild 6.41
Das Hanning-Fenster zur Verminderung des Leck-Effektes und sein Spektrum für $N = 10$

Im Gegensatz zum Spektrum des Rechteckfensters sind die Nebenmaxima sehr viel kleiner. Dadurch ist die Verschiebung des Maximums durch die bei der Abtastung auftretenden periodischen Spektren entsprechend geringer. Weitere gebräuchliche Fenster mit spezifischen Vor- und Nachteilen sind das *Hamming-*, das *Barlett-* (Dreiecks-) sowie das *Blackman-Fenster*, die alle nach ihren Erfindern benannt sind (siehe z.B. in [42]).

Damit ist es nun möglich, z.B. die Spektren eines abgetasteten Audio- oder auch Bildsignals unter Minimierung von Fehlerquellen zu berechnen, wobei in der Praxis zum einen die Anzahl N der Abtastwerte sehr groß sein kann und zum anderen diese Spektren häufig *on-line* bestimmt werden sollen, d.h. die Algorithmen müssen möglichst schnell sein. Um *eine* Spektrallinie der DFT zu berechnen, müssen N komplexe Multiplikationen und N-1 komplexe Additionen durchgeführt werden; *alle* N Linien benötigen demnach insgesamt N^2 Multiplikationen und $N(N-1)$ Additionen. Für die Berechnungszeit T_{DFT} des diskreten Spektrums gilt also mit der Rechnerkonstante k_{R} in guter Näherung:

$$T_{\mathrm{DFT}} = k_{\mathrm{R}} \cdot N^2 . \tag{6.93}$$

Die Anzahl der notwendigen Operationen läßt sich stark vermindern, indem die Symmetrien bei der Berechnung des Spektrums ausgenutzt werden; bei reellen Signalen gilt z.B. $F(n) = F^*(N-n)$. Besonders günstig ist es dabei, $N = 2^m$ mit einem ganzzahligen, positiven Exponenten m zu wählen, da sich dann durch Ausnutzen aller Symmetrien die Rechenzeit auf

$$T_{\mathrm{FFT}} = k_{\mathrm{R}} \cdot N \cdot \mathrm{ld}\,(N) \tag{6.94}$$

verringern läßt (Beweis siehe z.B. [6],[7], ld ist dabei der Logarithmus zur Basis 2). Ein solcher Algorithmus wird deshalb *schnelle Fourier-Transformation* bzw. FFT für *Fast Fourier-Transform* genannt, wobei es verschiedene Versionen gibt. Für den Rechenzeitgewinn, das Verhältnis der Rechenzeiten, gilt demnach:

$$\frac{T_{\mathrm{DFT}}}{T_{\mathrm{FFT}}} = \frac{N}{ld(N)} . \tag{6.95}$$

Der Rechenzeitgewinn macht sich besonders bei großen N bemerkbar. Für $N = 32$ ergibt sich ein Gewinn von 6,4, für $N = 1024$ beträgt er schon 102,4 und für $N = 4096$ immerhin 341,3.

☐ **Beispiel 6.6**

Ein kurzes Musikstück von ca. 1 Minute wird mit $f_\mathrm{a} = 44, 1\mathrm{kHz}$ abgetastet, so daß sich $N = 2^{21}$ Abtastwerte ergeben. Mit einer Rechnerkonstante von $k_\mathrm{R} = 0,2\mu s$ ergeben sich die folgenden Zeiten für die Berechnung der N Spektrallinien:

$$T_\mathrm{DFT} = 0,2\mu s \cdot 2^{2\cdot 21} = 244,3\mathrm{h} \approx 10\mathrm{Tage},$$

$$T_\mathrm{FFT} = 0,2\mu s \cdot 2^{21} \cdot \mathrm{ld}\, 2^{21} = 8,8\mathrm{s}.$$

Der Rechenzeitgewinn beträgt somit ca. 100.000.   ☐

Mit der Zeitnormierung $k = \frac{t}{T}$, $T > 0$ sowie der normierten Frequenz $\Omega = \frac{\omega}{f_\mathrm{a}} = \omega T$ wird mit der *zeitdiskreten Fourier-Transformation* (ZDFT) einer Zahlenfolge das *kontinuierliche* und mit $\Omega = 2\pi$ *periodische* Spektrum

$$F(j\Omega) = \sum_{k=-\infty}^{\infty} f(k) \cdot e^{-j\Omega k}$$

zugeordnet. Die Zahlenfolge erhält man aus einer Periode des Spektrums über die *inverse zeitdiskrete Fourier-Transformation* (IZDFT):

$$f(k) = \frac{1}{2\pi} \int_{-\pi}^{\pi} F(j\Omega) \cdot e^{j\Omega k} d\Omega.$$

Liegt eine *zeitbegrenzte* Zahlenfolge vor, d.h. $0 \le k \le N-1$, dann läßt sich das Spektrum $F(j\Omega)$ an den N Stützstellen $\Omega_\mathrm{n} = n \cdot \frac{2\pi}{N}$, $0 \le n \le N-1$ einer Frequenzperiode über die *diskrete Fourier-Transformation* (DFT) exakt berechnen:

$$F(n) = \sum_{k=0}^{N-1} f(k) \cdot e^{-j\frac{n}{N}2\pi k}.$$

Für die *inverse diskrete Fourier-Transformation* (IDFT) gilt mit $\Delta\Omega = \frac{2\pi}{N}$:

$$f(k) = \frac{1}{N} \sum_{n=0}^{N-1} F(n) \cdot e^{jn\Delta\Omega k} = \frac{1}{N} \sum_{n=0}^{N-1} F(n) \cdot e^{j\frac{n}{N}2\pi k}.$$

Durch die Diskretisierung des Frequenzbereiches wird nun auch die Zahlenfolge periodisch fortgesetzt: $f(k) = f(k+N)$. Handelt es sich *nicht* um eine zeitbegrenzte Folge, sondern um einen Ausschnitt, dann entstehen zum einen durch die „Stoßstellen" Fehler im Spektrum und zum anderen dadurch, daß das Fenster einer *Multiplikation* des Signals mit einer Rechteckfolge entspricht, die im Frequenzbereich zu einer *Faltung* mit einer si-Funktion wird; insgesamt entsteht ein *Verschmierungseffekt* (englisch: Leakage oder auch *Leck-Effekt*).

6.6 Die z-Transformation

Für kontinuierliche Signale wurde zur Vermeidung von Konvergenzproblemen die Laplace- statt der Fourier-Transformation verwendet; insbesondere die einseitige Transformation hat sich dabei durchgesetzt, mit der *kausale* Zeitfunktionen transformiert werden können. Die gleichen Konvergenzprobleme treten bei zeitdiskreten Signalen auf, z.B. schon bei der Sprungfolge $\sigma(k)$. Grundsätzlich läßt sich auf ein Abtastsignal auch die Laplace-Transformation anwenden, jedoch gibt es dann Mehrdeutigkeiten, die sich beim Übergang auf die *z-Transformation* vermeiden lassen.

6.6.1 Die Grundgleichungen

Genauso wie bei der ZDFT wird von dem abgetasteten kontinuierlichen Signal ausgegangen, das als eine Folge von Deltaimpulsen dargestellt werden kann:

$$f_a(t) = f(t) \cdot \sum_{k=-\infty}^{\infty} \delta(t - kT) = \sum_{k=-\infty}^{\infty} f(kT) \cdot \delta(t - kT).$$

Für Einschaltsignale bzw. *kausale Signale* gilt $f(t) = 0$ für $t < 0$ bzw. $f(t) = f(t) \cdot \sigma(t)$, so daß die untere Grenze zu Null gesetzt werden kann:

$$f_a(t) = \sum_{k=0}^{\infty} f(kT) \cdot \delta(t - kT). \tag{6.96}$$

Wird auf diese Impulsfolge die Laplace-Transformation angewendet, so folgt:

$$f_a(t) \circ\!\!-\!\!\bullet\; F_a(s) = \sum_{k=0}^{\infty} f(kT) \cdot e^{-kTs}. \tag{6.97}$$

Offensichtlich ist auch die Bildfunktion $F_a(s)$ periodisch in ω, denn es gilt mit $s = \sigma + j\omega$:

$$F_a(s) = \sum_{k=0}^{\infty} f(kT) \cdot e^{-kT(\sigma+j\omega)} = \sum_{k=0}^{\infty} f(kT) \cdot e^{-kT\sigma} \cdot e^{-kTj\omega}$$

$$= \sum_{k=0}^{\infty} f(kT) \cdot e^{-kT\sigma} \cdot e^{-kTj(\omega + m \cdot 2\pi/T)}, \tag{6.98}$$

$$\rightarrow F_a(s) = F_a(s + m \cdot j\tfrac{2\pi}{T}) = F_a(s + m \cdot j2\pi f_a) = F_a(s + m \cdot j\omega_a), \tag{6.99}$$

für alle ganzzahligen m. Diese Mehrdeutigkeiten verschwinden mit der Definition der neuen komplexen Variablen

$$z = e^{sT} = \xi + j\eta \ (\text{bzw.}\ s = \tfrac{1}{T}\ln z), \tag{6.100}$$

da sie auf *identische* z-Werte abgebildet werden:

$$e^{sT} = e^{(s+m\cdot j\frac{2\pi}{T})T} = z\,. \tag{6.101}$$

Die *linke* s-Halbebene wird dabei *zyklisch* bzgl. ω in das *Innere* des Einheitskreises abgebildet, die *rechte* entsprechend in das *Äußere*, die $j\omega$-Achse in den Einheitskreis selbst. Der Ursprung $s = 0$ sowie alle $s = m \cdot j\omega_a$ werden in den Punkt $z = 1$, die Punkte der $j\omega$-Achse $s = j\frac{\omega_a}{2} + m \cdot j\omega_a$ in den Punkt $z = -1$ abgebildet. Dementsprechend nennt man den Bereich $-\frac{\omega_a}{2} \le \omega \le \frac{\omega_a}{2}$ den *Primärstreifen* und die sich beidseitig anschließenden Streifen der Breite ω_a, die sich zyklisch in die z-Ebene abbilden, die *Komplementärstreifen*:

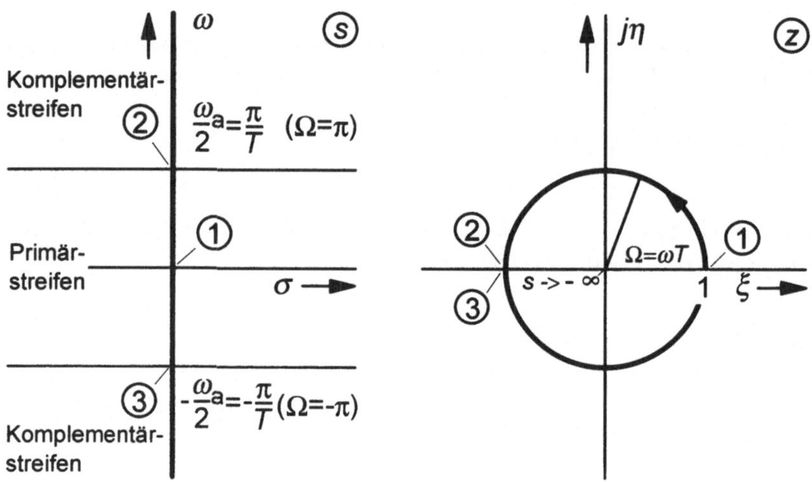

Bild 6.42
Zusammenhang zwischen der s- und der z-Ebene durch die Abbildung $z = e^{sT}$

Damit werden z.B. die Pole *stabiler* Systeme in das *Innere* des Einheitskreises abgebildet; dies ist ein Vorteil der Definition mit positivem Exponenten, da es sonst Maßstabsprobleme gäbe. Für die *z-Transformation* folgt:

$$f(k) \circ\!\!-\!\!\bullet F(z) = \sum_{k=0}^{\infty} f(k) \cdot z^{-k}, \tag{6.102}$$

$$F(z) = Z\{f(k)\} \ \text{bzw.}\ f(k) = Z^{-1}\{F(z)\}\,. \tag{6.103}$$

Wird z in der Polarform mit $|z| = r$ als

$$z = r \cdot e^{j\omega T} = r \cdot e^{j\Omega} \qquad (6.104)$$

dargestellt, so läßt sich das Transformationsintegral auch schreiben als

$$F(z) = \sum_{k=0}^{\infty} f(k) \cdot r^{-k} \cdot e^{-jk\Omega}. \qquad (6.105)$$

Damit ist $F(z)$ die *zeitdiskrete Fourier-Transformierte* der *gedämpften* und *kausalen* Signalfolge $f_{\text{ged}}(k) = r^{-k} \cdot f(k)$, ganz analog zu den Verhältnissen im kontinuierlichen Fall. Eine Konvergenzabszisse $\sigma = c$ in der s-Ebene geht nun in einen Kreis mit dem Radius $r = e^{cT}$ über, die Konvergenzhalbene rechts von der Grenze in das Äußere des Kreises:

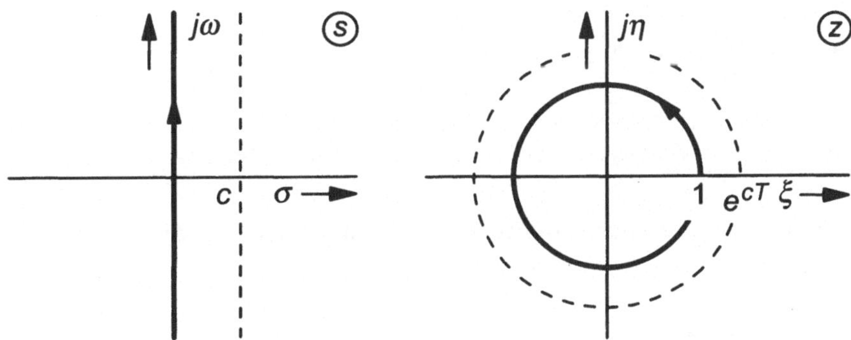

Bild 6.43
Konvergenzbereiche in der s- und der z-Ebene

Gehört der Einheitskreis $|z| = 1$ zum Konvergenzgebiet, dann erhält man mit $z = e^{j\Omega}$ die zeitdiskrete Fourier-Transformierte; anders ausgedrückt: In diesem Fall sind auf dem Einheitskreis die zeitdiskrete Fourier-Transformierte und die z-Transformierte *identisch*.

☐ **Beispiel 6.7**

Man bestimme:

a) Die z-Transformierte des Einheitsimpulses:

$$F(z) = \sum_{k=0}^{\infty} \delta(k) \cdot z^{-k} = 1 \cdot z^0 = 1 \text{ für alle } z. \qquad (6.106)$$

Auch durch die z-Transformation wird die Deltafunktion auf die Eins als Bildfunktion abgebildet.

b) Die Bildfunktion der Sprungfolge:

$$F(z) = \sum_{k=0}^{\infty} \sigma(k) \cdot z^{-k} = \sum_{k=0}^{\infty} 1 \cdot z^{-k} = \sum_{k=0}^{\infty} (z^{-1})^k$$

$$F(z) = \frac{1}{1-z^{-1}} = \frac{z}{z-1} \text{ für } |z^{-1}| < 1 \text{ bzw. } |z| > 1. \tag{6.107}$$

Die Konvergenzabszisse der Sprungfunktion war in der s-Ebene $c = 0$, sie geht in $e^0 = 1$ in der z-Ebene über. Die z-Transformierten werden häufig mit Potenzen von z angegeben, wobei man berücksichtigen muß, daß eine zeitliche Verzögerung z^{-1} bedeutet, wie dies folgende Aufgabe verdeutlicht:

c) Die Bildfunktion $F_1(z)$ einer um eine Abtastperiode verzögerten Folge $f_1(k) = f(k-1)$ mit

$$f(k) \circ\!\!-\!\!\bullet F(z).$$

Da $f(k)$ kausal ist, gilt $f_1(k) = 0$ für $k < 1$, so daß folgt:

$$F_1(z) = \sum_{k=1}^{\infty} f_1(k) \cdot z^{-k} = \sum_{k=1}^{\infty} f(k-1) \cdot z^{-k}$$

Mit der Substitution $n = k - 1$ kann man dies schreiben als

$$F_1(z) = \sum_{n=0}^{\infty} f(n) \cdot z^{-n} \cdot z^{-1} = z^{-1} \cdot \sum_{n=0}^{\infty} f(n) \cdot z^{-n} = z^{-1} \cdot F(z). \tag{6.108}$$

Die Verzögerung um eine Abtastperiode wird also im Bildbereich zu einer Multiplikation mit z^{-1}; daraus folgt, daß eine Verzögerung um k_0 Perioden zu einer Multiplikation mit $(z^{-1})^{k_0} = z^{-k_0}$ wird.

Das Blocksymbol des Verzögerungsgliedes D wird im Bildbereich deshalb mit z^{-1} gekennzeichnet:

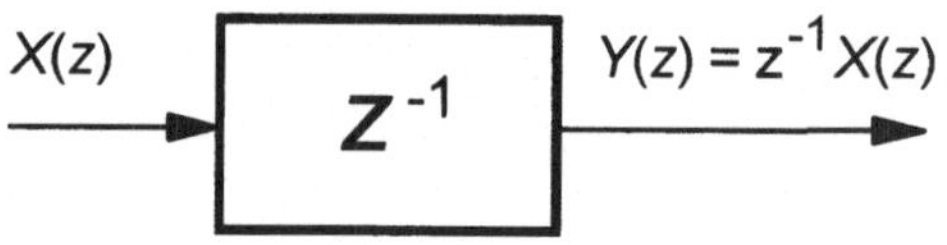

$$X(z) \longrightarrow \boxed{Z^{-1}} \longrightarrow Y(z) = z^{-1}X(z)$$

Bild 6.44
Darstellung eines Verzögerungsgliedes im Bildbereich

d) Die Bildfunktion der eingeschalteten Exponentialfolge $f(k) = a^k \cdot \sigma(k)$

$$F(z) = \sum_{k=0}^{\infty} a^k \cdot z^{-k} = \sum_{k=0}^{\infty} (a \cdot z^{-1})^k = \frac{1}{1-a \cdot z^{-1}} = \frac{z}{z-a} \tag{6.109}$$

für $|a \cdot z^{-1}| < 1$ bzw. $\frac{|a|}{|z|} < 1$ oder $|z| > |a|$.

Für die komplexe kausale Exponentialfolge ergibt sich mit $a = e^{\pm j\Omega_0}$:

$$F(z) = \frac{z}{z-e^{\pm j\Omega_0}} \text{ für } |z| > 1. \tag{6.110}$$

e) Die Rechteckfolge $f(k) = \sigma(k) - \sigma(k - k_0)$ mit $0 < k_0 < \infty$

Da die z-Transformation wie die Laplace-Transformation linear ist, kann man die beiden Bildfunktionen *überlagern*, wobei eine Verschiebung um k_0 Abtastperioden nach dem Ergebnis unter c) eine Multiplikation mit z^{-k_0} bedeutet:

$$\sigma(k) \circ\!\!-\!\!\bullet \frac{z}{z-1} \text{ und } \sigma(k-k_0) \circ\!\!-\!\!\bullet \frac{z}{z-1} \cdot z^{-k_0};$$

damit folgt:

$$F(z) = \frac{z}{z-1} \cdot (1 - z^{-k_0}). \tag{6.111}$$

Da die Folge aus *endlich* vielen Einsen besteht, konvergiert die Reihe *grundsätzlich*; dies gilt für alle *zeitbegrenzten* und *beschränkten* Folgen.   □

Eine Tabelle weiterer Korrespondenzen elementarer Folgen befindet sich im Anhang 7. Offensichtlich sind die Bildfunktionen der technisch relevanten Funktionen wieder *rationale* Funktionen, nun bzgl. der komplexen Variablen z statt s; die Koeffizienten c_i, d_j der Bildfunktionen *reeller* Folgen sind dabei ebenfalls *reell*.

Die zugehörige diskrete Folge einer Bildfunktion läßt sich allgemein durch das Ringintegral (ohne Beweis)

$$f(k) = \frac{1}{2\pi j} \oint F(z) z^{k-1} dz, \quad k = 0, 1, 2, \ldots \tag{6.112}$$

berechnen, wobei der Integrationsweg ein einfach geschlossener, linkssinnig verlaufener Weg im Konvergenzbereich sein muß; dieses Umkehrintegral ist damit auch die Definition der *inversen z-Transformation*. Zunächst wird man die Rücktransformation mit Hilfe der verfügbaren, umfangreichen Korrespondenztabellen vornehmen. Die Auswertung des Integrals läßt sich für rationale Bildfunktionen grundsätzlich vermeiden, wie das folgende Beispiel verdeutlicht:

□ **Beispiel 6.8**

Die Originalfunktion der z-Transformierten

$$F(z) = \frac{3z}{(z-1)(z-2)}$$

ist zu bestimmen.

a) Anwendung der *Potenzreihenentwicklung*

Die Funktion in Potenzen von z^{-1} umgeschrieben ergibt:

$$F(z) = \frac{3z^{-1}}{1 - 3z^{-1} + 2z^{-2}}.$$

Dividiert man nun das Zähler- durch das Nennerpolynom, so folgt:

$$F(z) = 3z^{-1} + 9z^{-2} + 21z^{-3} + 45z^{-4} + \ldots$$

Wegen

$$F(z) = \sum_{k=0}^{\infty} f(k) z^{-k}$$

folgt direkt:

$$f(k) = \{0, 3, 9, 21, 45, \ldots\} \quad \text{für } k \geq 0.$$

Die Berechnung der Folge nach dieser Methode ist für große k in der Regel aufwendig.

b) Mit Hilfe der *Partialbruchzerlegung*

Die echt gebrochene Bildfunktion hat die zwei Singularitäten bzw. *Pole* $z_{\infty 1} = 1$, $z_{\infty 2} = 2$, so daß die Darstellung folgt:

$$F(z) = \frac{A_1}{z-1} + \frac{A_2}{z-2}.$$

Mit der Gl. 5.48 lassen sich die beiden Koeffizienten $A_{1,2}$ bestimmen:

$$F(z) = -\frac{3}{z-1} + \frac{6}{z-2}.$$

Nach Gl. 6.109 gilt die Korrespondenz

$$\frac{z}{z-z_\infty} \bullet\!-\!\circ z_\infty^k \cdot \sigma(k);$$

multipliziert man die Bildfunktion mit z^{-1}, so ergibt sich bzgl. der Originalfunktion eine *Zeitverschiebung*, d.h. k muß durch k-1 ersetzt werden:

$$\frac{z}{z-z_\infty} \cdot z^{-1} = \frac{1}{z-z_\infty} \bullet\!-\!\circ z_\infty^{k-1} \cdot \sigma(k-1).$$

Damit folgt für das Beispiel:

$$f(k) = -3 \cdot \sigma(k-1) + 6 \cdot 2^{k-1} \cdot \sigma(k-1) = 3 \cdot (2^k - 1) \cdot \sigma(k-1)$$

bzw.

$$f(k) = \{0, 3, 9, 21, 45, \ldots\} \text{ für } k \geq 0. \qquad\qquad \square$$

Bevor wegen der Bedeutung rationaler Bildfunktionen die Zusammenhänge in einem separaten Kapitel ausführlich diskutiert werden, folgt ein kurzer Einschub über die Eigenschaften der z-Transformation.

6.6.2 Die Eigenschaften der z-Transformation

Im folgenden sind die Haupteigenschaften und Rechenregeln zusammengefaßt. Eine Herleitung erfolgt nur bei den Sätzen, die weder direkt aus der Fourier- noch aus der Laplace-Transformation folgen. Wie bei der Laplace-Transfomation ist bei zwei beteiligten Bildfunktionen der resultierende Konvergenzbereich die Schnittmenge der beiden einzelnen Konvergenzbereiche.

a) Linearität

$$c_1 f_1(k) + c_2 f_2(k) \;\circ\!-\!\bullet\; c_1 F_1(z) + c_2 F_2(z) \tag{6.113}$$

b) Ähnlichkeit

$$a^k f(k) \;\circ\!-\!\bullet\; F(\tfrac{z}{a}). \tag{6.114}$$

Herleitung:

$$a^k f(k) \;\circ\!-\!\bullet\; \sum_{k=0}^{\infty} a^k f(k) \cdot z^{-k} = \sum_{k=0}^{\infty} f(k) \cdot (\tfrac{z}{a})^{-k} = F(\tfrac{z}{a}).$$

c) Zeitverschiebung

Für eine Verschiebung einer Folge um $i \geq 0$ Takte (die sogenannte *Rechtsverschiebung*) auf *spätere* Zeitpunkte gilt:

$$f(k-i) \;\circ\!-\!\bullet\; z^{-i} F(z). \tag{6.115}$$

Herleitung:

$$f(k-i) \;\circ\!-\!\bullet\; \sum_{k=0}^{\infty} f(k-i) \cdot z^{-k} = \sum_{k=i}^{\infty} f(k-i) \cdot z^{-k},$$

da $f(k-i) = 0$ für $k < i$. Mit der Variablensubstitution $n = k - i$ bzw. $k = n + i$ folgt für die Summe:

$$f(k-i) \;\circ\!-\!\bullet\; \sum_{n=0}^{\infty} f(n) \cdot z^{-(n+i)} = z^{-i} \cdot \sum_{n=0}^{\infty} f(n) \cdot z^{-n} = z^{-i} F(z).$$

Für eine Verschiebung einer Folge um $i \geq 0$ Takte (die sogenannte *Linksverschiebung*) auf *frühere* Zeitpunkte gilt:

$$f(k+i) \;\circ\!-\!\bullet\; z^{i}\left[F(z) - \sum_{k=0}^{i-1} f(k) \cdot z^{-n} \right]. \tag{6.116}$$

Hierbei ist zu beachten, daß die z-Transformierte nur den kausalen Teil der Folge abbildet, also $f(k+i) = 0$ für $k < 0$.

Herleitung:

$$f(k+i) \;\circ\!-\!\bullet\; \sum_{k=0}^{\infty} f(k+i) \cdot z^{-k} = \sum_{n=i}^{\infty} f(n) \cdot z^{-(n-i)}$$

$$= z^{i} \cdot \left[\sum_{n=0}^{\infty} f(n) \cdot z^{-n} - \sum_{n=0}^{i-1} f(n) \cdot z^{-n} \right] = z^{i}\left[F(z) - \sum_{k=0}^{i-1} f(k) \cdot z^{-n} \right].$$

d) Differenzenbildung

Für die sogenannte *Rückwärtsdifferenz* gilt die Korrespondenz:

$$f(k) - f(k-1) \circ\!\!-\!\!\bullet (1 - z^{-1})F(z) = \tfrac{z-1}{z}F(z). \tag{6.117}$$

Sie folgt direkt aus dem Satz für die Rechtsverschiebung.

e) Summation

$$\sum_{n=0}^{k} f(n) \circ\!-\!\bullet \tfrac{z}{z-1}F(z). \tag{6.118}$$

Herleitung:

Bezeichnet man die gesuchte Korrespondenz für die Summe mit

$$F_S(z) \bullet\!-\!\circ \sum_{n=0}^{k} f(n),$$

so folgt:

$$\sum_{n=0}^{k} f(n) - \sum_{n=0}^{k-1} f(n) = f(k),$$

$$F_S(z) - z^{-1}F_S(z) = F(z) \rightarrow F_S(z) = \tfrac{1}{1-z^{-1}}F(z) = \tfrac{z}{z-1}F(z).$$

f) Faltungssatz

$$\sum_{n=0}^{k} f(n) \cdot g(k-n) = f(k) * g(k) \circ\!-\!\bullet F(z) \cdot G(z). \tag{6.119}$$

Die Herleitung geschieht analog zum Beweis des Faltungssatzes der Fourier- oder Laplace-Transformation. Die Obergrenze der Summe kann, wie angegeben, zu k gesetzt werden, da für die z-Transformation $g(k)$ kausal sein muß und somit $g(k-n) = 0$ gilt für $n < k$. Ist $g(k)$ die Impulsantwort eines diskreten LTI-Systems, dann folgt wieder direkt die Interpretation von $G(z)$ als Übertragungsfunktion.

g) Multiplikation der Folge mit k

$$k \cdot f(k) \circ\!-\!\bullet -z\tfrac{d}{dz}F(z). \tag{6.120}$$

Herleitung:

$$\tfrac{d}{dz}F(z) = \tfrac{d}{dz}\sum_{k=0}^{\infty} f(k)\, z^{-k} = \sum_{k=0}^{\infty} f(k)(-k)\, z^{-k-1} \rightarrow -z\tfrac{d}{dz}F(z) = \sum_{k=0}^{\infty} [k \cdot f(k)]\, z^{-k}.$$

h) Satz vom Anfangs- und Endwert

$$f(0) = \lim_{z \to \infty} F(z), \quad \lim_{k \to \infty} f(k) = \lim_{z \to 1} [(z-1) \cdot F(z)]. \tag{6.121}$$

Der Anfangswert existiert bei beschränkten Folgen immer, bei der Berechnung des Endwertes muß vorausgesetzt werden, daß er existiert. Die Herleitung erfolgt analog zu den Sätzen der Laplace-Transformation.

6.6.3 Rationale Bildfunktionen

Betrachtet wird die rationale z-Transformierte mit dem Zählerpolynom $Z(z)$ und dem Nennerpolynom $N(z)$:

$$F(z) = \frac{Z(z)}{N(z)} = \frac{d_0 + d_1 z + \ldots + d_m z^m}{c_0 + c_1 z + \ldots + c_n z^n} = z^{m-n} \cdot \frac{d_0 z^{-m} + d_1 z^{-m+1} + \ldots + d_m}{c_0 z^{-n} + c_1 z^{-n+1} + \ldots + c_n}. \tag{6.122}$$

Aus der Potenzreihenentwicklung des obigen Beispiels 6.8 folgt, daß $n \geq m$ gelten muß, da sonst Terme mit *positivem* Exponenten von z vorhanden wären, die *akausale* Anteile der Zeitfolge darstellen würden:

$$\ldots z^2 \; \bullet\!\!-\!\!\circ\; \delta(k+2), \; z \; \bullet\!\!-\!\!\circ\; \delta(k+1), \; z^0 = 1 \; \bullet\!\!-\!\!\circ\; \delta(k), \; z^{-1} \; \bullet\!\!-\!\!\circ\; \delta(k-1), \; \ldots \tag{6.123}$$

Die n Nullstellen $z_{\infty i}$ des Nennerpolynoms sind die *Pole* der Bildfunktion, und die m Nullstellen z_{oj} des Zählerpolynoms sind die *Nullstellen*:

$$F(z) = \frac{d_m}{c_n} \cdot \frac{\prod\limits_{j=1}^{m}(z - z_{oj})}{\prod\limits_{i=1}^{n}(z - z_{\infty i})}. \tag{6.124}$$

Wegen der reellen Koeffizienten c_i, d_j sind die Pole und Nullstellen entweder *reell* oder *konjugiert komplex*. Das *Pol-Nullstellen-Diagramm* zeigt die Positionen der Pole und Nullstellen in der komplexen z-Ebene, wobei üblicherweise die Pole mit einem „x" und die Nullstellen mit einem „o" markiert werden. Das *Konvergenzgebiet* liegt dabei *außerhalb* eines Kreises durch denjenigen Pol, der am *weitesten* vom Ursprung entfernt liegt, wie Bild 6.45 zeigt. Aus dem Pol-Nullstellen-Diagramm läßt sich die Produktform der Bildfunktion Gl. 6.124 zurückgewinnen, bis auf den Faktor d_m/c_n. Gehört der *Einheitskreis* zum Konvergenzgebiet, dann kann die *zeitdiskrete Fourier-Transformierte* direkt angegeben werden.

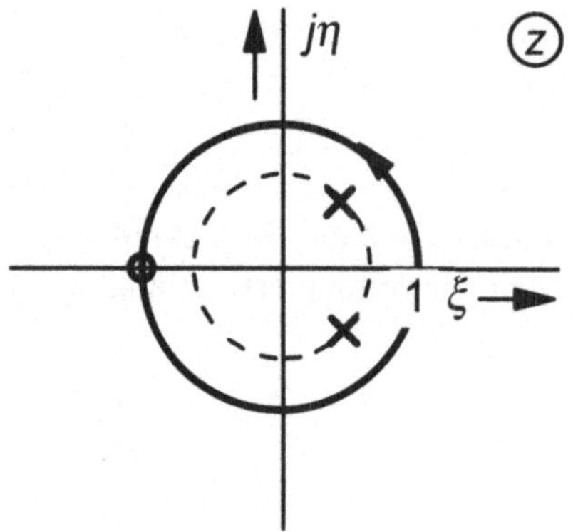

Bild 6.45
Ein Pol-Nullstellen-Diagramm mit dem Konvergenzgebiet

Für sie gilt

$$F(j\Omega) = F(z)_{z=e^{j\Omega}} = \frac{d_{\mathrm{m}}}{c_{\mathrm{n}}} \cdot \frac{\prod\limits_{j=1}^{m}(e^{j\Omega}-z_{0j})}{\prod\limits_{i=1}^{n}(e^{j\Omega}-z_{\infty i})}{}^{7}, \tag{6.125}$$

$$|F(j\Omega)| = \left|\frac{d_{\mathrm{m}}}{c_{\mathrm{n}}}\right| \cdot \frac{\prod\limits_{j=1}^{m}|e^{j\Omega}-z_{0j}|}{\prod\limits_{i=1}^{n}|e^{j\Omega}-z_{\infty i}|}, \tag{6.126}$$

$$\varphi(\Omega) = \arg\!\left(\frac{d_{\mathrm{m}}}{c_{\mathrm{n}}}\right) + \sum\limits_{j=1}^{m}\arg\!\left(e^{j\Omega}-z_{0j}\right) - \sum\limits_{i=1}^{n}\arg(e^{j\Omega}-z_{\infty i}). \tag{6.127}$$

Mit positivem Vorzeichen von $d_{\mathrm{m}}/c_{\mathrm{n}}$ ist der zugehörige Winkel Null; ist es negativ, so ist er $\pm\pi$ (beide Vorzeichen sind wegen der Mehrdeutigkeit richtig). Die Punkte $z = e^{j\Omega}$ liegen wegen $|z| = 1$ auf dem Einheitskreis, so daß sich mit den Differenzzeigern $e^{j\Omega} - z_{\infty,0}$ zu den Polen und Nullstellen das folgende Bild ergibt:

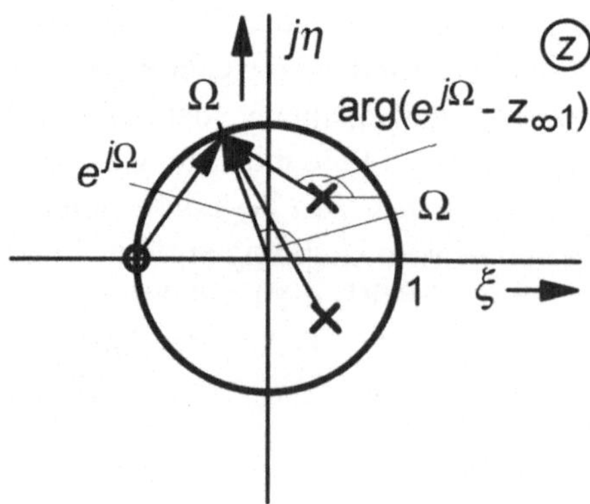

Bild 6.46
Bestimmung von Amplitude und Phase aus dem Pol-Nullstellen-Diagramm

---

[7] Vereinfachend wird hier und im folgenden $F(j\Omega)$ und nicht $F(e^{j\Omega})$ geschrieben.

Liegt eine Nullstelle bzw. ein Pol auf dem Einheitskreis, so springt die Phase um $\pm\pi$. Es lassen sich nun verschiedene Fälle unterscheiden:

a) Die Bildfunktion besitzt einen n-fachen Pol bei $z = 0$

Es gilt:

$$c_0 = c_1 = \ldots = c_{n-1} = 0 \text{ sowie } c_n = 1 \text{ (normiert)}. \tag{6.128}$$

Dies ist die einfachste Parameterkonstellation, denn mit

$$F(z) = \frac{d_0 + d_1 z + \ldots + d_m z^m}{z^n} = d_0 z^{-n} + d_1 z^{-n+1} + \ldots + d_m z^{-n+m} \tag{6.129}$$

läßt sich die Originalfunktion sofort angeben:

$$f(k) = d_0 \delta(k-n) + d_1 \delta(k-n+1) + \ldots + d_m \delta(k-n+m). \tag{6.130}$$

Es liegt somit eine aus m Werten bestehende endliche Folge vor, von der bekannt ist, daß *grundsätzlich* eine Bildfunktion existiert. Für $m = n$ vereinfacht sich die Folge, wobei sie entsprechend den Verzögerungen i.a. umgekehrt angeordnet wird:

$$f(k) = d_m \delta(k) + d_{m-1} \delta(k-1) + \ldots + d_0 \delta(k-m). \tag{6.131}$$

□ **Beispiel 6.9**

Gesucht ist die Originalfunktion der z-Transformierten

$$F(z) = 4 \frac{1 + z + z^2}{z^4}.$$

In Potenzen von z^{-1} erhält man die Darstellung

$$F(z) = 4 \cdot (z^{-2} + z^{-3} + z^{-4}),$$

womit die diskrete Folge sofort folgt:

$$f(k) = 4 \cdot [\delta(k-2) + \delta(k-3) + \delta(k-4)].$$

Sie läßt sich offensichtlich auch schreiben als

$$f(k) = 4 \cdot [\sigma(k-2) - \sigma(k-5)]. \qquad\qquad □$$

b) Die Bildfunktion besitzt nur einfache Pole

Für $m = n$ wird zunächst das Zähler- durch das Nennerpolynom geteilt, so daß die Konstante d_m/c_n und eine additive, *echt* gebrochen rationale Funktion entsteht (d.h. mit $n > m$). Für die Rücktransformation dieser *Teilfunktion* bietet sich die *Partialbruchzerlegung* an, die im Unterkapitel 5.4.3 der Laplace-Transformation hergeleitet wurde. Die Nullstellen spielen dabei zunächst keine Rolle, sie beeinflussen nur beim Einsetzen der Pole die Koeffizienten:

$$F(z) = \frac{1}{c_n} \cdot \frac{d_0 + d_1 z + \ldots + d_m z^m}{\prod\limits_{i=1}^{n}(z - z_{\infty i})} = \sum_{i=1}^{n} \frac{A_i}{z - z_{\infty i}}, \quad n > m. \tag{6.132}$$

Die Koeffizienten A_i ergeben sich aus der Gleichung

$$A_i = [F(z) \cdot (z - z_{\infty i})]_{z = z_{\infty i}}. \tag{6.133}$$

Die korrespondierende Folge eines Summanden wurde ebenfalls in dem obigen Beispiel 6.8 zu

$$\frac{1}{z - z_{\infty i}} \; \bullet\!\!-\!\!\circ \; z_{\infty i}^{k-1} \cdot \sigma(k-1)$$

bestimmt, so daß sich insgesamt ergibt:

$$f(k) = \sum_{i=1}^{n} A_i \cdot z_{\infty i}^{k-1} \cdot \sigma(k-1). \tag{6.134}$$

Hieraus folgt, daß die Folge zeitlich *unbeschränkt* ist. Für $n = m$ ergibt sich durch die additive Konstante d_m/c_n ein zusätzlicher Anteil $\frac{d_m}{c_n}\delta(k)$, so daß in diesem Fall auch für $k = 0$ ein Funktionswert vorhanden ist.

□ **Beispiel 6.10**

Gesucht ist die Originalfunktion von

$$F(z) = \frac{1 + z^2}{2 + 3z + z^2}.$$

Es handelt sich wegen $n = m = 2$ um eine *unecht* gebrochene Funktion in z, so daß zunächst das Zähler- durch das Nennerpolynom geteilt werden muß:

$$F(z) = 1 + F_{\text{Rest}}(z) \quad \text{mit } F_{\text{Rest}}(z) = -\frac{1 + 3z}{2 + 3z + z^2}.$$

Die zwei Pole von $F_{\text{Rest}}(z)$ ergeben sich zu $z_{\infty 1} = -1$, $z_{\infty 2} = -2$, so daß folgt:

$$F_{\text{Rest}}(z) = -\frac{1 + 3z}{(z+1)(z+2)} = \frac{A_1}{z+1} + \frac{A_2}{z+2}.$$

Nach Gl. 6.133 lassen sich die Koeffizienten berechnen:

$$A_1 = \left[-\frac{1+3z}{(z+1)(z+2)} \cdot (z+1)\right]_{z=-1} \to A_1 = 2,$$

$$A_2 = \left[-\frac{1+3z}{(z+1)(z+2)} \cdot (z+2)\right]_{z=-2} \to A_2 = -5.$$

Damit folgt für die gesuchte Folge insgesamt:

$$f(k) = \delta(k) + 2 \cdot (-1)^{k-1} \cdot \sigma(k-1) - 5 \cdot (-2)^{k-1} \cdot \sigma(k-1) \qquad \square$$

c) Die Bildfunktion besitzt mehrfache Pole

Exemplarisch wird ein p-facher Pol z_∞ betrachtet:

$$F(z) = \frac{Z(z)}{(z-z_\infty)^p} = \frac{A_1}{(z-z_\infty)} + \frac{A_2}{(z-z_\infty)^2} + \ldots + \frac{A_p}{(z-z_\infty)^p} = \sum_{i=1}^{p} \frac{A_i}{(z-z_\infty)^i}. \qquad (6.135)$$

Die Koeffizienten lassen sich dabei berechnen durch

$$A_i = \frac{1}{(p-i)!} \cdot \frac{d^{p-i}}{dz^{p-i}}[F(z)(z-z_\infty)^p]_{z=z_\infty}, \quad i = 1, 2, \ldots, p. \qquad (6.136)$$

Zu den Termen gehört die Korrespondenz:

$$\frac{1}{(z-z_\infty)^i} \;\bullet\!\!-\!\!\circ\; \binom{k-1}{i-1} \cdot z_\infty^{k-i} \cdot \sigma(k-i). \qquad (6.137)$$

$\square$ Beispiel 6.11

Zu bestimmen ist die Originalfunktion der z-Transformierten

$$F(z) = \frac{z+3}{(z+1)^2}.$$

Mit $z_{\infty 1} = z_{\infty 2} = -1$ folgt mit $p = 2$:

$$F(z) = \frac{A_1}{z+1} + \frac{A_2}{(z+1)^2},$$

$$A_1 = \frac{d}{dz}\left[\frac{z+3}{(z+1)^2} \cdot (z+1)^2\right]_{z=-1} = 1,$$

$$A_2 = \left[\frac{z+3}{(z+1)^2} \cdot (z+1)^2\right]_{z=-1} = 2.$$

Damit gilt:

$$F(z) = \frac{1}{z+1} + \frac{2}{(z+1)^2} \;\bullet\!\!-\!\!\circ\; f(k) = (-1)^{k-1} \cdot \sigma(k-1) + 2 \cdot (k-1)(-1)^{k-2} \cdot \sigma(k-2) \qquad \square$$

Kausale Folgen lassen sich Laplace-transformieren, wobei sinnvollerweise die neue komplexe Variable

$$z = e^{sT} = \xi + j\eta \ (\text{bzw.}\ s = \tfrac{1}{T}\ln z)$$

eingeführt wird. Für die so definierte *z-Transformation* gilt

$$F(z) = \sum_{k=0}^{\infty} f(k) \cdot z^{-k}.$$

Technisch relevante Folgen besitzen *rationale* Bildfunktionen

$$F(z) = \frac{Z(z)}{N(z)} = \frac{d_0 + d_1 z + \ldots + d_\mathrm{m} z^m}{c_0 + c_1 z + \ldots + c_\mathrm{n} z^n} = z^{m-n} \cdot \frac{d_0 z^{-m} + d_1 z^{-m+1} + \ldots + d_\mathrm{m}}{c_0 z^{-n} + c_1 z^{-n+1} + \ldots + c_\mathrm{n}},$$

mit $n \geq m$, die sich z.B. über eine Partialbruchzerlegung zurücktransformieren lassen. Für den Spezialfall

$$F(z) = \frac{d_0 + d_1 z + \ldots + d_\mathrm{m} z^m}{z^n} = d_0 z^{-n} + d_1 z^{-n+1} + \ldots + d_\mathrm{m} z^{-n+m}$$

läßt sich die Originalfunktion sofort angeben:

$$f(k) = d_0 \delta(k-n) + d_1 \delta(k-n+1) + \ldots + d_\mathrm{m} \delta(k-n+m).$$

Für eine echt gebrochen rationale Bildfunktion mit nur einfachen Polen gilt:

$$F(z) = \frac{1}{c_\mathrm{n}} \cdot \frac{d_0 + d_1 z + \ldots + d_\mathrm{m} z^m}{\prod\limits_{i=1}^{n}(z - z_{\infty i})} = \sum_{i=1}^{n} \frac{A_i}{z - z_{\infty i}}, \ n > m,$$

$$f(k) = \sum_{i=1}^{n} A_i \cdot z_{\infty i}^{k-1} \cdot \sigma(k-1) \ ,$$

$$A_i = \left[F(z) \cdot (z - z_{\infty i}) \right]_{z = z_{\infty i}}.$$

Für echt gebrochene Bildfunktionen mit mehrfachen Polen gilt exemplarisch für einen p-fachen Pol:

$$F(z) = \frac{Z(z)}{(z - z_\infty)^p} = \frac{A_1}{(z - z_\infty)} + \frac{A_2}{(z - z_\infty)^2} + \ldots + \frac{A_p}{(z - z_\infty)^p} = \sum_{i=1}^{p} \frac{A_i}{(z - z_\infty)^i},$$

$$f(k) = \sum_{i=1}^{p} A_i \cdot \binom{k-1}{i-1} \cdot z_{\infty i}^{k-1} \cdot \sigma(k-1).$$

$$A_i = \frac{1}{(p-i)!} \cdot \frac{d^{p-i}}{dz^{p-i}} \left[F(z)(z - z_\infty)^p \right]_{z = z_\infty}, \ i = 1, 2, \ldots, p$$

6.6.4 Differenzengleichungen, Übertragungsfunktionen und Strukturen diskreter LTI-Systeme

Das Klemmenverhalten der kontinuierlichen LTI-Systeme mit n konzentrierten Speichern, wie Kapazitäten oder Induktivitäten, wurde durch eine *lineare Dgl* n-ter Ordnung mit konstanten Koeffizienten beschrieben. Im diskreten Fall sind dies *lineare Differenzengleichungen* mit n diskreten Speichern, wie sie schon beispielhaft im Kapitel 6.4 eingeführt wurden. Diese Beschreibungen sind eng gekoppelt an *Strukturen* und damit auch an *Realisierungen*, die nach einem einführenden Beispiel ebenfalls diskutiert werden.

□ **Beispiel 6.12**

Das Einschwingverhalten eines RC-Tiefpasses mit der Grenzfrequenz f_G als Parameter soll auf einem PC *näherungsweise* simuliert werden; man bestimme eine mögliche Differenzengleichung, die als Programm realisiert werden kann.

Das *kontinuierliche* System besitzt die Übertragungsfunktion und die direkt damit korrespondierende Dgl:

$$G_{TP}(j\omega) = \frac{Y(j\omega)}{X(j\omega)} = \frac{1}{1+j\frac{\omega}{2\pi f_G}} \rightarrow \frac{1}{2\pi f_G}\,\dot{y}(t) + y(t) = x(t).$$

Für das Eingangs- und auch das Ausgangssignal zu den diskreten Abtastzeitpunkten $t = kT$ folgt einfach:

$$x(t) \rightarrow x(kT), y(t) \rightarrow y(kT).$$

Setzt man für die Ableitung des Ausgangssignals näherungsweise den *Rückwärts-Differenzenquotienten* nach Euler an, der das *Steigungsdreieck* zwischen der momentanen Abtastung und der vorherigen beschreibt, so folgt:

$$\dot{y}(kT) \approx \frac{y(kT) - y((k-1)T)}{T} \qquad . \tag{6.138}$$

Wären auch höhere Ableitungen vorhanden, so ließe sich das Verfahren fortsetzen, wobei die Ungenauigkeiten immer größer werden:

$$\ddot{y}(kT) \approx \frac{\dot{y}(kT) - \dot{y}((k-1)T)}{T} \approx \frac{y(kT) - 2y((k-1)T) + y((k-2)T)}{T^2} \quad \text{usw.} \tag{6.139}$$

Die Näherung eingesetzt ergibt:

$$\frac{1}{2\pi f_G T}[y(kT) - y((k-1)T)] + y(kT) = x(kT) \qquad .$$

Diese Differenzengleichung muß noch nach dem *momentanen* Ausgangssignal aufgelöst werden:

$$y(kT) = \frac{1}{1+2\pi f_G T} \cdot y((k-1)T) + \frac{2\pi f_G T}{1+2\pi f_G T} \cdot x(kT) \qquad .$$

Mit $T = \frac{1}{f_a}$ sowie einer Normierung der Zeit auf die Abtastrate kann auch geschrieben werden:

$$y(k) = \frac{1}{1 + 2\pi \frac{f_g}{f_a}} \cdot y(k-1) + \frac{2\pi \frac{f_g}{f_a}}{1 + 2\pi \frac{f_g}{f_a}} \cdot x(k) \quad.$$

Dies ist eine *rekursive Differenzengleichung 1. Ordnung*: rekursiv, da der vorherige Wert der Ausgangsgröße auf der rechten Seite steht und 1. Ordnung, da *ein* Altwert zwischengespeichert werden muß. Seine Struktur wird durch das folgende Signalfluß-, Blockschalt- bzw. Strukturbild deutlich:

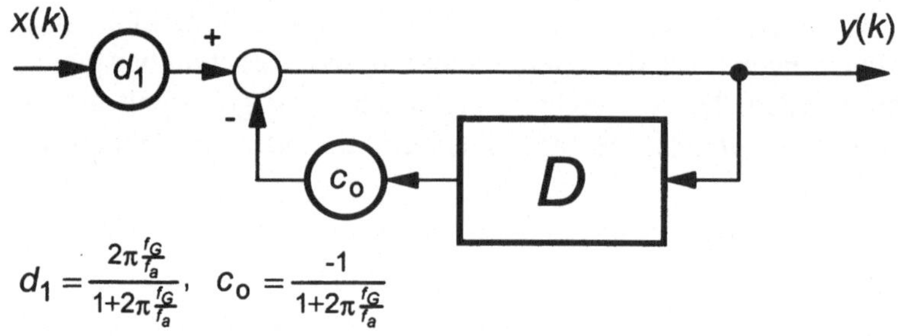

$$d_1 = \frac{2\pi \frac{f_g}{f_a}}{1 + 2\pi \frac{f_g}{f_a}}, \quad c_0 = \frac{-1}{1 + 2\pi \frac{f_g}{f_a}}$$

Bild 6.47
Strukturbild des diskreten Tiefpasses

Für die Berechnung der Sprungantwort ist $x(t) = \sigma(t)$ und der Anfangswert $y(-1) = 0$ zu wählen. Selbstverständlich könnte auch jede andere Eingangsfolge oder ein Anfangswert, der einen zum Zeitpunkt $t = 0$ geladenen Kondensator repräsentiert, eingesetzt und die Ausgangsfolge numerisch berechnet werden. Das verwendete Verfahren liefert nur bei kleinen Abtastperioden eine brauchbare Näherung; bessere Verfahren zur Bestimmung eines diskreten Modells für ein kontinuierliches System werden in Kapitel 6.7 diskutiert.
□

Da der momentane Ausgangswert $y(k)$ in der Differenzengleichung immer vorkommt, kann der zugehörige Koeffizient c_n *zu Eins normiert* werden; damit hat die allgemeine Differenzengleichung der Ordnung n die Form:

$$y(k) + c_{n-1}y(k-1) + \ldots + c_0 y(k-n)$$

$$= d_n x(k) + d_{n-1}x(k-1) + \ldots + d_0 x(k-n) \quad. \tag{6.140}$$

Diese Gleichung z-transformiert führt auf:

$$Y(z) + c_{n-1}Y(z)z^{-1} + \ldots + c_0 Y(z)z^{-n}$$

$$= d_n X(z) + d_{n-1}X(z)z^{-1} + \ldots + d_0 X(z)z^{-n} \quad. \tag{6.141}$$

Daraus folgt die z-Übertragungsfunktion

$$G(z) = \frac{Y(z)}{X(z)} = \frac{d_n + d_{n-1}z^{-1} \ldots + d_0 z^{-n}}{1 + c_{n-1}z^{-1} \ldots + c_0 z^{-n}} = \frac{d_0 + d_1 z \ldots + d_n z^n}{c_0 + c_1 z \ldots + z^n} \quad. \tag{6.142}$$

Der Grad des Zählerpolynoms kann *höchstens* so groß wie der des Nennerpolynoms sein; ist er kleiner, dann sind entsprechende Koeffizienten Null. Etwas verwirrend ist der Umstand, daß die Polynome mit Potenzen von z rechentechnisch mehr Sinn machen, z.B. zur Berechnung der Pole und Nullstellen, während die Interpretation als Differenzengleichung die Potenzen von z^{-1} voraussetzt.

Das Signalflußbild, das sich aus Gl. 6.141 ergibt, wird die *direkte Struktur* genannt. Sie entspricht einer möglichen Realisierung und setzt sich zusammen aus einer rein *vorwärts* gerichteten und einer rein *rückwärts* gerichteten, rückkoppelnden Struktur, die den *rekursiven* Anteil darstellt:

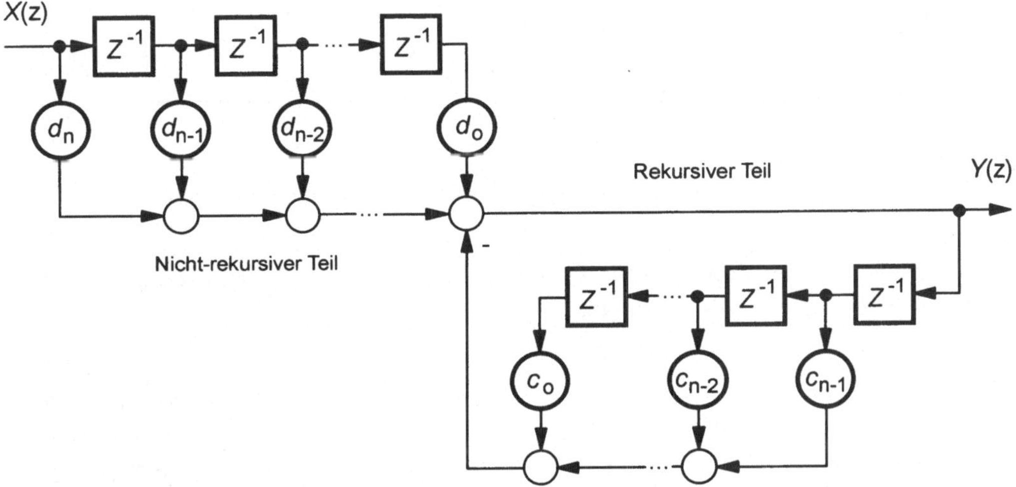

Bild 6.48
Direkte Struktur eines diskreten LTI-Systems

An diesem Blockschaltbild sind zwei Sonderfälle erkennbar: Sind die Koeffizienten des rückwärts gerichteten Anteils alle Null, so handelt es sich um ein rein *nichtrekursives* System; sind dagegen diejenigen des vorwärts gerichteten Anteils Null, um ein rein *rekursives* System. Die verschiedenen Typen haben als digitale Filter spezifische Eigenschaften, auf die etwas später näher eingegangen wird.

Durch Umschreiben der Gl. 6.141 folgt eine Form, die mit der *minimalen* Anzahl n von Speichern auskommt und die *erste kanonische Form* genannt wird:

$$Y(z) = d_{\mathrm{n}}X(z) + (d_{\mathrm{n}-1}X(z) - c_{\mathrm{n}-1}Y(z)) \cdot z^{-1} + \ldots + (d_{\mathrm{o}}X(z) - c_{\mathrm{o}}Y(z)) \cdot z^{-n} \qquad (6.143)$$

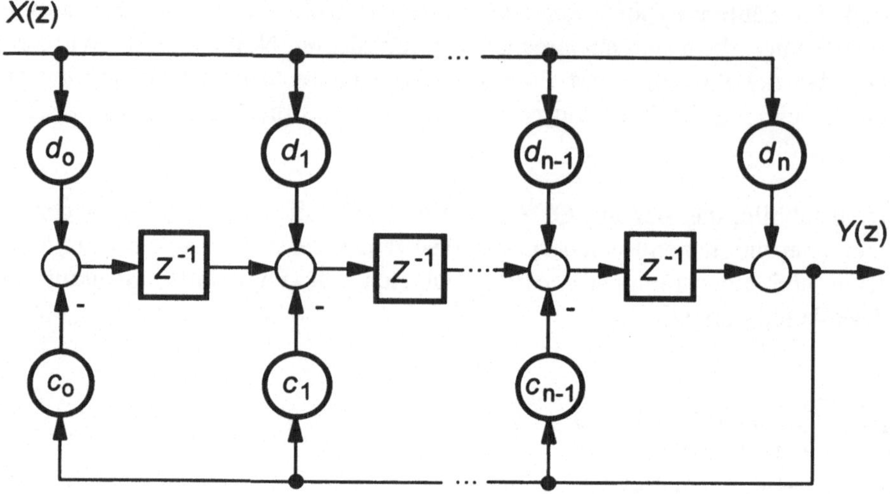

Bild 6.49
Erste kanonische Form eines diskreten LTI-Systems n-ter Ordnung mit n Speichern

Durch Vertauschen der Reihenfolge der Verstärkungsblöcke mit den Verzögerungsgliedern folgt die *zweite kanonische Form*:

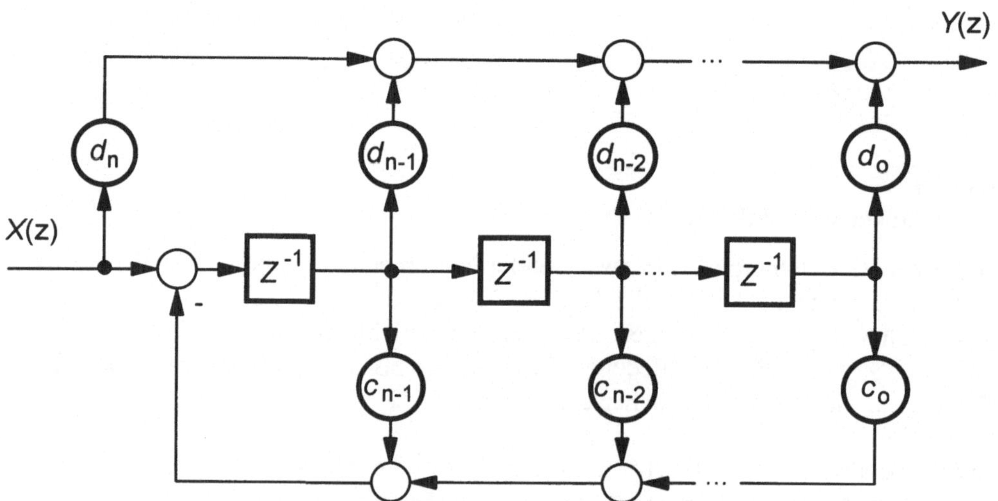

Bild 6.50
Zweite kanonische Form eines diskreten LTI-Systems n-ter Ordnung mit n Speichern

Zum Takt $k = 0$ können die Speicher Anfangswerte besitzen (die Altwerte $y(-1)$, $y(-2), \ldots$); für die Impuls- und auch Sprungantwort werden sie zu Null gesetzt. Dafür läßt sich die Ausgangsfolge wieder über den Umweg des Bildbereiches berechnen:

$$Y(z) = G(z) \cdot X(z) \quad . \tag{6.144}$$

Ist die Bildfunktion der Ausgangsfolge eine rationale Funktion, dann bietet sich die Rücktransformation über die Partialbruchzerlegung an.

□ **Beispiel 6.13**

Gegeben ist die Übertragungsfunktion

$$G(z) = \frac{z}{z-0,5} .$$

Man berechne die Sprungantwort $h(k)$ des Systems mit Hilfe der z-Transformation.

Hierfür sind die Speicherwerte zu Anfang Null, und für die Eingangsfolge gilt:

$$x(k) = \sigma(k) \circ\!\!-\!\!\bullet \frac{z}{z-1} = X(z);$$

damit folgt:

$$Y(z) = G(z) \cdot X(z) = \frac{z^2}{(z-1)(z-0,5)}$$

Dies ist eine *unecht* gebrochen rationale Funktion (Zählergrad = Nennergrad), so daß erst eine Polynomdivision durchzuführen ist. Eine andere Möglichkeit besteht darin, zunächst die abgewandelte Bildfunktion

$$Y'(z) = \frac{z}{(z-1)(z-0,5)} = z^{-1} \cdot Y(z)$$

zu behandeln und anschließend die „Rechtsverschiebung" rückgängig zu machen. Die Partialbruchzerlegung ergibt mit $z_{\infty 1} = 1$, $z_{\infty 2} = 0,5$:

$$Y'(z) = \frac{A_1}{z-1} + \frac{A_2}{z-0,5} = \frac{2}{z-1} - \frac{1}{z-0,5} \bullet\!\!-\!\!\circ y'(k) = 2 \cdot \sigma(k-1) - 0,5^{k-1} \cdot \sigma(k-1).$$

Mit $z^{-1} \cdot Y(z) \bullet\!\!-\!\!\circ y(k-1)$ folgt:

$$y'(k) = y(k-1) \rightarrow y(k) = y'(k+1) \rightarrow y(k) = (2 - 0,5^k) \cdot \sigma(k).$$

Die Folge beginnt mit

$$y(k) = \{1, \ 1,5, \ 1,75, \ 1,875, \ ...\} \text{ für } k \geq 0.$$

Sie läßt sich leicht überprüfen, indem die Differenzengleichung direkt verwendet wird:

$$G(z) = \frac{z}{z-0,5} = \frac{1}{1-0,5z^{-1}} \rightarrow y(k) = 0,5y(k-1) + x(k) \quad .$$

Für $x(k) = \sigma(k)$ und $y(-1) = 0$ (der Speicherwert ist Null) folgt für $k \geq 0$:

$$y(k) = \{1, \ 1,5, \ 1,75, \ 1,875, \ ...\}. \hspace{3cm} \square$$

Durch die komplexe Variable z wird die *linke* s-Halbebene in das *Innere* des Einheitskreises abgebildet. Ein diskretes LTI-System mit n diskreten Speichern ist deshalb
stabil, wenn *alle* Pole $z_{\infty i}$, $i = 1, 2, ..., n$ *innerhalb* des Einheitskreises liegen:

$$|z_{\infty i}| < 1, \quad i = 1, 2, ..., n. \tag{6.145}$$

Wie im Zeitkontinuierlichen spielen die Nullstellen für die Stabilität *keine* Rolle; sie
bestimmen, in welcher Weise die Erregung auf die Speicher und die Reaktion wirkt.

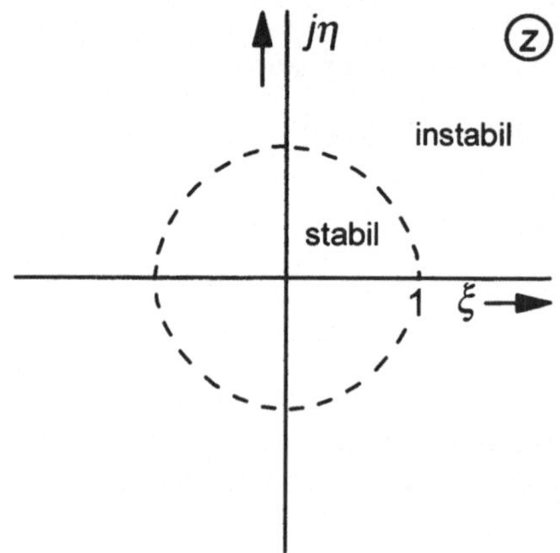

Bild 6.51
Bereiche für stabile und instabile Pole in
der z-Ebene

Nach Gl. 6.125 sind auf dem Einheitskreis $z = e^{j\Omega}$ für *stabile* Systeme die z-Transformierte und die zeitdiskrete Fourier-Transformierte *identisch* ($c_n = 1$):

$$G(z)_{z=e^{j\Omega}} = G(j\Omega) = d_n \cdot \frac{\prod\limits_{j=1}^{n}(e^{j\Omega}-z_{0j})}{\prod\limits_{i=1}^{n}(e^{j\Omega}-z_{\infty i})}. \tag{6.146}$$

a) Nichtrekursive Systeme

Besondere, grundsätzlich *stabile* Systeme erhält man mit der Parameterwahl:

$$c_0 = c_1 = ... = c_{n-1} = 0, \tag{6.147}$$

$$\rightarrow G(z) = d_n + d_{n-1}z^{-1} + ... + d_0 z^{-n} = \frac{1}{z^n} \cdot (d_0 + d_1 z ... + d_n z^n). \tag{6.148}$$

Sie besitzen einen n-fachen Pol bei $z = 0$ sowie n Nullstellen; ihre Impulsantworten sind
wegen $G(z) \bullet\!\!-\!\!\circ g(k)$ direkt angebbar:

$$g(k) = d_n \delta(k) + d_{n-1}\delta(k-1) + ... + d_0 \delta(k-n). \tag{6.149}$$

Da die Systeme *zeitlich beschränkte* Impulsantworten besitzen, nennt man sie *FIR-Systeme* (englisch: finite impulse response). Auch das Strukturbild zeigt, wie sich der Impuls durch die Kette aus n Verzögerungsgliedern „hindurcharbeitet", die n Pole ergeben sich aus dem Produkt der Übertragungsfunktionen $(z^{-1})^n = z^{-n} = \frac{1}{z^n}$. Die Systeme besitzen *keine* Rückkopplungen:

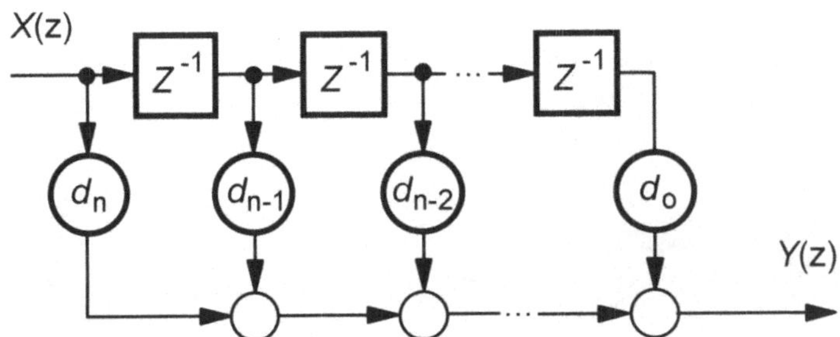

Bild 6.52
Struktur von FIR-Systemen

Mit FIR-Filtern, die auch *Transversalfilter* heißen, läßt sich Steilflankigkeit nur mit hohem Aufwand erreichen; sie können jedoch eine lineare Frequenzabhängigkeit der Phase besitzen (Verzerrungsfreiheit im Durchlaßbereich, konstante Gruppenlaufzeit). Gut realisieren lassen sich auch adaptive Filter, deren Charakteristik sich durch Anpassen der Koeffizienten mit Hilfe eines Algorithmus selbständig und gezielt verändert.

☐ **Beispiel 6.14**

Eine Eingangsfolge soll dadurch geglättet werden, daß die letzten n Werte gemittelt werden, also

$$y(k) = \tfrac{1}{n}(x(k) + x(k-1) + ... + x(k-n+1)).$$

Für die Übertragungsfunktion dieses Filters folgt:

$$G(z) = \tfrac{1}{n}(1 + z^{-1} + ... + z^{-n+1}) = \frac{1}{n \cdot z^{n-1}} \cdot (1 + z + ... + z^{n-1}.)$$

Mit der Summenformel Gl. 6.45 gilt:

$$G(z) = \frac{1}{n \cdot z^{n-1}} \cdot \frac{1-z^n}{1-z}.$$

Die Nullstellen sind die Wurzeln von $z_0^n = 1 = e^{j2\pi}$:

$$z_{0i} = e^{j2\pi \frac{i}{n}}, \; i = 1, 2, ..., n-1.$$

Sie liegen alle gleichverteilt auf dem Einheitskreis, wobei sich die Wurzel bei Eins ($i = 0$) gegen den durch die Summenformel entstandenen Pol wegkürzt. So liegen z.B. für $n = 8$ 7 Pole im Ursprung der z-Ebene und die 7 Nullstellen bei Vielfachen von $\Omega = \frac{\pi}{4}$. Das folgende Bild zeigt für diesen Fall eine perspektivische Darstellung von $\log|G(z)|$ über dem Einheitskreis und seinem

Innern, wobei die Darstellung auf $\pm 10 \triangleq |G| \le 10^{10}$ begrenzt wurde. Der Amplitudengang ist der Betrag der Übertragungsfunktion *auf dem Einheitskreis*. Er zeigt deutlich den Einfluß der Nullstellen über eine Periode der normierten Frequenz Ω, der zum erwarteten Tiefpaßverhalten führt:

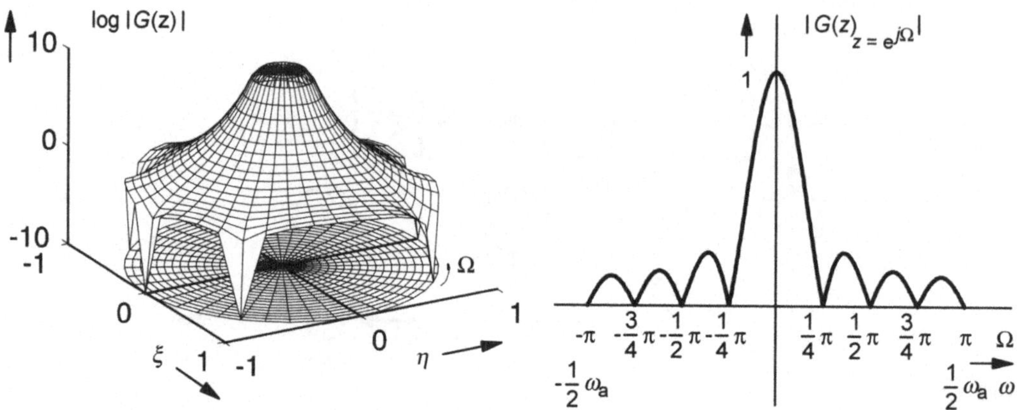

Bild 6.53
Mittelwertbildung durch ein FIR-Filter resultierend 7. Ordnung

Da FIR-Filter grundsätzlich *stabil* sind, kann ihr Frequenzgang sofort angegeben werden; mit $z = e^{j\Omega}$ folgt:

$$G(z)_{z=e^{j\Omega}} = G(j\Omega) = |G(j\Omega)| \cdot e^{-jb(\Omega)} = d_n + d_{n-1}e^{-j\Omega} + \dots + d_o e^{-nj\Omega}. \qquad (6.150)$$

Sie besitzen eine *lineare* Phase und damit eine *konstante* Gruppenlaufzeit T_G, wenn ihre Impulsantwort *symmetrisch* oder *antisymmetrisch* ist:

$$g(k) = g(n-k) \text{ oder } g(k) = -g(n-k) \text{ für } 0 \le k \le n. \qquad (6.151)$$

Mit Gl. 6.149 folgt damit direkt für die Koeffizienten:

$$d_i = d_{n-i} \text{ oder } d_i = -d_{n-i} \text{ für } 0 \le i \le n. \qquad (6.152)$$

Exemplarisch wird die Gültigkeit der Aussage für geradzahlige n und eine symmetrische Impulsantwort gezeigt. Aus der Forderung einer konstanten Gruppenlaufzeit

$$T_G(\Omega) = \frac{db(\Omega)}{d\Omega} = \text{const.} \qquad (6.153)$$

folgt:

$$b = T_G \cdot \Omega. \qquad (6.154)$$

Diese Beziehung drückt die *Linearität* der Phase aus. Der Frequenzgang wird etwas umformuliert:

$$G(j\Omega) = \sum_{i=0}^{n} d_{\mathrm{n}-i}e^{-ji\Omega} = e^{-j\frac{n}{2}\Omega} \cdot \sum_{i=0}^{n} d_{\mathrm{n}-i}e^{-ji\Omega}e^{j\frac{n}{2}\Omega} = e^{-j\frac{n}{2}\Omega} \cdot \sum_{i=0}^{n} d_{\mathrm{n}-i}e^{j(\frac{n}{2}-i)\Omega}. \quad (6.155)$$

Die durch die Symmetrie gleichen Koeffizienten, also $d_{\mathrm{o}} = d_{\mathrm{n}}$, $d_1 = d_{\mathrm{n}-1}, ...$, werden nun mit e-Funktionen multipliziert, die konjugiert komplex zueinander sind, so daß sie sich zu Kosinusfunktionen zusammenfassen lassen:

$$G(j\Omega) = e^{-j\frac{n}{2}\Omega} \cdot \sum_{i=0}^{n/2} 2d_i \cos\left(\frac{n}{2} - i\right)\Omega. \quad (6.156)$$

Offensichtlich ist die reelle Summe der Amplitudengang, und für die Phase gilt

$$b(\Omega) = \frac{n}{2}\Omega, \quad (6.157)$$

so daß für die Gruppenlaufzeit folgt (in Takten):

$$T_{\mathrm{G}} = \frac{n}{2}. \quad (6.158)$$

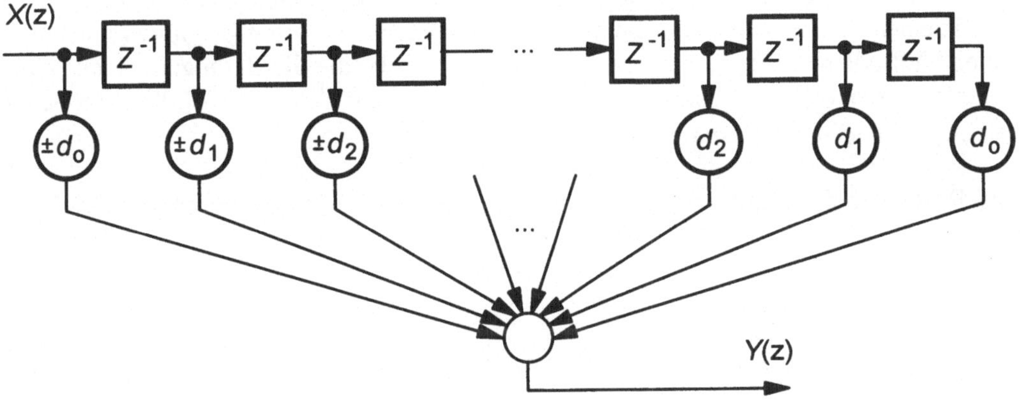

Bild 6.54
FIR- bzw. Transversalfilter mit linearer Phase und damit konstanter Gruppenlaufzeit

Auch die Nullstellen sind damit nicht mehr völlig frei wählbar: Es zeigt sich, daß zu jeder Nullstelle $z_{\mathrm{o}} = r \cdot e^{j\varphi}$ eine weitere mit $z_{\mathrm{o}}' = \frac{1}{r} \cdot e^{j\varphi} = \frac{1}{z_{\mathrm{o}}^*}$ gehört, es sei denn, sie liegt auf dem Einheitskreis. Bei einer Nullstelle *auf* dem Einheitskreis springt zwar die Phase um π, so daß der Ausdruck „stückweise linear" richtiger wäre, man spricht jedoch weiterhin von einer linearen Phase. *In* den Nullstellen ist die Gruppenlaufzeit nicht definiert, die Verstärkung ist aber auch Null. Da bei kontinuierlichen Systemen Nullstellen (und Pole) in der rechten s-Halbebene Nicht-Minimalphasigkeit bedeuten und die

Halbebene auf das *Äußere* des Einheitskreises abgebildet wird, sind FIR-Systeme mit linearer Phase ebenfalls meistens *nicht-minimalphasig*.

Diese besondere Lage der Nullstellen trifft auf alle vier Kombinationen zu, also gerade und ungerade n sowie symmetrische und antisymmetrische Impulsantworten. Für symmetrische Gewichtsfolgen gilt mit $g(k) = g(n-k)$:

$$G(z) = \sum_{k=0}^{n} g(k)z^{-k} = \sum_{k=0}^{n} g(n-k)z^{-k} \ . \tag{6.159}$$

Mit der Substitution $m = n - k$ folgt:

$$G(z) = \sum_{m=n}^{0} g(m)z^{m-n} = \sum_{m=0}^{n} g(m)z^{m}z^{-n} = z^{-n} \sum_{m=0}^{n} g(m)z^{m},$$

$$\rightarrow G(z) = z^{-n} \cdot G(z^{-1}). \tag{6.160}$$

Für eine Nullstelle z_0 gilt damit:

$$G(z_0) = z_0^{-n} \cdot G(z_0^{-1}) = 0 \ . \tag{6.161}$$

Hieraus folgt, daß sowohl z_0 wie auch $z_0^{-1} = \frac{1}{z_0}$ eine Nullstelle sein muß. Da bei reellen Koeffizienten d_i die Nullstellen immer konjugiert komplex auftreten, gibt es außer bei reellen Nullstellen und denjenigen auf dem Einheitskreis (die die Bedingung auch erfüllen) immer gleich *vier* Nullstellen und damit auch z_0^* und $\frac{1}{z_0^*}$; solche Nullstellen nennt man *„am Einheitskreis gespiegelt"*.

Eine Besonderheit nimmt der Punkt $z = -1$ ein: Setzt man ihn in die obige Gleichung ein, also

$$G(-1) = (-1)^{n}G(-1),$$

so folgt für gerade n die Identität $G(-1) = G(-1)$, jedoch für ungerade n die Beziehung

$$G(-1) = -G(-1), \tag{6.162}$$

die nur erfüllt ist, wenn $G(-1) = 0$ ist und damit - zwangsweise - eine Nullstelle vorliegt:

$$z_0 = -1 \ \text{für ungerade } n. \tag{6.163}$$

Für *antisymmetrische* Impulsantworten ergibt die obige Herleitung die Beziehung

$$G(z) = -z^{-n} \cdot G(z^{-1}). \tag{6.164}$$

Bzgl. der Spiegelungen von Nullstellen am Einheitskreis hat sich offensichtlich nichts verändert. Eine Besonderheit ergibt sich dagegen für $z = 1$ und für $z = -1$: Nun ist $z = 1$ *immer* eine Nullstelle, $z = -1$ dagegen nur für gerade n:

$$z_0 = 1 \text{ für gerade und ungerade } n, \tag{6.165}$$

$$z_0 = -1 \text{ für gerade } n. \tag{6.166}$$

Das folgende Bild zeigt beispielhaft die Lage von Nullstellen für die vier Kombinationen:

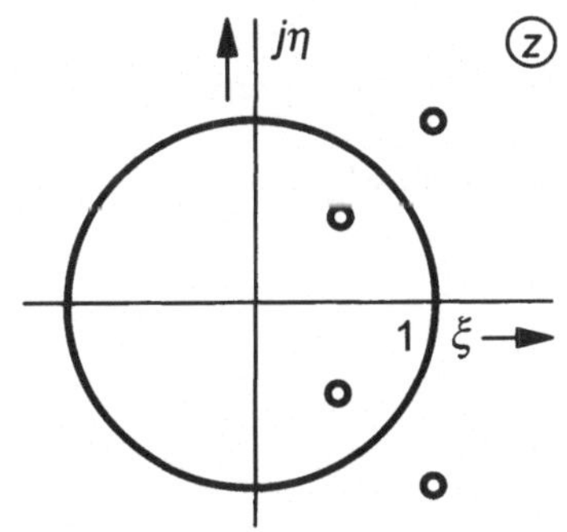

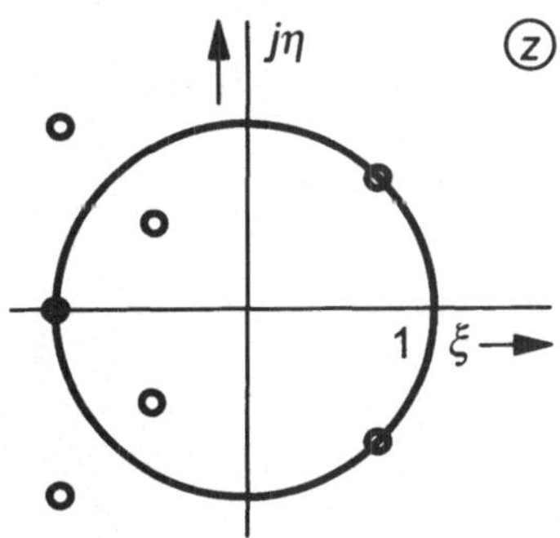

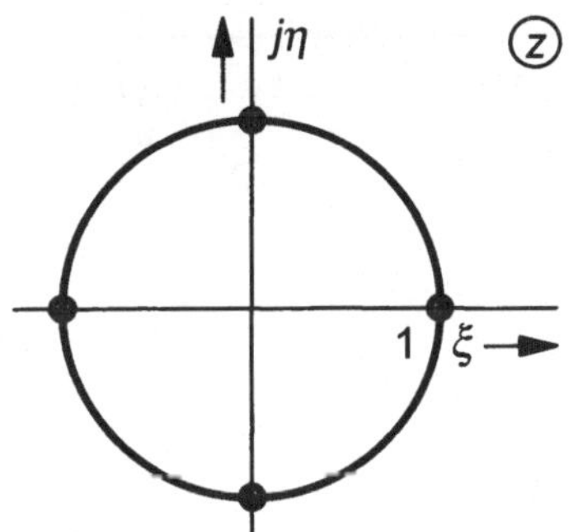

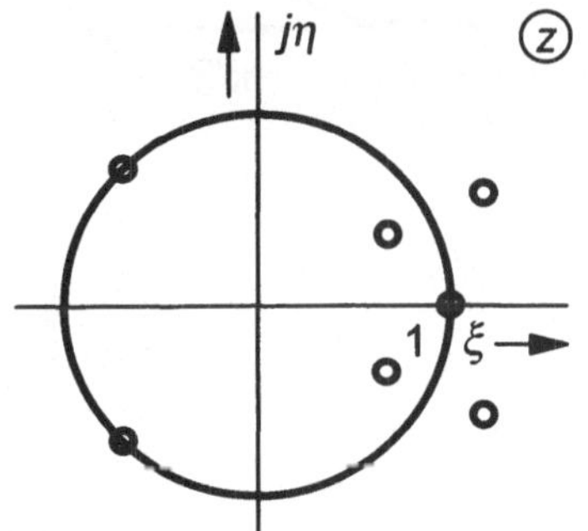

Bild 6.55
Typische Lagen von Nullstellen von linearphasigen FIR-Filtern

Durch die von vornherein festliegenden Nullstellen ist nicht jede Kombination für jeden Filtertyp geeignet, so z.B. symmetrische Impulsantworten mit ungeraden n wegen der Nullstelle $z_0 = -1$ bei $\Omega = \pi$ nicht für Hochpässe.

☐ **Beispiel 6.15**

Gegeben ist die Übertragungsfunktion eines FIR-Filters:

$$G(z) = \tfrac{1}{18z^4} \cdot (z+1)^2(z+2)\left(z+\tfrac{1}{2}\right).$$

Gesucht sind der Amplituden- und der Phasengang sowie die Impulsantwort.

Multipliziert man die Terme aus, so folgen die Darstellungen:

$$G(z) = \tfrac{1}{18z^4}(z^4 + 4,5z^3 + 7z^2 + 4,5z + 1),$$

$$G(z) = \tfrac{1}{18}z^{-2}(z^2 + 4,5z + 7 + 4,5z^{-1} + z^{-2}).$$

Mit $z = e^{j\Omega}$ folgt direkt der Frequenzgang:

$$G(z)_{z=e^{j\Omega}} = G(j\Omega) = \left| G(j\Omega) \right| \cdot e^{-b(\Omega)} = \left(\tfrac{7}{18} + \tfrac{1}{2}\cos\Omega + \tfrac{1}{9}\cos 2\Omega\right) \cdot e^{-2j\Omega}.$$

Wie durch die Nullstellenlage zu vermuten war, besitzt das FIR-System eine lineare Phase und Tiefpaßverhalten:

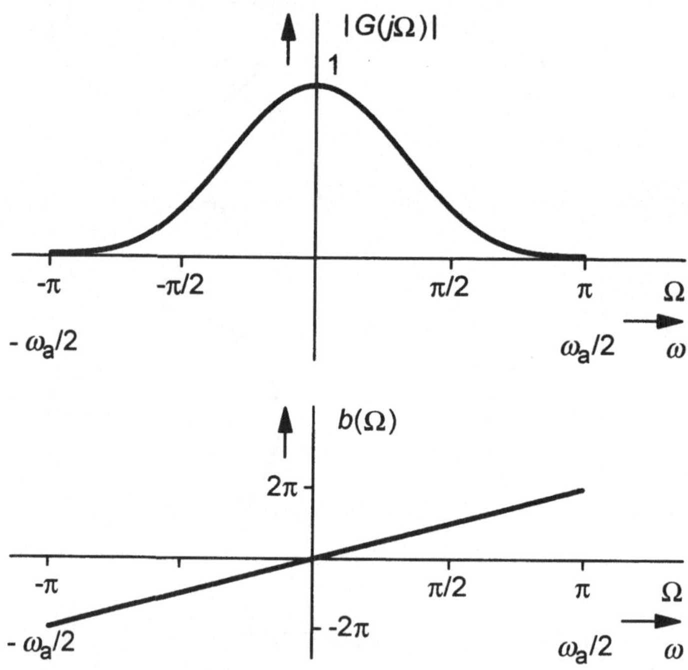

Bild 6.56
Frequenzgang des linearphasigen FIR-Filters

Die Impulsantwort folgt direkt aus der Darstellung

$$G(z) = \tfrac{1}{18}(1 + 4,5z^{-1} + 7z^{-2} + 4,5z^{-3} + z^{-4}),$$

$$\rightarrow g(k) = 0,0\overline{5}\delta(k) + 0,25\delta(k-1) + 0,3\overline{8}\delta(k-2) + 0,25\delta(k-3) + 0,0\overline{5}\delta(k-4). \quad \square$$

Nicht-minimalphasige linearphasige FIR-Systeme lassen sich als Reihenschaltung eines minimalphasigen Systems mit einem Allpaß auffassen, weswegen man sie auch allpaßhaltig nennt. In der s-Ebene waren die Pole und Nullstellen eines Allpaßsystems an der $j\omega$-Achse gespiegelt, in der z-Ebene sind sie entsprechend am Einheitskreis gespiegelt; zwischen ihnen besteht demnach wieder die Beziehung $z_0 = 1/z_\infty^*$. Das folgende Bild zeigt die Aufteilung eines linearphasigen FIR-Systems in ein minimalphasiges System mit Polen, also rekursiver Struktur, und einen Allpaß:

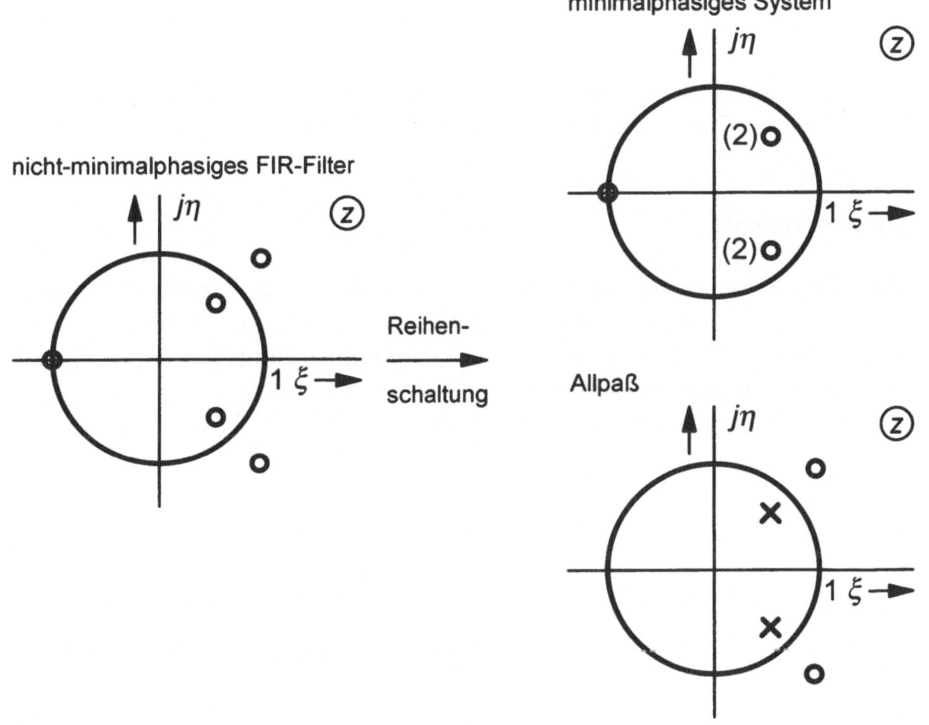

Bild 6.57
Aufteilung eines linearphasigen FIR-Systems in ein minimalphasiges System und einen Allpaß

Ein Allpaß ist dadurch gekennzeichnet, daß sein Amplitudengang eine *Konstante* darstellt, seine Pole und Nullstellen drücken sich nur durch die Phase aus. Exemplarisch läßt sich dies am einfachsten Allpaß mit einem Pol und einer Nullstelle leicht zeigen:

$$G_{AP}(z) = \frac{z-z_0}{z-z_\infty}\,. \tag{6.167}$$

Mit $z_\infty = 1/z_0^*$ folgt:

$$G_{AP}(z) = \frac{z-z_0}{z-\frac{1}{z_0^*}}\,. \tag{6.168}$$

Für einen stabilen Allpaß gilt:

$$G_{AP}(z)_{z=e^{j\Omega}} = G_{AP}(j\Omega) = \frac{e^{j\Omega}-z_0}{e^{j\Omega}-\frac{1}{z_0^*}} = -z_0^* e^{-j\Omega} \cdot \frac{1-z_0 e^{-j\Omega}}{1-z_0^* e^{j\Omega}}\,. \tag{6.169}$$

Der Nenner ist nun zum Zähler konjugiert komplex, so daß die Beträge gleich sind; damit folgt:

$$\left| G_{AP}(j\Omega) \right| = \left| z_0 \right|\,. \tag{6.170}$$

Ein Allpaß wird gerne eingesetzt, um in einer Reihenschaltung einen gewünschten Phasengang bestmöglich anzunähern, z.B. eben eine lineare Phase im Durchlaßbereich.

b) Rekursive Systeme

Mit einer Rückkopplungsstruktur besitzten die Systeme *zeitlich unbeschränkte* Impulsantworten, wie durch eine Polynomdivision der Übertragungsfunktionen direkt folgt. Sie werden deshalb als *IIR-Systeme* bezeichnet (englisch: infinite impulse response); sie besitzen die Übertragungsfunktion

$$G(z) = \frac{d_n + d_{n-1}z^{-1}...+d_0 z^{-n}}{1+c_{n-1}z^{-1}...+c_0 z^{-n}} = \frac{d_0 + d_1 z...+d_n z^n}{c_0 + c_1 z...+z^n} = d_n \cdot \frac{\prod\limits_{j=1}^{n}(z-z_{0j})}{\prod\limits_{i=1}^{n}(z-z_{\infty i})}\,. \tag{6.171}$$

(Genauer: Mindestens ein Pol bei $z_\infty \neq 0$ darf sich nicht gegen eine Nullstelle wegkürzen, da es sich sonst wieder um ein FIR-System reduzierter Ordnung handelt.)

Die entweder reellen oder konjugiert komplexen Pole müssen innerhalb des Einheitskreises liegen, damit die Systeme stabil sind; in diesem Fall darf $z = e^{j\Omega}$ gesetzt werden, um den Frequenzgang zu erhalten. IIR-Filter werden gerne als Sperrfilter eingesetzt, der Aufwand (Anzahl n der Speicher) ist dabei für steilflankige Filter geringer als bei FIR-Filtern. Nachteilig ist, daß Linearphasigkeit im Durchlaßbereich nur *näherungsweise* erreicht werden kann, da für die Pole genauso wie für die Nullstellen gelten müßte: $z_\infty = \frac{1}{z_\infty^*}$. Es gäbe damit Pole außerhalb des Einheitskreises, und das Filter wäre instabil.

□ **Beispiel 6.16**

In einem Signal soll die Frequenz $f_{\text{Sperr}} = 50\text{Hz}$ ausgeblendet werden, d.h. der Frequenzgang eines Ausblendfilters soll bei dieser Frequenz eine Verstärkung nahe Null aufweisen, möglichst ohne andere Frequenzen zu stören. Abgetastet wird mit $f_a = 200\text{Hz}$, so daß die normierte Frequenz $\Omega_{\text{Sperr}} = \frac{f_{\text{Sperr}}}{f_a} \cdot 2\pi = \frac{\pi}{2}$ beträgt.

Es ist naheliegend, eine Nullstelle auf dem Einheitskreis genau bei Ω_{Sperr} zu wählen, da dadurch die Verstärkung ideal Null wird; gleichzeitig gibt es bei einem reellen System die konjugiert komplexe Nullstelle:

$$z_{o1} = e^{j\Omega_{\text{Sperr}}} = e^{j\pi/2} = j, \quad z_{o2} = e^{-j\Omega_{\text{Sperr}}} = e^{-j\pi/2} = -j.$$

Ein kausales und damit realisierbares Filter muß mindestens dieselbe Anzahl von Polen und Nullstellen aufweisen; auch die Position der Pole muß sinnvoll festgelegt werden. Damit die Nullstellen möglichst isoliert bei Ω_{Sperr} wirken, kann man die Pole innerhalb des Einheitskreises dicht bei ihnen plazieren, z.B.

$$z_{\infty 1} = 0,8j, \quad z_{\infty 2} = -0,8j;$$

insgesamt erhält man mit einer noch freien Verstärkung K:

$$G(z) = K\frac{(z-j)(z+j)}{(z-0,8j)(z+0,8j)}.$$

Wird als statische Verstärkung $G(1) = 1$ gefordert, so folgt für K:

$$G(1) \overset{!}{=} 1 \rightarrow K\frac{(1-j)(1+j)}{(1-0,8j)(1+0,8j)} = K \cdot 1,2195 = 1 \rightarrow K = 0,82.$$

Für dieses stabile Filter erhält man den Frequenzgang direkt für $z = e^{j\Omega}$:

$$G(j\Omega) = 0,82\frac{(e^{j\Omega}-j)(e^{j\Omega}+j)}{(e^{j\Omega}-0,8j)(e^{j\Omega}+0,8j)}.$$

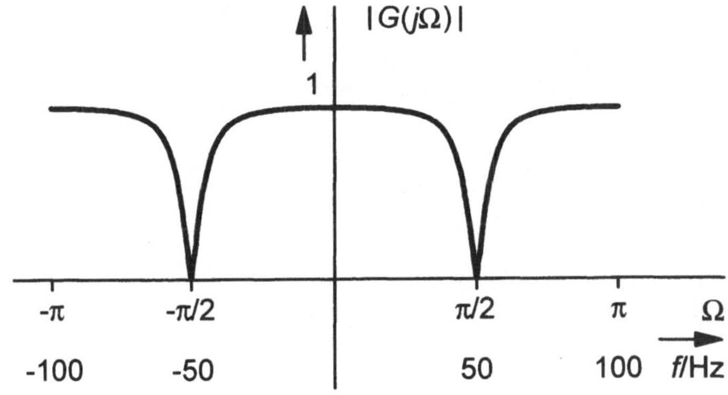

Bild 6.58
Amplitudengang des 50Hz-Ausblendfilters

Dieser Filtertyp wird auch *Kerb-* bzw. *Notch-Filter* genannt.$\qquad$□

Ein IIR-System kann auch als *Reihenschaltung* eines FIR-Systems (bestehend aus den plazierbaren *Nullstellen*) mit einem IIR-System (bestehend aus dem rein *rekursiven* Teil und damit den festlegbaren *Polen*) angesehen werden:

$$G(z) = d_n \cdot \frac{\prod\limits_{j=1}^{n}(z-z_{oj})}{\prod\limits_{i=1}^{n}(z-z_{\infty i})} = d_n \cdot \frac{\prod\limits_{j=1}^{n}(z-z_{oj})}{z^n} \cdot \frac{z^n}{\prod\limits_{i=1}^{n}(z-z_{\infty i})}. \tag{6.172}$$

c) Rein rekursive Systeme

Sind alle Koeffizienten bis auf d_n der vorwärts gerichteten Struktur Null, also $d_0 = d_1 = \ldots = d_{n-1} = 0$, dann ist das Resultat ein rein rekursives System:

$$G(z) = \frac{d_n}{1+c_{n-1}z^{-1}\ldots+c_0 z^{-n}} = d_n \frac{z^n}{c_0+c_1 z\ldots+z^n} = d_n \frac{z^n}{\prod\limits_{i=1}^{n}(z-z_{\infty i})}. \tag{6.173}$$

Dieser Filtertyp wird auch als *Prädiktorfilter* bezeichnet, da der Ausgangswert von den n schon bekannten Ausgangswerten abhängt.

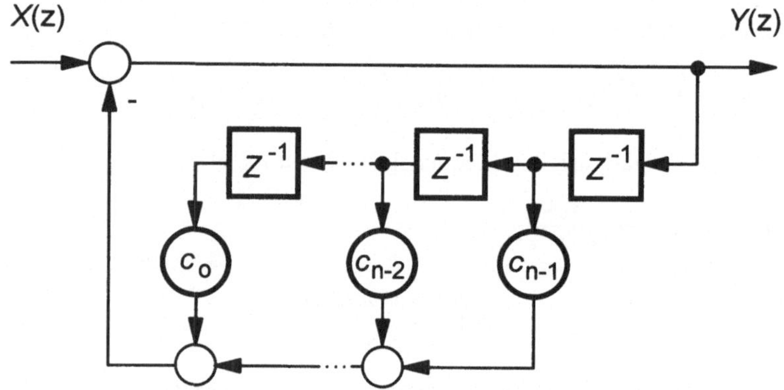

Bild 6.59
Struktur rein rekursiver Systeme

Rein rekursive Systeme besitzen eine zu den FIR-Systemen inverse Struktur der Übertragungsfunktion; sie haben deshalb n Nullstellen im Ursprung, während ihre Pole durch die Koeffizienten festliegen.

Neben einer gewünschten Filterwirkung ist es auch möglich, Systeme zu entwerfen, die auf eine gegebene Eingangsfolge eine gewünschte Ausgangsfolge liefern; die Übertragungsfunktion bestimmt sich dann aus

$$G(z) = \frac{Y(z)}{X(z)} \ .$$

Dieses „*signalumformende*" System reagiert auf eine andere Erregung selbstverständlich auch mit einer anderen Reaktion. Manchmal soll ein solches diskretes System aber auch nur einmal mit dem Einheitsimpuls „angestoßen" werden, um danach eine vorgegebene Folge zu liefern. In diesen Fällen bestimmt sich die Übertragungsfunktion einfach zu

$$x(k) = \delta(k) \circ\!\!-\!\!\bullet 1 \rightarrow G(z) = Y(z) \quad . \tag{6.174}$$

Dabei sind den Wünschen gewisse allerdings Grenzen gesetzt, denn die Anzahl der Nullstellen des Systems darf nicht größer sein als die der Pole, da es dann akausal wäre. Genauso dürfen keine Pole außerhalb des Einheitskreises liegen, da sonst ein instabiles System vorliegt. *Einfache* Pole *auf* dem Einheitskreis sind dann möglich, wenn zum einen die Anfangsbedingungen Null sind und zum anderen das System nicht mit diesen Polen in Resonanz betrieben wird (siehe Unterkapitel 5.4.1).

□ **Beispiel 6.17**

a) Ein digitaler Impulsumsetzer soll aus einem Rechteckimpuls einen Dreiecksimpuls liefern:

$$x(k) = \begin{cases} 1 & \text{für } 0 \le k \le 3 \\ 0 & \text{sonst} \end{cases} \xrightarrow{\text{Impulsumsetzer}} y(k) = \begin{cases} k & \text{für } 0 \le k \le 5 \\ 0 & \text{sonst} \end{cases} \ .$$

Mit den Bildfunktionen der Signale folgen direkt die Übertragungsfunktion und die Differenzengleichung, die sich z.B. als Programm realisieren läßt:

$$X(z) = 1 + z^{-1} + z^{-2} + z^{-3} \ ,$$

$$Y(z) = z^{-1} + 2z^{-2} + 3z^{-3} + 4z^{-4} + 5z^{-5} \ ,$$

$$\rightarrow G(z) = \frac{Y(z)}{X(z)} = \frac{z^{-1}+2z^{-2}+3z^{-3}+4z^{-4}+5z^{-5}}{1+z^{-1}+z^{-2}+z^{-3}} = \frac{5+4z+3z^2+2z^3+z^4}{z^2(1+z+z^2+z^3)} \ ,$$

$$\rightarrow y(k) = -y(k-1) - y(k-2) - y(k-3) + x(k-1) + 2x(k-2)$$

$$+3x(k-3) + 4x(k-4) + 5x(k-5) \quad .$$

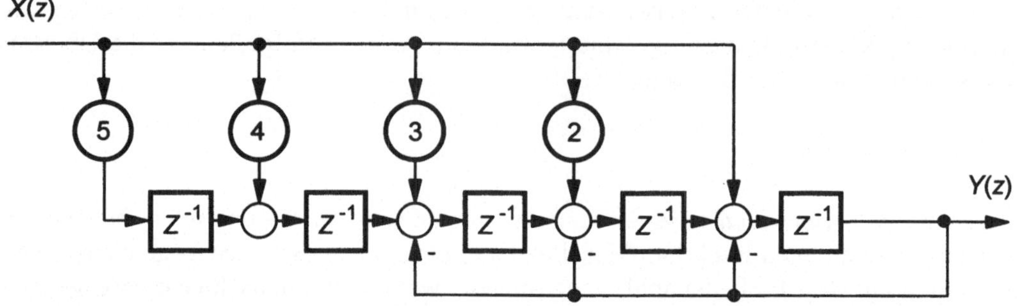

Bild 6.60
„Digitaler Impulsumsetzer": Strukturbild in erster kanonischer Form

b) Ein mit einem Impuls erregtes System soll eine Kosinusfolge als Reaktion liefern:

$$x(k) = \delta(k) \xrightarrow{\text{Signalumformer}} y(k) = \cos(k \cdot \tfrac{\pi}{6}) \cdot \sigma(k).$$

Die Ausgangsfolge ist damit gerade die Impulsantwort, so daß aus der Korrespondenz (siehe Tabelle im Anhang 7) folgt:

$$\cos(k \cdot \tfrac{\pi}{6}) \cdot \sigma(k) \circ\!\!-\!\!\bullet \frac{z\left(z - \cos\tfrac{\pi}{6}\right)}{z^2 - 2z\cos\tfrac{\pi}{6} + 1} = G(z)$$

In Potenzen von z^{-1} umformuliert, läßt sich auch die Differenzengleichung direkt angeben:

$$G(z) = \frac{1 - 0{,}87 z^{-1}}{1 - 1{,}73 z^{-1} + z^{-2}},$$

$$\rightarrow y(k) = 1{,}73\, y(k-1) - y(k-2) + x(k) - 0{,}87\, x(k-1).$$

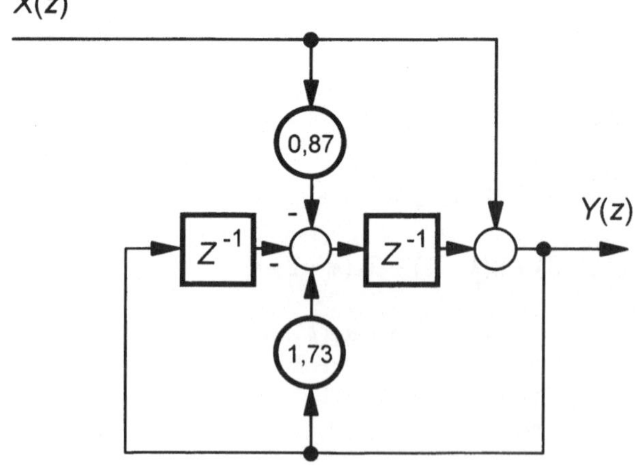

Bild 6.61
„Digitaler Kosinusgenerator":
Strukturbild in erster kanonischer
Form

Diskrete LTI-Systeme werden durch eine lineare Differenzengleichung mit konstanten Koeffizienten beschrieben, wobei für eine Berechnung der Ausgangsfolge die Altwerte bekannt sein müssen (c_n ist auf Eins normiert):

$$y(k) + c_{n-1}y(k-1) + \ldots + c_0 y(k-n)$$

$$= d_n x(k) + d_{n-1}x(k-1) + \ldots + d_0 x(k-n) \quad .$$

Damit korrespondiert die z-Übertragungsfunktion:

$$G(z) = \frac{Y(z)}{X(z)} = \frac{d_n + d_{n-1}z^{-1} \ldots + d_0 z^{-n}}{1 + c_{n-1}z^{-1} \ldots + c_0 z^{-n}} = \frac{d_0 + d_1 z \ldots + d_n z^n}{c_0 + c_1 z \ldots + z^n} = d_n \cdot \frac{\prod\limits_{j=1}^{n}(z - z_{0j})}{\prod\limits_{i=1}^{n}(z - z_{\infty i})} \quad .$$

Die Systeme sind *stabil*, wenn alle Pole *innerhalb* des Einheitskreises liegen. Besondere, *grundsätzlich* stabile Systeme erhält man mit der Parameterwahl:

$$c_0 = c_1 = \ldots = c_{n-1} = 0,$$

$$G(z) = d_n + d_{n-1}z^{-1} + \ldots + d_0 z^{-n} = \frac{1}{z^n} \cdot (d_0 + d_1 z \ldots + d_n z^n),$$

$$\rightarrow g(k) = d_n \delta(k) + d_{n-1}\delta(k-1) + \ldots + d_0 \delta(k-n).$$

Da die Impulsantworten *zeitlich beschränkt* sind, heißen sie *FIR-Systeme* (englisch: finite impulse response). Mit einer Rückkopplungsstruktur, also mit mindestens einem Pol $z_\infty \neq 0$, sind die Impulsantworten *zeitlich unbeschränkt*; sie heißen *IIR-Systeme* (englisch: infinite impulse response).

6.7   Diskrete Modelle kontinuierlicher Systeme

Neben den Entwurfsverfahren für zeitdiskrete Systeme wie digitale Filter oder Regler, die z.T. keine analoge Entsprechung haben, gibt es Methoden, bei denen ein kontinuierliches LTI-System möglichst gut durch ein diskretes angenähert bzw. *approximiert* wird. Möglichst gut heißt dabei im Sinne des Zeitverhaltens wie z.B. der Sprungantwort oder der entworfenen Filtereigenschaften, also des Frequenzganges. Das diskrete System ist demnach ein *Modell* des kontinuierlichen Originalsystems.

Typische Aufgabenstellungen sind:

- Eine kontinuierliche Regelstrecke bzw. ein Prozeß soll digital geregelt werden; ein Beispiel ist die Regelung einer Raumtemperatur durch eine Klimaanlage mit einem Mikrocontroller. Die Übertragungsfunktion des Prozesses läßt sich im s- und diejenige des Reglers im z-Bereich beschreiben; für das Entwurfsverfahren des digitalen Reglers wird jedoch eine gemeinsame Darstellung im z-Bereich benötigt.

- Mit den bekannten Verfahren wird ein analoges Filter hoher Qualität entworfen, z.B. ein Tschebyscheff-Filter, das anschließend auf einem Signalprozessor als Programm und damit diskretes System realisiert werden soll. Eine üblichere Vorgehensweise ist es allerdings, ein im z-Bereich vorgegebenes Toleranzschema mit Hilfe einer geeigneten Abbildung in den s-Bereich zu transformieren, dann das analoge Filter zu entwerfen und anschließend die Approximation vorzunehmen.

Ein Näherungsverfahren wurde schon exemplarisch angewendet, um eine Dgl zu diskretisieren: Das Euler-Differenzenverfahren, bei dem die Differentialquotienten sukzessive durch Differenzenquotienten ersetzt werden. Da die höheren Ableitungen eine immer gröbere Näherung darstellen, ist das Verfahren nur für eine geringe Ordnung und kleine Schrittweite hinreichend genau. Bessere Verfahren mit ihren Vor- und Nachteilen werden im folgenden diskutiert.

6.7.1 Entwurf auf vorgegebene Eingangssignale

Ist die Reaktion $y(t)$ eines *kontinuierlichen* Systems auf eine Erregung $x(t)$ bekannt, so ergeben sich die zugehörigen diskreten Folgen durch Einsetzen der Abtastzeitpunkte kT mit $k \geq 0$, da *kausale* Signale für die z-Transformation vorausgesetzt werden:

$$x(t)_{t=kT} = x(kT) = x(k), \quad y(t)_{t=kT} = y(kT) = y(k). \tag{6.175}$$

Die z-Transformierten $X(z)$ und $Y(z)$ dieser Folgen werden berechnet, ihr Verhältnis ergibt die gesuchte Übertragungsfunktion:

$$G(z) = \frac{Y(z)}{X(z)} \ .$$

Am einfachsten gelingt dies mit Hilfe der umfangreichen Korrespondenztabellen; es ist aber auch auf Basis der Transformationsgleichungen

$$X(z) = \sum_{k=0}^{\infty} x(k)z^{-k}, \quad Y(z) = \sum_{k=0}^{\infty} y(k)z^{-k} \tag{6.176}$$

möglich. Da die technisch relevanten Bildfunktionen rationale Funktionen sind, ergeben sich in diesen Fällen auch rationale Übertragungsfunktionen, die sich wieder direkt als Differenzengleichungen interpretieren lassen.

Das Ergebnis ist ein *diskretes Modell* des kontinuierlichen Systems, dessen Reaktion auf die zugrunde gelegte Erregung in den Abtastzeitpunkten *genau* stimmt; i.a. treten jedoch bei anderen Eingangssignalen zwischen den Ausgangssignalen des Originalsystems und seinem Äquivalent mehr oder weniger starke Abweichungen auf.

Eine besondere Stellung nimmt die Impulsantwort ein, da die Deltafunktion zum einen *nicht* abgetastet werden kann und zum anderen die Impulsantwort des diskreten Modells bzgl. der auf T normierten Zeit definiert ist. Es müßte demnach die Impulsantwort $g'(t)$ abgetastet werden, die Reaktion auf die Deltafunktion $\delta(\frac{t}{T})$ als Erregung; mit

$$\delta(at) = \frac{1}{|a|}\delta(t) \rightarrow \delta(\tfrac{t}{T}) = T\delta(t), \ T > 0$$

folgt:

$$g'(t) = Tg(t). \tag{6.177}$$

Ein möglicher Weg ist es, die Impulsantwort des kontinuierlichen Systems über die inverse Laplace-Transformation zu berechnen und anschließend die z-Transformierte von $g'(kT) = Tg(kT)$ zu bestimmen, z.B. über

$$G(z) = \sum_{k=0}^{\infty} Tg(kT)z^{-k}. \tag{6.178}$$

Die so berechnete z-Übertragungsfunktion beschreibt eine Impulsantwort, die in den Abtastzeitpunkten mit der Impulsantwort des Originalsystems *übereinstimmt*; sie wird die *impulsinvariante Transformation* genannt.

Für ein kontinuierliches System mit einfachen Polen $s_{\infty i}$ und der Übertragungsfunktion

$$G(s) = \sum_{i=1}^{n} \frac{A_i}{s - s_{\infty i}}$$

lassen sich die Abbildungseigenschaften dieser Transformation exemplarisch untersuchen:

$$g'(t) = T \sum_{i=1}^{n} A_i e^{s_{\infty i} t} \cdot \sigma(t); \tag{6.179}$$

damit folgt:

$$G(z) = T \sum_{i=1}^{n} A_i \sum_{k=0}^{\infty} e^{s_{\infty i} kT} z^{-k}. \tag{6.180}$$

Für $|z|$ im Konvergenzgebiet konvergiert die Reihe, und es kann die bekannte Summenformel verwendet werden:

$$\sum_{k=0}^{\infty} e^{s_{\infty i}kT}z^{-k} = \frac{1}{1-e^{s_{\infty i}T}z^{-1}},$$

$$G(z) = \sum_{i=1}^{n} \frac{TA_i z}{z-e^{s_{\infty i}T}}. \qquad (6.181)$$

Offensichtlich gehen die Pole in die der Definition $z = e^{sT}$ entsprechenden Pole der z-Ebene über, also

$$z_{\infty i} = e^{s_{\infty i}T}. \qquad (6.182)$$

Für die Nullstellen gilt diese Beziehung jedoch nicht, sondern es ergeben sich Abweichungen (siehe unten Beispiel a)).

Soll mit dieser Methode das diskrete Modell eines Analogfilters bestimmt werden, dann sollte es im Frequenzbereich durch die Periodizität des Frequenzganges zu möglichst wenig Überlappungen und damit Verfälschungen kommen. Es ist deshalb eine Abtastfrequenz zu wählen, die wesentlich höher ist als das Doppelte des größten Betrages eines Poles, also $\omega_a \gg 2|s_{\infty i}|_{max}$, da dieser bestimmt, ab welcher Frequenz der Amplitudengang gegen Null geht. Grundsätzlich ist das Verfahren deshalb zwar für Tiefpässe und Bandfilter, nicht jedoch für Hochpässe und Bandsperren geeignet; anders ausgedrückt muß der Nennergrad der s-Übertragungsfunktion höher als der Zählergrad sein.

□ **Beispiel 6.18**

a) Das Modell eines Filters mit

$$G(s) = 2\frac{s+3}{(s+2)(s+4)},$$

also mit den zwei Polen $s_{\infty 1} = -2$, $s_{\infty 2} = -4$ und der Nullstelle $s_o = -3$, ist mit Hilfe der impulsinvarianten Transformation zu bestimmen.

Mit der Partialbruchzerlegung folgt

$$G(s) = \frac{1}{s+2} + \frac{1}{s+4},$$

$$\rightarrow G(z) = \frac{Tz}{z-e^{-2T}} + \frac{Tz}{z-e^{-4T}} = \frac{2Tz(z-e^{-3T}\cosh T)}{(z-e^{-2T})(z-e^{-4T})}.$$

Die Nullstelle wird also statt in e^{-3T} in $e^{-3T}\cosh T$ transformiert.

b) Gesucht ist das diskrete Modell eines P_{T1}-Systems, dessen Sprungantwort bekannt ist:

$$h(t) = \left(1 - e^{-\frac{t}{T_1}}\right) \cdot \sigma(t).$$

Dieses Ausgangssignal im Abstand kT abgetastet besitzt die Bildfunktion:

$$(1 - e^{-\frac{kT}{T_1}}) \cdot \sigma(k) \circ\!\!-\!\!\bullet \frac{(1-c)z}{(z-1)(z-c)}, \quad c = e^{-\frac{T}{T_1}}.$$

Mit der Korrespondenz der Erregung

$$\sigma(kT) = \sigma(k) \circ\!\!-\!\!\bullet \frac{z}{z-1}$$

folgt direkt die Übertragungsfunktion zu

$$G(z) = \frac{1-c}{z-c}, \quad c = e^{-\frac{T}{T_1}}.$$

Formuliert man sie in Potenzen von z^{-1} um, so folgt durch Interpretation die Differenzengleichung:

$$y(k) = c \cdot y(k-1) + (1 - c) \cdot x(k-1). \qquad\qquad \square$$

Falls die Erregung eines kontinuierlichen Systems eine *Treppenfunktion* ist, die sich bekanntermaßen als eine Summe von Sprungfunktionen darstellen läßt, kann mit diesem Verfahren ein diskretes Modell bestimmt werden, dessen Ausgangsfolge in den Abtastzeitpunkten mit der Reaktion des Originalsystems *exakt* übereinstimmt.

6.7.2 Treppenförmige Erregungen und die exakte z-Übertragungsfunktion

Das Ausgangssignal eines digitalen Reglers ist i.a. hinter der D/A-Wandlung durch ein integriertes Halteglied treppenförmig, d.h. der analoge Wert wird zwischen den Abtastzeitpunkten nicht verändert. Meistens handelt es sich um ein Standardsignal, z.B. 0...10V oder 0...20mA, das als leistungsarmes Signal $y(t)$ auf ein Stellglied gegeben wird und das seinerseits Massen- oder auch Energieströme verstellt, um so die Regelgröße $x(t)$ gezielt zu beeinflussen. Über einen Sensor wird der Istwert vom Regler abgetastet und für den Vergleich mit der Führungsgröße bzw. dem Sollwert $w(t)$ eingelesen.

Das folgende Bild zeigt die prinzipielle Anordnung des geschlossenen Regelkreises. Die Stellgröße $y(t)$ hat einen treppenförmigen Verlauf, das System „Stellglied-Prozeß" hat aber in vielen Fällen Tiefpaßverhalten, so daß die Regelgröße keine Sprünge mehr aufweist. Um den *geschlossenen Regelkreis* untersuchen zu können, muß die Kette „Halteglied-Stellglied-Prozeß" durch eine z-Übertragungsfunktion dargestellt werden.

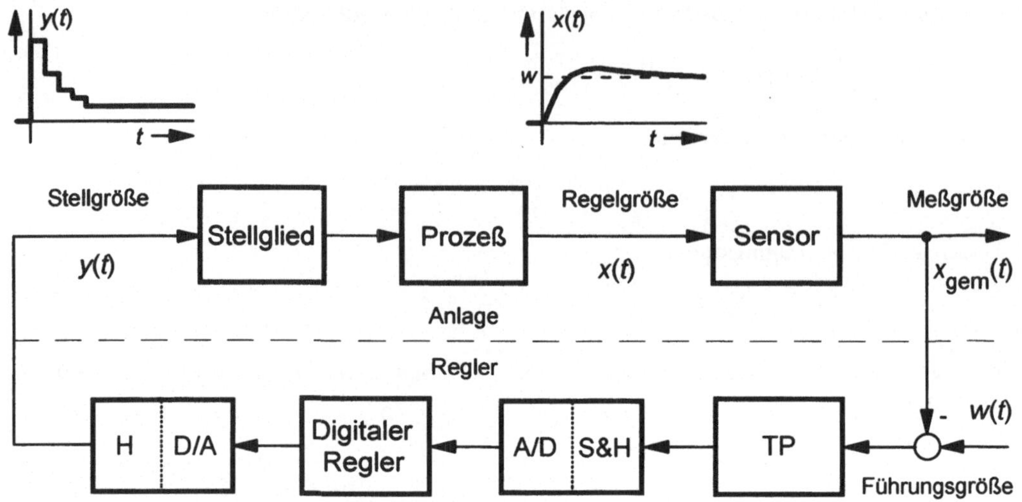

Bild 6.62
Digitaler Regler an einem kontinuierlichen Prozeß

Das Halteglied hat die Wirkung, daß ein zum Zeitpunkt kT ausgegebener diskreter Wert $y(kT)$ für eine Abtastperiode gehalten wird; dies läßt sich darstellen als

$$y_T(t) = y(kT) \cdot [\sigma(kT) - \sigma((k-1)T)] \text{ für } kT \le t < (k-1)T. \tag{6.183}$$

Ist die Sprungantwort des Systems „Stellglied-Prozeß" bekannt, so läßt sich die Reaktion auf dieses elementare Teilsignal sofort formulieren:

$$y(kT) \cdot [\sigma(kT) - \sigma((k-1)T)] \rightarrow y(kT) \cdot [h(kT) - h((k-1)T)]. \tag{6.184}$$

Im Bildbereich wird diese Reaktion beschrieben durch

$$h(kT) - h((k-1)T) \circ\!\!-\!\!\bullet (1 - z^{-1}) \cdot Z\{h(kT)\}. \tag{6.185}$$

Insgesamt stellt sich die Situation nun wie folgt dar: Der digitale Regler gibt diskrete Werte $y(kT)$ aus, die sich als gewichtete *Deltafunktionen* darstellen lassen, wobei sinnvollerweise die Zeit wieder auf die Abtastperiode normiert wird. Durch das Halteglied werden daraus *rechteckförmige* Teilsignale, die Teilreaktionen lassen sich als Summe zweier Sprungantworten sofort angeben. Die daraus berechenbare Übertragungsfunktion beschreibt offensichtlich den Verlauf der Regelgröße *genau*, wobei die Werte $x(kT)$ zu den Abtastzeitpunkten vom digitalen Regler eingelesen werden. $G(z)$ wird die *exakte z-Übertragungsfunktion* genannt, sie berechnet sich nach der obigen Herleitung aus:

$$G(z) = (1 - z^{-1}) \cdot Z\{h(kT)\} = \frac{z-1}{z} \cdot \sum_{k=1}^{\infty} h(k) \cdot z^{-k} \, . \qquad (6.186)$$

□ Beispiel 6.19

Für einen Integrierer mit der Sprungantwort $h(t) = \frac{t}{T_1} \cdot \sigma(t)$ ist die exakte z-Übertragungsfunktion zu bestimmen.

Mit der Zeitnormierung $k = \frac{t}{T}$ (bzw. $t = kT$) folgt mit Hilfe der Korrespondenztabelle

$$h(k) = \frac{T}{T_1} \cdot k \cdot \sigma(k) \circ\!\!-\!\!\bullet \frac{T}{T_1} \cdot \frac{z}{(z-1)^2} \, ,$$

sowie für die gesuchte Übertragungsfunktion nach Gl. 6.186:

$$G(z) = \frac{z-1}{z} \cdot \frac{T}{T_1} \cdot \frac{z}{(z-1)^2} = \frac{T}{T_1} \cdot \frac{1}{z-1} = \frac{T}{T_1} \cdot \frac{z^{-1}}{1-z^{-1}} \, .$$

Die Sprungantwort ist die Reaktion auf die einfachste treppenförmige Erregung; sie läßt sich z.B. mit Hilfe der Differenzengleichung numerisch berechnen und mit der obigen Vorgabe vergleichen:

$$y(k) = y(k-1) + \frac{T}{T_1} x(k-1),$$

$$\rightarrow h(k) = \left\{0, \frac{T}{T_1}, 2\frac{T}{T_1}, 3\frac{T}{T_1}, \dots\right\} \text{ für } k \geq 0. \qquad \square$$

6.7.3 Die Rechteck- und die Trapeznäherung sowie die bilineare Transformation

Für viele Anwendungen kann die Erregung des kontinuierlichen Systems jedoch einen *beliebigen* Verlauf aufweisen, so daß ein bestimmtes Eingangssignal für die Berechnung des diskreten Modells nicht sinnvoll ist. Handelt es sich um ein Filter, so ist die Transformation der $j\omega$-Achse in die z-Ebene entscheidend, da davon Frequenzgang des digitalen Filters abhängt.

Dynamische Systeme enthalten Speicher, in analogen elektrischen Systemen sind dies Kapazitäten und Induktivitäten und in diskreten Systemen digitale Speicher und Register. Die Speicher sind im Kontinuierlichen integrale Systeme, die im Zeit- und im Bildbereich beschrieben werden durch

$$\dot{y}(t) = x(t) \text{ bzw. } y(t) = \int_0^t x(\tau)d\tau,$$

$$\rightarrow G(s) = \frac{1}{s} \, .$$

Das Integral kann nun durch eine Summe der *rechteckigen* Flächeninkremente $x(k) \cdot T$ angenähert werden:

$$y(k) \approx \sum_{n=0}^{k} x(n) \cdot T. \tag{6.187}$$

Durch Aufteilen der Summe in zwei Anteile folgt

$$y(k) = \sum_{n=0}^{k-1} x(n) \cdot T + x(k) \cdot T = y(k-1) + x(k) \cdot T. \tag{6.188}$$

Die zugehörige z-Übertragungsfunktion

$$G(z) = \frac{T}{1-z^{-1}} = \frac{Tz}{z-1} \tag{6.189}$$

ist eine Näherung der s-Übertragungsfunktion, womit sich die Beziehung

$$s \approx \frac{1}{T} \cdot \frac{z-1}{z} \tag{6.190}$$

ergibt, mit der nun jedes s in einer Übertragungsfunktion $G(s)$ substituiert werden kann. Im Gegensatz zur exakten z-Transformation werden dabei aber nicht nur das Eingangssignal, sondern auch das Ausgangssignal und sämtliche Ableitungen durch Treppenfunktionen ersetzt; es ist leicht einzusehen, daß sich nur für hinreichend kleine Abtastperioden ein brauchbares diskretes Modell ergibt.

Die Veränderung des Frequenzganges läßt sich beurteilen, indem die Kurve berechnet wird, die die $j\omega$-Achse in der z-Ebene darstellt:

$$z = \frac{1}{1-j\omega T} = \frac{1}{2}\left(1 + \frac{1+j\omega T}{1-j\omega T}\right) = \frac{1}{2}(1 + e^{j2\arctan\omega T}) \tag{6.191}$$

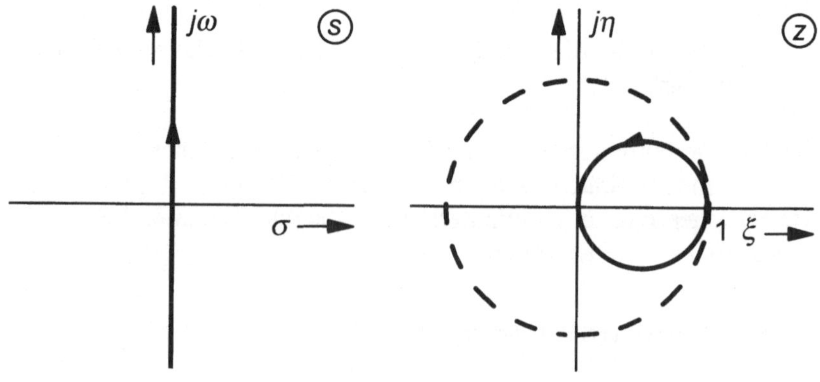

Bild 6.63
Abbildung der $j\omega$-Achse in die z-Ebene durch die Rechtecknäherung

Es handelt sich dabei um einen Kreis *innerhalb* des Einheitskreises und nicht um den Kreis selbst. Dadurch sind zwar die diskreten Modelle stabiler kontinuierlicher Systeme ebenfalls stabil, und die Übertragungsfunktionen bleiben rationale Funktionen, aber in der z-Ebene erhält man nur Tiefpässe.

Eine bessere Näherung ergibt sich durch die bekannte Trapezregel; hierbei wird die zu integrierende Funktion durch Geradenstücke angenähert:

$$y(k) \approx \sum_{n=1}^{k} \tfrac{1}{2}[x(n) + x(n-1)] \cdot T. \tag{6.192}$$

Daraus folgt die Differenzengleichung

$$y(k) = y(k-1) + \tfrac{T}{2}[x(k) + x(k-1)], \tag{6.193}$$

die mit der Übertragungsfunktion

$$G(z) = \tfrac{T}{2} \cdot \tfrac{1+z^{-1}}{1-z^{-1}} = \tfrac{T}{2} \cdot \tfrac{z+1}{z-1} \tag{6.194}$$

die Näherung ergibt:

$$s \approx \tfrac{2}{T} \cdot \tfrac{z-1}{z+1}. \tag{6.195}$$

Das gleiche Resultat erhält man, indem die Beziehung der Definition

$$s = \tfrac{1}{T} \ln z = \tfrac{1}{T} \ln \frac{1+\frac{z-1}{z+1}}{1-\frac{z-1}{z+1}} \tag{6.196}$$

in eine Reihe nach $\frac{z-1}{z+1}$ entwickelt und nach dem ersten Glied abgebrochen wird:

$$s = \tfrac{2}{T} \cdot \left[\tfrac{z-1}{z+1} + \tfrac{1}{3}\left(\tfrac{z-1}{z+1}\right)^{3} + \tfrac{1}{5}\left(\tfrac{z-1}{z+1}\right)^{5} + \dots \right]. \tag{6.197}$$

Diese Näherung für die Laplacevariable s ist als *Tutsin-Formel* bzw. *bilineare Transformation* bekannt; sie hat den entscheidenden Vorteil, daß sie wie die Originalbeziehung die linke s-Halbebene auf das *Innere* des Einheitskreises abbildet. Um dies zu zeigen, wird wieder die $j\omega$-Achse transformiert:

$$z = \frac{1+j\omega\frac{T}{2}}{1-j\omega\frac{T}{2}} = e^{j2 \arctan \omega \frac{T}{2}}. \tag{6.198}$$

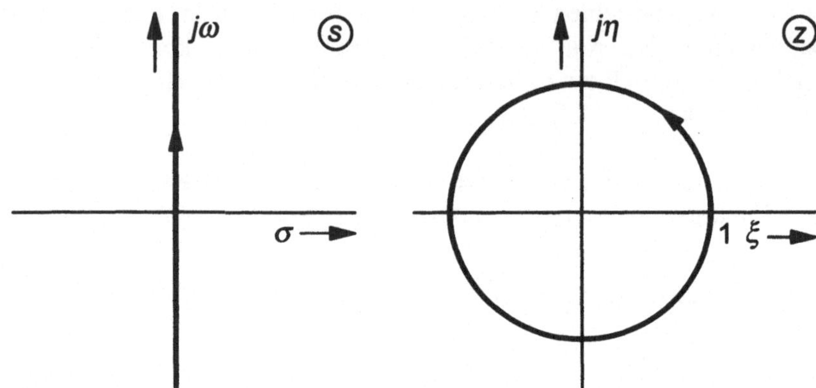

Bild 6.64
Abbildung der $j\omega$-Achse in die z-Ebene durch die bilineare Transformation

Damit sind die diskreten Modelle stabiler Systeme ebenfalls stabil, ihre Übertragungs-funktionen bleiben rationale Funktionen. Der Frequenzgang erfährt nur eine *nichtlineare* Frequenz- und *keine* Amplitudenverzerrung:

$$\omega = \tfrac{2}{T} \tan \tfrac{\Omega}{2}. \tag{6.199}$$

Der gesamte Frequenzbereich $\pm\infty$ eines Analogfilters wird dadurch auf den Bereich $\Omega = \pm\pi \leftrightarrow \omega = \pm\omega_a/2$ des Digitalfilters abgebildet, so daß es *nicht* zu Überlappungen der sich periodisch wiederholenden Frequenzgänge kommen kann, wie z.B. bei der impuls-invarianten Transformation. Durch die Frequenzverzerrung ist die Flankensteil-heit des Digitalfilters höher als die des Analogfilters.

Bei einem Filterentwurf wird der Einfachheit halber den Faktor $2/T$ häufig weggelassen, da sich damit nur ein anderer Frequenzmaßstab ergibt:

$$s = \tfrac{z-1}{z+1} \text{ bzw. } \omega = \tan \tfrac{\Omega}{2}. \tag{6.200}$$

Ein Designverfahren beginnt normalerweise mit der Festlegung eines Toleranzschemas für den Frequenzgang bzgl. Ω, das zunächst in ein entsprechendes bzgl. ω umgerechnet wird. Nach dem Entwurf des analogen Filters auf der Basis der gängigen Verfahren wird s substituiert, und das Resultat ist das digitale Filter; ein konstanter Faktor hat auf diese Weise keine Auswirkungen.

$\square$ Beispiel 6.20

Ein analoger Reihenschwingkreis als selektives Filter hat die Übertragungsfunktion

$$G_a(s) = \frac{\frac{1}{Q}\frac{s}{\omega_0}}{1+\frac{1}{Q}\frac{s}{\omega_0}+(\frac{s}{\omega_0})^2}\,.$$

Hierbei ist $\omega_0 = 2\pi f_0$ die Resonanzfrequenz und Q die Güte, die definiert ist als

$$Q = \frac{f_0}{B} = \frac{f_0}{f_{max}-f_{min}} = \frac{\omega_0}{\omega_{max}-\omega_{min}}\,.$$

Man bestimme die z-Übertragungsfunktion des diskreten Modells auf der Basis der bilinearen Transformation für den Fall $Q = 10$ und $f_a/f_0 = 16$.

Nach einigen elementaren Schritten folgt:

$$G(z) = G_a(\tfrac{2}{T}\tfrac{z-1}{z+1}) = \frac{1}{Q}\cdot\frac{z^2-1}{z^2\left(\frac{\omega_0 T}{2}+\frac{1}{Q}+\frac{2}{\omega_0 T}\right)+z\left(\omega_0 T-\frac{4}{\omega_0 T}\right)+\left(\frac{\omega_0 T}{2}-\frac{1}{Q}+\frac{2}{\omega_0 T}\right)}\,.$$

Mit $\omega_0 T = 2\pi\frac{f_0}{f_a} = \frac{\pi}{8}$ sowie nach einer Umformulierung in Potenzen von z^{-1} erhält man:

$$G(z) = 0,01856\frac{1-z^{-2}}{1-1,8172z^{-1}+0,9629z^{-2}}\,.$$

Ein anderer, eleganterer Weg führt über eine frühzeitige Normierung, denn mit

$$s_n = \frac{s}{\omega_0}$$

vereinfacht sich die Übertragungsfunktion des analogen Systems zu:

$$G_a(s_n) = \frac{\frac{1}{Q}s_n}{1+\frac{1}{Q}s_n+s_n^2}\,.$$

Beide Frequenzachsen sind nun normiert mit $\omega_n = \frac{\omega}{\omega_0}$ und $\Omega = 2\pi\cdot\frac{f}{f_a}$, so daß für den Resonanzpunkt gilt:

$$\omega_{on} = 1 \leftrightarrow \Omega_0 = \frac{\pi}{8}\,.$$

Die bilineare Transformation muß nun bzgl. der normierten Variablen modifiziert werden:

$$s = \frac{2}{T}\cdot\frac{z-1}{z+1} \rightarrow s_n = \frac{s}{\omega_0} = \frac{2}{\omega_0 T}\cdot\frac{z-1}{z+1} = 5,1\cdot\frac{z-1}{z+1}\,.$$

Diese Beziehung eingesetzt führt auf das gleiche Ergebnis:

$$G(z) = 0,01856\frac{1-z^{-2}}{1-1,8172z^{-1}+0,9629z^{-2}}\,.$$

Der Frequenzgang folgt aus

$$G(z)_{z=e^{j\Omega}} = G(j\Omega) = 0,01856\frac{1-e^{-2j\Omega}}{1-1,8172e^{-j\Omega}+0,9629e^{-2j\Omega}}\,.$$

Das Filterverhalten dieses diskreten Systems bzgl. der normierten Frequenz $\omega_n = \omega/\omega_0$ läßt sich mit $\Omega = \frac{\omega}{f_a} = \frac{\omega}{16 f_0} = \frac{\omega}{\omega_0} \cdot \frac{\pi}{8} = \omega_n \cdot \frac{\pi}{8}$ bestimmen:

$$G(j\omega_n \tfrac{\pi}{8}) = 0,01856 \frac{1 - e^{-j\omega_n \frac{\pi}{4}}}{1 - 1,8172 e^{-j\omega_n \frac{\pi}{8}} + 0,9629 e^{-j\omega_n \frac{\pi}{4}}} \; .$$

Real- und Imaginärteil des Zählers und Nenners folgen mit der Eulerschen Beziehung:

$$G(j\omega_n \tfrac{\pi}{8}) = \frac{0,01856\left[1 - \cos\left(\omega_n \frac{\pi}{4}\right)\right] + j\sin\left(\omega_n \frac{\pi}{4}\right)}{\left[1 - 1,8172\cos\left(\omega_n \frac{\pi}{8}\right) + 0,9629\cos\left(\omega_n \frac{\pi}{4}\right)\right] + j\left[1,8172\sin\left(\omega_n \frac{\pi}{8}\right) - 0,9629\sin\left(\omega_n \frac{\pi}{4}\right)\right]} \; .$$

Wie man leicht sieht, ist der Frequenzgang periodisch mit $\omega_n = 16$. Das folgende Bild zeigt die Amplitudengänge des kontinuierlichen sowie des diskreten Systems im Bereich $\omega \in [0, \omega_a/2]$; die Abweichungen sind so gering, daß kaum Unterschiede zu sehen sind:

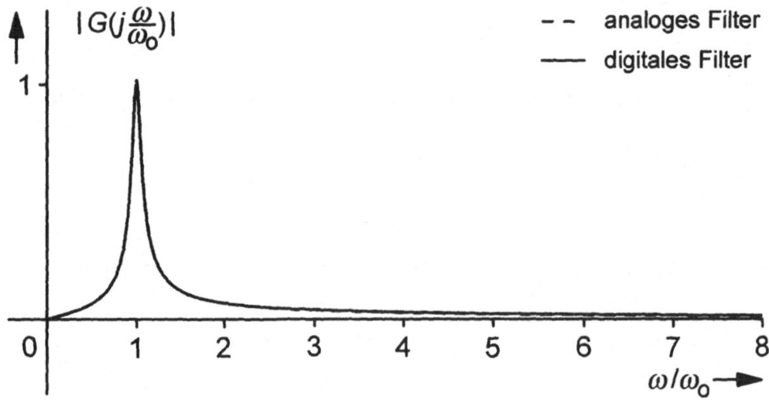

Bild 6.65
Vergleich der Amplitudengänge des Reihenschwingkreises mit $Q = 10$ und seines über die bilineare Transformation berechneten diskreten Modells   □

Wird in einer s-Übertragungsfunktion jedes s durch

$$s \approx \frac{2}{T} \cdot \frac{z-1}{z+1}$$

ersetzt, so ist das Resultat ein *diskretes Modell* des kontinuierlichen Systems. Diese Näherung ist als *Tutsin-Formel* bzw. *bilineare Transformation* bekannt; sie bildet wie die Originalbeziehung die linke s-Halbebene auf das *Innere* des Einheitskreises ab. Damit sind die diskreten Modelle stabiler Systeme ebenfalls stabil, ihre Übertragungsfunktionen bleiben rationale Funktionen. Der Frequenzgang erfährt nur eine *nichtlineare* Frequenz- und *keine* Amplitudenverzerrung:

$$\omega = \frac{2}{T} \tan \frac{\Omega}{2}.$$

7 Stochastische Signale und die Reaktionen von LTI-Systemen

Die bisher behandelten Signale waren *determiniert,* da ihr Funktionswert zu jedem Zeitpunkt festlag; die Reaktion eines LTI-Systems auf ein determiniertes Eingangssignal (d.h. mit bekanntem Zeitverlauf) ist ein ebenfalls determiniertes Ausgangssignal. Häufig ist jedoch der genaue Verlauf eines Signals nicht bekannt, z.B. bei Musik- oder Fernsehsignalen, aber auch rauschenden Widerständen, Verstärkern und Antennen. Hierbei bietet es sich an, sie als *Zufalls-* bzw. *stochastische Signale* aufzufassen und dementsprechend mit den Methoden der Wahrscheinlichkeitsrechnung zu charakterisieren. Dazu wird eine große Anzahl von Zufallssignalen gleichen physikalischen Ursprungs betrachtet, z.B. sehr viele gleiche rauschende Widerstände. Dann lassen sich für die Gesamtheit dieser Signale (stochastischer Prozeß) durch Mittelung determinierte Werte und Funktionen (Erwartungswerte) bilden, welche die dem Prozeß als Ganzes innewohnende Gesetzmäßigkeit beschreiben.

Ein Beispiel ist das Würfeln, das als *zeitdiskreter* Prozeß aufgefaßt werden kann, und bei dem die vorkommenden Werte ganzzahlig (und damit ebenfalls *wertdiskret*) zwischen Eins und Sechs liegen. Bei einem normalen Würfel treten die Werte mit derselben Wahrscheinlichkeit auf, und eine Augenzahl ist von vorher gewürfelten Augenzahlen statistisch völlig unabhängig; genauso ist es beim Roulette. Ein anderes Bild ergibt sich bei der Analyse der Buchstaben in der deutschen Sprache. Das e ist der häufigste Buchstabe (der Buchstabe mit der größten Wahrscheinlichkeit); die Wahrscheinlichkeit, daß z.B. auf ein e direkt ein i folgt, ist höher, als daß es sich um ein y handelt.

Die grundsätzlichen Begriffe und Beziehungen der Wahrscheinlichkeitsrechnung sind für das Verständnis des folgenden Stoffes notwendig und deshalb im Anhang 2 zusammengestellt. Die dargestellte Behandlung stochastischer Signale ist mathematisch nicht immer ganz streng, für eine Vertiefung des Stoffes wird deshalb auf die Spezialliteratur verwiesen (siehe z.B. [5]).

7.1 Die Beschreibung stochastischer Signale

Betrachtet werden zunächst *reelle zeitkontinuierliche* Zufallssignale, z.B. thermisches Rauschen an stromlosen Widerständen. Durch die regellose Bewegung der freien Elektronen wird eine Spannung hervorgerufen, deren zeitlich unvorhersehbarer Verlauf sich durch eine empfindliche Messung nachweisen läßt. Eine einzige Messung wird offensichtlich keine allgemeingültige Aussage über das Rauschen zulassen (genauso, wie ein einmaliges Würfeln keine Aussage über die Gleichverteilung der Augenzahlen zuläßt), so daß eine *möglichst große* Zahl dieser Messungen unter *gleichen* physikalischen Bedingungen zugrunde gelegt wird, d.h. gleiche Widerstände und gleiche Temperaturen. Das folgende Bild zeigt die Gesamtheit der so erhaltenen Zufallssignale, die *Schar* bzw. *Ensemble* genannt werden. *Ein* Verlauf $^i x(t)$ wird eine *Realisierung* bzw. *Musterfunktion* genannt, *alle zusammen* bilden den *stochastischen Prozeß $X(t)$*.

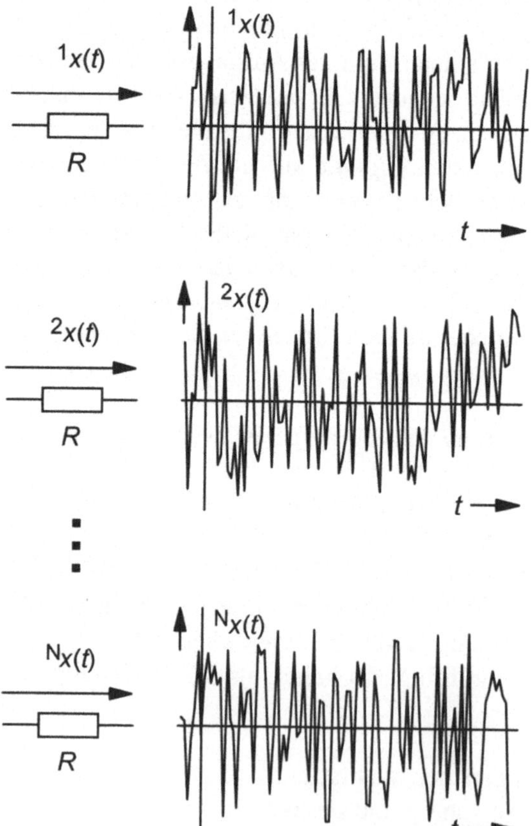

Bild 7.1
Regellose Spannungen an einem rauschenden Widerstand als Beispiel für einen stochastischen Prozeß $X(t)$

Für einen bestimmten Zeitpunkt $t = t_1$ werden die zufälligen Spannungspegel $^i x(t)$ gemessen. Wenn von den N Meßwerten $^i x(t_1)$ $n(t_1)$ Meßwerte *unterhalb* eines festgelegten Pegels x liegen, dann nennt man $\frac{n(t_1)}{N}$ für ein genügend großes N die *Wahrscheinlichkeitsverteilung* der *kontinuierlichen* Zufallsvariablen $X(t_1)$ und schreibt dafür $P(X(t_1) \leq x)$; die Verteilung F_X ist eine Funktion von x und t_1, d.h.

$$F_X(x, t_1) = P(X(t_1) \leq x). \tag{7.1}$$

Für einen beliebigen Zeitpunkt t kann ganz allgemein auch

$$F_X(x, t) = P(X(t) \leq x) \tag{7.2}$$

geschrieben werden. Die Ableitung nach x dieser Verteilung (die Existenz vorausgesetzt) ergibt die *Wahrscheinlichkeitsdichteverteilung*

$$f_X(x, t) = \frac{\partial}{\partial x} F_X(x, t) \tag{7.3}$$

die mit

$$P(x, t) \approx f_X(x, t) \Delta x \tag{7.4}$$

und einem hinreichend kleinen $\Delta x > 0$ angibt, wie groß die Wahrscheinlichkeit zu einem bestimmten Zeitpunkt t ist, daß die Zufallsvariable einen Wert *um* x annimmt. Umgekehrt läßt sich die Verteilung aus der Dichte über die Integration

$$F_X(x, t) = \int_{-\infty}^{x} f_X(v, t) dv \tag{7.5}$$

berechnen. Die Wahrscheinlichkeit, daß $X(t)$ *zwischen* a und b liegt, berechnet sich zu

$$P(a < X(t) \leq b) = \int_{a}^{b} f_X(v, t) dv = F_X(b) - F_X(a) \tag{7.6}$$

Für die Kennzeichnung des stochastischen Prozesses werden nun Erwartungswerte bestimmt, wie den *Schar-* oder *Ensemblemittelwert*, für den verschiedene Bezeichnungen üblich sind:

$$E\{X(t)\} = \overline{X(t)} = \mu_X(t) = \int_{-\infty}^{\infty} x f_X(x, t) dx. \tag{7.7}$$

Die Erfahrung zeigt, daß man bei praktischen Versuchen diesen Wert auch durch Mittelung der Werte der Zufallssignale (der Realisierungen) für einen Zeitpunkt t bestimmen kann, also

$$\mu_X(t) \approx \frac{1}{N} \sum_{i=1}^{N} {}^i x(t), \tag{7.8}$$

wobei die Konvergenz für große Werte von N mathematisch *nicht* gesichert ist. Praktisch läßt sich jedoch ein genügend großer Wert N finden, für den die betragsmäßige Abweichung der beiden Funktionen eine vorgegebene Schranke unterschreitet; es ist dann legitim davon auszugehen, daß im Grenzfall gilt:

$$\mu_X(t) = \lim_{N \to \infty} \frac{1}{N} \sum_{i=1}^{N} {}^i x(t). \tag{7.9}$$

Als *quadratischer Mittelwert* wird die Funktion

$$E\{X^2(t)\} = \overline{X^2(t)} = \mu_{X^2}(t) = \int_{-\infty}^{\infty} x^2 f_X(x, t)dx \tag{7.10}$$

bezeichnet, die sich durch Messungen an den Zufallssignalen ergibt zu

$$\mu_{X^2}(t) \approx \frac{1}{N} \sum_{i=1}^{N} {}^i x^2(t), \tag{7.11}$$

bzw. im Grenzfall:

$$\mu_{X^2}(t) = \lim_{N \to \infty} \frac{1}{N} \sum_{i=1}^{N} {}^i x^2(t). \tag{7.12}$$

Die *Streuung* (oder auch Varianz) folgt aus der Beziehung

$$\sigma_X^2(t) = E\{(X(t) - \mu_X(t))^2\} = \int_{-\infty}^{\infty} (x - \mu_X(t))^2 f_X(x, t)dx,$$

sowie ebenfalls

$$\sigma_X^2(t) = \lim_{N \to \infty} \frac{1}{N} \sum_{i=1}^{N} ({}^i x(t) - \mu_X(t))^2. \tag{7.13}$$

- σ_X ist die *Standardabweichung*. -

Können die Zufallssignale nur *diskrete Werte* annehmen (womit es sich um eine *diskrete* Zufallsvariable handelt), z.B. $x_1 = 0$ und $x_2 = 10V$ bei einem digitalen Signal, dann wird aus dem Integral Gl. 7.5 des Erwartungswertes eine Summe. Für die Wahrscheinlichkeitsdichteverteilung gilt dann mit den M möglichen Zuständen x_j (Näheres im Anhang 2)

$$f_X(x, t) = \sum_{j=1}^{M} P(x_j, t) \cdot \delta(x - x_j), \tag{7.14}$$

wobei $P(x_j, t)$ die Wahrscheinlichkeit dafür ist, daß die diskrete Zufallsvariable x zur Zeit t den Wert x_j annimmt. Gl. 7.7 wird dann mit der Ausblendeigenschaft der Deltafunktion zu:

$$\int_{-\infty}^{\infty} x f_X(x, t) dx = \int_{-\infty}^{\infty} x \left(\sum_{j=1}^{M} P(x_j, t) \cdot \delta(x - x_j) \right) dx = \sum_{i=1}^{M} x_j P(x_j, t),$$

$$E\{X(t)\} = \overline{X(t)} = \mu_X(t) = \sum_{i=1}^{M} x_j P(x_j, t). \tag{7.15}$$

Entsprechend ergibt sich für die Streuung bei *diskreten Werten* und damit einer diskreten Zufallsvariablen:

$$\sigma_X^2(t) = \sum_{j=1}^{M} \left[x_j - \mu_X(t) \right]^2 P(x_j, t). \tag{7.16}$$

Die *Autokorrelationsfunktion* (kurz: Autokorrelierte) ist ein Maß für die *Ähnlichkeit* bzw. Verwandtschaft der Zufallsvariablen zu zwei Zeitpunkten $t_{1,2}$:

$$r_{XX}(t_1, t_2) = E\{X(t_1)X(t_2)\}; \tag{7.17}$$

für sie gilt mit der obigen Argumentation:

$$r_{XX}(t_1, t_2) = \lim_{N \to \infty} \frac{1}{N} \sum_{i=1}^{N} {}^i x(t_1) {}^i x(t_2). \tag{7.18}$$

Aus der Definition der Streuung sowie des Mittelwertes folgt die Beziehung

$$\sigma_X^2(t) = r_{XX}(t, t) - \mu_X^2(t). \tag{7.19}$$

Die *Kreuzkorrelationsfunktion* (kurz: Kreuzkorrelierte) ist ein Maß für die Ähnlichkeit zweier *unterschiedlicher* stochastischer Prozesse $X(t)$ und $Y(t)$:

$$r_{XY}(t_1, t_2) = E\{X(t_1)Y(t_2)\}, \tag{7.20}$$

$$r_{XY}(t_1, t_2) = \lim_{N \to \infty} \frac{1}{N} \sum_{i=1}^{N} {}^i x(t_1) {}^i y(t_2); \tag{7.21}$$

für $Y(t) = X(t)$ geht die Kreuzkorrelierte in die Autokorrelierte über.

□ Beispiel 7.1

Ein sinusförmiges Signal $X(t)$ habe eine zufällige Amplitude A:

$$X(t) = A \sin(\omega t).$$

Die Zufallsvariable A sei normalverteilt mit einem Mittelwert sowie einer Streuung von

$$\mu_A = E\{A\} = 0, \ \sigma_A^2 = E\{A^2\} = 2.$$

Damit ist $X(t)$ ein ebenfalls normalverteilter stochastischer Prozeß, für dessen Mittelwert und Streuung folgt:

$$\mu_X(t) = E\{X(t)\} = E\{A\} \sin(\omega t) = 0,$$

$$\sigma_X^2(t) = E\{X^2(t)\} = E\{A^2\} \sin^2(\omega t) = 2 \sin^2(\omega t).$$

Für die Autokorrelationsfunktion erhält man:

$$r_{XX}(t_1, t_2) = E\{X(t_1)X(t_2)\} = 2 \sin(\omega t_1) \sin(\omega t_2).$$

Bezeichnet man den ersten Zeitpunkt mit $t_1 = t$, so läßt sich der zweite durch die Zeitdifferenz τ ausdrücken durch $t_2 = t_1 + \tau = t + \tau$; mit dieser Variablensubstitution kann die Autokorrelierte formuliert werden als

$$r_{XX}(t, \tau) = 2 \sin(\omega t) \sin[\omega(t + \tau)].$$

Wie man sieht, sind der Mittelwert, die Streuung sowie die Autokorrelationsfunktion dieses stochastischen Prozesses zeitabhängig. □

Die Berechnung der Erwartungswerte ist für praktische Anwendungen sehr aufwendig, da für jeden Zeitpunkt große Datenmengen verarbeitet werden müssen. Eine starke Vereinfachung ergibt sich schon, wenn sie *zeitunabhängig* sind, solche Prozesse heißen *stationär* (in ihren statistischen Eigenschaften). Die Beziehungen vereinfachen sich besonders, wenn stationäre Prozesse *zusätzlich ergodisch* sind; viele praktische Zufallssignale besitzen beide Eigenschaften.

Ein *stochastischer Prozeß* $X(t)$ besteht aus den N *Realisierungen* bzw. *Musterfunktionen* $^i x(t)$. Trotz der Regellosigkeit jeder einzelnen Musterfunktion besteht i.a. für ihre Gesamtheit eine Gesetzmäßigkeit, die sich in determinierten *Erwartungswerten E* ausdrückt. Mit der *Wahrscheinlichkeitsdichteverteilung* $f_X(x, t)$ der Zufallsvariablen X ist der *Schar-* oder *Ensemblemittelwert* definiert als der Erwartungswert

$$E\{X(t)\} = \overline{X(t)} = \mu_X(t) = \int_{-\infty}^{\infty} x f_X(x, t) dx.$$

Im praktischen Versuch läßt er sich für genügend große N auch für einen Zeitpunkt t durch eine Messung bestimmen:

$$\mu_X(t) \approx \frac{1}{N} \sum_{i=1}^{N} {}^i x(t).$$

Als *quadratischer Mittelwert* wird die Funktion

$$E\{X^2(t)\} = \overline{X^2(t)} = \mu_{X^2}(t) = \int_{-\infty}^{\infty} x^2 f_X(x, t) dx$$

bezeichnet. Die *Streuung* (oder auch Varianz) folgt aus der Beziehung

$$\sigma_X^2(t) = E\{(X(t) - \mu_X(t))^2\} = \int_{-\infty}^{\infty} (x - \mu_X(t))^2 f_X(x, t) dx;$$

σ_X ist die Standardabweichung.

Die *Auto-* und die *Kreuzkorrelationsfunktion* geben die Ähnlichkeit des Prozesses mit sich selbst sowie zweier Prozesse X und Y untereinander zu zwei Zeitpunkten t_1 und t_2 wieder:

$$r_{XX}(t_1, t_2) = E\{X(t_1)X(t_2)\},$$

$$r_{XY}(t_1, t_2) = E\{X(t_1)Y(t_2)\}.$$

Auch diese Erwartungswerte lassen sich durch geeignete Meßanordnungen durch die Mittelung über die Musterfunktionen bestimmen.

7.2 Stationäre und ergodische stochastische Prozesse

Betrachtet man noch einmal das Beispiel der rauschenden Widerstände so ist es einleuchtend, daß die Spannungen *keinen Gleichanteil* aufweisen, da die wärmebedingte Häufung der Elektronen auf der einen wie auch der anderen Seite gleichartig vorkommen kann. Die Signale sind demnach mittelwertfrei und dies zu jedem beliebigen Zeitpunkt; auch die Streuung ist zeitunabhängig. Es handelt sich deshalb um einen *stationären* stochastischen Prozeß. In der Regel sind Zufallssignale nicht von Anfang an stationär, sondern sie schwingen ein; die Verhältnisse sind dabei analog zu denjenigen beim Einschwingen eines Ausgangssignals bei periodischer Erregung.

Insbesondere muß bei Stationarität für die Wahrscheinlichkeitsdichteverteilung gelten, daß sie bei einer Verschiebung um die Zeit τ ihren Wert nicht ändert, also

$$f_X(x, t) = f_X(x, t + \tau) = f_X(x), \tag{7.22}$$

denn dann ist der Mittelwert *zeitunabhängig*:

$$\mu_X = \int_{-\infty}^{\infty} x f_X(x) dx. \tag{7.23}$$

Entsprechend kann die Wahrscheinlichkeit $P(x_j)$ *wertdiskreter* Signale eines möglichen Zustandes x_j nicht mehr zeitabhängig sein, so daß folgt:

$$\mu_X = \sum_{j=1}^{M} x_j P(x_j). \tag{7.24}$$

Die Autokorrelationsfunktion ist durch diese Zeitunabhängigkeit nur noch von dem *Abstand* der beiden Zeitpunkte $\tau = t_2 - t_1$ abhängig:

$$r_{XX}(t_1, t_2) = r_{XX}(t_1, t_1 + \tau) = r_{XX}(\tau). \tag{7.25}$$

Für die Streuung folgt

$$\sigma_X^2 = r_{XX}(0) - \mu_X^2. \tag{7.26}$$

Zwei Prozesse sind *gemeinsam stationär*, wenn zum einen beide für sich stationär sind und ihre Kreuzkorrelationsfunktion ebenfalls nur vom Abstand $\tau = t_2 - t_1$ abhängt:

$$r_{XY}(t_1, t_2) = r_{XY}(\tau) \tag{7.27}$$

Häufig steht nur *eine* Realisierung bzw. Musterfunktion $^i x(t)$ zur Verfügung, z.B. eine einzige Messung eines Zufallssignals. Nun stellt sich die Frage, ob sich die Erwartungswerte eines stationären Prozesses auch aus diesem einen Zeitverlauf gewinnen lassen. Statt also z.B. den Mittelwert zu einem bestimmten Zeitpunkt t_1 durch Mittelung der Werte *aller Realisierungen* $^i x(t_1)$ zu bestimmen, könnte man wegen der Zeitunabhängigkeit versuchen, eine Mittelung über die Werte *aller Zeitpunkte* einer Realisierung durchzuführen; praktische Auswertungen würden dadurch wesentlich vereinfacht. Stationäre Zufallssignale, bei denen dies möglich ist, heißen *ergodisch*; für sie gilt demnach:

$$\mu_X = \overline{X(t)} = \overline{^i x(t)} = \lim_{T \to \infty} \frac{1}{2T} \int_{-T}^{T} {}^i x(t) dt, \ i = 1, 2, \dots N. \tag{7.28}$$

Da *jede* Musterfunktion *alleine* den Prozeß charakterisiert, wird der Einfachheit halber geschrieben:

$$\mu_X = \overline{x(t)} = \lim_{T \to \infty} \frac{1}{2T} \int_{-T}^{T} x(t) dt, \tag{7.29}$$

$$r_{XX}(\tau) = \lim_{T \to \infty} \frac{1}{2T} \int_{-T}^{T} x(t) x(t + \tau) dt. \tag{7.30}$$

Damit repräsentiert nun $x(t)$ das Zufallssignal wie auch den gesamten ergodischen Prozeß; den Zusammenhang verdeutlicht das folgende Bild:

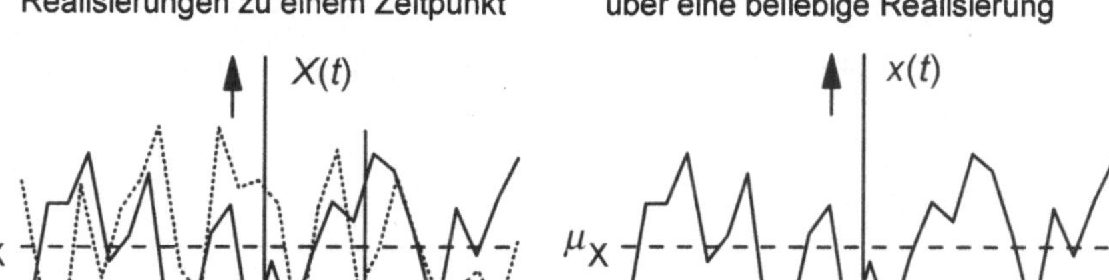

Bild 7.2
Zur Berechnung des Schar- und des Zeitmittelwertes

Alle Scharmittelwerte ergodischer Signale sind *identisch* mit den Zeitmittelwerten. Sind nur der Mittelwert sowie die Autokorrelationsfunktion identisch, so heißen sie *schwach ergodisch* (im folgenden ist bei einigen Beziehungen vor allem die Ergodizität von Bedeutung, so daß nicht unterschieden wird).

Offensichtlich ist μ_X *ergodischer* Zufallssignale der *Gleichanteil*, während $r_{XX}(0)$ ein Maß für die *mittlere Leistung* darstellt (bei stochastischen Signalen spricht man kurz von Leistung), wodurch diese Erwartungswerte eine einfache physikalische Deutung erhalten:

$$P = r_{XX}(0) = \lim_{T \to \infty} \frac{1}{2T} \int_{-T}^{T} x^2(t)\,dt = \overline{x^2(t)}. \tag{7.31}$$

Handelt es sich bei dem Zufallssignal z.B. um die Spannung an einem Widerstand R, so fehlt noch der Faktor $1/R$; anders ausgedrückt ist es in diesem Fall die auf diesen Faktor normierte Leistung oder diejenige an einem Widerstand von $R = 1\,\Omega$. Die Leistung des Wechselanteils ist die Differenz zwischen der Gesamtleistung und derjenigen des Gleichanteils; sie ist identisch mit der Streuung:

$$\sigma_X^2 = P - \mu_X^2 = \overline{x^2(t)} - \overline{x(t)}^2. \tag{7.32}$$

Um zu zeigen, daß ein Prozeß ergodisch ist (stationär ist er dann grundsätzlich), muß die Identität der Schar- mit den Zeitmittelwerten gezeigt werden. Dies ist in der Praxis häufig nicht möglich, insbesondere, wenn nur eine Realisierung vorliegt. Man kann aber versuchen, über die *Entstehung* der Zufallssignale des Prozesses zu einer Aussage zu gelangen und spricht dann von einer *Ergodenhypothese*. Für das Wärmerauschen der Widerstände läßt sich zeigen, daß es sich um einen stationären, ergodischen und normalverteilten Zufallsprozeß handelt.

□ **Beispiel 7.2**

a) Ein sinusförmiges Signal besitze einen zufälligen Nullphasenwinkel ϕ (als Zufallsvariable groß geschrieben):

$$X(t) = \sin(\omega t + \phi) \; ;$$

der Winkel sei gleichverteilt im Bereich $\phi \in [-\pi, \pi]$:

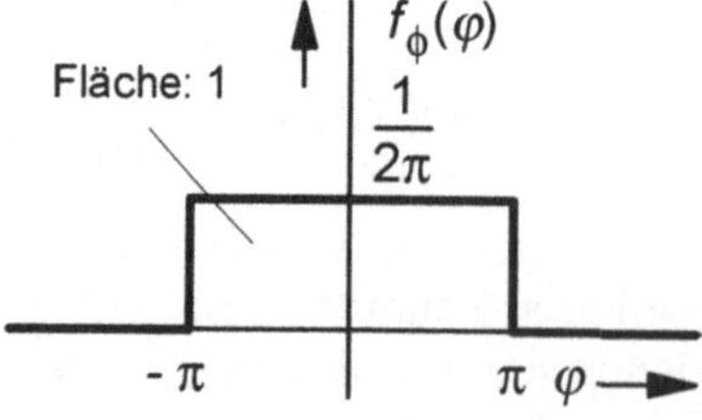

Bild 7.3
Wahrscheinlichkeitsdichteverteilung
des Nullphasenwinkels

Mit dem Additionstheorem

$$\sin(\omega t + \phi) = \sin(\omega t)\cos\phi + \cos(\omega t)\sin\phi$$

folgt:

$$E\{X(t)\} = \sin(\omega t)E\{\cos\phi\} + \cos(\omega t)E\{\sin\phi\}.$$

Für die Erwartungswerte berechnet man:

$$E\{\cos\phi\} = \int_{-\infty}^{\infty} \cos\varphi \cdot f_\phi(\varphi)d\varphi = \int_{-\pi}^{\pi} \cos\varphi \cdot \tfrac{1}{2\pi}d\varphi = 0,$$

$$E\{\sin\phi\} = \int_{-\infty}^{\infty} \sin\varphi \cdot f_\phi(\varphi)d\varphi = \int_{-\pi}^{\pi} \sin\varphi \cdot \tfrac{1}{2\pi}d\varphi = 0.$$

Damit ist der Mittelwert zeitunabhängig:

$$\mu_X = E\{X(t)\} = 0.$$

Für die Autokorrelationsfunktion gilt:

$$r_{XX}(t,\tau) = E\{X(t)X(t+\tau)\}.$$

Mit

$$X(t)X(t+\tau) = \sin(\omega t + \phi)\sin[\omega(t+\tau)+\phi]$$

erhält man nach einer weiteren Anwendung zweier Additionstheoreme:

$$X(t)X(t+\tau) = \tfrac{1}{2}[\cos(\omega\tau) - \cos(2\omega t + \tau)\cos 2\phi + \sin(2\omega t + \tau)\sin 2\phi];$$

damit folgt

$$E\{X(t)X(t+\tau)\} = \tfrac{1}{2}[\cos(\omega\tau) - \cos(2\omega t + \tau)E\{\cos 2\phi\} + \sin(2\omega t + \tau)E\{\sin 2\phi\}].$$

Mit der Mittelwertfreiheit von Kosinus- und Sinusfunktionen, d.h. $E\{\cos 2\phi\} = E\{\sin 2\phi\} = 0$, ist auch die Autokorrelationsfunktion zeitunabhängig und nur vom Abstand $\tau = t_2 - t_1$ abhängig, also

$$r_{XX}(\tau) = \tfrac{1}{2}\cos(\omega\tau),$$

und $X(t)$ ist ein *stationärer* Prozeß mit der mittleren Leistung

$$P = r_{XX}(0) = \tfrac{1}{2}.$$

Ein stationärer Prozeß kann ergodisch sein; dazu muß die Identität der berechneten Scharmittel-werte mit den Zeitmittelwerten gezeigt werden. Was bei einem in der Praxis vorkommenden Zufallssignal meistens nicht möglich ist, kann hier berechnet werden. Mit *einer* Musterfunktion $x(t) = \sin(\omega t + \varphi)$ folgt:

$$E\{x(t)\} = \lim_{T \to \infty} \frac{1}{2T} \int_{-T}^{T} \sin(\omega t + \varphi)dt = \lim_{T \to \infty} \frac{1}{2T} \cdot \frac{1}{\omega}[-\cos(\omega t + \varphi)]_{-T}^{T}$$

$$= \lim_{T \to \infty} \frac{1}{2T} \cdot \frac{1}{\omega}[-\cos(\omega T + \varphi) + \cos(-\omega T + \varphi)] = 0.$$

Durch eine Zeitmittelung über eine Realisierung erhält man demnach denselben Mittelwert; für die Autokorrelationsfunktion folgt:

$$E\{x(t)x(t+\tau)\} = \lim_{T \to \infty} \frac{1}{2T} \int_{-T}^{T} \sin(\omega t + \varphi) \sin[\omega(t+\tau) + \varphi]dt$$

$$= \lim_{T \to \infty} \frac{1}{2T} \int_{-T}^{T} \frac{1}{2}[\cos(\omega \tau) - \cos(2\omega t + 2\varphi + \tau)]dt$$

$$= \frac{1}{2}\cos(\omega \tau) - \frac{1}{2} \lim_{T \to \infty} \frac{1}{2T} \int_{-T}^{T} \cos(2\omega t + 2\varphi + \tau)dt$$

$$= \frac{1}{2}\cos(\omega \tau).$$

Da auch sie identisch ist, handelt es sich um einen *ergodischen* Prozeß.

b) Ein *wertdiskreter* stochastischer Prozeß $X(t)$ besteht aus einem zeitlich verschobenen Recht-eckimpuls $\mathrm{rect}(t - T)$, wobei die Zeitverschiebung T zufällig und mit gleicher Wahrscheinlichkeit der Dichte $f_T = \frac{1}{3}$ im Zeitintervall $-1,5 \le T \le 1,5$ auftritt.

Das folgende Bild zeigt exemplarisch zwei Musterfunktionen:

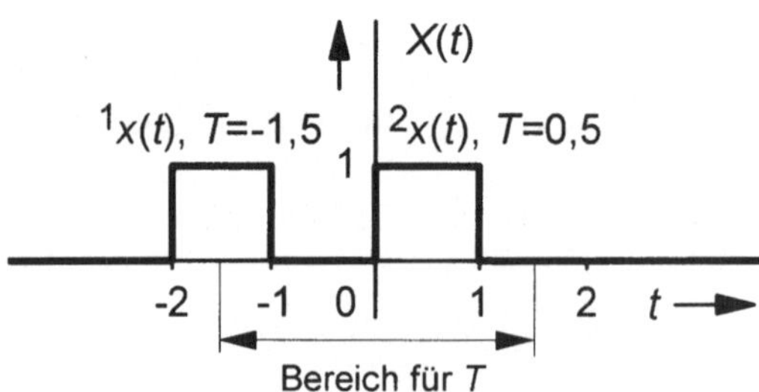

Bild 7.4
Zwei Realisierungen des stochasti-schen Prozesses

Es fällt sofort auf, daß das Signal nicht stationär sein kann, da ein Funktionswert ungleich Null nie außerhalb des Zeitintervalls $t \in [-2, 2]$ vorkommt; da es nicht stationär ist, kann es auch nicht ergodisch sein. Mit

$$E\{X(t)\} = \mu_X(t) = \sum_{j=1}^{M} x_j P(x_j, t)$$

für wertdiskrete Signale und den beiden möglichen Zuständen $x_1 = 0$, $x_2 = 1$ folgt:

$$\mu_X(t) = 0 \cdot P(0, t) + 1 \cdot P(1, t) = P(1, t).$$

Es muß demnach im vorliegenden Fall nur untersucht werden, mit welcher Wahrscheinlichkeit der Impuls zu einem Zeitpunkt t den Funktionswert Eins aufweist. Zum Beispiel liegt für $t = 0$ nach dem obigen Bild der Funktionswert vor, wenn für die zufällige Zeitverschiebung gilt: $T \in \left[-\frac{1}{2}, \frac{1}{2}\right]$. Die Wahrscheinlichkeit dafür läßt sich leicht berechnen:

$$P(-\tfrac{1}{2} < T \le \tfrac{1}{2}) = \int_{-\frac{1}{2}}^{\frac{1}{2}} f_T \, dT = \tfrac{1}{3}.$$

Das gleiche gilt offensichtlich für alle Zeitpunkte $t \in [-1, 1]$, da man allgemein formulieren kann:

$$P(t - \tfrac{1}{2} < T \le t + \tfrac{1}{2}) = \int_{t-\frac{1}{2}}^{t+\frac{1}{2}} f_T \, dT = \left[\tfrac{1}{3}\right]_{t-\frac{1}{2}}^{t+\frac{1}{2}} = \tfrac{1}{3}.$$

Von $t = -2$ bis $t = -1$ steigt die Wahrscheinlichkeit linear an, da die untere Grenze nie kleiner als -1,5 sein kann:

$$P(-1\tfrac{1}{2} < T \le t + \tfrac{1}{2}) = \int_{-1\frac{1}{2}}^{t+\frac{1}{2}} f_T \, dT = \left[\tfrac{1}{3}\right]_{-1\frac{1}{2}}^{t+\frac{1}{2}} = \tfrac{1}{3}(t + 2).$$

Aus Symmetriegründen muß für den Bereich $t \in [1, 2]$ gelten:

$$P(t - \tfrac{1}{2} < T \le 1\tfrac{1}{2}) = \tfrac{1}{3}(-t + 2).$$

Insgesamt erhält man für den zeitabhängigen Mittelwert, den auch das folgende Bild zeigt:

$$\mu_X(t) = \begin{cases} \tfrac{1}{3}(t+2) & \text{für} \quad -2 \le t < -1 \\ \tfrac{1}{3} & \text{für} \quad -1 \le t < 1 \\ \tfrac{1}{3}(-t+2) & \text{für} \quad 1 \le t \le 2 \\ 0 & \text{sonst} \end{cases}$$

Bild 7.5
Zeitabhängiger Mittelwert des Rechteckimpulses mit zufälliger Lage

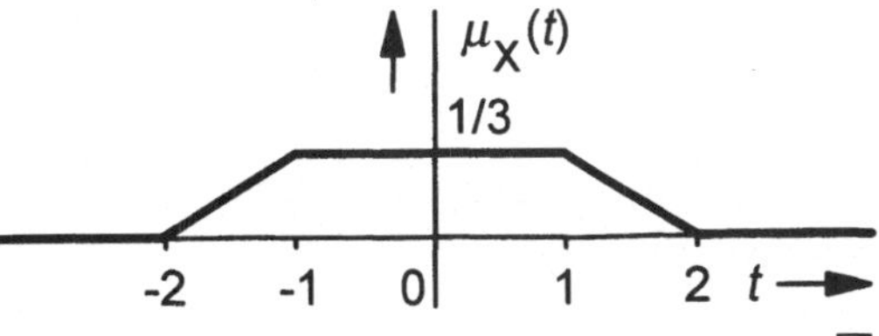

Ein stochastischer Prozeß ist *stationär* (in seinen statistischen Eigenschaften), wenn die Wahrscheinlichkeitsdichteverteilung *zeitunabhängig* ist und damit die Erwartungswerte ebenfalls. Damit sind die Mittelwerte

$$\mu_X = \int\limits_{-\infty}^{\infty} x f_X(x)dx,\ \mu_{X^2} = \int\limits_{-\infty}^{\infty} x^2 f_X(x)dx$$

konstant, und die Korrelationsfunktionen (zweier gemeinsam stationärer Prozesse) hängen nur noch von der Zeitdifferenz $\tau = t_2 - t_1$ ab:

$$r_{XX}(t_1, t_2) = r_{XX}(t_1, t_1 + \tau) = r_{XX}(\tau),\ r_{XY}(t_1, t_2) = r_{XY}(\tau).$$

Ein stationärer Prozeß ist insbesondere *ergodisch*, wenn die Mittelung über alle Musterfunktionen - die zu jedem Zeitpunkt das gleiche Ergebnis liefert - durch eine *zeitliche Mittelung* über eine *einzige* Realisierung ersetzt werden darf:

$$\overline{X(t)} = \overline{^i x(t)} = \lim_{T \to \infty} \frac{1}{2T} \int\limits_{-T}^{T} {}^i x(t)dt,\ i = 1, 2, \ldots N;$$

eine beliebige Musterfunktion $x(t)$ repräsentiert dann den gesamten Prozeß $X(t)$:

$$\mu_X = \overline{x(t)} = \lim_{T \to \infty} \frac{1}{2T} \int\limits_{-T}^{T} x(t)dt,\ r_{XX}(\tau) = \lim_{T \to \infty} \frac{1}{2T} \int\limits_{-T}^{T} x(t)x(t + \tau)dt.$$

Im folgenden wird ohne besondere Anmerkungen von ergodischen Prozessen ausgegangen und deshalb in der Regel einfach vom Zufallssignal $x(t)$ gesprochen.

7.3 Korrelationsfunktionen

7.3.1 Eigenschaften von Korrelationsfunktionen

Nach einer kurzen Diskussion der wichtigsten Eigenschaften der Autokorrelationsfunktionen folgen anschließend diejenigen der Kreuzkorrelierten.

a) Die Autokorrelationsfunktion stationärer Prozesse ist eine *gerade* Funktion des Zeitabstands $\tau = t_2 - t_1$:

$$r_{\mathrm{XX}}(\tau) = r_{\mathrm{XX}}(-\tau).$$
(7.33)

<u>Herleitung:</u>

$$r_{\mathrm{XX}}(\tau) = E\{x(t_1)x(t_2)\} = E\{x(t_1)x(t_1+\tau)\} = E\{x(t_2)x(t_2-\tau)\} = r_{\mathrm{XX}}(-\tau)$$

mit $E\{x(t_1)\} = E\{x(t_2)\} = E\{x(t)\}$.

b) Es gilt:

$$r_{XX}(0) \geq |r_{XX}(\tau)|.$$
(7.34)

Anders ausgedrückt: Ein Signal ist am meisten mit sich selbst korreliert (hat am meisten Übereinstimmung mit sich selbst), denn

$$r_{\mathrm{XX}}(0) = E\{x^2(t)\}.$$

Mit

$$r_{\mathrm{XX}}(0) = \lim_{T \to \infty} \tfrac{1}{2T} \int\limits_{-T}^{T} x^2(t)dt$$

erhält man die Interpretation, daß die Autokorrelationsfunktion nie größer ist als die mittlere Leistung des Signals. Handelt es sich um ein Spannungs- oder Stromsignal, dann fehlt für die Leistung jedoch noch der Faktor $1/R$ bzw. R des Widerstands, an dem das Signal wirkt.

<u>Herleitung:</u>

Definiert man das Zufallssignal $y(t) = [x(t) \pm x(t+\tau)]^2 \geq 0$, das *nicht negativ* ist, so folgt:

$$\mu_{\mathrm{Y}} = \lim_{T \to \infty} \tfrac{1}{2T} \int\limits_{-T}^{T} y(t)dt = \lim_{T \to \infty} \tfrac{1}{2T} \int\limits_{-T}^{T} [x(t) \pm x(t+\tau)]^2 dt$$

$$= \lim_{T \to \infty} \tfrac{1}{2T} \int\limits_{-T}^{T} x^2(t) \pm 2x(t)x(t+\tau) + x^2(t+\tau)dt = 2[r_{\mathrm{XX}}(0) \pm r_{\mathrm{XX}}(\tau)] \geq 0.$$

Für die *Existenz* der Autokorrelationsfunktion muß demnach gefordert werden, daß $r_{\mathrm{XX}}(0) < \infty$.

c) Für stochastische Signale *ohne periodischen* Anteil gilt:

$$\lim_{\tau \to \pm\infty} r_{\mathrm{XX}}(\tau) = \mu_{\mathrm{X}}^2;$$
(7.35)

sind die Signale zusätzlich *mittelwertfrei*, so folgt

$$\lim_{\tau \to \pm\infty} r_{XX}(\tau) = 0. \tag{7.36}$$

Herleitung:

Für große Zeitverschiebungen nimmt die „innere Verwandtschaft" der beiden Signale immer mehr ab, d.h. sie werden schließlich *statistisch unabhängig*; im Grenzfall gilt dann:

$$\lim_{\tau \to \infty} r_{XX}(\tau) = \lim_{\tau \to \infty} E\{x(t)x(t+\tau)\} \overset{\text{unabhängig}}{=} E\{x(t)\} \cdot E\{x(t+\tau)\} = \mu_X^2.$$

d) Addiert man zu einem *mittelwertfreien* stochastischen Signal einen *Gleichanteil* μ_X

$$y(t) = x(t) + \mu_X, \tag{7.37}$$

so gilt

$$r_{YY}(\tau) = r_{XX}(\tau) + \mu_X^2. \tag{7.38}$$

Herleitung:

$$r_{YY}(\tau) = E\{y(t)y(t+\tau)\} = E\{(x(t)+\mu_X)(x(t+\tau)+\mu_X)\}$$

$$= E\{x(t)x(t+\tau)\} + \mu_X E\{x(t)\} + \mu_X E\{x(t+\tau)\} + \mu_X^2 = r_{XX}(\tau) + \mu_X^2.$$

e) Die Kreuzkorrelierte zweier Zufallssignale $x(t)$ und $y(t)$ ist meistens keine gerade Funktion der Zeitverschiebung τ, sondern für sie gilt:

$$r_{XY}(\tau) = r_{YX}(-\tau). \tag{7.39}$$

Herleitung:

Aus

$$r_{XY}(\tau) = E\{x(t_1)y(t_1+\tau)\}$$

folgt mit $t_2 = t_1 + \tau$:

$$r_{XY}(\tau) = E\{x(t_2-\tau)y(t_2)\} = r_{YX}(-\tau).$$

f) Das Maximum einer Kreuzkorrelationsfunktion liegt nicht notwendigerweise bei $\tau = 0$, d.h. die größte Übereinstimmung kann bei einer anderen Zeitverschiebung auftreten; sofort einzusehen ist dies für eine (determinierte) Sinus- und Kosinusschwingung. Es gilt die Abschätzung für den Betrag:

$$|r_{XY}(\tau)| \leq \sqrt{r_{XX}(0) \cdot r_{YY}(0)} \leq \tfrac{1}{2}(r_{XX}(0) + r_{YY}(0)).\qquad(7.40)$$

Herleitung:

Definiert man wieder ein nicht-negatives Zufallssignal $z(t) = [x(t) \pm y(t+\tau)]^2$, dann folgt:

$$\mu_Z = E\{[x(t) \pm y(t+\tau)]^2\} = E\{x^2(t)\} \pm 2E\{x(t)y(t+\tau)\} + E\{y^2(t+\tau)\}$$

$$= r_{XX}(0) \pm 2r_{XY}(\tau) + r_{YY}(0) \geq 0.$$

Die mittlere Grenze ergibt sich auf gleiche Weise, indem man als Signal wählt:
$z(t) = \left[x(t) - \frac{r_{XY}(\tau)}{r_{XX}(0)}y(t+\tau)\right]^2$ mit $\frac{r_{XY}(\tau)}{r_{XX}(0)} \leq 1$.

g) Ist wenigstens *eines* der beiden Signale $x(t)$ oder $y(t)$ *mittelwertfrei*, und sind sie für $\tau \to \pm\infty$ *unkorreliert*, so gilt mit der gleichen Argumentation wie für die Autokorrelierte:

$$\lim_{\tau \to \pm\infty} r_{XY}(\tau) = 0.\qquad(7.41)$$

7.3.2 Die Messung von Korrelationsfunktionen

Steht nur eine Musterfunktion eines stationären stochastischen Prozesses zur Verfügung, so ist man auf die Ergodenhypothese angewiesen, um die Schar- durch die Zeitmittelwerte ersetzen zu dürfen. Für ergodische Zufallssignale kann die Gleichung

$$r_{XX}(\tau) = r_{XX}(-\tau) = \lim_{T \to \infty} \frac{1}{2T} \int_{-T}^{T} x(t)x(t-\tau)dt$$

elektronisch ausgewertet werden; solche Geräte heißen *Korrelatoren*. Da die Korrelationsfunktionen Symmetrien aufweisen und weiterhin davon ausgegangen werden kann, daß sich für eine genügend große Mittelungszeit T eine brauchbare Näherung einstellt, wird die Gleichung

$$r_{YX}(-\tau) = r_{XY}(\tau) \approx \frac{1}{T} \int_{0}^{T} y(t)x(t-\tau)dt\qquad(7.42)$$

abgebildet, die für $x(t) = y(t)$ in die Autokorrelationsfunktion übergeht; die folgende Abbildung zeigt das zugehörige Strukturbild:

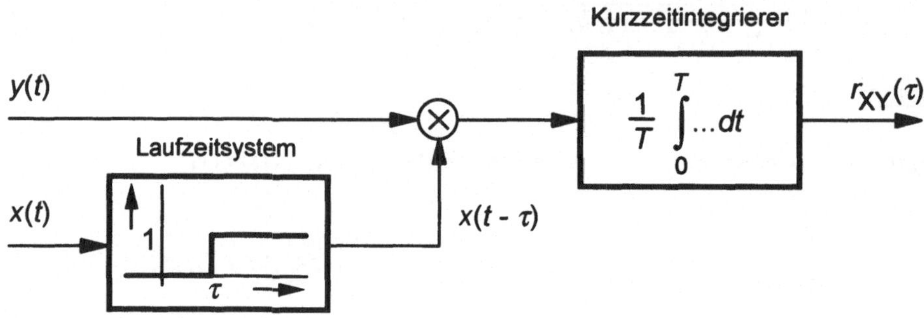

Bild 7.6
Strukturbild eines Korrelators

Meistens ist das Zeitfenster für die Mittelung *gleitend*, also

$$r_{XY}(\tau) \approx \frac{1}{T} \int_{t-T}^{t} y(t')x(t' - \tau)dt'. \tag{7.43}$$

Für eine große Anzahl von - diskreten - Zeitverschiebungen τ_i müssen das Produkt und die Mittelung durchgeführt werden, analog ist dies sehr aufwendig; insbesondere das Laufzeitsystem läßt sich nur näherungsweise realisieren. Digital ist ein Korrelator wesentlich einfacher aufzubauen: Ein Laufzeitsystem bedeutet nur eine Zwischenspeicherung, wenn als Laufzeit ein ganzzahliges Vielfaches der Abtastperiode gewählt wird; die Multiplikation ist digital besonders einfach. Die obigen Gln. 7.42 und 7.43 lassen sich auch als Faltung interpretieren, so daß sie in guter Näherung über die DFT (bzw. FFT) und eine anschließende Rücktransformation berechnet werden können (schnelle Faltung).

7.3.3 Korrelationsfunktionen periodischer Signale

Die Autokorrelierte eines Zufallssignals zeigt die innere Ähnlichkeit, während die Kreuzkorrelierte die „Verwandtschaft" zweier verschiedener Signale darstellt; für ergodische (auch schon stationäre) Prozesse hängen beide Funktionen nur von der *Zeitverschiebung* der Signale ab. Es hat sich eingebürgert, die Funktion

$$r_{XX}(\tau) = \lim_{T \to \infty} \frac{1}{2T} \int_{-T}^{T} x(t)x(t + \tau)dt \tag{7.44}$$

auch dann Autokorrelationsfunktion zu nennen, wenn es sich bei $x(t)$ um ein *determiniertes periodisches* Signal handelt. Dies ist zwar legitim, da Korrelatoren verwendet werden, um periodische und stark gestörte Signale zu erkennen; leider ist die Verwendung des Begriffes dadurch nicht mehr eindeutig.

Ein einfaches Beispiel für ein periodisches Signal ist die Kosinusschwingung

$$x(t) = A \cos(\omega_0 t + \varphi). \tag{7.45}$$

Mit

$$x(t)x(t+\tau) = A^2 \cos(\omega_0 t + \varphi) \cos(\omega_0 t + \omega\tau + \varphi)$$

$$= \tfrac{A^2}{2} \cos(\omega_0 \tau) + \tfrac{A^2}{2} \cos(2\omega_0 t + 2\varphi + \omega_0\tau)$$

folgt:

$$r_{XX}(\tau) = \tfrac{A^2}{2} \cos(\omega_0\tau) \lim_{T\to\infty} \tfrac{1}{2T} \int_{-T}^{T} dt + \tfrac{A^2}{2} \lim_{T\to\infty} \tfrac{1}{2T} \int_{-T}^{T} \cos(2\omega_0 t + 2\varphi + \omega_0\tau)dt.$$

Der Wert des zweiten Integrals ist Null, denn er ist der Mittelwert der Kosinusschwingung; damit gilt:

$$r_{XX}(\tau) = \tfrac{A^2}{2} \cos(\omega_0\tau). \tag{7.46}$$

Auch in diesem Fall ist

$$r_{XX}(0) = P = \tfrac{A^2}{2} = \left(\tfrac{A}{\sqrt{2}}\right)^2 \tag{7.47}$$

ein *Maß* für die mittlere Leistung des Signals. Bemerkenswert ist, daß die Periodendauer der Autokorrelationsfunktion mit der Periodendauer des Signals *übereinstimmt*, aber auch, daß der Nullphasenwinkel φ *nicht* mehr vorkommt und deshalb mit einem Korrelator nicht bestimmt werden kann. Dies liegt daran, daß die Korrelationsfunktionen stationärer Zufallssignale *unabhängig* sind von einer Zeitverschiebung des Signals.

Wird ein periodisches Signal als reelle Fourier-Reihe in der Form

$$x(t) = \tfrac{d_0}{2} + \sum_{n=1}^{\infty} d_n \cos(n\omega_0 t + \varphi_n), \tag{7.48}$$

so ergibt sich für die Fourier-Reihe der Autokorrelierten

$$r_{XX}(\tau) = \tfrac{d_0^2}{4} + \sum_{n=1}^{\infty} \tfrac{d_n^2}{2} \cos(n\omega_0\tau), \tag{7.49}$$

weil das Integral über Kosinusschwingungen verschiedener Frequenzen verschwindet. Da das Linienspektrum verändert ist - insbesondere sind die Nullphasenwinkel verschwunden - hat die Autokorrelierte i.a. eine andere Form als das Signal.

□ Beispiel 7.3

Gegeben ist die periodische Rechteckschwingung des Beispiels 4.6 mit einem Puls-/Pausenverhältnis von Eins (Bild 7.7) und der Fourier-Reihe

$$f(t) = \tfrac{1}{2} + \sum_{n=1}^{\infty} \mathrm{si}\left(\tfrac{n\pi}{2}\right) \cos(n\omega_0 t).$$

Mit der Periodendauer von $T = 2$ ist $\omega_0 = \pi$, so daß gilt:

$$f(t) = \tfrac{1}{2} + \sum_{n=1}^{\infty} \mathrm{si}\left(\tfrac{n\pi}{2}\right) \cos(n\pi t).$$

Für die Autokorrelationsfunktion erhält man damit

$$r_{ff}(\tau) = \tfrac{1}{4} + \sum_{n=1}^{\infty} \tfrac{1}{2}\mathrm{si}^2\left(\tfrac{n\pi}{2}\right) \cos(n\pi\tau).$$

Da die Koeffizienten aller geraden n Null sind, läßt sich diese Summe etwas umformulieren:

$$r_{ff}(\tau) = \tfrac{1}{4} + \tfrac{2}{\pi^2} \sum_{m=0}^{\infty} \frac{\cos[(2m+1)\pi\tau]}{(2m+1)^2} \, ;$$

der neue Laufindex m ersetzt hierbei durch die Summe $2m + 1$ genau die ungeraden n. Das Rechtecksignal und seine Autokorrelationsfunktion zeigt das folgende Bild:

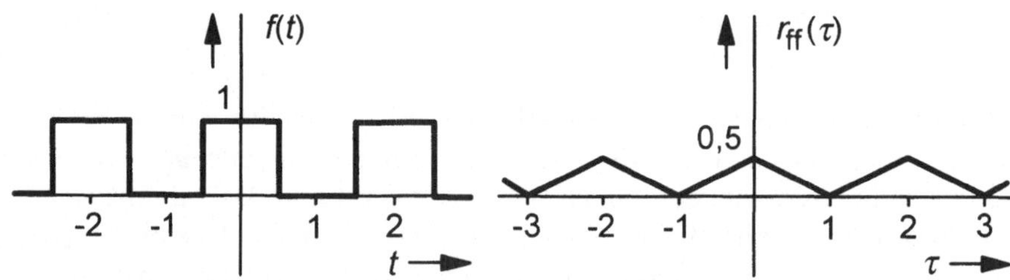

Bild 7.7
Die periodische Rechteckschwingung und ihre Autokorrelationsfunktion

Offensichtlich ist das Signal bei einer Zeitverschiebung von $\tau = \tfrac{T}{2} = 1$ unkorreliert. In diesem Fall liegen die Pulsanteile des verschobenen Signals $f(t + \tau)$ genau in den Pausenzeiten von $f(t)$; es liegt keine „Ähnlichkeit" der beiden Signale vor.

$r_{\text{ff}}(0) = 0,5$ ist wieder die mittlere Leistung. Sie kann bei periodischen Signalen und damit auch in diesem Fall ebenso durch eine Mittelung über eine beliebige Periode berechnet werden:

$$P = \frac{1}{T} \int\limits_{-T/2}^{T/2} f^2(t)\,dt = \frac{1}{2} \int\limits_{-0,5}^{0,5} 1\,dt = \frac{1}{2}. \qquad \square$$

7.4 Die Reaktionen von LTI-Systemen bei Erregung mit Zufallssignalen

Wird ein *stabiles* LTI-System mit einem ergodischen Zufallssignal $x(t)$ erregt, dann schwingt das Ausgangssignal $y(t)$ ein, so daß es nach Abklingen der Eigenbewegung zu einem ebenfalls ergodischen Signal wird. Die Verhältnisse sind offensichtlich analog zu denen bei Erregung mit einem periodischen Signal, im einfachsten Fall mit einer Sinusfunktion.

Die Reaktion läßt sich für das energiefreie System mit Kenntnis der Impulsantwort über die Faltung berechnen:

$$y(t) = \int\limits_{-\infty}^{\infty} g(\tau)x(t-\tau)\,d\tau.$$

Ist das System *kausal* ($g(\tau) = 0$ für $\tau < 0$) und wird die Erregung bei $t = 0$ aufgeschaltet ($x(t-\tau) = 0$ für $\tau > t$), so folgt für die Grenzen des Integrals:

$$y(t) = \int\limits_{0}^{t} g(\tau)x(t-\tau)\,d\tau.$$

Während des Einschwingens ist der Mittelwert zunächst *zeitabhängig* bzw. nicht stationär, und es muß der *Scharmittelwert* $E\{Y(t)\}$ angesetzt werden, während für das *ergodische* Eingangssignal auch der *Zeitmittelwert* $E\{x(t)\}$ gebildet werden darf:

$$\mu_Y(t) = E\{Y(t)\} = E\left\{\int\limits_{0}^{t} g(\tau)x(t-\tau)\,d\tau\right\} = \int\limits_{0}^{t} g(\tau)E\{x(t-\tau)\}\,d\tau$$

$$= E\{x(t-\tau)\} \cdot \int\limits_{0}^{t} g(\tau)\,d\tau = \mu_X \cdot \int\limits_{0}^{t} g(\tau)\,d\tau.$$

Mit der Sprungantwort $h(t)$ des Systems folgt wegen

$$h(t) = \int_0^t g(\tau)d\tau$$

die einfache Beziehung:

$$\mu_Y(t) = \mu_X \cdot h(t). \tag{7.50}$$

Bei stabilen Systemen schwingt die Sprungantwort auf einen Endwert ein, der auch als *statische Verstärkung* V_{stat} bezeichnet wird. Die Eigenbewegung ist nach theoretisch unendlich langer Zeit, praktisch nach genügend großer Zeit, betragsmäßig unter eine Schranke abgeklungen, die statistischen Verhältnisse werden *stationär*, so daß gilt:

$$\mu_Y = \overline{y(t)} = \mu_X \cdot \lim_{t \to \infty} \int_0^t g(\tau)d\tau = \mu_X \cdot h(\infty) = \mu_X \cdot V_{stat}. \tag{7.51}$$

Der Mittelwert des Eingangssignals wird dann wie ein *Gleichanteil* behandelt.

Für die Kreuzkorrelierte zwischen Ein- und Ausgangsprozeß gilt im eingeschwungenen Zustand:

$$r_{XY}(\tau) = E\{x(t)y(t+\tau)\} = E\left\{x(t) \cdot \int_0^\infty g(a)x(t+\tau-a)da\right\}$$

$$= \int_0^\infty g(a) \cdot E\{x(t)x(t+\tau-a)\}da = \int_0^\infty g(a)r_{XX}(\tau-a)da, \tag{7.52}$$

sowie für die Autokorrelierte der Reaktion

$$r_{YY}(\tau) = E\{y(t)y(t+\tau)\} = E\left\{\int_0^\infty g(a)x(t-a)y(t+\tau)da\right\}$$

$$= \int_0^\infty g(a)r_{XY}(\tau+a)da \tag{7.53}$$

$$= \int_0^\infty \int_0^\infty g(a)g(\beta)r_{XX}(\tau+a-\beta)dad\beta. \tag{7.54}$$

Mit $r_{YX}(\tau) = r_{XY}(-\tau)$ folgt aus Gl. 7.53

$$r_{YY}(\tau) = \int_0^\infty g(a)r_{YX}(-\tau-a)da,$$

die durch die Variablensubstitution $\beta = \tau - a$ übergeht in

$$r_{YY}(\tau) = \int_0^\infty g(\tau-\beta)r_{YX}(\beta)d\beta. \tag{7.55}$$

Zusammengefaßt gelten damit die folgenden Faltungsbeziehungen zwischen den Auto- und Kreuzkorrelierten der Erregung und Reaktion:

$$r_{XY}(\tau) = g(\tau) * r_{XX}(\tau),$$
(7.56)

$$r_{YY}(\tau) = g(\tau) * r_{YX}(\tau).$$
(7.57)

Hieraus folgt mit $r_{XY}(\tau) = r_{YX}(-\tau)$ und $r_{XX}(\tau) = r_{XX}(-\tau)$:

$$r_{YY}(\tau) = [g(\tau) * g(-\tau)] * r_{XX}(\tau).$$
(7.58)

Für den Klammerausdruck gilt ausgeschrieben im allgemeinen Fall, d.h. mit Grenzen von $-\infty$ bis ∞:

$$g(t) * g(-t) = \int_{-\infty}^{\infty} g(t - \tau)g(-\tau)d\tau.$$
(7.59)

Mit der Variablensubstitution $v = t - \tau$ folgt

$$g(t) * g(-t) = -\int_{\infty}^{-\infty} g(v)g(v + t)dv,$$

sowie nach einer weiteren Umbenennung der Variablen $v \to t,\ t \to \tau$:

$$g(\tau) * g(-\tau) = \int_{-\infty}^{\infty} g(t)g(t + \tau)dt.$$
(7.60)

Dieses Integral heißt die *Impulsautokorrelationsfunktion*

$$r_{gg}^{E}(\tau) = g(\tau) * g(-\tau)$$
(7.61)

der determinierten Impulsantwort des (stabilen) Systems; da $r_{gg}^{E}(0)$ die Energie W der Impulsantwort ist, muß $g(t)$ ein *Energiesignal* sein.

Die hergeleiteten Beziehungen gelten in der gleichen Weise, wenn die Erregung *nur stationär* und nicht ergodisch ist, wodurch auch die Reaktion im eingeschwungenen Zustand ebenfalls nur stationär wird. Sind die Erregung und die Reaktion gemeinsam stationär, dann hängen die Korrelationsfunktionen nur noch vom Zeitabstand τ ab. Für zusätzlich *normalverteilte* Eingangssignale ist auch das Ausgangssignal *normalverteilt*. Dies hat den großen Vorteil, daß die Signale vollständig durch ihren Mittelwert und ihre Autokorrelierte beschrieben werden (siehe Anhang 2).

Wird ein stabiles LTI-System mit einem stationären Zufallssignal $x(t)$ erregt, so schwingt die Reaktion $y(t)$ ein und wird nach theoretisch unendlich langer Zeit, praktisch nach genügend langer Zeit, ebenfalls stationär. Zwischen den Korrelationsfunktionen bestehen im *eingeschwungenen Zustand* die Beziehungen:

$$r_{XY}(\tau) = g(\tau) * r_{XX}(\tau),$$

$$r_{YY}(\tau) = g(\tau) * r_{YX}(\tau).$$

Damit folgt mit $r_{XY}(\tau) = r_{YX}(-\tau)$ die Relation

$$r_{YY}(\tau) = [g(\tau) * g(-\tau)] * r_{XX}(\tau).$$

Der Klammerausdruck wird die *Impulsautokorrelationsfunktion* des Energiesignals $g(t)$ genannt:

$$r_{gg}^E(\tau) = g(\tau) * g(-\tau) = \int_{-\infty}^{\infty} g(t)g(t+\tau)dt.$$

Die Auswertung der obigen Faltungsgleichungen ist aufwendig. Es bietet sich deshalb an, genauso wie bei determinierten Signalen vom Zeit- in den Frequenzbereich überzugehen; dort werden die Spektren mit den Übertragungsfunktionen multipliziert.

7.5 Die spektrale Leistungsdichte

7.5.1 Die Grundgleichungen

Die Fourier-Transformierte einer Musterfunktion $x(t)$ existiert grundsätzlich, wenn sie absolut integrabel ist; dies ist bei stationären Zufallssignalen jedoch nicht der Fall, da sie eine konstante Streuung besitzen und deshalb nicht gegen Null gehen für $t \to \pm\infty$. Deshalb wird zunächst die zeitbegrenzte Musterfunktion

$$x_T(t) = \begin{cases} x(t) & \text{für } |t| \le T \\ 0 & \text{für } |t| > T \end{cases} \tag{7.62}$$

betrachtet, für die eine Transformierte existiert und die für $T \to \infty$ in die zeitlich unbegrenzte Originalfunktion übergeht. Ihr Spektrum berechnet sich zu

$$X_T(j\omega) = \int_{-T}^{T} x_T(t)e^{-j\omega t}\,dt. \tag{7.63}$$

Die mittlere Leistung des Signals läßt sich im Zeit- und Frequenzbereich bestimmen; mit der Parsevalschen Formel folgt die Beziehung:

$$\frac{1}{2T}\int_{-T}^{T} x_T^2(t)\,dt = \frac{1}{2T}\cdot\frac{1}{2\pi}\int_{-\infty}^{\infty}\left|X_T(j\omega)\right|^2 d\omega. \tag{7.64}$$

Für den Zeitmittelwert der linken Seite gilt für einen ergodischen Prozeß im Grenzfall:

$$r_{XX}(0) = \lim_{T\to\infty}\frac{1}{2T}\int_{-T}^{T} x_T^2(t)\,dt. \tag{7.65}$$

Es wäre deshalb naheliegend, als Spektrum der Leistung des Prozesses die Größe

$$\lim_{T\to\infty}\frac{1}{2T}\left|X_T(j\omega)\right|^2 \tag{7.66}$$

zu definieren, für die sich aber zeigen läßt, daß sie für *verschiedene* Musterfunktionen auch für $T\to\infty$ verschiedene Werte annimmt und deshalb *ungeeignet* ist.

Da offensichtlich ein Zusammenhang mit der - determinierten - Autokorrelierten besteht, führt man statt dessen die Fourier-Transformierte

$$S_{XX}(\omega) = \int_{-\infty}^{\infty} r_{XX}(\tau)e^{-j\omega\tau}\,d\tau \tag{7.67}$$

ein, die für die als reell vorausgesetzten, stationären Zufallssignale mit einer reellen und geraden Autokorrelationsfunktion eine reelle und gerade Funktion der Frequenz ist (weswegen meistens $S_{XX}(\omega)$ geschrieben wird und nicht $S_{XX}(j\omega)$). Mit dem Umkehrintegral

$$r_{XX}(\tau) = \frac{1}{2\pi}\int_{-\infty}^{\infty} S_{XX}(\omega)e^{j\omega\tau}\,d\omega \tag{7.68}$$

folgt

$$r_{XX}(0) = \frac{1}{2\pi}\int_{-\infty}^{\infty} S_{XX}(\omega)\,d\omega \tag{7.69}$$

sowie mit Gl. 7.31:

$$\lim_{T\to\infty}\frac{1}{2T}\int_{-T}^{T} x^2(t)\,dt = \frac{1}{2\pi}\int_{-\infty}^{\infty} S_{XX}(\omega)\,d\omega = \int_{-\infty}^{\infty} S_{XX}(2\pi f)\,df. \tag{7.70}$$

Die Größe $S_{XX}(\omega)$ unter dem Integral ist eine „Leistung pro Frequenz", weswegen sie den Namen *spektrale Leistungsdichte* erhalten hat. Die Gl. 7.67 und 7.68 sind auch als „*Wiener-Chintschin-Theorem*" bekannt.

Entsprechend wird als *Kreuzleistungsspektrum* zweier gemeinsam stationärer Signale

$$S_{XY}(\omega) = \int\limits_{-\infty}^{\infty} r_{XY}(\tau)e^{-j\omega\tau}\,d\tau \tag{7.71}$$

definiert, mit dem die Kreuzkorrelierte über das Umkehrintegral korrespondiert:

$$r_{XY}(\tau) = \tfrac{1}{2\pi} \int\limits_{-\infty}^{\infty} S_{XY}(\omega)e^{j\omega\tau}\,d\omega. \tag{7.72}$$

Handelt es sich z.B. bei $x(t)$ und $y(t)$ um Strom und Spannung eines Widerstandes, dann ist $r_{XY}(0)$ proportional zu der im Mittel umgesetzten Leistung. Da die Kreuzkorrelationsfunktion meistens keine gerade Funktion ist, handelt es sich bei dem Kreuzleistungsspektrum i.a. um eine *komplexe* Funktion der Frequenz.

☐ **Beispiel 7.4**

Ein stochastisches Signal hat die Autokorrelationsfunktion

$$r_{XX}(\tau) = Ke^{-a|\tau|} = \begin{cases} Ke^{-a\tau} & \text{für} \quad \tau \geq 0 \\ Ke^{a\tau} & \text{für} \quad \tau \leq 0 \end{cases} . \tag{7.73}$$

Man berechne die spektrale Leistungsdichte. (Es handelt sich hierbei um den *Markoff-Prozeß*, mit dem sich eine Reihe technischer Zufallsprozesse beschreiben lassen.)

Es gilt:

$$S_{XX}(\omega) = \int\limits_{-\infty}^{\infty} r_{XX}(\tau)e^{-j\omega\tau}\,d\tau$$

$$= \int\limits_{-\infty}^{0} Ke^{a\tau}e^{-j\omega\tau}\,d\tau + \int\limits_{0}^{\infty} Ke^{-a\tau}e^{-j\omega\tau}\,d\tau$$

$$= \frac{K}{a-j\omega}[e^{(a-j\omega)\tau}]_{-\infty}^{0} - \frac{K}{a+j\omega}[e^{-(a+j\omega)\tau}]_{0}^{\infty}$$

$$= \frac{K}{a-j\omega} + \frac{K}{a+j\omega}$$

$$= \frac{2Ka}{a^2+\omega^2}. \tag{7.74}$$

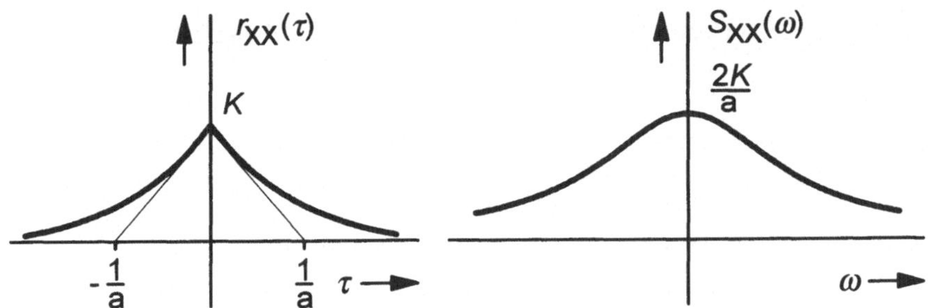

Bild 7.8
Autokorrelierte und spektrale Leistungsdichte des Markoff-Prozesses

Die spektrale *Leistungsdichte* eines stationären und reellen Zufallssignals ist die Fourier-Transformierte

$$S_{XX}(\omega) = \int\limits_{-\infty}^{\infty} r_{XX}(\tau)e^{-j\omega\tau}d\tau,$$

die wegen der reellen und geraden Autokorrelationsfunktion eine reelle und gerade Funktion der Frequenz ist. Mit dem Umkehrintegral

$$r_{XX}(\tau) = \frac{1}{2\pi} \int\limits_{-\infty}^{\infty} S_{XX}(\omega)e^{j\omega\tau}d\omega$$

folgt als mittlere Leistung des Signals:

$$P = r_{XX}(0) = \frac{1}{2\pi} \int\limits_{-\infty}^{\infty} S_{XX}(\omega)d\omega.$$

Entsprechend ist das *Kreuzleistungsspektrum* zweier gemeinsam stationärer Signale als Fourier-Transformierte der Kreuzkorrelationsfunktion definiert:

$$S_{XY}(\omega) = \int\limits_{-\infty}^{\infty} r_{XY}(\tau)e^{-j\omega\tau}d\tau,$$

$$r_{XY}(\tau) = \frac{1}{2\pi} \int\limits_{-\infty}^{\infty} S_{XY}(\omega)e^{j\omega\tau}d\omega.$$

7.5.2 Eigenschaften der spektralen Leistungsdichten

a) Da die Autokorrelationsfunktion reeller Zufallssignale eine reelle und gerade Funktion ist, ist die Leistungsdichte ebenfalls eine reelle und gerade Funktion:

$$r_{XX}(\tau) = r_{XX}(-\tau), \text{reell} \rightarrow S_{XX}(\omega) = S_{XX}(-\omega), \text{ reell}. \tag{7.75}$$

b) Für den Sonderfall, daß die Kreuzkorrelierte ebenfalls eine reelle und gerade Funktion ist, gilt das Ergebnis von a). Ansonsten folgt wegen

$$r_{YX}(\tau) = r_{XY}(-\tau), \text{ reell} \rightarrow S_{YX}(\omega) = S_{XY}^{*}(\omega) = S_{XY}(-\omega). \tag{7.76}$$

c) Die Leistungsdichte ist eine nicht-negative Funktion:

$$S_{XX}(\omega) \geq 0. \tag{7.77}$$

<u>Herleitung</u>:

Da sich die gesamte mittlere Leistung des Zufallssignals durch das Integrieren der (infinitesimalen) Leistungsanteile berechnet, also

$$P = \frac{1}{2\pi} \int_{-\infty}^{\infty} S_{XX}(\omega)d\omega,$$

folgt für die mittlere Leistung bei der Frequenz ω mit hinreichend kleinem $\Delta\omega$:

$$P(\omega) \approx \frac{1}{2\pi} S_{XX}(\omega)\Delta\omega = S_{XX}(\omega)\Delta f.$$

Wird das Signal bandgefiltert mit dem Durchlaßbereich f_1 bis f_2, so gilt für die mittlere Leistung des stochastischen Ausgangssignals $y(t)$:

$$P = E\{y^2(t)\} = \int_{f_1}^{f_2} S_{XX}(f)df.$$

Wird ein *sehr kleiner* Durchlaßbereich $\Delta f = f_2 - f_1$ gewählt, so folgt:

$$E\{y^2(t)\} \geq 0 \rightarrow S_{XX}(\omega)\Delta f \geq 0.$$

d) Ein stochastisches Signal $y(t)$, das aus der Summe eines *mittelwertfreien* stochastischen Signals $x(t)$ mit dem *Gleichanteil* μ_X besteht, also

$$y(t) = x(t) + \mu_X,$$

besaß die Autokorrelierte

$$r_{YY}(\tau) = r_{XX}(\tau) + \mu_X^2.$$

Das mittelwertfreie Signal $x(t)$ ist für große Zeitverschiebungen $\tau \to \pm\infty$ unkorreliert, d.h. $\lim\limits_{\tau \to \pm\infty} r_{XX}(\tau) = 0$. Für die Leistungsdichte folgt mit $1 \circ\!-\!\bullet\, 2\pi\delta(\omega)$:

$$S_{YY}(\omega) = S_{XX}(\omega) + 2\pi\mu_X^2\delta(\omega). \tag{7.78}$$

e) Wegen der Symmetrie der spektralen Leistungsdichte gilt für die mittlere Signalleistung *mittelwertfreier* Signale:

$$P = r_{XX}(0) = \tfrac{1}{2\pi} \int\limits_{-\infty}^{\infty} S_{XX}(\omega)d\omega = \tfrac{1}{\pi} \int\limits_{0}^{\infty} S_{XX}(\omega)d\omega = 2 \int\limits_{0}^{\infty} S_{XX}(f)df. \tag{7.79}$$

Für nicht-mittelwertfreie Signale muß nach d) zusätzlich eine Deltafunktion berücksichtigt werden.

7.6 Weißes Rauschen

Von *bandbegrenztem weißen Rauschen* spricht man, wenn die spektrale Leistungsdichte eines Zufallssignals innerhalb eines Frequenzbereichs $\omega \in [-\omega_G, \omega_G]$ einen konstanten Wert $a > 0$ aufweist und außerhalb - im Idealfall - Null ist:

$$S_{XX}(\omega) = a \cdot \mathrm{rect}\!\left(\tfrac{\omega}{2\omega_G}\right). \tag{7.80}$$

Die zugehörige Autokorrelierte läßt sich über die Umkehrformel bestimmen:

$$r_{XX}(\tau) = \tfrac{1}{2\pi} \int\limits_{-\omega_G}^{\omega_G} ae^{j\omega\tau}d\omega = \tfrac{a}{2\pi j\tau}[e^{j\omega\tau}]_{-\omega_G}^{\omega_G} = \tfrac{a}{\pi\tau} \cdot \tfrac{1}{2j}[e^{j\omega_G\tau} - e^{-j\omega_G\tau}] = \tfrac{a}{\pi\tau}\sin(\omega_G\tau)$$

$$= \tfrac{a\omega_G}{\pi}\mathrm{si}(\omega_G\tau) = 2af_G\,\mathrm{si}(\omega_G\tau). \tag{7.81}$$

Wegen $\lim\limits_{\tau \to \infty} r_{XX}(\tau) = 0$ ist das Rauschen *mittelwertfrei*. Das Zufallssignal von thermisch rauschenden Widerständen, aber auch von anderen Rauschquellen, ist außerdem *normalverteilt*; man spricht dann von *gaußschem, bandbegrenzten weißen Rauschen*.

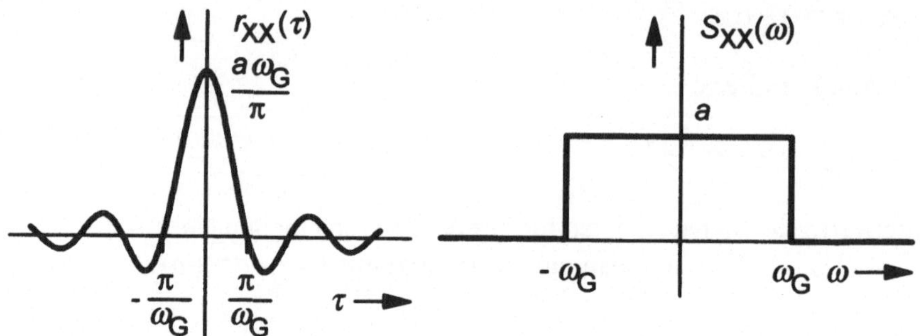

Bild 7.9

Autokorrelierte und Leistungsdichte von bandbegrenztem weißen Rauschen

Wegen $si(0) = 1$ folgt für die mittlere Leistung des mittelwertfreien Signals

$$P = r_{XX}(0) = \frac{a\omega_G}{\pi}\,; \tag{7.82}$$

Den gleichen Wert erhält man selbstverständlich nach Gl. 7.69, indem die Fläche des rechteckförmigen Spektrums berechnet und durch 2π geteilt wird:

$$P = \frac{1}{2\pi} \cdot 2a\omega_G = \frac{a\omega_G}{\pi}\,.$$

Für eine sehr große Bandbreite wird idealisierend $\omega_G \to \infty$ gesetzt; das Resultat ist *weißes Rauschen*, das in dieser Form zwar *nicht* realisierbar ist, sich aber besonders für theoretische Untersuchungen eignet. Für diesen Grenzfall wird die Autokorrelationsfunktion zu einer Deltafunktion:

$$S_{XX} = a \;\bullet\!\!-\!\!\circ\; a\delta(\tau)\,. \tag{7.83}$$

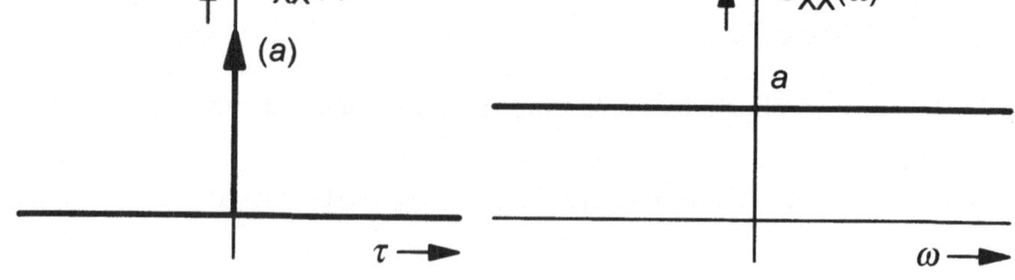

Bild 7.10

Autokorrelierte und Leistungsdichte von weißem Rauschen

Weißes Rauschen ist *völlig unkorreliert*, d.h. selbst zeitlich eng benachbarte Werte sind voneinander unabhängig, das Signal besitzt keine „innere Gesetzmäßigkeit"; es ist mit $\lim\limits_{\tau\to\pm\infty} r_{XX}(\tau) = 0$ weiterhin mittelwertfrei. Die Leistung berechnet sich wieder aus der Fläche unter der Leistungsdichte, multipliziert mit $\frac{1}{2\pi}$, sie ist *unendlich groß*. Auch daran ist ersichtlich, daß weißes Rauschen ein idealisiertes Signal ist: Reale Prozesse weisen eine obere Bandgrenze auf.

7.7 Die Leistungsdichtespektren von Ausgangssignalen

Aus

$$r_{XY}(\tau) = g(\tau) * r_{XX}(\tau)$$

folgt die Beziehung

$$S_{XY}(\omega) = G(j\omega)S_{XX}(\omega) \tag{7.84}$$

sowie mit

$$r_{YY}(\tau) = g(\tau) * r_{YX}(\tau):$$

$$S_{YY}(\omega) = G(j\omega)S_{YX}(\omega) = G(j\omega)S_{XY}^{*}(\omega). \tag{7.85}$$

Insgesamt gilt dann mit $S_{XX}(\omega) = S_{XX}^{*}(\omega)$, da die Leistungsdichte reell ist:

$$S_{YY}(\omega) = G(j\omega)G^{*}(j\omega)S_{XX}(\omega) = \left| G(j\omega) \right|^{2} S_{XX}(\omega). \tag{7.86}$$

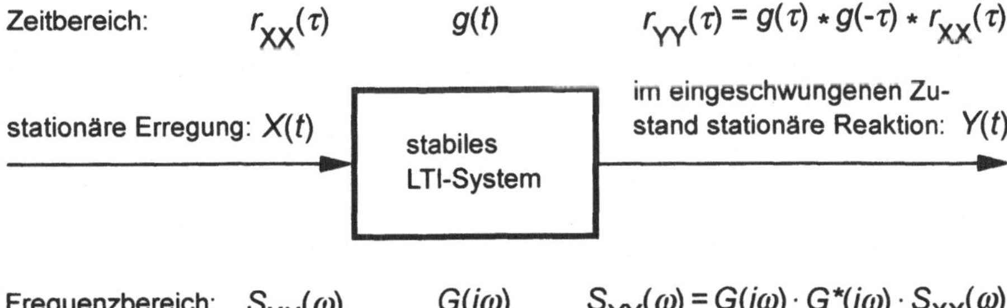

Bild 7.11
Zusammenhänge zwischen den Korrelationsfunktionen und den Leistungsdichtespektren

☐ **Beispiel 7.5**

a) Ein *idealer* Tiefpaß mit der Übertragungsfunktion

$$G(j\omega) = \begin{cases} \frac{1}{2} & \text{für } |\omega| \leq \omega_G = 2\pi f_G \\ 0 & \text{für } \quad |\omega| > \omega_G \end{cases}$$

wird mit weißem Rauschen mit $S_{XX}(\omega) = 2$ erregt. Man bestimme die Autokorrelierte des Ausgangssignals sowie sein Leistungsdichtespektrum.

Es folgt mit $G(j\omega) = \frac{1}{2}\text{rect}\left(\frac{\omega}{2\omega_G}\right)$:

$$S_{YY}(\omega) = G(j\omega)G^*(j\omega)S_{XX}(j\omega) = \left[\frac{1}{2}\text{rect}\left(\frac{\omega}{2\omega_G}\right)\right]^2 \cdot 2 = \frac{1}{2}\text{rect}\left(\frac{\omega}{2\omega_G}\right).$$

Mit $r_{YY}(\tau) \circ\!-\!\bullet\, S_{YY}(\omega)$ folgt entsprechend den Gl. 7.80 und 7.81:

$$r_{YY}(\tau) = \frac{\omega_G}{2\pi}\text{si}(\omega_G\tau) = f_G\text{si}(\omega_G\tau).$$

Das Ausgangssignal hat mit $\text{si}(0) = 1$ die mittlere Leistung:

$$r_{YY}(0) = f_G.$$

b) Ein *realer* Tiefpaß 1. Ordnung mit der Übertragungsfunktion

$$G(j\omega) = \frac{1}{2}\frac{1}{1+j\frac{\omega}{\omega_G}}$$

wird mit dem gleichen weißen Rauschen erregt. Man berechne wiederum die Autokorrelierte sowie sein Leistungsspektrum und vergleiche den realen Tiefpaß mit dem idealen.

Es folgt:

$$S_{YY}(\omega) = \frac{1}{4}\frac{1}{1+j\frac{\omega}{\omega_G}}\frac{1}{1-j\frac{\omega}{\omega_G}} \cdot 2 = \frac{1}{2}\frac{1}{1+\left(\frac{\omega}{\omega_G}\right)^2} = \frac{1}{2}\frac{\omega_G^2}{\omega_G^2+\omega^2}.$$

Dies ist offenbar ein *Markoff-Prozeß* mit $K = \frac{1}{4}\omega_G$ und $a = \omega_G$ entsprechend Beispiel 7.4 mit der Autokorrelationsfunktion

$$r_{YY}(\tau) = \frac{\omega_G}{4}e^{-\omega_G|\tau|} = \frac{\pi}{2}f_G e^{-\omega_g|\tau|}.$$

Für die mittlere Signalleistung der Reaktion erhält man:

$$r_{YY}(0) = \frac{\pi}{2}f_G.$$

Sie ist größer als beim idealen Tiefpaß, da die Fläche unter dem Leistungsdichtespektrum größer ist.

idealer Tiefpaß:

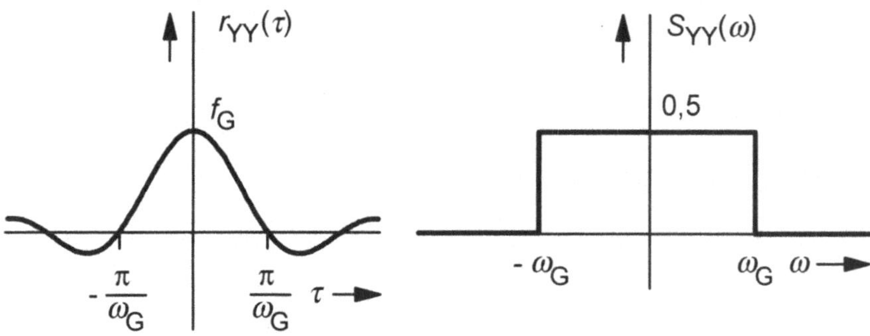

realer Tiefpaß 1. Ordnung:

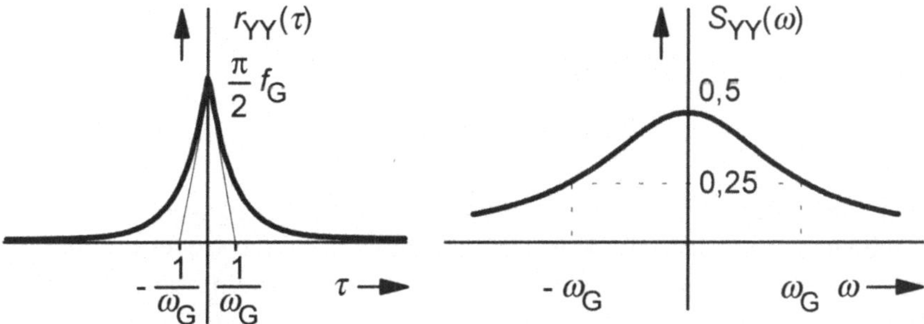

Bild 7.12
Vergleich der Autokorrelationsfunktionen und der Leistungsdichtespektren eines idealen Tiefpasses und eines realen bei Erregung mit weißem Rauschen mit $a = 2$

c) Abschließend soll die Frage geklärt werden, ob es einen Unterschied macht, wenn die Tiefpässe mit ω_R bandbegrenztem, aber dadurch realisierbarem weißen Rauschen erregt werden.

Für das Eingangssignal des *idealen* Tiefpasses muß offensichtlich nur gelten, daß die Bandgrenze des Rauschens *größer* ist als die Grenzfrequenz des Tiefpasses, da diese sonst nicht erkannt werden kann. Der reale Tiefpaß besitzt nicht den sprungförmigen Übergang zwischen dem Durchlaß- und dem Sperrbereich, so daß man untersuchen kann, bei welcher Frequenz ω_R das Leistungsdichtespektrum am Ausgang durch den Tiefpaß z.B. weniger als 10 % des Maximalwertes entspricht. Zu fordern ist:

$$\frac{1}{1+\left(\frac{\omega_R}{\omega_G}\right)^2} \overset{!}{<} 10 \% = 0,1 \rightarrow 1+\left(\frac{\omega_R}{\omega_G}\right)^2 > 10 \text{ bzw. } \omega_R > 3\omega_G.$$

Ein in Praxis realisiertes bandbegrenztes weißes Rauschen hätte, wie das Übertragungsverhalten des realen Tiefpasses, einen fließenden Übergang zwischen den konstanten und kleiner werdenden Spektralanteilen. Wenn aber die Bedingung $\omega_R \gg \omega_G$ eingehalten wird, dann ist sicher kein Unterschied zur Erregung mit idealem weißen Rauschen feststellbar. □

Zwischen den spektralen Leistungsdichten einer stationären Erregung eines LTI-Systems und der eingeschwungenen, stationären Reaktion bestehen die Beziehungen:

$$S_{XY}(\omega) = G(j\omega)S_{XX},$$

$$S_{YY}(\omega) = G(j\omega)S_{YX}(\omega) = G(j\omega)S_{XY}^*(\omega).$$

Insgesamt folgt dann mit $S_{XX}(\omega) = S_{XX}^*(\omega)$, da die Leistungsdichte reell ist:

$$S_{YY}(\omega) = G(j\omega)G^*(j\omega)S_{XX}(\omega) = |G(j\omega)|^2 S_{XX}(\omega).$$

7.8 Zeitdiskrete Zufallssignale

Ein zeitdiskretes oder kurz *diskretes Zufallssignal* (nicht zu verwechseln mit einer Zufallsvariablen, die nur diskrete Werte annehmen kann) kann wiederum durch Abtasten eines kontinuierlichen Signals, also $x(t) = x(kT)$, entstanden sein; durch Normierung der Zeitachse auf die Abtastperiode wird daraus die diskrete *Zufallsfolge* $x(k)$. Es ist aber genauso möglich, daß es als Folge in einem digitalen System vorkommt, z.B. als Rauschquelle für ein digitales Filter, oder die Werte entstehen nur zu diskreten Zeitpunkten, wie z.B. gewürfelte Augenzahlen.

Die vorkommenden Werte können kontinuierlich (z.B. analoge Temperaturen $\vartheta(kT)$) sein, nach einer A/D-Wandlung sind sie es bei genügend großer Wortbreite in guter Näherung dann immer noch, oder diskret mit Werten von Eins bis Sechs wie beim Würfeln. Im folgenden werden die Beziehungen für diskrete reelle Zufallssignale aufgeführt und kurz erläutert. Meistens können die entwickelten Beziehungen der kontinuierlichen Prozesse leicht übertragen werden.

Der Erwartungs- oder Mittelwert eines *wertkontinuierlichen* Prozesses $X(k)$ ist mit der im allgemeinen Fall zeitabhängigen Verteilungsdichtefunktion $f_X(x,k)$ definiert als

$$E\{X(k)\} = \mu_X(k) = \int_{-\infty}^{\infty} x f_X(x,k)dx. \tag{7.87}$$

Handelt es sich um einen *wertdiskreten* Prozeß, so ist das Integral durch eine Summe über die M möglichen Zustände x_j zu ersetzen, wobei als Wichtungen die Wahrscheinlichkeiten $P(x_j,k)$ der Zustände auftreten, die genauso zeitabhängig sein können:

$$E\{X(k)\} = \mu_X(k) = \sum_{j=1}^{M} x_j P(x_j, k). \tag{7.88}$$

Für die *Autokorrelationsfunktion* folgt

$$r_{XX}(k_1, k_2) = E\{X(k_1)X(k_2)\}, \tag{7.89}$$

sowie für die *Kreuzkorrelationsfunktion* zweier stochastischer Prozesse $X(k)$ und $Y(k)$:

$$r_{XY}(k_1, k_2) = E\{X(k_1)Y(k_2)\}. \tag{7.90}$$

Für die Streuung gilt

$$\sigma_X(k) = r_{XX}(k, k) - \mu_X^2(k). \tag{7.91}$$

Handelt es sich um einen *stationären* diskreten Prozeß, so sind die Verteilungsdichtefunktion und die Wahrscheinlichkeiten diskreter Zustände *zeitunabhängig*, so daß folgt:

$$\mu_X = \int_{-\infty}^{\infty} x f_X(x) dx \tag{7.92}$$

bzw.

$$\mu_X = \sum_{j=1}^{M} x_j P(x_j). \tag{7.93}$$

Damit sind die Korrelationsfunktionen nur von der *Differenz* $m = k_2 - k_1$ abhängig:

$$r_{XX}(k_1, k_2) = r_{XX}(k_1, k_1 + m) = r_{XX}(m), \tag{7.94}$$

$$r_{XY}(k_1, k_2) = r_{XY}(k_1, k_1 + m) = r_{XY}(m). \tag{7.95}$$

Bei *ergodischen* diskreten Prozessen können die Scharmittelwerte durch Zeitmittelwerte ersetzt werden:

$$\mu_X = \lim_{N \to \infty} \frac{1}{2N+1} \sum_{k=-N}^{N} x(k), \tag{7.96}$$

$$r_{XX}(m) = \lim_{N \to \infty} \frac{1}{2N+1} \sum_{k=-N}^{N} x(k)x(k + m), \tag{7.97}$$

$$r_{XY}(m) = \lim_{N \to \infty} \frac{1}{2N+1} \sum_{k=-N}^{N} x(k)y(k + m). \tag{7.98}$$

Wird ein diskretes und stabiles LTI-System mit einem stationären Zufallssignal erregt, so schwingt das regellose Ausgangssignal ein und wird selbst stationär; mit der Impulsantwort $g(k)$ sowie der Sprungantwort $h(k)$ des Systems gilt dann:

$$\mu_Y = \mu_X \cdot \sum_{k=0}^{\infty} g(k) = \mu_X \cdot h(\infty) = \mu_X \cdot V_{\text{stat}} \quad , \tag{7.99}$$

$$r_{XY}(m) = \sum_{k=0}^{\infty} g(k) r_{XX}(m-k) \quad , \tag{7.100}$$

$$r_{YY}(m) = \sum_{n=0}^{\infty} g(n) r_{XY}(m+n) \quad , \tag{7.101}$$

$$r_{YY}(m) = \sum_{k=0}^{\infty} \sum_{n=0}^{\infty} g(k) g(n) r_{XX}(m+n-k) \quad . \tag{7.102}$$

Diese Gleichungen sind dabei analog zu denjenigen im zeitkontinuierlichen Fall (siehe Kapitel 7.4, Gln. 7.51 bis 7.54), die Integrale sind in Summen übergegangen.

□ **Beispiel 7.6**

Ein diskretes LTI-System mit der Impulsantwort

$$g(k) = \left(\tfrac{1}{2}\right)^k \cdot \sigma(k)$$

wird mit weißem Rauschen mit der Autokorrelierten

$$r_{XX}(m) = \delta(m)$$

erregt. Man bestimme den Mittelwert sowie die Autokorrelierte der Reaktion im eingeschwungenen, stationären Zustand.

Da das System stabil ist - seine Impulsantwort strebt für große Zeiten gegen Null - besitzt es eine endliche statische Verstärkung. Die Erregung ist mittelwertfrei, damit gilt im eingeschwungenen Zustand das gleiche für die Reaktion.

Für die Korrelationsfunktionen folgt:

$$r_{XY}(m) = \sum_{k=0}^{\infty} \left(\tfrac{1}{2}\right)^k \delta(m-k).$$

Es wird nur für $m \geq 0$ mit der Deltafolge ein Wert ausgeblendet, so daß gilt:

$$r_{XY}(m) = \left(\tfrac{1}{2}\right)^m \cdot \sigma(m).$$

Damit folgt für die Autokorrelierte des Ausgangssignals:

$$r_{YY}(m) = \sum_{n=0}^{\infty} \left(\tfrac{1}{2}\right)^n \left(\tfrac{1}{2}\right)^{n+m} \cdot \sigma(m+n).$$

Für $m \geq 0$ ist im Summanden $\sigma(m+n) = 1$, so daß weiter folgt:

$$r_{YY}(m) = \left(\tfrac{1}{2}\right)^m \sum_{n=0}^{\infty} \left(\tfrac{1}{2}\right)^{2n} = \frac{\left(\tfrac{1}{2}\right)^m}{1-\tfrac{1}{4}} = \tfrac{4}{3}\left(\tfrac{1}{2}\right)^m = \tfrac{1}{3}\left(\tfrac{1}{2}\right)^{m-2}$$

Für $m < 0$ gilt $\sigma(m+n) = 1$ für $n \geq -m$:

$$r_{YY}(m) = \sum_{n=-m}^{\infty} \left(\tfrac{1}{2}\right)^n \left(\tfrac{1}{2}\right)^{n+m}.$$

Daraus folgt mit der Variablensubstitution $v = n + m$:

$$r_{YY}(m) = \sum_{v=0}^{\infty} \left(\tfrac{1}{2}\right)^{v-m} \left(\tfrac{1}{2}\right)^{v} = \tfrac{4}{3}\left(\tfrac{1}{2}\right)^{-m} = \tfrac{1}{3}\left(\tfrac{1}{2}\right)^{-m-2}.$$

Insgesamt kann man die beiden Bereiche zusammenfassen zu

$$r_{YY}(m) = \tfrac{1}{3}\left(\tfrac{1}{2}\right)^{|m|-2}.$$

Mit der Kenntnis, daß die Autokorrelationsfunktionen *gerade* Funktionen der Zeitverschiebung sind, hätte man sich die etwas komplizierte Berechnung des negativen Bereichs von m auch sparen können.

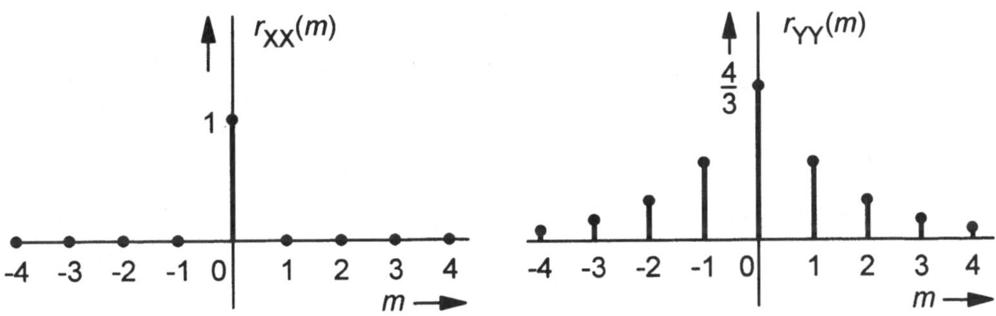

Bild 7.13
Autokorrelationsfunktionen der Erregung (weißes Rauschen) und der Reaktion

Wird auf die Zahlenfolge der Autokorrelationsfunktion die zeitdiskrete Fourier-Transformation angewendet, so folgt die *kontinuierliche* und mit ω_a *periodische* spektrale Leistungsdichte

$$S_{XX}(\omega) = \sum_{m=-\infty}^{\infty} r_{XX}(m) \cdot e^{-jmT\omega}. \tag{7.103}$$

Werden die Korrelationsfunktionen *kontinuierlicher* Signale im Abstand mT *abgetastet*, also z.B. $r_{XX}(\tau) = r_{XX}(mT)$, dann folgt nach Gl. 6.9 die folgende Beziehung, wobei das Original-Leistungsdichtespektrum mit $S_{XX,o}$ bezeichnet wird:

$$S_{XX}(\omega) = \frac{1}{T} \sum_{v=-\infty}^{\infty} S_{XX,o}(\omega + v\omega_a). \tag{7.104}$$

Das Spektrum wird durch die Abtastung zum einen periodisch und zum anderen mit dem Faktor $\frac{1}{T}$ gewichtet.

Mit der Frequenznormierung $\Omega = \frac{\omega}{f_a} = \omega T$ kann auch

$$S_{XX}(\Omega) = \sum_{m=-\infty}^{\infty} r_{XX}(m) \cdot e^{-jm\Omega} \tag{7.105}$$

geschrieben werden, wodurch die Spektraldichte nun mit $\Omega = 2\pi$ periodisch ist. Entsprechend gilt für die Kreuzleistungsspektren:

$$S_{XY}(\Omega) = \sum_{m=-\infty}^{\infty} r_{XY}(m) \cdot e^{-jm\Omega}, \tag{7.106}$$

$$S_{YX}(\Omega) = \sum_{m=-\infty}^{\infty} r_{YX}(m) \cdot e^{-jm\Omega}. \tag{7.107}$$

Mit der Übertragungsfunktion $G(j\Omega)$ eines zeitdiskreten LTI-Systems folgt für die Leistungsdichtespektren bei Erregung mit einem stationären Zufallssignal und einem stationär eingeschwungenen Ausgangssignal:

$$S_{XY}(\Omega) = G(j\Omega)S_{XX}(\Omega), \tag{7.108}$$

$$S_{YY}(\Omega) = G(j\Omega)S_{YX}(\Omega). \tag{7.109}$$

Mit $S_{YX}(\Omega) = S_{XY}^*(\Omega)$ und $S_{XX}(\Omega) = S_{XX}^*(\Omega)$ gilt letztlich:

$$S_{YY}(\Omega) = G(j\Omega)G^*(j\Omega)S_{XX}(\Omega) = \left| G(j\Omega) \right|^2 S_{XX}(\Omega). \tag{7.110}$$

□ **Beispiel 7.7**

Für das diskrete LTI-System mit der Impulsantwort

$$g(k) = \left(\tfrac{1}{2}\right)^k \cdot \sigma(k)$$

wurde in Beispiel 6.3 die Übertragungsfunktion

$$G(j\Omega) = \frac{2}{2 - e^{-j\Omega}}$$

berechnet. Das System wird wieder durch weißes Rauschen mit $r_{XX}(m) = \delta(m)$ erregt. Man berechne das Leistungsdichtespektrum des Ausgangssignals.

Offensichtlich gilt:

$$S_{XX}(\Omega) = 1\,;$$

damit folgt:

$$S_{YY}(\Omega) = \frac{2}{2-e^{-j\Omega}} \cdot \frac{2}{2-e^{j\Omega}} = \frac{4}{4-2(e^{j\Omega}+e^{-j\Omega})+1} = \frac{1}{1,25-\cos\Omega}\,.$$

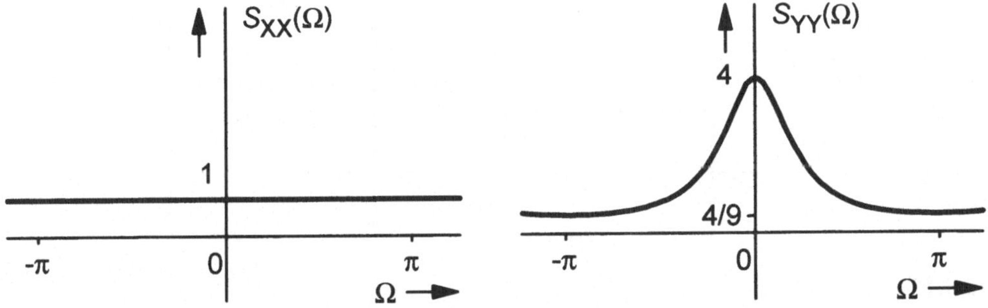

Bild 7.14
Leistungsdichtespektrum am Ein- und Ausgang des diskreten Systems

7.9 Einige Anwendungen

7.9.1 Messung der Impulsantwort

In den Kapiteln 7.4 und 7.7 wurden zwischen einer Erregung mit einem stationären Zufallssignal und der stationär eingeschwungenen Reaktion eines stabilen LTI-Systems die Beziehungen hergeleitet:

$$r_{XY}(\tau) = g(\tau) * r_{XX}(\tau),$$

$$S_{XY}(\omega) = G(j\omega)S_{XX}(\omega).$$

Wird ein System mit weißem Rauschen erregt, so gilt für die Autokorrelationsfunktion sowie das korrespondierende Leistungsdichtespektrum

$$r_{XX}(\tau) = \delta(\tau) \circ\!\!-\!\!\bullet\, S_{XX}(\omega) = 1; \qquad (7.111)$$

man mißt dann mit einem Korrelator als Kreuzkorrelierte die Impulsantwort sowie als Fourier-Transformierte die Übertragungsfunktion:

$$r_{XY}(\tau) = g(\tau) * \delta(\tau) = g(\tau), \qquad (7.112)$$

$$S_{XY}(\omega) = G(j\omega). \qquad (7.113)$$

Die Meßanordnung zeigt das folgende Bild:

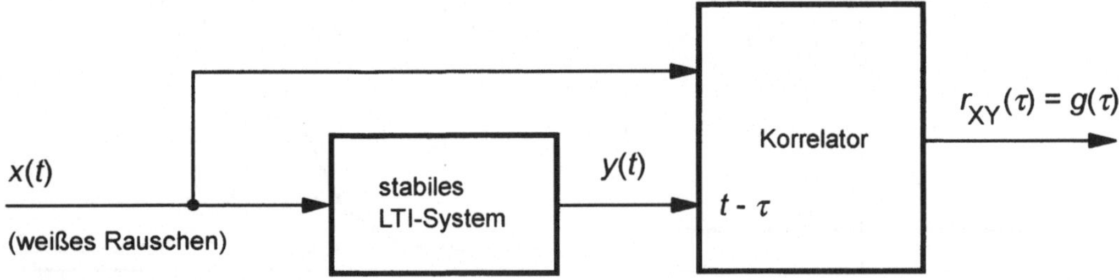

Bild 7.15
Meßanordnung zur Bestimmung der Impulsantwort mit weißem Rauschen

Handelt es sich in Wirklichkeit um bandbegrenztes weißes Rauschen, so tritt eine Verfälschung ein, wenn der fehlende Frequenzbereich noch zum Durchlaßbereich des Systems gehört.

Wird der maßgebliche Frequenzbereich zwar erregt, aber die Spektraldichte ist nicht konstant, dann kann die Übertragungsfunktion (und damit die Impulsantwort über die Fourier-Rücktransformation) über die Definitionsgleichung

$$G(j\omega) = \frac{S_{XY}(\omega)}{S_{XX}(\omega)} \qquad (7.114)$$

berechnet werden. Das Meßverfahren ist zeitaufwendig, da entsprechend der Anzahl von diskreten Punkten τ_i jeweils eine Integration durchzuführen ist. Diesem Nachteil steht als Vorteil gegenüber, daß statistisch unabhängige Rauschquellen, die sich der Reaktion überlagern und z.B. im Innern des Systems in Form von Widerstandsrauschen entstehen, das Ergebnis nicht verfälschen. Exemplarisch wird dies mit dem additiven Rauschsignal $n(t)$ gezeigt:

$$y(t) = g(t) * x(t) + n(t), \qquad (7.115)$$

$$r_{XY}(\tau) = E\{x(t)y(t+\tau)\} = E\left\{ x(t) \cdot \int_0^\infty g(a)x(t+\tau-a)\,da + x(t) \cdot n(t+\tau) \right\}$$

$$= E\left\{x(t) \cdot \int_0^\infty g(a)x(t+\tau-a)da\right\} + E\{x(t) \cdot n(t+\tau)\}. \tag{7.116}$$

Wenn die Rauschquelle von der Erregung statistisch unabhängig ist und die Signale damit unkorreliert sind, dann gilt

$$E\{x(t) \cdot n(t+\tau)\} = 0,$$

so daß folgt:

$$r_{XY}(\tau) = \int_0^\infty g(a) \cdot E\{x(t)x(t+\tau-a)\}da = \int_0^\infty g(a)r_{XX}(\tau-a)da. \tag{7.117}$$

Setzt sich das überlagernde Rauschen aus mehreren Rauschquellen zusammen, also

$$n(t) = n_1(t) + n_2(t) + \ldots,$$

die u.U. das System oder Teile davon durchlaufen, so ändert dies am Ergebnis nichts, solange die statistische Unabhängigkeit der Teilsignale und damit auch des Summensignals mit der Erregung gewährleistet ist.

7.9.2 Die Erkennung periodischer Signale im Rauschen

In der Praxis kommt es häufig vor, daß ein Nutzsignal stark verrauscht ist und eine direkte Verarbeitung nicht sinnvoll oder unmöglich ist. Man spricht von *Signalerkennung*, wenn es nur darauf ankommt, *ob* in dem empfangenen Rauschen ein Nutzsignal vorhanden ist und von *Signalschätzung*, wenn es darüber hinaus im Rauschen möglichst originalgetreu erkannt werden soll.

In einer ersten Aufgabe soll ein *periodisches*, nicht notwendigerweise sinusförmiges Nutzsignal $x(t)$ der Grundfrequenz $f_0 = \frac{1}{t_0}$ vorliegen, das von einem (ergodischen) stochastischen Störsignal $n(t)$ überlagert wird:

$$y(t) = x(t) + n(t). \tag{7.118}$$

Das Rauschen sei mittelwertfrei und ohne eigene periodische Anteile sowie vom Nutzsignal *statistisch unabhängig*, so daß gilt:

$$r_{XN}(\tau) = r_{NX}(-\tau) = 0; \tag{7.119}$$

damit folgt:

$$r_{YY}(\tau) = r_{XX}(\tau) + r_{NN}(\tau).$$ (7.120)

Wie in Unterkapitel 7.3.3 gezeigt wurde, besitzt die Autokorrelierte periodischer Signale die gleiche Periodendauer t_0 wie das Signal selbst. Da weiterhin für die mittelwertfreie Störung

$$\lim_{\tau \to \pm\infty} r_{NN}(\tau) = 0$$ (7.121)

gilt, kann durch Berechnung oder Messung der Autokorrelationsfunktion des empfangenen Signals $y(t)$ für genügend große Zeitverschiebungen τ die Periodendauer des Nutzsignals ermittelt werden, wie das folgende Bild beispielhaft zeigt:

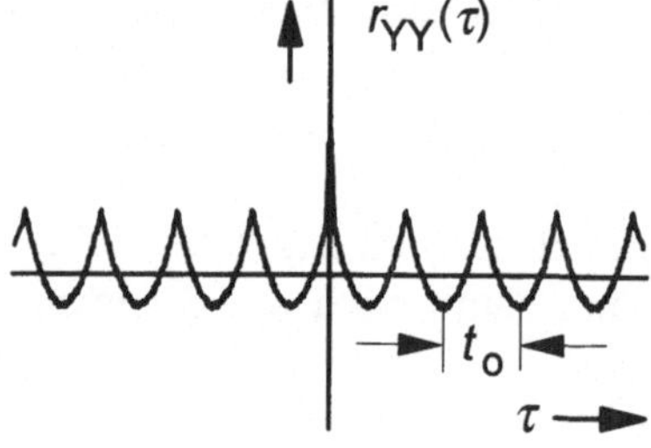

Bild 7.16
Typische Autokorrelationsfunktion eines verrauschten periodischen Nutzsignals

Hätte das Rauschsignal den Gleichanteil μ_N, so muß die Mittelwertfreiheit des Nutzsignals gefordert werden, da die beiden Signale sonst nicht statistisch unabhängig sind; in diesem Fall gilt:

$$\lim_{\tau \to \pm\infty} r_{YY}(\tau) = \mu_N^2.$$ (7.122)

Besitzt umgekehrt das Nutzsignal einen Gleichanteil und das Rauschen nicht, so sind die Verhältnisse die gleichen mit dem Mittelwert μ_X statt μ_N.

Ist die Periodendauer t_0 bekannt oder über die Autokorrelierte des Meßsignals bestimmt, so läßt sich die Signalform über die Kreuzkorrelationsfunktion mit einer periodischen unendlichen Diracfolge $z(t)$ bestimmen, welche die gleiche Periodendauer wie das Nutzsignal aufweist und deshalb mit diesem auf eine ganz besondere Weise korreliert ist:

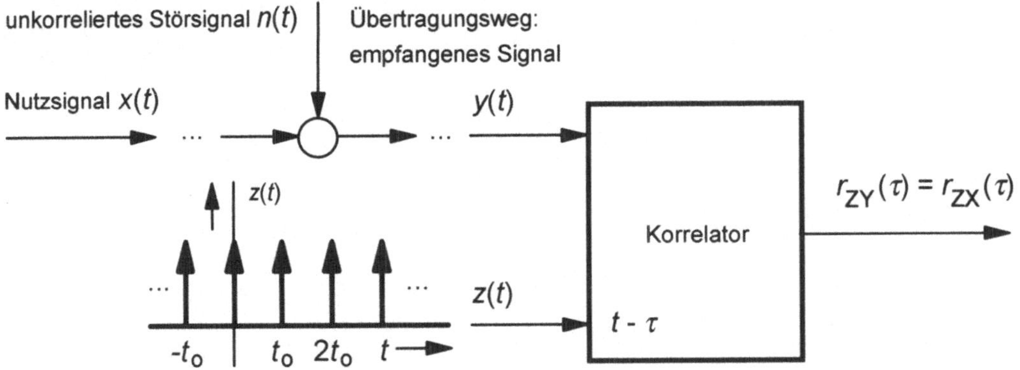

Bild 7.17
Messung der Kreuzkorrelierten zwischen dem verrauschten Signal und einer unendlichen Diracfolge

In der Praxis müssen die Deltafunktionen durch geeignete schmale Impulse angenähert werden. Die Impulsfolge ist ebenfalls mit dem Rauschen statistisch unabhängig, so daß mit

$$r_{ZN}(\tau) = 0 \tag{7.123}$$

gilt:

$$r_{ZY}(\tau) = r_{ZX}(\tau). \tag{7.124}$$

Die folgende Herleitung ist einfacher, wenn angenommen wird, daß der Korrelator über eine ganzzahlige Anzahl M von Perioden integriert; das Ergebnis ist auch ohne diese Voraussetzung das gleiche. Der Korrelator berechnet

$$r_{ZY}(\tau) = r_{ZX}(\tau) = r_{XZ}(-\tau) = \lim_{M\to\infty} \frac{1}{2Mt_0} \int_{-MT_0}^{Mt_0} x(t) \cdot z(t-\tau)dt$$

$$= \lim_{M\to\infty} \frac{1}{2Mt_0} \int_{-Mt_0}^{Mt_0} x(t) \cdot \sum_{v=-\infty}^{\infty} \delta(t-vt_0-\tau)dt. \tag{7.125}$$

Vertauscht man die Integration und die Summation, so folgt:

$$r_{ZY}(\tau) = \lim_{M\to\infty} \frac{1}{2Mt_0} \sum_{v=-\infty}^{\infty} \int_{-Mt_0}^{Mt_0} x(t) \cdot \delta(t-vt_0-\tau)dt.$$

Nun kann die *Ausblendeigenschaft* der Deltafunktion verwendet werden, wobei im Intervall $t \in [-Mt_0, Mt_0]$ genau $2M$ Werte liegen:

$$r_{ZY}(\tau) = \lim_{M \to \infty} \frac{1}{2Mt_0} \sum_{v=-M}^{M} x(vt_0 + \tau).$$ (7.126)

Da das Nutzsignal periodisch ist und die Deltafolge die gleiche Periodizität aufweist, gilt

$$x(vt_0 + \tau) = x(\tau);$$ (7.127)

damit folgt:

$$r_{ZY}(\tau) = \lim_{M \to \infty} \frac{1}{2Mt_0} 2Mx(\tau) = \frac{1}{t_0}x(\tau).$$ (7.128)

Für eine große Mittelungszeit erhält man demnach das Nutzsignal (gewichtet mit dem Faktor $\frac{1}{t_0}$) als Kreuzkorrelationsfunktion zwischen der periodischen Deltafolge und dem Meßsignal. Die Messung wie auch die diskrete Berechnung der Kreuzkorrelierten beansprucht viel Zeit; deshalb sollte berücksichtigt werden, daß es ausreicht, *eine* Periode des Nutzsignals zu bestimmen, also z.B. $\tau \in [0, t_0]$ mit einer entsprechend den Anforderungen gewählten Auflösung $\Delta\tau$.

☐ **Beispiel 7.8**

Das folgende Bild zeigt ein periodisches Rechtecksignal, überlagert mit bandbegrenztem weißen Rauschen sowie die zugehörige Autokorrelationsfunktion:

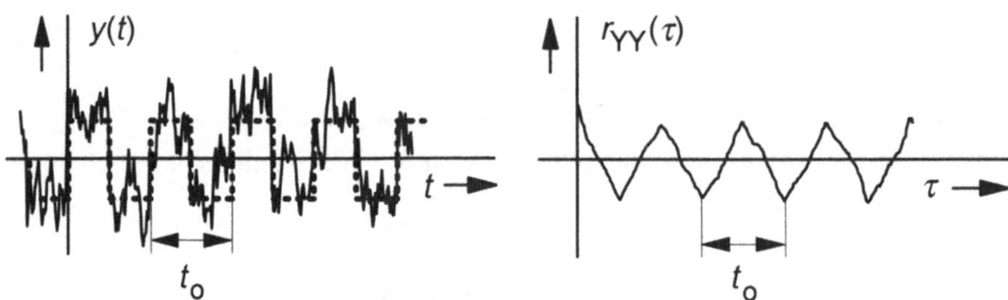

Bild 7.18
Ein periodisches Rechtecksignal mit überlagertem bandbegrenzten weißen Rauschen sowie die zugehörige Autokorrelationsfunktion (nur für $\tau \geq 0$ dargestellt)

Für genügend große Zeitverschiebungen τ ist die Periodendauer t_0 der Autokorrelierten identisch mit derjenigen des Nutzsignals; nach dem obigen Verfahren gewinnt man es originalgetreu aus dem verrauschten Signal als Kreuzkorrelierte:

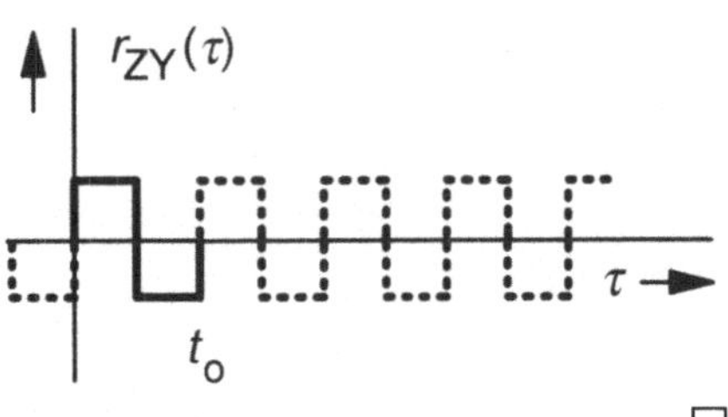

Bild 7.19
Nutzsignal als Kreuzkorrelierte zwischen dem gestörten Signal und der Deltafolge

7.9.3 Optimale Suchfilter (matched filter)

Im letzten Unterkapitel wurde die Signalerkennung und -schätzung für ein verrauschtes *periodisches* Signal behandelt. Häufig sind es jedoch in der Praxis auch *nichtperiodische* Signale *endlicher Zeitdauer*, meistens Impulse, die empfangen und ausgewertet werden sollen. Das folgende Bild zeigt einen solchen gestörten Empfang, die genaue Lage des Impulses kann kaum erkannt werden:

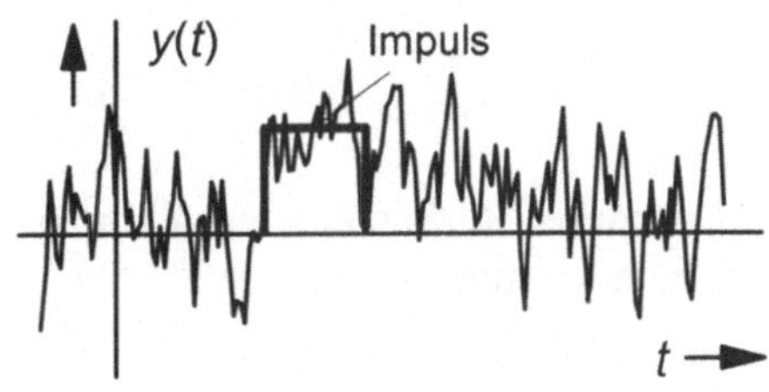

Bild 7.20
Ein Impuls als Nutzsignal mit starkem Störpegel

Gesucht wird nun die Übertragungsfunktion $G(j\omega)$ bzw. die Impulsantwort $g(t)$ eines Filters, das in bestmöglicher bzw. optimaler Weise die Lage des Impulses im Rauschen erkennt, wobei die Form des Impulses vorher bekannt ist; ein solches Filter wird *optimales Suchfilter* (englisch: *matched filter*) genannt.

Einige Voraussetzungen müssen getroffen werden: Das verrauschte Empfangssignal sei

$$z(t) = x(t) + n(t) \tag{7.129}$$

und der Störanteil $n(t)$ ergodisch und mittelwertfrei, mit der spektralen Leistungdichte $S_{NN}(\omega)$. Das Nutzsignal $x(t)$ sei ein Energiesignal, also

$$W = \int_{-\infty}^{\infty} x^2(t)dt < \infty. \tag{7.130}$$

Am Ausgang des Filters entsteht die Reaktion

$$x(t) + n(t) \rightarrow y(t) + v(t),$$ (7.131)

hierbei ist $y(t)$ die Reaktion des Filters auf den Impuls und $v(t)$ diejenige auf das Rauschen.

Es macht wegen der *Regellosigkeit* der Störung *keinen Sinn* zu fordern, daß das Filter einen möglichst großen Ausgangsfunktionswert $y(t)$ gegenüber einem Störfunktionswert $v(t)$ haben soll. Statt dessen betrachtet man als Optimierungskriterium bzw. Gütefunktional J das *Signal-Rausch-Verhältnis*, definiert durch das Verhältnis der Nutzleistung $y^2(t_1)$ zu einem Zeitpunkt t_1 zu der am Ausgang vorhandenen mittleren Leistung der Störung:

$$J = \frac{y^2(t_1)}{E\{v^2(t)\}} .$$ (7.132)

Wie später erkennbar wird, kann durch eine sinnvolle Wahl von t_0 dafür gesorgt werden, daß das optimale Filter kausal ist. Zu bestimmen ist die Übertragungsfunktion $G(j\omega)$, damit hängt das Gütefunktional nur von dieser Funktion ab: $J = J(G)$. Mit dem Spektrum $X(j\omega)$ des Impulses läßt sich mit der Umkehrtransformation formulieren:

$$y(t_0) = \frac{1}{2\pi} \int_{-\infty}^{\infty} Y(j\omega)e^{j\omega t_1} d\omega = \frac{1}{2\pi} \int_{-\infty}^{\infty} G(j\omega)X(j\omega)e^{j\omega t_1} d\omega .$$ (7.133)

Die mittlere Störleistung erhält man in der gleichen Weise nach Gl. 7.69 durch die spektrale Leistungsdichte:

$$E\{v^2(t)\} = \frac{1}{2\pi} \int_{-\infty}^{\infty} S_{VV}(\omega)d\omega = \frac{1}{2\pi} \int_{-\infty}^{\infty} G(j\omega)G^*(j\omega)S_{NN}(\omega)d\omega ;$$ (7.134)

damit folgt:

$$J(G) = \frac{1}{2\pi} \cdot \frac{\left[\int_{-\infty}^{\infty} G(j\omega)X(j\omega)e^{j\omega t_1} d\omega \right]^2}{\int_{-\infty}^{\infty} G(j\omega)G^*(j\omega)S_{NN}(\omega)d\omega} .$$ (7.135)

Führt man die Hilfsfunktionen $F_1(j\omega)$ und $F_2(j\omega)$ ein mit

$$F_1(j\omega) = \frac{X(j\omega)}{\sqrt{S_{NN}(j\omega)}}, \quad F_2^*(j\omega) = \sqrt{S_{NN}(j\omega)}\, G(j\omega)e^{j\omega t_1} ,$$ (7.136)

wobei gilt: $S_{NN}(\omega) \geq 0$, $e^{j\omega t_1} e^{-j\omega t_1} = 1$, so kann das Gütefunktional geschrieben werden als

$$J(G) = \frac{1}{2\pi} \cdot \frac{\left[\int\limits_{-\infty}^{\infty} F_1(j\omega)F_2^*(j\omega)\,d\omega\right]^2}{\int\limits_{-\infty}^{\infty} F_2(j\omega)F_2^*(j\omega)\,d\omega} = \frac{1}{2\pi} \cdot \frac{\left|\int\limits_{-\infty}^{\infty} F_1(j\omega)F_2^*(j\omega)\,d\omega\right|^2}{\int\limits_{-\infty}^{\infty} |F_2(j\omega)|^2\,d\omega}. \tag{7.137}$$

Für den Zähler läßt sich die Schwarzsche Ungleichung verwenden, um eine Obergrenze für das Funktional zu finden:

$$J(G) \leq \frac{1}{2\pi} \cdot \frac{\int\limits_{-\infty}^{\infty} |F_1(j\omega)|^2\,d\omega \cdot \int\limits_{-\infty}^{\infty} |F_2(j\omega)|^2\,d\omega}{\int\limits_{-\infty}^{\infty} |F_2(j\omega)|^2\,d\omega}. \tag{7.138}$$

Es ist bekannt, daß das Gleichheitszeichen gilt und damit das Funktional maximal wird, wenn die beiden Hilfsfunktionen zueinander proportional sind:

$$F_1(j\omega) \sim F_2(j\omega). \tag{7.139}$$

Daraus folgt direkt die gesuchte Übertragungsfunktion mit einem freien Proportionalitätsfaktor K:

$$\sqrt{S_{NN}(j\omega)}\, G^*(j\omega)e^{-j\omega t_1} = K\frac{X(j\omega)}{\sqrt{S_{NN}(j\omega)}}, \tag{7.140}$$

$$\rightarrow G(j\omega) = K\frac{X^*(j\omega)}{S_{NN}(\omega)}e^{-j\omega t_1} = K\frac{[X(j\omega)e^{j\omega t_1}]^*}{S_{NN}(\omega)} = K\left[\frac{X(j\omega)}{S_{NN}(\omega)}e^{j\omega t_1}\right]^*. \tag{7.141}$$

Der Faktor K verstärkt in gleicher Weise das Nutzsignal wie das Rauschen, so daß das Signal-Rausch-Verhältnis *nicht* verändert wird. Handelt es sich bei der Störung um weißes Rauschen, so folgt mit

$$r_{NN}(\tau) = a\delta(\tau) \circ\!\!-\!\!\bullet\ S_{NN}(\omega) = a:$$

$$G(j\omega) = \frac{K}{a}[X(j\omega)e^{j\omega t_1}]^*. \tag{7.142}$$

Hierzu gehört die *Impulsantwort* des Suchfilters:

$$g(t) = \frac{K}{a}x(t_1 - t). \tag{7.143}$$

Da das Nutzsignal $x(t)$ als zeitbegrenzt vorausgesetzt wurde (im einfachsten Fall ist es ein Impuls), kann die Zeitverschiebung t_1 immer so gewählt werden, daß das Filter kausal ist.

Mit dieser speziellen Impulsantwort bestimmt sich die Reaktion $y(t)$ auf $x(t)$ zu:

$$y(t) = g(t) * x(t) = \frac{K}{a} \int_{-\infty}^{\infty} x(t_1 - t + \tau)x(\tau)d\tau. \tag{7.144}$$

Führt man die *Impulsautokorrelierte* des Nutzsignals, eines Energiesignals, mit

$$r_{xx}^{E}(\tau) = \int_{-\infty}^{\infty} x(\tau + t)x(t)dt \tag{7.145}$$

ein, so folgt

$$y(t) = \frac{K}{a} r_{xx}^{E}(t - t_1), \tag{7.146}$$

weswegen ein optimales Suchfilter auch manchmal *Korrelationsfilter* genannt wird.

Für $t = t_1$ ist der Wert der Reaktion maximal, da $r_{xx}(0)$ der größte vorkommende Wert einer Autokorrelierten ist; damit folgt

$$y_{\max} = y(t_1) = \frac{K}{a} r_{xx}(0) = \frac{K}{a} \int_{-\infty}^{\infty} x^2(\tau)d\tau = \frac{K}{a} W, \tag{7.147}$$

d.h. das Maximum ist *proportional* zur *Energie W* des Nutzsignals.

☐ **Beispiel 7.9**

Der folgende Impuls wird von weißem Rauschen überlagert:

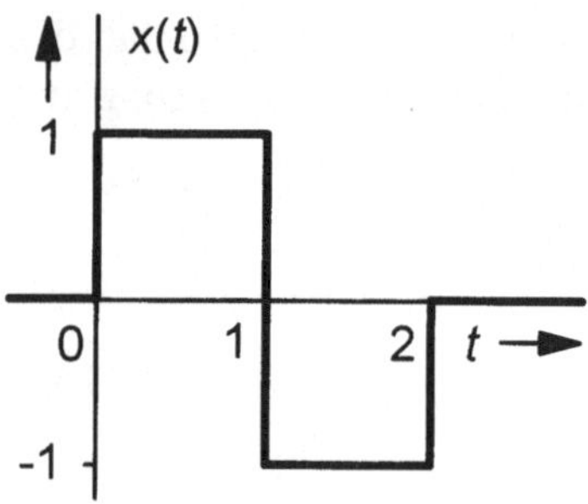

Bild 7.21
Das impulsförmige Nutzsignal

Zu bestimmen ist die Übertragungsfunktion bzw. die Struktur des optimalen Suchfilters.

Nach Gl. 7.143 mit einem frei festgelegten Faktor $\frac{K}{a} = 1$ ist die Impulsantwort die zeitliche Spiegelung des Impulses, als Zeitverschiebung muß mindestens $t_1 = 2$ gewählt werden, da das Filter sonst akausal wird:

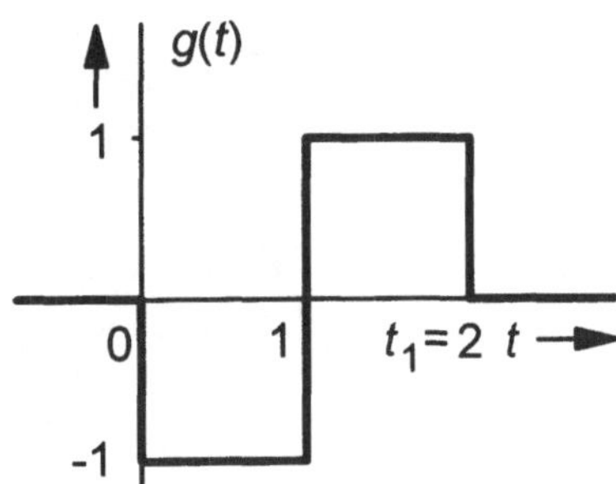

Bild 7.22
Impulsantwort des optimalen Suchfilters

Offensichtlich läßt sich diese Impulsantwort aus Sprungfunktionen überlagern:

$$g(t) = -\sigma(t) + 2 \cdot \sigma(t-1) - \sigma(t-2).$$

Da die Sprungfunktion das Integral der Deltafunktion ist, kann das Filter wie folgt aufgebaut werden:

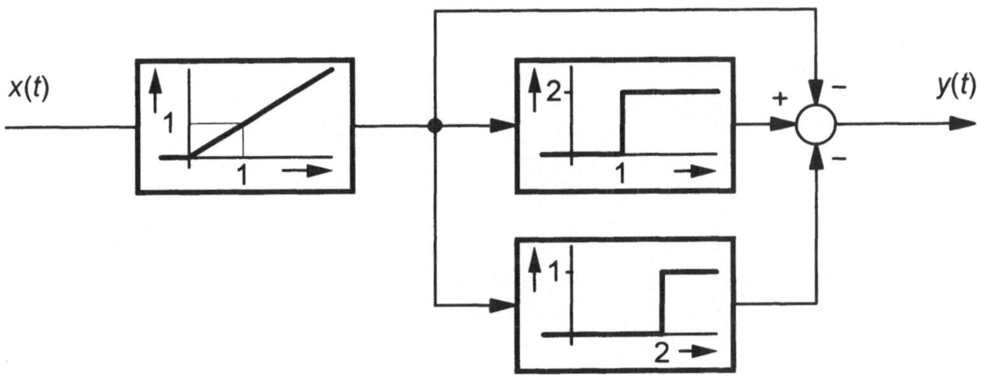

Bild 7.23
Strukturbild des Filters

Das Bild 7.24 zeigt abschließend die Autokorrelationsfunktion des Nutzsignals sowie die Reaktion des Filters, wenn ein verrauschter Impuls eintrifft. Wie deutlich zu sehen ist, liegt das Maximum der Reaktion um die Zeitdauer t_1 verzögert hinter dem Eintreffen des Impulses; dieses Maximum muß erkannt werden.

Soll die Erkennbarkeit des Impulses verbessert werden, so muß seine Energie W *vergrößert* werden, da auf das Rauschen kein Einfluß genommen werden kann. Dies kann zum einen durch Vergrößern des Pegels und zum anderen durch Verlängern der Impulsdauer geschehen. Das optimierte Gütefunktional ist dagegen *nicht* von der *Impulsform* abhängig; sie wird durch die Impulsantwort des optimalen Suchfilters berücksichtigt.

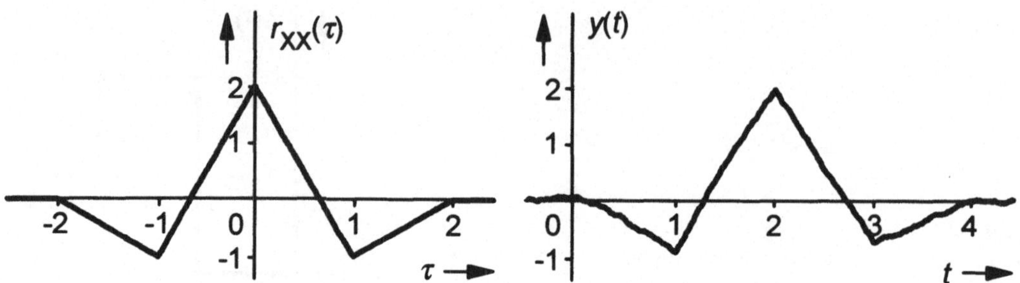

Bild 7.24
Autokorrelierte des Impulses sowie die Reaktion auf eine verrauschte Erregung	□

8 Gegenüberstellung zeitkontinuierlicher und -diskreter Signale und Systeme

Abschließend werden im folgenden die zeitkontinuierlichen und -diskreten Signale sowie Systeme verglichen und ggfls. kurz kommentiert. Dabei werden noch einmal die Gemeinsamkeiten und auch die Unterschiede deutlich.

	Kontinuierlich	**Diskret**
Sprungfunktion	$\sigma(t)$	$\sigma(k)$

Deltafunktion	$\delta(t)$	$\delta(k)$

Kontinuierliche Deltafunktionen sind verallgemeinerte Funktionen, sie können nur angenähert und nicht abgetastet werden.

Eigenschaften der Deltafunktion	$f(t)\delta(t - t_0) = f(t_0)\delta(t - t_0)$ $\int_{-\infty}^{\infty} f(t)\delta(t - t_0)dt = f(t_0)$	$f(k)\delta(k - k_0) = f(k_0)\delta(k - k_0)$ $\sum_{k=-\infty}^{\infty} f(k)\delta(k - k_0) = f(k_0)$

Zusammenhang	$\sigma(t) = \int_{-\infty}^{t} \delta(\tau)d\tau$ $\delta(t) = \frac{d}{dt}\sigma(t)$	$\sigma(k) = \sum_{n=-\infty}^{k} \delta(n)$ $\delta(k) = \sigma(k) - \sigma(k - 1)$

Die Ableitung ist dabei die verallgemeinerte Ableitung, die als Ergebnis verallgemeinerte Funktionen zuläßt.

Sprungantwort	$\sigma(t) \overset{\text{System}}{\to} h(t)$	$\sigma(k) \overset{\text{System}}{\to} h(k)$

Die Systeme müssen energiefrei sein, d.h. alle Speicher müssen zu Beginn der Erregung mit den Testfunktionen leer sein.

Impulsantwort	$\delta(t) \overset{\text{System}}{\to} g(t)$	$\delta(k) \overset{\text{System}}{\to} g(k)$

Die Systeme müssen energiefrei sein.

Zusammenhang

$$h(t) = \int_{-\infty}^{t} g(\tau)d\tau \qquad\qquad h(k) = \sum_{n=-\infty}^{k} g(n)$$

$$g(t) = \frac{d}{dt}h(t) \qquad\qquad g(k) = h(k) - h(k-1)$$

Wie oben: verallgemeinerte Ableitung.

Linearität

$$c_1 x_1(t) + c_2 x_2(t) \qquad\qquad c_1 x_1(k) + c_2 x_2(k)$$
$$\to c_1 y_1(t) + c_2 y_2(t) \qquad\qquad \to c_1 y_1(k) + c_2 y_2(k)$$

Zeitinvarianz $\qquad x(t-\tau) \to y(t-\tau) \qquad\qquad x(k-n) \to y(k-n)$

Beide Eigen-   LTI-System   diskretes LTI-System,
schaften   LSI-System

Kausalität

$$x(t) = 0 \text{ für } t < 0 \qquad\qquad x(k) = 0 \text{ für } k < 0$$
$$\to y(t) = 0 \text{ für } t < 0 \qquad\qquad \to y(k) = 0 \text{ für } k < 0$$

Kausales System $h(t) = 0$ bzw. $g(t) = 0$ für $t < 0 \qquad h(k) = 0$ bzw. $g(k) = 0$ für $k < 0$

Stabiles System $\int_{-\infty}^{\infty} |g(\tau)|\, d\tau < \infty \qquad\qquad \sum_{k=-\infty}^{\infty} |g(k)| < \infty$

Faltung

$$y(t) = g(t) * x(t) = x(t) * g(t) \qquad\qquad y(k) = g(k) * x(k) = x(k) * g(k)$$
$$= \int_{-\infty}^{\infty} g(t-\tau)x(\tau)d\tau \qquad\qquad = \sum_{n=-\infty}^{\infty} g(k-n)x(n)$$
$$= \int_{-\infty}^{\infty} g(\tau)x(t-\tau)d\tau \qquad\qquad = \sum_{n=-\infty}^{\infty} g(n)x(k-n)$$

Differential-
gleichung

$$y^{(n)}(t) + \ldots + a_1 \dot{y}(t) + a_0 y(t) =$$
$$b_0 x(t) + b_1 \dot{x}(t) + \ldots + b_m x^{(m)}(t)$$

a_n ist zu Eins normiert, $m \le n$.

Differenzen-
gleichung

$$y(k) + c_{n-1} y(k-1) + \ldots + c_0 y(k-n) =$$
$$d_n x(k) + d_{n-1} x(k-1) + \ldots + d_0 x(k-n)$$

c_n ist zu Eins normiert.

Übertragungs-	$G(j\omega) = \frac{y(t)}{x(t)}$ für $x(t) = A e^{j\omega t}$	$G(j\Omega) = \frac{y(k)}{x(k)}$ für $x(k) = A e^{j\Omega k}$
funktion	$G(j\omega) = \int\limits_{-\infty}^{\infty} g(t) e^{-j\omega t} dt$	$G(j\Omega) = \sum\limits_{k=-\infty}^{\infty} g(k) e^{-jk\Omega}$

Gilt für stabile Systeme; die obere Beziehung stimmt im eingeschwungenen Zustand, d.h. wenn die Eigenbewegung abgeklungen und die Ausgangssschwingung stationär geworden ist.

$$G(j\omega) = \frac{Y(j\omega)}{X(j\omega)} = \frac{b_0 + b_1 j\omega + \ldots + b_m (j\omega)^m}{a_0 + a_1 j\omega + \ldots + (j\omega)^n} \qquad G(j\Omega) = \frac{Y(j\Omega)}{X(j\Omega)} = \frac{d_0 + d_1 e^{j\Omega} \ldots + d_n (e^{j\Omega})^n}{c_0 + c_1 e^{j\Omega} \ldots + (e^{j\Omega})^n}$$

$$G(s) = \frac{Y(s)}{X(s)} = \frac{b_0 + b_1 s + \ldots + b_m s^m}{a_0 + a_1 s + \ldots + s^n} \qquad G(z) = \frac{Y(z)}{X(z)} = \frac{d_0 + d_1 z \ldots + d_n z^n}{c_0 + c_1 z \ldots + z^n}$$

$$G(s) = b_m \cdot \frac{\prod\limits_{j=1}^{m}(s - s_{0j})}{\prod\limits_{i=1}^{n}(s - s_{\infty i})} \qquad G(z) = d_n \cdot \frac{\prod\limits_{j=1}^{n}(z - z_{0j})}{\prod\limits_{i=1}^{n}(z - z_{\infty i})}$$

$$G(s) = \int\limits_{0}^{\infty} g(t) e^{-st} dt \qquad G(z) = \sum\limits_{k=0}^{\infty} g(k) z^{-k}$$

Für die Anwendung der Laplace- und der z-Transformation müssen die Zeitfunktionen kausal sein, d.h. $f(t) = 0$ für $t < 0$ bzw. $f(k) = 0$ für $k < 0$. Die Übertragungsfunktionen $G(j\omega)$ und $G(j\Omega)$ können für instabile Systeme über die Differential- bzw. Differenzengleichung bestimmt werden, sie haben jedoch nur für theoretische Untersuchungen eine Bedeutung. Für stabile Systeme darf uneingeschränkt $s = j\omega$ bzw. $z = e^{j\Omega}$ gesetzt werden.

Pole, Nullstellen	reell oder konjugiert komplex	reell oder konjugiert komplex
Stabilität	alle Pole mit negativem Realteil: $\operatorname{Re} s_{\infty i} < 0$, $i = 1, 2, \ldots, n$	alle Pole innerhalb des Einheitskreises: $|z_{\infty i}| < 1$, $i = 1, 2, \ldots, n$
Minimalphasigkeit	keine Pole und Nullstellen mit $\operatorname{Re} s_{\infty i} > 0$, $i = 1, 2, \ldots, n$, $\operatorname{Re} s_{0j} > 0$, $j = 1, 2, \ldots, m$, d.h. in der rechten s-Halbebene	keine Pole und Nullstellen mit $|z_{\infty i}| > 1$, $i = 1, 2, \ldots, n$, $|z_{0j}| > 1$, $j = 1, 2, \ldots, n$, d.h. außerhalb des Einheitskreises
Allpaßsystem	Pole und Nullstellen an der $j\omega$ –Achse gespiegelt, gleiche Anzahl von Polen und Nullstellen	Pole und Nullstellen am Einheitskreis „gespiegelt", gleiche Anzahl von Polen und Nullstellen

Linearphasige Filter	**nicht realisierbar**	**als FIR-Filter realisierbar**

Erwartungswerte

$$E\{X(t)\} = \mu_X(t) = \int_{-\infty}^{\infty} x f_X(x,t)dx \qquad E\{X(k)\} = \mu_X(k) = \int_{-\infty}^{\infty} x f_X(x,k)dx$$

$$r_{XX}(t_1,t_2) = E\{X(t_1)X(t_2)\} \qquad\qquad r_{XX}(k_1,k_2) = E\{X(k_1)X(k_2)\}$$

$$r_{XY}(t_1,t_2) = E\{X(t_1)Y(t_2)\} \qquad\qquad r_{XY}(k_1,k_2) = E\{X(k_1)Y(k_2)\}$$

Stationarität

$$\mu_X = \int_{-\infty}^{\infty} x f_X(x)dx \qquad\qquad \mu_X = \int_{-\infty}^{\infty} x f_X(x)dx$$

$$r_{XX}(\tau) = E\{X(t)X(t+\tau)\} \qquad\qquad r_{XX}(m) = E\{X(k)X(k+m)\}$$

$$r_{XY}(\tau) = E\{X(t)Y(t+\tau)\} \qquad\qquad r_{XY}(m) = E\{X(k)Y(k+m)\}$$

Ein stochastischer Prozeß ist stationär (in seinen Eigenschaften), wenn die Wahrscheinlichkeitsdichte zeitunabhängig ist und damit der Mittelwert ebenfalls nicht mehr von der Zeit abhängt. Die Korrelationsfunktionen sind dann nur noch Funktionen des Zeitabstandes $\tau = t_2 - t_1$; für die Kreuzkorrelierte müssen beide Prozesse gemeinsam stationär sein.

Ergodizität

$$\mu_X = \lim_{T\to\infty} \frac{1}{2T} \int_{-T}^{T} x(t)dt \qquad\qquad \mu_X = \lim_{N\to\infty} \frac{1}{2N+1} \sum_{k=-N}^{N} x(k)$$

$$r_{XX}(\tau) = \lim_{T\to\infty} \frac{1}{2T} \int_{-T}^{T} x(t)x(t+\tau)dt \quad r_{XX}(m) = \lim_{N\to\infty} \frac{1}{2N+1} \sum_{k=-N}^{N} x(k)x(k+m)$$

$$r_{XY}(\tau) = \lim_{T\to\infty} \frac{1}{2T} \int_{-T}^{T} x(t)y(t+\tau)dt \quad r_{XY}(m) = \lim_{N\to\infty} \frac{1}{2N+1} \sum_{k=-N}^{N} x(k)y(k+m)$$

Die Scharmittelwerte ergodischer Prozesse sind zeitunabhängig und identisch mit den Zeitmittelwerten aller Musterfunktionen, d.h. *eine* Realisierung $x(t)$ (sowie $y(t)$) charakterisiert den ganzen Prozeß.

Ein-Ausgangs-Relationen

$$r_{XY}(\tau) = g(\tau) * r_{XX}(\tau) \qquad\qquad r_{XY}(m) = g(m) * r_{XX}(m)$$

$$r_{YY}(\tau) = g(\tau) * r_{YX}(\tau) \qquad\qquad r_{YY}(m) = g(m) * r_{YX}(m)$$

$$r_{YY}(\tau) = [g(\tau) * g(-\tau)] * r_{XX}(\tau)$$

$$r_{YY}(m) = [g(m) * g(-m)] * r_{XX}(m)$$

| Spektrale | $S_{XX}(\omega) = \int\limits_{-\infty}^{\infty} r_{XX}(\tau)e^{-j\omega\tau}d\tau$ | $S_{XX}(\Omega) = \sum\limits_{m=-\infty}^{\infty} r_{XX}(m) \cdot e^{-jm\Omega}$ |
| Leistungsdichte | $S_{XY}(\omega) = \int\limits_{-\infty}^{\infty} r_{XY}(\tau)e^{-j\omega\tau}d\tau$ | $S_{XY}(\Omega) = \sum\limits_{m=-\infty}^{\infty} r_{XY}(m) \cdot e^{-jm\Omega}$ |

Ein-Ausgangs- / Relationen

$$S_{XY}(\omega) = G(j\omega)S_{XX}(\omega) \qquad S_{XY}(\Omega) = G(j\Omega)S_{XX}(\Omega)$$

$$S_{YY}(\omega) = G(j\omega)S_{YX}(\omega) \qquad S_{YY}(\Omega) = G(j\Omega)S_{YX}(\Omega)$$

$$S_{YY}(\omega) = \left|G(j\omega)\right|^2 S_{XX}(\omega) \qquad S_{YY}(\Omega) = \left|G(j\Omega)\right|^2 S_{XX}(\Omega)$$

Die Beziehungen gelten für eine stationäre Erregung sowie eine stationär eingeschwungene Reaktion; sie sind deshalb auf stabile Systeme beschränkt.

Anhang

1 Literaturverzeichnis

[1] Achenbach, J.-J.: *System-Synthese*. Düsseldorf: VDI-Verlag 1988.

[2] Ackermann, J.: *Abtastregelung*, Band I und II. Berlin, Heidelberg: Springer 1983.

[3] Azizi, S. A.: *Entwurf und Realisierung digitaler Filter*. 4. Aufl. München: Oldenbourg 1983.

[4] Bening, F.: *z-Transformation für Ingenieure*. Stuttgart: Teubner 1995.

[5] Böhme, J. F.: *Stochastische Signale*. (Teubner Studienbücher) Stuttgart: Teubner 1993.

[6] Brigham, E. O.: *FFT*. 4. Aufl. München: Oldenbourg 1989.

[7] Burrus, C. S.; Parks, T.W.: *DFT/FFT and Convolution Algorithms*. John Wiley & Sons 1985.

[8] Doetsch, G.: *Anleitung zum praktischen Gebrauch der Laplace-Transformation und der z-Transformation*. München: Oldenbourg 1981.

[9] -: *Einführung in Theorie und Anwendung der Laplace-Transformation*. 3. Aufl. Birkhäuser 1976.

[10] Duyan, H.; Hahnloser, G.; Traeger, D.: *Pspice - Eine Einführung*. 2. Aufl. Stuttgart: Teubner 1992.

[11] -: *Pspice für Windows*. 2. Aufl. Stuttgart: Teubner 1996.

[12] Fettweis, A.: *Elemente nachrichtentechnischer Systeme*. (Teubner Studienbücher) 2. Aufl. Stuttgart: Teubner 1996.

[13] Fliege, N.: *Systemtheorie*. Stuttgart: Teubner 1991.

[14] Föllinger, O.: *Laplace- und Fourier-Transformation*. 2. Aufl. Elitera 1980.

[15] -: *Lineare Abtastsysteme*. 2. Aufl. München: Oldenbourg 1982.

[16] -: *Regelungstechnik*. 8. Aufl. Heidelberg: Hüthig 1990.

[17] Freeman, R. L.: *Telecommunication System Engineering*. John Wiley & Sons, 1989.

[18] Gerdsen, P.: *Digitale Nachrichtenübertragung*. Stuttgart: Teubner 1996.

[19] Gerdsen, P.; Kröger, P.: *Digitale Signalverarbeitung in der Nachrichtenübertragung*. Berlin, Heidelberg: Springer 1993.

[20] Girod, B.; Rabenstein, R.; Stenger, A.: *Einführung in die Systemtheorie*. 2. Aufl. Stuttgart: Teubner 2003.

[21] Götz, H.: *Einführung in die digitale Signalverarbeitung*. 2. Aufl. Stuttgart: Teubner 1995.

[22] Grossman, S. I.: *Calculus*, Part 2. New York: Academic Press 1982.

[23] Günther, M.: *Kontinuierliche und zeitdiskrete Regelungen*. Stuttgart: Teubner 1997.

[24] Hess, W.: *Digitale Filter*. 2. Aufl. Stuttgart: Teubner 1993.

[25] Hoefer, E. E. E.; Nielinger, H.: *Spice*. Berlin, Heidelberg: Springer 1985.

[26] Honerkamp, J.: *Stochastische dynamische Systeme*. VCH Verlagsgesellschaft, 1990.

[27] Isermann, R.: *Digitale Regelungssysteme*, Band I und II. 3. Aufl. Berlin, Heidelberg: Springer 1977.

[28] Johann, J.: *Modulationsverfahren*. Berlin, Heidelberg: Springer 1992.

[29] Jolley, L. B. W.: *Summation of Series*. New York: Dover 1961.

[30] Kammeyer, K. D.: *Nachrichtenübertragung*. 3. Aufl. Stuttgart: Teubner 2004.

[31] Kammeyer, K. D.; Kroschel, K.: *Digitale Signalverarbeitung*. 5. Aufl. Stuttgart: Teubner 2002.

[32] Kronmüller, H.: *Digitale Signalverarbeitung*. Berlin, Heidelberg: Springer 1991.

[33] Lange, D.: *Methoden der Signal- und Systemanalyse*. Braunschweig: Vieweg 1985.

[34] Leonhard, W.: *Digitale Signalverarbeitung in der Regelungstechnik*. (Teubner Studienbücher) 2. Aufl. Stuttgart: Teubner 1989.

[35] Lüke, H. D.: *Signalübertragung*. 6. Aufl. Berlin, Heidelberg: Springer 1995.

[36] Marko, H.: *Systemtheorie*. 3. Aufl. Berlin, Heidelberg: Springer 1994.

[37] Mäusl, R.: *Analoge Modulationsverfahren*. 2. Aufl. Heidelberg: Hüthig 1988.

[38] -: *Digitale Modulationsverfahren*. 2. Aufl. Heidelberg: Hüthig 1988.

[39] Mertins, A.: *Signaltheorie*. Stuttgart: Teubner 1996.

[40] Moeller, F.; Frohne, H.; Löcherer, K.-H.; Müller, H.: *Grundlagen der Elektrotechnik*. (Leitfaden der Elektrotechnik) 19. Aufl. Stuttgart: Teubner 2002.

[41] Oppenheim, A. V.; Schafer, R. W.: *Digital Signal Processing*. Englewood Cliffs, New Jersey: Prentice-Hall 1975.

[42] -: *Zeitdiskrete Signalverarbeitung*. München: Oldenbourg 1992.

[43] Oppenheim, A. V.; Willsky, A. S.: *Signals and Systems*. Englewood Cliffs, New Jersey: Prentice-Hall 1983.

[44] Papoulis, A.: *Probability, Random Variables and Stochastic Processes*. New York: McGraw Hill 1965.

[45] -: *Signal Analysis*. New York: McGraw Hill 1977.

[46] Pirsch, P.: *Architekturen der digitalen Signalverarbeitung*. Stuttgart: Teubner 1996.

[47] Poularikas, A. D.; Seely, S.: *Signals and Systems*. 2. Aufl. Boston: PWS-Kent Publishing Coop. 1994.

[48] Schüßler, H. W.: *Netzwerke, Signale und Systeme*, Band I und II. Berlin, Heidelberg: Springer 1988 und 1990.

[49] Schrüfer, E.: *Signalverarbeitung.* 2. Aufl. Wien: Hanser 1990.

[50] Schwarz, J.: *Digitale Verarbeitung stochastischer Signale.* München: Oldenbourg 1988.

[51] Stoll, D.: *Schaltungen der Nachrichtentechnik.* Braunschweig: Vieweg 1988.

[52] Unbehauen, H.: *Regelungstechnik,* Band I bis III. 2. Aufl. Braunschweig: Vieweg 1985.

[53] Unbehauen, R.: *Systemtheorie.* 5. Aufl. München: Oldenbourg 1990.

[54] Vahldiek, H.: *Aktive RC-Filter.* München: Oldenbourg 1972.

[55] Weber, H.: *Einführung in die Wahrscheinlichkeitsrechnung für Ingenieure.* (Teubner Studienskripten) Stuttgart: Teubner 1983.

[56] -: *Laplace-Transformation.* 7. Aufl. Stuttgart: Teubner 2003.

[57] Williams, A.B.; Taylor, F.J.: *Electronic Filter Design Handbook.* New-York: McGraw-Hill 1988.

2 Grundbegriffe der Wahrscheinlichkeitsrechnung

Werden z.B. in einer Automatendreherei aus Stangenmaterial Bolzen mit einem vorgegebenen Durchmesser gedreht, so muß von der Konstruktionsabteilung eine Toleranz angegeben werden, da sich bei jedem Bolzen immer eine möglicherweise kleine, aber *unvorhersehbare* Abweichung vom Sollmaß ergibt. Diese Abweichung hat verschiedene, insbesondere *zufällige* Ursachen wie eine etwas andere Einspannung, ein geringfügig anderes Material usw. Es wird sich aber auch der Drehmeißel langsam und zufällig abnutzen, so daß sich der Durchmesser entsprechend vergrößert.

In Begriffen der *Wahrscheinlichkeitsrechnung* handelt es sich bei dem Durchmesser um ein *Zufallsereignis* eines *Zufallsexperimentes,* wobei das Ereignis - im Prinzip - beliebige Werte annehmen kann; selbstverständlich kann der Durchmesser nie größer sein als vor dem Abdrehen und nie kleiner als Null. Es handelt sich damit um eine kontinuierliche bzw. stetige *Zufallsgröße* oder auch *Zufallsvariable X.*

Ein weiteres Beispiel ist das jedem vertraute Würfeln. Anders als beim Herstellen eines Bolzens ist hierbei die Zufälligkeit des Ergebnisses gewünscht. Handelt es sich um einen einigermaßen gleichmäßigen Würfel, so ist es nahezu unmöglich, durch eine bestimmte Wurfbewegung oder -höhe ein Ergebnis vorzugeben. Durch seine Kanten vollzieht der Würfel beim Hochspringen eine *chaotische Bewegung* und bleibt letztlich rein zufällig auf einer der sechs Flächen liegen. Auf diese Weise kann das Zufallsereignis nur die M *diskreten* Werte $x_j = 1...6$ annehmen (in diesem speziellen Fall ist der Index identisch mit dem Wert), weswegen man von einer *diskreten* Zufallsvariablen X spricht.

Liegen N gewürfelte Augenzahlen und damit Zufallsereignisse vor, dann nennt man das Verhältnis der darin vorkommenden Einsen $n(1)$ zur Gesamtzahl, also

$$h(1) = \frac{n(1)}{N}, \qquad\qquad\qquad\qquad (A1)$$

die *relative Häufigkeit* von $x_1 = 1$. Für eine beliebige Augenzahl zwischen Eins und Sechs läßt sich somit formulieren:

$$h(x_j) = \frac{n(x_j)}{N}, \, j = 1, 2, ..., 6. \qquad\qquad\qquad\qquad (A2)$$

Bei einer großen Anzahl gewürfelter Augenzahlen sollte bei einem brauchbaren Würfel jeder Wert gleich häufig auftreten; dies bedeutet, daß dann die Häufigkeit

$$P(x_j) = \lim_{N\to\infty} h(x_j) = \lim_{N\to\infty} \frac{n(x_j)}{N} = \frac{1}{6}, \, j = 1, 2, ..., 6 \qquad\qquad (A3)$$

erwartet wird. Hierbei ist nun $P(x_j)$ die *Wahrscheinlichkeit* der Augenzahl $x_j = j$; da sie in diesem Fall alle gleich sind, spricht man auch von einer *Gleichverteilung*. Mit $0 \leq n \leq N$ folgt für die Wahrscheinlichkeit:

$$0 \leq P \leq 1. \qquad\qquad\qquad\qquad (A4)$$

Hierbei bedeutet $P = 0$, daß der Wert - im Prinzip - nie auftritt bzw. er unmöglich ist und $P = 1$, daß er immer auftritt bzw. sicher ist. Offensichtlich gilt für alle möglichen diskreten Werte einer Zufallsvariablen, daß die zugehörigen Wahrscheinlichkeiten aufsummiert das sichere Ereignis ergeben. So tritt beim Würfeln mit Sicherheit ($P = 1$) ein Wert zwischen Eins und Sechs auf; daraus folgt für die Wahrscheinlichkeiten:

$$\sum_{j=1}^{M} P(x_j) = 1. \qquad\qquad\qquad\qquad (A5)$$

Die Wahrscheinlichkeit, daß die gewürfelte Augenzahl X Eins *oder* Zwei beträgt, ist einfach die *Summe* der Einzelwahrscheinlichkeiten:

$$P(1 \text{ oder } 2) = P(1) + P(2). \qquad\qquad\qquad\qquad (A6)$$

Damit gilt allgemein für die Wahrscheinlichkeit, daß die Augenzahl kleiner oder gleich einem Wert x_j ist:

$$P(X \leq x_j) = \sum_{i=1}^{j} P(x_i); \qquad\qquad\qquad\qquad (A7)$$

offensichtlich ist $P(X \leq x_j)$ eine *monoton steigende* Funktion von x_j, da die Wahrscheinlichkeiten nicht-negative Werte sind.

Zwei zufällig gewürfelte Augenzahlen x_j und y_k sind statistisch voneinander völlig unabhängig, d.h. das erste Ergebnis beeinflußt das zweite nicht. Ob man nun die Zufallsereignisse zweier Würfel betrachtet oder zwei hintereinander gewürfelte Augenzahlen desselben Würfels, ist hierbei gleichgültig. Bei *statistisch unabhängigen* Ereignissen werden die Wahrscheinlichkeiten *multipliziert*:

$$P(x_j, y_k) = P(x_j) \cdot P(y_k); \tag{A8}$$

hierbei ist $P(x_j, y_k)$ die *Verbundwahrscheinlichkeit* der beiden Zufallsereignisse. Betrachtet man z.B. die Wahrscheinlichkeit, daß nach einer Augenzahl Eins eine Zwei auftritt, so ist dies

$$P(1,2) = P(1) \cdot P(2) = \tfrac{1}{6} \cdot \tfrac{1}{6} = \tfrac{1}{36}. \tag{A9}$$

Der Nenner entspricht natürlich gerade der Anzahl der Möglichkeiten, die sich durch die Kombination der Augenzahlen ergibt.

Sind die Zufallsereignisse *nicht* unabhängig voneinander, so ist die Situation etwas schwieriger. So gilt z.B., daß bestimmte Buchstaben in Wörtern nach einem anderen Buchstaben statistisch häufiger auftreten als andere. Ein einfaches Beispiel ist das **q** in der deutschen Sprache. Da ein **q** nie ohne ein direkt nachfolgendes **u** auftritt, gilt $P(\mathbf{q},\mathbf{u}) = 1$. Allgemein gilt die Beziehung

$$P(x_j, y_k) = P(x_j \mid y_k) \cdot P(y_k) = P(y_k \mid x_j) \cdot P(x_j). \tag{A10}$$

Hierbei ist $P(x_j \mid y_k)$ die *bedingte Wahrscheinlichkeit*; sie ist die Wahrscheinlichkeit von y_k unter der Bedingung, daß x_j aufgetreten ist. Sind die Ereignisse doch voneinander *statistisch unabhängig*, so wird man feststellen, daß sie nur vom Auftreten des ersten Ereignisses abhängt. Dann gilt

$$P(x_j \mid y_k) = P(x_j); \tag{A11}$$

aus Gl. A10 wird dadurch wieder Gl. A8.

Betrachtet man z.B. in der deutschen Sprache nicht nur einzelne Wörter, sondern Sätze und sogar ganze Texte und Bücher, dann wird bei einem gewissen Abstand der Buchstaben statistische Unabhängigkeit eintreten. So wird z.B. ein **e** fünf Seiten vor einem **h** bei einem normalen Text keinen Einfluß mehr auf sein Vorkommen haben. Wenn man den Text mit Hilfe eines Computerprogrammes auf die relative Häufigkeit des gemeinsamen Auftretens der **e** und **h** über fünf Seiten hinweg untersucht, so wird man feststellen, daß das Ergebnis die Häufigkeit des **e** alleine ist.

Im Gegensatz zu den gewürfelten Augenzahlen oder den Buchstaben war der Durchmesser der Bolzen eine *kontinuierliche* Zufallsvariable X. Die Funktion

$$F_X(x) = P(X \le x) \tag{A12}$$

heißt dann die *Wahrscheinlichkeitsverteilung* (kurz: Verteilungsfunktion) der Zufallsvariablen. Entsprechend Gl. A7 gibt sie an, wie groß die Wahrscheinlichkeit ist, daß das Ergebnis eines Zufallsexperimentes einen Wert kleiner oder gleich einem gewählten Wert x ist (einen Index gibt es nicht mehr, da x ein kontinuierlicher Wert ist). Genauso wie im diskreten Fall ist die Verteilungsfunktion eine *monoton steigende* Funktion. Es muß damit gelten:

$$\lim_{x \to -\infty} F_X(x) = 0, \ \lim_{x \to \infty} F_X(x) = 1. \tag{A13}$$

Die Wahrscheinlichkeit, daß das Ergebnis des Zufallsexperimentes im Intervall $(a, b]$ liegt, berechnet sich offensichtlich zu

$$P(a < X \le b) = P(X \le b) - P(X \le a) = F_X(b) - F_X(a). \tag{A14}$$

Mit einem genügend kleinen $\Delta x = b - a > 0$ läßt sich damit näherungsweise berechnen, wie groß die Wahrscheinlichkeit ist, daß die Zufallsvariable einen Wert *um* b annimmt. Schreibt man die obige Gleichung etwas um, d.h.

$$P(X \approx b) = F_X(b) - F_X(a) = \frac{F_X(a+\Delta x) - F_X(a)}{\Delta x} \cdot \Delta x, \tag{A15}$$

dann wird deutlich, daß im Grenzfall die Ableitung

$$f_X(x) = \frac{d}{dx} F_X(x) \tag{A16}$$

eine *Wahrscheinlichkeitsdichteverteilung* (kurz: Dichtefunktion) darstellt. Mit ihr läßt sich die Wahrscheinlichkeit, daß die Zufallsvariable einen Wert *um* x annimmt, näherungsweise durch

$$P(X \approx x) = f_X(x) \cdot \Delta x \tag{A17}$$

berechnen. Damit gilt umgekehrt

$$F_X(x) = \int_{-\infty}^{x} f_X(v) dv. \tag{A18}$$

Wegen der Gln. A13 muß für die Dichtefunktion gelten

$$\lim_{x \to -\infty} f_X(x) = 0, \ \lim_{x \to \infty} f_X(x) = 0, \tag{A19}$$

sowie für ihr Gesamtintegral

$$\int_{-\infty}^{\infty} f_X(v)\,dv = 1,\tag{A20}$$

da $F_X(\infty) = 1$ (mit $F_X(-\infty) = 0$) das *sichere* Ereignis darstellt, denn dann sind im kontinuierlichen Fall alle möglichen Werte inbegriffen (genauso wie die Wahrscheinlichkeit beim Würfeln Eins beträgt, daß das Ergebnis zwischen Eins und Sechs liegt).

Um die Verbindung zwischen diskreten und kontinuierlichen Zustandsvariablen herzustellen, wird von einer *treppenförmigen* Verteilungsfunktion ausgegangen, d.h. es werden auch Zwischenwerte betrachtet. So ist z.B. die Wahrscheinlichkeit, daß eine gewürfelte Augenzahl kleiner oder gleich 2,5 ist, gleich der Wahrscheinlichkeit, daß sie 1 oder 2 beträgt, also $P(X \le 2,5) = P(1) + P(2) = F_X(2,5)$. Dieser Wert ist für $2 \le X < 3$ konstant, da die nächste mögliche Augenzahl erst 3 ist. Die Dichtefunktion besteht damit aus *Deltafunktionen* an den M Stellen der möglichen diskreten Werte x_j, gewichtet mit den zugehörigen Wahrscheinlichkeiten:

$$F_X(x) = \sum_{j=1}^{M} P(x_j) \cdot \sigma(x - x_j),\tag{A21}$$

$$\to f_X(x) = \frac{d}{dx} F_X(x) = \sum_{j=1}^{M} P(x_j) \cdot \delta(x - x_j).\tag{A22}$$

Das folgende Bild A1 zeigt beispielhaft die Dichte- und die Verteilungsfunktion des Würfelns und einer stetigen bzw. kontinuierlichen Zufallsvariablen.

Der hier herausgearbeitete Zusammenhang zwischen diskreten und kontinuierlichen Variablen tritt in der Systemtheorie häufiger auf. Ein Beispiel ist die Darstellung des Linienspektrums eines periodischen Signals (Fourier-Analyse) als kontinuierliche Spektraldichte (Fourier-Transformation, siehe Unterkapitel 4.7.5); auch hierbei treten Deltafunktionen auf, die die ursprünglichen Linien des Spektrums repräsentieren. Ein weiteres Beispiel ist die Darstellung von Abtastfolgen als eine Summe von Deltafunktionen mit den Gewichten der Abtastwerte und einer immer noch kontinuierlichen Zeitachse (siehe Kapitel 6.1).

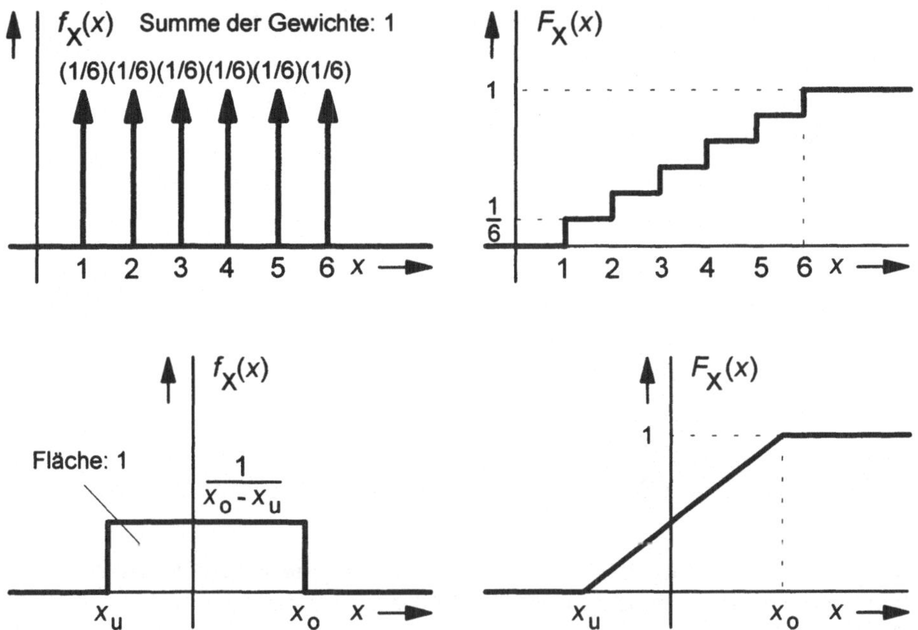

Bild A1
Wahrscheinlichkeitsdichteverteilung und Wahrscheinlichkeitsverteilung der diskreten Zufallsvariablen „gewürfelte Augenzahl" sowie diejenigen einer kontinuierlichen Zufallsgröße

Es ist wichtig zu erkennen, daß eine gewürfelte Augenzahl oder das Auftreten eines Buchstabens oder Wortes in einem Text eine *Zufallsgröße* ist, obwohl seine Wahrscheinlichkeit festliegt bzw. *determiniert* ist. In der Zufälligkeit steckt also eine *Gesetzmäßigkeit*, die sich durch determinierte Werte (und Funktionen) beschreiben läßt. Ein einfaches Beispiel ist der arithmetische *Mittelwert*. Jeder kennt die Berechnung der Durchschnittsnote einer Klausur. Mit der Häufigkeit $h(x_j)$ der M möglichen Noten (z.B. die Anzahl des Ergebnisses $x_j = 2{,}0$ geteilt durch die Anzahl der Klausurteilnehmer) berechnet sich der Mittelwert zu

$$\overline{X} = \sum_{j=1}^{M} x_j \cdot h(x_j). \tag{A23}$$

Im Fall einer sehr großen Anzahl N von Klausurteilnehmern geht die Häufigkeit in die Wahrscheinlichkeit über, so daß dann gilt:

$$\overline{X} = \sum_{j=1}^{M} x_j \cdot P(x_j). \tag{A24}$$

Dafür läßt sich mit der Ausblendeigenschaft von Deltafunktionen sowie Gl. A22 auch schreiben:

$$\overline{X} = \sum_{j=1}^{M} \left[\int_{-\infty}^{\infty} x\delta(x-x_j)dx \right] \cdot P(x_j) = \int_{-\infty}^{\infty} x \cdot \left[\sum_{j=1}^{M} \delta(x-x_j) \cdot P(x_j) \right] dx$$

$$= \int_{-\infty}^{\infty} x \cdot f_X(x)dx. \tag{A25}$$

Für dieses Integral ist der Ausdruck *Erwartungswert* $E\{X\}$ gebräuchlich; er gibt an, welcher Wert für eine sehr große Anzahl von Zufallsexperimenten *im Mittel* erwartet wird. Für das Würfeln erhält man mit der äquivalenten Darstellung Gl. A24 sowie $x_j = j$ und $P(x_j) = \frac{1}{6}$ den Wert

$$E\{X\} = \overline{X} = \sum_{j=1}^{M} x_j \cdot P(x_j) = \sum_{j=1}^{6} j \cdot \frac{1}{6} = 3,5. \tag{A26}$$

Zwar kann man diese Augenzahl *nicht* würfeln, aber dieser arithmetische Mittelwert wird sich bei einer hinreichend großen Anzahl N gewürfelter Augenzahlen einstellen. Es ist leicht einzusehen, daß es mathematisch schwierig oder vielleicht sogar unmöglich ist, aus der Beschaffenheit und dem Werfen eines Würfels mit der notwendigen mathematischen Strenge diese Konvergenz zu beweisen.

Entsprechend wird als *quadratischer Mittwert* der Erwartungswert

$$E\{X^2\} = \overline{X^2} = \int_{-\infty}^{\infty} x^2 \cdot f_X(x)dx \tag{A27}$$

definiert. Mit der Bezeichnung $\mu_X = \overline{X}$ für den Mittelwert läßt sich die *Streuung* berechnen:

$$\sigma_X^2 = E\{(X-\mu_X)^2\} = \int_{-\infty}^{\infty} (x-\mu_X)^2 \cdot f_X(x)dx; \tag{A28}$$

mit $\int_{-\infty}^{\infty} x\mu_X \cdot f_X(x)dx = \mu_X \int_{-\infty}^{\infty} x \cdot f_X(x)dx = \mu_X^2 = \overline{X}^2$ folgt die Darstellung:

$$\sigma_X^2 = \overline{X^2} - \overline{X}^2. \tag{A29}$$

σ_X ist die *Standardabweichung*, die ein Maß für die *mittlere Abweichung* einer Zufallsgröße von ihrem Mittelwert darstellt.

Zum Abschluß dieser kurzen Einführung werden nun zwei besondere und wichtige Verteilungsfunktionen vorgestellt. So gilt für Wahrscheinlichkeiten einer diskreten Zufallsvariablen mit einer *Gleichverteilung*:

$$P(x_j) = \text{const. für } i = 1, 2, ..., M. \tag{A30}$$

Allerdings muß die Bedingung $\sum_{j=1}^{M} P(x_j) = 1$ eingehalten werden, da dies die Wahrscheinlichkeit dafür ist, daß irgend einer der möglichen Werte angenommen wird. Entsprechend gilt bei Gleichverteilung einer kontinuierlichen Zufallsgröße:

$$f_X(x) = \text{const. für } x \in [x_\mathrm{u}, x_\mathrm{o}]. \tag{A31}$$

Das Intervall $[x_\mathrm{u}, x_\mathrm{o}]$ kann *nicht* unendlich groß sein, da sonst die Fläche unter der Dichtefunktion ebenfalls Unendlich wird; für die Gesamtfläche muß entsprechend der obigen Begründung für die Summe der Wahrscheinlichkeiten gelten, daß ihr Wert *Eins* beträgt ($F_X(\infty) = 1$). Die Dichte- sowie Verteilungsfunktion bei Gleichverteilung zeigt das Bild A1.

Für praktische Anwendungen ist die Normalverteilung oder auch Gaußsche Verteilung besonders wichtig. Für sie gilt:

$$f_X(x) = \frac{1}{\sqrt{2\pi}\,\sigma_X} e^{-\frac{(x-\mu_X)^2}{2\sigma_X^2}}. \tag{A32}$$

Für die Verteilungsfunktion $F_X(x)$ nach Gl. A18 läßt sich kein geschlossener Ausdruck angeben; deshalb findet man die Funktion für die normierten Werte $\sigma_X = 1$, $\mu_X = 0$ in mathematischen Tabellenwerken.

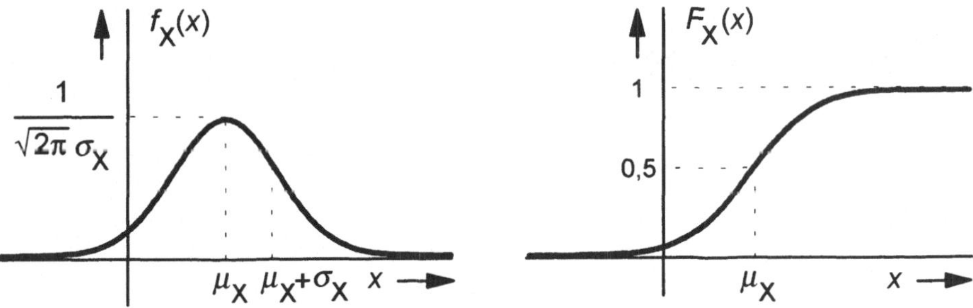

Bild A2
Dichte- und Verteilungsfunktion für die Normalverteilung bzw. Gaußsche Verteilung

Auch wenn die Dichtefunktion für keinen endlichen Wert von x verschwindet, nimmt doch die Wahrscheinlichkeit, daß die Zufallsvariable *innerhalb* eines Bereiches $\mu_X \pm \Delta x$ liegt, rasch zu. So gilt für Bereiche mit Vielfachen der Standardabweichung:

$$P(\mu_X - \sigma_X < X \leq \mu_X + \sigma_X) = 0,6826, \tag{A33}$$

$$P(\mu_X - 2\sigma_X < X \leq \mu_X + 2\sigma_X) = 0,9544,$$

$$P(\mu_X - 3\sigma_X < X \leq \mu_X + 3\sigma_X) = 0,9972,$$

$$P(\mu_X - 4\sigma_X < X \leq \mu_X + 4\sigma_X) = 0,9999, \dots \,.$$

Deshalb wird bei Zufallsgrößen in der Praxis, z.B. der Qualitätssicherung, häufig der 2- oder auch $3\sigma_X$-Bereich betrachtet.

Gegenüber beliebig komplizierten Dichtefunktionen wird die Normalverteilung *vollständig* durch den Mittelwert und die Streuung festgelegt. Man kann weiterhin zeigen, daß die Summe zweier unabhängiger gaußscher Zufallsvariablen wieder eine gaußsche Zufallsvariable ergibt. Werden Zufallsgrößen mit *beliebigen* Dichtefunktionen überlagert, dann strebt sogar die Dichtefunktion der Summe gegen die Normalverteilung, wenn die Anzahl der Summanden gegen unendlich geht, praktisch also genügend groß wird. Wegen dieser Besonderheiten spielt die Gaußsche bzw. Normalverteilung in der Praxis eine *überragende* Rolle.

Für eine weitere Vertiefung des Stoffes wird auf die Spezialliteratur verwiesen, siehe z.B. [5], [26], [44] und besonders grundlegend [55].

3 Einige Beziehungen für komplexe Zahlen

Die Gleichung

$$x^2 + a_1 x + a_0 = 0 \tag{A34}$$

mit den reellen Koeffizienten $a_{0,1}$ hat genau zwei Lösungen $x_{1,2}$. Mit ihnen läßt sich das Polynom auch in der sogenannten *Produktform* darstellen:

$$(x - x_1)(x - x_2) = 0 \,; \tag{A35}$$

wird hierbei eine der beiden Lösungen für x eingesetzt, dann wird ein Klammerausdruck Null. Die Nullstellen (bzw. Wurzeln) des Polynoms lassen sich leicht berechnen:

$$x_{1,2} = -\frac{a_1}{2} \pm \sqrt{\left(\frac{a_1}{2}\right)^2 - a_0} \, . \tag{A36}$$

Offensichtlich sind sie nicht immer reell, sondern nur, wenn die Koeffizienten die Bedingung

$$\left(\frac{a_1}{2}\right)^2 - a_0 \geq 0,$$

$$a_0 \leq \left(\frac{a_1}{2}\right)^2 \tag{A37}$$

erfüllen. Für $a_0 > \left(\frac{a_1}{2}\right)^2$ wird der Ausdruck unter der Wurzel negativ; durch Ausklammert des Faktors $\sqrt{-1}$ ist er wieder positiv:

$$x_{1,2} = -\frac{a_1}{2} \pm \sqrt{-1} \cdot \sqrt{a_0 - \left(\frac{a_1}{2}\right)^2} \, . \tag{A38}$$

Für die Größe $\sqrt{-1}$, die sogenannte *imaginäre Einheit*, hat sich das Formelzeichen i in der Mathematik und Physik eingebürgert; in den Ingenieurwissenschaften findet man in der Regel das j:

$$j = \sqrt{-1} \, . \tag{A39}$$

Eine Zahl

$$z = jb \tag{A40}$$

heißt nun mit einem *reellen b* eine *imaginäre Zahl* (lat.: eingebildet), mit einem zusätzlichen *reellen a* als

$$z = a + jb \tag{A41}$$

eine *komplexe Zahl* (lat.: zusammengesetzt). Diese können als Punkte in einer *Ebene* dargestellt werden, der sogenannten *komplexen Ebene* oder auch *Gaußschen Zahlenebene*. Geometrisch wird der Punkt durch seinen Ortsvektor beschrieben; da er nicht linienflüchtig ist, hat sich hierfür der Ausdruck *Zeiger* eingebürgert:

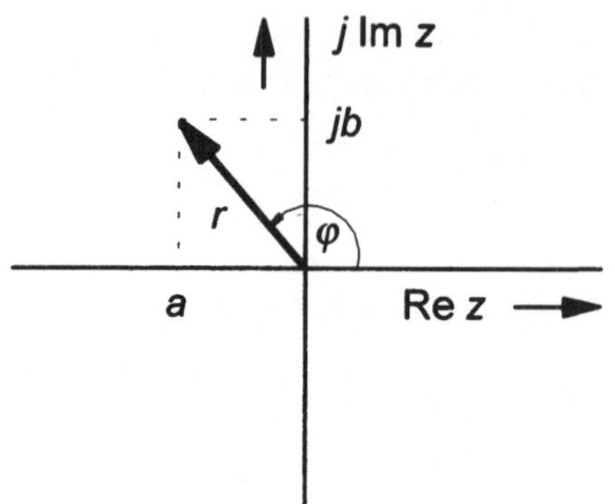

Bild A3
Geometrische Interpretation einer komplexen
Zahl als Zeiger (Ortsvektor) in der Gaußschen
Zahlenebene

Die *reelle* Zahl a wird der *Realteil* der komplexen Zahl genannt, also

$$a = \mathrm{Re}\, z, \tag{A42}$$

die *reelle* Zahl b ist der *Imaginärteil*:

$$b = \mathrm{Im}\, z. \tag{A43}$$

Die Zahl

$$z^* = a - jb \tag{A44}$$

unterscheidet sich von derjenigen nach Gl. A41 nur durch eine *Negierung* des Imaginärteils; sie wird die zu ihr *konjugiert komplexe* Zahl genannt.

Wegen ihrer geometrischen Deutung wird die Darstellung Gl. A41 die *karthesische
Form* genannt; sie kann als die *geometrische Addition* der Zeiger nach a und b interpretiert werden. Der Zeiger z wird durch die *polare Form* bzw. die *Polardarstellung* beschrieben:

$$z = r \cdot e^{j\varphi} \tag{A45}$$

mit

$$|z| = r = \sqrt{a^2 + b^2}\,, \tag{A46}$$

$$\cos\varphi = \tfrac{a}{r},\ \sin\varphi = \tfrac{b}{r} \tag{A47}$$

bzw.

$$\tan\varphi = \tfrac{b}{a} \rightarrow \varphi = \arctan \tfrac{b}{a}. \tag{A48}$$

Mit $a = r\cos\varphi$, $b = r\sin\varphi$ folgt die bekannte *Eulersche Beziehung*

$$z = r\cos\varphi + jr\sin\varphi \tag{A49}$$

bzw. mit Gl. A45 sowie $r = 1$:

$$e^{j\varphi} = \cos\varphi + j\sin\varphi. \tag{A50}$$

Mit $r = 1$ und einem variablen $\varphi \in [0, 2\pi]$ wird offensichtlich gerade der *Einheitskreis* beschrieben. Besondere Schnittpunkte des Kreises mit den Achsen sind

$$e^{j0} = 1, \ e^{\pm j\pi} = -1, \ e^{\pm j\pi/2} = \pm j. \tag{A51}$$

Wird eine komplexe Zahl mit $e^{j\phi}$ multipliziert, so erfolgt eine reine *Drehung* des Zeigers um den Winkel ϕ:

$$z \cdot e^{j\phi} = re^{j\varphi} \cdot e^{j\phi} = re^{j(\varphi+\phi)}; \tag{A52}$$

insbesondere bedeutet eine Multiplikation mit $\pm j$ eine Drehung des Zeigers um $\pm\frac{\pi}{2}$. Die n Lösungen z_k, $k = 0, 1, ..., n-1$ der Gleichung

$$z^n = z_1 \tag{A53}$$

lassen sich am einfachsten über die Polardarstellung berechnen; mit $z_1 = re^{j\varphi}$ gilt:

$$z_k = \sqrt[n]{r}\, e^{j\frac{\varphi+k2\pi}{n}}, \ k = 0, 1, ..., n-1; \tag{A54}$$

sie liegen alle auf dem Kreis $|z| = \sqrt[n]{r}$, demnach für $r = 1$ auf dem Einheitskreis.

Abschließend werden noch kurz einige Rechenregeln zusammengestellt; vorausgesetzt werden die zwei komplexen Zahlen $z_1 = a_1 + jb_1 = r_1 e^{j\varphi_1}$ und $z_2 = a_2 + jb_2 = r_2 e^{j\varphi_2}$.

$$z_1 \pm z_2 = (a_1 \pm a_2) + j(b_1 \pm b_2), \tag{A55}$$

$$z_1 \cdot z_2 = (a_1 a_2 - b_1 b_2) + j(a_1 b_2 + a_2 b_1), \tag{A56}$$

$$= r_1 r_2 [\cos(\varphi_1 + \varphi_2) + j\sin(\varphi_1 + \varphi_2)] = r_1 r_2 e^{j(\varphi_1+\varphi_2)}, \tag{A57}$$

$$\frac{z_1}{z_2} = \frac{z_1 z_2^*}{|z_2|^2} = \frac{(a_1 a_2 + b_1 b_2) + j(a_2 b_1 - a_1 b_2)}{a_2^2 + b_2^2}, \tag{A58}$$

$$= \frac{r_1}{r_2} [\cos(\varphi_1 - \varphi_2) + j\sin(\varphi_1 - \varphi_2)] = \frac{r_1}{r_2} e^{j(\varphi_1-\varphi_2)}, \tag{A59}$$

$$\frac{1}{z} = \frac{z^*}{|z|^2}, \ z \cdot z^* = |z|^2. \tag{A60}$$

4 Korrespondenzen der Fourier-Transformation

$f(t)$	$F(j\omega)$	Voraussetzungen
$\delta(t)$	1	
1	$2\pi\delta(\omega)$	
$e^{j\omega_0 t}$	$2\pi\delta(\omega-\omega_0)$	
$\cos(\omega_0 t)$	$\pi[\delta(\omega+\omega_0)+\delta(\omega-\omega_0)]$	
$\sin(\omega_0 t)$	$j\pi[\delta(\omega+\omega_0)-\delta(\omega-\omega_0)]$	
$\operatorname{sign}(t)$	$\dfrac{2}{j\omega}$	
$\sigma(t)$	$\pi\delta(\omega)+\dfrac{1}{j\omega}$	
$e^{-at}\cdot\sigma(t)$	$\dfrac{1}{a+j\omega}$	$\operatorname{Re} a>0$
$t^n e^{-at}\cdot\sigma(t)$	$\dfrac{n!}{(a+j\omega)^{n+1}}$	$\operatorname{Re} a>0,\ n=0,1,2,\ldots$
$e^{-at}\cos(\omega_0 t)\cdot\sigma(t)$	$\dfrac{a+j\omega}{(a+j\omega)^2+\omega_0^2}$	$\operatorname{Re} a>0$
$e^{-at}\sin(\omega_0 t)\cdot\sigma(t)$	$\dfrac{\omega_0}{(a+j\omega)^2+\omega_0^2}$	$\operatorname{Re} a>0$
$e^{-a|t|}$	$\dfrac{2a}{a^2+\omega^2}$	$a>0$
e^{-at^2}	$\sqrt{\dfrac{\pi}{a}}\,e^{-\frac{\omega^2}{4a}}$	$a>0$
$\operatorname{rect}(\frac{t}{T})$	$2\dfrac{\sin(\omega\frac{T}{2})}{\omega}=T\operatorname{si}(\omega\frac{T}{2})$	
$\Lambda(\frac{t}{T})$	$\dfrac{4}{T\omega^2}\sin^2(\omega\frac{T}{2})=T\operatorname{si}^2(\omega\frac{T}{2})$	
$\cos(\pi\frac{t}{T})\cdot\operatorname{rect}(\frac{t}{T})$	$\dfrac{2\pi}{T}\cdot\dfrac{1}{\left(\frac{\pi}{T}\right)^2-\omega^2}\cos(\frac{\omega T}{2})$	
$\cos^2(\pi\frac{t}{T})\cdot\operatorname{rect}(\frac{t}{T})$	$\dfrac{2\pi^2}{T\left[\left(\frac{2\pi}{T}\right)^2-\omega^2\right]}\operatorname{si}(\frac{\omega T}{2})$	

5 Korrespondenzen der Laplace-Transformation

$f(t)$	$F(s)$	Voraussetzungen
$\delta(t)$	1	
$\delta(t-T)$	e^{-sT}	T reell
$\delta^{(n)}(t)$	s^n	$n = 0, 1, 2, \ldots$
$\sigma(t)$	$\frac{1}{s}$	$\operatorname{Re} s > 0$
$t^n \cdot \sigma(t)$	$\frac{n!}{s^{n+1}}$	$\operatorname{Re} s > 0; n = 0, 1, 2, \ldots$
$e^{-at} \cdot \sigma(t)$	$\frac{1}{s+a}$	$\operatorname{Re} s > -\operatorname{Re} a$
$(1 - e^{-at}) \cdot \sigma(t)$	$\frac{a}{s(s+a)}$	$\operatorname{Re} s > \max\{0, -\operatorname{Re} a\}$
$(e^{-at} - e^{-bt}) \cdot \sigma(t)$	$\frac{b-a}{(s+a)(s+b)}$	$\operatorname{Re} s > \max\{-\operatorname{Re} a, -\operatorname{Re} b\}, a \neq b$
$t^n e^{-at} \cdot \sigma(t)$	$\frac{n!}{(s+a)^{n+1}}$	$\operatorname{Re} s > -\operatorname{Re} a, \; n = 0, 1, 2, \ldots$
$\frac{1}{\sqrt{1-D^2}\, \omega_o} e^{-D\omega_o t} \cdot \sin(\sqrt{1 - D^2}\, \omega_o t) \cdot \sigma(t)$	$\frac{1}{s^2 + 2D\omega_o s + \omega_o^2}$	$\lvert D \rvert < 1, \; \operatorname{Re} s > -D\omega_o, \; \omega_o$ reell
$\sin(\omega_o t) \cdot \sigma(t)$	$\frac{\omega_o}{s^2 + \omega_o^2}$	$\operatorname{Re} s > 0, \; \omega_o$ reell
$\cos(\omega_o t) \cdot \sigma(t)$	$\frac{s}{s^2 + \omega_o^2}$	$\operatorname{Re} s > 0, \; \omega_o$ reell
$t \sin(\omega_o t) \cdot \sigma(t)$	$\frac{2\omega_o s}{(s^2 + \omega_o^2)^2}$	$\operatorname{Re} s > 0, \; \omega_o$ reell
$t \cos(\omega_o t) \cdot \sigma(t)$	$\frac{s^2 - \omega_o^2}{(s^2 + \omega_o^2)^2}$	$\operatorname{Re} s > 0, \; \omega_o$ reell
$e^{-at} \cos(\omega_o t) \cdot \sigma(t)$	$\frac{s+a}{(s+a)^2 + \omega_o^2}$	$\operatorname{Re} s > -\operatorname{Re} a, \; \omega_o$ reell
$e^{-at} \sin(\omega_o t) \cdot \sigma(t)$	$\frac{\omega_o}{(s+a)^2 + \omega_o^2}$	$\operatorname{Re} s > -\operatorname{Re} a, \; \omega_o$ reell

6 Korrespondenzen der zeitdiskreten Fourier-Transformation (ZDFT)

$f(k)$	$F(j\Omega)$	Voraussetzungen
$\delta(k)$	1	
$\delta(k-k_0)$	$e^{-j\Omega k_0}$	
1	$2\pi \sum\limits_{n=-\infty}^{\infty} \delta(\Omega + 2\pi n)$	
	$= III(\frac{\Omega}{2\pi})$	
$a^k \cdot \sigma(k)$	$\dfrac{1}{1-ae^{-j\Omega}}$	$\lvert a \rvert < 1$
$\sigma(k)$	$\dfrac{1}{1-ae^{-j\Omega}} + \pi \sum\limits_{n=-\infty}^{\infty} \delta(\Omega + 2\pi n)$	
	$= \dfrac{1}{1-ae^{-j\Omega}} + \frac{1}{2} III(\frac{\Omega}{2\pi})$	
$(k+1)a^k \cdot \sigma(k)$	$\dfrac{1}{(1-ae^{-j\Omega})^2}$	$\lvert a \rvert < 1$
$x(k) = \begin{cases} 1 \text{ für } 0 \le k \le N-1 \\ 0 \text{ sonst} \end{cases}$	$\dfrac{\sin(\frac{\Omega N}{2})}{\sin(\frac{\Omega}{2})} e^{-j\Omega \frac{N-1}{2}}$	
$\dfrac{\sin(\Omega_G k)}{\pi k}$	$X(j\Omega) = \begin{cases} 1 \text{ für } \lvert\omega\rvert \le \omega_G \\ 0 \text{ für } \omega_G < \lvert\omega\rvert \le \pi \end{cases}$	
$e^{j\Omega_0 k}$	$2\pi \sum\limits_{n=-\infty}^{\infty} \delta(\Omega - \Omega_0 + 2\pi n)$	
	$= III(\frac{\Omega - \Omega_0}{2\pi})$	
$\cos(\Omega_0 k)$	$\pi \sum\limits_{n=-\infty}^{\infty} \delta(\Omega + \Omega_0 + 2\pi n) + \pi \sum\limits_{n=-\infty}^{\infty} \delta(\Omega - \Omega_0 + 2\pi n)$	
	$= \frac{1}{2} III(\frac{\Omega + \Omega_0}{2\pi}) + \frac{1}{2} III(\frac{\Omega - \Omega_0}{2\pi})$	
$\sin(\Omega_0 k)$	$j\pi \sum\limits_{n=-\infty}^{\infty} \delta(\Omega + \Omega_0 + 2\pi n) - j\pi \sum\limits_{n=-\infty}^{\infty} \delta(\Omega - \Omega_0 + 2\pi n)$	
	$= \frac{j}{2} III(\frac{\Omega + \Omega_0}{2\pi}) - \frac{j}{2} III(\frac{\Omega - \Omega_0}{2\pi})$	

7 Korrespondenzen der z-Transformation

$f(k)$	$F(z)$	Voraussetzungen
$\delta(k)$	1	
$\sigma(k)$	$\frac{z}{z-1}$	$\lvert z\rvert > 1$
$k\cdot\sigma(k)$	$\frac{z}{(z-1)^2}$	$\lvert z\rvert > 1$
$k^2\cdot\sigma(k)$	$\frac{z(z+1)}{(z-1)^3}$	$\lvert z\rvert > 1$
$e^{-ak}\cdot\sigma(k)$	$\frac{z}{z-e^{-a}}$	$\lvert z\rvert > e^{-a}$
$ke^{-ak}\cdot\sigma(k)$	$\frac{ze^{-a}}{(z-e^{-a})^2}$	$\lvert z\rvert > e^{-a}$
$k^2e^{-ak}\cdot\sigma(k)$	$\frac{ze^{-a}(z+e^{-a})}{(z-e^{-a})^3}$	$\lvert z\rvert > e^{-a}$
$a^k\cdot\sigma(k)$	$\frac{z}{z-a}$	$\lvert z\rvert > \lvert a\rvert,\ a$ auch komplex
$ka^k\cdot\sigma(k)$	$\frac{za}{(z-a)^2}$	$\lvert z\rvert > \lvert a\rvert,\ a$ auch komplex
$k^2a^k\cdot\sigma(k)$	$\frac{za(z+a)}{(z-a)^3}$	$\lvert z\rvert > \lvert a\rvert,\ a$ auch komplex
$k^3a^k\cdot\sigma(k)$	$\frac{za(z^2+4az+a^2)}{(z-a)^4}$	$\lvert z\rvert > \lvert a\rvert,\ a$ auch komplex
$a^{k-1}\cdot\sigma(k-1)$	$\frac{1}{z-a}$	$\lvert z\rvert > \lvert a\rvert,\ a$ auch komplex
$\binom{k-1}{i-1}a^{k-i}\cdot\sigma(k-i)$	$\frac{1}{(z-a)^i}$	$i=1,2,\ldots;\ \lvert z\rvert > \lvert a\rvert,\ a$ a. komplex
$\cos(k\omega_0 T)\cdot\sigma(k)$	$\frac{z[z-\cos(\omega_0 T)]}{z^2-2z\cos(\omega_0 T)+1}$	$\lvert z\rvert > 1$
$\sin(k\omega_0 T)\cdot\sigma(k)$	$\frac{z\sin(\omega_0 T)}{z^2-2z\cos(\omega_0 T)+1}$	$\lvert z\rvert > 1$
$\frac{1}{k!}\cdot\sigma(k)$	$e^{\frac{1}{z}}$	$\lvert z\rvert > 0$

8 Formelzeichen

A	Ampere, Einheit des Stromes
A	(komplexe) Amplitude
A_i	Koeffizient der Partialbruchzerlegung
a	Parameter, Variable
a	logarithmierte Verhältnisgröße
a_i	Koeffizient
a_D	Dämpfungsmaß
a_V	Verstärkungsmaß
B	Amplitude der Reaktion
B	Bandbreite
b	Parameter, Variable
b	Phasenmaß
b_j	Koeffizient
C	Kapazität
c	Parameter, Variable
c	Konvergenzabszisse
c_i	Koeffizient
D	Lehrsches Dämpfungsmaß
D	Zeitdauer
d_j	Koeffizient
$d\tau$	Zeitinkrement
E	Erwartungswert
e	Basis des natürlichen Logarithmus: 2,718
F	Fläche
F	Spektraldichte, Bildfunktion
F_a	Spektraldichte einer Abtastfolge
F_X	Wahrscheinlichkeitsverteilung
f	allgemeine Funktion
f	Frequenz
f_a	Abtastfrequenz
f_e	Exponentialfolge
f_g	gerader Anteil einer Funktion
f_G	Grenzfrequenz
f_o	Grundfrequenz
f_o	obere Frequenzgrenze
f_u	ungerader Anteil einer Funktion
f_u	untere Frequenzgrenze
f_X	Wahrscheinlichkeitsdichteverteilung
G	Übertragungsfunktion
g	Impulsantwort
H	Spektraldichte/Bildfunktion der Sprungfunktion
H_i	Hurwitzdeterminante
h	Sprungantwort
h_X	relative Häufigkeit
I	Imaginärteil einer Spektraldichte
I	komplexe Amplitude eines Stromes
I	Spektraldichte/Bildfunktion eines Stromes
i	Strom
i_a	Ausgangsstrom
i_C	Ladestrom einer Kapazität
i_e	Eingangsstrom
i_L	Strom einer Induktivität
j	imaginäre Einheit: $\sqrt{-1}$
K	freie Konstante
k	Takt
k_D	Differentiationsverstärkung
k_I	Integrationsverstärkung
k_o	diskrete Periodendauer
k_P	Proportionalverstärkung
k_R	Rechnerkonstante
L	Induktivität
M	Konstante
m	Grad eines Zählerpolynoms
m	Modulationsgrad
N	Konstante
N	Nennerpolynom
N	Spektraldichte eines Rauschsignals
n	Grad eines Nennerpolynoms
n	Rauschsignal
n	Zählindex einer Spektrallinie
P	Leistung
P	Wahrscheinlichkeit
Q	Güte

R	Realteil einer Spektraldichte		X	komplexe Amplitude der Erregung
R	Widerstand		X	Spektraldichte/Bildfunktion der Erregung
r	Betrag von z		X	stochastischer Prozeß
r	Rampenfunktion		x	Erregung, Eingangssignal
r_{gg}^E	Impulsautokorrelationsfunktion		${}^i x$	Realisierung, Musterfunktion
r_{XX}	Autokorrelationsfunktion		Y	komplexe Amplitude der Reaktion
r_{XY}	Kreuzkorrelationsfunktion		Y	Spektraldichte/Bildfunktion der Reaktion
rect	Rechteckfunktion		y	Reaktion, Ausgangssignal
S	Spektraldichte eines Signals		y_h	homogene Lösung
S_{XX}	spektrale Leistungsdichte		y_p	partikuläre Lösung
S_{XY}	Kreuzleistungsspektrum		Z	komplexer Widerstand
s	Laplace-Variable		Z	Zählerpolynom
s	allgemeines Signal		z	komplexe Zahl
s_0	Nullstelle in der s-Ebene		z	Variable der z-Transformation
s_∞	Pol in der s-Ebene		z_0	Nullstelle in der z-Ebene
T	Periodendauer einer Sinusfunktion		z_∞	Pol in der z-Ebene
T	Abtastperiode		Δ	Differenz
T	System, Transformation		Δ	Näherung der Deltafunktion
T	Zeitdauer		δ	Deltafunktion
T_D	Differentiationszeitkonstante		ε	kleine, positive reelle Größe
T_E	Einschwingzeit		φ	Winkel, Phase
T_G	Gruppenlaufzeit		ϕ	Winkel
T_I	Integrationszeitkonstante		Λ	Dreiecksfunktion
T_L	Laufzeit		λ	Eigenwert
T_P	Phasenlaufzeit		μ_X	Mittelwert
T_t	Totzeit		ν	Reaktion auf die Rampenfunktion
T_w	Wandelzeit		III	unendliche Deltafolge
T_1	Zeitkonstante		σ	Dämpfungsparameter
t	Zeit		σ	Sprungfunktion
t_0	Periodendauer		σ_X	Standardabweichung
t_0	Zeitverschiebung		ϑ	Temperatur
t_1	beliebiger, ausgewählter Zeitpunkt		Ω	Ohm, Einheit des Widerstandes
U	kompl. Amplitude einer Spannung		Ω	normierte Frequenz
U	Spektraldichte/Bildfunktion einer Spannung		ω	Winkelgeschwindigkeit
u	Spannung		ω	Kreisfrequenz
u_a	Ausgangsspannung		ω_E	Eckfrequenz
u_C	Spannung einer Kapazität		ω_G	Grenzfrequenz
u_e	Eingangsspannung		ω_0	Resonanzfrequenz
u_L	Spannung einer Induktivität		ω_0	Grundkreisfrequenz
V	Verstärkung		ω_0	obere Frequenzgrenze
V	Volt, Einheit der Spannung		ω_u	untere Frequenzgrenze
W	Energie			

Sachverzeichnis